高等学校土木工程专业规划教材

工程结构鉴定与加固改造

本教材编审委员会组织编写
柳炳康　吴胜兴　周　安　主编
刘　平　主审

中国建筑工业出版社

图书在版编目（CIP）数据

工程结构鉴定与加固改造/本教材编审委员会组织编写，柳炳康，吴胜兴，周安主编．—北京：中国建筑工业出版社，2007（2021.6重印）

（高等学校土木工程专业规划教材）

ISBN 978-7-112-09334-2

Ⅰ.工… Ⅱ.①本…②柳…③吴…④周… Ⅲ.①工程结构-鉴定-高等学校-教材 ②工程结构-加固-高等学校-教材 Ⅳ.TU3.

中国版本图书馆 CIP 数据核字（2007）第 111417 号

本书分为绪论、工程结构损伤机理及危害、工程结构检测技术、建筑物可靠性鉴定、工程结构补强与加固、建筑物的加层改造、建筑物移位技术七章。在内容安排上以建筑结构为主，介绍了混凝土结构、砌体结构、钢结构和地基基础的检测、鉴定、加固与改造。全书注意理论联系实际，紧密结合加固技术规范，并且反映了工程结构补强、加固与改造方面的科研成果和工程实践经验。为方便教学每章后均附有思考题。

本书可作为高等院校土木工程专业本科教材（专科亦可参照使用），也可供设计单位和施工企业的土建工程技术人员参考。

责任编辑：朱首明　李　明

责任设计：董建平

责任校对：关　健　张　虹

高等学校土木工程专业规划教材

工程结构鉴定与加固改造

本教材编审委员会组织编写

柳炳康　吴胜兴　周　安　主编

刘　平　主审

*

中国建筑工业出版社出版、发行（北京西郊百万庄）

各地新华书店、建筑书店经销

北京密云红光制版公司制版

廊坊市海涛印刷有限公司印刷

*

开本：787×1092毫米　1/16　印张：20¼　字数：491千字

2008年4月第一版　2021年6月第十三次印刷

定价：**32.00**元

ISBN 978-7-112-09334-2

(15998)

高等学校土木工程专业规划教材

编 审 委 员 会 名 单

前　言

我国经济正处于迅速发展时期，建筑业也得到蓬勃发展，为满足人民日益增长的居住、市政、交通等方面的需求，全国范围内开展了大规模的工程建设。为了保证各类工程结构的安全性、适用性和耐久性，必须贯彻“百年大计，质量第一”的方针。但是由于建造阶段可能发生的设计疏忽和施工失误，正常使用阶段可能出现的自然和人为灾害，以及老化阶段可能产生的各种损伤积累，导致结构在使用寿命期间承载能力下降，耐久性降低，产生各种风险。为揭示工程结构的潜在危险，避免事故发生，延长使用寿命，需对现存结构的作用效应、结构抗力及相互关系进行检测、鉴定与评价，并在科学鉴定的基础上，对结构进行补强加固或维修改造。

本书针对勘察、设计、施工、使用等方面存在的工程质量事故，结构随服役时间增长发生的老化现象，紧密结合我国现行鉴定标准和加固规范提出了结构检测、可靠性鉴定和加固补强的方法。全书分为7章，分别讨论了混凝土结构、砌体结构、钢结构和地基基础产生损伤的原因及危害；工程结构损伤检测和损伤分析；民用建筑和工业厂房可靠性鉴定的方法；工程结构加固与补强的各种技术，以及建筑物的加层改造和移位技术。编写过程中作者结合了多年来检测、鉴定、加固与改造方面的教学经验和工程实践，并注意吸收了国内外有关科研成果。

全书由柳炳康、吴胜兴、周安主编，书中第1章、第2章2.4节、第5章5.4节由合肥工业大学柳炳康编写，第2章2.1、2.2、2.3节由河海大学吴胜兴编写，第3章、第4章、第5章第5.1.1～5.1.6、5.1.8节由合肥工业大学周安编写，第5章5.2节由合肥工业大学黄慎江编写，第5章5.3节由南京建筑工程学院黄炳生编写，第5章5.1.7节、第六章由扬州大学张晖编写，第7章由河海大学吴二军编写。扬州大学刘平担任本书主审。

由于编者水平有限，书中不妥和疏漏之处，敬请各位读者批评指正。

目　　录

第1章　绪　论

工程结构的检测、鉴定、加固与改造是土木工程学科的重要领域之一，它包括了工程检测、可靠性鉴定、结构加固和建筑物改造多方面的知识和技术，涉及到建筑物或构筑物的使用性、安全性和经济性。这几个方面的工作通常是相互关联的，结构的检测是结构鉴定的依据，鉴定过程中要进行必要的检测工作。而结构的检测和鉴定往往又是工程结构加固和改造前不可缺少的过程，需要综合运用多项技术。

建筑结构的检测、鉴定、加固与改造涉及到的知识结构很广泛，它涉及工程材料的力学性能和耐久性的检测，涉及结构及构件正常使用性和安全性的鉴定，涉及到各类结构的加固技术和改造方法。本书主要介绍常用的混凝土结构、砌体结构、钢结构的检测、鉴定、加固与改造技术和方法。

1.1　工程结构加固改造原因

1.1.1　工程结构损伤原因

工程结构是以工程材料为主体构成的不同类型的承重构件相互连接而成的骨架，它的主要作用就是通过骨架来传递和抵抗自然界的各种作用，使得建（构）筑物在规定的时间内，在规定的条件下，完成预定的功能。规定时间是指设计所假定的结构使用期，即设计基准期，建筑结构的设计基准期一般为50年。规定条件是指正常设计、正常施工、正常使用的条件。预定功能是指结构的安全性、适用性和耐久性。安全性是指结构在规定的条件下应能承受可能出现的各种荷载作用以及外加变形和外加约束的作用。适用性是指结构在正常使用时，应能满足预定的使用要求，其变形、裂缝或振动等性能均不超过规定的限值。耐久性是指结构在正常使用、正常维护情况下，材料性能虽随时间推移发生变化，但仍然满足预定功能的要求，例如结构材料的腐蚀不能影响结构预定的使用期限。综上所述，工程结构在规定的使用期内应能安全有效地承受外部及内部形成的各种作用，以满足结构在功能上和使用上的要求。

但是由于建造阶段可能发生的设计疏忽和施工失误，正常使用阶段可能出现的自然和人为灾害，以及老化阶段可能产生的各种损伤积累，导致结构正常承载能力降低，影响结构的耐久性，结构在整个使用寿命期间会产生各种风险。

我国建国以来，特别是改革开放以后，建筑业得到了很大发展，工程结构的质量也是越来越好，但是每年仍会发生几十起重大工程质量事故。在过去50年内，我国曾有过四次结构倒塌、质量事故多发时期，第一次是1958年“大跃进”时期，只求大干快上，主观上要求高速度进行基本建设，不按客观规律办事，结果造成大量工程事故和结构倒塌；第二次是“十年动乱”时期，建设程序被否定，边勘察、边设计、边施工的做法盛行，留下大量工程质量隐患，造成很大浪费；第三次是20世纪80年代初期，由于国民经济发展迅速，设计、施工队伍不断扩大，技术素质跟不上要求，发生许多工程倒塌事故；第四次是20世纪90年代后期，在市场经济冲击下，建设领域不正之风和腐败现象蔓延，导致工程质量事故的增多。

另外，工程结构经过长期使用亦存在耐久性问题，受环境因素的影响，随着时间的推移，结构的性能将会发生退化，结构的使用寿命也会受到影响。为了保证结构的正常使用，延续结构的使用寿命，在一些经济发达国家，工程结构的维修和加固费用有的已达到或超过新建工程的投资。例如美国20世纪90年代初期用于旧建筑物维修和加固的投资已占到建设总投资的约50%，英国为70%，而德国则达到80%。世界上经济发达国家的工程建设大都经历了三个阶段，即大规模新建阶段，新建与维修并重阶段，工程结构维修加固阶段。我国解放以来，从“一五”开始直至现在一直在进行大规模的工程建设，当建设活动到达顶峰之后，结构的耐久性问题将更加突出。据统计，我国20世纪60年代以前建成的房屋约有25亿平方米，这些房屋都已进入中老年阶段，需要对其进行结构鉴定和可靠性评估，以便实施维护和加固，以延长它们的使用寿命。

1.1.2 工程质量事故

在土木工程中，由于勘察、设计、施工、使用等方面存在某些缺陷和错误，往往导致工程质量低下而不能满足结构功能要求，造成工程质量隐患，严重的还会引起结构倒塌，给人民生命财产带来巨大损失。事故发生的原因是多种多样的，从已有事故分析，其主要原因有以下几方面。

（1）工程勘察失误

诸如不认真进行工程地质勘察，随意确定地基承载力；盲目套用邻近场地勘察资料，而实际场地与邻近场地地质情况存在较大差异；勘测钻孔间距过大，深度不足，未能查清软弱层、墓穴、空洞等隐患。例如，某市化工厂综合楼，工程勘察中不按有关规范行事，未进行原状取土和取样试验，探孔深度未触及地基下存在的泥炭土层，房屋建成后，高压缩性的软土层产生较大压缩变形，致使建筑物产生过大沉降和沉降差，建成后不到两年，最大沉降达362mm，墙体普遍开裂。

（2）设计方案不当或计算错误

工程设计时，结构方案欠妥，构造措施不当，结构计算简图与实际情况不符；漏算或少算作用于结构上的荷载，或未考虑荷载的最不利组合；设计人员受力分析概念不清，结构内力计算错误。例如，某市煤炭局办公楼会议室，平面9.6m×7.2m，采用井字梁楼盖，设计人员错误认为长向梁的弯矩大于短向梁的弯矩，导致短向梁配筋不足，承载力不够，跨中严重开裂。

（3）施工质量低劣

技术人员素质较差，不了解设计意图，盲目施工，甚至为了施工方便，擅自修改图纸；施工方案考虑不周，技术组织设计不当；砌体组砌方法不当，造成通缝或重缝，混凝土浇筑方法错误，形成孔洞或裂缝；进场材料控制不严，钢材物理力学性能不良，水泥过期或安定性不合格，混凝土制品质量低劣。例如，上海某大厦为现浇钢筋混凝土剪力墙体系，结构层数地下1层，地面以上20层，在施工到11层至14层主体结构时，使用了质量不合格的水泥，设计混凝土强度等级C30，实际测定只有C10～C15，混凝土表面掉皮，内部疏松，造成重大质量事故。后对使用不合格水泥的第11～14层逐层实施爆破拆除。

(4) 结构使用或改建不当

未经核算就在原有建筑物上加层或对构筑物进行改造，造成原有结构承载力不够或地基承载力不足；使用过程中任意改变用途加大荷载，将办公楼改建为商场，一般民房改建为娱乐场所；在装修时，随意拆除承重墙，盲目在承重墙上开洞。例如，某市一栋单层空旷砌体房屋，一侧纵墙面对马路，使用者拟将其改造成超市，为了扩大入口增加橱窗取得立面效果，将沿街一侧砖柱之间墙体全部拆除，仅剩下残缺不全的独立砖柱支承屋盖系统，结果造成屋盖坍塌。

1.1.3 结构的耐久性

结构经长期使用会发生老化，随着结构服役时间的增长，受到气候条件、环境侵蚀、物理作用或其他外界因素影响，结构的性能发生退化，结构受到损伤，甚至遭到破坏。一般来说，工程材料自身特性和施工质量是决定结构耐久性的内因，而工程结构所处的环境条件和防护措施则是影响其耐久性的外因。

(1) 混凝土结构

由于外部温度的变化，将会引起混凝土表面开裂和剥落；随着时间的推移，混凝土碳化将使钢筋失去保护产生锈蚀，钢筋的锈蚀膨胀又引起混凝土开裂和疏松；化学介质侵蚀也会造成混凝土结构开裂，钢筋锈蚀和强度降低。

(2) 砌体结构

由于风力和雨水冲刷及砌体表面冻融循环，会造成砌体风化、酥裂、承载力下降。

(3) 钢结构

由于自然环境因素影响和外界有害介质侵蚀，钢材会产生锈蚀，锈蚀引起构件有效断面减小而导致承载力下降，在外部环境恶劣，有害介质浓度高的情况下，钢材锈蚀速度加快。另外，在反复荷载作用下，因裂缝扩展、损伤积累会引起疲劳破坏。

结构的耐久性损伤，有时也会酿成重大工程事故。前联邦德国柏林会议厅建成于1957年，屋盖为马鞍形壳顶，跨度约30m，从一对支座上伸出两条斜拱，形成受压环，斜拱之间是用悬索支承的薄壳屋面，混凝土板壳厚65mm。由于屋面拱与壳交接处出现裂缝，不断渗水，致使钢筋锈蚀，在建成23年后，1980年5月的一天上午，悬索突然断裂，导致屋盖倒塌。

1.1.4 结构改变使用要求

随着社会发展和人民生活改善，旧有建筑的面积和使用功能已不能满足新的要求，为扩大建筑面积改善使用功能，对旧有建筑物的加层已成为房屋改造的途径之一。现在已经发展到由普通住宅房屋的增层转向大型公共建筑的增层，由民用建筑增层发展到工业建筑增层。房屋增层改造可以降低整体工程的造价，节约土地资源，并可在不停止原有建筑使用的条件下进行施工。

另外，城市改造中道路拓宽，使得既有建筑物面临拆除威胁，对一些仍有使用价值的建筑物或具有文物保存价值的房屋，如果拆除会造成很大经济损失，可根据城市规划要求，在允许范围内实施整体移位，使其得以保留继续使用。

综上所述，不论是勘察、设计、施工、使用等方面存在缺陷和错误，或是受到气候作用、化学侵蚀引起结构老化，还是因为城市建设需要对建筑物进行加层改造或整体移位，均可能造成工程隐患，降低结构的安全性和耐久性。为了确定结构的安全性和耐久性是否满足要求，需要对工程结构进行检测鉴定，对其可靠性作出科学评价，然后进行维修、加固和改造，以提高工程结构的安全性，延长其使用寿命。

1.2 工程结构检测与鉴定

工程结构的检测与鉴定就是对现存结构的损伤情况进行诊断。为了正确分析结构损伤原因，需要对事故现场和损伤结构进行实地调查，运用仪器对受损结构或构件进行检测。现存结构的鉴定与新建结构的设计是不同的，新建结构设计可以自由确定结构形式，调整构件断面，选择结构材料，而现有结构鉴定只有通过现场调查和检测才能获得结构有关参数。因此，现有结构的可靠性鉴定和耐久性评估，必须建立在现场调查和结构检测的基础上。

1.2.1 工程结构现状调查

首先，应查看工程现场进行结构现状调查，了解工程所在场地特征和周围环境情况，检查施工过程中各项原始记录和验收记录，掌握施工实际状况。其次，应审查图纸资料，复核地质勘察报告与实际地基情况是否相符，检查结构方案是否合理，设计计算是否正确，构造措施是否得当。第三，应调查工程结构使用情况，使用过程中有无超载现象，结构构件是否受到人为伤害，使用环境是否恶化等。

调查时可根据结构实际情况或工程特点确定重点调查内容，例如混凝土结构应着重检查混凝土强度等级、裂缝分布、钢筋位置；砌体结构应着重检查砌筑质量、裂缝走向、构造措施；钢结构应着重检查材料缺陷、节点连接、焊接质量。将结构基本情况调查清楚之后，再根据需要利用仪器作进一步的检测。

1.2.2 结构检测方法

利用仪器对结构进行现场检测可测定工程结构所用材料的实际性能，由于被测结构在试验后一般均要求能够继续使用，所以现场检测必须以不破坏结构本身使用性能为前提，目前多采用非破损检测方法，常用的检测内容和检测手段有如下几种：

(1) 混凝土强度检测

非破损检测混凝土强度的方法是在不破坏结构混凝土的前提下，通过仪器测得混凝土的某些物理特性，如测得硬化混凝土表面的回弹值或声速在混凝土内部的传播速度等，按照相关关系推出混凝土强度指标。目前实际工程中应用较多的有回弹法、超声法、超声—回弹综合法，并已制定出相应的技术规程。半破损检测混凝土强度的方法是在不影响结构构件承载力的前提下，在结构构件上直接进行局部微破坏试验，或者直接取样试验获取数据，推算出混凝土强度指标。目前使用较多的有钻芯取样法和拔出法，并已制定出相应的技术规程。

利用超声仪还可以进行混凝土缺陷和损伤检测。混凝土结构在施工过程中因浇捣不密实会造成蜂窝、麻面甚至孔洞，在使用过程中因温度变化和荷载作用会产生裂缝。当混凝土内部存在缺陷和损伤时，超声脉冲通过缺陷时产生绕射，传播的声速发生改变，并在缺陷界面产生反射，引起波幅和频率的降低。根据声速、波幅和频率等参数的相对变化，可评判混凝土内部的缺陷状况和受损程度。

(2) 混凝土碳化及钢筋锈蚀检测

混凝土结构暴露在空气中会产生碳化，当碳化深度到达钢筋时，破坏了钢筋表面起保护作用的钝化膜，钢筋就有锈蚀的危险。因此，评价现存混凝土结构的耐久性时，混凝土的碳化深度是重要依据。混凝土碳化深度可利用酚酞试剂检测，在混凝土构件上钻孔或凿开断面，涂抹酚酞试液，根据颜色变化情况即可确定碳化深度。

钢筋锈蚀会导致保护层胀裂剥落，削弱钢筋截面，直接影响结构承载能力和使用寿命。混凝土中钢筋锈蚀是一个电化学过程。钢筋锈蚀会在表面产生腐蚀电流，利用仪器可测得电位变化情况，再根据钢筋锈蚀程度与测量电位之间的关系，可以判断钢筋是否锈蚀及锈蚀程度。

(3) 砌体强度检测

砌体强度检测可采用实物取样试验，在墙体适当部位切割试件，运至实验室进行试压，确定砌体实际抗压强度。近些年，原位测定砌体强度技术有了较大发展，原位测定实际上是一种小破损或半破损的方法，试验后砌体稍加修补便可继续使用。例如：顶剪法利用千斤顶对砖砌体作现场顶剪，量测顶剪过程中的压力和位移，即可求得砌体抗剪及抗压强度；扁顶法采用一种专门用于检测砌体强度的扁式千斤顶，插入砖砌体灰缝中，对砌体施加压力直至破坏，根据加压的大小，确定砌体抗压强度。

(4) 钢材强度测定及缺陷检测

为了解已建钢结构钢材的力学性能，最理想的方法是在结构上截取试样进行拉压试验，但这样会损伤结构，需要补强。钢材的强度也可采用表面硬度法进行无损检测，由硬度计端部的钢球受压时在钢材表面留下的凹痕推断钢材的强度。钢材和焊缝缺陷可采用超声波法检测，其工作原理与检测混凝土内部缺陷相同。由于钢材密度比混凝土大得多，为了能够检测钢材或焊缝中较小的缺陷，要求选用较高的超声频率。

1.2.3 工程结构鉴定

工程结构鉴定的目的是通过现场测试和理论分析，找出薄弱环节，揭示存在隐患，评价其安全性和耐久性，为工程改建和加固维修提供技术依据。工程结构的鉴定方法有三种：传统经验法、实用鉴定法和概率法。

(1) 传统经验法

这种方法主要是根据工程技术人员目测调查和经验判断来评定结构的可靠性。其特点是荷载作用大小由现场调查确定，材料强度取值以经验判断为准，按照现行规范并参考原设计采用规范进行结构验算，评价实际结构的安全性和耐久性。该鉴定方法一般不去采用现代检测手段和测试技术，而是凭借工程技术人员专业知识和工程经验对结构作定性评价，结论有时会因人而异。该方法尽管有些不足之处，但由于鉴定程序少，成本低，对易于鉴定的工程结构和投资不大的加固改造项目仍是可取的。

(2) 实用鉴定法

这种方法是在传统经验法基础上发展起来的。实用鉴定法利用现代检测手段和测试技术，测定材料强度，找出结构缺陷，判断损伤程度。该方法特点是作用荷载大小由实际调查确定，材料强度取值以实测结果为准，并对测试数据运用数理统计方法加以处理，以规范为依据进行理论分析，判断其与实际结构存在的差异程度。此法需对工程结构多次调查，分项检验，逐项评价和综合评定，能对结构物作出较准确的鉴定，是目前最常用的结构鉴定方法。

(3) 概率法

实用鉴定法的评定结果，虽较传统经验法更符合实际，但是由于结构的作用效应、结构抗力等都是在一定范围内波动的随机变量，采用定值法去分析结构物的随机变量显然是不合理的，应当采用非定值理论对影响结构功能的各种随机变量进行调查统计，计算出结构物的失效概率。由于影响实际结构作用效应和结构抗力的因素多变，数据庞大，各类结构构件可靠性指标存在差异，工程结构施工中质量离散性较大，目前概率法尚未进入实用阶段，仅用于少数重要工程。

工程结构的检测和鉴定应以国家及有关部门颁布的标准、规范或规程为依据，按照其规定的方法、步骤进行检测和计算，在此基础上对结构的可靠性作出科学的评判。在工程检测方面，我国已颁布了《建筑结构检测技术标准》（GB/T 50344—2004)、《砌体工程现场检测技术标准》（GB 550315—2000)、《超声法检测混凝土缺陷技术规程》（CECS 21：2000)、《回弹法检测混凝土抗压强度技术规程》(JGJ/T 23—2001)、《钻芯法检测混凝土缺陷技术规程》(CECS 21：90)、《超声回弹综合法混凝土强度技术规程》(CECS D2：88)、《贯入法检测砌筑砂浆抗压强度技术规程》(JGJ/T 23—2001）等 。在工程鉴定方面，我国已颁布了《民用建筑可靠性鉴定标准》（GB 50292—99)、《工业厂房可靠性鉴定标准》(GBJ 144—90)、《危险房屋鉴定标准》（JGJ 125—1999)、《建筑抗震鉴定标准》（GB 55023—95）等一系列鉴定标准和技术规程，这是对大量结构科学研究和工程实践的总结，以此为依据进行工程结构检测与鉴定，有利于排除人为因素，统一检测标准，提高鉴定水平，在满足结构安全性和耐久性的前提下，取得最大经济效益。

1.3 工程结构加固与改造

1.3.1 加固与改造技术发展

近 20 年来，结构鉴定与加固改造技术在我国得以迅速发展并且初具规模，正在逐渐形成一门新的学科。

传统的结构加固方法有加大截面加固法、体外预应力加固法和改变结构传力体系加固法等，这些方法已在实际工程中得到广泛的应用，取得了很多成熟的经验。但是这些加固方法存在一些不足之处，加大截面加固法施工周期长，增大了截面尺寸，减少了使用空间；预应力加固法锚固构造困难，施工技术要求高，且耐久性往往难以满足要求。

20 世纪 60 年代，美国将环氧树脂胶粘剂修复技术应用于公路、铁路、机场跑道的维护以及水利工程和军事设施的加固。随后，外部粘贴钢板加固法开始出现，这种加固法是用环氧树脂等胶粘剂把钢板等高强度材料牢固地粘贴于被加固构件的表面，使其与被加固构件共同工作，达到补强和加固的目的。20 世纪 70 年代，粘钢加固的理论研究和应用研究广泛开展，各国学者对粘钢加固的各种受力构件的承载力进行了较为系统的研究，建立了粘钢加固技术的理论基础，在解决实际工程应用问题上起到了重要作用，日本、美国以及欧洲的一些发达国家都制定了有关的技术标准。同时，各种性能优良的建筑结构胶相继问世，开始被应用于各类建筑工程构件的加固。

1971 年美国在圣弗南多大地震的震后修复过程中，广泛采用了建筑结构胶，如一座 10 层的医院大楼和一幢高度 137m 的市政大厦，仅用于修补 3 万余米的梁、柱、墙裂纹就用胶 7.5t。1983 年英国专家应用 FD808 结构胶，将 6.3mm 厚的钢板粘贴加固了一座公路桥，使得这座原限载量 110t 的桥梁可以通过重达 500t 的载重汽车。

我国使用建筑结构胶是从 20 世纪 80 年代开始的。1978 年，由法国援建的辽阳化纤总厂一座变电所的大梁，因设计配筋不足出现多条裂缝，法国斯贝西姆公司用该国 SIKADUR－31 建筑结构胶对损伤构件进行了粘钢加固补强，使其恢复正常使用功能。1981 年，中科院大连物理化学研究所研制出我国第一代 JGN—Ⅰ、JGN—Ⅱ建筑结构胶。JGN 型建筑结构胶粘剂的问世，对我国粘钢技术的发展起到了极大的推动作用。1984 年，辽宁省物理化学研究所与辽宁建筑科学研究所发表了关于粘钢受弯构件的试验研究报告，并制定了有关的技术标准。1991 年颁布的《混凝土结构加固技术规范》将受弯构件粘钢加固方面的内容纳入了规程的附录中。

20 世纪末，外贴纤维复合材料加固法逐渐引起工程技术人员的关注。1984 年，瑞士国家实验室首先开始了外贴纤维复合材料加固的试验研究。随后，各国学者开始在该领域开展了广泛的研究和应用推广工作，美国、日本等国家已经制定了外贴纤维复合材料加固的有关技术标准，我国已于 2003 年颁布《碳纤维片材加固混凝土结构技术规程》（CECS 146：2003）。

由于外贴加固方法具有施工周期短、对原结构影响小等优点，受到设计者和使用者欢迎。但是，在外贴加固中，外贴材料与构件的结合性能是保证加固效果的关键，胶粘剂性能的好坏决定了外贴加固的成功与否，由于受到胶粘剂性能等的限制，目前外部粘贴加固还大多局限于环境温度、湿度较低的承受静力作用的构件。另外，外贴材料与被加固构件之间的粘结锚固性能和锚固破坏机理、加固构件的耐久性及耐高温性能、加固构件的可靠性以及材料强度取值等理论问题仍需要在进一步研究中不断探讨。

1.3.2　加固与改造方法特点

工程结构应当满足安全性、适用性、耐久性三项基本功能要求，当结构物存在的缺陷和损伤使得其丧失某项或几项功能要求时，就应进行补强或加固。补强与加固的目的就是提高结构及构件的承载力、刚度、延性、稳定性和耐久性，满足安全要求，改善使用功能，延长结构寿命。

加固和改造工作包括设计与施工两部分，其内容与新建工程不尽相同，主要有下述特点。在加固设计时，应充分研究现存结构的受力特点、损伤情况和使用要求，尽量保留和利用现存结构，避免不必要的拆除；应根据结构实际受力状况和构件实际尺寸确定承载能力，结构承受荷载通过实地调查取值，构件截面采用扣除损伤后的有效面积，材料强度通过现场测试确定；加固部分属二次受力构件，结构承载力验算应考虑新增部分应力滞后现象，新旧结构不能同时达到应力峰值。

在加固施工时，受客观条件制约，往往要求在不停产或不中止使用的情况下加固，应在施工前尽可能卸除部分荷载或增加临时支撑，保证施工安全，同时又可以减少原结构内力，有利于新加部分的应力发挥；应注意新旧部分结合处连接质量，保证结合处应力传递，有助于新旧结构之间协同工作；由于腐蚀、冻融、振动、不良地基等原因造成的结构损坏，加固时，必须同时采取消除、减少或抵御这些不利因素的有效措施，以免加固后结构继续受到危害。

1.3.3 加固与改造方法的选择

(1) 加大截面法

加大截面法是用加大结构构件截面面积进行加固的一种方法，它不仅可以提高加固构件的承载力，而且还可增大截面刚度。这种加固方法广泛用于加固混凝土结构梁、板、柱，钢结构中的梁柱及屋架，砌体结构的墙和柱等。但加大截面尺寸会减小使用空间，有时受到使用上的限制。

(2) 外包钢加固法

外包钢加固法是在结构构件四周包以型钢的加固方法，这种方法可以在基本不增大构件截面尺寸的情况下增加构件承载力，提高构件刚度和延性。适用于混凝土结构、砌体结构的加固，但用钢量较大，加固费用较高。

(3) 预应力加固法

预应力加固法采用外加预应力钢拉杆或撑杆对结构进行加固，这种方法不仅可以提高构件承载能力，减小构件挠度，增大构件抗裂度，而且还能消除和减缓后加杆件的应力滞后现象，使后加部分有效地参与工作。预应力加固法广泛用于混凝土梁、板等受弯构件以及混凝土柱的加固，还用于钢梁和钢屋架的加固，是一种很有前途的加固方法。

(4) 改变传力途径加固法

改变传力途径加固法是通过增设支点或采用托梁拔柱的方法去改变结构受力体系的一种加固方法。增设支点可以减小构件的计算跨度，降低结构内力和变形，大幅度提高结构及构件的承载力；托梁拔柱是在不拆或少拆上部结构的情况下，拆除或更换柱子的一种处理方法，适用于要求改变房屋使用功能或增大空间的建筑物改造。

(5) 粘钢加固法

粘钢加固法是一种用胶粘剂把钢板粘贴在构件外部进行加固的方法。这种加固方法施工周期短，粘钢所占空间小，几乎不改变构件外形，却能较大幅度提高构件承载能力和正常使用阶段性能。

(6) 粘贴纤维复合材加固

近年来，我国工程界也已普遍采用粘贴纤维复合材方法对混凝土结构构件进行加固，该加固技术是利用树脂类胶粘剂将纤维复合材粘贴于结构或构件表面，纤维复合材承受拉应力，与结构或构件变形协调、共同工作，达到对结构构件加固及改善受力性能的目的。

(7) 化学灌浆法

化学灌浆法是用压送设备将化学浆液灌入结构裂缝的一种修补方法。灌入的化学浆液能修复裂缝，防锈补强，提高构件的整体性和耐久性。

(8) 地基加固与纠偏

对已有结构物的地基和基础进行加固称为基础托换，基础托换方法可分为四类：加大基底面积的基础扩大技术、新做混凝土墩或砖墩加深基础的坑式托换技术、增设基桩支承原基础的桩式托换技术、采用化学灌浆固化地基土的灌浆托换技术。基础纠偏主要有两条途径：一是在基础沉降小的部位采取措施促沉，将结构物纠正；二是在基础沉降大的部位采取措施顶升，达到纠偏目的。

(9) 建筑物加层改造

旧有建筑的面积或使用功能已不能满足新的需求，对旧有建筑进行加层改造已逐渐成为城市建设的重要途径。在选择加层方案和加层结构形式时，应充分发挥原建筑物的承载潜力，进行多方案比较、技术经济综合分析，从中选择合理的最佳加层设计方案。常用的加层方法主要有直接加层法、外套结构加层法和改变荷载传递加层法三种。此外，当原房屋的层高较大时，为了利用室内空间，可在室内进行加层。

(10) 建筑物移位技术

建筑物移位技术的基本原理是采用托换技术使建筑物形成一个可移动体，然后采用动力设备对建筑物可移动体施加推力或拉力，使其移动到新址。建筑物移位技术既可以应用于城镇建设中的既有建筑物位置调整工程，也可以采用该技术进行新建筑的预制、迁移建造工程。根据不同的移位路线，移位工程可分为水平移位和竖向移位。水平移位又可分为水平直线移位和水平旋转移位，竖向移位包括顶升和纠倾。实际工程中的移位路线可以是平移、旋转、顶升等单一路线，也可以是它们的组合路线，通常我们所说的建筑物整体移位工程仅指平移工程。

工程结构的加固与改造应以国家及有关部门颁布的规范或规程为依据，按照规范或规程要求选择加固方案，进行加固设计和施工。我国已颁布了《混凝土结构加固设计规范》(GB 50367—2006)、《既有建筑地基基础加固技术规范》(JGJ 123—2000)、《钢结构加固技术规范》(CECS 77：96)、《砖混结构房屋加层技术规范》(CECS 78：96)、《钢结构检测评定及加固技术规程》(YB 9257—96)、《建筑抗震加固技术规程》(JGJ 116—98)、《碳纤维片材加固混凝土结构技术规程》(CECS 146：2003) 等一系列加固技术规范和规程。这些规范和规程是在总结大量工程经验的基础上，借鉴国内外有关科研成果编写而成，对于统一加固标准、保证工程质量起到重要作用。

1.4 工程结构加固与改造的程序和原则

已有建筑结构的加固及改造比建新房复杂得多，它不仅受到建筑物原有条件的限制，而且既有房屋长期使用后，存在着各种的问题。另外，既有房屋所用的材料年代不同，常与现用材料相差甚大。在考虑已有建筑物鉴定、加固及改造方案时，应周密考虑各种情况，严格遵循工作程序和加固原则。选择加固改造方案不仅应安全可靠，而且要经济合理。

1.4.1 工程结构加固与改造的程序

建筑结构加固与改造的工作程序如下：首先进行工程结构检测，在检测的基础上进行结构可靠性鉴定，在抗震设防地区还需进行抗震鉴定。根据鉴定结果选定加固改造方案，进行加固改造设计和施工组织设计。然后进行加固改造，工程竣工后，应组织专业技术人员进行验收。

(1) 工程结构检测

对已有工程结构进行检测是加固改造工作的第一步，其检测的内容包括：结构形式，截面尺寸，受力状况，计算简图，材料强度，外观情况，裂缝位置和宽度，挠度大小，纵筋、箍筋的配置和构造以及钢筋锈蚀，混凝土碳化，地基沉降和墙面开裂等情况。以上工程结构的检测，是结构可靠性鉴定的基础。

(2) 工程结构的可靠性鉴定

在完成了对工程结构的检测以后，根据现场检测提供的数据，以可靠性鉴定标准为依据，对已有工程结构的可靠性进行鉴定。

(3) 加固改造方案选择

工程结构的加固方案的选择十分重要，加固方案的优劣，不仅影响资金的投入，更重要的是影响加固的效果和质量。合理的加固方案应该达到下列要求：加固效果好，对使用功能影响小，技术可靠，施工简便，经济合理，不影响外观。

(4) 加固改造设计

工程结构加固改造设计，包括被加固构件的承载能力计算、正常使用状态验算、构造处理和绘制施工图三大部分。在上述三部分工作中，在承载力计算中，应特别注意新加部分与原结构构件的协同工作。一般来说，新加部分的应力滞后于原结构，应考虑二次受力特点；加固结构的构造处理不仅应满足新加构件自身的构造要求，还应考虑其与原结构构件的连接。

(5) 施工组织设计

加固工程的施工组织设计应充分考虑施工场地狭窄拥挤，受生产设备和原有结构构件的制约，须在不停止使用的条件下进行加固施工。施工时，为保证加固施工过程的安全性，应采取临时支撑或加固措施。由于大多数加固工程的施工是在负荷的情况下进行，因此在施工前，尽可能卸除一部分外载，并施加预应力顶撑，以减小原构件中的应力。

(6) 施工及验收

加固工程的施工前期，在拆除原有构件或清理原有构件时，应注意观察是否有与原检测情况不相符合的地方。在补加加固时，应注意新旧构件结合部位的连接质量。加固工程竣工后，应由使用单位或其主管部门组织专业技术人员进行验收。

1.4.2 工程结构加固改造的原则

工程结构的加固与改造应遵守下述原则：

(1) 先鉴定后加固

结构加固方案确定前，必须对已有结构进行检测和可靠性鉴定分析，全面了解已有结构的材料性能、结构构造和结构体系以及结构缺陷和损伤等结构状况，分析结构的受力现状和持力水平，为加固方案的确定奠定基础。因此，必须先鉴定后加固，避免在加固工程中留下隐患甚至发生工程事故。

(2) 注意结构总体受力

尽管加固只需针对承载力不足构件进行，但同时要考虑加固后对整体结构体系的影响，例如，对房屋的某一层柱子或墙体的加固，有时会改变整个结构的动力特性，从而产生薄弱层，对抗震带来很不利的影响。再如，对楼面或屋面进行改造或维修，会使墙体、柱及地基基础等相关结构承受的荷载增加。因此，在制定加固方案时，应从建筑物总体考虑，不能仅注意局部构件加固。

(3) 加固方案的优化

一般来说，加固方案不是惟一的，例如当构件承载能力不足时，可以采用增大截面法、增设支点法、体外配筋法等。选用哪种方法应权衡多方面因素来确定，优化的因素主要有：结构加固方案应技术可靠、经济合理、方便施工。结构加固方案的选择应充分考虑已有结构实际现状和加固后结构的受力特点，对结构整体进行分析，保证加固后结构体系传力线路明确，结构可靠。应采取措施保证新旧结构或材料的可靠连接。另外，应尽量考虑综合经济指标，考虑加固施工的具体特点和加固施工的技术水平，在加固方法的设计和施工组织上采取有效措施，减少对使用环境和相邻建筑结构的影响，缩短施工周期。

(4) 尽量利用原结构承载力

需要加固的原结构，通常仍具有一定的承载能力，在确定加固方案时，应尽量减少对原有结构或构件的拆除和损伤。对已有结构或构件，在经结构检测和可靠性鉴定分析后，对其结构组成和承载能力等有了全面了解的基础上，在加固时尽量利用原有结构的承载能力。

(5) 加固过程中应加强结构检查，随时消除隐患

在加固方案确定之前，对已有结构进行了全面的检测和鉴定，但是由于某些客观原因，对已有结构的现存状况及结构损伤是无法完全掌握的。因此，在加固实施过程中，工程技术人员应加强对实际结构的检查工作，发现与鉴定结论不符或检测鉴定时未发现的结构缺陷和损伤，应及时采取措施消除隐患，最大限度地保证加固的效果和结构的可靠性。

(6) 与抗震设防相结合

我国是一个多地震的国家，抗震设防的国土面积占全国国土面积的79%。1976年唐山地震以前建造的建筑物，大多没有考虑抗震设防，1989年以前的抗震规范也只是7度以上地震区才设防。为了使这些建筑物遇地震时具有相应的安全储备，在对它们作承载能力和耐久性加固、处理时，应与抗震加固方案结合起来考虑。

复习思考题

1. 工程结构产生损伤的主要原因有哪些?
2. 影响结构耐久性的主要因素是什么?
3. 混凝土结构常用的检测手段有哪些?
4. 与新建工程相比，结构加固有哪些特点?
5. 简述工程结构加固与改造的方法。
6. 建筑结构需要检测、鉴定与加固的原因有哪些?
7. 试论述建筑结构加固的程序。

第 2 章　工程结构损伤机理及危害

2.1　混凝土结构损伤机理及其危害

2.1.1　混凝土中的钢筋腐蚀

1．概述

钢筋腐蚀引起混凝土建筑物的过早破坏已成为全世界普遍关注并日益突出的一大灾害，在第二届混凝土耐久性国际会议（1991 年）上，梅塔教授在题为《混凝土的耐久性——50 年的进展》的主题报告中指出："当今世界，混凝土破坏原因按重要性递降顺序排列是：钢筋腐蚀、混凝土的冻融破坏、侵蚀环境的物理化学作用。"

美国标准局 1975 年的调查表明：美国全年各种腐蚀损失为 700 亿美元，其中混凝土中钢筋锈蚀损失占 40%（280 亿美元）。在英国，英格兰岛中部环形线的 21km 快车道，11 座混凝土高架桥的建设费是 2800 万英镑（1972 年），因冷天撒盐融化冰雪，两年后就发现钢筋锈蚀将混凝土顺筋胀裂，到 1989 年的 15 年间，修补费高达 4500 万英镑（即为造价的 1.6 倍）！估计以后的 15 年间（到 2004 年），还要耗费 1.2 亿英镑（累计接近造价的 6 倍）！

20 世纪 50 年代，我国北方和国外一样，为使冷天施工的混凝土早强，曾普遍掺加氯盐，致使大量工业厂房因钢筋严重锈蚀而过早破坏，不得不为报废重修付出昂贵代价，即使还没有像美国北方冬天要常洒盐融化冰雪，北京、天津的许多钢筋混凝土立交桥使用时间不长，却已广泛显示钢筋锈蚀和混凝土顺筋胀裂的破坏迹象，并日益加剧发展。在我国的南方滨海地区及海洋工程的钢筋混凝土结构物中，钢筋腐蚀尤为突出。20 世纪 60 年代曾调查华南和华东 27 座海港钢筋混凝土建筑物，因钢筋锈蚀破坏的占 74%；1981 年调查华南 18 座使用 7～25 年的海港钢筋混凝土码头，因混凝土水灰比较大（0.65）或施工质量差，钢筋锈蚀破坏的占 89%，基本完好的仅仅是水灰比约 0.5 的两座钢筋混凝土码头；1985 年安徽省对 14 座水工混凝土建筑物进行锈蚀破坏调查，几乎全部不同程度地发生混凝土碳化和钢筋锈蚀破坏；1985 年，对全国 40 余处中小型钢筋混凝土水闸结构耐久性调查也表明，由于混凝土碳化引起钢筋锈蚀使闸墩、胸墙、大梁破坏的工程占 47.5%。

锈蚀使钢筋受力截面减小，锈蚀层膨胀使混凝土保护层沿钢筋方向"顺筋"开裂，而后脱落，以致不得不花费大量的经费对结构进行修补和加固。

2．钢筋腐蚀机理

混凝土在水化作用时，水泥中的氧化钙生成氢氧化钙，使混凝土孔隙中含有大量的离子 OH^-，其 pH 值一般可达到 12.5～13.5。钢筋在这样的高碱性环境中表面就形成厚度约 $(20 \sim 60) \times 10^{-10}$m 的钝化膜，其成分是($nFe_2O_3 \cdot mH_2O$)，能阻止钢筋进一步锈蚀，只有当钝化膜遭到破坏，钢筋才开始发生腐蚀。

混凝土中的钢筋在同时满足以下三个条件时就会产生锈蚀：

（1）在钢筋表面存在电位差，不同电位的区段之间形成阳极—阴极；

（2）阳极区段的钢筋表面处于活化状态，在阳极发生以下阳极反应：

$$2Fe-4e^{-}\longrightarrow 2Fe^{2+} \tag{2-1}$$

（3）存在水分和溶解氧，在阴极发生以下阴极反应：

$$2H_2O+O_2+4e^{-}\longrightarrow 4OH^{-} \tag{2-2}$$

由于混凝土碱度差异、钢筋中的碳及其他合金元素的偏析、加工引起的钢材内部应力等都会使钢筋各部位的电极电位不同而形成局部电池（即钢筋表面存在电位差，有阳极—阴极存在）。因此，上述条件（1）总是存在和满足的。但是，由于混凝土高碱度条件使钢筋表面形成钝化膜从而防止了钢筋的锈蚀。一旦钢筋的钝化膜破坏，在有水和氧气的条件下就会产生腐蚀电池反应，在阳极发生阳极反应，铁被溶解进入溶液，在阴极发生阴极反应，于是溶液中的 Fe^{2+} 和 OH^{-} 结合成氢氧化亚铁：

$$2Fe^{2+}+4OH^{-}\longrightarrow 2Fe(OH)_2 \tag{2-3}$$

氢氧化亚铁与水中的氧作用生成氢氧化铁。一旦钢筋表面上有氢氧化铁生成，它下面的铁就成为阴极，更进一步促进锈蚀。随着时间的推移，一部分氢氧化铁进一步氧化，生成 $nFe_2O_3\cdot mH_2O$（红锈），一部分氧化不完全的变成 Fe_3O_4（黑锈），在钢筋表面形成锈层，红锈体积可大到原来体积的四倍，黑锈体积可大到原来的二倍，铁锈体积膨胀，对周围混凝土产生压力，使混凝土沿钢筋方向（顺筋）开裂，进而使得保护层成片脱落，而裂缝及保护层的脱落又进一步导致钢筋更剧烈的腐蚀，腐蚀反应过程见图 2-1。

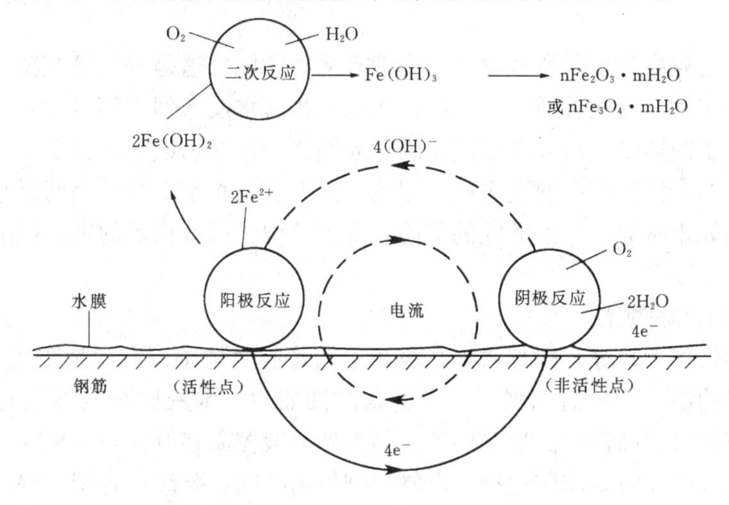

图 2-1　腐蚀反应

3. 影响钢筋腐蚀的主要因素

（1）pH 值

钢筋锈蚀速度与混凝土液相的 pH 值有密切关系。pH 值越大，碱性成分在钢筋表面形成钝化膜的保护作用越强，但当碱性成分被溶出和碳化作用产生影响，混凝土碱度降低，则钝化膜被破坏而引起钢筋锈蚀。一般来说，$pH>10$ 时，钢筋的锈蚀速度很小，而当 $pH<4$ 时，则锈蚀速度急骤增加。

（2）Cl^{-} 含量

混凝土中 Cl^- 含量对钢筋锈蚀的影响极大，当混凝土中含有氯离子（Cl^-）时，即使混凝土的碱度还较高，钢筋周围的混凝土尚未碳化，钢筋也会出现锈蚀的现象。这是因为 Cl^- 离子的半径小，活性大，具有很强的穿透钝化膜的能力，Cl^- 离子吸附在膜结构有缺陷的地方，如位错区或晶界区等，使难溶的氢氧化铁转变成易溶的氯化铁，致使钢筋表面的钝化膜局部破坏。钝化膜破坏后，露出的金属便成为活化的阳极。由于活化区小，钝化区大，构成一个大阴极、小阳极的活化——钝化电池，使钢筋产生所谓的坑蚀现象。

进入混凝土中的氯离子主要有两个来源。一是施工过程中掺加的防冻剂等。例如，北京工人体育场于 1958 年 10 月底开始施工，1959 年 4 月初结构完成，全部时间处于冬期施工阶段。施工时，24 个看台全部混凝土中掺用了早强抗冻外加剂，有的看台掺用了两种甚至三种抗冻剂，且均未加阻锈剂。1983 年底调查发现，看台下的小梁、主梁、看台板、柱子等构件出现大量裂缝，有的混凝土剥落，钢筋严重锈蚀，主筋直径明显减小，箍筋锈断，24 个看台均有裂缝，损坏严重的 10 个，不太严重的 4 个，较轻的 10 个。二是使用环境中 Cl^- 离子的渗透。例如北京体育学院游泳馆，由于池水用氯气消毒，氯气经过水的作用产生氯离子，氯离子随潮湿空气进入混凝土内。在游泳馆干湿交替频繁、混凝土密实性差的情况下，屋面板、屋面梁和落地拱等构件多处钢筋严重锈蚀。

钢筋的腐蚀速度与混凝土中 Cl^- 离子的含量有关。有资料表明，混凝土中氯化物含量达 0.6～1.2kg/m³，钢筋的腐蚀过程就可以发生。氯离子对钢筋混凝土的危害是非常大的，对混凝土中氯化物的含量应严格加以限制。

(3) 氧

钢筋锈蚀的先决条件是所接触的水中含有溶解态氧，这是因为氧在锈蚀过程中起到促进阴极反应的作用，支配着锈蚀的速度。例如，当海水浸入到钢筋表面时，即使氯化物中的氯离子破坏了钝坏膜，但只要氧达不到钢筋表面，钢筋锈蚀也不会发生。氧是以溶解态存在于海水中的，但其扩散速度很慢。因此，浸没在海水水下区的钢筋混凝土结构，钢筋不易锈蚀，而处于海面上的浪溅区的钢筋混凝土结构，因有充足的氧，该部位的钢筋就特别容易锈蚀。

(4) 混凝土的密实性

混凝土的密实性越好，内部微细孔隙和毛细管通道越小，有效地阻止外界腐蚀介质、氧气及水分等的渗入，从而加强了钢筋的防腐蚀能力。水灰比对混凝土的密实性影响很大，降低水灰比可提高钢筋的抗腐蚀性，国内外一般控制在 0.4～0.45 以下。为了提高混凝土的密实性，施工时要均匀振捣，严格控制振捣时间；要注意合理的混凝土级配，粗骨料的直径也不宜过大，在同样水灰比下，骨料粒径增大会大大降低混凝土的抗渗性；另外还要认真加以养护。

(5) 混凝土保护层厚度

增加混凝土保护层厚度可以显著地推迟腐蚀介质渗透到钢筋表面的时间，也可提高对钢筋锈蚀膨胀的抵抗力。混凝土碳化达到钢筋表面的时间与保护层厚度的平方成正比，增大保护层厚度能有效地推迟碳化时间。保护层厚度与钢筋直径的比值是抵抗锈蚀胀力的重要参数，当保护层厚度大于 3 倍直径时，保护层一般不会胀裂。值得注意的是，加大保护层厚度对耐久性有好处，但表面横向裂缝宽度增大，如建筑物有外观要求时就不能任意加大保护层厚度。

(6) 其他因素

混凝土中钢筋的腐蚀有时也会因为混凝土内部或外部环境不均匀而产生。例如，若在混凝土中存在两种相互接触的异种金属，则会使两种金属之间形成“电池”，低电位一方的金属成为阳极而引起腐蚀；当混凝土中各部分的氧浓度、氯化物浓度或碱浓度不同时，则会使低浓度处的钢筋成为阳极，高浓度处的钢筋成为阴极，形成浓差电池，从而促使阳极部分钢筋腐蚀，其中氧浓差电池对钢筋腐蚀的影响尤为显著。

预应力混凝土中，预应力钢筋（钢丝、钢绞线等）截面较小，工作应力比普通钢筋混凝土结构中钢筋的工作应力高，因而预应力钢筋遭受腐蚀后的影响比普通钢筋混凝土严重得多。预应力钢筋的腐蚀主要有三种情况：锈坑腐蚀、应力腐蚀和氢脆腐蚀。锈坑腐蚀是由于电化学作用造成的钢筋腐蚀，由于锈坑产生的槽口效应会引起应力集中，严重降低钢筋的延性和疲劳强度，它比均匀腐蚀更为危险。应力腐蚀是腐蚀介质和拉应力共同作用下钢筋产生晶间或穿晶断裂现象。氢脆腐蚀是由硫化氢与钢筋的化学反应引起的，氢原子进入钢筋中就会发生氢脆腐蚀，它改变了预应力钢筋的力学性能，特别是改变了钢筋的延性和疲劳强度。

混凝土保护层的完好性（是否开裂、有无蜂窝、孔洞等）对钢筋的腐蚀有明显影响，特别是对处于潮湿环境或腐蚀介质中的钢筋混凝土结构影响更大。许多实际调查结果都表明，在潮湿环境中使用的钢筋混凝土结构，裂缝宽度达 0.2mm 时即可引起钢筋腐蚀。钢筋腐蚀产生体积的膨胀又会加大保护层的裂缝宽度，如此恶性循环的结果必然导致混凝土保护层的彻底剥落和钢筋混凝土结构的最终破坏。

粉煤灰等矿物掺合料会降低混凝土的碱性，从而对钢筋腐蚀有不利影响。但国内外的研究证明，如能掺用优质粉煤灰等掺合料，则能在降低混凝土碱性的同时，提高混凝土的密实度，改善混凝土的内部孔结构，从而阻止外界腐蚀介质及氧气与水分的渗入，阻止钢筋腐蚀，掺用粉煤灰还可以增强混凝土抵抗杂散电流对钢筋的腐蚀作用。只有当掺用劣质粉煤灰时才会增大混凝土的需水量和孔隙度，引起钢筋腐蚀。

4．钢筋防腐蚀的措施

钢筋防腐蚀措施可分为两类：一类是常规防腐蚀法，一类是特殊防腐蚀法。

(1) 常规防腐蚀法

从材料选择、工程设计、施工质量、维护管理等四个方面采取综合措施，其中主要措施有：

1) 优选混凝土配合比，严格控制水灰比，选用合适的水泥用量和外加剂。

2) 工程设计中采用一定厚度的保护层，有利于阻止有害物质的渗入和抵抗钢筋锈蚀胀力。

3) 保证混凝土施工质量，提高密实性、抗冻性和抗渗性，加强养护，防止有害裂缝的产生。

4) 采用合适的材料，防止碱集料反应。

5) 严格限制氯离子含量。

6) 必要时采取表面涂层防护。

7) 定期检查，发现有裂缝或混凝土疏松掉皮时及时鉴定处理。

(2) 特殊防腐蚀法

特殊防腐蚀方法有：①阴极保护；②环氧树脂涂层钢筋；③用纤维增强塑料 Fiber－reinforced plastics（FRP）代替钢筋；④镀锌钢筋；⑤在混凝土内或钢筋表面加防锈剂。在上述这些特殊措施中，发展较快的是环氧树脂涂层钢筋、代替钢筋的 FRP 和钢筋防锈剂。

1）环氧树脂涂层钢筋，有静电粉体涂敷法和流体浸渍法等。为了提高涂层的均匀性及涂敷后与混凝土的粘结强度以及耐腐蚀的能力，工程中主要采用静电粉体涂敷法。该法是先将钢筋加热，而后向加热的钢筋上均匀喷射薄层树脂粉体，溶融、冷却，而后形成树脂涂层钢筋，经过“针孔试验”、“涂层厚度试验”、“耐腐蚀试验”、“耐碱性试验”以及有关力学性能试验，合格后投入使用，并要求在运送、吊装、绑扎等过程中，不被损伤。如遭到损伤，需进行有效修补。钢筋连接部位也需特殊处理。

2）用来代替钢筋的 FRP 主要有三种：①玻璃纤维筋 Glass fiber－reinforced plastics（GFRP）；②碳纤维筋 Carbon fiber－reinforced plastics（CFRP）；③阿拉米德纤维筋 Aramid fiber－reinforced plastics（AFRP）。它们都具有很高的抗拉强度，工程中可用作预应力筋，但 GFRP 的抗碱化能力较 CFRP 和 AFRP 差，不能用于含碱量高的水泥制品中。

3）钢筋防锈剂是一种价格比较低廉，防止钢筋锈蚀的一种外加剂，其特点是防止钢筋锈蚀。它的主要功能是使钢筋在渗入高量氯离子的情况下，仍能保持钝化膜的存在，但不能降低氯离子的渗入。

选择防腐蚀方法时应首先采用第一类常规防腐蚀方法，如果因为条件所限不能完全采用第一类常规防腐蚀方法时，或者需要进一步提高防腐性能时，则采用第二类特殊防腐蚀方法，但仍然要尽量满足第一类防腐蚀方法的要求，因为利用常规的混凝土防腐蚀方法是比较经济的。

应特别强调的是，无粘结预应力钢筋多用中性介质的涂料（如柏油、黄油、石蜡等），这种涂料只起到防水作用，它不会使钢筋表面形成具有防腐蚀能力的钝化膜。无粘结预应力钢筋与混凝土没有粘结，钢筋在任一点的局部腐蚀对钢筋全长的承载能力都有影响，因此局部腐蚀对无粘结预应力混凝土所造成的后果要比有粘结预应力混凝土严重得多，它的耐久性问题就更为重要。

2.1.2 混凝土的中性化

1．概述

混凝土周围环境和介质中的 CO_2、HCl、SO_2、Cl_2 等深入混凝土表面，与水泥石中的碱性物质发生反应从而使 pH 值降低的过程称为混凝土的中性化。混凝土在空气中的碳化是中性化最常见的一种物理化学过程。在某些条件下，混凝土碳化会增加其密实性，提高混凝土抗化学腐蚀的能力，但由于碳化降低混凝土的碱度，破坏钢筋表面的钝化膜，使混凝土失去对钢筋的保护作用，给混凝土中钢筋腐蚀带来不利的影响，同时，混凝土碳化还会加剧混凝土的收缩，有可能导致混凝土的裂缝和结构的破坏。混凝土碳化对钢筋混凝土结构的耐久性有很大的影响，已引起国内外学者的广泛注意。

2．混凝土碳化的机理

由于混凝土是一个多孔体，在其内部存在大小不同的毛细管、孔隙、气泡，甚至缺陷，空气中的二氧化碳首先渗透到混凝土内部充满空气的孔隙和毛细管中，而后溶解于毛细管中的液相，与水泥水化过程中产生的氢氧化钙和硅酸三钙、硅酸二钙等水化产物相互作用，形成碳酸钙。

混凝土的碳化主要包括三个过程：

（1）化学反应过程

混凝土碳化的化学反应过程如下：

$$CO_2 + H_2O \longrightarrow H_2CO_3 \tag{2-4}$$

$$Ca(OH)_2 + H_2CO_3 \longrightarrow CaCO_3 + 2H_2O \tag{2-5}$$

$$3CaO \cdot 2SiO_2 \cdot 3H_2O + 3H_2CO_3 \longrightarrow 3CaCO_3 + 2SiO_2 + 6H_2O \tag{2-6}$$

$$2CaO \cdot SiO_2 \cdot 4H_2O + 2H_2CO_3 \longrightarrow 2CaCO_3 + SiO_2 + 6H_2O \tag{2-7}$$

化学反应过程进行较快，反应的速度主要取决于 CO_2 的浓度和混凝土可碳化物质的含量。

（2）二氧化碳等的扩散

二氧化碳或其他酸性物质通过混凝土孔隙向混凝土内部扩散，这一过程的速度取决于扩散物质的浓度和混凝土的孔隙结构。

（3）氢氧化钙等的扩散

氢氧化钙等可在孔隙表面的湿度薄膜内扩散，其速度取决于混凝土的含水率和氢氧化钙浓度的梯度。

通常，上述三个过程中，二氧化碳在混凝土中的扩散速度最慢，它决定了混凝土碳化过程的速度。

3．影响混凝土碳化的因素

影响混凝土碳化的因素可分为周围环境因素、材料组成因素和施工因素三大类。

（1）周围环境因素

周围环境因素主要指周围介质的相对湿度、温度及二氧化碳的浓度等。

环境介质的相对湿度直接影响混凝土的润湿状态和抗碳化性能。在大气非常潮湿，相对湿度大于80%或100%的情况，混凝土毛细管处于相对的平衡含水率或饱和状态，使其气体渗透性大大降低，使混凝土碳化速度大大降低甚至停止；在相对湿度为0～45%的条件下，混凝土处于干燥或含水率非常低的状态，空气中的 CO_2 无法溶解于毛细管水或溶解量非常有限，使之不能与碱性溶液发生反应，因而混凝土碳化也无法进行；当周围介质的相对湿度为50%～75%时，混凝土碳化速度最快。

环境温度对混凝土的碳化速度影响也是很大的，和一般的化学反应一样，其碳化速度与温度几次方成正比。但对混凝土碳化来说，情况却比一般化学反应复杂得多。这主要是因为 CO_2 和 $Ca(OH)_2$ 在水中的溶解度是与介质温度成反比的。所以说，随着温度的提高，碳化速度加快，主要是用 CO_2 在空气中的扩散系数随温度的提高而增加来解释。

二氧化碳浓度对混凝土碳化深度的影响早就被国内外有关资料所肯定。一般认为，混凝土的碳化深度（D）与二氧化碳浓度（c）的平方根成正比，即：

$$\frac{D_1}{D_2} = \frac{\sqrt{c_1 t_1}}{\sqrt{c_2 t_2}} \tag{2-8}$$

式中　t_1、t_2——碳化时间。

（2）材料组成因素

1）水泥用量：水泥用量是影响混凝土碳化最主要因素之一。试验说明，水泥用量越大，混凝土的强度越高，其抗碳化性能也越高，规律性十分明显。若以水泥用量为300kg/m^3时的混凝土碳化深度作为标准与其他水泥用量时的碳化深度作比较，可得出不同水泥用量对混凝土碳化的影响系数。水泥用量影响系数（η_1）因混凝土品种不同而有较大差别。

对轻集料混凝土来说：

$$\eta_1 = 582 \cdot C^{-1.107} \tag{2-9}$$

对普通混凝土来说：

$$\eta_1 = 253 \cdot C^{-0.954} \tag{2-10}$$

式中　C——每立方米混凝土的水泥用量（kg）。

2）水灰比：水灰比对混凝土的孔隙结构影响极大。在水泥用量不变的条件下，水灰比越大，混凝土内部的孔隙率越大，密实性越差，渗透性越大，其碳化速度也越快。试验表明，随着水灰比的增长，混凝土碳化速度加剧。水灰比对混凝土碳化影响系数（η_2）明显增大，且呈明显的线性关系，可用直线方程表示：

对轻集料混凝土来说：

$$\eta_2 = 0.017 + 2.06\left(\frac{W}{C}\right) \tag{2-11}$$

对普通混凝土来说：

$$\eta_2 = 4.15\left(\frac{W}{C}\right) - 1.03 \tag{2-12}$$

3）粉煤灰取代量：混凝土掺用粉煤灰，对节约水泥、改善混凝土的某些性能有很大作用。但由于粉煤灰是一种火山灰质材料，具有一定活性，它会与水泥水化后的氢氧化钙相结合，使混凝土的碱度降低，从而减弱了混凝土的抗碳化性能。试验表明，在水灰比不变和采用等量取代法的条件下，粉煤灰取代水泥量越大，混凝土的抗碳化性能越差，因此，粉煤灰取代水泥量对混凝土碳化的影响系数（η_3）也越大，也呈明显的线性关系。

对轻集料混凝土来说：

$$\eta_3 = 1.006 + 0.0171F \tag{2-13}$$

对普通混凝土来说：

$$\eta_3 = 0.968 + 0.032F \tag{2-14}$$

式中　F——粉煤灰取代水泥量（%）。

若采用超量取代法配制混凝土时，特别是当采用Ⅰ级灰，使混凝土的水灰比有所降低时，其混凝土的抗碳化性能将比上述的试验结果有所改善。即 η_3 的数值可能有所降低，但试验数据较少，尚得不出降低的具体数值，但一般情况下，可取 $\eta_3 = 1$。

用粉煤灰等量取代部分水泥配制混凝土时，在一般工艺条件下，其最大取代量不宜超过20%。当粉煤灰取代水泥量为30%时，将使 η_3 大幅度增长，显然，这对混凝土的抗碳化性能是十分不利的。

4）水泥品种：水泥品种对混凝土的抗碳化性能也有明显影响。试验表明，普通硅酸盐水泥配制的混凝土比混合材含量较高的同强度等级的矿渣水泥和火山灰水泥混凝土有较好的抗碳化性能。但矿渣水泥配制成的混凝土则与同强度等级的火山灰水泥混凝土的抗碳化性能基本相同。而对同一品种水泥来说，则是水泥强度等级越高，其抗碳化性能越好。表 2-1 列出了水泥品种对混凝土碳化的影响系数（η_4）。

水泥品种对混凝土碳化的影响系数（η_4）　　表 2-1

混凝土品种	水　泥　品　种		
	普通硅酸盐水泥强度等级 42.5	矿渣或火山灰水泥强度等级 42.5	矿渣水泥强度等级 32.5
轻集料混凝土	1.0	1.20	1.25
普通混凝土	1.0	1.35	1.50

5）集料品种：由于集料形成或生产条件不同，其内部孔隙结构差别很大。如普通集料一般为火成岩、变质岩或水成岩加工而成，其结构较致密、吸水率较小；天然轻集料（如浮石、火山渣等）则为火山爆发时喷出的多孔岩石，属喷出岩，其结构多孔，呈海绵状或蜂窝状，吸水率较大；而人造轻集料，孔隙率较小，且多为圆形的封闭孔，吸水率较小。这些都必然给其混凝土的碳化带来不同的影响。表 2-2 列出了集料品种对混凝土碳化的影响系数（η_5）。表中集料品种影响系数表明，普通混凝土的抗碳化性能最好；在同等条件下，其碳化速度约为轻砂天然轻集料混凝土的 0.56 倍。用普通砂作细集料配制成的轻砂天然轻集料，其抗碳化性能与普通混凝土较接近（约为轻砂天然轻集料混凝土的 0.6 倍）。但若用膨胀珍珠岩砂作细集料，则无论是天然或人造轻集料混凝土，其碳化速度将成倍增长。

集料品种对混凝土碳化的影响系数（η_5）　　表 2-2

混凝土品种	集　料　品　种					
	粗　集　料			细　集　料		
	天然轻集料	人造轻集料	普通集料	普通砂	破碎轻砂	珍珠岩砂
轻集料混凝土	1.0	0.60	—	1.0	1.40	2.00
普通混凝土			0.56	1.0		

注：使用时，粗、细集料栏中系数的乘积即为 η_5。

6）养护方法：混凝土的养护方法很多。在工程中，应用最多的是自然养护和蒸汽养护。由于自然养护的温度、湿度条件受季节和地区的影响较大，因此根据有关标准的规定，在实际施工质量检验时，常以标准养护条件，即温度为 20±3℃、相对湿度大于 90% 作为评定或比较的依据。根据试验结果所得的养护方法影响系数（η_6）列于表 2-3。试验表明，蒸汽养护大大加速混凝土的碳化。与标准养护方法相比，蒸汽养护可使混凝土碳化速度提高 50%～85%，而且加速的程度普通混凝土比轻集料混凝土显著。

养护方法对混凝土碳化影响系数（η_6）　　表 2-3

混凝土品种	养　护　方　法		混凝土品种	养　护　方　法	
	标　养	蒸　养		标　养	蒸　养
轻集料混凝土	1.0	1.50	普通混凝土	1.0	1.85

（3）施工因素

施工因素对混凝土碳化的影响主要指混凝土搅拌、振捣和养护等条件的影响。显而易见，这些因素对混凝土的密实性的影响是很大的。所以，保证在施工中获得质量良好的混凝土对提高其抗碳化性能是十分重要的。

4. 混凝土碳化深度预测

混凝土碳化特征曲线是表征混凝土碳化深度随时间变化的规律。国内外大量的研究资料表明，在非侵蚀性介质的正常的大气条件下，混凝土碳化特征曲线，可用幂函数方程表示。

$$D = \alpha\sqrt{t} \tag{2-15}$$

式中 D——混凝土碳化深度（mm）；

t——混凝土碳化龄期（d）；

α——碳化速度系数，对普通混凝土 $\alpha = 2.32$，对轻集料混凝土 $\alpha = 4.18$。

碳化深度（D）和碳化速度系数（α）是用来表征混凝土碳化特征的主要指标，称之为碳化特征值。D 和 α 越大，说明混凝土抗碳化性能越差，越易于碳化。但由于影响混凝土碳化的因素十分复杂，D 和 α 只能表示在某些综合条件下混凝土碳化的平均特征值，不能真正表示在某种影响因素作用下混凝土碳化特征值。所以，实用价值较差。

中国建筑科学研究院混凝土研究所与有关单位共同研究，在我国首次提出混凝土碳化的多系数方程：

$$D = \eta_1 \cdot \eta_2 \cdot \eta_3 \cdot \eta_4 \cdot \eta_5 \cdot \eta_6 \cdot \alpha\sqrt{t} \tag{2-16}$$

式中 η_1、η_2、……η_6 同前。

混凝土碳化多系数方程是在公式（2-15）基础上，利用系数叠加原理而提出的。它主要用来表示在一定施工条件和周围介质条件下混凝土碳化的规律，在某些材料因素变化的情况下，可以较具体地计算出混凝土的碳化深度。

从公式（2-16）可以看出，多系数碳化方程由碳化基本方程 $\alpha\sqrt{t}$ 和若干影响系数两大部分组成。碳化基本方程主要反映混凝土碳化深度随时间变化的速率，若干影响系数则主要反映几种主要影响因素对混凝土碳化深度的量的影响，两者结合起来可以较全面的表现几种主要因素的变化对混凝土碳化的影响，并给出了较具体的量的概念，具有较明显的实用价值。预测的碳化深度宜满足表 2-4 的要求。

混凝土碳化合格性指标　　表 2-4

级别	使用条件	允许碳化深度（mm）	
		轻集料混凝土	普通混凝土
Ⅰ	正常湿度的室内	40	35
Ⅱ	正常湿度的室外	35	30
Ⅲ	潮湿的室外	30	25
Ⅳ	水位变化区	25	20

注：1. 正常湿度指相对湿度为 55% ~ 65%。
2. 潮湿条件指相对湿度为 70% ~ 80%。

混凝土碳化多系数方程是一个多种用途的实用经验公式，不仅可用来预测混凝土快速碳化和自然碳化的深度，还可用来检验混凝土配合比的碳化耐久性。

5. 减小混凝土碳化的措施

为了减小混凝土的碳化一般可采取如下措施：

（1）合理设计混凝土配合比。选择抗碳化性能较好的硅酸盐水泥或普通硅酸盐水泥，并有足够的水泥用量（一般不少于 300kg/m^3）；同时应尽量降低水灰比或掺入减水剂，尽可能在满足施工和易性要求的前提下，降低其用水量；在有必要掺入合乎国标要求的优质粉煤灰时，应按规程的要求，采用超量取代法设计混凝土配合比。

（2）在混凝土施工时，应采用机械振捣，以保证混凝土的密实性。同时，应尽可能避免采用加热养护以加速混凝土硬化，当采用自然养护时，应按有关规程的要求，经常喷水养护，以减少水分蒸发和表面裂缝。

（3）采用表面涂层或表面覆盖层的方法，隔绝混凝土与大气的直接接触，对减少或防止混凝土的碳化有明显效果。实践表明，无机或有机的各种外墙涂料，各种砂浆抹灰层都会不同程度地减少混凝土的碳化深度。若采用抗渗性能良好的防水水泥砂浆抹面层（约1~1.5cm），可以完全隔绝 CO_2 的渗透，保护混凝土表面不受碳化。若采用低分子聚乙烯或石蜡浸渍混凝土表面，可完全隔绝 CO_2 渗透的毛细管孔道，使混凝土不遭受碳化。

（4）考虑钢筋混凝土结构有足够的保护层厚度，这是最常用保护钢筋不遭受锈蚀的一种方法。在一般情况下，虽然混凝土遭受碳化，但尚未透过保护层厚度，对钢筋仍有很好的保护作用。

2.1.3　混凝土碱集料反应

1．概述

混凝土碱集料反应是混凝土中水泥、外加剂、掺合料和拌和水中的可溶性碱（钾、钠）溶于混凝土孔隙液中，与集料中能与碱反应的活性成分在混凝土硬化后逐渐发生的一种化学反应，反应生成物吸水膨胀，使混凝土产生内应力，导致混凝土开裂和强度降低，严重时会导致混凝土完全破坏。

碱集料反应引起的混凝土结构破坏，最早发生于美国的加里福尼亚州的一座桥梁，后来又在其他一系列建筑物上发现类似的破坏现象。因此，自1940年以来引起了美国、加拿大、印度、英国、荷兰、瑞典及挪威等国的重视。

如英国的瓦尔德拉马雷坝，是一座高23m的混凝土重力坝，由于施工时采用了活性集料和高碱水泥，致使大坝混凝土严重裂缝，结构明显变形，碱集料反应产物白色凝胶布满坝的下游。虽然采取了某些加固措施，但每年仍然要花巨大的修理费。又如加拿大的布哈罗氏水电站，由于施工采用了砂岩等活性骨料和高碱水泥，从而引起严重的碱集料反应而破坏，该坝在1940~1948年几乎每年都进行修补和加固。1965~1966年德国北部高速公路上一座新建不久的拉彻威尔（Lachswehr）桥因受碱集料反应严重损坏，已于1968年拆除重建。英国1970年发现泽西岛大坝建成10年后因碱集料反应而膨胀开裂，1976年又发现西南部3个变电所建成6~8年后因碱集料反应严重开裂。至1989年先后查出约300项工程发生碱集料反应损坏。南非开普顿地区1976年以来，已发现有半数混凝土工程发生碱集料反应破坏。丹麦混凝土委员会经调查认为国内混凝土建筑物，建成后1~10年均有不同程度的碱集料反应损坏。碱集料反应所造成的经济损失十分惊人，例如南非1981年拆建因碱集料反应损坏的工程，耗资2700万英镑；加拿大更换碱集料反应损坏的30万根铁路轨枕，一次耗资3400万加元。

从1974年起，国际上每隔2~3年召开一次碱集料反应学术会议，及时交流各国工程问题、检测方法、机理研究方面的情况，对推进碱集料反应科学与预防技术的发展起到积极的作用。

我国自1953年修建第一个大型混凝土水利工程佛子岭水库时，水利部门就重视了碱集料反应的预防工作，明文规定凡水利工程混凝土所用的集料，必须根据碱活性检验及论证资料，采用对工程无害的集料，同时采取使用低含碱量水泥等预防碱集料反应的措施。

因此，我国解放后建设了许多大中型水利工程，均未发生碱集料反应损害。在一般土建工程中，由于国家建材部门从20世纪50年代起就大量生产高混合材水泥，不仅在水泥生产中节约能耗，增加产量，同时起到预防抑制混凝土碱集料反应的效果。例如我国六七十年代大量生产使用的强度等级40.0矿渣水泥，矿渣掺量达50%~70%，对于抑制碱集料反应损害起到很重要的作用。直到1984年我国制定无混合材的硅酸盐水泥标准并开始生产，由于这种水泥早期强度高，社会需求及产量逐年增加，加上20世纪70年代以来，水泥生产工艺逐渐由湿法改为干法，以及我国推行掺工业废料窑灰等措施，使水泥含碱量大幅度提高。20世纪80年代以来随着混凝土强度等级的提高，每立方米混凝土水泥用量增加和较普遍地掺用含碱外加剂等因素，在一般混凝土工程中，如不重视集料碱活性问题，即将面临碱集料反应损坏的威胁。对此，我国土建工程技术人员必须予以充分的重视。

2. 碱集料反应的类型

依据参与碱集料反应的岩石种类及反应机理，碱集料反应可分为碱-硅反应、碱-硅酸盐反应及碱-碳酸盐反应三大类。

(1) 碱-硅反应

参与这种反应的有蛋白石、黑硅石、燧石、鳞石英、方石英、玻璃质火山岩、玉髓及微晶或变质石英等。反应发生于碱与微晶氧化硅之间，其反应产物为硅胶体。这种硅胶体遇水膨胀，产生很大的膨胀压力，能引起混凝土开裂。这种膨胀压力取决于集料中活性氧化硅的最不利含量。对蛋白石来说，该含量为3%~5%，而对活性较差一些的含硅集料，该含量为20%~30%。

(2) 碱-硅酸盐反应

黏土质岩石及千板岩等集料与混凝土中碱性化合物发生的反应属于碱-硅酸盐反应。这种反应尽管引起缓慢的体积膨胀，也能导致混凝土开裂，其反应性质与碱-二氧化硅反应相近似。

(3) 碱-碳酸盐反应

这是白云质石灰岩集料与混凝土中的碱性化合物发生的反应。这种反应最早发生于加拿大的一条混凝土路面。该路面在非寒冷季节发生严重龟裂。经调查发现该路面使用了白云质石灰石骨料。由此证明，碱-碳酸盐集料反应也引起体积膨胀和混凝土开裂。

3. 碱集料反应的机理

碱集料反应必须具备如下3个条件，才会对混凝土工程造成损坏。

(1) 混凝土中必须有相当数量的碱（钾、钠）。碱的来源可以是配制混凝土时形成的，即水泥、外加剂、掺合料、集料及拌合水中所含的可溶性碱；也可以是混凝土工程建成后从周围环境侵入的碱，如海雾随海风吹来，附着并逐渐渗入沿海附近的混凝土建筑物中，雪季喷洒化雪盐渗入桥梁及下水管道中的碱等。即使配制混凝土时含碱量较低，只要环境中的碱增加到一定程度，同样可使混凝土工程发生碱集料反应损坏。

(2) 混凝土中必须有相当数量的碱活性骨料。在碱集料反应中，由于每种碱活性骨料与碱反应对混凝土的危害都有其自身匹配规律，即混凝土在一定含碱量条件下，每种碱活性骨料都有其造成混凝土内部膨胀压力最大的最不利比率，当混凝土含碱量变化时这一最不利比率也发生变化。因而究竟哪一种碱活性骨料在混凝土中含量多大会形成危害是一个比较复杂的问题，必须通过试验才能了解。

(3) 混凝土工程的使用环境必须有足够的湿度，空气中相对湿度必须大于80%，或直接与水接触。如果混凝土在配合时，配合成分具备了碱集料反应条件，则不论高湿度或与水接触的时间迟早，连续或不连续，只要具备高湿度或与水直接接触的条件，反应产物就会吸水膨胀，使混凝土内部受到膨胀压力，内部膨胀压力大于混凝土自身抗拉强度时，混凝土工程就会遭受损害。

众所周知，在水泥水化生成物中除了 C_3S、C_2S、C_3A 及 C_4AF 之外，还有少量的游离 $Ca(OH)_2$。该游离 $Ca(OH)_2$ 与集料中含有的钾长石或钠长石反应会置换出 KOH 或 NaOH。在水泥水化反应初期，于集料颗粒四周形成 C-S-H 凝胶及 $Ca(OH)_2$ 附着层。然后 $Ca(OH)_2$ 与长石反应置换出 KOH 及 NaOH，形成发生碱集料反应的一个必要条件。

KOH 与 NaOH 同活性矿物集料的反应则因矿物成分不同而异。

在碱-硅反应中，KOH 及 NaOH 与 SiO_2 间发生如下反应：

$$-Si-OH+\overset{K^+}{Na^+}+OH^- \longrightarrow -Si-O-\overset{K^+}{Na^+}+H_2O \tag{2-17}$$

该反应前后的结构如图 2-2 所示。

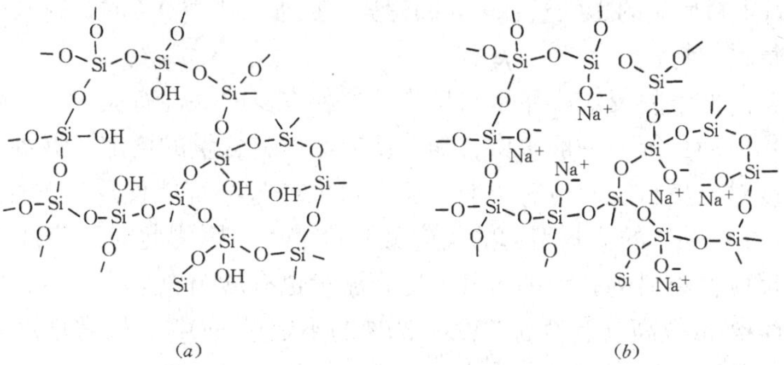

(*a*)　　(*b*)

图 2-2　非晶质 SiO_2 矿物在碱液中反应模型

(*a*) 暴露表面水化为硅烷醇；(*b*) 碱浸蚀反应后情况

当 NaOH 或 KOH 的浓度较低时，反应到此为止。混凝土内部结构不会发生破坏，但当 KOH 或 NaOH 的浓度较高时它不仅能中和二氧化硅颗粒表面及微孔中的 H^+，还会破坏 O-Si-O 之间的结合键，使二氧化硅颗粒结构松散，并使这一反应不断向颗粒内部深入形成碱硅胶。这种碱硅胶体会吸收微孔中的水分，发生体积膨胀。在周围水泥浆已经硬化的条件下，这种体积膨胀会受到约束，产生一定的膨胀压力。当该压力超过水泥浆或砂浆的抗拉强度时，即会引起其开裂，使混凝土结构破坏。该反应引起的体积膨胀量与混凝土孔隙中的含水量有关（水分充足时可增大 3 倍）。因此，为减少这种膨胀压力，必须防止水分由外部渗入混凝土孔隙中，即对混凝土结构予以防水处理。

碱硅酸盐反应的机理与碱－硅反应的机理相类似，只是反应速度比较缓慢而已。

碱－碳酸盐反应因发现较晚，对其机理尚在研究中。目前认为可以将碱－碳酸盐反应引起的混凝土破坏归结为白云石质石灰岩集料脱白云石化引起的体积膨胀。白云石质石灰岩集料在碱性溶液中发生的脱白云反应式如下：

$$CaMg(CO_3)_2+2MOH \longrightarrow Mg(OH)_2+CaCO_3+M_2CO_3 \tag{2-18}$$

式中 M 为 K、Na 等碱金属。

这一反应不是发生在集料颗粒与水泥浆的界面，而是发生于集料颗粒的内部。计算表明，白云石变成水镜体体积膨胀239%，某些白云石晶体的膨胀率可达250%。另外，粘土质集料遇水也会膨胀。这是一种膨胀机理假说。另外还有一种硅胶化假说。这种假说认为在白云石质石灰岩集料与碱溶液反应生成水镁石后，该水镁石又很快与溶液中的硅酸盐离子反应生成硅酸镁并聚积于集料界面处形成反应环，对混凝土强度增长不利。这两种假说都能说明混凝土发生碱－碳酸盐反应破坏的机理。

4．影响碱集料反应的主要因素

(1) 水泥的含碱量

碱集料反应引起的膨胀值与水泥中的 Na_2O 的当量含量紧密相关，一般来说，碱含量越高，膨胀量越大。

(2) 混凝土的水灰比

水灰比对碱集料反应的影响是错综复杂的，水灰比大，混凝土的孔隙度增大。各种离子的扩散及水的移动速度加大，会促进碱集料反应的发生。但从另一方面看，混凝土水灰比大其孔隙量大，又能减少孔隙水中碱液浓度，因而减缓碱集料反应。在通常的水灰比范围内，随水灰比减小，碱集料反应的膨胀量有增大的趋势，在水灰比为0.4时，膨胀量最大。

(3) 反应性集料的特性

混凝土及砂浆的碱集料反应膨胀量与反应性集料本身的特性有关，其中包括集料的矿物成分及粒度、集料用量等。一般来讲，随着反应性集料含量的增加，混凝土的反应膨胀量加大。集料粒度对碱集料反应也有影响，粒度过大或过小都能使反应膨胀量大为减小，中间粒度（0.15～0.6mm）的集料引起的反应膨胀量最大，因为此时反应性集料的总表面积最大。另外，反应性集料的孔隙率对其反应膨胀量也有影响。某些天然轻集料如火山渣及浮石中活性 SiO_2 含量很高（有时含70%～80%的不定形 SiO_2）。按常规理论分析，以这些天然轻集料配制的混凝土理应发生碱集料反应，但至今为止未发现天然轻集料混凝土发生碱硅酸盐反应的实例。估计是因为轻集料孔隙率大，缓解了膨胀压力的缘故。这说明多孔集料能减缓碱集料反应。因此，有些资料介绍美国在大坝混凝土中常掺入一定数量的轻集料，以免因碱集料反应引起坝体开裂或毁坏。

(4) 混凝土孔隙率

混凝土及砂浆的孔隙也能减缓碱集料反应时胶体吸水产生的膨胀压力。因而随孔隙量增加，反应膨胀量减小，特别是细孔减缓效果更好。因此，加入引气剂能减缓碱集料反应的膨胀。根据试验结果，引入4%的空气能使膨胀量减少约40%。

(5) 环境温湿度的影响

混凝土或砂浆的碱集料反应离不开水，因此环境湿度对其有明显影响。虽然说在低湿度条件下混凝土孔隙中的碱溶液浓度增大或促进碱集料反应，但如果环境相对湿度低于85%时，外界不供给混凝土水分，就不会发生混凝土中反应胶体的吸水膨胀。所以环境湿度对碱集料反应的影响是不容忽视的。

环境温度对碱集料反应也有影响。对每一种反应性集料都有一个温度限值。在该温度以下，随温度增高膨胀量增大，而超过该温度限值，反应膨胀量明显下降。这是因为在高温下碱集料反应加快，砂浆或混凝土未凝之前即已完成了膨胀，而在塑性状态的混凝土能吸收膨胀压力所致。

5．防止碱集料反应的措施

根据碱集料反应的机理及影响该反应的主要因素可以得知，防止碱集料反应应从以下几方面入手。

（1）采用低碱水泥，降低混凝土细孔溶液的碱度

水泥的含碱量是影响碱集料反应的重要因素之一。因此很多国家为了防止碱集料反应都对水泥含碱量作了规定。一般规定含碱量小于0.6%的为低碱水泥，含碱量为0.6%～0.8%的为中碱水泥；含碱量大于0.8%的为高碱水泥。有的国家如丹麦因砂石集料中活性集料含量多，为了防止碱集料反应，将低碱水泥的含碱量定为少于0.4%。我国有关标准规定熟料含碱量不应大于0.6%，只有矿渣大坝水泥的熟料含碱量允许放宽到1%。

应该指出水泥的含碱量主要取决于其原材料的矿物成分。即使同一工厂不同时间生产的水泥，碱度也不相同。因此，当发现集料中含有了能引起碱集料反应的成分时，就应对所使用的水泥碱度严格检查，并加以控制。

（2）掺用粉煤灰等掺合料降低混凝土的碱性

掺用粉煤灰、矿渣、硅灰等掺合料都能降低混凝土的碱性，从而控制碱集料反应。特别是当水泥含碱量高于允许限值时更应掺加粉煤灰等掺合料，例如掺入水泥重量5%～10%的硅灰即可有效地控制碱集料反应及由此引起的混凝土的膨胀与损坏。掺入水泥重量20%～25%的粉煤灰也可取得同样的效果。

应该指出，在混凝土中掺加粉煤灰掺合料必须防止钢筋锈蚀，为此除应注意检验粉煤灰的质量外，还应选用超量取代法，以保证掺粉煤灰混凝土等强、等稠度。掺硅灰的混凝土必须同时掺入高效减水剂，以免因硅灰颗粒过细引起混凝土需水量的增加。

（3）尽量不用可能引起碱集料反应的集料

集料的活性及矿物成分也是混凝土产生碱集料反应的重要因素。因此为防止碱集料反应就应对集料的这一特性加以控制，特别是重点工程更应注意选用无反应活性的集料。很多国家在混凝土集料试验方法标准中都专门规定了碱集料反应的检验方法。我国《水工混凝土试验方法规程》也对此作了明确规定。

如果对集料无选择余地时，则应采取在混凝土中掺用部分多孔轻集料或加入引气剂以减少碱集料反应的膨胀能量。

（4）改善混凝土结构的施工及使用条件

保证混凝土的施工质量，防止其因振捣不实产生的蜂窝麻面，以及因养护不当引起的干缩裂缝、温度裂缝等，能起到防止碱集料反应的作用。

从使用条件方面来看，应尽量使混凝土结构处于干燥状态，特别是防止经常受干湿交替作用也能防止发生碱集料反应引起的损坏。必要时还可采用防水或憎水涂层，或施加装饰层，如地下挡土墙及混凝土外墙等作好饰面层即能防止混凝土受外界雨水等作用。

2.1.4　化学介质的腐蚀

1．概述

在化学侵蚀介质的作用下，混凝土保持自身工作能力是较差的，尤其是在现代工业日益发达、建设范围与规模日益扩大、工业污染又较严重的今天，研究各种侵蚀介质对混凝土的腐蚀是十分必要的。

在国外，混凝土腐蚀问题很早就引起人们的注意。早在1812年，维卡首先发现海水

中的硫酸镁对混凝土的腐蚀；在19世纪90年代，德、法等国学会和一些权威机构开始建立长期暴晒试验场，对混凝土的抗海水性能进行一系列试验；20世纪20年代，英、德等一些国家的学者在实验室内对各种水泥的抗化学腐蚀性能进行了系统试验研究；20世纪30年代前后，前苏联对混凝土腐蚀的研究也已进行大量工作；20世纪40年代初，美国在波特兰水泥协会的领导下，对混凝土耐久性的工程实践进行了全面的研究。此后，有些国家开始编制有关标准规程。

在我国，混凝土腐蚀问题的研究起步是较晚的。国家科委在20世纪50年代末曾下达过有关科研任务，以后有些科研单位也曾进行过一些混凝土腐蚀问题的研究，但大都是结合工程进行短期的探索或验证试验，至今缺乏系统深入的研究。特别是结合我国建材资源和地理地质情况的系统的长期的研究工作尚嫌不够。

2. 化学介质腐蚀的分类和机理

混凝土腐蚀是一个很复杂的物理的、物理化学的过程。其腐蚀的原因可能是单一的，也可能是多种原因综合交替进行的。按其侵蚀性介质的性质或腐蚀的原因可以分为：①硫酸盐腐蚀；②海水腐蚀；③酸性腐蚀；④盐类结晶型腐蚀。

若按其腐蚀机理分类则较为复杂。这主要是因为对混凝土腐蚀机理的看法并不完全一致。西方国家的一些学者，只把混凝土腐蚀分为溶解型的和结晶膨胀型的两大类。前苏联以莫斯克文为代表的学者则将混凝土腐蚀分为三种类型。

第一类（腐蚀Ⅰ型）属溶蚀型的混凝土腐蚀，即当水渗透到混凝土内部，或是软水与水泥石作用时，一部分水泥的水化产物溶解并流失，引起混凝土破坏。

水泥水化产物中最容易被溶解的是$Ca(OH)_2$。$Ca(OH)_2$被溶蚀会促使水泥水化产物的水解。首先引起水解破坏的是水化硅酸三钙和水化硅酸二钙的多碱性化合物，而后才是低碱性的水化产物(如CaO、SiO_2等)破坏。

若在水中含有钙盐(如$CaHCO_3$和$CaCO_3$)，则会降低水泥石被溶蚀的速度。所以说，当混凝土被碳化，将会减少混凝土腐蚀Ⅰ型的发展速度。

在混凝土中掺入火山灰质的活性材料(如粉煤灰、火山灰等)，会与易被溶蚀的$Ca(OH)_2$结合成难溶的化合物，从而提高混凝土的坚固性，减少CaO的溶析。

在一定范围内，水泥石被溶蚀的速度与渗透水流的速度成正比。在流速很大的情况下，溶蚀速度的增长主要取决于CaO从混凝土表面析出的速度。当混凝土中的CaO损失33%时，混凝土就会破坏。

第二类（腐蚀Ⅱ型）属某些酸性溶液和镁盐对混凝土的腐蚀。这类腐蚀的主要生成物为不具有胶凝性的、易于被水溶蚀的松软物质。这类腐蚀不会使混凝土遭受彻底破坏。但若转化为Ⅰ型腐蚀，即其生成物被渗透到混凝土内部的水所溶蚀，则将使混凝土中的水泥石完全遭受破坏。

酸性腐蚀是指某些酸性液体对混凝土的腐蚀。这些酸性液体可能是来源于工业污染排放出SO_2、H_2S和CO_2等酸性气体或酸雨，或是在地下水中来源于土壤及土壤中的某些有机物腐烂而形成的碳酸水。这些水的pH值小于6.5时就可能对混凝土产生腐蚀。pH值介于3~6之间，腐蚀发展的速率近似与时间的平方根成正比。

镁盐腐蚀是指存在于地下水或海水中的$MgCl_2$和$MgSO_4$与混凝土中的Ca（OH）$_2$起反应而产生不可溶的$Mg(OH)_2$。其反应因镁盐浓度不同和作用时间长短不同，对混凝土腐蚀将产生不同效果。镁盐的浓度较低时，与氢氧化钙的反应容量较小，且只能在混凝土表面进行。此时，分解出来的$Mg(OH)_2$,还可能保护混凝土免遭继续破坏。但若长期与这种溶液作用，混凝土内部会产生Ⅰ型腐蚀。若镁盐浓度大时，$Ca(OH)_2$的数量不够被中和，因此，溶液向混凝土内部扩散，对混凝土破坏性更大。特别是$MgSO_4$与混凝土长时间作用时$Mg(OH)_2$将在固相中形成，并生成$CaSO_4$,这已属于第Ⅲ类型腐蚀的范围。

第三类（Ⅲ型腐蚀）属结晶膨胀型腐蚀。它是混凝土受硫酸盐的作用，在其孔隙和毛细管中形成低溶解度的新生物，逐步累积，产生巨大应力，而使混凝土遭受破坏。

含有硫酸盐的水经常可见。当水中含有硫酸盐时，会提高水泥石某些组分的溶解度，从而加速Ⅰ型腐蚀的发展。当SO_4^{2-}的含量大于2100mg/L时，水与混凝土接触，很容易形成二水石膏$CaSO_4 \cdot 2H_2O$。石膏可能以溶液形式存在。当它与水化铝硫酸盐起作用时，则形成30~32个结晶水的水化铝硫酸钙（又称钙矾石），其体积膨胀，最终导致混凝土破坏。其反应式如下：

$$Ca(OH)_2 + Na_2SO_4 \cdot 10H_2O \longrightarrow CaSO_4 \cdot 2H_2O + 2NaOH + 8H_2O \tag{2-19}$$

$$2(3CaO \cdot Al_2O_3 \cdot 12H_2O) + 3(Na_2SO_4 \cdot 10H_2O) \longrightarrow 3CaO \cdot Al_2O_3 \cdot 3CaSO_4 \cdot 31H_2O + 2Al(OH)_3 + 6NaOH + 17H_2O \tag{2-20}$$

由此可见，水中的SO_4^{2-}的浓度越高，水泥中的C_3A含量越多，形成钙矾石的可能性越大。所以，在含有硫酸盐的介质中使用的水泥，必须严格控制其C_3A的含量。我国有关标准规定，在硫酸盐腐蚀介质中使用的水泥，其C_3A含量应小于5%。

3．海水对混凝土的腐蚀

海水的化学成分是十分复杂而多变的。世界上各大洋海水中，由于其地理地质条件不同，其化学成分也有很大不同，即使在海洋的不同部位，其化学成分也是很不相同的。一般说来，海水中约含有3.5%左右的可溶性的硫酸盐、镁盐和氯盐等。这些盐类都可能给混凝土造成腐蚀。根据海工结构与海水接触部位不同，可能造成不同形式的腐蚀：

（1）在高潮线以上，与海水不直接接触部位，大海中含有大量氯盐的潮湿空气，可能造成混凝土的冻融破坏和钢筋锈蚀。

（2）在高潮线以上的浪溅区，混凝土遭受海水干湿循环的作用，可能造成盐类膨胀型的腐蚀和加速钢筋锈蚀。

（3）在水位变化区，即潮汐涨落区，直接遭受海浪的冲刷、干湿循环的作用、冻融循环的作用和可能遭受溶蚀等综合作用，使这一部分混凝土遭受最严重的腐蚀。

（4）在低潮位线以下，长期浸泡在海水中，易遭化学分解，造成混凝土腐蚀。但冻融破坏及钢筋锈蚀作用较小。

混凝土在海水中的腐蚀主要是$MgSO_4$、$MgCl_2$与水泥水化后析出的$Ca(OH)_2$起作用的结果，其反应式如下：

$$MgSO_4 + Ca(OH)_2 \longrightarrow CaSO_4 + Mg(OH)_2 \downarrow \tag{2-21}$$

$$MgCl_2 + Ca(OH)_2 \longrightarrow CaCl_2 + Mg(OH)_2 \downarrow \tag{2-22}$$

虽然海水中硫酸镁和氯化镁的浓度很低，但它们与$Ca(OH)_2$作用析出的生成物$CaCl_2$和$CaSO_4$都是易溶的物质，海水中高浓度的NaCl还会增加它的溶解度，阻碍它们的快速结晶；同时，NaCl也会提高$Ca(OH)_2$和$Mg(OH)_2$的溶解度，将它们浸出，使混凝土的孔隙率提高，结构被削弱。这个现象在流动的海水中更为严重。

在 $Ca(OH)_2$ 存在条件下，硫酸镁也能与单硫铝酸钙作用生成带有膨胀性的钙矾石。但有些学者认为，在海水中含有大量 NaCl，当有 NaCl 存在时会缓解其作用。这是因为水泥石在 Cl^- 作用下，借助于 $Ca(OH)_2$ 能形成单氯铝酸钙（$3CaO \cdot Al_2O_3 \cdot CaCl_2 \cdot 10H_2O$）或三氯铝酸钙（$3CaO \cdot Al_2O_3 \cdot 3CaCl_2 \cdot 32H_2O$），消耗水泥石中的 C_3A，从而缓解钙矾石的形成。特别是在有 CO_2 存在时，因 $Ca(OH)_2$ 与 CO_2 作用形成碳酸钙，使钙矾石的形成成为不可能。

由此可见，对海水中混凝土腐蚀破坏的形式看法是有分歧的。如苏联的莫斯克文等人认为硫酸盐结晶膨胀性破坏是存在的；而英国的纳维尔等人则认为不可能形成钙矾石，结晶膨胀性破坏是不存在的。混凝土在海水中的破坏主要是镁盐作用和钢筋锈蚀的结果。

最近，M.L.Conjeaud 的资料声称，在海水中的混凝土内，观察到一种钙矾石的变体。这种钙矾石所含的 SiO_2 可达 5%，氯化物 0.2%，并含有很小的六方棒状结晶体，穿插在C-S-H中，或呈球状，或呈很长的针形束。这类钙矾石的形成也会导致混凝土的膨胀破坏。

20 世纪 80 年代初，我国交通部有关科研单位，曾组织对 20 世纪 50 年代以来华南地区建成的 7 个港口、18 座桩基深板码头的钢筋混凝土构筑物进行调查。调查着重在水位线以上部位，结果表明，由于混凝土中钢筋锈蚀导致码头严重损坏者约占 77.8%。这些码头有的建成仅 8~9 年，有的 20 多年，就发现其钢筋严重锈蚀，分析其原因，主要是由于混凝土遭受海水中镁盐和钠盐的腐蚀，形成大量可溶性盐类。有的可能在混凝土的孔隙和毛细孔中反复积聚，引起膨胀性反应，使混凝土出现裂缝；有的可能是这些可溶性的腐蚀产物在海水的反复冲刷、溶解析出，使混凝土的孔隙率增加，增加了氯离子渗入混凝土内部的孔道，导致钢筋锈蚀、膨胀、裂缝的恶性循环。再加以某些工程设计不当，保护层太小，一般仅为 2~3cm；或是施工质量较差，水灰比控制不严，混凝土振捣不密实，甚至蜂窝麻面等现象严重存在。这些都更加剧海水对钢筋混凝土的腐蚀，使某些港口工程很快遭受破坏。

4. 硫酸盐侵蚀

在混凝土中，化学侵蚀最广泛和最普通的形式是硫酸盐的侵蚀。硫酸盐一般是指硫酸钠、硫酸镁等。硫酸盐通常存在于地下水，特别是当土壤中含黏土比例高时更是如此，并且硫酸盐是海水的主要成分，在邻近工业废料（如矿尾、矿渣堆和碎石堆等）的地下水中，硫酸盐浓度较高，即使是地面以上的混凝土构件也会出现缓慢的硫酸盐侵蚀破坏，如污水处理厂、化纤工业厂房、制盐、制皂业厂房的腐蚀破坏等。

硫酸盐溶液和水泥石中的氢氧化钙及水化铝酸钙发生化学反应，生成石膏和硫铝酸钙，产生体积膨胀，使混凝土瓦解。可以认为硫酸盐腐蚀是连续的三个过程：①硫酸盐离子的渗入；②石膏腐蚀；③硫铝酸盐腐蚀。

硫酸盐与$Ca(OH)_2$ 的石膏腐蚀反应在流动的硫酸盐水里可以一直进行下去，直至 $Ca(OH)_2$完全被反应完。但如果 OH^- 被积聚，反应就可达到平衡，只有一部分 SO_3 沉淀成石膏。从氢氧化钙转变为石膏，体积增加为原来的两倍。

硫铝酸盐腐蚀主要是单硫型铝酸盐形成钙膏石的硫铝酸盐腐蚀。此反应伴有固体体积的大量增加，克分子体积增加 $254cm^3$。由于水泥石体积膨胀，并同时产生内应力，最后导致混凝土开裂。

硫酸钠可以与氢氧化钙和水化铝硫钠同时发生腐蚀反应，硫酸钙只能与水化铝酸钙反应，生成硫铝酸钙。硫酸镁则除了能侵害水化铝酸钙和氢氧化钙外，还能和水化硅酸钙反应。由于反应产物氢氧化镁的溶解度很低，上述反应几乎可以进行完全。所以硫酸镁较其他硫酸盐具有更大的侵蚀作用。硫酸镁腐蚀主要存在海水的侵蚀中。

硫酸盐侵蚀的速度随其溶液的浓度增大而加快。硫酸盐的浓度以 SO_3 的含量表示，达到 1‰时，侵蚀作用被认为是中等严重；2‰时，则为非常严重。当混凝土的一侧受到硫酸盐水的压力作用而发生渗流时，水泥石中硫酸盐将不断得到补充，侵蚀速度加快。如果存在干湿循环，配合以干缩湿胀，则会导致混凝土迅速崩解。可见混凝土的渗透性也是影响侵蚀速度的一个重要因素。

混凝土遭受硫酸盐侵蚀的特征是表面发白，损害通常在棱角处开始，接着裂缝开展并剥落，使混凝土处于一种易碎的、甚至松散的状态。

5. 混凝土的酸侵蚀

混凝土是碱性的材料，在其使用过程中常会受到酸、酸性水的侵蚀。化纤生产厂中的酸站等就经常受到酸侵蚀造成严重破坏。如上海化纤三厂酸站因基础腐蚀造成厂房倾斜，墙体裂缝，危及安全。一般来说，这类酸站在使用十几年或二十几年后，就因腐蚀严重不得不报废重建。自然环境中酸性地下水是不多的。酸性地下水常见于有机物严重分解的沼泽地或泥炭地区。酸性水也可产生于回填土区域以及开矿作业区和尾矿堆场。高酸性条件也可由农业和工业废料产生，特别是加工食品和动物的工业废料，以及化工废料。

在酸侵蚀过程中，氢离子将加速氢氧化钙的渗滤：

$$Ca(OH)_2 + 2H^+ \longrightarrow Ca^{2+} + 2H_2O \tag{2-23}$$

如果浓度高时，C—S—H 也可受侵蚀而形成硅胶。

$$3CaO \cdot 2SiO_2 \cdot 2H_2O + 6H^+ \xrightarrow{H_2O} 3Ca^{2+} + 2(SiO \cdot nH_2O) + 6H_2O \tag{2-24}$$

1%的硫酸或硝酸溶液在数日内对混凝土的侵蚀能达到很深的程度，就是因为它们和水泥石中的 $Ca(OH)_2$ 作用，生成水和可溶性钙盐，同时能直接与硅酸盐、铝酸盐作用使之分解，使混凝土遭到严重的破坏。此外，硫酸根离子将明显地参与硫酸盐侵蚀，因而硫酸的腐蚀性特别强。

盐酸（HCl）的 H^+ 离子会侵蚀混凝土，发生上述的腐蚀反应，其 Cl^- 离子对钢筋的锈蚀起着重要的加速作用，因此，盐酸的侵蚀破坏作用也是极大的。

碳酸因能形成可溶性重碳酸钙故腐蚀性也很强，反应如下：

$$Ca(OH)_2 + H_2CO_3 \longrightarrow Ca(HCO_3)_2 + H_2O \tag{2-25}$$

某些天然水因溶有 CO_2 及腐植酸，所以也常呈酸性，可对混凝土产生酸性侵蚀。

任何酸如能形成可溶性钙盐，则侵蚀强烈，有些酸（如磷酸）与 $Ca(OH)_2$ 作用虽然生成不溶性钙盐，堵塞在混凝土的毛细孔中，侵蚀速度可以减慢，但混凝土强度也不断下降，直到最后破坏。

此外，经常受到淡水冲刷浸泡的混凝土还会受到水的溶蚀浸析，降低混凝土强度。淡水能把氢氧化钙溶解，使水泥石液相 $Ca(OH)_2$ 浓度低于某些水泥水化产物稳定存在的极限浓度。因此，这些水化产物随即发生分解，直到形成一些没有粘结能力的 $SiO_2 \cdot H_2O$ 及 $Al(OH)_3$，使混凝土强度降低。但是，除非水可以不断地渗透过混凝土，否则这种作用进行的十分缓慢，几乎可以忽略不计。

6．碱类侵蚀

固体碱如碱块、碱粉等对混凝土无明显的作用，而溶融状碱或碱的浓溶液对混凝土有侵蚀作用。但当碱的浓度不大（15%以下），温度不高（低于50℃）时，影响很小。碱（NaOH）对混凝土的侵蚀作用主要包括化学侵蚀和结晶侵蚀两个因素。

化学侵蚀是碱溶液与水泥石组分之间起化学反应，生成胶结力不强、易为碱液浸析的产物。典型的反应式如下：

$$2CaO \cdot SiO_3 \cdot H_2O + 2NaOH = 2Ca(OH)_2 + Na_2SiO_3 + H_2O \tag{2-26}$$

$$3CaO \cdot Al_2O_3 \cdot 6H_2O + 2NaOH = 3Ca(OH)_2 + Na_2O \cdot Al_2O_3 + 4H_2O \tag{2-27}$$

结晶侵蚀是由于碱渗入混凝土孔隙中，在空气中的 CO_2 作用下形成含10个结晶水的碳酸钠晶体析出，体积增加2.5倍，产生很大的结晶压力而引起水泥石结构的破坏。

7．防止化学介质腐蚀的措施

（1）选用与腐蚀类型或程度相适应的水泥品种

这是因为混凝土的抗腐蚀性能主要取决于水泥品种。正确地选择水泥品种对任何一种腐蚀类型都是十分重要的。常用几种水泥在不同侵蚀性介质中抗腐蚀性能的比较见表2-5。

由表2-5可见，选用抗硫酸盐水泥、火山灰质水泥具有较好的抗硫酸盐和海水腐蚀的能力。矾土水泥抗各种化学腐蚀能力都较强。火山灰质水泥对各种化学侵蚀介质也有较好抵抗能力。

（2）提高混凝土密实性和抗渗性

这对防止或减少任何一种类型的混凝土腐蚀都是有效的。这是因为各种侵蚀介质都是通过混凝土的各种孔隙、毛细孔而进入其内部的。因此，在设计中正确选择混凝土的配合比，保证必要的水泥用量，尽可能减少水灰比，并在施工中加强振捣，以保证混凝土的密实性，都是十分必要的。我国有关部颁标准规定了在不同侵蚀性等级中混凝土的最大水灰比和最小水泥用量。

（3）混凝土保护层必须有足够厚度

混凝土腐蚀常常引起钢筋的锈蚀，而钢筋锈蚀引起的混凝土裂缝必将加速混凝土腐蚀。前述的海水腐蚀就是一个典型的情况。为了防止这个恶性循环的产生，除混凝土应有足够的密实性外，还应保证有必要的钢筋保护层厚度。

各种水泥抗化学腐蚀性能比较　　**表2-5**

水泥品种	抗化学腐蚀性能			
	硫酸盐	弱酸	纯水	海水
硅酸盐水泥				
快硬	低	低	低	低
普通	低	低	低	低
低热	中	低	低	低
抗硫酸盐水泥	高	低	低	中
矿渣硅酸盐水泥	中到高	中到高	中	中
超抗硫酸盐水泥	很高	很高	低	高
矾土水泥	很高	高	高	很高
火山灰质水泥	高	中	中	高

（4）掺用火山灰质的活性掺合料

在混凝土中掺入火山灰质的水硬性活性掺合料，如火山灰、粉煤灰，以提高混凝土的耐腐蚀性是比较有效的。这是因为这些活性掺合料善于与 $Ca(OH)_2$ 结合成难溶的化合物，也可称为是二次水化，从而减少 CaO 被溶蚀的程度，对减少镁盐腐蚀、硫酸盐腐蚀的效果也是较好的。

但是在防止硫酸盐腐蚀中，必须注意到，火山灰的掺入可能导致妨碍铝酸钙的水化作用，在后期干扰与硫酸盐的反应。因此，国外有关规范规定，在一些抗硫酸盐腐蚀的重要结构中，不允许粉煤灰与抗硫酸盐水泥混合使用。

（5）采用引气剂或减水剂

在混凝土中掺入某些引气剂或减水剂（如木质磺酸钙、有机硅、氯化钙等），不仅可以减少混凝土的用水量，提高其强度和抗冻性，还可以提高 $Ca(OH)_2$ 和 $CaSO_4$ 的溶解度，对提高混凝土的耐腐蚀能力也是十分有效的。

（6）采用混凝土表面处理方法

在混凝土硬化初期，用人工碳化的方法，处理混凝土的表面，对防止或减少混凝土溶蚀型的腐蚀效果是很好的；采用热沥青涂层处理混凝土表面，或采用专门的涂料、饰面材料对混凝土进行表面处理，对防止镁盐腐蚀或软水的溶蚀作用都是有效的；在可能条件下采用浸渍混凝土其效果将更好。因为这些措施都可以防止或减少侵蚀性介质渗入混凝土内部，所以效果都是较好的。

2.1.5 混凝土的冻融破坏

1. 概述

引起混凝土冻融破坏的主要原因是混凝土微孔隙中的水。在温度正负交替作用下，形成冰胀压力和渗透压力联合作用的疲劳应力。在这种疲劳应力的作用下混凝土产生了由表及里的剥蚀破坏，从而降低混凝土强度，影响建筑物安全使用。因此混凝土的抗冻性是混凝土耐久性的重要指标。

1985 年水利水电系统曾组织了一次全国性的水工混凝土建筑物老化病害调查，包括大坝、水闸、溢洪道等 70 余座水工混凝土建筑物。调查结果表明：有 22% 的大型水工混凝土工程（大坝）存在混凝土的冻融剥蚀破坏，有 21% 的中小型水工钢筋混凝土工程（水闸等）也存在有混凝土的冻融剥蚀破坏。大型水工混凝土建筑物的冻融破坏主要集中在我国的东北、华北和西北地区，而中小型水工混凝土建筑物的冻融破坏，不仅"三北"地区存在，而且在气候比较温和，但冬季仍然出现冰冻的华东、华中地区以及西南高山地区也普遍存在。

港口码头工程冻融破坏的情况也较为普遍，加之港工建筑物接触海水，海水中含有大量的盐类，其冻融破坏要大于淡水。因此，冻融破坏是北方港工混凝土工程中最重要的病害。港工部门自 20 世纪 50 年代开始就重视对码头工程混凝土耐久性的调查，调查结果表明，我国东北地区的大连港、葫芦岛港，华北地区的秦皇岛港、塘沽新港，甚至华东地区的日照港（石臼港）等均发生过较严重的混凝土冻融破坏。破坏的结构主要是防波堤、胸墙、码头、栈桥等，破坏较严重的部位是潮差区和浪溅区，即容易受海水饱和又经受冻融循环的部位。混凝土最大冻融剥蚀深度 0.5～1.0m，如冻融破坏面是背阳面或迎风面，则破坏作用更为严重。

除水工和港工部门以外，混凝土冻融剥蚀的情况在我国北方铁道的桥涵工程、交通部门的混凝土路面工程、桥梁和城市立交桥工程以及北方地区，尤其是东北严寒地区的工业与民用建筑中均有发生。因此混凝土的冻融剥蚀破坏是我国混凝土建筑物老化病害的主要问题之一。

2．混凝土冻融破坏的机理

混凝土是由水泥砂浆及粗集料组成的毛细孔多孔体。在拌制混凝土时为了得到必要的和易性，加入的拌合水总要多于水泥的水化水。这部分多余的水便以游离水的形式滞留于混凝土中形成连通的毛细孔，并占有一定的体积。例如在水泥用量为300～600kg，用水量为160～240kg的混凝土中游离水的体积平均为5%～20%。这种毛细孔中的自由水就是导致混凝土遭受冻害的主要内在因素。因为水遇冷结冰会发生体积膨胀，引起混凝土内部结构的破坏，但应该指出，在正常情况下，毛细孔中的水结冰并不致于使混凝土内部结构遭到严重损坏。因为混凝土中除了毛细孔之外还有一部分水泥水化后形成的胶凝孔和其他原因形成的非毛细孔。这些孔隙中常混有空气。因此，当毛细孔中的水结冰膨胀时，这些气孔能起缓冲调节作用，即能将一部分未结冰的水挤入胶凝孔，从而减少膨胀压力，避免混凝土内部结构破坏。但当混凝土处于饱水状态时，情况就完全两样了。此时当毛细孔中的水结冰时，胶凝孔中的水处于过冷状态。因为混凝土孔隙中水的冰点随孔径的减小而降低，胶凝孔中形成冰核的温度在－78℃以下。胶凝孔中处于过冷状态的水分因为其蒸汽压高于同温度下冰的蒸气压而向毛细孔中冰的界面处渗透。于是在毛细孔中又产生一种渗透压力。例如在－5℃时该渗透压力可达5.97MPa。此外，胶凝水向毛细孔渗透的结果必然使毛细孔中的冰体积进一步膨胀。由此可见，处于饱水状态（含水量达到91.7%极限值）的混凝土受冻时，其毛细孔壁同时承受膨胀压力及渗透压力两种压力。当这两种压力超过混凝土的抗拉强度时，混凝土就会开裂。在反复冻融循环作用后，混凝土中的损伤会不断扩大，逐步积累。经过一定的冻融循环后，混凝土中的裂缝会相互贯通，其强度也逐渐降低，最后甚至完全丧失，使混凝土结构由表及里遭受破坏。这种关于混凝土受冻损坏的假说比单纯认为混凝土受冻后孔隙水结冰，体积膨胀9%，引起内部结构破坏的假说更为确切。

关于混凝土早期受冻问题归纳起来有以下两种情况。

(1) 混凝土凝固前受冻

此时拌合水尚未参与水化反应。混凝土的冰冻作用类似于饱和黏土冻胀的情况，即拌合水结冰使混凝土体积膨胀。混凝土的凝结过程因拌合水结冰而中断，直到温度上升混凝土拌合水融化为止。若此时重新振捣混凝土，则混凝土照常凝结硬化，对其强度的增长不会产生不利影响。但如不重新振捣密实，则混凝土中就会留下因水结冰而形成的大量孔隙，使其强度大为降低。不过重新捣实这一方法只有当万不得已时才能采用。一般情况下还是应注意早期养护，尽量避免混凝土过早受冻。

(2) 混凝土凝固后但未取得足够强度时受冻

此时受冻的混凝土其强度损失最大。因为与毛细孔水结冰相关的膨胀将使混凝土内部结构严重受损，造成不可恢复的强度损失。混凝土所取得的强度愈低，其抵抗冻结破坏的能力愈低。因此时水泥尚未充分水化，起缓冲调节作用的胶凝孔尚未完全形成。所以这种早期冻害对混凝土及钢筋混凝土结构的危害最大，必须尽量避免。各国的混凝土施工规范中都对冬期施工混凝土有特殊的规定，严格控制混凝土的硬化温度不得低于0℃。

关于冬期施工混凝土的养护时间及避免混凝土遭受早期冻害所应取得的最低强度，至今尚无确切资料。有人认为该最低强度值介于5～14MPa之间，还有人推荐了防止冬期施工混凝土受冻的最短养护龄期。

3. 影响混凝土抗冻性的主要因素

混凝土的抗冻性与其内部孔结构、水饱和程度、受冻龄期、混凝土的强度等许多因素有关。而混凝土的孔结构及强度又主要取决于其水灰比、有无外加剂及养护方法等，归纳如下。

（1）水灰比

水灰比直接影响混凝土的孔隙率及孔结构。随着水灰比的增大，不仅可饱水的开孔总体积增加，而且平均孔径也增大，因而混凝土的抗冻性必然降低。国内外有关规范均规定了用于不同环境条件下的混凝土最大水灰比及最小水泥用量。

（2）含气量

含气量也是影响混凝土抗冻性的主要因素，特别是加入引气剂形成的微细气孔对提高混凝土抗冻性尤为重要。因为这些互不连通的微细气孔在混凝土受冻初期能使毛细孔中的静水压力减少，即起到减压作用。在混凝土受冻结冰过程中这些孔隙可阻止或抑制水泥浆中微小冰体的生成。每一种混凝土拌合物都有一个可防止其受冻的最小含气量。美国Kliever发现该空气体积约等于砂浆体积的9%。虽然空气仅存于水泥砂浆中，但通常规定空气含量均以混凝土体积百分数来表示。除了必要的含气量之外，要提高混凝土的抗冻性，还必须保证气孔在砂浆中分布均匀。通常可用气泡间距来控制其分布均匀性。混凝土含气量及气孔分布的均匀性可用掺加引气剂或引气型减水剂、控制水灰比及集料粒径等方法予以调整。

（3）混凝土的饱水状态

混凝土的冻害与其孔隙的饱水程度紧密相关。一般认为含水量小于孔隙总体积的91.7%就不会产生冻结膨胀压力，该数值被称为极限饱水度。在混凝土完全饱水状态下，其冻结膨胀压力最大。混凝土的饱水状态主要与混凝土结构的部位及其所处自然环境有关。一般来讲，在大气中使用的混凝土结构，其含水量均达不到该极限值，而处于潮湿环境的混凝土，其含水量要明显增大。最不利的部位是水位变化区。此处的混凝土经常处于干湿交替变化条件下，受冻时极易破坏。另外，由于混凝土表层的含水率通常大于其内部的含水率，且受冻时表层的温度均低于其内部的温度，所以冻害往往是由表层开始逐步深入发展的。

（4）混凝土受冻龄期

混凝土的抗冻性随其龄期的增长而增高。因为龄期越长，水泥水化越充分，混凝土强度越高，抵抗膨胀的能力越大。这一点对早期受冻的混凝土更为重要。

（5）水泥品种及集料质量

混凝土的抗冻性随水泥活性增高而提高。普通硅酸盐水泥混凝土的抗冻性优于混合水泥混凝土，更优于火山灰水泥混凝土的抗冻性。这是因为混合水泥需水量大所致。混凝土集料对其抗冻性的影响主要体现在集料吸水量的影响及集料本身抗冻性的影响。一般的碎石及卵石都能满足混凝土抗冻性的要求，只有风化岩等坚固性差的集料才会影响混凝土的抗冻性。在严寒地区室外使用或经常处于潮湿或干湿交替作用状态下的混凝土则应注意选用优质集料（指无软弱颗粒及风化岩的集料）。

（6）外加剂及掺合料的影响

减水剂、引气剂及引气减水剂等外加剂均能提高混凝土的抗冻性。引气剂能增加混凝土的含气量且使气泡均匀分布，而减水剂则能降低混凝土的水灰比，从而减少孔隙率，最终都能提高混凝土的抗冻性。粉煤灰掺合料对混凝土抗冻性的影响，则主要取决于粉煤灰本身的质量与掺量。掺入适量的优质粉煤灰，只要保持混凝土等强、等含气量就不会对其抗冻性有不利影响。如果掺入质量不合格的粉煤灰，或掺入过量的粉煤灰，则会增大混凝土的需水量和孔隙度，降低混凝土的强度，同时也必然降低其抗冻性。

4．提高混凝土抗冻性的措施

（1）掺用引气剂或减水剂及引气型减水剂

掺引气剂是提高混凝土抗冻性的主要措施。根据我国交通部一航局对天津新港北坡堤的调查可知，不加引气剂的混凝土使用15年即出现表面剥落等冻害现象，而加引气剂的混凝土则无冻害。日本研究成功一种非引气型表面活性剂，掺量为水泥重量的2%～4%时，这种表面活性剂可使混凝土的耐久性指数提高50%～90%。这种外加剂是烃基及醇基胺类化合物，其引气量虽少，但气泡很细且均匀分散，因此对提高混凝土抗冻性非常有利。

（2）严格控制水灰比，提高混凝土密实性

水灰比是影响混凝土密实性的主要因素，为了提高混凝土的抗冻性也必须从降低水灰比入手。当前较为有效的方法是掺减水剂特别是高效减水剂。许多研究成果及生产实践证明掺入水泥重量的0.5%～1.5%的高效减水剂可以减少用水量15%～25%，使混凝土强度提高20%～50%，抗冻性也能相应地提高。

（3）加强早期养护或掺入防冻剂防止混凝土早期受冻

常用的热养护方法有电热法、蒸汽养护法及热拌混凝土蓄热养护法。目前我国通常使用的还是蒸汽养护法，但耗汽量很大。电热法在前苏联用得较普遍，我国用得较少。热拌混凝土蓄热养护法在北欧等国用得较多。我国因多数使用混合水泥（矿渣水泥、粉煤灰水泥等），热拌混凝土的蓄热效果不很明显，只少数工程有所应用。早强剂、防冻剂目前仍以氯盐、亚硝酸盐为主。三乙醇胺复合早强剂使用也较普遍。近几年我国开始研制和应用无氯盐早强减水剂和防冻剂。中国建筑科学研究院混凝土研究所研制成功的SJ型早强减水剂和防冻剂均不含氯盐和铬盐，对钢筋无锈蚀作用，在负温条件下使混凝土具有较强的抗冻害能力，从而能保证冬季正常施工。

2.1.6 混凝土结构的裂缝

1．混凝土结构产生裂缝的原因

由于混凝土的组成材料和微观构造的不同以及所受外界影响的不同，混凝土产生裂缝的原因较为复杂，它对结构功能的影响也是不同的。产生裂缝的原因，有以下诸方面：

（1）大体积混凝土水化热引起的裂缝

大体积混凝土凝结和硬化过程中，水泥与水产生化学反应，释放出大量的热量，称为“水化热”，导致混凝土块体温度升高。当混凝土块体内部的温度与外部环境温度相差很大，以致形成的温度应力或温度变形超过混凝土当时的抗拉强度或极限拉伸值时，就会产生裂缝。

防止这种裂缝的主要措施是合理的分层、分块、分缝，采用低热水泥，加掺合料（如粉煤灰)，埋冷却水管，预冷集料，预冷水，加强养护等。

(2) 塑性收缩裂缝

这种裂缝发生在混凝土浇筑后数小时,混凝土仍处于塑性状态的时刻。在初凝前因表面蒸发快,内部水分补充不上,出现表层混凝土干缩,生成网状裂缝。在炎热或大风天气以及混凝土水化热高的条件下,大面积的路面或楼板都容易产生这种裂缝。这类裂缝的宽度可大可小,小的细如发丝,大的可到数毫米,其长度可由数厘米到数米,深度很少超过5cm,但薄板也有可能被其裂穿。裂缝分布的形状一般是不规则的,有时可能与板的长边正交。

防止这种裂缝的措施是尽量降低混凝土的水化热，控制水灰比，采用合适的搅拌时间和浇筑措施，以及防止混凝土表面水分过快的蒸发（覆盖席棚或塑料布）等。

(3) 混凝土塑性塌落引起的裂缝

在大厚度的构件中，混凝土浇筑后半小时到数小时即可发生这种裂缝，其原因是混凝土的塑性塌落受到模板或顶部钢筋的抑制，或是在过分凸凹不平的基础上进行浇筑，或是模板沉陷、移动，以及斜面浇筑的混凝土向下流淌，使混凝土发生不均匀的塌落所致。

防止这种裂缝的方法是采用合适的混凝土配合比（特别要控制水灰比），防止模板沉陷，合适的振捣和养护等。在裂缝刚发生，塌落终止后，即将混凝土表面重新抹面压光，可使此类裂缝闭合。如发现较晚，混凝土已硬化，则需对这种顺筋裂缝采取措施，以防钢筋锈蚀。

(4) 混凝土干缩引起的裂缝

普通混凝土在硬化过程中，要产生由于干缩而引起的体积变化。当这种体积变化受到约束时，如两端固定梁，或是高配筋率的梁，或是浇筑在老混凝土上或坚硬岩基上的新混凝土，都可能产生这种裂缝。这种裂缝的宽度有时很大，甚至会贯穿整个结构。

防止这种裂缝的措施是改善水泥性能，合理减少水泥用量，降低水灰比，对结构合理分缝，配筋率不要过高等，而加强潮湿养护尤为重要。

(5) 碱集料反应引起的裂缝

碱集料反应所形成的裂缝，在无筋或少筋混凝土中为网状（龟背状）裂缝，在钢筋混凝土结构中，碱集料反应受到钢筋或外力约束时，其膨胀力将垂直于约束力的方向，膨胀裂缝则平行于约束力的方向。

碱集料反应裂缝与收缩裂缝的区别是：裂缝出现较晚，多在施工后数年到一二十年后。在受约束的情况，碱集料反应膨胀裂缝平行于约束方向，而收缩裂缝则垂直于约束力方向。碱集料反应裂缝出现在同一工程的潮湿部位，湿度愈大，愈严重，而同一工程的干燥部位则无此种裂缝。碱集料反应产物碱硅凝胶有时可顺裂缝渗流出来，凝胶多为半透明的乳白色、黄褐色或黑色状物质。

混凝土裂缝是否属于碱集料反应损伤，除由外观检查外，还应通过取芯检验，综合分析，作出评估和相应的建议。

(6) 外界温度变化引起的裂缝

混凝土结构突然遇到短期内大幅度的降温，如寒潮的袭击，会产生较大的内外温差，引起较大的温度应力而使混凝土开裂。海下石油储罐、混凝土烟囱、核反应堆容器等承受高温的结构，也会因温差引起裂缝。

防止这类裂缝的措施是对于突然降温，要注意天气预报，采取防寒措施，对于高温要采取隔热措施，或是合适的配筋及施加预应力等。对于长度大的墙式结构，则要与防止混凝土干缩裂缝一起考虑，设置温度—干缩构造缝。

(7) 结构基础不均匀沉陷引起的裂缝

超静定结构的基础沉陷不均匀时，结构构件受到强迫变形，而使结构构件开裂，随着不均匀沉陷的进一步发展，裂缝会进一步扩大。

防止这类裂缝的措施是，根据地基条件和结构型式，采取合理的构造措施，诸如设置沉陷缝等。

(8) 钢筋腐蚀引起的裂缝

钢筋混凝土构件处于不利环境，如容易碳化或渗入氯离子和氧（溶于海水中）的海洋环境。当混凝土保护层过薄，特别是混凝土的密实性不良时，埋在混凝土中的钢筋将生锈，即产生氧化铁。氧化铁的体积比原来未锈蚀的金属大很多，铁锈体积膨胀，对周围混凝土挤压，使其胀裂，这种裂缝通常是“先锈后裂”，其走向沿钢筋方向，称为“顺筋裂缝”，比较容易识别。“顺筋裂缝”发生后，更加速了钢筋腐蚀，最后导致混凝土保护层成片剥落，这种“顺筋裂缝”对耐久性的影响较大。

(9) 荷载作用引起的裂缝

构件承受不同性质的荷载作用，其裂缝形状也不同，如图 2-3。通常受力裂缝的方向大致是与主拉应力方向正交。在结构设计规范中，对控制荷载作用下的裂缝给出了相应的计算方法和裂缝控制标准（抗裂或限制裂缝宽度）。

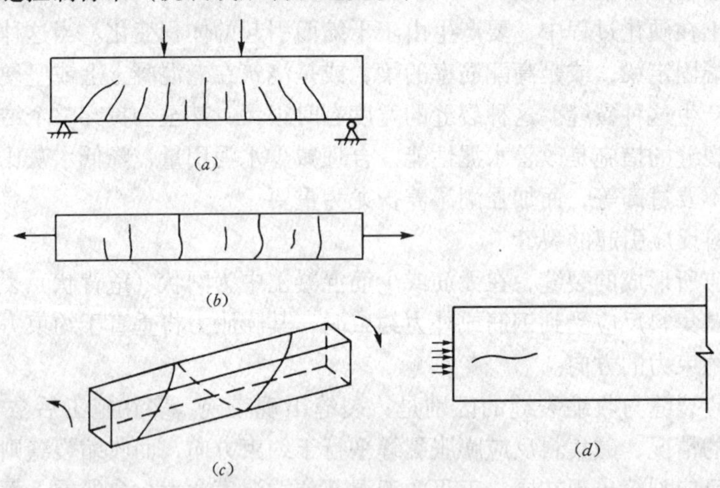

图 2-3 不同荷载作用下的裂缝

(a) 弯曲裂缝；(b) 轴心受拉裂缝；(c) 受扭裂缝；(d) 局部荷载下的裂缝

2. 裂缝对结构造成的危害

裂缝的出现给结构带来了一系列的劣化作用。

(1) 贯穿性裂缝改变了结构的受力模式，降低了混凝土结构的整体稳定性，有可能使结构的承载能力受到威胁。

(2) 对于挡水结构及地下结构，贯穿性裂缝会引起渗漏，严重时影响结构的正常使用。非贯穿性裂缝会由于渗透水压力的作用而使得裂缝呈不稳定发展趋势，促使贯穿性裂缝的出现。此外，渗透水的冻融作用还会导致结构发生冻融破坏。

(3) 在预应力桥梁结构中，裂缝的出现使结构的刚度降低，变形增加，超过规定的允许范围，结构无法正常使用；裂缝对动力机械及精密仪器的基础也有不利影响。

(4) 裂缝的开展使结构在偶然荷载（地震）作用下易于破坏，降低了结构的安全度。

(5) 过宽的裂缝会导致结构耐久性下降。

3. 裂缝的控制标准

裂缝的控制标准按建筑物对裂缝的要求不同而分为两大类：一是不允许出现裂缝，必须严格抗裂；另一类是允许开裂，但需对裂缝的开展宽度加以限制，即“限裂”。

裂缝控制的标准不同，相应地裂缝控制的方法也不一样。例如，对于不允许出现裂缝的结构，不能依靠增配钢筋来解决问题。这是因为，既然不允许开裂，则所配钢筋的作用充其量不过相当于在截面中增加了钢筋的折算面积，其影响很有限。对于允许出现裂缝但需限制其宽度的结构，则适当配置钢筋是可以达到预期的目的的。但此时必须明确，配筋的目的是限裂而非抗裂，这类结构在实际工程中占绝大多数。

由于抗裂的控制标准非常严格，因此，提此要求应非常慎重。例如，有些结构之所以必须抗裂，其主要原因是为了防止高压水进入混凝土内部引起危害性后果。对此，若考虑设置专门的防水层而将结构按允许开裂的标准设计，可能更为经济合理。混凝土结构中由于各种原因而存在大量的微裂缝。混凝土微裂缝是肉眼不可见的，肉眼可见裂缝一般以0.05mm为界（实际最佳视力可见0.02mm），大于等于0.05mm的裂缝称为“宏观裂缝”。一般宽度小于0.05mm的裂缝对使用（防水、防腐、承重）都无危险性，故是否可以假定具有小于0.05mm裂缝的结构为无裂缝结构，从而将裂缝的控制标准定为有无大于0.05mm的裂缝两种情况，这对结构抗裂设计的经济性有重大影响，很值得研究。混凝土重力坝设计时，不希望上游面出现拉应力，更不允许出现裂缝。然而，实际工程中都或多或少地出现了一些裂缝，其对结构的危害性也并不是想象的那么可怕。若适当降低拉应力控制标准，而在上游坝面增配一些构造钢筋，不仅可以限制可能出现的裂缝的宽度，防止贯穿性裂缝的出现，而且对提高混凝土结构设计的安全度，其效果可能更为显著。

4. 裂缝宽度的计算理论

对于允许出现裂缝的结构，裂缝的控制最终归结于裂缝宽度的控制。因此，裂缝宽度的计算方法就显得特别重要。混凝土结构在荷载作用下裂缝宽度的计算理论大致可分为下面五种：①粘结滑移理论。该理论认为裂缝的开展宽度是由于钢筋和相邻混凝土不再保持变形协调，出现相对滑移而形成的，从而意味着混凝土表面的裂缝宽度与钢筋处的裂缝宽度是一样的，这与实际不符，尤其在混凝土保护层很大的情况下；②无滑移理论。该理论认为裂缝宽度主要是钢筋外围混凝土的弹性回缩，其决定因素是保护层厚度。它假定钢筋与混凝土之间有充分的粘结，不发生相对滑移，其缺点也是显而易见的；③综合理论。上述两种理论各执一端，把问题都极端化了。因此，很自然地且合乎逻辑地将两种理论综合起来，形成了综合理论；④数理统计方法。由于裂缝宽度的影响因素较多，裂缝机理也十分复杂，基于上述三种理论的各种各样半经验半理论公式除了与其所依据的试验有良好的符合性以外，也都不能符合所有他人的试验结果。另外，近数十年已积累了相当多的研究裂缝问题的试验资料，从而使得有可能利用这些已有的试验资料，分析影响裂缝宽度的各种因素，找出主要的因素，舍去次要的因素，用数理统计方法给出简单适用而有一定可靠性的裂缝宽度计算公式，这就是数理统计方法；⑤断裂力学方法。该法假定钢筋受力伸长，通过与混凝土的粘结作用，使周围混凝土“劈开”。“劈开”的裂缝宽度与裂缝深度、裂缝间距、混凝土的断裂韧性及弹性模量有一定的关系，裂缝宽度是钢筋伸长及钢筋与混凝土共同变形能力的函数。用断裂力学解决裂缝问题，仅仅处于开始阶段，还需要进行大量的试验和分析研究工作。现有的裂缝宽度计算公式主要是针对受力裂缝而言的，对于面广量大的由变形变化引起的裂缝计算方法还很不成熟。

5. 温度裂缝的特点及其配筋控制

据统计，混凝土结构中的裂缝属于由变形变化为主引起的约占80%，属于由荷载作用为主引起的约占20%。而在变形变化引起的裂缝中，温度变形是导致裂缝的主要原因。

(1) 温度裂缝的特点

对于混凝土结构，由温度作用产生的裂缝与由荷载作用产生的裂缝相比，有如下几个显著的特点：

1) 温度裂缝与材料的韧性有很大关系。温度裂缝的起因是结构因温度变化而产生变形，当变形受约束时则引起应力，当应力超过一定值后则产生裂缝。裂缝出现后，变形得到满足或部分满足，应力就发生松弛。某些材料虽强度不高，但有良好的韧性，也可适应变形的要求，抗裂性较高。因此，如何提高混凝土承受变形的能力，即提高其极限拉应变，是混凝土温度裂缝控制的主要措施之一。

2) 温度裂缝具有时间性。混凝土结构温度作用，从温度的变化，变形的产生，到约束应力的形成，裂缝的出现和扩展等都不是在同一瞬时发生的，它有一个“时间过程”，是一个多次产生和发展的过程。如果温度变化是全部在同一瞬时出现，且当时的瞬时应力最大并接近于弹性应力，那么以后逐渐松弛的现象对工程并无实用价值。因为最高应力已经出现，混凝土已开裂。但如能使温度变形在一段时间内缓慢出现，则每一时段温差引起的约束应力逐渐松弛，从而最终迭加起来的松弛应力以及温度变化过程中任何时刻的应力都达不到一次出现时的瞬时最大应力，而是比一次出现的弹性应力小得多，混凝土就可能不会开裂。这就有着很大的实用价值。要做到这一点，就应尽量延长温度作用的时间。例如，采取表面保温等措施，这就是利用时间控制裂缝的基本思想，其效果已为许多工程所证实。

3) 温度裂缝处钢筋的应力较小。按现行设计规范验算荷载作用下的裂缝时，当裂缝超过1mm以上时，钢筋应力早已达到屈服极限。而实测结果表明，有的温度裂缝即使达到7mm，钢筋应力也只有300MPa左右。在尚未出现裂缝的地方，钢筋应力一般只有20~30MPa，温度裂缝出现后，尽管裂缝宽度达到1mm左右，钢筋应力也只有100~200MPa。其原因有二：①以轴心受拉构件为例：对于承受荷载的构件，混凝土开裂后，原先由混凝土承担的力全部转移给钢筋承担，因而钢筋应力突增，甚至屈服、拉断；对于承受均匀温降的轴拉构件，混凝土开裂后，由于温度变形得到了满足，因而温度应力全部释放（无筋构件）或部分释放（配筋构件）。当混凝土因开裂而回缩，钢筋阻止混凝土回缩，钢筋应力有所增加，但较荷载作用下的应力突增要小。②对于早期的温度裂缝，此时混凝土强度比较低，钢筋与混凝土之间的粘结力容易遭受破坏，从而在裂缝处形成25~30cm的裂缝疏松带。在此范围内混凝土可以自由回缩，使裂缝宽度增加而钢筋应力增加较小。因此，混凝土结构温度裂缝宽度的控制标准可比荷载裂缝宽度的控制标准有所放松。当然，对于挡水以及要求防腐的结构，其温度裂缝宽度应由防水、防腐要求控制。

4）温度裂缝分为浅层裂缝、深层裂缝和贯穿性裂缝。区分这三种裂缝，对温控标准和温控措施有重要的意义。对于浅层裂缝及深层裂缝，温控标准主要是限制其内外温差，尽量降低温度变化的梯度，温控措施主要是采取保温蓄热法。对于贯穿性裂缝，温控标准主要是均匀温差，尽量降低其最高与最低温度之差。温控措施主要是采取降低水化热、设施工缝等。

5）温度作用时应力和应变不再符合简单的胡克定律。荷载作用下应力与应变在弹性范围内是符合胡克定律的，即应力与应变成正比。而温度作用下的应力与应变就不再符合简单的胡克定律关系。一般来说，应变小而应力大，应变大而应力小，但平面变形规律仍然适用。因此为了减小温度应力，应尽量使结构能满足温度变形的要求，工程中常用的一些构造措施，诸如在结构与地基之间设置滑动垫层等，其原理就在于此。

（2）混凝土结构温度应力计算必须考虑的因素

1）徐变与应力松弛：过去，工程界曾对温度应力持怀疑态度，认为温度应力的理论计算值是虚的，实际温度应力并没有那么大。其主要原因之一就是没有考虑混凝土徐变引起的应力松弛。实际上温度应力由于徐变的影响可以降低30%～50%。目前，温度应力计算中采用最多的就是松弛系数法。虽然从理论上讲，松弛系数只能在徐变力学第二定律给定的条件（即均质弹性徐变体或符合比例条件的非均质弹性徐变体，体积力为零，部分边界给定位移，部分边界外力为零，作用着温度变化和强迫位移）时才能应用。不过算例表明，作为近似计算，对并不符合比例变形条件的结构也可采用松弛系数法近似计算。因而，如何合理地选取混凝土徐变度和应力松弛系数是工程界迫切要求解决的问题。应力松弛系数虽可由松弛试验直接测得，但试验的技术难度极大，一般是由混凝土的徐变度推算得出的。徐变度按理应由混凝土徐变试验测出，但试验的工作量也很大，费时较长。因此，只在重要工程中才进行。对于一般工程以及重要工程的初步设计，就有必要根据混凝土的一般资料（如水泥、集料的品种，水灰比，灰浆率，掺合料等）来估算其徐变度和应力松弛系数。现行《水工混凝土结构设计规范》给出了一套估算水工大体积混凝土徐变度和应力松弛系数的计算公式。

2）弹性模量：若不考虑混凝土徐变所引起的应力松弛，则由于水化热的温升、温降而在结构中产生的温度应力将完全是由于弹性模量的变化所致。若不考虑弹性模量的变化，从理论上讲，温升、温降过程后，结构内的温度应力应全部消失。在浇筑初期，混凝土弹性模量较小，所产生的压应力也较小，而随着龄期的增长，在降温期间弹性模量已增加，相应地由温降所产生的拉应力也较大，抵消初期压应力后仍余留较大的拉应力，有可能使混凝土开裂。因此，在计算混凝土早期（施工期）温度应力时必须考虑弹性模量随时间变化的影响。作为估算，可按下式计算各龄期 t 时的混凝土弹性模量 $E_c(t)$：

$$E_c(t)=1.44\left[1-\exp\left(-0.41t^{0.32}\right)\right]\cdot E_{c(28)} \tag{2-28}$$

式中 $E_{c(28)}$ 为28d时混凝土的弹性模量，由试验给出或根据混凝土强度等级由设计规范查出。

3）内、外约束：约束是混凝土结构温度应力计算中一个不可忽略的因素，概括起来可分为内约束和外约束两大类。构件由于内约束而产生的温度应力是由于局部非线性的不均匀变形引起的，所以只会产生非贯穿性裂缝（表面或内部）。构件由于外约束而产生的温度应力起因于结构与结构之间的约束，由于约束变形有各种形式，所以既可能产生贯穿性裂缝，也可能产生非贯穿性裂缝。在大体积混凝土工程中常有这样的实例，结构物的平面尺寸、断面和施工时控制的混凝土内、外温差都是相似的，但在混凝土浇筑后，有的工程出现开裂，有的却没有，这往往是由于约束条件的差异，两者温度应力并不相同造成的。

为了反映结构所承受的外约束的程度，定义结构的约束系数如下：约束系数为结构被约束掉的变形与无约束条件下的自由变形之比；或为结构内实际发生的弹性应力与全约束条件下相同部位弹性应力之比。很显然，在全自由条件下（例如软土地基上的结构），约束系数为0；在全约束条件下（例如坚硬岩石上或老混凝土基础上浇筑的新混凝土结构），约束系数为1；在弹性约束条件下，约束系数介于0与1之间。影响结构约束系数的主要因素之一是结构弹性模量与约束体弹性模量之比，美国垦务局考虑基岩的非刚性，采用“有效弹性模量”来代替混凝土的实际弹性模量，使非刚性基岩上结构的温度应力比刚性基岩上结构的温度应力有所降低，我国水利水电科学研究院通过试验，又对此进行了改进。影响基础约束系数的另一个因素是浇筑块的高长比 H/L，H/L 越小，约束系数越接近于1。

对于承受连续式外约束的结构，又提出了地基水平阻力系数法。地基水平阻力系数法假定：当结构与地基沿水平面接触产生相对位移时，在水平接触面上由于摩擦和粘结阻力，必然引起剪应力。相对位移越大，剪应力也越大。作为近似，假定某点的剪应力 τ 与该点水平位移 u 成正比，其比例系数便是引起单位位移的剪应力：

$$\tau = -C_x u \tag{2-29}$$

式中负号表示剪应力方向与水平位移相反。C_x 是与地基性质、弹性模量、塑性、徐变等有关的系数，随弹性模量增大而增大，随徐变而减小，随变形速度增加而增加，随结构的几何尺寸增加而减小，随垂直压力增加而增加等，并且这些因素的影响是非线性的，很难严格定量确定。冶金工业部建筑研究总院王铁梦整理了各有关试验资料，特别是动力研究统计结果和在现场进行的试验以及通过大量工程裂缝实测估算的结果，推荐了 C_x 取值的定量数据。例如对于软粘土，取 $0.01\sim0.03\text{N/mm}^3$，一般砂质粘土取 $0.03\sim0.06\text{N/mm}^3$，特别坚硬粘土取 $0.06\sim1.0\text{N/mm}^3$，风化岩、低强度等级素混凝土取 $0.6\sim1.0\text{N/mm}^3$，C10以上配筋混凝土取 $1.0\sim1.5\text{N/mm}^3$。

4）裂缝：温度应力会导致混凝土结构出现裂缝，而裂缝的出现又使得温度应力发生一定程度的松弛。长期以来，对于裂缝与温度应力问题存在着一种模糊概念，认为温度应力无关紧要，一旦产生温度裂缝，温度应力也就消失。这种观点看起来亦有一定道理，但从混凝土结构内外约束温度应力的实际状况来分析，这种观点是不正确的。例如图2-4（a）所示的大体积混凝土结构，内部温度 T_2 高于表面温度 T_1，由于内约束而产生温度应力，导致A部位开裂。但对于混凝土内约束温度应力来说，并不会由于A截面开裂而释放完毕，同样会在B、C等部位出现新的裂缝，致使构件发生破坏。对于图2-4（b）所示的框架结构，由于外约束而产生温度应力，A部位出现微裂缝不会影响结构外约束温度应力的大小。若温度应力仍超过混凝土的抗拉

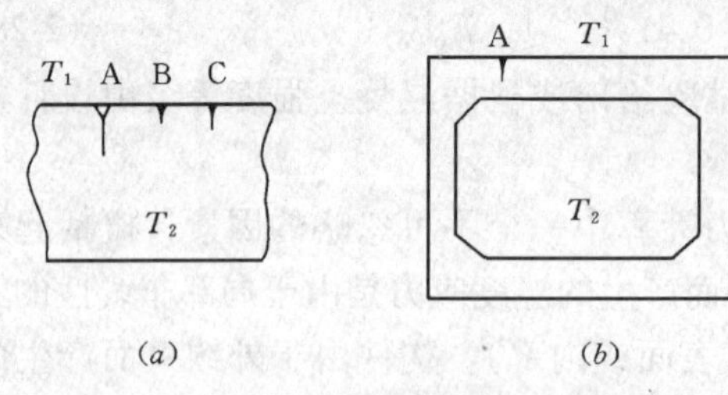

图2-4 内、外约束温度应力引起的裂缝

强度，A部位将继续开裂，直至裂缝开展足以达到使外约束作用减小，甚至完全消失，至此结构处于破坏阶段。否则由于存在足够大的温度作用，而结构的外约束又未完全解除，温度应力依然存在，使得已开裂的断面在温度应力作用下，已经被部分削弱的结构，继续因裂缝开展而被削弱下去直到结构发生破坏而终止。实际上，配筋混凝土构件由于钢筋的约束作用，温度应力不可能完全释放。因此，对于承受温度作用的钢筋混凝土结构，按外力荷载承载能力极限状态设计时，应适当地留有余地。

综上所述，内约束温度应力不会由于别处温度裂缝的开展而松弛；外约束温度应力会由于裂缝的开展而部分松弛，但只有裂缝开展很宽，结构处于破坏阶段时温度应力才会全部释放。在杆系结构中，为了考虑裂缝引起应力松弛，常常采用折算刚度法，有关文献给出了框架结构刚度折减系数的计算用表格。在平面钢筋混凝土非线性有限元程序中采用合理的裂缝模型是能够比较正确地考虑裂缝引起温度应力的松弛的。

5）混凝土的干缩变形：置于未饱和空气中的混凝土因水分散失而引起体积缩小变形称为干燥收缩变形。严格地讲，干燥收缩应为混凝土在干燥条件下实测的变形扣除相同温度下密封试件的自生体积变形。但考虑到干燥收缩变形与自生体积收缩变形对工程的效应是相似的，为方便起见，将干燥收缩变形与自生体积变形一并考虑。

混凝土的干缩变形通常换算成相当于引起同样温度变形所需的温度差，再按温差计算混凝土的应力。由于干缩扩散速度比温度扩散速度要慢1000倍，例如，对大体积混凝土，干缩扩散深度达6cm需花一个月时间，在这时间内，温度却可传播6m深。因此，对大体积混凝土内部不存在干缩问题，但其表面干缩是一个不能忽视的问题。

目前，国内外用于估算混凝土干缩变形的方法有很多种。这些估算公式大都是采用多系数表达式，即根据室内试验结果，考虑实际工程结构所处的环境温度、湿度、混凝土配合比、养护方法、构件截面尺寸及配筋率等因素，乘上相应的修正系数，从而得出混凝土的干缩值。

近年来，由于混凝土材料组成以及施工方式的变化，施工进度的加快，混凝土早期收缩裂缝问题非常严重，值得高度关注。

（3）温度配筋的作用

对于允许开裂的结构，配筋的作用是显然的。在承受温度作用的混凝土结构中，温度应力超过混凝土的抗拉强度而开裂，裂缝两侧混凝土将回缩，从而使得温度裂缝一开展就很宽。若配置了温度钢筋，则由于钢筋和混凝土之间的粘结作用，使得混凝土不能自由回缩，从而减小了裂缝的开展宽度和深度，起到分散裂缝的作用，且能有效地防止贯穿性裂缝的出现。据试验，当裂缝宽度超过自愈范围以后，裂缝漏水量与裂缝宽度成三次方比例增加。如果把裂缝分散，即想办法把具有一定宽度的裂缝分散成m条，则总的漏水量与m的平方成反比。因此，通过合理的配置钢筋，可以达到分散裂缝，大大减少渗漏的目的。但是，对各类不同结构，究竟配多少温度钢筋合适，尚需作进一步的研究。

6. 典型混凝土结构构件的裂缝

（1）预应力混凝土空心板

预应力混凝土空心板常见裂缝有以下几种：

1）预应力混凝土空心板板面纵向裂缝：预应力混凝土空心板板面纵向裂缝如图2-5。这种裂缝发生在采用拉模生产工艺的空心板，一般多在拉抽钢管时发生，裂缝的位置就在空心孔洞的上方，沿板面纵向分布，属塑性塌落裂缝。裂缝发生的原因是：混凝土水灰比较大；抽管时管子有上下跳动现象；抽管速度不均匀等。

预防裂缝的措施是：①采用适宜的配合比（控制水灰比或坍落度）；②抽管时，速度应均匀；避免偏心受力，并防止管子产生上下跳动现象。

2）预应力混凝土空心板板面横向裂缝：预应力混凝土空心板板面横向裂缝如图 2-6。这种裂缝多发生在混凝土终凝后和养护期间，其特点是板面横向裂缝每隔一段距离就出现一条，深度一般不超过板的上翼缘厚度。裂缝的原因是多方面的：一种可能是塑性收缩裂缝，即在混凝土浇注后未及时采取防晒、防大风及潮湿养护措施，由于气候干燥温差较大，混凝土产生塑性收缩所造成；一种可能是超张拉应力裂缝，即预应力钢丝发生过量超张拉现象。不过，这种超张拉应力裂缝，其横向裂缝多分布在板面中部，两端则较少发现，且裂缝宽度比塑性收缩裂缝为小。

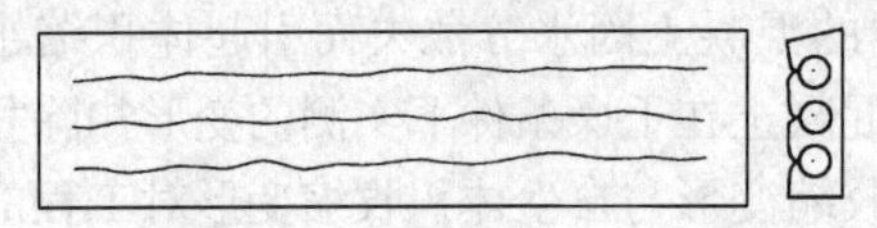

图 2-5　空心板板面纵向裂缝

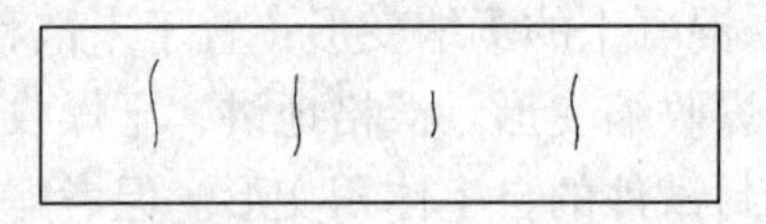

图 2-6　空心板板面横向裂缝

预防这种裂缝的措施是：①加强混凝土的潮湿养护，避免曝晒。②控制好预应力钢筋的张拉应力，避免过量超张拉。

3）预应力混凝土空心板板底纵向裂缝：预应力混凝土空心板板底纵向裂缝如图 2-7。这种裂缝多在混凝土硬化后数十天甚至数月数年内出现，其特点是裂缝多沿纵向钢筋分布，且随时间的增长，裂缝有进一步发展的趋势，这种裂缝一般属钢筋锈蚀裂缝。其原因大多是由于混凝土保护层过薄或使用外加剂不当引起钢筋锈蚀所致。

预防这种裂缝的措施是：①严格控制混凝土保护层厚度（即钢筋位置）；②选用性能优良的、对钢筋无锈蚀的外加剂。

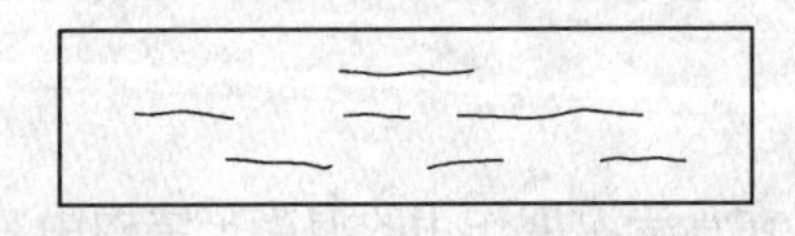

图 2-7　空心板板底纵向裂缝

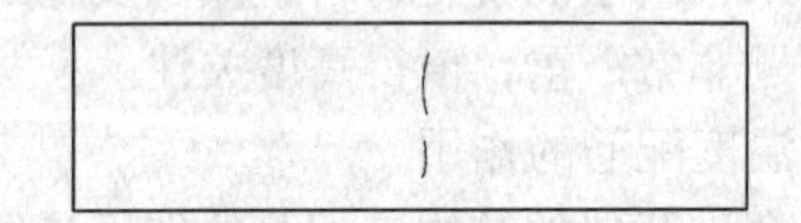

图 2-8　空心板板底横向裂缝

4）预应力混凝土空心板板底横向裂缝：预应力混凝土空心板板底横向裂缝如图 2-8。这种裂缝多发生在起吊、运输或上房以后，其特点是裂缝垂直于板跨，一般多在跨中，有一条或数条裂缝，其裂缝宽度一般较窄，裂缝高度一般不超过板高的 2/3。造成这种裂缝的原因有：①起吊时，台座吸附力过大；②运输过程中支点不当或猛烈振动；③施工过程中出现超载；④混凝土强度过低或质量低劣。因此这种裂缝属荷载引起的应力裂缝。

预防这种裂缝的措施是：①采用性能良好的模板隔离剂；②运输过程中将空心板支座垫好，并防止运输时出现猛烈振动；③施工过程中防止施工荷载超载；④提高混凝土质量。

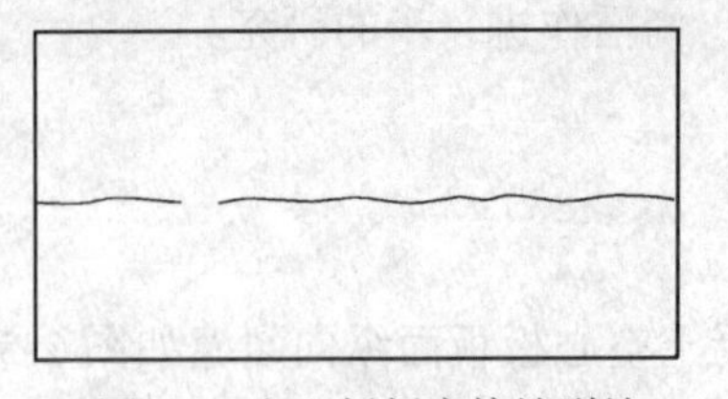

图 2-9　空心板板底接缝裂缝

5）预应力混凝土板底接缝裂缝：预应力混凝土板底接缝裂缝如图 2-9。这种裂缝多在楼板粉刷交付使用后发生，有的甚至在使用数年后才发生。产生这种裂缝的原因：①如果这种裂缝发生在楼板底面，则是由于空心板板缝灌缝质量不佳所致；②如果这种裂缝发生在屋面板底面，则是由于屋面保温层保温隔热性能不好，引起屋面板产生“温度起伏”或“温度变形”所致。

预防这种裂缝的措施是：①预应力混凝土空心板作为楼板时，应注意将板缝拉开，一般使空心板下口缝（即板底处）为20~30mm左右，用C20~C50细石混凝土灌缝，并加强养护，以确保灌缝质量；②预应力混凝土空心板作为屋面板时，设计上保温层应达到节能标准，施工时应确保质量，以减小屋面板的温度变形。

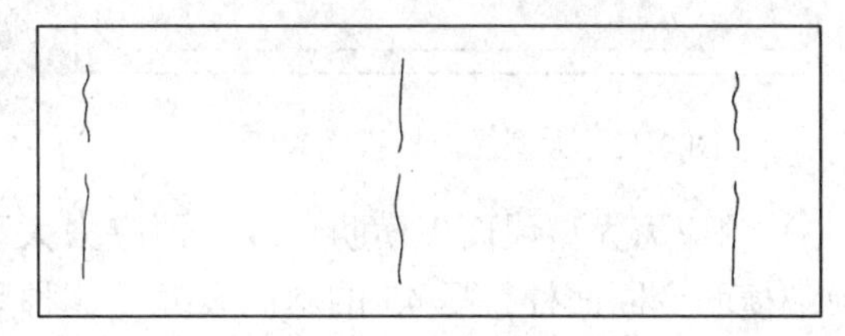

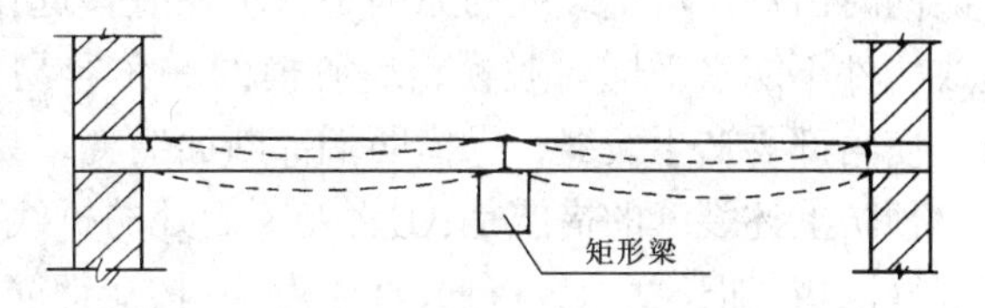

图2-10 空心板板端裂缝之一

6）预应力混凝土空心板支座处裂缝：预应力混凝土空心板支座处裂缝如图2-10和图2-11。这种裂缝多在建筑物交付使用一段时间后出现。其特点是：①如果空心板支座处为矩形梁，则出现图2-10所示沿梁长的一条裂缝；②如果空心板支座处为花篮梁，则出现图2-11所示沿梁长的两条裂缝。产生裂缝的原因是：目前楼板一般皆设计为简支，且在支座处多未采取局部加强措施，因此，当楼板承受荷载后，由于楼板下挠致使支座处产生了拉应力（支座负弯矩引起），从而造成板端支座处的裂缝。

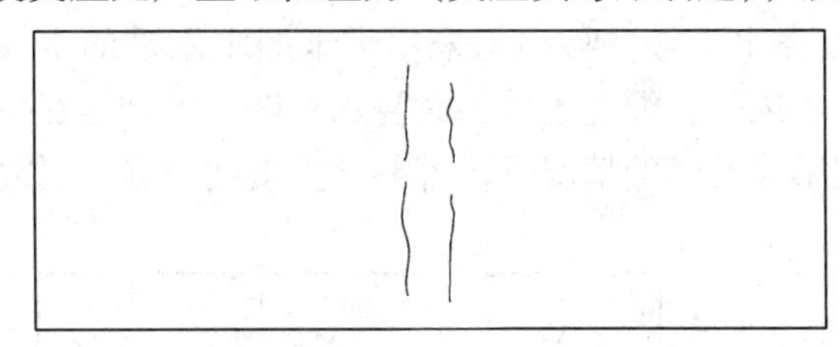

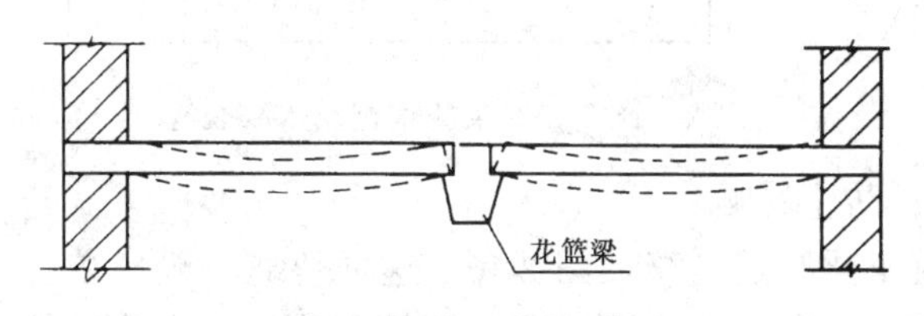

图2-11 空心板板端裂缝之二

预防这种裂缝的措施是：①搞好楼板的灌缝质量，提高楼板的整体受力性能；②在楼板支座处，沿梁长放置钢筋网片，以抵抗支座处的负弯矩。

（2）预应力混凝土大型屋面板

1）预应力大型屋面板板面横向裂缝：预应力大型屋面板板面横向裂缝如图2-12。这种裂缝一般在混凝土终凝后或在养护期间发生，其裂缝特点、原因、预防处理同预应力混凝土空心板板面横向裂缝。

2）预应力大型屋面板纵肋端部裂缝：预应力大型屋面板纵肋端部裂缝如图2-13。这种裂缝的特点是：①裂缝多发生在预应力大型屋面板上房以后；②裂缝在纵肋的两端，近似呈45°的倾斜方向。产生裂缝的原因是：①大型屋面板是按简支板设计，但实际施工安装时，支座系三点焊接，因此支座有一定的嵌固约束作用，对板端产生一定的局部应力；②当屋面保温层设计标准偏低和施工质量不好时，屋面板将会产生一定的“温度起伏”，致使板端产生一定的局部应力。局部应力造成板端出现斜向裂缝。

预防上述裂缝的措施是在板端肋部垂直于斜裂缝方向，各增加一根$\phi12$的斜向钢筋，此钢筋一端焊在板端预埋件上，一端向上弯起，并锚固在板的上翼内。

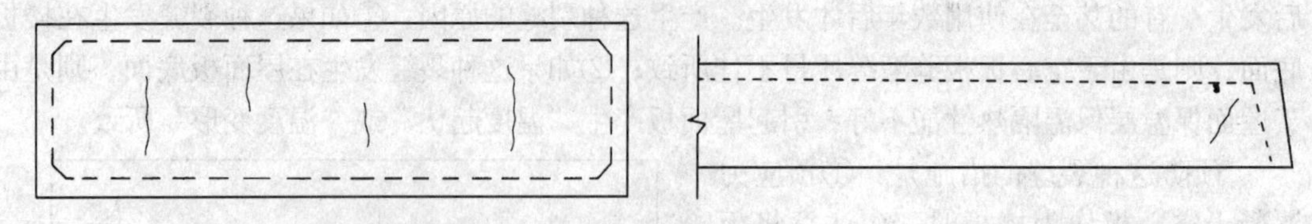

图 2-12　大型屋面板板面裂缝　　　图 2-13　大型屋面板纵肋端部裂缝

3）预应力大型屋面板横肋角缝：预应力大型屋面板端横肋角缝如图 2-14，一般出现在板端横肋变断面处，呈 45°的斜向裂缝，这种裂缝一般端肋有一处出现，严重者四个角可能同时出现。产生裂缝的原因是：①在脱模起吊时，由于模板对构件的吸附力不均匀，造成构件不能水平同时脱模，后脱模的一角容易拉裂；②构件出池前，构件本身温差较大，使角部易产生裂缝；③横肋端部断面突变，易产生应力集中现象。

预防上述裂缝的措施是:①将变断面处的折线角改为圆弧形角,以减少应力集中;②在易裂缝区域,加长度为 300mm,直径为 $\phi6$ 构造钢筋以提高其抗裂性能和限制裂缝开展。

（3）钢筋混凝土梁

1）钢筋混凝土梁侧面垂直裂缝和水纹裂缝：钢筋混凝土梁侧面垂直裂缝和水纹裂缝如图 2-15。这种裂缝多在拆模后一段时间出现。裂缝特点是：①水纹状龟裂缝多在梁上下边缘出现，且沿梁全长呈非均匀分布，这种裂缝一般深度较浅，属表层裂缝；②竖向裂缝一般沿梁长度方向每隔一段有一条，其裂缝高度严重者可能波及整个梁高，裂缝形状有时呈“中间大两头小”的枣形裂缝，其深度大小不一，严重者裂缝深度可在 10～20mm。裂缝的原因是：①产生水纹裂缝的原因是模板浇水不够，特别是采用了未经水湿透的木模时，容易产生此类裂缝；②产生竖向裂缝的原因是，混凝土养护时浇水不够，特别是在模板拆除后，未做潮湿养护或因天气炎热，在阳光暴晒的情况下，容易产生上述裂缝，属混凝土塑性收缩和干缩裂缝。

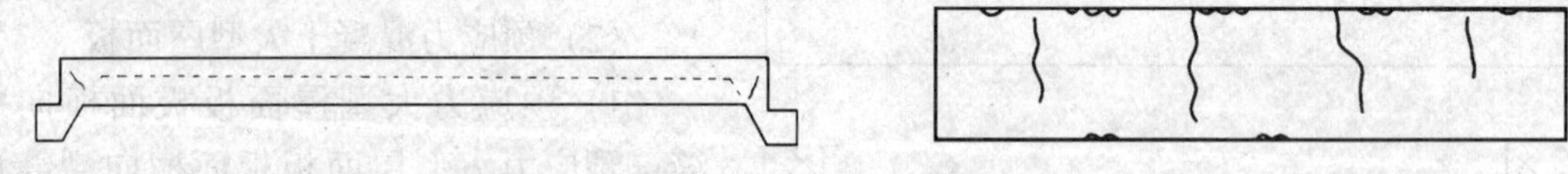

图 2-14　大型屋面板横肋角部裂缝　　　图 2-15　梁侧垂直及水纹裂缝

预防上述裂缝的措施是加强潮湿养护，防止暴晒。

2）钢筋混凝土梁顺筋裂缝：钢筋混凝土梁顺筋裂缝如图 2-16。这种裂缝一般多在交付使用一段时间后出现，其特点是在梁下部侧面或底面钢筋部位出现顺筋裂缝，裂缝随时间的增长有逐渐发展的趋势。其原因是钢筋锈蚀，氧化铁膨胀所致。

造成钢筋锈蚀的主要原因及预防这种裂缝的措施详见 2.1.1 节。

3）钢筋混凝土梁垂直裂缝及斜向裂缝：钢筋混凝土梁垂直裂缝及斜向裂缝如图 2-3。这种裂缝多在施工阶段或使用阶段出现，属荷载作用裂缝。出现上述裂缝如是设计上的原因，则多是：①截面尺寸选择不当；②正截面受拉主筋少配；③斜截面横向钢筋少配等原因。如是施工上原因，则多是：①混凝土实际强度偏低；②受拉主筋上浮移位或少放；③横向钢筋少放；④施工荷载超载。如是使用上的原因，则多是超载过大而造成。

4）钢筋混凝土在集中荷载处斜向裂缝：钢筋混凝土在集中荷载处斜向裂缝如图 2-17。这种裂缝多在主次梁结构体系中发生，其特征是在次梁与主梁交接处，次梁下面两侧出现斜向裂缝，这种裂缝属荷载作用裂缝。其原因一般是：①混凝土强度过低；②加密箍筋或吊筋配置不足；③吊筋上移所致。

图 2-16 梁顺筋裂缝　　图 2-17 次梁下斜向裂缝

预防上述裂缝的措施是按规范规定设计横向钢筋，施工时应确保混凝土施工质量和钢筋位置的准确。

5）钢筋混凝土大梁两端裂缝：钢筋混凝土大梁两端上部裂缝如图 2-18。这种裂缝多在交付使用后出现。其特点是裂缝分布在大梁两端，呈斜向裂缝，且上口大下口小。形成这种裂缝的主要原因是大梁两端有较大的约束造成的，比如薄腹大梁两端上部有刚性较大的天窗架，由于天窗架与薄腹梁两端预埋件焊牢，则当薄腹大梁在荷载作用下产生变形时，在梁两端将产生一定弯矩和剪力，造成梁端出现裂缝。

预防上述裂缝的措施是在梁端配置一定数量的构造钢筋。

6）钢筋混凝土圈梁、框架梁、基础梁裂缝：钢筋混凝土圈梁、框架梁、基础梁的裂缝如图 2-19、图 2-20、图 2-21。这种裂缝的特点一般呈斜向裂缝，且多出现在跨中部位，但有时也可能出现在端部（如框架梁），裂缝大部分贯穿整个梁高。产生上述裂缝的主要原因是由于地基不均匀下沉所引起，因此其裂缝的走向与地基不均匀沉降方向相一致。

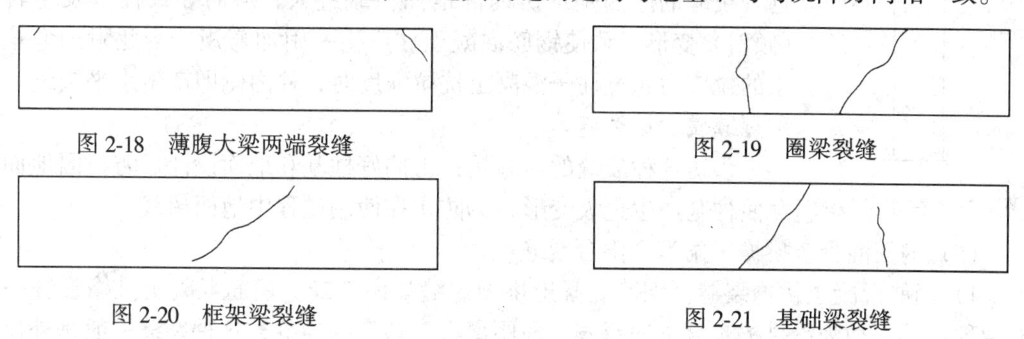

图 2-18 薄腹大梁两端裂缝　　图 2-19 圈梁裂缝

图 2-20 框架梁裂缝　　图 2-21 基础梁裂缝

（4）钢筋混凝土柱

1）钢筋混凝土柱水平裂缝及水纹裂缝：钢筋混凝土柱水平裂缝及水纹裂缝如图2-22。这种裂缝一般多在拆模时或拆模后发生。其裂缝特点是水纹裂缝多沿柱四角出现，呈不规则的龟裂裂缝；严重者沿柱高每隔一段距离出现一条横向裂缝，这种裂缝宽度大小不一，轻者如发丝状，重者缝宽可达 0.2~0.3mm，裂缝深度一般不超过 30mm。这种裂缝属塑性收缩裂缝，产生的原因是：①模板干燥吸收了混凝土的水分导致水纹裂缝；②天气炎热或未进行充分潮湿养护导致横向裂缝。

2）钢筋混凝土柱顺筋裂缝：钢筋混凝土柱顺筋裂缝如图 2-23。这种裂缝属钢筋锈蚀裂缝，其裂缝原因、预防处理同钢筋混凝土梁顺筋裂缝。

3）钢筋混凝土柱纵向劈裂裂缝：钢筋混凝土柱纵向劈裂裂缝如图 2-24。这种裂缝在施工阶段或使用阶段皆可能发生。其特点是一般在柱的中部出现纵向劈裂状裂缝，有时在柱头和柱根也可能出现。造成这种裂缝的原因一般是：①设计错误；②混凝土强度过低；

③施工阶段或使用阶段超载。

4）钢筋混凝土柱 X 形裂缝：钢筋混凝土柱 X 形裂缝如图 2-25。这种裂缝一般多在地震发生后出现，属地震作用的剪切型裂缝。

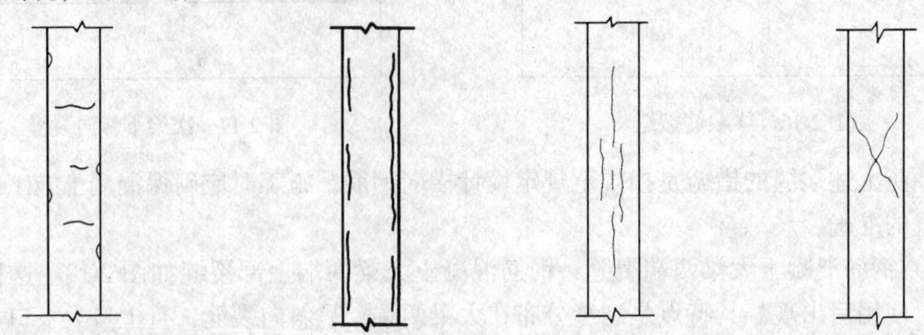

图 2-22　柱水平及水纹裂缝　图 2-23　柱顺筋裂缝　图 2-24　柱劈裂裂缝　图 2-25　柱 X 形裂缝

5）钢筋混凝土柱柱头水平裂缝：钢筋混凝土柱柱头水平裂缝如图 2-26。这种裂缝在施工过程或使用过程中都可能发生。其特点是水平裂缝多发生在梁柱交界处或无梁楼盖的柱帽下部。这种裂缝一般是由于柱基不均匀下沉所致。

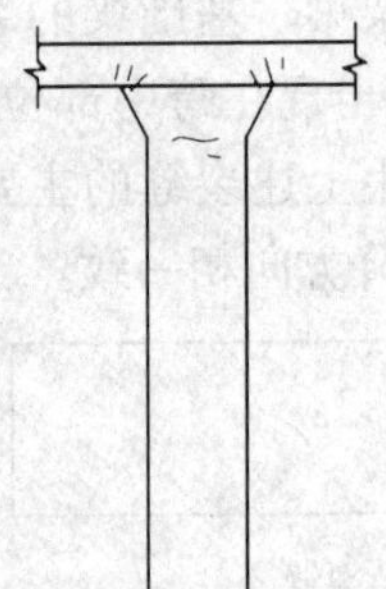

图 2-26　柱水平裂缝

6）钢筋混凝土柱内侧水平裂缝：钢筋混凝土柱内侧水平裂缝如图 2-27。这种裂缝一般发生在单层工业厂房的排架柱。其裂缝特点是水平裂缝发生在内柱子的内侧，且多在上柱和下柱的根部出现。产生这种裂缝的原因是厂房内部地面荷载过大，从而导致柱基发生转动（倾斜）变形，致使钢筋混凝土柱产生一附加弯矩，当此附加弯矩产生的拉应力超过柱子混凝土抗拉强度时，柱内侧即产生水平裂缝。这种裂缝属少见裂缝。

预防这种裂缝的措施是：①搞好柱基和地面设计，防止因地面荷载使柱基产生过大变形；②防止在使用过程中地面超载。

（5）钢筋混凝土挑檐、雨篷和阳台裂缝

1）钢筋混凝土挑檐裂缝：钢筋混凝土挑檐裂缝如图 2-28。钢筋混凝土挑檐裂缝一般有两种：①一种为沿挑檐长度方向每隔一段距离有一条横向裂缝，这种裂缝一般是外口大

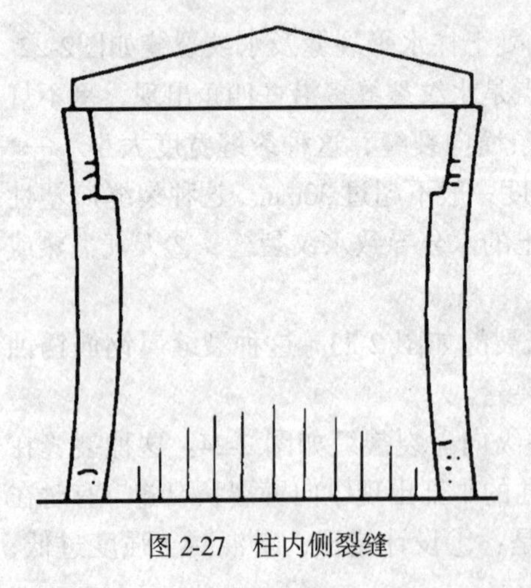

图 2-27　柱内侧裂缝

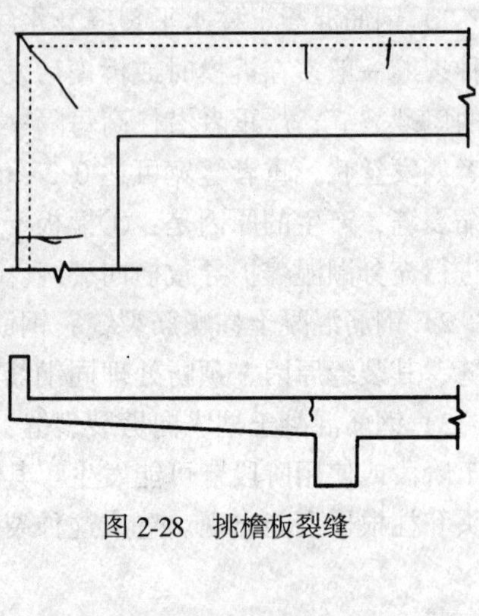

图 2-28　挑檐板裂缝

内口小，是楔形裂缝，且在挑檐拐角、转折处较为严重；②另一种为挑檐根部的纵向裂缝。第一种裂缝是由于温度和混凝土收缩所引起，在挑檐拐角和转折处较为严重，是由于该处还附加有应力集中的影响。第二种裂缝多是由于挑檐主筋下移或混凝土强度过低所致。

预防第一种裂缝的措施是：①严格控制混凝土水灰比或坍落度，在确保混凝土浇注质量的情况下，适当减小水灰比；②加强挑檐混凝土的潮湿养护，以减少混凝土的收缩；③挑檐较长时，可每隔 30m 左右设置伸缩缝；④施工时预留“后浇带”。预防第二种裂缝的措施是将挑檐主筋牢固固定，防止将主筋踩下。

2）钢筋混凝土雨篷裂缝：钢筋混凝土雨篷裂缝如图 2-29，一般多出现在雨篷的根部，其原因多为主筋下移所致。

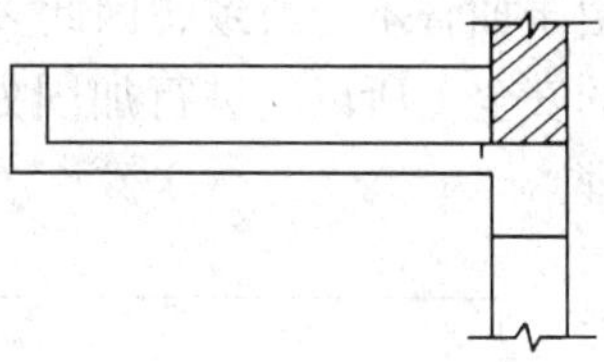

图 2-29　雨篷裂缝

3）钢筋混凝土阳台裂缝：钢筋混凝土阳台裂缝如图 2-30，一般多发生在阳台根部，可以说是阳台质量的“常见病”，其原因是施工时主筋被踩下移所致。

预防这种裂缝的措施，除应加强施工质量管理防止主筋被踩下以外，主要还是应从设计构造上加以改进。

①阳台上部主筋多伸入阳台过梁（圈梁）内，由于阳台板一般低于室内 20～50mm，故阳台主筋多从梁架立筋下通过，阳台主筋在梁内无固定点，难以保证准确位置，一旦施工中被踩，即降低了阳台根部截面的有效高度，致使阳台的抗裂度和强度大大降低。

为了确保阳台主筋的正确位置，可在梁中增设 2 根 $\phi 8$ 架立钢筋，用以固定阳台板的主筋。

②对于悬挑较大的阳台，除采取上述措施外，宜在其下部亦配钢筋，一方面可以固定上部主筋位置，另一方面也可抵抗地震时阳台根部产生的正弯矩。

（6）钢筋混凝土和预应力混凝土屋架裂缝

1）屋架端节点裂缝：屋架端节点裂缝如图2-31，一般可归纳为六种类型的裂缝，其原因为：①形裂缝产生的主要原因为：豁口处产生应力集中；施工中支座偏里，使豁口处产生较大的次应力；受力钢筋锚固不良。②形裂缝产生的主要原因是上弦压应力集中，裂缝多与上弦平行。③形裂缝产生的主要原因为：屋架端部底面不平，与支座接触不良，造成屋架端部底面应力集中；屋架支座偏外，引起屋架端部底面产生附加拉应力。④形裂缝的原因为屋面板的局部压力过大，裂缝多在使用过程中出现。⑤形裂缝的原因为：上弦顶面变截面处应力集中；上弦主筋在端节点锚固不良。裂缝主要出现在预应力钢筋混凝土拱型屋架上。⑥形裂缝的原因主要是张拉预应力钢筋时的局部压应力过大。裂缝主要产生在预应力钢筋混凝土拱形屋架和托架上。

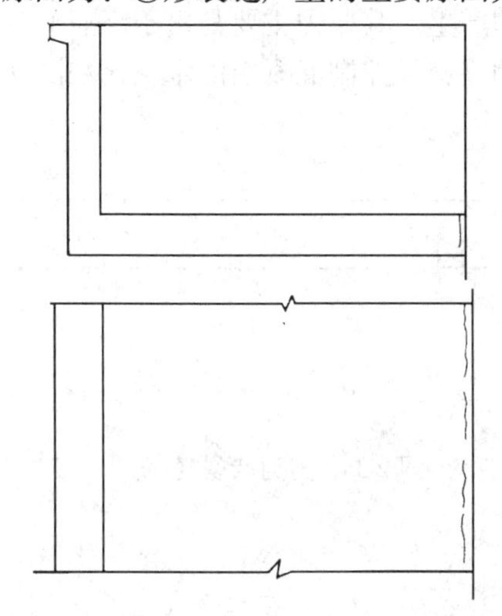

图 2-30　阳台板根部纵向裂缝

预防上述裂缝措施是：①严格按屋架标准图进

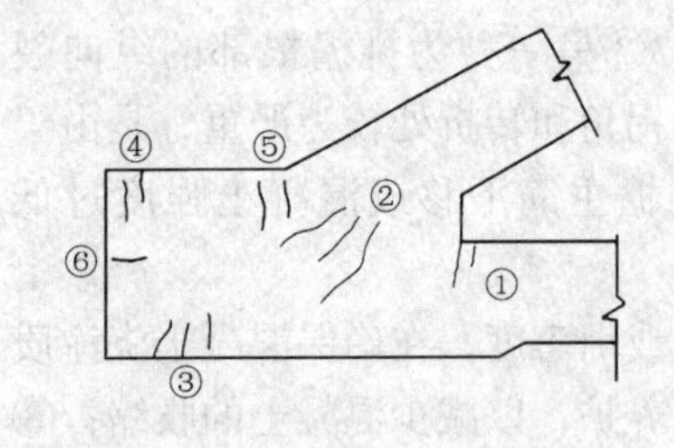

图 2-31 屋架端节点裂缝

行配筋和施工；②安装屋架时应保证支点位置准确；③保证混凝土的施工质量。

2）屋架上弦杆裂缝：屋架上弦杆裂缝如图2-32。这种裂缝多发生在屋架上弦的顶面，且在预应力混凝土屋架上产生。造成这种裂缝的原因是：①张拉下弦预应力钢筋时有超张拉现象；②混凝土强度过低。

3）屋架下弦杆纵向裂缝：屋架下弦杆纵向裂缝如图 2-33，一般在预应力混凝土屋架中产生。其原因往往是由于抽管不当所致，因此多在未张拉预应力钢筋时即已出现。这种裂缝将危及屋架下弦杆的安全，所以应进行加固处理，其方法是在张拉预应力钢筋前，用包型钢法进行加固处理。

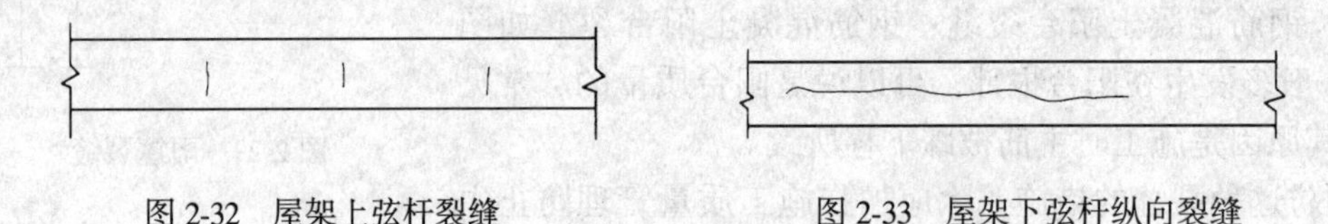

图 2-32 屋架上弦杆裂缝　　图 2-33 屋架下弦杆纵向裂缝

（7）钢筋混凝土墙体裂缝

1）钢筋混凝土墙板裂缝：钢筋混凝土墙板斜向裂缝如图 2-34。这种裂缝的特征是：①顶层重下层轻；②两端重中间轻；③向阳重，背阴轻，裂缝形状呈八字形，属于温度应力裂缝。造成这种裂缝的主要原因是：①屋面保温性能不好；②混凝土强度偏低；③构造上及配筋处理不当。

预防这种裂缝的措施是：①按节能标准，做好屋面保温隔热设计和施工；②设计时加强顶层墙面的抵抗温度变化的构造措施，如在门窗洞口处加斜向钢筋，适当加强墙板的分布钢筋等。③施工中严格控制好混凝土的强度和水灰比，尽量减少混凝土的收缩变形。

2）钢筋混凝土剪力墙裂缝：钢筋混凝土剪力墙裂缝如图 2-35。这种裂缝的特点是裂缝多出现在剪力墙的上部，通常在混凝土浇注后不久即产生。其原因主要是由于浇灌混凝土速度较快造成混凝土产生沉缩裂缝。防止这种裂缝的措施是控制混凝土的水灰比和浇灌速度，以减少混凝土沉缩。

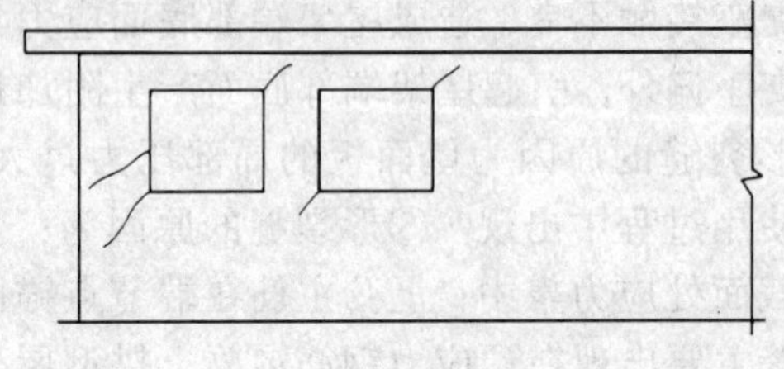

图 2-34 墙板裂缝　　图 2-35 剪力墙裂缝

2.1.7 混凝土强度不足的常见原因

1．原材料质量差

（1）水泥质量不良

1）水泥实际活性（强度）低：常见的有两种情况，一是水泥出厂质量差，而在实际工程中应用时，又在水泥28d强度试验结果未测出前，先估计水泥强度等级配制混凝土，当28d水泥实测强度低于原估计值时，就会造成混凝土强度不足；二是水泥保管条件差，或贮存时间过长，造成水泥结块、活性降低，而影响强度。

2）水泥安定性不合格：其主要原因是水泥熟料中含有过多的游离氧化钙或游离氧化镁，有时也可能由于掺入石膏过多而造成。因为水泥熟料中的游离氧化钙和游离氧化镁都是烧过的，遇水后熟化极缓慢，熟化所产生的体积膨胀延续很长时间。当石膏掺量过多时，石膏与水化后水泥中的水化铝酸钙反应生成水化硫铝酸钙，也使体积膨胀。这些体积变形若在混凝土硬化后产生，都会破坏水泥结构，大多数导致混凝土开裂，同时也降低了混凝土强度。尤其需要注意的是，有些安定性不合格的水泥所配制的混凝土，表面虽无明显裂缝，但强度极其低下。

（2）集料（砂、石）质量不良

1）石子强度低：在有些混凝土试块试压中，可见不少石子被压碎，说明石子强度低于混凝土的强度，导致混凝土实际强度下降。

2）石子体积稳定性差：有些由多孔燧石、页岩、带有膨胀粘土的石灰岩等制成的碎石，在干湿交替或冻融循环作用下，常表现为体积稳定性差，而导致混凝土强度下降。例如变质粗玄岩，在干湿交替作用下体积变形可达$600 \times 10^{-6}\mu\varepsilon$。以这种石子配制的混凝土，在干湿变化条件下，可能发生混凝土强度下降，严重的甚至破坏。

3）石子形状与表面状态不良：针片状石子含量高，影响混凝土强度。而石子具有粗糙的和多孔的表面，因与水泥结合较好，而对混凝土强度产生有利的影响，尤其是抗弯和抗拉强度。最普通的一个现象是在水泥和水灰比相同的条件下，碎石混凝土比卵石混凝土的强度高10%左右。

4）集料（尤其是砂）中有机杂质含量高：如集料中含腐烂动植物等有机杂质，对水泥水化产生不利影响，而使混凝土强度下降。

5）黏土、粉尘含量高：由此原因造成的混凝土强度下降主要表现在以下三方面：一是这些很细小的微粒包裹在集料表面，影响集料与水泥的粘结；二是加大集料表面积，增加用水量；三是粘土颗粒体积不稳定，干缩湿胀，对混凝土有一定破坏作用。

6）三氧化硫含量高：骨料中含有硫铁矿或生石膏等硫化物或硫酸盐，当其含量以三氧化硫量计较高时（例如$>1\%$），有可能与水泥的水化物作用，生成硫铝酸钙，发生体积膨胀，导致硬化的混凝土裂缝和强度下降。

7）砂中云母含量高：由于云母表面光滑，与水泥石的粘结性能极差，加之极易沿节理裂开，因此砂中云母含量较高，对混凝土的物理力学性能（包括强度）均有不利影响。

（3）拌合水质量不合格

拌制混凝土若使用有机杂质含量较高的沼泽水、含有腐植酸或其他酸、盐（特别是硫酸盐）的污水和工业废水，可能造成混凝土物理力学性能下降。

（4）外加剂质量差

目前一些小厂生产的外加剂质量不合格的现象相当普遍，由于外加剂造成混凝土强度不足，甚至混凝土不凝结的事故时有发生。

2．混凝土配合比不当

混凝土配合比是决定强度的重要因素之一，其中水灰比的大小直接影响混凝土强度，其它如用水量、砂率等也影响混凝土的各种性能，从而造成强度不足事故。这些因素在工程施工中，一般表现在如下几个方面。

(1) 随意套用配合比：混凝土配合比是根据工程特点、施工条件和原材料情况，由工地向试验室申请试配后确定。但是，目前不少工地却不顾这些特定条件，仅根据混凝土强度等级的指标，随意套用配合比，因而造成许多强度不足的事故。

(2) 用水量加大：较常见的有搅拌机上加水装置计量不准；不扣除砂、石中的含水量；甚至在浇灌地点任意加水等。用水量加大后，混凝土的水灰比和坍落度增大，造成强度不足的事故。

(3) 水泥用量不足：除了施工工地计量不准外，包装水泥的重量不足也屡有发生。而工地上习惯采用以包计量的方法，因此混凝土中水泥用量不足，造成强度偏低。

(4) 砂、石计量不准：较普遍的是计量工具陈旧或维修管理不好，精度不合格。有的工地砂石不认真过磅，有的将重量比折合成体积比，造成砂、石计量不准。

(5) 外加剂用错：主要有两种，一是品种用错，在未搞清外加剂属早强、缓凝、减水等性能前，盲目乱掺外加剂，导致混凝土达不到预期的强度；二是掺量不准，曾发现四川省和江苏省的两个工地掺用木质素磺酸钙，因掺量失控，造成混凝土凝结时间推迟，强度发展缓慢，其中一个工地混凝土浇完后 7d 不凝固，另一工地混凝土 28d 强度仅为正常值的 32%。

(6) 碱集料反应：当混凝土总含碱量较高时，又使用含有碳酸盐或活性氧化硅成分的粗骨料（蛋白石、玉髓、黑曜石、沸石、多孔燧石、流纹岩、安山岩、凝灰岩等制成的集料），可能产生碱集料反应，即碱性氧化物水解后形成的氢氧化钠与氢氧化钾，它们与活性集料起化学反应，生成不断吸水膨胀的凝胶体，造成混凝土开裂和强度下降。日本有资料介绍，在其他条件相同的情况下，碱集料反应后混凝土强度仅为正常值的 60%左右。

3. 混凝土施工工艺存在问题

(1) 混凝土拌制不佳：向搅拌机中加料顺序颠倒，搅拌时间过短，造成拌合物不均匀，影响强度。

(2) 运输条件差：在运输中发现混凝土离析，但没有采取有效的措施（如重新搅拌等），运输工具漏浆等均影响强度。

(3) 浇灌方法不当：如浇灌时混凝土已初凝、混凝土浇灌前已离析等，均可造成混凝土强度不足。

(4) 模板严重漏浆：深圳某工程钢模严重变形，板缝 5～10mm，严重漏浆，实测混凝土 28d 强度仅达设计值的一半。

(5) 成型振捣不密实：混凝土入模后的空隙率达 10%～20%，如果振捣不实，或模板漏浆，必然影响强度。

4. 缺乏良好的养护

混凝土浇捣后，逐渐凝固、硬化，这个过程主要由水泥和水产生水化作用来实现。而水化作用必须要在适当的温度和湿度条件下才逐渐完成。如果没有水，水泥水化也就停止。所以混凝土捣制后应保持潮湿状态。此外，温度对它也有一定影响，温度提高时，水泥水化会加快，混凝土强度增长也加快，相反降低了温度，混凝土硬化也会相应地减慢。因此，混凝土振捣成形后，必须对混凝土进行养护。尤其空气干燥、气候炎热、风吹日晒的环境，混凝土中水分蒸发过快，不但影响水泥的水化，而且还会出现表面脱皮、起沙、干裂等现象。

5. 低温的影响

混凝土的强度增长与养护时期的气温有密切关系。在4℃时比在16℃时养护时间长3倍。当气温在零度以下时，水化作用基本停止。当气温低于－3℃时混凝土中的水冻结，而且水在结冰时体积要膨胀8%～9%，从而混凝土有被胀裂的危险。

实践证明，混凝土在凝结前3～6h受冻结，其28d强度将比设计强度下降50%；如果在凝结后2h～3h受冻结，强度下降15%～20%；而当强度达到设计强度50%以上，并且抗压强度不低于5MPa时受冻结，不会影响它的强度。

因此，规范强调在冬季施工前后，应密切注意天气预报，以防气温突然下降，遭受寒潮和霜冻的袭击；冬季浇筑的混凝土，必须注意前几天的保温养护工作，在受冻前，混凝土的抗压强度不得低于规定值。

6. 混凝土缺陷的影响

钢筋混凝土构件拆摸后，表面经常显露出各种不同程度的缺陷，如麻面、蜂窝、露筋、空洞、掉角等，这些缺陷的存在表明混凝土不密实、强度低、构件截面削弱，结构构件的承载能力降低。产生这些缺陷的原因是多方面的。

混凝土孔洞指深度超过保护层厚度，但不超过截面尺寸1/3的缺陷。露筋系指主筋没有被混凝土包裹而外露的缺陷。缝隙夹渣层系指施工缝处有缝隙或夹有杂物。

(1) 孔洞事故原因

混凝土产生孔洞的原因有：

1) 浇筑时混凝土坍落度太小，甚至已经初凝。

2) 用已离析的混凝土浇筑，或浇筑方法不当，如混凝土自高处倾落的自由高度太大，或用串筒浇灌的出料处串筒倾斜严重或串筒总高度太大等造成混凝土离析。

3) 错用外加剂，如夏季浇筑的混凝土中掺加早强剂，造成成型振捣困难。如深圳市某工程因此而造成墙板大面积蜂窝、孔洞，不得不推倒重建。

4) 对钢筋密集处，或预留洞、预埋件附近，可能出现混凝土不能顺利通过的现象，没有采取适当的措施。

5) 不按施工操作规程认真操作，造成漏振。

6) 大体积钢筋混凝土采用斜向分层浇筑，很可能造成底部附近混凝土孔洞。此外，混凝土浇灌口间距太大，或一次下料过多，同时又存在平仓和振捣力量不足等，也易造成孔洞事故。

7) 采用滑模工艺施工，不按工艺要求严格控制与检查。

(2) 露筋事故原因

造成露筋事故的原因有：

1) 钢筋垫块漏放、少放或移位。

2) 局部钢筋密集处，水泥砂浆被集料或混凝土阻挡而通不过去。

3) 混凝土离析、缺浆、坍落度过小，或模板漏浆严重。

4）振动棒碰撞钢筋，使钢筋移位而露筋。

5）混凝土振捣不密实，或拆模过早。

(3) 缝隙夹渣层事故原因

缝隙夹层事故是由以下原因引起的：

1）施工缝处未清理，或不按施工规范规定的方法操作。

2）分层浇筑时，上、下层间隙时间太长，或掉入杂物。

7．其他原因

如工业厂房中由于经常受到高温，湿热气体的侵害，雨水、烟尘、化学介质等交替作用，初凝混凝土受振，以及遭受地震、火灾等灾害，均会降低混凝土的强度。

2.2 砌体结构损伤机理及其危害

2.2.1 砌体结构的裂缝

砌体结构发生裂缝的情况很普遍，其主要原因大致可以分为以下七个方面。

1．地基不均匀沉降

地基不均匀变形引起裂缝较常见。这类裂缝与工程地质条件、基础构造、上部结构刚度、建筑体形、以及材料和施工质量等因素有关。常见裂缝有以下几种类型：

(1) 斜裂缝：这是最常见的一种裂缝。建筑物中间沉降大，两端沉降小（正向挠曲），墙上出现“八”字形裂缝，反之则出现倒“八”字裂缝，如图2-36（a、b）所示。多数裂缝通过窗对角，在紧靠窗口处裂缝较宽。在等高长条形房屋中，两端比中间裂缝多。这种斜裂缝的主要原因是地基不均匀变形，使墙身受到较大的剪切应力，造成了砌体的主拉应力破坏。

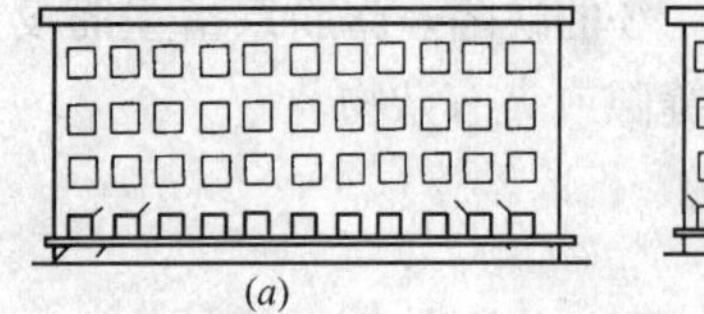

(a)

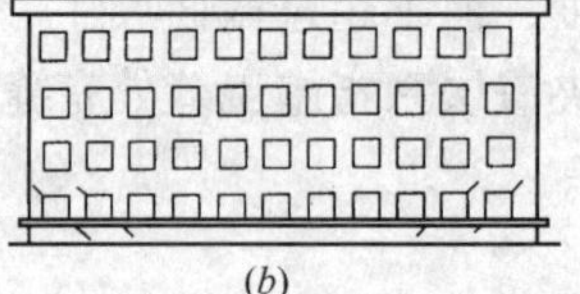

(b)

图 2-36 地基不均匀沉降引起的裂缝

(2) 窗间墙上水平裂缝：这种裂缝一般成对地出现在窗间墙的上下对角处，沉降大的一边裂缝在下，沉降小的一边裂缝在上，也是靠窗口处裂缝较宽。裂缝的主要原因是地基不均匀沉降，使窗间墙受到较大的水平剪力。

(3) 竖向裂缝：一般产生在纵墙顶部或底层窗台墙上。墙顶竖向裂缝多数是建筑物反向挠曲，使墙顶受拉而开裂。底层窗台上的裂缝，多数是由于窗口过大，窗台墙起了反梁作用而引起的。两种竖向裂缝都是上面宽，向下逐渐缩小。

(4) 单层厂房与生活间联接墙处的水平裂缝：多数是温度变形造成，但也有的是由于地基不均匀沉降，使墙身受到较大的来自屋面板水平推力而产生裂缝。

(5) 底层墙的水平裂缝：这类裂缝比较少见，主要原因是地基局部陷落而造成。

以上各种裂缝出现时间往往在建成后不久，裂缝的严重程度随着时间逐渐发展，也有少数工程施工中已经出现明显不均匀地基下沉而造成墙体裂缝，严重的甚至无法继续施工。

2．温度变形

由于温度变化引起砖墙、砖柱开裂的情况较普遍。最典型的是位于房屋顶层墙上的

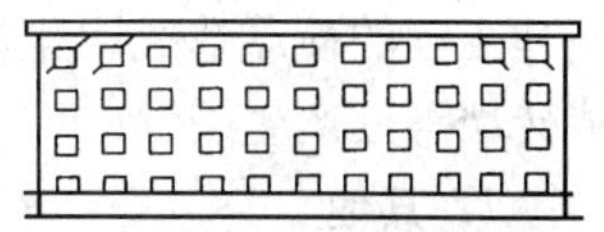
图 2-37　温度变化引起的裂缝

"八"字形裂缝，如图 2-37 所示，其他还有女儿墙角裂缝，女儿墙根部的水平裂缝，沿窗边（或楼梯间）贯穿整个房屋的竖直裂缝，墙面局部的竖直裂缝、单层厂房与生活间联接处的水平裂缝，以及比较空敞高大房间窗口上下水平裂缝等等。产生温度收缩裂缝的主要原因如下：砖混建筑主要由砖墙、钢筋混凝土楼盖和屋盖组成，单层厂房与多层框架大多数也是由钢筋混凝土结构与砖墙组成。钢筋混凝土的线膨胀系数为$(0.8\sim1.4)\times10^{-5}/℃$，砖砌体为$(0.5\sim0.8)\times10^{-5}/℃$，钢筋混凝土的收缩值约为$(15\sim20)\times10^{-5}$，而砖砌体收缩不明显。当环境温度变化或材料收缩时，两种材料的膨胀系数和收缩率不同，因此将产生各自不同的变形。当建筑物一部分结构发生变形，而又受到另一部分结构的约束时，其结果必然在结构内部产生应力。当温度升高时，钢筋混凝土变形大于砖，砖墙阻碍屋盖（或楼盖）伸长，因此在屋盖（楼盖）中产生压应力，在墙体中引起拉应力和剪应力。当墙体中的主拉应力超过砌体的抗拉能力时，就在墙中产生斜裂缝（"八"字形缝）。女儿墙角与根部的裂缝主要原因也是屋盖的温度变形。贯穿的竖直裂缝其发生原因往往是房屋太长或伸缩缝间距太大。单层厂房在生活间处的水平裂缝除了少数是地基不均匀下沉造成外，主要是由于屋面板在阳光曝晒下，温度升高而伸长，使砖墙受到较大的水平推力而造成。

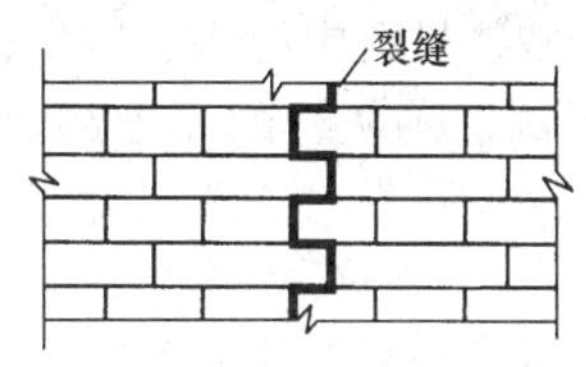

图 2-38　抗拉强度不足引起的裂缝

3. 结构受力

砖砌体受力后开裂的主要特征是：一般轴心受压或小偏心受压的墙、柱裂缝方向是垂直的，如图 2-38 所示；在大偏心受压时，可能出现水平方向裂缝。裂缝位置常在墙、柱下部 1/3 位置，上下两端除了局部承压强度不够外，一般很少有裂缝，裂缝宽度 0.1 ~ 0.3mm 不等，中间宽，两端细。通常在楼盖（屋盖）支撑拆除后立即可见裂缝，也有少数在使用荷载突然增加时开裂。在梁底，由于局部承压能力不够也可能出现裂缝，其特征与上述的类似。砖砌体受力后产生裂缝的原因比较复杂，设计断面过小，稳定性不够，结构构造不良，砖及砂浆标号低等均可能引起开裂。

4. 建筑构造

建筑构造不合理也能造成砖墙裂缝的发生。最常见的是在扩建工程中，新旧建筑砖墙如果没有适当的构造措施而砌成整体，在新旧墙结合处往往发生裂缝。其他如圈梁不封闭，变形缝设置不当等均可能造成砖墙局部裂缝。

5. 施工质量

砖墙在砌筑中由于组砌方法不合理，重缝、通缝多等施工质量问题，在混水墙往往出现无规则的较宽裂缝。另外，留脚手眼的位置不当、断砖集中使用、砖砌平拱中砂浆不饱满等也易引起裂缝的发生。

6. 相邻建筑的影响

在已有建筑邻近新盖多层、高层建筑的施工中，由于开挖、排水、人工降低地下水位、打桩等都可能影响原有建筑地基基础和上部结构，从而造成砖墙开裂，如图 2-39 所示。另外，因

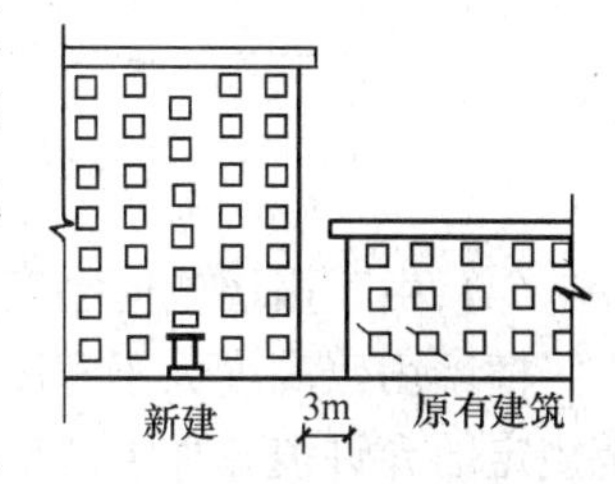

图 2-39　相邻建筑物引起的裂缝

新建工程的荷载造成旧建筑地基应力和变形加大，使旧建筑产生新的不均匀沉降，以致造成砖墙等处产生裂缝。

7. 其他

华南地区曾有硅酸盐砖砌体由于体积不稳定性造成裂缝的报导。西南地区用蒸压灰砂砖在同样条件下比普通粘土砖砌体较易产生裂缝。近年来混凝土空心砌块作为一种新型墙体材料得到了推广使用，砌块砌体较传统的粘土砖砌体更容易产生干缩和温度裂缝，在设计与施工中应引起重视。

其他如地震引起的砖墙裂缝也较常见。

2.2.2 砌体结构的变形

1. 沿墙面的变形

沿墙面水平方向的变形叫倾斜。沿墙面垂直方向的变形叫弯曲。

(1) 由于施工不良造成的倾斜

1) 灰缝厚薄不均匀。

2) 砌筑砂浆的质量不符合规定。例如：砂浆的流动太大，受压后砂浆被挤出。

3) 砖的砌法不符合规定，以致砖的互相咬合不好而发生倾斜，此时墙面伴有竖向裂缝。

4) 砌体采用冻结法施工，但未严格遵守规定要求，例如：①砂浆材料中混入了冰块；②采用了无水泥的砂浆；③砌筑砂浆的强度等级未按规定予以提高；④灰缝的厚度超过10mm；⑤未作砌体解冻时承载能力的验算，以致解冻时强度不足。

(2) 由于地基不均匀沉降造成的倾斜

1) 地质均匀，荷载（主要是恒载与活载）不均匀所造成的倾斜，如图 2-40 所示。

2) 荷载均匀，地质不均匀所造成的倾斜，如图 2-41 所示。

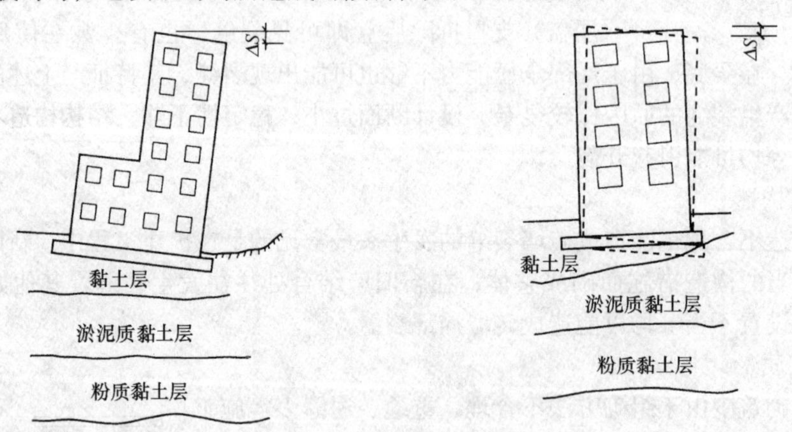

图 2-40 荷载不均匀造成倾斜　　图 2-41 地质不均匀造成倾斜

(3) 由于横墙侧向刚度不足造成的倾斜

横墙由于高度大于宽度或开洞太多而侧向刚度不足，在水平荷载作用下的侧移超过规范规定的允许值，加上砖砌体是弹塑性变形材料，其侧移中有相当一部分是塑性变形，即外荷载取消后，侧移并不完全消失，而留有约 30% 的残余侧移。图 2-42 所示单层房屋的 $B < H$，产生较大的侧移；图 2-43 所示横墙开洞较多，产生较大的侧移。

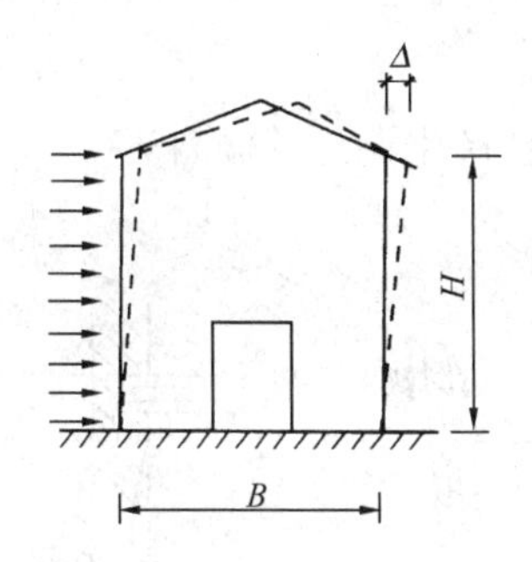

图 2-42 单层房屋的 $B<H$

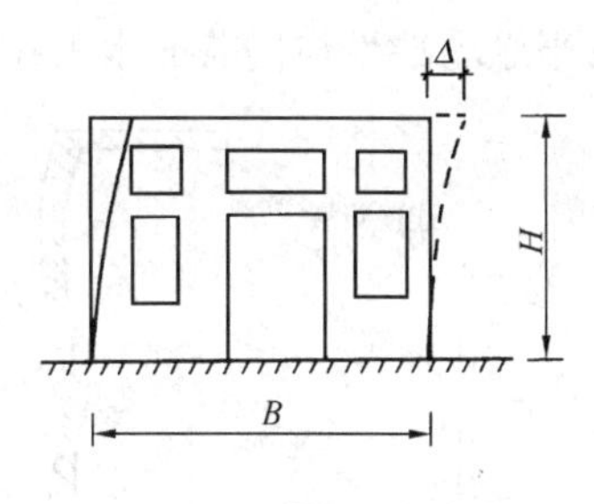

图 2-43 横墙开洞较多

(4) 沿墙平面的弯曲

由于施工不良造成的弯曲原因同前，由于基础不均匀沉降造成的弯曲原因如下：

1) 如果荷载不均匀或地质不均匀，均有可能导致房屋的弯曲，包括向上或向下的弯曲。

2) 即使荷载与地质均为均匀，但是如果地基是高压缩性的，也会产生使房屋向下弯曲的沉降。这是由于基底应力的扩散，导致房屋纵向中点下地基的实际应力为最大而愈向两端愈小。基底中点下地基受到比附近更大的压应力，因而中点的沉降也必然比附近为大，造成基础呈圆弧形的向下弯曲，也带来上层建筑相同的弯曲变形。

2. 出墙面的变形

垂直于墙面的变形叫“出墙面变形”，变形后，原来的竖向平面，变成曲面或斜平面。例如弯曲、倾斜等。

(1) 由于施工不良所造成的变形

1) 操作技术不良，墙体两侧的灰缝厚度不均匀，造成弯曲或倾斜。当砌到一定高度后再发现，强行校正，此时灰缝实际厚薄仍然不均匀，在受到较大压力时，仍然恢复到原来的弯曲或倾斜状，如图 2-44 所示。

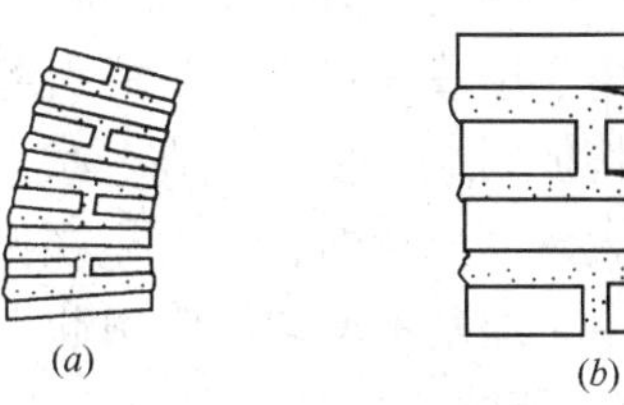

图 2-44 灰缝厚度不均匀

2) 冻结法施工未遵守规定，因而在解冻时，受阳光照射的一面先解冻，在一定的竖向压力下，向阳面的灰缝压缩较大。承重墙表现为层间弯曲。愈向下则弯曲度愈大。非承重墙由于冻结法施工未能设置钢筋混凝土圈梁，水平方向刚度极差，仅靠联系墙牵制，在向阳倾斜时，为平面弯曲，如图 2-45 所示。当倾斜严重时，非承重墙与连系墙的连接破坏，以致整个墙体倒塌。

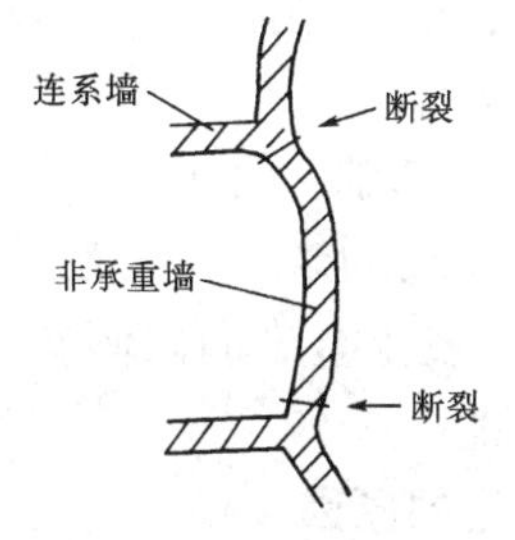

图 2-45 非承重墙的平面弯曲

3) 端横墙与纵墙连接处的砌筑咬合不好，在横墙受到楼盖的偏心荷载时，墙面呈外凸的趋势。此时连接处将会发生断裂，端横墙就会发生向外凸的变形，如图 2-46 所示。

(2) 由于墙身刚度不足所引起的变形

高厚比过大，超过规范规定的允许值，即由于设计错误。

1) 非承重墙：向水平面投视时可见其向外弯曲，向竖直面投视时可见其向外倾斜。

2) 承重墙特别是端部承重墙，水平投视可见其向外弯曲，竖直面投视也可见其向外弯曲，如图 2-47 所示。

3）当纵墙缺少与楼盖的水平拉结时，在风力作用下会产生向外的倾斜。

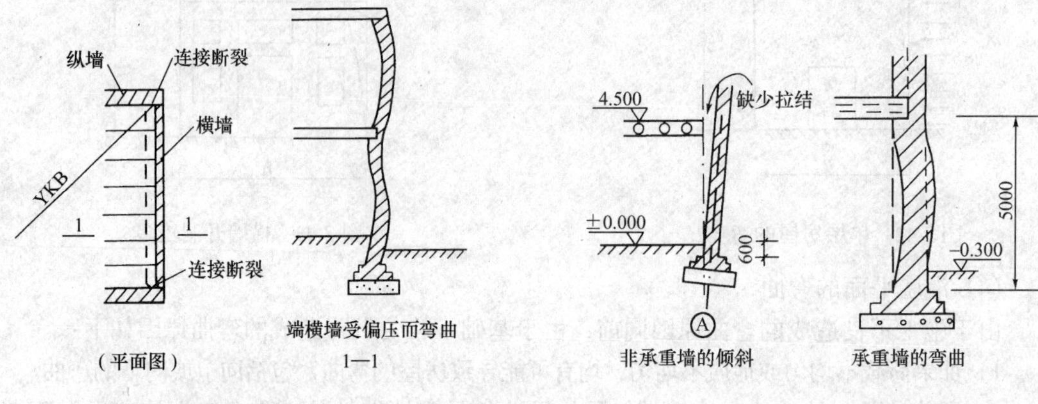

图 2-46　端横墙出墙面弯曲　　图 2-47　竖向弯曲

（3）框架填充墙与排架围护墙的出墙面变形

1）框架填充墙

此墙的稳定性依靠两侧柱的拉结筋与上下顶联接，要求预埋在柱内的插筋位置必须在灰缝处。此外在砌到梁底时不允许与下面一样平砌，而应斜侧砌与斜立砌，并使砖角上下顶紧。

2）排架围护墙

依靠从排架柱预埋锚固筋的伸出，与围护墙加强联系。同时，承墙梁必须装配成连续梁，其上下间距也不宜大于 4.0m。

（4）由于出墙面强度不足所引起的变形

变形特征同上，多发生在外墙与偏心受压墙，无论侧视或俯视，均可见出墙面的弯曲，而且大多向外弯曲，多发生在偏心受压的情况下。

（5）由于地基不均匀沉降引起出墙面变形

1）由于墙体缺少水平向的拉结，在受到风吸力或楼盖的挤压后向外倾斜，造成基底外侧的应力偏大，基础随之转动，如图 2-48 所示。

2）墙基的一侧有较大的长期荷载，该侧的地基压缩变形比另一侧大，基础发生转动，造成墙体出平面的变形。

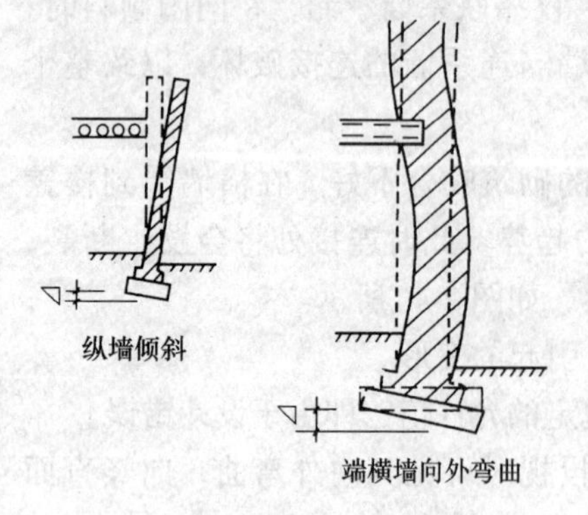

图 2-48　地基不均匀沉降引起的出墙面变形

3）在靠近墙基的一侧挖土，或深度超过墙基使该侧的地基遭到扰动。或深度相同但由于“流砂”现象使该侧的地基土粒流失，造成基础倾斜并导致墙体倾斜。

4）软土地基：架空地板下的基础，由于地板离基础较近，基础直接受到偏心荷载的影响，而设计时未按偏心受压基础设计，因而发生基础向内倾斜，墙体随之发生向内的出墙面弯曲。

2.2.3　造成砌体承载力不足的原因

1．设计错误

主要表现在采用的截面偏小，使用的砖和砂浆强度等级偏低，钢筋混凝土大梁支座处未设置梁垫，把大梁架在门窗洞上而没有设置托梁，以及砌体的高厚比等构造不符合规范规定等。这些问题的发生，一部分是由于设计人员工作疏忽，如对建筑物的使用目的了解不透，采用的计算荷载偏小，或计算发生差错，或制图、描图时注错了尺寸、强度等级等而未被发现。但大量的问题是由于不按基本建设程序办事，不经设计单位设计，随便找不懂技术的人胡乱"设计"而造成的。浙江省绍兴县某乡于1980年盖了一座2层的办公楼，共517m^2，没有请设计单位设计，由一位油工画了一张草图便施工，刚施工到2层时，砖柱被压坏，整个房屋倒塌。后经验算，全部使用荷载加上去之后，砖柱安全系数只有0.29。

另一种情况是不经科学计算，根据领导行政命令或某些人的主观想象，对已竣工或正在施工的工程随便增层，加大了下部结构的荷载，造成下部结构承载能力不够。重庆市某商业单位修建了一栋面积为1000m^{2}的门市部，原为2层，未经结构计算便决定增加一层，加层后全部倒塌。在其他省市也有不少随便增层造成房屋倒塌的教训。

2. 施工错误

（1）砖的质量不合格。砖砌体的强度是与砖和砂浆的强度成正比的。因此，如果在施工中使用了强度等级低于设计要求的砖，必定要降低砌体的强度，从而影响其承载能力。除了砖的强度等级对砌体的承载能力有影响外，砖的形状、焙烧情况、制砖粘土成分等，对砌体强度也有影响。需要特别指出的是，我国某些产石灰石地区的粘土中含有大量石灰石小卵石，有的砖厂在生产过程中筛选不严，把这些石灰石小卵石裹在砖坯里，焙烧后，石灰石变成生石灰，藏在砖的内部，严重影响砖的质量。这种砖，如不见水，强度还是很高的，但一润水，便"爆炸"（生石灰吸水熟化膨胀，把砖胀成酥松体）。工人把这种砖叫做"爆炸砖"。如果把它用在砌体上，必然大大地降低砌体的承载能力。

（2）砂浆强度偏低。砂浆强度直接影响砌体的强度。如砂浆强度偏低，必然要降低砌体的强度。造成砂浆强度偏低的主要原因是：①使用了不合格的水泥，如水泥存放时间过长，降低了活性，或受潮、有结块，或是地方水泥厂生产的水泥，强度不稳定等；②施工配比不准确，少放水泥，多放了砂子和掺合料；③常温施工不润砖，砌筑时砂浆中的水分很快被砖吸干，造成水泥脱水，不能充分水化；④使用了不合要求的掺合料，如粘土混合砂浆用的粘土细度不合格，含有有害成分等。

（3）灰缝砂浆饱满度不够。砖砌体是用砂浆将零星的砖块粘结在一起的，其强度不仅取决于砖和砂浆的实际强度等级，而且也和灰缝砂浆饱满度有关。由于砌砖为手工操作，在砌体中，砖块之间的砂浆不可能铺得非常均匀、饱满、密实，砂浆和砖表面不可能很均匀地接触和粘结，存在一些空隙和孔洞，因此在砌体受压时，砌体中的砖块不是单纯地均匀受压，而是处于受压、受弯、受剪等复杂的受力状态之下。在使用同一种强度的砖和砂浆的情况下，砌体的实际强度随砂浆饱满度的变化而变化，灰缝砂浆饱满度高的，砌体中空隙、孔洞就少，砌体的强度就高一些，反之，砂浆饱满度低的，砌体强度也低一些，大约在20%范围内变化。为了保证砖砌体的抗压强度不低于设计规范中规定的数值，水平灰缝的砂浆饱满度必须达到73.2%以上。国家标准从有利于保证工程质量出发，并考虑到实际施工的可能性，规定砖砌体的水平灰缝的砂浆饱满度不得低于80%。竖缝砂浆的饱满度，对砌体的抗压强度影响较小，但对砌体的抗剪强度有明显影响，故规范要求竖缝用挤浆或加浆方法施工，使其砂浆饱满。若砌体灰缝砂浆饱满度偏低，其强度将达不到设计要求，从而降低了砌体的承载能力。造成砌体灰缝砂浆饱满度偏低的主要原因是：1）砖的形状不合乎要求，如有的砖尺寸偏大，使灰缝厚度偏小，砌砖时，遇到砂浆里有较粗颗粒时，砖块不容易把灰缝挤实。有的砖挠曲变形，使灰缝厚薄不均，也不容易挤实。2）砂浆和易性不好。如砂浆拌得太干，或骨料太粗，或没有掺入塑化料等，使砂浆和易性不好而挤不实。3）施工时不润砖，砌筑时砖块很快把砂浆中的水分吸走，使砂浆失去和易性，因而也不能做到饱满、密实。4）操作方法不当。有的地区习惯瓦刀砌法，这种操作方法缺点较多，不容易保证砂浆的饱满度。

（4）组砌不合理。砖砌体是由砂浆将单个的砖块粘结在一起而成的。如果组砌不合理,也会降低砌体的承载能力。在施工中,较普遍存在的问题是砖墙的转角处及纵横墙交接处没有同时砌筑,留了直槎(包括凸出纵墙的马牙槎和凹进的母槎),接槎时又不注意,咬槎不严,尤其是纵横墙交接处,大多形成通缝,这样的砌体,纵横墙不能形成一个整体,大大降低了砌体的稳定性,遇到地震引起的水平力作用时,很容易被拉开。有时,施工单位为了节约材料,把一些半砖头用到砌体上,用量太多,太集中,也降低了砌体的承载能力。

（5）随意打洞或留洞位置不适当。为了安装水、暖、电管线，在已经砌好的砖墙、砖柱上随意开槽打洞。有的开横槽，把 240mm 宽的墙凿去 120mm。有的在柱子上打洞，把柱子截面凿去了一半。还有的在不允许留洞的地方，如独立砖柱、宽度小于 1m 的窗间墙、砖过梁上与过梁成 60°角的三角形范围内、梁或梁垫下及其左右各 500mm 的范围内，以及门窗两侧 180mm 和转角处 430mm 的范围内留脚手眼。这些作法，都严重地破坏了砌体结构，使其承载能力大大降低。

以上所列施工错误是一般建筑施工单位易出现的问题，至于某些施工技术较差的施工队伍，施工中出现的错误更要严重。如湖南省衡南县某社办工厂 1979 年修建的一座 1420m^2 混合结构建筑，2 层楼，木屋顶挂瓦。是由一位不懂建筑技术的人设计的。设计中错误百出，很不安全，而施工中更是极不严肃，随意修改设计，将原设计应为 M5 混合砂浆改为 M0.4 砂浆，对 490mm×490mm 砖柱采用包心砌法，用大量半砖头填心（砖柱采用包心砌法是非常危险的，各地发生过的一些砖柱倒塌事故，都与包心砌法有关）。240mm 厚砖墙采用五顺一丁、七顺一丁，最多达十九顺一丁砌筑，形成两堵 120mm 厚的墙。施工中不润砖，灰缝砂浆不饱满，粘结不牢，这样一个“先天不足、后天失调”，“遍体鳞伤”的建筑，有关行政领导又主观决定再加 1 层，将木屋顶改为钢筋混凝土平屋顶，结果该工程在建成后倒塌，造成多人伤亡的严重事故。

2.3 钢结构的损伤机理及其危害

2.3.1 钢结构的稳定问题

钢材的强度远较混凝土、砌体及其他常见结构材料的强度高，在通常的建筑结构中，按允许应力求得的钢结构构件所需的断面较小，因此，在多数情况下，钢结构构件的截面尺寸是由稳定控制的，钢结构的稳定问题也就显得十分突出。钢结构的失稳主要发生在其最基本的轴心受压构件、压弯构件和受弯构件，因此在钢结构设计中保证其构件不丧失稳定性极为重要。钢结构构件的失稳分两类：丧失整体稳定性和丧失局部稳定性。两类失稳形式都将影响结构或构造的正常承载和使用或引发结构的其他形式破坏。

影响结构构件整体稳定的主要原因有：

(1) 构件设计的整体稳定不满足

影响构件整体稳定最主要的因素是长细比 λ，即构件的计算长度与其截面回转半径之比。应注意截面两个主轴方向的计算长度可能有所不同，以及构件两端实际支承情况与采用的理想支承情况间的差别。

(2) 构件的各类初始缺陷

在构件的稳定分析中，各类初始缺陷对其极限承载力的影响比较显著。这些初始缺陷主要包括：初弯曲、初偏心（轴压构件）、热轧和冷加工产生的残余应力和残余变形及其分布、焊接残余应力和残余变形等。

(3) 构件受力条件的改变

钢结构使用荷载和使用条件的改变，如超载、节点的破坏、温度的变化、基础的不均匀沉降、意外的冲击荷载、结构加固过程中计算简图的改变等，引起受压构件应力增加，或使受拉构件转变为受压构件，从而导致构件整体失稳。

(4) 施工临时支撑体系不够

在结构的安装过程中，由于结构并未完全形成一个设计要求的受力整体或其整体刚度较弱，因而需要设置一些临时支撑体系来维持结构或构件的整体稳定。若临时支撑体系不完善，轻则会使部分构件丧失整体稳定，重则造成整个结构的倒塌或倾覆。空旷的单层工业厂房在这方面的问题比较突出。目前解决单层工业厂房结构稳定问题的方法主要是设置支撑。设置支撑后，整个厂房的结构构件形成整体，像一个大的网架，大大增加了结构抵抗侧向作用（如风、吊车制动、地震等）的能力。忽视支撑作用而造成的事故也是比较多的。例如上钢三厂转炉车间为 1958 年设计，为了节省钢材，不设柱间支撑，车间内有轨高 12m、50t 的重级工作制吊车。投产后，吊车开动时车间纵向振动比较严重，吊车不能平稳运行。1959 年厂方补设了柱间支撑，但由于节点处理不好，纵向振动的问题依然存在；1962 年又增设了屋架下弦纵向支撑系统，在柱子腰部另添水平通长的柱间支撑系统。两次加固所耗费用和钢材与新建同等规模的车间相差无几。可是在第二次加固后不久，柱子又开始摇晃。不得已，该车间于 1973 年拆除重建。由此例可看到支撑体系的重要性。

导致钢结构构件局部失稳的主要原因有：

(1) 构件局部稳定的不满足

在钢结构构件，特别是组合截面构件的设计中，当规范规定的构件局部稳定的要求不满足时，如工形、槽形等截面的翼缘的宽厚比和腹板的高厚比大于限值等，易发生局部失稳。而对其腹板从节约钢材的角度出发，应尽量取薄一点，并通过设置加劲肋的方法加强其局部稳定。加劲肋的布置和构造应合理、经济。

(2) 局部受力部位加劲构造措施不合理

当在构件的局部受力部位，如支座、较大集中荷载作用点，没有设支承加劲肋，使外力直接传给较薄的腹板而产生局部失稳。构件运输单元的两端以及较长构件的中间如没有设置横隔，截面的几何形状不变难以保证且易丧失局部稳定性。

(3) 吊装时吊点位置选择不当

在吊装过程中，由于吊点位置选择不当会造成构件局部较大的压应力，从而导致局部失稳。所以钢结构在设计时，图纸应详细说明正确的起吊方法和吊点位置。对于存有这类问题隐患构件的处理，一般应遵循减小构件长细比的原则。而减小长细比通常有两种方法，其一是减小构件的计算长度，其二是增大构件的截面面积。此外，对于钢柱还可以用外包混凝土或钢筋混凝土的方法提高柱的截面惯性矩，对于内空的封闭钢柱也可以采用内部填充混凝土的处理方法。这几种方法都可以起到增加构件刚度和提高稳定性能的作用。

2.3.2 钢材的疲劳破坏

1. 钢材的疲劳问题

钢材在持续反复荷载下会发生疲劳破坏。在疲劳破坏之前，钢构件并不出现明显的变形或局部的缩颈，钢材的疲劳破坏是脆性破坏。疲劳破坏的机理是：钢材内部及其外表有杂质和损伤存在，在反复荷载作用下，在这些薄弱点附近形成应力集中，使钢材在很小的区域内产生较大的应变，于是在该处首先发生微裂，在反复荷载继续作用下，微裂扩展，前裂口发展到一定程度，该截面上的应力超过钢材晶粒格间的结合力，于是发生脆断。

钢材断裂时，相应的最大应力 σ_{max} 称为钢材的疲劳强度，疲劳强度与荷载循环次数等因素有关，结构工程中是以二百万次循环时产生疲劳断裂的最大应力作为疲劳极限。钢材的疲劳强度与钢材本身的强度关系不大，而与构件表面情况、焊缝表面情况、应力集中、残余应力、焊缝缺陷等因素有关。

2. 工程中常见的疲劳问题

工程中常出现疲劳问题的钢结构构件是钢吊车梁，特别是在重级工作制作用下的吊车梁的问题就更为突出。有关调查资料表明：钢吊车梁在五年以内发生损伤的数量占吊车梁损坏总数的 8%，10 年以内损伤的占总数的 40%，15 年以内占 70%，可见大部分此类构件是在 15 年内发生某种损坏的。总运行次数在 50 万次以下时出现损伤的吊车梁占全部损伤构件的 15%，运行 200 万次以上出现损伤的构件占 50%。

造成吊车梁损伤的主要原因有以下几个：

(1) 钢轨偏心。由于安装公差钢轨必然不易与吊车梁中心一致，钢轨不平行使得吊车行驶时产生晃动，会使钢轨的偏心距增大。当钢轨的偏心距大于 3 倍的吊车梁腹板厚度时，实腹吊车梁易出现上翼缘与腹板连接处开裂和加劲肋与上翼缘连接处的裂缝，桁架式吊车梁易出现节点板的裂缝。钢轨偏心距过大将产生局部扭矩和翼缘的侧向弯曲，从而使上述易出现损伤的部位产生较高的应力，导致吊车梁过早地产生疲劳破坏。

(2) 应力集中的问题，由于焊接纵横缝交接或开孔处部位将产生应力集中，这些部位的疲劳破坏出现得也相应较早。如有些节点板与支撑的断裂，明显地是由铆钉孔产生的应力集中引起疲劳破坏所致。

(3) 工字梁变截面处裂缝大多从受拉翼缘开展到腹板上。此处构件截面产生突变，易造成应力集中。有限元计算结果表明，此处应力可以是设计计算应力的 1.4 倍。在高应力作用下，在这一局部材料首先产生疲劳破坏，影响构件的正常作用。

(4) 锈蚀问题，吊车梁局部产生较严重的锈蚀，其锈蚀量虽不能对构件的承载能力构成明显的影响，但却可使构件抵抗重复荷载的能力大大降低，这是因为在蚀坑附近会产生应力集中现象，造成蚀坑附近材料疲劳破坏。

(5) 材料问题，吊车梁使用的材料存在较大的问题，如有发裂、夹层和内部破裂及化学成分不合格或偏析严重等。

(6) 使用问题，在我国重级工作制厂房中，曾出现过数起钢吊车梁下翼缘疲劳开裂的事故，如大冶钢厂某车间，鞍钢某车间等，实践证明：在重级工作制吊车梁上焊接一些构件，会大大降低梁的疲劳强度，极易引起梁的开裂。如某厂1958年在吊车梁下翼缘贴角焊上一些输电线支架，1959年吊车梁从该焊缝处开裂。在吊车梁下翼缘随意打火、点焊、留下焊疤、弧坑对疲劳强度影响极大。

3. 疲劳问题的防治

钢结构的疲劳问题应从预防入手。所谓预防是指：把好选材关，注意制作过程，精心使用。

对于受到反复荷载作用且易产生疲劳破坏的构件要特别注意选材，不合格的材料绝对不可使用。选材时除了注意材料的化学成分、机械性能等因素外，还应保证所用的材料没有斑疤、夹层和开裂等影响材料疲劳强度的缺陷。

在制做过程中除了要严格按图施工外，还要注意不使钢材产生新的外表划痕，切痕等。试验表明：表面光洁钢材的疲劳强度大约为表面粗糙钢材疲劳强度的1.2~1.5倍。

精心使用是指注意不使这些构件锈蚀、碰撞等，不在这类构件上随意打孔或焊接，特别是在构件受荷后应力较大的部位，应严禁打孔或焊接。

对于出现局部疲劳破坏的构件，可首先考虑更换构件的方案，当更换困难较大或出现问题的部位为非主要部位时可考虑采取相应的加固方法。

对于焊缝破坏处可将原焊缝清除干净重新焊接，对于钢材上出现裂纹处可采取补焊钢板的方法，补焊钢板的尺寸应通过专门计算确定。

经常检查是避免出现钢结构疲劳破坏的一个重要方面。钢结构的疲劳破坏虽然属于脆性破坏，但是在其破坏前总还是有些前兆的，如构件上产生裂缝，原有裂缝开展以及螺栓断裂，铆钉松动或次要部位出现断裂等。这些先兆是检查的内容，一旦发现有上述问题，及时采取措施，可以避免破损的扩展和事故的发生。简单的检测方法是用低倍放大镜检查，当对构件的疲劳性能有怀疑时，可请有关单位进行检查。

2.3.3 钢结构的脆性破坏问题

钢结构的一个显著特点是变形性能好，特别是当构件使用低碳钢时，由于低碳钢有明显的屈服台阶，因此钢构件的破坏是有先兆的。但是在一定条件下，钢材会发生脆性断裂，构成无先兆的突然破坏，这种突然破坏是建筑结构设计和使用中所不允许的，因此应特别予以注意。

钢结构脆性断裂可分成以下几个类别：低温脆断、应力腐蚀、氢脆、疲劳破坏和断裂破坏等。造成脆断的原因除低温、腐蚀、反复荷载等外部因素之外，钢材本身的缺陷、设计不合理及施工质量等是构成其破坏的内因。由于脆性破坏是突发的，没有明显的预兆，因此发现问题加固处理是比较困难的，主要是采取预防措施，使其不产生脆性断裂。以下介绍一些脆性断裂的事故实例。

1. 低温脆断（冷脆）

自20世纪30年代以来，许多国家都曾出现过钢桥突然断裂，气柜、水柜以及压力容器的突然瞬间爆裂破坏，远洋海轮在平稳行驶中忽然一折为二沉入海底等大事故。

第二次世界大战前夕，比利时在某运河上建造了约50座空腹桁架维伦地尔型（Vierendeel Truss）桥梁。这些桥梁采用St42转炉钢，为焊接结构。其中哈塞尔脱

(Hasselt) 大桥跨度为74.4m，在使用14个月后，于1938年3月，当一辆电车及几个行人通过时，突然断裂。该桥在第一条裂缝开展后约6min便掉入河内，断裂时的气温为-20℃。

据统计自1938年到1950年在比利时共有14座大桥断裂，有6座桥梁是在负温下冷脆断裂。断裂多发生在下弦与桥墩支座的连接处，此处有应力集中现象，钢材应力达流限。低温、应力集中、板材过厚（35~40mm），焊接后冲击韧性很差，残余应力是造成钢桥断裂的原因。

加拿大魁北克的杜佩里西斯（Duplssis）大桥建于1947年，是全焊接钢板桥梁。该桥共8跨，其中6跨的跨度为54.88m，另2跨为45.73m。在使用27个月后，桥的东端有裂纹，于是用新的钢板焊接，1957年1月31日在-35℃的低温下，该桥彻底破坏坠入河中。经测定：桥梁钢材的含碳量为0.23%~0.4%，含硫0.04%~0.116%，屈服强度191.3MPa，极限强度402MPa，冲击韧性低。

除桥梁外，船舶在温度较低时断裂沉没的实例也很多，如在20世纪40年代以后，美国建造了2500艘自由轮，400艘胜利轮和约500艘T-2油轮。由于这些船的设计不好，在船壳甲板上采用方角舱口，形成缺口影响，在遇到-5~+5℃的低温时，有不少这种型号的船只都一裂为二，沉入海底。据统计在低温下船只的损失量约为正常温度下船只损失量的5倍。

储罐也有低温破坏的报导。如1947年10月，前苏联有一个4500m^3的油罐在-43℃的低温下破坏，该罐用Q235钢焊成，裂缝出现在罐与支座的连接处，此处应力集中、残余应力太大。

建筑物的钢结构一般多在室内，室内温度一般较室外高，因此其低温破坏的事故相对较少，但亦不可因此掉以轻心。如山东某厂的钢梁，使用多年未出现问题，1990年对厂房地坪进行翻修，到12月底工程仍在进行，室内温度较正常年份低得很多（约-10℃），结果造成该梁在集中应力作用点下突然断裂。

在常温下，钢材本是韧性材料，随着温度的下降，钢材逐渐变脆，这种现象称为“冷脆”。如果用冲击韧性来衡量，在常温时某种钢的冲击韧性 a_k 在9810N/mm^2，当温度降到0℃时，a_k 可降到1960~2943N/mm^2。

钢材的低温脆性的试验和评定已有多种方法。由于观点不同，脆性评定指标也有差异，目前常用的小型试验方法有冲击韧性试验法、缺口静弯试验、撕裂试验和落锤试验等。

2. 应力腐蚀断裂和氢脆

所谓应力腐蚀是指在长期高应力作用钢材中，阳极腐蚀区极小时造成的断裂。通常在裂纹开展阶段，上述阳极过程发生在裂纹的根部。

氢脆是另一种脆性破坏。氢脆是由阴极腐蚀造成的。在某些特定的条件下 ，原子氢随阴极腐蚀过程而生成，并进入钢材内部与钢材内部的氢分子结合产生较大的内压力，最终导致钢材局部开裂产生脆性破坏。

单纯的应力腐蚀断裂和氢脆破坏是比较少见的，在多数情况下，这种破坏伴随有低温或反复荷载。如英国北海油田“基尔兰”号海洋平台倾覆等可视为应力腐蚀和疲劳断裂共同作用的结果。

3. 脆性破坏的预防

钢结构脆性破坏造成的危害是相当大的，因此应极力避免这样的事故发生。而避免事故的关键是要选择合适的材料，精心施工，定期检查和及时采取有效的措施。

（1）材料的元素

在制作钢结构的构件时要选择适当的钢材，而选择钢材的第一步是检查钢材中各元素的含量。钢材中的主要金属元素是铁，约占 90%以上，此外钢材中还有碳、硅、锰、铜、镍、铬、钒、钛以及硫、磷、氧、氮、氢等。这些元素所占的比例一般不足 10%，但却左右着钢材的强度、塑性、韧性、可焊性以及抗腐蚀性能，因此在使用钢材之前不可不对钢材的化学成分进行检查，特别是在结构受有长期较大的荷载，环境中有腐蚀物质和低温时更不能对钢材的元素含量掉以轻心。钢材中各元素的含量对其各项性能都有明显的影响，因此作为设计单位应根据构件的使用条件受力情况，明确规定钢材中有害元素的上限，施工单位应按设计单位的要求进货施工。钢材中各元素的含量也应成为质检和验收的一项重要的指标。

（2）钢材的缺陷

钢结构所用钢材除要进行化学成份的检查验收和机械性能的测试之外，还要进行外观的检查。外观检查的目的是要确定所用的钢材是否有明显的缺陷，发现有明显缺陷的钢材应及时会同有关单位协商解决办法。钢材的缺陷一般有发裂、夹层、缩孔、白点、斑痕和划痕等。这些缺陷多可从钢材表面观察到，检查的难度不大，不需要价格昂贵的仪器，因此比较容易实现。通过钢材的表面检查，可以消除一些隐患，提高结构或构件抵抗疲劳荷载的可信度，减少低温破坏的事故。

当对钢材内部是否存有缺陷持怀疑态度时，或者钢材在结构中所受到的应力较高时，应进行专门的探伤检查，目前的检测有 γ 射线检查，超声检测和 X 射线检测等方法。

2.3.4 钢结构的防火与防腐问题

1. 钢结构防火

钢结构防火性能较差。温度升高钢材强度将降低，当温度达到 550℃时，钢材的屈服强度大约降至正常温度时屈服强度的 0.7。就是说，结构即达到它的强度设计值而可能发生破坏。所以钢结构设计应注意防火问题。

设计中应根据有关防火规范规定的结构的不同防火等级及不同使用要求，使建筑结构能满足相应防火标准的要求。在防火标准要求的时间内，应使钢结构的温度不超过临界温度 550℃，以保证结构正常承载能力。选择防火构造措施时要根据各种防火措施的防火时间来考虑。主要措施有：将钢构件埋于绝热材料中（多用于柱），用预制绝热板材粘结或钉固于钢构件外面，以及用灰浆绝热材料直接喷涂于钢构件表面形成随形的防火层（用于隐蔽的梁）等。

所有多层钢结构及有热源的车间均应考虑防火构造措施，一般单层钢结构可不考虑。

2. 钢结构防腐蚀

钢材由于和外界介质相互作用而产生的损坏过程称为腐蚀，又叫钢材锈蚀。钢材锈蚀分为化学腐蚀和电化学腐蚀两种。化学腐蚀是大气或工业废气中含的氧气、碳酸气、硫酸气或非电介质液体与钢材表面作用（氧化作用）产生氧化物引起的锈蚀。电化学腐蚀是由于钢材内部有其他金属杂质，具有不同电极电位，在与电介质或水、潮湿气体接触时，产生原电池作用,使钢材腐蚀。绝大多数钢材锈蚀是电化学腐蚀或化学腐蚀与电化学腐蚀同时作用形成。钢材腐蚀速度与环境湿度、温度及有害介质浓度有关,在湿度大、温度高、有害介质浓度高的条件下,钢材腐蚀速度加快;原苏联一资料介绍黑色冶金企业车间腐蚀速度为0.05~1.6mm/年,有色冶金企业为0.01~1.4mm/年,建筑工业小于0.37mm/年。

主要防腐处理措施有:

(1) 涂刷各种涂料(油漆)　最普通的一种是采用红丹、铬酸锌等材料作为钢材底层涂料,涂1~2层。再在底层涂料上应用罩面油漆涂刷,以防止侵蚀性物质侵入底层涂料引起过早变质。

(2) 镀金属层　可用铝或锌喷涂于构件表面,或在熔融的锌槽中镀上锌层。要使防腐层能牢固地附着于构件表面,关键的问题是先将涂层(镀层)表面进行处理。处理前应设法清理构件轧制后残留的铁屑、铁锈及油污等,否则这些铁屑等会使涂层(镀层)薄膜松脱或顶裂。涂(镀)层前最好对构件表面进行喷丸清理,或在镀层过程中采用酸洗。另外,用喷涂石棉灰浆作为构件外包层也可起防腐蚀作用。

在进行构造设计时应对构造作法妥善处理,避免诸如将槽钢槽口朝上放置,造成积水等情况;大型构件应有人能进入的观测口,以便检查维护构件内部情况等。

2.3.5　钢结构的其他缺陷

1. 钢结构的变形

钢结构在制作加工、运输、吊装和使用过程,都会因受力或温度变化作用而产生变形,尤其是焊接钢结构变形更是通病。钢结构变形可概括为两大类:总体变形和局部变形。

总体变形指整个结构的尺寸和外形发生变化,例如结构构件长度缩短、宽度变窄、构件弯曲,构件断面畸变和扭曲,如图2-49所示。

局部变形指结构构件局部区域内出现变形,例如板件凹凸变形、断面的角变位、板边的折皱波浪形变形等,如图2-50所示。

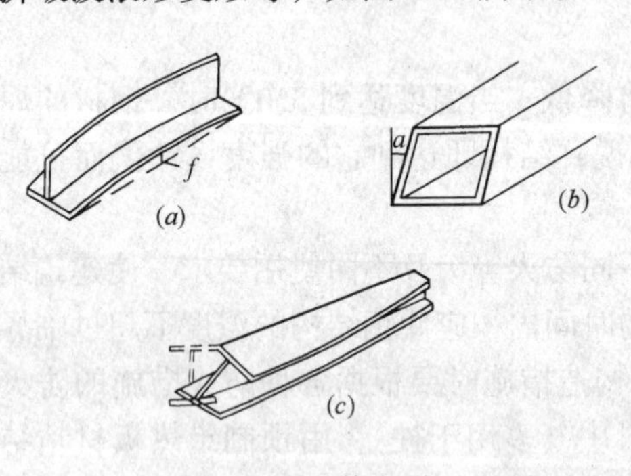

图2-49　总体变形
(a) 弯曲变形;(b) 畸变;(c) 扭曲

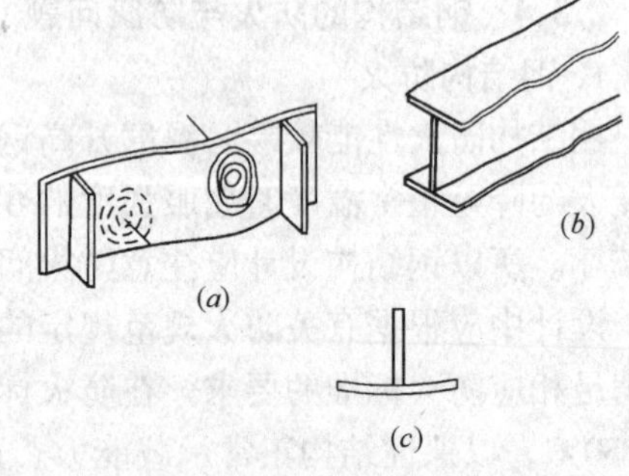

图2-50　局部变形
(a) 凹凸变形;(b) 折皱波浪变形;
(c) 角变位

实际结构中往往是几种变形组合出现,变形后会使构件拼接不紧,给组装和连接带来困难,影响力的传递、降低构件刚度和稳定性,也会产生附加应力、降低构件承载能力,变形也会影响使用。

引起钢结构变形的原因可以归纳为以下几种:

(1) 钢材原材料变形

钢厂出来的材料少数可能受不平衡热过程作用或其他人为因素存在一些变形,所以制作结构构件前应认真检查材料、矫正变形，不允许超出材料规定的变形范围。

（2）冷加工产生变形

剪切钢板产生变形，一般为弯扭变形，窄板和厚板变形会大一点；刨削以后产生弯曲变形，薄板和窄板变形大一点。

（3）制作、组装带来变形

制作操作台不平，加工工艺不当，组装场地不平、支撑不当、组装方法不正确，是钢结构制作中变形主要原因；组装引起的变形有弯曲、扭曲和畸变。

（4）焊接、火焰切割产生变形

电焊参数选择不当、焊接顺序不当和焊接遍数是产生焊接变形的主要原因；焊接变形有弯曲变形、扭曲变形、畸变、折皱和凹凸变形。

（5）运输、堆放和安装中产生变形

吊点位置不当，堆放场地不平和堆放方法错误，安装就位后临时支撑不足，尤其是强迫安装，均会使结构构件变形明显。

（6）使用过程中产生变形

长期高温的使用环境、使用荷载过大（超载），操作不当使结构遭到碰撞、冲击，都会导致结构构件变形。

2. 钢结构的裂缝

钢构件裂缝大多出现在承受动力荷载构件中，但一般承受静力荷载的钢构件，在严重超载、较大不均匀沉降等情况下，也会出现裂缝。

构件裂缝在钢结构制作、安装和使用阶段都会出现，大致可归结为下列原因：

（1）构件材质差；

（2）荷载或安装温度和不均匀沉降所产生的应力超过构件承载能力；

（3）金属可焊性差或焊接工艺不妥，在焊接残余应力下开裂；

（4）动力荷载和反复荷载作用下疲劳损伤；

（5）遭受意外冲撞。

3. 钢结构加工制作引起的缺陷

构件加工制作可能产生各种缺陷，归纳起来主要有：

（1）选用钢材的性能不合格；

（2）矫正时引起的冷热硬化；

（3）放样尺寸和孔中心的偏差；

（4）切割边未作加工或加工未达到要求；

（5）孔径误差；

（6）冲孔未作加工，存在有硬化区和微裂纹；

（7）构件的冷加工引起的钢材硬化和微裂纹；

（8）构件的热加工引起的残余应力等。

4. 钢结构焊接引起的缺陷

焊接连接给钢结构带来的缺陷主要有：

（1）热影响区母材的塑性、韧性降低；钢材硬化、变脆和开裂；

（2）焊接残余应力和残余应变；

(3) 各种焊接缺陷：如裂纹、气孔、夹渣、焊瘤、烧穿、弧坑、咬边、未熔合和未焊透等；

(4) 焊接带来的应力集中等。

5. 钢结构铆钉连接引起的缺陷

铆钉连接给钢结构带来的缺陷主要有：

(1) 铆钉孔引起构件截面削弱；

(2) 铆合质量差，铆钉松动；

(3) 铆合温度过高，引起局部钢材硬化；

(4) 构件间紧密度不够等。

6. 钢结构螺栓连接引起的缺陷

螺栓连接给钢结构带来的缺陷主要有：

(1) 螺栓孔引起构件截面削弱；

(2) 普通螺栓连接在长期动荷载作用下的螺栓松动；

(3) 高强度螺栓连接预应力松弛引起的滑移变形；

(4) 螺栓及其附件钢材质量不符合设计要求。

7. 钢结构在运输、安装和使用维护中可能存在的缺陷

钢结构在运输、安装和使用维护过程中可能遇到的缺陷有：

(1) 运输过程中引起结构或其构件产生的较大变形和损伤；

(2) 吊装过程中引起结构或其构件的较大变形和局部失稳；

(3) 安装过程中没有足够的临时支撑或锚固，导致结构或其构件产生较大的变形、丧失稳定性，甚至倾覆等；

(4) 施工连接（焊缝、螺栓连接）的质量不满足设计要求；

(5) 使用期间由于地基不均匀沉降等原因造成的结构损坏；

(6) 没有定期维护使结构出现较重腐蚀，影响结构的可靠性能。

2.4 地基基础损伤机理及其危害

2.4.1 概述

支承建筑物上部结构荷载的土体或岩体称为地基，建筑物向地基传递荷载的下部结构叫做基础。通常建筑物的地基可分为天然地基和人工地基两大类：地基不加处理就能够满足建筑物对地基要求的，称为天然地基；地基需进行地基处理（例如换土垫层、机械夯实、土桩挤密、堆载预压等方法）才能够满足建筑物对地基要求的，叫做人工地基。基础分类方法很多，按基础埋置深度可分为浅埋基础和深埋基础；按基础变形特性可分为柔性基础和刚性基础；按基础形式可分为独立基础、联合基础、条形基础、筏形基础、箱形基础、桩基础、地下连续墙基础等。地基基础是建筑物的重要组成部分，属于地下隐蔽工程，它的勘察、设计和施工质量直接关系着建筑物的安危。建筑工程事故的发生，很多与地基基础损伤有关，而且地基基础事故一旦发生，补救难度较大。为保证建筑物的安全性和满足正常使用要求，地基基础设计必须满足下面两个基本要求：①工程结构在各类荷载的组合作用下，作用于地基上的设计荷载不超过地基承载力设计值，土体应满足整体稳定

要求，不产生滑动破坏。②建筑物基础沉降不超过地基变形允许值，保证建筑物不因地基变形发生损坏或影响正常使用。

造成地基与基础工程事故的原因主要是由于勘察、设计、施工不当或使用环境改变而引起的。其最终反映是建筑物产生过量的沉降或不均匀沉降，致使上部结构出现裂缝或整体倾斜，削弱和破坏了结构的整体性和耐久性，并影响到建筑物的正常使用，严重的可导致地基失稳破坏，引起建筑物倒塌，常见的地基或基础工程事故多由以下原因造成：

（1）地基失稳工程事故

结构物作用在地基上的荷载重度超过地基承载力，地基将产生剪切破坏，破坏时基础四周的地面有的出现明显隆起现象，称为整体剪切破坏；有的略有隆起，称为局部剪切破坏；有的完全没有隆起迹象称为冲切剪切破坏。地基产生剪切破坏将引起结构物倒塌或破坏。

（2）土坡滑动工程事故

建筑在土坡上或土坡顶和土坡趾附近的建筑物会因土坡滑动产生破坏。造成土坡滑动的外界不利因素很多，例如坡上加载、坡趾取土、雨水渗流都会降低土层界面强度促使局部土体滑动，土坡失稳坍塌常造成严重工程事故，并危及人身安全。

（3）软弱地基工程事故

软土一般抗剪强度较低、压缩性较高、透水性很小。在软土地基上修建建筑物，如果不进行地基处理，当建筑物荷载较大时，软土地基就有可能出现局部剪切甚至整体滑动。此外，软土地基上建筑物的沉降和不均匀沉降较大，沉降稳定历时较长，会造成建筑物开裂或严重影响使用。

（4）湿陷性黄土地基工程事故

湿陷性黄土在天然含水量下，一般强度较高，压缩性较小，受水侵湿后，土的结构迅速破坏，强度随之降低，并发生显著的附加下沉。这种变形大速率高的湿陷，会导致建筑物产生严重变形甚至破坏。

（5）膨胀土地基工程事故

膨胀土具有吸水膨胀和失水收缩的特性，它一般强度较高，压缩性较低，易被误认为是承载力较好的地基土。利用这种土做为结构地基时，如果对它的特性缺乏认识，在设计和施工中没有采取措施，其膨胀和收缩变形会对上部结构墙体开裂造成危害。

（6）季节性冻土地基工程事故

季节性冻土是指冬季冻结夏季融化的土层，每年冻融交替一次。冻土地基因环境条件变化在冻结和融化过程中往往产生不均匀冻胀和融陷，过大的冻融变形将导致建筑物开裂或破坏，影响建筑物正常使用和安全。

2.4.2 地基失稳对工程结构的危害

1. 地基失稳特征

试验研究和工程实践均表明，在局部荷载作用下，地基承载力的破坏形式主要有三种。对于压缩性较小的密实砂土和坚硬黏土，当地基发生整体剪切破坏时，在地基中从基础的一侧到另一侧形成连续滑动面，基础四周的地面明显隆起，基础倾斜，甚至倒塌，如图 2-51（*a*）所示，这种破坏形式称为整体剪切破坏。对于压缩性较大的松砂和软黏土，地基的破坏是由于基础下面软弱土的变形使基础连续下沉，产生过量的沉降，破坏时基础

"切入"土中，地基中没有滑动面，基础四周地面也不隆起，基础不发生很大的倾斜更不会倒塌，如图 2-51（*c*）所示，称为冲切剪切破坏。此外，还有一种介于整体剪切破坏和冲切剪切破坏之间破坏形式，它类似于整体剪切破坏，滑动面从基础一边开始，终止于地基中的某点，只有当基础发生相当大的竖向位移时，滑动面才发展到地面，破坏时基础四周地面略有隆起，但基础不会明显倾斜或倒塌，如图 2-51（*b*）所示，称为局部剪切破坏。

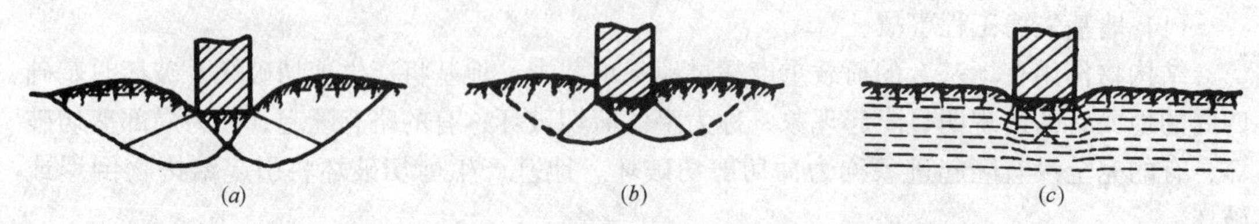

图 2-51　承载力破坏的形式

（*a*）整体剪切破坏；（*b*）局部剪切破坏；（*c*）冲切剪切破坏

地基破坏形式与地基土层分布、基础埋深、加荷速率等因素有关，当基础埋置较浅，荷载为缓慢施加的恒载时，将趋于形成整体剪切破坏；当基础埋置较深，荷载施加速率较快或受冲击荷载作用，则趋于形成冲切剪切破坏和局部剪切破坏。

2. 地基失稳对工程结构的危害

地基失稳造成的工程事故在建筑工程中较为少见，在道路工程和堤坝工程中相对较多，这与工程设计中安全度控制有关。建筑工程对地基变形要求较严，地基稳定安全储备大，地基失稳事故很少发生，但是地基失稳一旦发生，后果常常十分严重，有时甚至是灾难性的。加拿大特朗斯康谷仓地基破坏是整体剪切破坏的典型例子，该谷仓建于 1941 年，由 65 个圆柱形筒仓组成，高 31m，宽 23m，其下为片筏基础，由于建前不知道基础下埋置有 16m 厚的软黏土层，建成后初次贮存谷物，使基底平均压力超过地基承载力，地基发生整体滑动，谷仓一侧突然陷入土中 8.8m，另一侧抬高 1.5m，仓体倾斜 27°，如图2-52 所示。

图 2-52　加拿大特朗斯康谷仓的地基事故

1995 年我国中南某市一栋 18 层住宅楼，因地基失稳破坏将其爆破拆除。该住宅楼为钢筋混凝土剪力墙结构，座落在软土地基上，采用夯扩桩基础，以砂层做为持力层。当年 1 月开始桩基施工，9 月中旬主体结构封顶，在进行室内外装修时，12 月 3 日发现该住宅楼向东北方向倾斜，顶端水平位移 470mm，后采取纠偏措施，一度使倾斜得到控制。但从 12 月 21 日起，该楼突然转向西北方向倾斜，虽采取纠偏措施，但无济无事，倾斜速度加快，12 月 25 日顶端水平位移达 2884mm，为保证周围建筑生命财产安全，实施定向爆破拆除。这次事故的原因是因为大量工程桩偏斜，导致桩基整体失稳。

2.4.3　土坡失稳对工程结构的危害

1. 土坡失稳

土坡失稳是指土坡沿某一滑动面向下和向外产生滑动而丧失其稳定性。土坡失稳滑动主要是由于外界不利因素影响，土体内剪应力增加和抗剪强度降低所致，一般有以下几种原因。

（1）土体内剪应力增加：在土坡上建造房屋或堆放重物增加了土坡上作用的荷载；雨季中土的含水量增加使土的自重增加；由于打桩、爆破、地震等原因引起振动改变了土体原来的平衡状态。

（2）土的抗剪强度降低：气候变化使土质变松；黏土夹层因水浸湿而发生润滑作用；久雨后土中渗流时产生动水力。

（3）静水力作用：雨水或地面水流入土坡中的竖向裂缝，对土坡产生侧向压力，从而促使土坡滑动。

2. 土坡失稳对工程结构的危害

当土体中剪应力超过土的抗剪强度时，土坡就失去稳定发生滑动，土坡发生滑动可能是缓慢进行的，也可能是突然发生的；滑动的土体小则数千、数万立方米，大则数百万立方米；滑动的速率可达每秒几米甚至每秒几十米。土坡失稳不仅危及边坡上的建筑物，而且危及坡顶和坡脚附近的建筑物安全。根据建筑物位于土坡位置的不同，土坡滑动对工程结构的危害大致可分为三种情况。

（1）建筑物建于边坡顶部时，由于土坡作用荷载发生变化或其他不利因素影响，从顶部沿滑动面形成滑坡，往往是上部先行滑动，推动下部一起滑动。轻则导致地基不均匀沉降，房屋开裂或倾斜；重则会使地基丧失承载力，房屋发生倒塌。

某山区厂房建于边坡上，地基为红黏土，为建造厂区公路在边坡上大量堆土（图 2-53）。厂房建成后，由于地沟漏水，大量生产用水流入厂房下边坡土墙中，引起边坡失稳，造成部分基础和厂区公路下滑破坏。

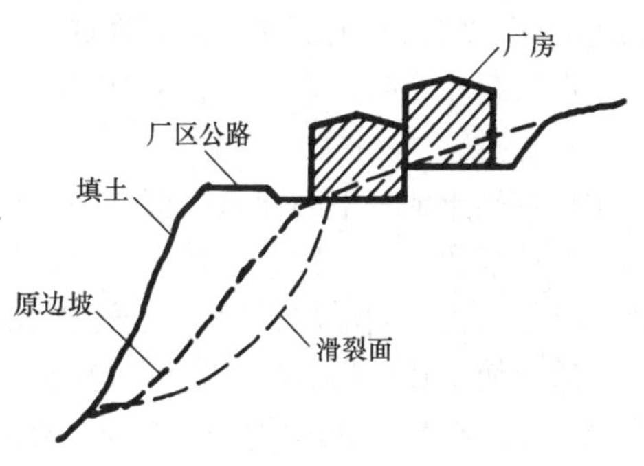

图 2-53　边坡滑动示意图

（2）建筑物建于斜坡上时，在某些外界不利因素作用下，建筑物下的土体沿某一层面发生滑动，基础将会移位和倾斜，从而使得上部结构发生倾斜甚至破坏。某工程 1954 年扩建于江岸边的一个古滑坡体上，由于江水冲刷坡脚，以及工厂投产后排水和堆放荷载的影响，先后在古滑坡体上发生了十个新的滑坡，严重影响该厂正常生产，为整治滑坡花费了大量的人力、物力和财力。

（3）建筑物建于坡脚时，土体滑动形成推力，将会冲跨甚至吞没坡脚下的建筑物，带来灾难性后果。1972 年 6 月香港地区连降暴雨，山坡土体受雨水浸湿，下滑力增大。7 月 18 日晨，数万立方米的土体从土坡下滑，将建于坡脚的一栋大厦冲倒，并造成 120 余人死亡，酿成大灾。

2.4.4　软土地基对工程结构的危害

1. 软土地基变形特征

软土具有压缩性高、承载力低等特性，地基变形是软土地基的主要问题，具体表现为建筑物沉降量大而不均匀，沉降速率大以及沉降稳定历时较长。

软土地基上建筑物沉降通常较大，观测资料统计表明，一般三层房屋沉降量为 150 ~ 200mm，四层以上变化范围较大在 200 ~ 500mm 之间，其中五、六层房屋沉降量有的大于

600mm。对于有吊车的一般工业厂房，其沉降量在200～400mm之间，而大型构筑物，如水池、料仓、储气柜、油罐等，沉降量一般都大于500mm，有的甚至超过1000mm。建筑物均匀沉降对上部结构影响不大，但沉降过大，可能造成室内地坪低于室外地坪，引起雨水倒灌，管道断裂等问题。上海锦江饭店老楼，地基位于深厚淤泥质土上，建筑物累计沉降量达1500mm，一层房间变成半地下室，原先进入饭店要上几个台阶，现在室内地坪比室外地坪反而低5个台阶。此栋房屋虽然地基严重下沉，但沉降较为均匀，再加上上部结构整体刚度较好，未发现墙体开裂，仍可继续使用。

上部结构荷载差异大，结构体型复杂以及土层均匀性差时，会引起很大不均匀沉降，沉降差有可能超过总沉降量的50%。某市一栋六层住宅楼，砌体结构，平面长41.84m，宽9.78m，高18.45m，该楼建造在土质不均匀的地基上，地基软弱下卧层厚度变化较大，房屋西侧墙下软黏土厚4.20m，而东侧墙下软黏土厚16.80m，房屋建成后产生不均匀沉降，最大沉降差达210mm，导致房屋墙体开裂，整体倾斜，只得拆除重建。

沉降速率大，是软土地基又一特点，如果作用在地基上的荷载较大，加荷速率过快，则可能出现等速沉降或加速沉降现象。施工加荷速率对软土地基的变形和强度影响是比较显著的，加荷速率大会使地基土产生塑性流动，从而降低地基的强度，增大了基础的沉降量，甚至使地基丧失稳定。如能控制加荷速率，使软土层逐步固结，地基强度逐步增长，便能适应荷载增长要求，同时也可降低总沉降量，防止建筑物产生局部破坏和倾斜。一般建筑工程活载较小时，竣工时沉降速率约为0.5～1.5mm/d；活载较大时，最大沉降量可达40mm/d。

建造在软土地基上的建筑物沉降稳定历时较长，在比较深厚的软土层上，建筑物基础沉降往往持续数年乃至数十年之久。建筑物沉降主要是由于地基受荷后，孔隙水压力逐渐消散，有效应力不断增加，地基土发生固结作用所致。因为软土渗透性差，孔隙水压不易消散，从而使得建筑物沉降稳定历时较长。上海展览馆中央大厅为框架结构，箱形基础底面积46.5m×46.5m，基础埋深7.27m，箱基顶面至中央大厅上部塔尖总高96.63m，地基为淤泥质软土，压缩性很大。展览馆1954年5月动工，竣工时实测基础平均沉降量为600mm，以后沉降继续发展，30年后沉降趋向稳定，此时累计沉降量已达1800mm。

2. 不均匀沉降对工程结构的危害

建筑物均匀沉降对于上部结构影响不大，不均匀沉降过大是造成建筑物倾斜和产生裂缝的主要原因。建筑物不均匀沉降对上部结构影响主要反映在以下几方面。

(1) 墙体产生裂缝

地基发生不均匀沉降时，砖砌体房屋产生整体弯曲作用，从而在砌体中引起附加拉力或剪力，当附加内力超过砌体本身强度便产生裂缝。对于长高比较大的砖混结构，当中部沉降比两端大时产生八字形裂缝，如图2-36（*a*）所示；当两端沉降比中部大时产生倒八字形裂缝，如图2-36（*b*）所示。

(2) 建筑物产生倾斜

高宽比较大的房屋，不均匀沉降将引起建筑物倾斜。某市招待所楼为六层框架结构，房屋高17.6m，宽7.8m，筏形基础，建造在高压缩性软土地基上。由于使用要求，在一侧外挑阳台，挑出长度1.5m，导致房屋整体重心偏离筏板基础形心，造成筏形基础不均匀沉降，整栋房屋发生倾斜。经测量筏形基础前后沉降差为135mm，房屋东倾350mm（图2-54），该房屋只好拆除重建。

（3）钢筋混凝土排架柱倾斜或损伤

钢筋混凝土排架结构常因地面大面积堆载或厂房设备动力作用造成柱基偏移或倾斜。对于带顶厂房，由于刚性屋盖支撑作用，柱倾斜受阻，在柱头产生较大的附加水平力，使柱身在弯矩作用下开裂，裂缝多集中在柱底弯矩最大处或柱身变截面处。对于露天厂房，栈桥柱的倾斜不致造成柱身损伤，但会影响吊车正常运行，引起滑车或卡轨现象。

例如某钢厂钢渣处理车间为露天栈桥式排架结构。钢渣需通过重锤夯击处理，圆形钢锤重70kN，落距9m，冲击动能630kJ。在重锤长期往复振动下，基础移位，排架柱外倾，造成桥式吊车不能运行。

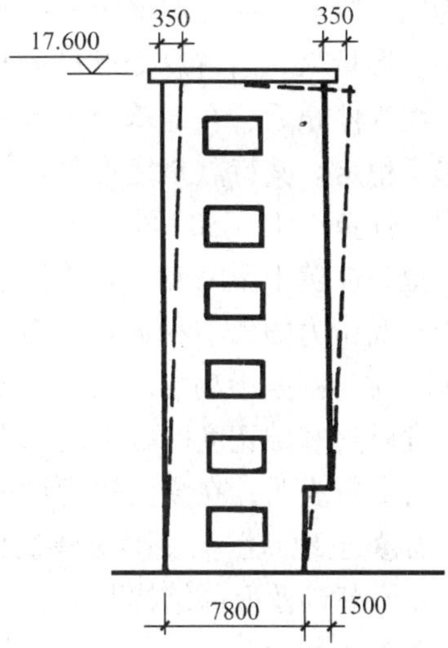

图2-54　房屋倾斜示意

2.4.5　湿陷性黄土湿陷特征及对工程结构的危害

1. 黄土湿陷机理及特征

（1）黄土湿陷性

我国黄土分布很广，主要集中在西北地区，面积达63.5万km^2，其中湿陷性黄土约占3/4。黄土在天然含水量时往往具有较高的强度和较小的压缩性，但有的黄土遇水浸湿后，在上覆土层自重压力或者自重压力和建筑物附加压力共同作用下，土的结构迅速破坏，强度随之降低，并发生显著附加下沉，称为湿陷性黄土；有的黄土遇水浸湿后却并不发生湿陷，称为非湿陷性黄土。湿陷性黄土又可分为自重湿陷性和非自重湿陷性两种：自重湿陷性黄土在自重压力下受力浸湿后发生湿陷；非自重湿陷性黄土在土自重压力下受力浸湿后不发生湿陷。黄土湿陷会引起地基不均匀沉降，影响建筑物的使用和安全。因此，对于黄土地基首先应当判别它是否具有湿陷性，进而判别它是属于自重湿陷性还是非自重湿陷性，以便采取相应措施。

（2）黄土湿陷机理

黄土是干旱气候条件下的沉积物，它在形成过程中，因环境干燥，土中水分不断蒸发，水中所含碳酸钙、硫酸钙等盐类在土颗粒表面析出沉淀，形成胶结物。随着含水量的减少，土颗粒彼此靠近，颗粒间的分子引力以及结合水和毛细水的联结力也逐渐增大。这些因素增强了土颗粒之间抵抗滑移的能力，阻止了土体自重压密，从而形成了多孔及大孔结构。黄土受水浸湿后，水分子楔入颗粒之间，导致结合力连接消失，盐类溶于水中，骨架强度随之降低，在土自重压力或自重压力和附加压力共同作用下，土体结构迅速破坏，颗粒向大孔滑动，骨架挤紧，发生湿陷。由此可见，土的大孔性和多孔性是湿陷的内在因素，水和压力则是湿陷的外在条件，后者通过前者而起作用。

（3）湿陷性黄土地基变形特征

湿陷性黄土在某一压力下浸水开始发生湿陷，这个压力称为湿陷起始压力。湿陷性黄土所受压力超过湿陷起始压力，土体浸水受力时即要产生湿陷变形，湿陷变形发展大致要分为二个阶段。一是湿陷阶段：浸水后黄土结构遭到破坏，形成地基“突陷”现象。其特征是变形量大，约占总变形量的80%左右；变形速度快，可在1~3d内完成。二是压密阶段：浸水停止后，在地基压力不变的情况下，土体内部结构重新排列，密度增加，湿陷变形趋于稳定。其特点是变形量小，约占总变形量的20%左右；变形速度减缓，对于非自重湿陷性黄土15~30d可达稳定，对于自重湿陷性黄土约需三个月甚至半年才能稳定。

湿陷性黄土湿陷变形影响深度与湿陷类型密切相关。非自重湿陷性地基的湿陷深度决定于基底压力的大小和基础底面尺寸。西安某地试验表明，对于方形基础，当浸水压力为200kPa时，湿陷影响深度约为基础宽度的2.0~2.3倍，当浸水压力增加到300kPa时，影响深度可达基础宽度的3.1倍。自重湿陷性地基的湿陷深度则决定于自重湿陷性土层厚度，有资料表明，在浸湿较为彻底的情况下，其湿陷深度可达具有自重湿陷的整个土层。

2. 黄土地基湿陷变形对建筑物造成的危害

(1) 基础及上部结构开裂

黄土地基的湿陷变形往往引起建筑物大幅度沉降和较大沉降差，造成基础及上部结构开裂。西北某冶金厂建于黄土高原的沟谷地带，1974年底建成试车投产，由于尾矿池水渗漏，引起区域性地下水位上升，投产后四年中，厂区20座建筑物和构筑物基础均出现急剧下沉，最大累计沉降量达1231mm，最大差异沉降量达625mm。不均匀沉降导致墙体、地面开裂，框架梁柱歪斜，管线接头扭损，被迫停产整治。

(2) 上部结构倾斜

整体刚度较大的房屋或烟囱、水塔等构筑物，当地基发生湿陷变形产生不均匀沉降时，上部结构会发生倾斜，西北地区某钢筋混凝土支架水塔，建于非自重湿陷性黄土地基上，因塔底给水管渗漏，地基局部湿陷，造成塔身歪斜，顶部向南倾斜244mm，向东倾斜95mm。

(3) 管网扭曲或折断

地基湿陷时会引起地下土层和地面变形，导致地面管道或地下管道扭曲或扭断，影响正常生产和使用。当埋置于地下的给水或排水管道折断，还会进一步加剧湿陷变形。

2.4.6 膨胀土地基变形特征及危害

1. 膨胀土变形特征

膨胀土是一种高塑性黏土，具有吸水膨胀、失水收缩的性质。这种土一般强度较高，压缩性低，多呈坚硬状态或硬塑状态，易被误认为是良好的天然地基，但由于它具有胀缩的特性，利用这种土作为地基时，如果不加处理，地基变形会使基础移位、墙体开裂、地坪隆起，给建筑物造成危害。

(1) 膨胀土胀缩性能

膨胀土黏粒成分主要由强亲水性矿物组成，其黏粒矿物成分可归纳为二类：一类以蒙脱石为主，蒙脱石具有很强的亲水性，浸湿后膨胀强烈；另一类以伊利石为主，伊利石亲水性较蒙脱石为弱，但也具有较高的亲水性。试验结果表明，黏粒主要矿物为蒙脱石时，自由膨胀率为80%~100%；黏粒主要矿物为伊利石并含有少量蒙脱石时，自由膨胀率约为50~80%；黏粒主要矿物为伊利石并含有少量其他矿物时，自由膨胀率约为40%~70%。一般认为土的自由膨胀率大于80%时，应视为较强膨胀性的土；自由膨胀率低于40%时，可看成非膨胀性土。膨胀土遇水膨胀，失水收缩，胀缩之间具有可逆性。

(2) 影响胀缩的因素

气候条件是影响膨胀土胀缩的首要因素，雨季土中水分增加，土体膨胀；旱季土中水分蒸发，土体收缩。季节性气候变化使得土中水分处于变动之中，从而使建筑物产生交替升降运动。

地形地貌的影响也是一个重要因素。一般来说，位于低洼地势的膨胀土地基要比位于较高地势的同类地基的胀缩变形小得多，位于坡脚地段的膨胀土地基要比位于坡肩地段的同类地基的胀缩变形也小得多。这是由于较高地势和坡肩地段日照条件较优，地基水分蒸发条件好，因此，含水量变化幅度大，地基胀缩变形也较剧烈。

建筑物周围的阔叶乔木会对地基变形造成不利影响。尤其是少雨季节，由于树根吸水作用，降低了水土含水量，加剧地基干缩变形，使得邻近房屋产生裂缝。

2. 膨胀土变形对工程结构的危害

(1) 膨胀土地基上房屋破坏规律

膨胀土上建筑物开裂破坏具有地区性和成群出现的特点。大部分在建成后三五年就出现裂缝，也有建成后一二十年才开裂的。发生破坏的建筑物多为一二层砖木结构，因为这类房屋重量轻，整体性差，基础埋置较浅，地基土易受外界因素干扰而产生胀缩变形。如合肥地区某干休所20世纪60年代初期在膨胀土地基上建造了一批砖混住宅，以二层为主，少量单层，建成三四年后，由于土中季节性含水量变化，房屋全部开裂、变形，且单层破坏重于二层。

(2) 建筑物开裂破坏特征

膨胀土地基上房屋墙面开裂具有其特殊性，房屋墙面角端的裂缝常表现为山墙上对称或不对称的倒八字形裂缝（图2-55），这是由于山墙两侧下沉量较中部为大的缘故。纵墙上有水平裂缝（图2-55），同时伴有墙体外倾，常见内外墙脱开现象；纵墙和内横墙还会出现斜向裂缝或交叉裂缝，这些都是由于土的胀缩交替变形，地基不均匀往复运动的结果。

土体升降变形会导致地坪隆起、开裂，室内地坪的裂缝常与室外地裂相连。在地裂通过建筑物的地方，房屋墙体上出现上小下大的竖向或斜向裂缝。

合肥某高校三层住宅楼，L形平面，位于膨胀土地基上。20世纪60年代初建成后，即出现裂缝，后采取了相应的危害防治措施，裂缝发展趋于稳定。1995年夏季开始，转角处墙体两侧出现八字形裂缝（图2-56），并在3个月内由细微裂缝发展到内外可透光的裂缝，最大缝宽达12mm。分析认为，距墙角5m外生长的法国梧桐是导致墙面开裂的主要原因，该树冠径已达6m，因夏季少雨气候干燥，枝叶吸收了大量水分，土体严重干收缩所致。伐去该树后，对墙体进行了加固，裂缝发展又趋稳定。

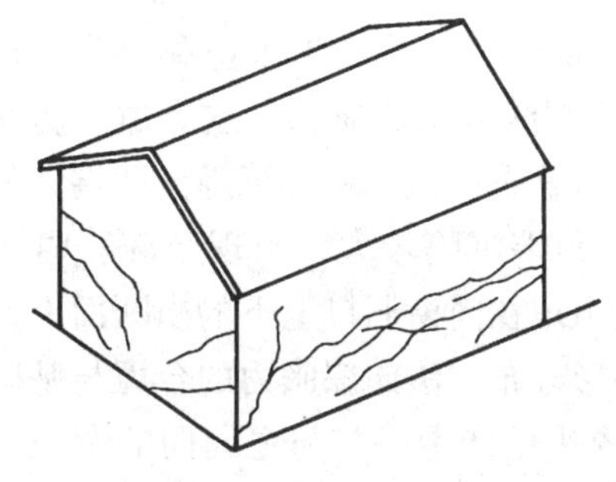

图2-55 膨胀土地基上房屋裂缝示意图

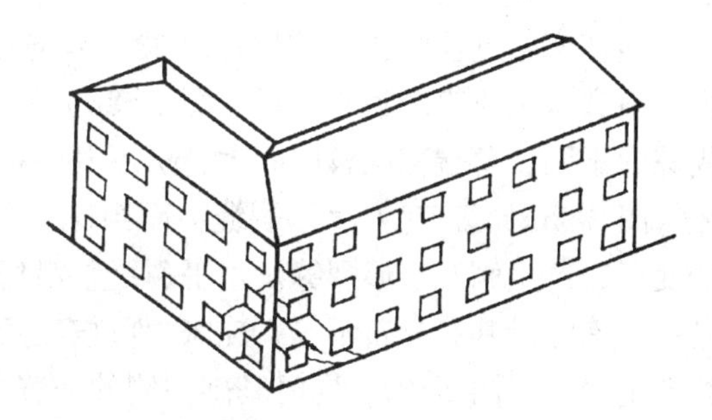

图2-56 某住宅楼墙体开裂示意图

2.4.7 季节性冻土地基变形特征及危害

1. 季节性冻土地基变形特征

冻土地基分为季节性冻土地基和多年冻土地基两大类，季节性冻土层是冬季冻结、夏季融化，每年冻融交替一次的土层。季节性冻土地基在冻结和融化过程中，往往产生冻胀和融陷，过大的冻融变形，将造成建筑物的破坏。

(1) 地基冻胀机理

地基土的冻胀，除与当地气温条件有关外，还与土的类别和含水量有关。土的冻融主要是由于土中结合水从未冻区向冻结区转移形成的，对于不含和少含结合水的土，冻结过程中由于没有水分转移，土的冻胀仅是土中原有水分冻结时产生的体积膨胀，可被土的骨架冷缩抵销，实际上不呈现冻胀。碎石类土、中粗砂在天然情况下含黏土和粉土颗粒很少，不会发生冻胀，细砂在高水位的情况下只表现出轻微冻胀，冻胀一般只发生在黏性土和粉土地基中。

(2) 冻胀作用效应

当基础埋置深度超过冻结深度时，切向冻胀力 T，只作用在基础侧面（图2-57a）；当基础埋置深度浅于冻结深度时，除基础侧面上作用有切向冻胀力外，在基础底面上还作用有法向冻胀力 N（图 2-57b）。如果基础上荷载 F 和自重 G 不足以平衡切向和法向冻胀力，地基冻结时，基础就要隆起；融化时，冻胀力消失，基础就要沉陷。

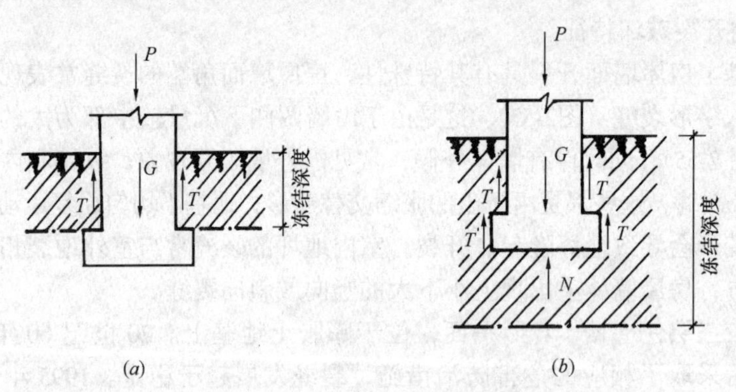

图 2-57 基础冻胀作用效应示意图

2. 地基冻融对工程结构的危害

工程结构因地基冻融产生的破坏现象可大致归纳如下：

(1) 墙体开裂

地基冻融过程中会导致墙体开裂，裂缝形状有斜裂缝、水平裂缝和垂直裂缝三种类型。斜裂缝主要表现为八字形（图 2-58a）和倒八字形裂缝（图 2-58b），这是由于房屋四周冻深不同，角端冻胀较中间大，房屋两端抬起，受力状态类似于中部沉降比两端大的房屋（图 2-36a），产生八字形裂缝。而当冻土融化时，角端沉陷较大，出现与冻胀时相反的变形，产生倒八字形裂缝。水平裂缝常沿房屋纵向出现在门窗洞口上下的横断面上，这是由于冻深沿基底分布不等，冻胀力可按三角形或梯形分布，法向冻胀力的合力与基础轴线产生偏心（图 2-59）；同时基础两侧的冻胀力外大内小也产生一个与之同向的弯矩，导致墙体在弯矩作用下产生水平裂缝（图 2-58c）。垂直裂缝出现在内外墙连接处或外门斗与

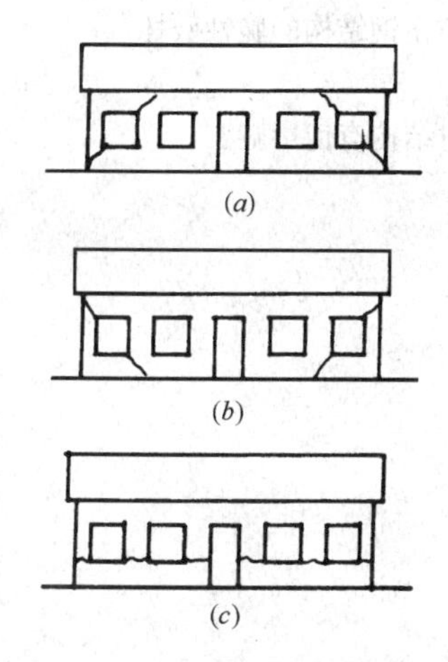

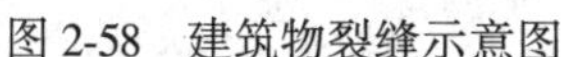

图 2-58　建筑物裂缝示意图

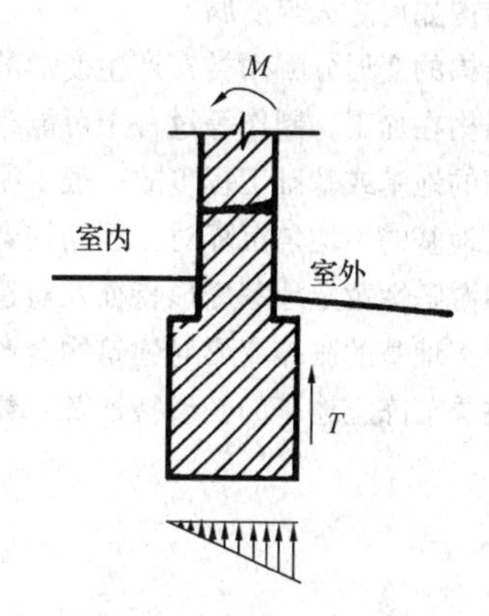

图 2-59　水平裂缝产生原因示意图

主体结构连接处，主要是由于各部分基础冻胀不均匀而引起的。

(2) 其他类型破坏

冬季外墙基础冻胀抬起，室内因采暖温度较高，内墙基础没有冻胀或冻胀甚微，会导致支承于外墙上的天棚吊顶和内墙脱开，或者使得楼盖整体弯曲受损。

某些东西向建筑物，冻融会使主体结构倾斜或倾倒，特别是围墙一类建筑，春季基础解冻时，往往向阳面先融化，而背阳面融化较晚，由于地基融陷不均匀，导致建筑物南倾。

电线杆、桥墩、塔架、管道支架等构筑物，本身重量较轻，在切向冻胀力作用下，有逐年上拔的现象。土的冻胀还会导致台阶隆起，影响门的开启；散水抬起，形成倒坡等。

复 习 思 考 题

1. 混凝土结构损伤破坏的种类有哪些？

2. 混凝土结构中钢筋腐蚀的机理是什么？钢筋腐蚀对结构有何危害？影响钢筋腐蚀的主要因素有哪些？怎样防止钢筋腐蚀？

3. 何为混凝土的中性化？混凝土碳化的机理是什么？混凝土碳化对结构有何影响？影响混凝土碳化的主要因素有哪些？如何估算碳化深度？

4. 何为混凝土中的碱集料反应？碱集料反应的类型有哪几种？碱集料反应的机理是什么？影响碱集料反应的主要因素有哪些？怎样防止碱集料反应？

5. 化学介质腐蚀有哪几种？其机理是什么？怎样防止化学介质腐蚀？

6. 混凝土冻融破坏的机理是什么？影响混凝土抗冻性的主要因素有哪些？怎样提高混凝土的抗冻性？

7. 混凝土结构中产生裂缝的原因有哪些？裂缝对结构有何危害？如何进行裂缝控制？

8. 混凝土结构强度不足的常见原因有哪些？

9. 砌体结构裂缝的种类有哪些？其产生的原因是什么？

10. 砌体结构的变形有哪几种？其对结构所造成的危害是什么？

11. 砌体结构承载力不足的原因有哪些？

12. 何为钢结构的稳定问题？失稳破坏分哪两种？导致失稳破坏的主要原因是什么？

13. 何为钢结构的疲劳破坏？造成疲劳破坏的主要原因有哪些？怎样防止钢结构的疲劳破坏？

14. 何为钢结构的脆性破坏？脆性破坏有哪几种类型？怎样防止钢结构的脆性破坏？
15. 钢结构如何防火与防腐？
16. 钢结构的变形分哪两类？产生变形的原因是什么？变形对结构有何影响？
17. 钢结构在加工、制作等过程中可能存在哪些缺陷？
18. 常见的地基或基础工程事故一般由哪些原因造成？
19. 软土地基的不均匀沉降对工程结构会造成哪些危害？
20. 试述湿陷性黄土地基变形特征及对建（构）筑物的危害？
21. 膨胀土地基的胀缩变形对建筑物会产生哪些危害？
22. 试述季节冻土地基的变形特征及对建（构）筑物的危害？

第3章　工程结构检测技术

工程结构检测是结构可靠性鉴定与耐久性评估的手段和基础，结构鉴定是结构加固设计的依据，因此，工程结构检测是结构鉴定与加固的前提。

结构可靠性鉴定与耐久性评估涉及到结构布置、结构或构件的承载能力、连接、构造、开裂、变形、腐蚀、老化及钢材锈蚀等各个方面，除结构布置和连接构造一般通过直观调查予以评定外，其他内容的量化分析均需要借助于仪器设备通过检测来确定。如现有结构或构件的承载能力可通过理论验算或荷载试验的方法确定，理论验算必须先明确结构构件的材料强度、损伤程度和范围、构件有效截面尺寸等参数。在不能证实结构施工结果与设计要求基本相符的情况下，混凝土或砌体等材料的强度不能简单地按设计图纸上的标注取值；而且有些使用年限较久的结构，保留下来的图纸或施工资料不全，甚至完全丢失，此种情况下材料强度的取值只有通过现场检测进行推定。当采用荷载试验的方法评定承载能力时，也要检测和测量结构或构件的挠度、侧移、裂缝宽度等参数。

以鉴定为目的的结构检测，一般要求检测后结构能继续使用，所以检测必须是非破坏性的。非破坏性的检测一般称为非破损检测或微破损检测。

3.1　混凝土结构检测

鉴定和评估混凝土结构所进行的调查检测，分外观检查和内部质量检测，外观检查主要是目测，辅以刀、锤、尺等简单工具，观察混凝土表面风化腐蚀、空壳起鼓的位置、范围及程度。内部质量包括混凝土强度、均匀性、裂缝、空洞、钢筋布置、保护层厚度、碳化深度等等。内部质量的检测需采用专门的仪器设备，按照有关规程或标准进行现场操作和数据分析。

混凝土强度的非破损检测主要有回弹法、超声波法和回弹-超声综合法；微破损检测主要有钻芯取样法、拔出法和射钉法。

混凝土结构内部缺陷的非破损检测主要是超声波法；混凝土碳化深度的检测采用化学试剂法；混凝土中钢筋位置的测定采用电磁感应法。

当混凝土中钢筋锈蚀，怀疑混凝土含有过量的氯盐、硫化物等有害物质时，应取样进行化学分析。对锈蚀的钢筋应考虑其截面积的折损和与混凝土粘着力的降低。对火伤混凝土结构构件，当钢筋裸露或高温影响较深时，宜现场取样通过试验确定钢筋的力学性能。

3.1.1　混凝土强度检测

1. 回弹法

回弹法是用回弹仪检测混凝土强度的一种非破损方法。回弹仪的基本原理是用弹簧驱

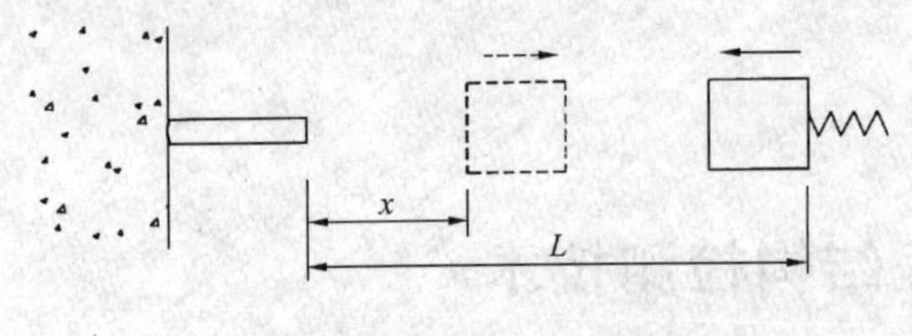

图 3-1　回弹法原理示意图

动重锤，重锤以恒定的动能撞击与混凝土表面垂直接触的弹击杆（图 3-1），使局部混凝土发生变形并吸收一部分能量，另一部分能量转化为重锤的反弹动能，当反弹动能全部转化成势能时，重锤反弹达到最大距离，仪器将重锤的最大反弹距离以回弹值（最大反弹距离与弹簧初始长度之比）的名义显示出来。回弹仪的构造如图 3-2。回弹值是重锤冲击过程中能量损失的反映，它既反映了混凝土的弹性性能，也反

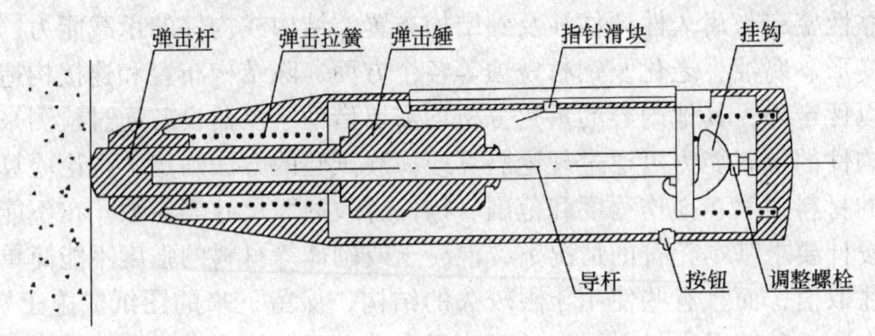

图 3-2　回弹仪构造剖面图

映了混凝土的塑性性能，自然与混凝土强度相关，目前采用试验归纳法，预先建立混凝土强度与回弹值之间的回归方程，也称为测强曲线（图 3-3），然后利用该测强曲线和回弹仪实测数据，反推混凝土的强度。

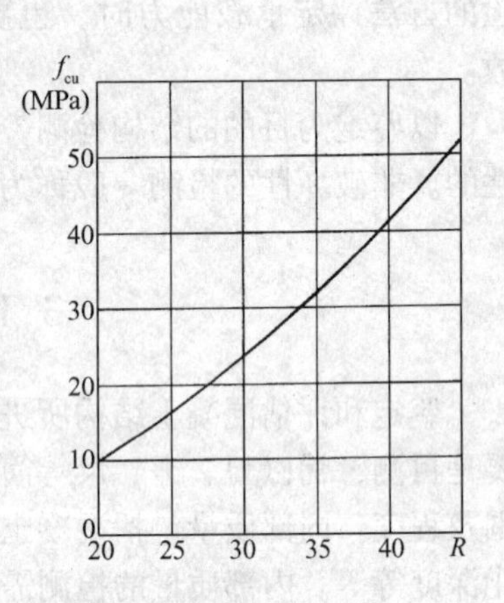

图 3-3　回弹值与混凝土强度关系曲线

自 1948 年瑞士工程师施米特发明回弹仪以来，因其体积小、重量轻、价格低，一个人即可轻松操作，不损伤结构，又可重复检测等优点，而在世界各国得到广泛应用。随着应用研究的深入，回弹仪的种类不断增加，我国目前有四大类十余种型号，按照冲击能量的不同，分为重型、中型、轻型和微型四类，各类回弹仪的适用对象见表 3-1。其中中型回弹仪应用最为广泛，适用于《回弹法检测混凝土抗压强度技术规程》（JGJ/T 23—2001），该规程中提供了适用于全国的统一测强曲线，测强范围 10～50MPa，平均相对误差不大于 ±15%。

回弹仪的种类和适用范围　　　　表 3-1

类别	冲击能量	主要用途	备注
重型	29.40J	水坝或公路路面等大体量混凝土	显示方法有指针式、数显示和具有自动记录、处理功能等多种型号
中型	2.207J	梁、柱等普通混凝土构件	
轻型	0.735J	轻质混凝土构件、烧结材料	
微型	0.196J	砂浆等低强胶凝制品	

回弹法实际测定的是混凝土的表面强度，因此要求被测结构或构件混凝土的内外质量基本一致，当混凝土表层与内部质量有明显差异，如遭受化学腐蚀或火灾、硬化期间遭受冻伤或内部存在缺陷时，应慎用回弹法。被测构件必须具备一定的刚度和稳定性。对于体积小或测试部位厚度小于100mm的混凝土构件，为避免构件在被撞击时发生移动或颤动，吸收重锤的动能，应将构件支撑固定后方可施测。

检测前，应在混凝土表面有选择地划定若干个测区，测区的面积约400cm^2，回弹仪仅在划定的测区内进行检测，每一测区相当于该试件同条件混凝土的一个试块；测区表面应清洁、平整、干燥，不应有浮浆、油污、蜂窝麻面，必要时可先用砂轮打磨后再测。优先选择在混凝土浇筑时的竖直面布置测区，因为浇筑时的竖直表面强度与构件内部强度较为一致；浇筑时的底面，因粗集料的沉积，表面硬度大，回弹值偏高；浇筑时的上表面，因浮浆层较厚，表面硬度小，回弹值偏低。当浇筑时的竖直面检测受到限制时，可在其他表面检测，但应按规程对底面上的回弹值加上一个小于零的修正值，而对上表面的回弹值加上一个大于零的修正值。测区的数量，对于长度不小于3m的构件，划定的测区数不少于10个；对于长度小于3m且厚度小于0.6m的构件，测区数量可适当减少，但不应少于5个。测区宜均匀布置，相邻两测区的间距应控制在2m以内，测区与构件边缘的距离不宜大于0.5m。

检测时，回弹仪的轴线应始终垂直于混凝土表面，每个测区内均匀弹击16个点，每一点只能弹击一次，相应地记录下16个回弹值。当测试面不是铅垂面，即回弹仪的测试角度非水平时，由于弹击锤重力势能的影响，使向下弹击的回弹值偏小，而向上弹击的回弹值偏大。回弹法测强曲线是根据水平方向测试数据得出的，因此，应将非水平方向测试的数据按规程换算成水平方向的回弹值。如果测试时仪器既非水平方向又非混凝土浇筑时的竖直面，则对回弹值应先进行角度修正，然后进行浇筑面修正。

影响回弹法测强的因素有多种，其中主要的是混凝土的表面湿度、碳化及龄期。混凝土表面潮湿时，表面硬度因被水软化而降低，回弹值也偏低，因此测试应尽量选择在混凝土干燥的情况下进行。混凝土中的氢氧化钙在空气中的二氧化碳作用下，生成碳酸钙的现象称为碳化，碳化使混凝土表面硬度增加，回弹值增大，但对混凝土强度影响不大，碳化是随着混凝土龄期的增长，由表及里地进行的，碳化与龄期是相关的，龄期和碳化对回弹法测强有显著的影响。国外通常采用磨去碳化层的方法，或不容许对龄期较长的混凝土进行测试。我国规程用测量碳化深度的办法综合反映龄期或碳化的影响，将碳化深度作为一个参数在测强曲线中体现，规程中统一测强曲线的形式为：

$$f_{\mathrm{cu}}^{\mathrm{c}} = AR^{\mathrm{B}}10^{Cl}$$

式中，$f_{\mathrm{cu}}^{\mathrm{c}}$是由回归方程算出的测区混凝土强度值；A、B、C为回归方程的系数，规程将测强曲线用表格的形式给出。R是测区平均回弹值，对每个测区的16个回弹值，剔除3个最大值和3个最小值，取余下的10回弹值的平均值作为该测区的平均回弹值。l是碳化深度值。回弹值测量完成后，应选择不少于30%测区在有代表性的位置上测量碳化深度，碳化深度的测试方法详见3.1.3节。

规程中的统一测强曲线适用于龄期一般不超过1000d的混凝土，当龄期超出范围较多时，可能造成较大误差，这时宜采用钻芯取样法进行对比检测，并按比例系数对各测区强度进行修正。

今后，随着混凝土湿度对回弹法影响研究的深入和相应测试仪器的研制，公式中可再增加湿度自变量，以进一步提高测试精度并扩大适用范围。

根据测强曲线得出所有测区强度后，按如下原则确定混凝土构件强度的推定值：

(1) 当按单个构件检测，且测区数少于10个时，以各测区强度值中的最小值，作为该构件的强度推定值；

(2) 当按批量检测或构件测区数不少于10个，应按下式计算：

$$f_{cu} = m_{f_{cu}^c} - 1.645 s_{f_{cu}^c}$$

式中 $m_{f_{cu}^c}$——测区混凝土强度平均值；

$s_{f_{cu}^c}$——测区混凝土强度标准差。

2. 钻芯法

钻芯法利用可固定于构件表面的专门钻机，从结构混凝土中钻取圆柱体芯样，经切、磨加工成圆柱体试件，通过类似于立方体试块的抗压试验，测得混凝土的强度。钻芯法被认为是一种直观、可靠和准确的方法；但钻芯会对结构造成局部损伤，所以钻芯的大小、数量和位置均受到一定的限制。钻取的芯样除用于检测混凝土强度外，也可通过观察芯样来识别混凝土的密实性、集料粒径、级配及是否离析等内部质量状况。

钻取芯样的直径一般在50~150mm范围内选择，选择时应考虑混凝土粗集料粒径的大小、内部钢筋分布及结构损伤的危害程度等因素，通常选择芯样直径约为粗集料最大粒径的3倍，在配筋密集或损伤范围不容许的情况下，也可为粗集料最大粒径的2倍。一般地，对于梁、柱、板、基础等混凝土构件，粗骨料最大粒径多为30~40mm，可选芯样直径为100mm；对于细石混凝土结构，可选芯样直径为50~100mm；对于混凝土公路路面，常选芯样直径为100~150mm。

对于单个混凝土构件的强度检测，当构件体积或截面尺寸较大时，取芯数量不少于3个，取芯位置应尽量分散，以体现芯样的代表性，并可防止损伤的集中。对于在较小构件上取芯，芯样数量可取2个。对于构件上的局部区域检测，如遭受冻害、火灾、化学腐蚀或质量可疑的某个区域，应结合区域大小和性能差异情况，与被测单位共同商定钻芯位置、进钻深度和钻芯数量，检测结果仅代表取芯位置的质量，而不能据此对整个构件或结构的强度作出评价。

钻芯会对结构混凝土造成局部损伤，选择钻芯位置要慎重。对于单个构件，根据结构知识尽可能选择在受力较小的部位；对于整体结构中的多个构件，必要时通过计算，选择在承载潜力较大的构件上取芯；对于一些重要构件或构件上的重要区域应特别注意，尽量避免对结构安全造成不利影响。在混凝土结构构件中，由于施工、养护情况的差异，各部分的强度并不均匀一致，有时在同一个构件的上层和底层位置，因混凝土的离析，造成强度差异甚至很大，在选择钻芯位置时应考虑这些因素，以使取出的芯样混凝土强度具有代表性。一般应先进行如回弹法等非破损检测，初步掌握混凝土强度及其分布规律，然后根据检测目的与要求，有针对性地确定钻芯位置。为了避开钢筋，在钻取前应先阅读图纸，了解钢筋和管线的疏密分布，并借助可测定钢筋位置的电磁感应仪查明它们的位置。

取出的柱状芯样端部粗糙不平，需进行锯切和磨平加工，必要时可用硫磺胶泥或水泥砂浆等材料在专用补平装置上补平（图 3-4、图 3-5）。加工后的芯样试件的高度和直径之比应在 1～2 的范围内。

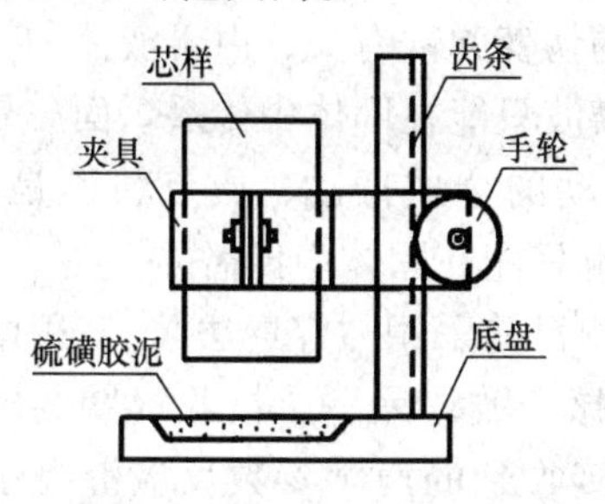

图 3-4　硫磺胶泥补平示意图

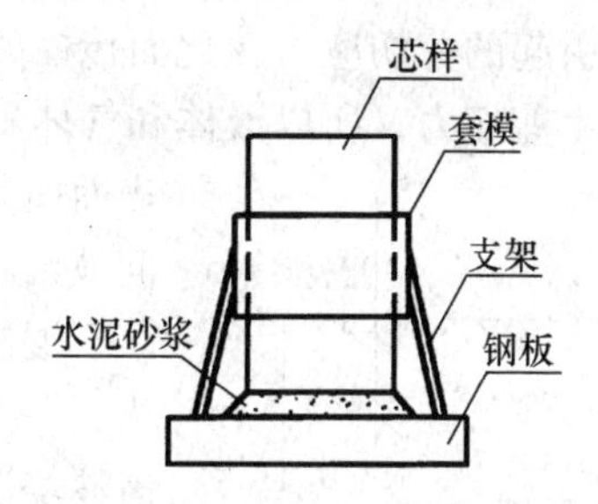

图 3-5　水泥浆补平示意图

芯样试件的抗压试验按《普通混凝土力学性能试验方法》的规定进行。同一块芯样在潮湿条件下的强度比自然干燥时低约 7%～22%，因此，《钻芯法检测混凝土强度技术规程》CECS03：88 规定，试验时芯样试件的湿度宜与被测结构或构件的湿度一致，如果结构工作条件干燥，一般对湿加工后的芯样宜待自然干燥后再进行抗压试验；如果结构工作条件潮湿，芯样应在潮湿状态下试验。按下式将芯样强度换算成边长为 150mm 的立方体试块的抗压强度：

$$f_{cu}^{c} = \alpha \frac{4F}{\pi d^2}$$

式中　f_{cu}^{c}——芯样试件混凝土强度换算值（MPa），精确至 0.1MPa；

F——芯样试件抗压试验测得的最大压力（N）；

d——芯样试件的平均直径（mm）；

α——不同高径比的芯样试件混凝土强度换算系数，按表 3-2 选用。

芯样试件混凝土强度换算系数　　**表 3-2**

高径比	1.0	1.1	1.2	1.3	1.4	1.5	1.6	1.7	1.8	1.9	2.0
α	1.00	1.04	1.07	1.10	1.13	1.15	1.17	1.19	1.21	1.22	1.24

取芯样试件混凝土强度换算值中的最小值，作为被测构件或其局部区域的强度代表值。

3. 超声波法

超声波是频率较高的机械波，波的频率划分如表 3-3。超声波的波长很短、穿透力强，在固体介质中传播遇界面会产生反射、折射、绕射和波形转换。因为这些物理性质，超声波已被广泛用于混凝土和岩石的强度及缺陷检测，钢材探伤等等。超声波检测国际上始于 20 世纪 40 年代后期，我国自 20 世纪 50 年代开始研究，20 世纪 60 年代初开展应用检测，近十多年来发展迅速，检测深度从 1m 发展到 20m，目前国产超声仪也普遍应用计算机技术，实现自动采集、记录、数据处理、分析和判断。

各种声波的频率范围　　**表 3-3**

	次声波	可听声波	超声波
频率范围（Hz）	0～20	$20 \sim 2\times10^4$	$>2\times10^4$

超声波按介质质点与波传播方向的关系可分为纵波、横波、面波。纵波的传播方向与介质质点振动方向一致，纵波的传播依靠介质拉伸与压缩的交替转化，导致介质的容积发

生变形并引起压强的变化，任何弹性介质在容积变化时都能产生弹性力，所以纵波可以在任何固体、液体、气体中传播。横波的传播方向与介质质点振动方向垂直，横波是介质剪切变形时引起的剪切应力变化而传播的，因此和介质的切变弹性有关，由于液体和气体变形时不产生剪切力，所以液体和气体不能传播横波，横波只能在固体中传播。面波是介质表面质点纵向与横向振动的合成振动，质点轨迹是椭圆，面波沿构件表面传播，也只能在固体中传播。

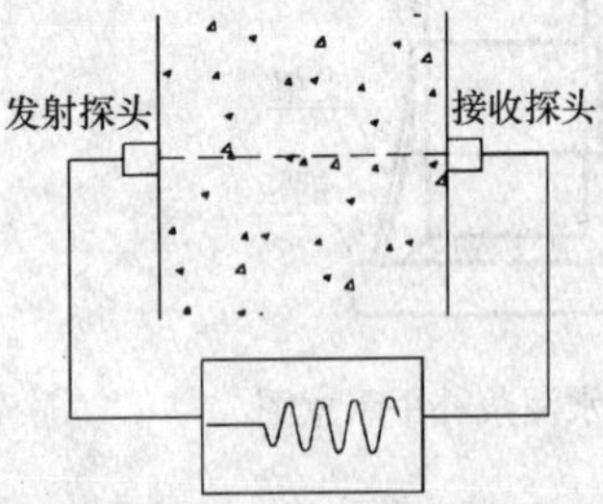

图 3-6　超声波检测示意图

混凝土超声波法检测目前采用“穿透法”，使用两个探头，一个探头发射超声脉冲波，另一个接收（图 3-6），超声波经混凝土传播后，接收到的声学参数反应混凝土的材料性能和内部结构的信息，常用的声学参数有波速、振幅、频率、波形及衰减系数。

波速。超声波在混凝土中的传播速度称为波速，它的大小与介质的密度、弹性模量、泊松比及其边界条件有关。在无限大固体介质中纵波的传播速度与介质特性有下式关系：

$$v_{\mathrm{p}} = \sqrt{\frac{E}{\rho}\,\frac{1-\gamma}{(1+\gamma)(1-2\gamma)}}$$

式中　v_{p}——波速；

E——弹性模量；

ρ——介质密度；

γ——泊松比。

而横波的传播速度为：

$$v_{\mathrm{s}} = \sqrt{\frac{E}{\rho}\,\frac{1}{2(1+\gamma)}}$$

纵波速度约为横波速度的 1.6~1.9 倍。混凝土的弹性性能越强，密度越小，则声速越高。若混凝土内部有缺陷，如孔洞、裂缝等，超声波只得经反射、绕射传播到接收探头，传播路程加长，测得的声时增大，计算波速降低。

振幅。超声波的振幅参数是指接收到的首波前半周的幅值，它表示接收到的波的强弱，反映超声波在混凝土中的衰减情况，超声波的衰减反映混凝土的粘塑性能，在一定程度上反映混凝土的强度。当混凝土内部有缺陷或裂缝时，超声波会产生反射或绕射，振幅降低，幅值也是判断缺陷和裂缝的重要指标。

频率。超声仪发射的超声波含有各种频率成分，高频成分衰减快，低频成分衰减慢，混凝土内部的缺陷，使超声波产生绕射、反射，实际传播距离加长，高频成分减少，主频下降。因此，测量超声波通过混凝土后的频率变化，可以判断混凝土质量、内部缺陷或裂缝。

波形。当超声波在传播过程中遇到混凝土内部缺陷或裂缝时，传播路径复杂化，直达波、反射波、绕射波相继到达接收探头，它们的频率和相位不同，波的叠加使波形畸变。分析比较接收波的波形，是混凝土内部质量和缺陷判断的辅助手段。

超声波法检测混凝土强度只利用波速参数，依据波速与混凝土强度之间相关性，通过试验事先建立波速与混凝土强度之间的测强关系曲线（图 3-7）。当需要检测混凝土构件的强度时，只要测出超声波在某区域的波速，即可推定该区域混凝土的平均强度。超声法检测混凝土构件的强度时，仍然需要对构件划分测区，测区划分的原则与回弹法基本相同，但超声法的每个测区必须包含两个测试面，每个测区内布置3对超声波测点（图3-8）。

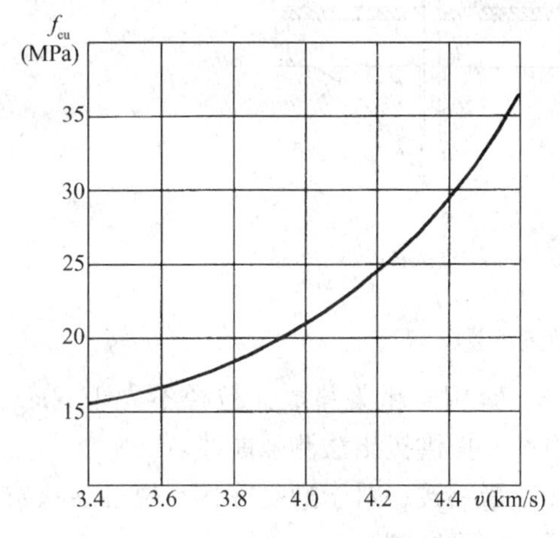

图3-7　声速与混凝土强度关系曲线

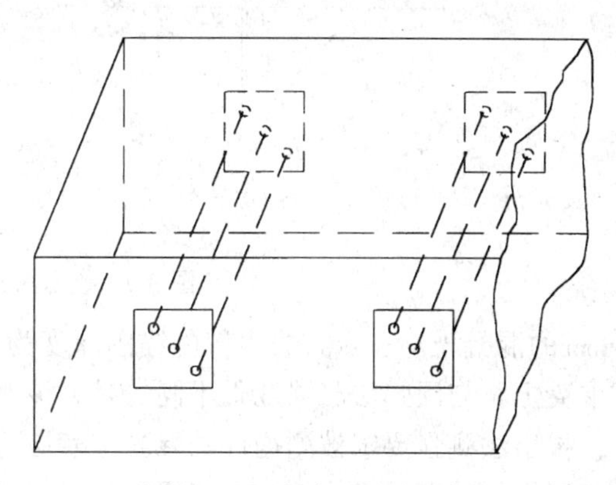

图3-8　超声波法测强示意图

值得注意的是，一般超声波测强曲线中的波速指的是纵波，所以检测时要求发射和接收探头应分别布置在构件的两个相对面上，尽可能使两个探头的轴线重合。超声法测强不能采用平测法，不能将两个探头布置在同一个侧面上。

超声波法检测具有不损伤结构和可以多次重复检测的优点，但混凝土中的钢筋常成为影响测试精度的难以避免的因素，钢筋中的波速比在混凝土中高1.2～1.9倍，实际检测的多是钢筋混凝土结构，当超声波的路径上存在钢筋时，测出的波速偏高。解决的办法，一是查明钢筋的位置和走向，尽可能远离钢筋并避免与之平行；二是根据钢筋的位置、数量进行修正。

4．拔出法

拔出法检测混凝土强度，是一种将固定在混凝土中的标准锚固件，用拔出仪进行拔出试验，测定极限拔出力，根据预先建立的拔出力与混凝土强度之间的相关关系，测出混凝土强度的方法。拔出法分为两种，一种是预埋拔出法，另一种是后装拔出法。预埋拔出法的锚固件是随混凝土浇筑施工锚入构件中的，后装拔出法的锚固件是在已硬化混凝土上钻孔、磨槽，然后嵌入的。预埋拔出法常用于在施工中掌握如预应力张拉、拆模或吊装运输等有强度要求时的时间控制；预埋拔出法需要事先的计划准备，使用上有很大的局限性。后装拔出法可在新、旧混凝土的各种构件上进行强度检测。拔出法与钻芯法相比，破损程度小、快速、方便、适用于小尺寸及钢筋较密的构件。拔出法与回弹法或超声回弹综合法相比，理论关系明确，操作的好具有更高的精度。

拔出法的主要参数，一是锚固件的锚固深度，多在25～35mm之间；另一个是拔出仪与被测件表面的接触支承形式，分为圆环式和三点式两种（图3-9）。相同锚固深度时，拔出力随支承约束尺寸的增大而减小，相同支承约束尺寸下，圆环支承的拔出力大于三点支承。

影响拔出法检测精度的主要因素是混凝土粗集料的粒径和锚固件的锚固深度，粒径大则精度低，锚固深度大则精度高。我国《后装拔出法检测混凝土强度技术规程》（CECS69：94）规定，圆环式拔出仪的锚固深度为25mm，宜用于粗集料最大粒径不大于

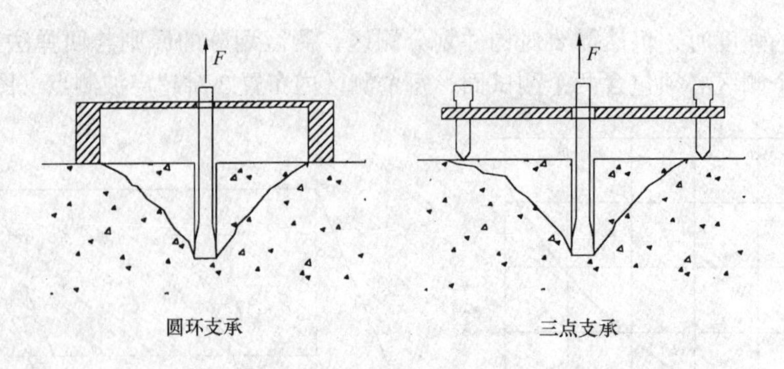

图 3-9　拔出法检测装置示意图

40mm 的混凝土。三点式拔出仪的锚固深度为 35mm，宜用于粗集料最大粒径不大于 60mm 的混凝土。与回弹法测强规程不同的是，该规程中没有提供拔出法测强曲线。

拔出法测强要求被测构件的混凝土表层与内部质量一致，对于遭受冻伤、腐蚀、火灾等表层损伤的混凝土构件，应将损伤的表层清除干净后再检测。

5. 综合法

混凝土强度检测的综合法采用两种或两种以上的单一法，获取多种物理参量，建立强度与多项物理参量的综合相关关系，从不同的角度综合评价混凝土的强度。目前已采用的综合法有，超声回弹综合法、超声取芯综合法等。综合法能较全面地反映构成混凝土强度的多种因素，使某些具有相反作用的影响因素得到不同程度的抵销，因而比单一法测强的准确性和可靠性高。

我国目前综合法应用最广的是超声回弹综合法，相应的标准有《超声回弹综合法检测混凝土强度技术规程》(CECS02：2005)，规程中提供的测强曲线如下：

粗集料为卵石时　　$f_{cu,i}^{c} = 0.0056 v_{ai}^{1.439} \cdot R_{ai}^{1.769}$

粗集料为碎石时　　$f_{cu,i}^{c} = 0.0162 v_{ai}^{1.656} \cdot R_{ai}^{1.410}$

式中　$f_{cu,i}^{c}$——第 i 个测区混凝土强度换算值；

v_{ai}——第 i 个测区修正后的波速值；

R_{ai}——第 i 个测区修正后的回弹值。

超声回弹综合法采用超声仪和回弹仪，在相同的测区上分别测量波速和回弹值，利用测强曲线推算该测区混凝土强度。超声回弹综合法的一个测区由两个相对测试面上的两个区域构成，所谓测区，对于回弹法实际上一定范围混凝土的表层，对于超声法是相对面上两个区域之间混凝土的整体。在表面上相同的测区内，超声法和回弹法反映了不同深度范围混凝土的弹性性质，回弹法仅反映混凝土的表层强度，超声波由于穿透混凝土，当构件尺寸较大或内外质量有较大差异时，能反映内部混凝土的性能。超声波只反映混凝土的弹性性能，而回弹法使混凝土局部表面发生塑性变形，既反映混凝土的弹性性能，也反映其塑性性能。混凝土含水量对回弹值与波速的影响相反，在混凝土强度一定的情况下，湿度增大，回弹值降低，而波速提高。

6. 射钉法

射钉法是用专门的射钉枪将钢钉射入混凝土，以射钉的外露长度反映混凝土的贯入阻力，通过建立外露长度与混凝土强度之间的相关关系，推算混凝土的强度。射钉法目前主要用于交通部门，颁布的标准有《射钉法快速检验水泥混凝土强度的试验方法》(T0956—95)，用来快速评定现场新浇混凝土的硬化强度，掌握拆模、路面通车的时间，也用于评定混凝土的匀质性，检查由于振捣、养护等施工或其他因素变化引起的不均匀性，了解质量低劣的部位或范围。

上述各种混凝土强度的检测方法，各有其优缺点和限制条件。在选择检测方法时，要综合考虑检测结果的可靠性、破损程度、检测速度及费用等因素。一般地，破损愈小，则检测速度快、费用低，但检测结果的可靠性也低。当检测量小且可靠性要求高时，可优先考虑采用有一定破损的检测方法。当检测量较大且可靠性要求高时，应考虑采用有一定破损与非破损检测方法结合进行，以破损检测的结果作为对非破损检测的校核和修正。当主要检测混凝土强度的匀质性时，可完全采用非破损方法。表 3-4 对混凝土强度检测方法进行比较。

混凝土强度检测方法比较表 **表 3-4**

检测方法	破损程度	结论的可靠性	检测速度	检测费用	其　他
回弹法	无	一般	快	低	表面强度
钻芯法	高	高	慢	高	
超声法	无	一般	快	低	受内部钢筋影响大
拔出法	中	运用好，较高	较快	中	
综合法	无～高	较高	快～慢	低～高	综合法有多种
射钉法	轻微	一般	快	低	

3.1.2 混凝土裂缝及内部缺陷检测

混凝土开裂是其受力状态的一种反映。裂缝是方便侵蚀性介质进入导致钢筋锈蚀的捷径，是影响结构耐久性的重要因素，因此，裂缝是结构鉴定中的重要控制指标之一。对于普通钢筋混凝土结构构件，一般允许带裂缝工作，但裂缝的宽度按构件种类和所处空气环境的不同，有 0.2～0.4mm 的最大宽度限制规定。对于多数预应力混凝土结构构件，由于施加预应力本身有控制变形和防止开裂的目的，也因为高应力状态下预应力钢丝、钢绞线对腐蚀破坏的敏感性，使得预应力混凝土构件在正常使用状态下一般不允许开裂。

按混凝土开裂原因的不同，可以分为受力裂缝和非受力裂缝两大类。受力裂缝由构件荷载效应中的拉应力引起。非受力裂缝由混凝土自身变形或温度环境变化引起，如混凝土表面干缩裂缝是硬化凝结过程中收缩不均匀造成；温度裂缝是混凝土热胀冷缩变形受到约束限制时产生。非受力裂缝从开裂局部范围分析，仍然是由拉应力产生，而这个拉应力不是结构自重荷载或可变荷载下的内力表现。

结构鉴定中对开裂的调查，应包括裂缝的宽度、深度、长度、走向、形状、分布特征及是否稳定等内容，当要精确测定细微裂缝的宽度和深度时，尚需借助专门的检测仪器。

混凝土结构内部缺陷包括新旧混凝土的不良结合，混凝土内部不密实或空洞、火灾或腐蚀造成的损伤等等。混凝土结构内部缺陷检测主要采用超声波法。

1. 裂缝宽度检测

测量裂缝宽度常用裂缝标尺（比对卡）或读数显微镜。裂缝标尺可以是一块透明胶片，上面印有粗细不等、标注着宽度值的平行线条（图 3-10）；将其覆盖于裂缝上，可比较出裂缝的宽度。这种方法简便快速，适用于各种环境条件。读数显微镜是配有刻度和游标的光学透镜，从镜中看到的是放大的裂缝（图 3-11），通过调节游标可读出裂缝宽度。

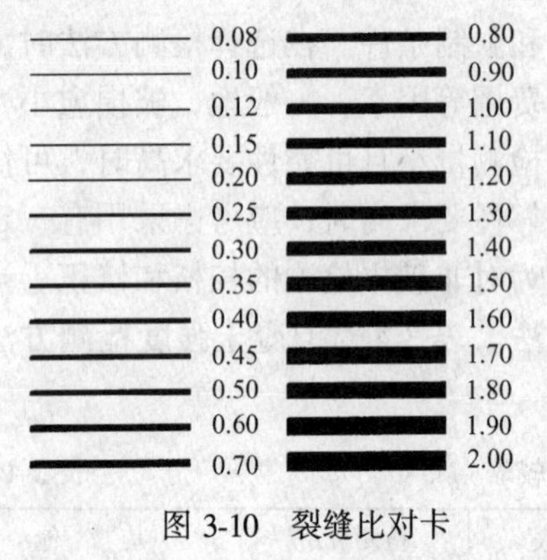

图 3-10　裂缝比对卡

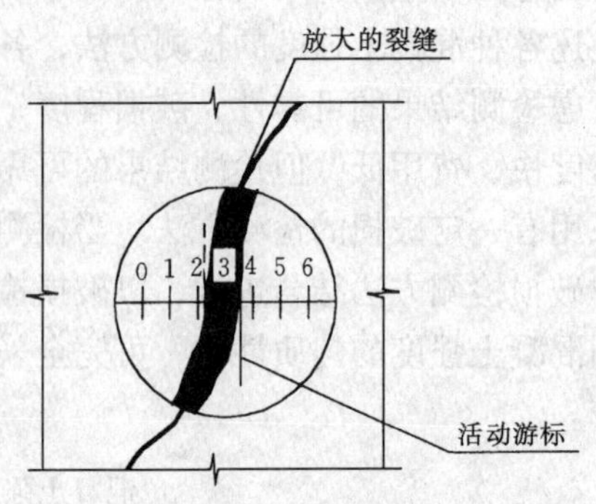

图 3-11　读数显微镜观测裂缝宽度

沿裂缝长度其宽度不是均匀的，工程鉴定中关注的是特定位置的最大裂缝宽度，限制裂缝宽度的主要目的，是防止侵蚀性介质渗入导致钢筋锈蚀，因此，测量裂缝宽度的位置应在受力主筋附近；如测量梁的弯曲裂缝，应在受拉主筋高度处（图 3-12）。

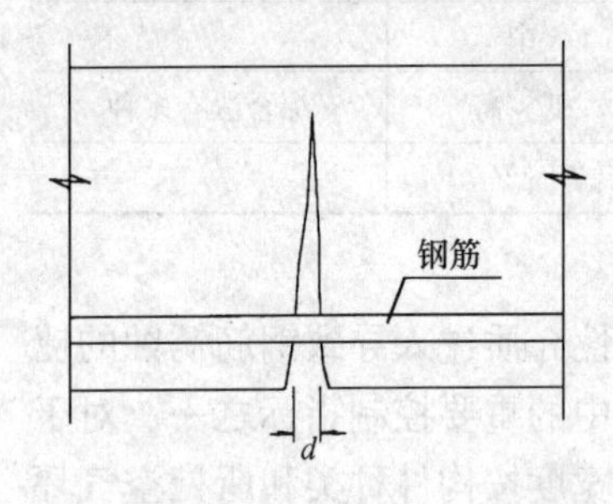

图 3-12　弯曲裂缝宽度的测定

裂缝宽度可能随气温、湿度、季节及使用荷载的变化而变化。进行裂缝宽度的长期观测，应考虑上述因素可能产生的影响，而每天观测的时间应尽可能一致。

2. 裂缝深度检测

裂缝深度检测可采用凿开法或钻孔取芯法直接观测，当裂缝较深时宜用超声波法。采用凿开法检查前，先向缝中注入有色墨水，则易于辨认细微裂缝。超声波检测裂缝深度有三种方法，即平测法、斜测法和钻孔测试法。

平测法适用于结构的裂缝部位只有一个可测表面的情况，如地下室外墙板、路面或大体积结构等。检测时先将发、收探头对称置于裂缝的两侧（图 3-13），测取声时值 t_0，该声时值是超声波在绕过裂缝末端的折线路径上传播的时间，假定波速为 v，则有方程：

$$\sqrt{d^2 + \left(\frac{l}{2}\right)^2} = vt_0$$

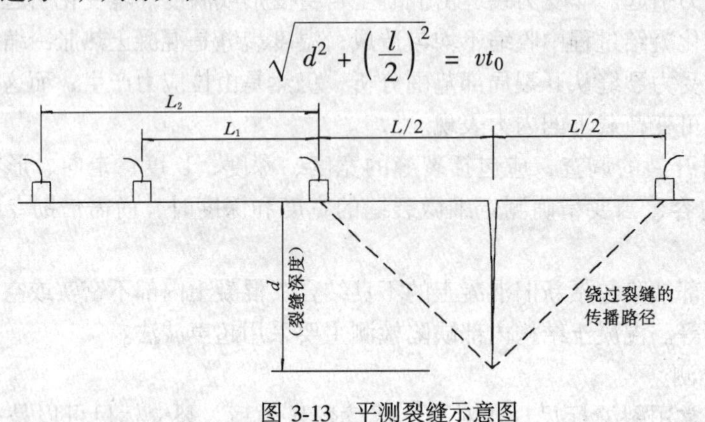

图 3-13　平测裂缝示意图

由此可解出裂缝深度 d 值。方程中的速度 v 可在裂缝附件测得，当构件具有一对平行测试面时，采用对测法直接测得混凝土中超声波的速度；对于只有一个可测表面的情况，在裂缝的同一侧布置发、收探头，测取沿表面传播的波速，由于探头自身尺寸影响不可忽略，超声波传播的距离到底应取两探头内侧的净距、或中心距、或其他？难以确定。解决的办法是采用在不同测距（l_1、l_2）下测取各自对应的声时（t_1、t_2），则测距之差对应的传播时间应是声时差，由此可消除探头尺寸的影响。实际波速按下式计算：

$$v = \frac{l_2 - l_1}{t_2 - t_1}$$

联立方程，可解得裂缝深度 d 值。

实际检测时，应进行不同测距下的多次测量，以不同测距取得的 d 的平均值作为该裂缝的深度值。

斜测法适用于结构的裂缝部位具有两个相互平行的可测表面的情况，如梁、柱构件。检测时将发、收探头分别置于结构的两个表面，且两个探头的轴线不重合（图 3-14），采取多点检测的方法，保持发、收探头的连线等长度，记录各测点接收波形的幅值或频率。若探头的连线通过裂缝，超声波在裂缝界面上产生较大的衰减，幅值和频率比不通过裂缝时有明显的降低，据此可判定裂缝的深度及是否贯通。

钻孔测试法适用于大体积混凝土中裂缝较深，或超声波功率较小接收到的信号微弱的情况。在裂缝两侧钻孔（图 3-15），孔径比探头直径大 5 ~ 10mm，孔距宜为 2000 mm。测试前向孔中注满清水作为耦合剂，然后将接收和发射探头分别置于裂缝两侧的孔中，以相同高程等间距自上而下同步移动，逐点读取波幅和深度。绘制深度-波幅曲线（图 3-16），当波幅达到最大并基本稳定时的对应深度，便是裂缝深度。

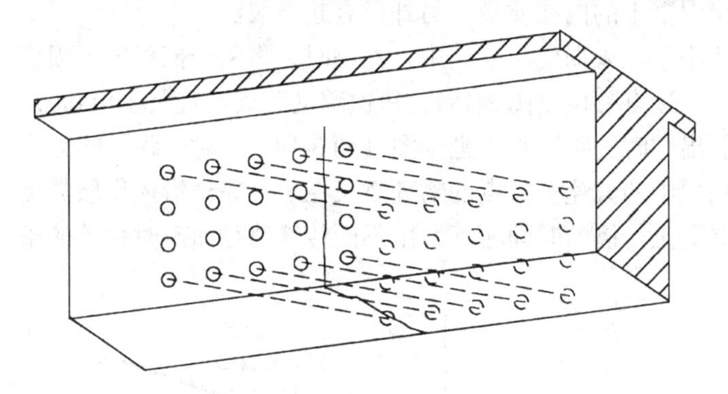

图 3-14　斜测裂缝示意图

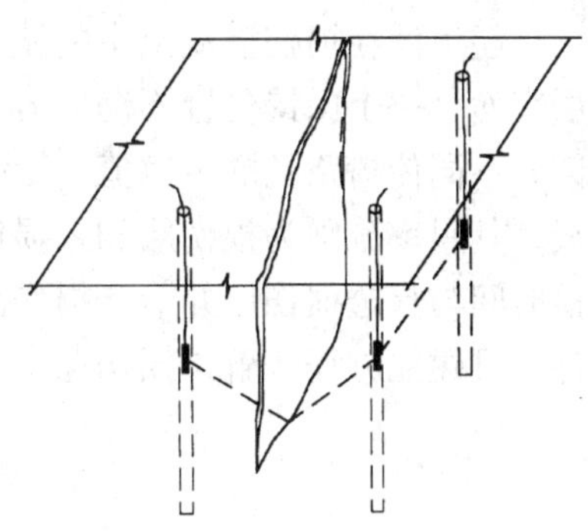

图 3-15　钻孔测裂缝深度

3. 两次浇筑的混凝土之间粘合质量检测

混凝土浇筑中途停歇时间超过 3h 的属于两次浇筑。留设施工缝，扩大断面法加固及叠合构件等，都是两次浇筑。两次浇筑的混凝土若要成为整体，能共同工作，必须保持良好的粘合。对其粘合质量的检测常用超声波法。

超声波检测采用穿过和不穿过粘合面的波束（图 3-17），保持各波束平行，路径相等，若两次浇筑的粘合质量良好，波束穿过粘合面如同在母体介质中传播，穿过与不穿过粘合面的声学参数基本一致，而波束遇到粘合不良的界面，会有反射、绕射和透射现象发生，接收到的波幅和频率将明显降低，声时增大，通过比较或数理统计分析，可判断粘合面的质量。

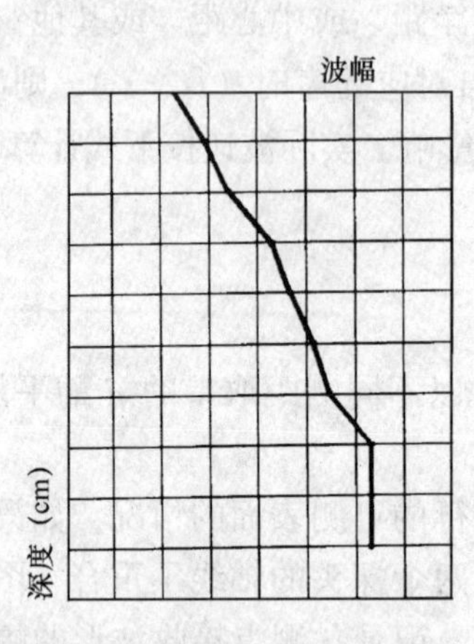

图 3-16 深度与波幅关系图

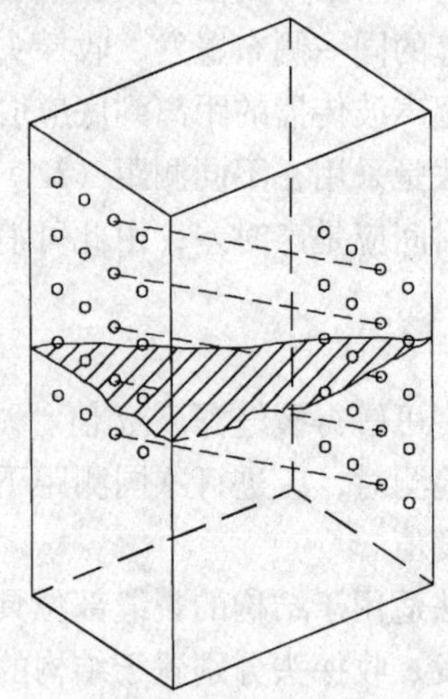

图 3-17 结合面检测探头布置

4．表面损伤层检测

混凝土表面损伤的主要原因有火灾、冻害及化学腐蚀。这些伤害都是由表及里地进行，损伤程度外重内轻，损伤层混凝土的强度显著降低，甚至完全丧失。损伤深度是结构鉴定加固的重要依据。

混凝土损伤层简易的检测方法是凿开或钻芯观察，从颜色和强度的区别可判别损伤层的深度，如火伤混凝土呈粉红色。恒压钻进法也常有效，在恒压下等速冲击钻钻入混凝土，根据钻进速度或钻入阻力确定混凝土的内在质量。另外还有超声波法。

超声波在损伤混凝土中的波速小于在未损伤混凝土中。检测时，将两个探头置于损伤层表面，一个保持位置不动，另一个逐点移位（图 3-18），每次移动距离不宜大于 100mm，读取不同传播路径的声速值，绘制出“时—距”直角坐标图（图 3-19），“时—距”图为折线，其斜率分别为损伤层和未损伤层中的波速。折点的物理意义在于，完全沿损伤层的传播时间与穿透损伤层并沿未损伤混凝土传播的时间相等，由不同传播路径而声时相等的条件，可建立方程，解得损伤深度。

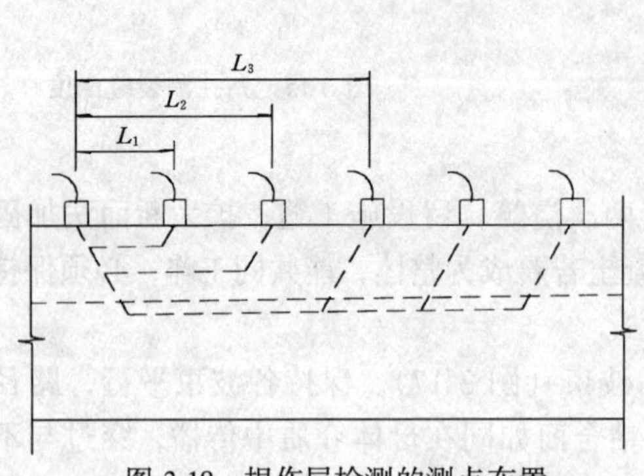

图 3-18 损伤层检测的测点布置

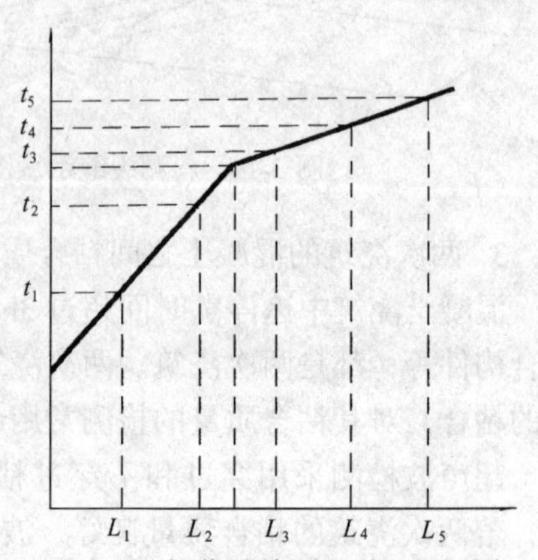

图 3-19 损伤层检测“时—距”图

$$d = \frac{l_0}{2}\sqrt{\frac{v_2 - v_1}{v_2 + v_1}}$$

式中　d——损伤深度；

l_0——“时-距”图折点对应的测距；

v_1——损伤层混凝土中的波速；

v_2——未损伤层混凝土中的波速。

超声波法检测损伤深度的可靠性不理想，应与钻芯法或恒压钻进法配合进行。

5. 混凝土内部不密实区和空洞的检测

对于配筋密集的部位，如梁柱的节点，有可能因漏振、漏浆或石子架空在钢筋网上，导致混凝土内部不密实或出现空洞，成为安全隐患。这种疑虑的产生，多在明知内部钢筋密集，而又发现混凝土外部有蜂窝、麻面的情况下，进而选择在重要的结构部位进行内部密实性检测，目前主要采用超声波法。

将一对探头分别置于相互平行的表面上进行对测，检测前应在测区表面弹出间距 200 ~ 300 的网格，逐点编号，确定对应测定的位置，测取各点的声学参数，如声时或波幅，并精确测量声距。为了确定不密实区或内部孔洞的位置，对于具有两对相互平行的测试表面的构件，应在两对相互平行的测试表面上对测（图 3-20），当构件只有一对平行的表面可测时，应进行交叉斜测（图 3-21）。

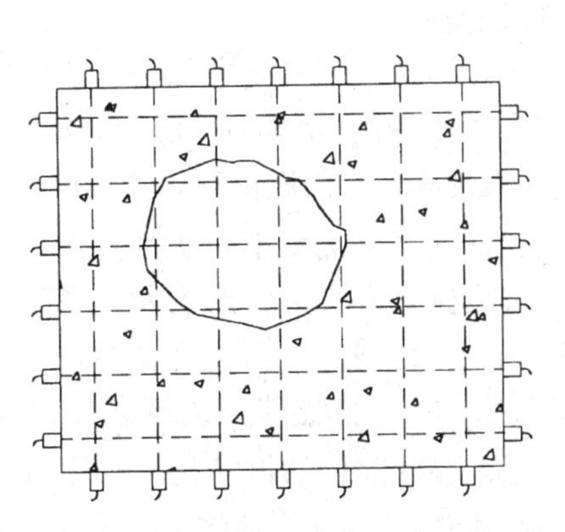

图 3-20　在两对相互平行的表面上对测

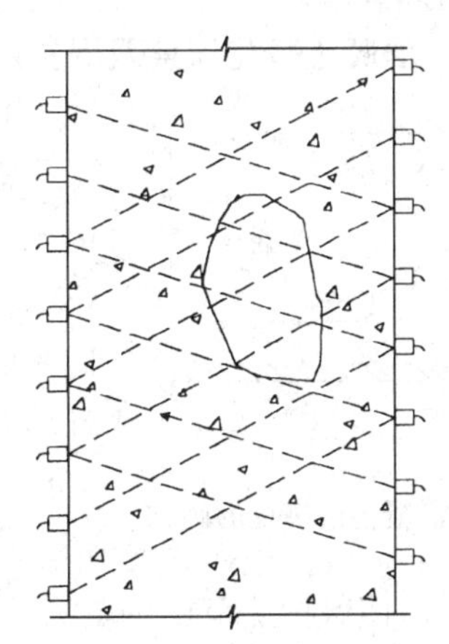

图 3-21　在一对相互平行的表面上斜测

各测点超声波的传播路线平行，测距相同，如果混凝土内部不存在缺陷，则混凝土质量基本符合正态分布，所测得的声学参数也基本符合正态分布。若混凝土内部存在缺陷，则声学参数必然出现明显差异，运用数理统计原理，当某些声学参数超出了一定的置信范围，可以判定它为异常数据，异常数据测点在构件表面围成的区域可以看作为内部缺陷在表面上的投影。异常数据按以下方法判别：

将各测点的声时值 t_i 按大小顺序排列，$t_1 \leqslant t_2 \leqslant \cdots \leqslant t_n \leqslant t_{n+1} \leqslant \cdots$，假定中间某个数据 t_n 明显偏大，该数据及排列其后的所有数据均被视为可疑数据，将最小可疑数据及排列其前的所有数据进行统计分析，计算平均值 m_t 和标准差 S_t，则异常数据的临界值为：

$$\chi_0 = m_t + \lambda_1 \cdot S_t$$

式中 λ_1 为异常值判定系数，可由正态分布函数表查出（表 3-5）。把假定的最小可疑数据与临界值 χ_0 进行比较，若 $t_n \geqslant \chi_0$，则 t_n 及排列其后的所有数据均确为可疑数据；若 $t_n < \chi_0$，则对 t_n 作为可疑数据的假定错误，应重新假定排列在 t_n 之后的某个数据为可疑数据，按同样的方法重新判断。

统计数的个数 n 与对应的 λ_1 值 **表 3-5**

n	14	16	18	20	22	24	26	28	……
λ_1	1.47	1.53	1.59	1.64	1.69	1.73	1.77	1.80	……

当采用波幅作为测量参数时，将各测点的波幅 A_i 按大小顺序排列，$A_1 \geqslant A_2 \geqslant \cdots \geqslant A_n \geqslant A_{n+1} \geqslant \cdots$，假定中间某个数据 t_n 明显偏小，该数据及排列其后的所有数据均被视为可疑数据，将最大可疑数据及排列其前的所有数据进行统计分析，计算平均值 m_A 和标准差 S_A，则异常数据的临界值为：

$$\chi_0 = m_A - \lambda_1 \cdot S_A$$

把假定的最大可疑数据与临界值 χ_0 进行比较，若 $A_n \leqslant \chi_0$，则 A_n 及排列其后的所有数据均确为可疑数据；若 $A_n > \chi_0$，应将排列在 A_n 之后的某个数据假定为可疑数据，按同样的方法重新判断。

3.1.3 混凝土碳化深度及保护层厚度检测

1. 混凝土碳化深度检测

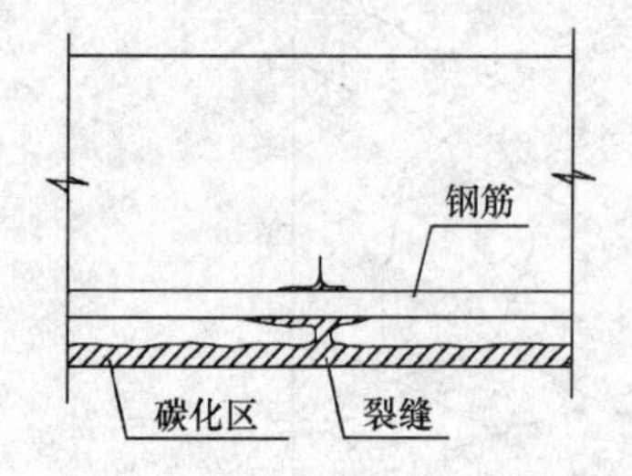

图 3-22 混凝土裂缝处的碳化

混凝土的碳化是个化学过程，空气中的 CO_2 不断向混凝土内部渗透，并与混凝土中的 $Ca(OH)_2$ 反应形成中性的 $CaCO_3$，使混凝土表面碱性降低，硬度提高。碳化反应随时间不断向内发展，碳化的速度与混凝土密实性及温、湿度环境有关，差别较大。当碳化发展到钢筋表面，在有水和氧供给的条件下，钢筋开始锈蚀，结构开始发生耐久性损伤。当混凝土中存在裂缝时，裂缝部位的碳化发展加剧（图 3-22），即使保护层范围的混凝土还没有完全碳化，裂缝部位的钢筋仍可能锈蚀，因此，在不良环境下应尽早修补裂缝。碳化深度是混凝土结构耐久性评估的重要参数。

碳化混凝土的碱性变化可用作检测碳化深度的依据。在混凝土构件表面钻出一个孔洞，或敲掉一个拐角，吹净孔洞中残存的粉末，随后将酚酞酒精溶液滴于孔壁，观察孔壁颜色的变化。溶液本为无色，遇碱性变红色。当孔壁上的溶液仍均为无色时，表明孔底未穿透碳化层，需增大孔深再测，直到孔壁深部变成红色，外部仍为无色，测量变色分界线的深度，即为该处混凝土的碳化深度。除净钻孔中残留的粉末，需要精心认真地对待，可用小毛刷和吹球反复地清理，否则深处未碳化混凝土的粉末浮于外层已碳化区，可能造成碳化深度偏浅的误测。用钝器在构件上击掉一角，不会残留粉末，在新鲜的破损面上用酚酞酒精溶液检测，其结果较可靠，可用来校核。

2. 钢筋位置及保护层厚度检测

对于设计、施工资料不详的已建结构配筋情况调查，或是确认对保护层厚度敏感的悬臂板式结构的截面有效高度，要求检测钢筋的位置、走向、间距及埋深。不凿开混凝土表面，用钢筋位置探测仪可进行检测，该类仪器利用电磁感应原理工作，检测时将长方形的探头贴于混凝土表面，缓慢移动或转动探头（图3-23)，当探头靠近钢筋或与钢筋趋于平行时，感应电流增大，反之减小。由此可确定内部钢筋的位置和走向。通过标定，在已知钢筋直径的前提下，可检测保护层的厚度。当对混凝土进行钻芯取样时，一般可用此法预先探明钢筋的位置，以达到避让的目的。

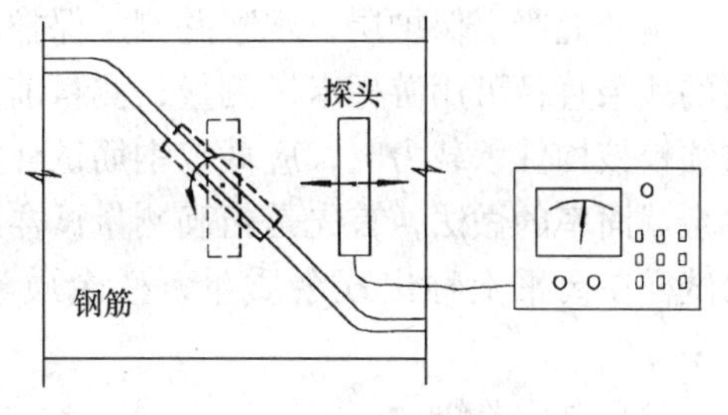

图 3-23　钢筋位置测试

3.1.4　钢筋种类及锈蚀检测

1. 钢筋种类的鉴别

各个时期钢筋的种类、质量标准及表示符号不尽相同。在进行旧有结构的鉴定时，如果有图纸档案，首先应查阅图纸及相应年代的规范、标准，明确钢筋强度的设计值和标准值；如果有标准图，因标准图对使用的钢筋有较详细的说明，更容易了解钢筋的力学性能。

如果不能从图纸中确定钢筋的种类，应通过取样化验或力学性能试验来确定，尤其对于进口钢材。化验主要是对 C、S、P、Mn 等成分的量化分析。

混凝土构件破损状态与钢筋截面损失率　　**表 3-6**

破损状态	钢筋截面损失率（%）
无顺筋裂缝	0 ~ 1
有顺筋裂缝	0.5 ~ 10
保护层局部剥离	5 ~ 20
保护层全部剥离	15 ~ 20

2. 钢筋锈蚀程度检测

对于仍包裹在混凝土内的钢筋，检测其的锈蚀程度常有裂缝观察法、取样检测法和电位差法。

（1）裂缝观察法

钢筋锈蚀部分的体积将膨胀为原来的 2.2 倍，随着锈蚀的加剧，总体膨胀体积迅速增大，导致混凝土保护层被胀开裂，梁、柱角部易受两个方向有害介质的侵蚀，所以一般沿梁、柱角部纵向主筋首先出现顺筋裂缝，如不及时处理，还将出现沿锈蚀箍筋的横向裂缝。锈蚀愈严重，裂缝愈宽，表 3-6 列出了混凝土构件破损状态与钢筋截面损失的关系，可作为钢筋锈蚀程度的初始判断。

当混凝土构件出现顺筋裂缝时，可按下式推算钢筋的锈蚀程度：

$$\lambda = 507e^{0.007a_s} \cdot f_{cu}^{-0.09} \cdot d^{-1.76} \qquad (\text{裂缝宽度 } w < 0.2\text{mm})$$

$$\lambda = 332e^{0.008a_s} \cdot f_{cu}^{-0.567} \cdot d^{-1.108} \qquad (\text{裂缝宽度 } 0.2 \leqslant w \leqslant 0.4\text{mm})$$

式中　λ——钢筋截面损失率（%）；

a_s——保护层厚度；

f_{cu}——混凝土立方体抗压强度；

d——钢筋直径。

（2）取样法

凿开混凝土保护层，观察并测定保护层厚度、钢筋位置、钢筋数量及锈蚀等情况，钢筋的残余直径可用游标卡尺测量，测量前应清除锈层使钢筋露出金属光泽。当钢筋锈蚀严重须校核构件承载力时，应截取钢筋试样进行抗拉试验，或测定钢筋的残余截面率。测定残余截面率的做法，首先是精确测量试样的长度，在氢氧化钠溶液中通电除锈，将除锈后的试样在天平上称出残余质量，残余质量与该种钢筋公称质量之比即为钢筋的残余截面率。

(3) 电位差法

电位差法利用电化学原理，当混凝土中钢筋锈蚀时，钢筋表面便有腐蚀电流，钢筋表面与混凝土表面之间存在电位差，电位差的量值与钢筋的锈蚀程度相关。运用电位测量装置（图 3-24）测得钢筋表面与混凝土表面之间的电位差及其分布（图 3-25），可大致判断钢筋锈蚀的范围及其严重程度。电位差法可用作对整个结构或构件中的钢筋进行全面检测，其结果可用来作定性参考，定量分析可能存在较大偏差。表 3-7、表 3-8 给出了我国冶金建筑研究总院和日本的判别标准。

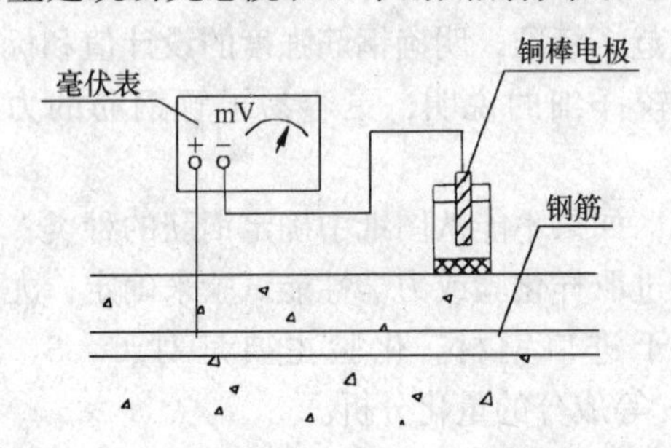

图 3-24　电位差测定示意图

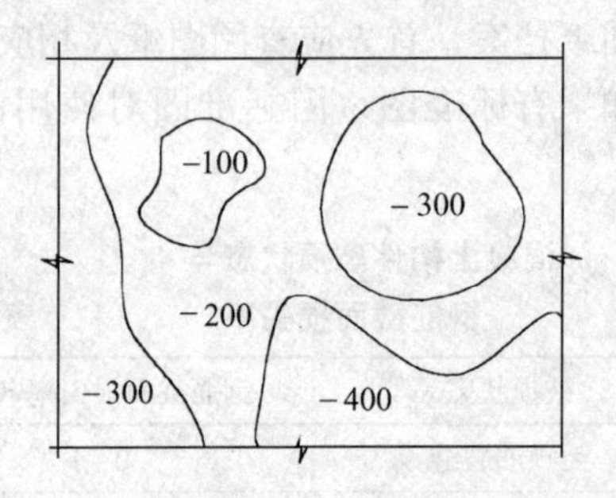

图 3-25　钢筋与混凝土表面电位差分布图

冶金建筑研究总院标准　表 3-7

电 位 差	钢筋锈蚀情况
0 ~ −250mV	不锈蚀
−250 ~ −400mV	可能锈蚀
< −400mV	锈蚀

日 本 标 准　表 3-8

电 位 差	钢筋锈蚀情况
> −300mV	不锈蚀
局部 < −300mV	可能锈蚀
< −300mV	全部锈蚀

3.1.5　结构性能检验的荷载试验法

结构性能包括结构的强度、刚度、抗裂性、稳定性及耐久性等方面，结构的两种极限状态各有限制和规定要求。在正常使用极限状态，对于允许开裂的混凝土结构构件，应检验其挠度和最大裂缝宽度；对不允许开裂的结构构件，应检验其抗裂性。在承载能力极限状态，检验结构是否失去刚体平衡或失稳、或材料强度破坏或成为机动体系等。要完全通过荷载试验来检验结构的可靠性，需进行两种极限状态的检验。当理论分析仅能针对结构的部分性能，或者另一部分结构性能难以通过准确计算证明是否满足规定要求时，则可通过荷载试验的方法对其结构性能进行评价。

决定结构性能的因素很多，有材料强度、混凝土内部缺陷、配筋量、截面尺寸、施工质量及约束条件等等，掌握这些因素是进行理论计算分析的前提条件。当这些因素不能完全确定时，如旧有房屋结构图纸丢失、配筋情况不详，无法进行计算，或结构存在严重的蜂窝麻面及内部缺陷，难于在计算中加以考虑，则荷载试验法将是结构性能综合评定的最可行的方法。

1. 挠度和裂缝宽度检验

在正常使用极限状态下，混凝土结构设计规范对受弯构件规定了最大挠度，对一般构件均规定了最大裂缝宽度。因此，挠度和裂缝宽度的检验，就是进行正常使用荷载试验，实测构件的最大挠度和最大裂缝宽度，通过与规范的最大允许限值的比较作出结构性能评价。挠度测量常用的仪器有百分表、千分表、位移计，裂缝观测有放大镜、读数显微镜、裂缝标尺。挠度测量仪器既要在跨中最大挠度处布置，也要在支座处布置（图 3-26），当构件宽度大于 600mm 时，挠度测点应沿构件中轴线两侧对称布置；对具有边肋的单向板，如大型屋面板，除应测量边肋的挠度外，还应测量宽度中央的最大挠度。仪器应固定在与试件独立的刚性支架上。挠度测量仪器量程的选择，应根据预估挠度值来确定，尽量使仪器的量程满足最大挠度的需要，尽可能避免因量程不够而中途调表。所有测量仪表应有计量部门定期检定的合格证书。

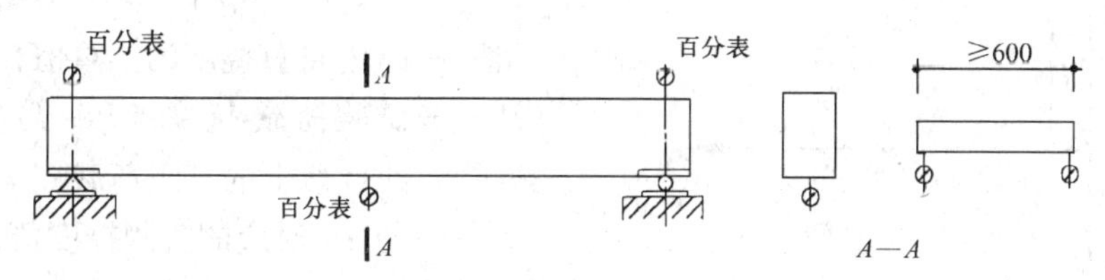

图 3-26 受弯构件挠度测量测点布置

挠度和裂缝宽度检验，采用正常使用极限状态试验荷载值，应根据结构构件控制截面上的荷载短期效应组合的设计值和试验加载图式经换算确定。正常使用短期试验荷载值 Q_s 为：

$$Q_s = G_k + Q_k$$

式中 G_k——永久荷载标准值；

Q_k——可变荷载标准值。

试验结构构件的加载图式应符合计算简图，当试验条件受到限制、试验荷载的布置不能完全与设计的规定相符时，可采用控制截面上作用效应等效的荷载进行加载，但应考虑等效荷载对结构构件试验结果的影响。

在正式加载试验前，一般先进行预载试验，使结构进入正常的工作状态，人员各就各位，发现问题及时解决。预载试验的荷载量一般为分级荷载的 1～2 级，并不宜超过开裂荷载的 70%。

试验荷载应分级施加，每级加载值不宜超过正常使用短期试验荷载值的 20%，每级卸载值可取为正常使用短期试验荷载值的 20%～50%，每级卸载后的剩余荷载值宜与加载时的某一级荷载值相对应，以便于进行挠度、裂缝方面的比较。每级加载和卸载后的持荷时间不应少于 10min，达到正常使用短期试验荷载值时，持荷时间不应少于 30min，在持荷时间结束后，观测位移和裂缝宽度。全部卸载后还应经过变形恢复时间，才进行残余变形的量测，一般构件的变形恢复时间为 45min，新结构构件和大跨度构件为 18h。

(1) 受弯构件挠度分析及评定

布置在跨中及支座上百分表的示值变化，只是各位移测点的绝对位移，试验荷载产生的跨中挠度应是跨中位移减去支座沉降位移，按下式计算修正。

$$f_{\mathrm{m}} = u_{\mathrm{m}} - \frac{1}{2}(u_l + u_{\mathrm{r}})$$

式中　f_{m}——试验荷载产生的跨中挠度；

u_{m}、u_l、u_{r}——试验荷载产生的跨中位移、左支座位移和右支座位移。

结构自重和加载设备对构件产生的挠度不能直接量测到，但却是挠度评定的组成部分，因此必须加以考虑，可由试验的荷载与变形关系推算得到。将试验荷载-挠度($P-f$)曲线的初始线性段反向延伸（图 3-27），由比例关系求出自重挠度。

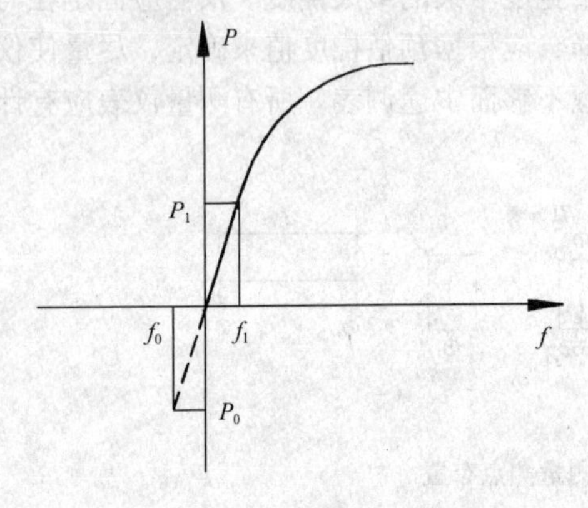

图 3-27　受弯构件自重挠度的推算

$$f_0 = \frac{f_1}{P_1}P_0$$

式中　f_0——跨中自重挠度的推算值；

P_1——试验荷载-挠度（$P-f$）曲线初始线性段上的某级荷载；

f_1——与 P_1 对应的实测挠度值；

P_0——换算成与试验荷载形式相同的构件自重荷载值。

当试验采用等效荷载加载时，一般是个别控制截面上的试验弯矩或剪力与设计值等效，但内力图（弯矩图、剪力图）不相同，挠度并不等效，所以应对实测挠度进行荷载图式的修正：

$$f = (f_{\mathrm{m}} + f_0)\varphi$$

修正系数 φ 按试验荷载图式的不同，将为不同值。

荷载试验量测的挠度值是短期挠度实测值，不能反映结构在长期荷载作用下的徐变。当要将短期挠度实测值推算成长期挠度时，可按下式计算：

$$f_l^{\mathrm{c}} = \frac{M_l(\theta - 1) + M_{\mathrm{s}}}{M_{\mathrm{s}}} f_{\mathrm{s}}^{\mathrm{c}}$$

式中　f_l^{c}——考虑荷载长期效应影响的实测挠度；

$f_{\mathrm{s}}^{\mathrm{c}}$——正常使用短期试验荷载值作用下的实测挠度，包括自重挠度并考虑荷载图式的修正；

M_l——按荷载准永久组合计算的弯矩值；

M_{s}——按荷载标准组合计算的弯矩值；

θ——考虑荷载长期效应组合对挠度增大的影响系数，与纵向受压钢筋的配筋率有关，$\theta = 1.6 \sim 2.0$。

挠度检验满足规范要求的条件是：

$$f_l^c \leqslant [f_s]$$

式中　$[f_s]$ ——构件短期挠度允许值，按表3-9取值；

(2) 裂缝宽度量测及评定

量测正常使用短期试验荷载值作用下最大裂缝宽度，应在持荷时间结束以后。垂直裂缝的宽度应在构件的侧面相应于受拉主筋高度处量测，斜裂缝的宽度应在裂缝与箍筋或与弯起钢筋的交汇处量测，无腹筋构件应在裂缝最宽处量测斜裂缝宽度。

受弯构件的允许挠度　　表3-9

构件类型	允许挠度（以计算跨度 l_0 计算）
吊车梁：手动吊车	$l_0/500$
电动吊车	$l_0/600$
屋盖、楼盖及楼梯构件	
当 $l_0 < 7$m 时	$l_0/200$（$l_0/250$）
当 $7 \leqslant l_0 \leqslant 9$ m 时	$l_0/250$（$l_0/300$）
当 $l_0 > 9$m 时	$l_0/300$（$l_0/400$）

裂缝宽度检验满足规范要求的条件是：

$$w_{max}^c \leqslant [w_{max}]$$

式中　w_{max}^c——正常使用短期试验荷载作用下，受拉主筋处最大裂缝宽度实测值；

$[w_{max}]$ ——构件最大裂缝宽度允许值，按表3-10取值。

构件最大裂缝宽度允许值 $[w_{max}]$　表3-10

设计计算控制值（mm）	$[w_{max}]$（mm）
0.2	0.15
0.3	0.20
0.4	0.25

2. 抗裂检验

在开始结构构件的抗裂试验加载前，应确定开裂试验荷载值。加载过程中，当荷载接近开裂试验荷载值时，应按每级荷载不宜大于该荷载值的5%进行分级，当达到开裂试验荷载而结构构件尚未开裂时，每级荷载下的持荷时间宜为10～15min。

开裂试验荷载计算值根据结构构件的开裂内力计算值和试验加载图式经换算确定，开裂内力计算值按下式计算：

$$S_{cr}^c = [v_{cr}]S_s$$

式中　S_{cr}^c——开裂内力计算值；

S_s——荷载短期效应组合设计值；

$[v_{cr}]$ ——构件的抗裂检验系数允许值，按下式计算：

$$[v_{cr}] = 0.95\frac{\sigma_{pc} + \gamma f_{tk}}{\sigma_{sc}}$$

式中　σ_{sc}——荷载短期效应组合下抗裂验算边缘的混凝土法向应力；

σ_{pc}——扣除全部预应力损失后在抗裂验算边缘的混凝土预压应力；

f_{tk}——混凝土抗拉强度标准值；

γ——受拉区混凝土塑性影响系数。

结构构件的抗裂检验，关键要观察或判别出第一条裂缝出现时的荷载值。垂直裂缝的观测位置应在结构构件的拉应力最大区段及薄弱环节，斜裂缝的观测位置应在弯矩和剪力均较大的区段及截面的宽度、高度等外形尺寸变化处，对预应力混凝土构件，还应观测预拉区和端部锚固区的裂缝出现。初裂荷载的确定可采用放大镜观察法、荷载-挠度曲线判别法及连续布置应变计法。

放大镜观察法借助于放大倍率不低于四倍的放大镜，用肉眼观察裂缝的出现，当发现初裂时，确定初裂荷载的原则为：当在加载过程中初裂时，应取前一级试验荷载值作为初裂荷载实测值；当在规定的持荷时间内初裂时，应取本级荷载值与前一级荷载值的平均值作为初裂荷载实测值；当在规定的持荷时间结束后初裂时，应取本级荷载值作为初裂荷载实测值。

荷载-挠度曲线判别法取曲线上的斜率首次发生突变时的荷载值作为初裂荷载实测值。

连续布置应变计法是在构件表面拉应力最大的区段，全长范围内连续搭接布置应变计，监测应变值的发展，取任一个应变计的应变增量有突变时的荷载值作为初裂荷载值。

抗裂检验满足规范要求的条件是：

$$v_{cr}^{0} \leqslant [v_{cr}]$$

式中 v_{cr}^{0}——构件的抗裂检验系数实测值，对于裂缝控制等级为一级的构件，它等于初裂荷载实测值与短期荷载组合值之比；对于裂缝控制等级为二级的构件，它等于初裂荷载实测值与长期荷载组合值之比；以上均包括自重。

3．承载力检验

承载能力极限状态是结构或构件达到最大承载力、疲劳强度或不适于继续承载的变形时的极限状态。在承载力试验过程中，当结构构件出现表3-11中的承载力极限的标志之一时，即认为结构构件达到承载力极限。各种极限标志发生或出现的时间有先后，《混凝土结构试验方法标准》GBJ 50152—92规定，取首先达到某一极限标志时的最小荷载值，作为结构构件的极限荷载实测值。此时结构构件的最大内力作为该结构构件的承载力实测值。

确定极限荷载实测值的原则为：当在加载过程中出现承载力标志之一时，应取前一级荷载值作为极限荷载实测值；当在规定的持荷时间内出现承载力标志之一时，应取本级荷载值与前一级荷载值的平均值作为极限荷载实测值；当在规定的持荷时间结束后出现承载力标志之一时，应取本级荷载值作为极限荷载实测值。

进行结构构件的承载力检验，应确定承载能力极限状态试验荷载值，简称为承载力试验荷载值。加载过程中，当荷载接近承载力试验荷载值时，应按每级荷载不宜大于该荷载值的5%进行分级。细分荷载等级的目的，在于较准确地获得极限荷载实测值。

承载力试验荷载计算值根据结构构件达到承载能力极限状态时的内力计算值和试验加载图式经换算确定，承载能力极限状态时的内力计算值按下式计算：

$$S_{u1}^{c} = \gamma_0 [\nu_u] S$$

式中 S_{u1}^{c}——当按设计规范规定进行检验时，结构构件达到承载力极限状态时的内力计算值，也可称为承载力检验值（包括自重内力）；

S——荷载效应组合设计值；

γ_0——结构构件的重要性系数，当建筑结构安全等级为一级、二级、三级时，分别取1.1、1.0、0.9；

$[\nu_u]$——构件的承载力检验系数允许值，按表3-11取值。

承载力极限标志及 $[\nu_u]$　　　　表 3-11

受力情况	达到承载能力极限状态的检验标志		$[\nu_u]$
轴心受拉、偏心受拉、受弯、大偏心受压	受拉主筋处裂缝宽度达到 1.5mm 或挠度达到跨度的 1/50	热轧钢筋	1.20
		钢丝、钢绞线、热处理钢筋	1.35
	受压区混凝土破坏	热轧钢筋	1.30
		钢丝、钢绞线、热处理钢筋	1.40
	受力主筋拉断		1.50
轴心受压、小偏心受压	混凝土受压破坏		1.50
受弯构件的受剪	腹部斜裂缝宽度达到 1.5mm 或斜裂缝末端混凝土剪压破坏		1.40
	斜截面混凝土斜压破坏，或受拉主筋端部滑脱或其他锚固破坏		1.55

承载力检验满足规范要求的条件是：

$$\nu_u^0 \geqslant \gamma_0 [\nu_u]$$

式中　ν_u^0——构件的承载力检验系数实测值，即承载力实测值与承载力荷载设计值的比值。

当设计要求按构件实配钢筋的承载力极限检验时，承载力检验满足要求的条件是：

$$\nu_u^0 \geqslant \gamma_0 \eta [\nu_u]$$

式中　η——构件的承载力检验修正系数，按下式计算：

$$\eta = \frac{R(f_c, f_s, A_s^a \cdots)}{\gamma_0 S}$$

式中　$R\ (f_c,\ f_s,\ A_s^a \cdots)$——按实配钢筋面积 A_s^a 确定的构件承载力计算值；

S——结构构件内力设计值。

3.2　砌体结构检测

砌体结构构件的检测内容主要有：强度，包括块材强度、砂浆强度及砌体强度；施工质量，包括组砌方式、灰缝砂浆饱满度、灰缝厚度、截面尺寸、垂直度及裂缝、砌体表层腐蚀深度等等。

3.2.1　砌体强度检测

砌体强度是由砌块强度和砂浆强度共同决定的。目前采用的砌体强度检测方法有：砌体整体直接检测法和砌块、砂浆分别检测法。整体直接检测法又可分为原位试验法和取样试验法。

1. 砌体原位试验法

在墙体上直接进行抗压强度试验，加载装置可采用液压扁顶，液压扁顶尺寸有 380mm×250mm×5mm 和 250mm×250mm×5mm 等多种，可根据砌体组砌尺寸不同而选用，扁顶是由两块薄钢片四面围焊留有油嘴的油囊，当用油泵供油时，油囊膨胀产生压力。试验时，每个测区选择3个测试部位，在待测的墙体上掏空两段水平灰缝的砂浆，掏空段上下对齐，间距可为8皮砖高度，插入油囊，用手动油泵加载（图3-28），直至墙体开裂破坏，根据液压扁顶预先标定的油压—荷载关系，确定原位试验的破坏荷载。砖砌体抗压强度按下式计算：

$$f_m = \frac{\sigma_u}{\xi}$$

$$\xi = 1.18 + 4\frac{\sigma_0}{\sigma_u} - 4.18\left(\frac{\sigma_0}{\sigma_u}\right)^2$$

式中 σ_u——砌体破坏时液压扁顶的压应力；

ξ——强度影响系数；

σ_0——所测部位上部荷载产生的垂直压应力，可由计算或实测确定。

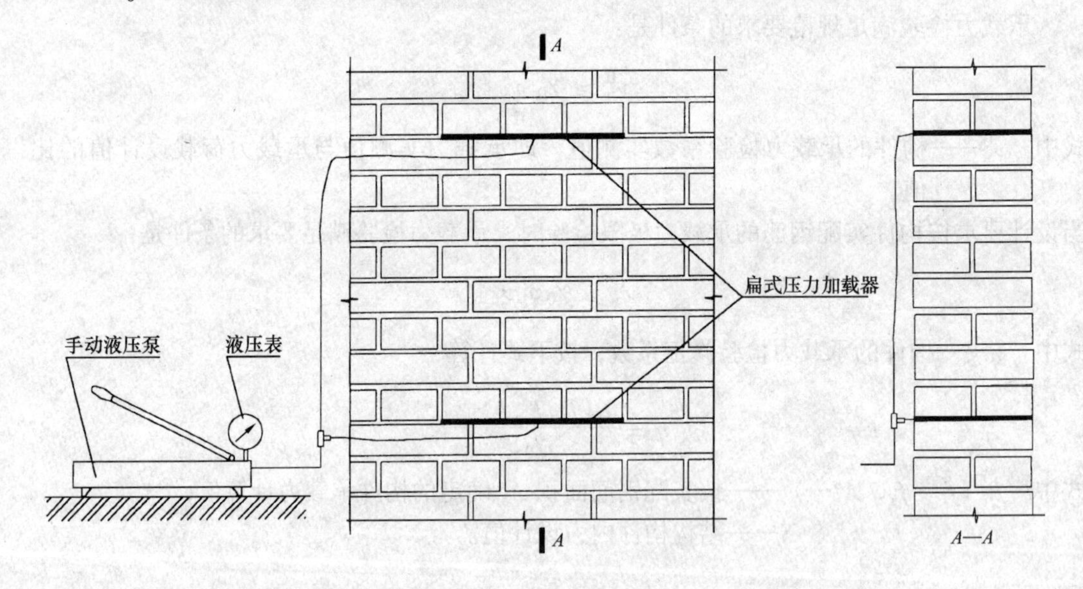

图3-28 采用扁式压力加载器的原位试验装置

上述测试，也可在液压扁顶加压至砌体产生第一批裂缝出现时终止，以此时的开裂压应力 σ_{cr} 按下式估算砌体抗压强度。

$$f_m = \frac{\sigma_u}{\xi} = \frac{\sigma_{cr}}{\xi \cdot \xi_{cr}}$$

式中 ξ_{cr} 按砌体应力与应变关系曲线确定，砖砌体轴心受压试验表明，砌体初裂压力约为破坏压力的50%～70%，一般取 $\xi_{cr} = 0.6$。采用液压扁顶的砌体原位试验，湖南大学曾作过较深入研究。

2. 砌体取样法

直接从墙体或柱子中截取试样（图3-29），墙体试样的厚度同墙厚，长度约370～490mm，高度约取截面较小边长的2.5～3倍，捆绑固定后运回试验室，上下受压面用水泥砂浆抹平，测量试件的高度及最小截面面积，进行抗压强度试验。取样和运输过程中应避免试件受扰开裂。当砂浆强度较低时，可尽量沿灰缝取出，得到的试件较为规则，易于确定受压计算面积。设破坏荷载为 N_i，计算承压面积为 A_i，则砌体抗压强度为：

$$f_i = \frac{N_i}{A_i}$$

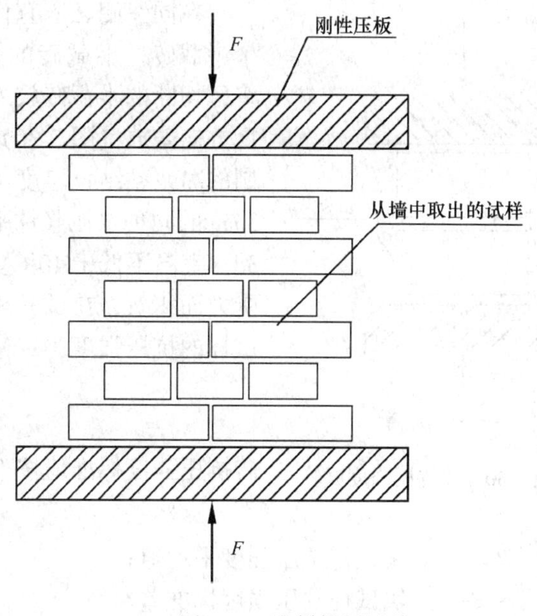

图 3-29 取样抗压试验

在同一个测区，取样数量不应少于 3 块。计算出各块砌体试样抗压强度的平均值 f_m，则砌体抗压强度的标准值为：

$$f_k = f_m - 1.645\sigma_f$$

式中 σ_f——砌体（毛石砌体除外）抗压强度标准差，取 $\sigma_f = 0.17f_m$。

砌体抗压强度的设计值为：

$$f_d = \frac{f_k}{\gamma_f}$$

式中 γ_f——砌体材料分项系数，按规范取 $\gamma_f = 1.5$。

3. 块材和砂浆分别测定法

若分别确定了块材和砂浆的强度等级，则可按砌体结构设计规范确定砌体的各种强度指标。在结构可靠性鉴定中，评定砌体结构构件的承载力等级，依据的是结构构件的实际抗力与作用效应的比值，当块材和砂浆的实测强度与强度等级标志差距较大时，采用向较低强度等级靠的方法是偏于保守的，此时可用如下规范推荐的公式由材料强度计算砌体强度。

$$f_m = k_1(f_1)^{\alpha} \cdot (1 + 0.07f_2)k_2$$

式中 f_m——砌体轴心抗压强度平均值；

f_1——块材抗压强度平均值；

f_2——砂浆抗压强度平均值；

k_1、k_2、α——与砌体类型有关的系数，按表 3-12 取用，表列条件之外均为 1。

各类砌体轴心抗压强度平均值计算中的系数 k_1、k_2、α **表 3-12**

砌 体 种 类	k_1	α	k_2
粘土砖、空心砖、非烧结硅酸盐砖	0.78	0.5	当 $f_2 < 1$ 时，$k_2 = 0.6 + 0.4f_2$
一砖厚空斗	0.13	1.0	当 $f_2 = 0$ 时，$k_2 = 0.8$
混凝土小型空心砌块	0.46	0.9	当 $f_2 = 0$ 时，$k_2 = 0.8$
中型砌块	0.47	1.0	当 $f_2 > 5$ 时，$k_2 = 1.15 - 0.03f_2$

块材强度的检测可直接取样进行材料强度试验。砂浆强度检测有回弹法、冲击法等。回弹法和冲击法无论是对块材还是砂浆，尚没有检测规程可依，都是以有关部门的研究成果为参考。

（1）砖强度直接取样检测

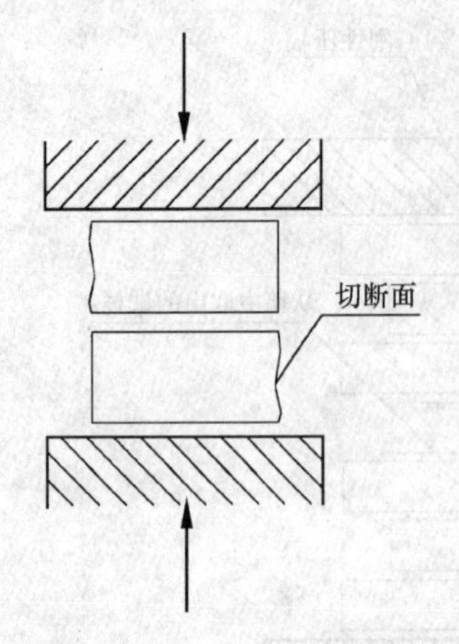

图 3-30　砖抗压强度试验

在同一测区取有代表性的砖 10 块，将砖样切断或锯成两个半截砖，半截砖的长度不得小于 100mm，否则作废再取。将已切断的半截砖放入净水中浸 10～20min，取出后以断口相反方向叠放（图 3-30），中间用 32.5 或 42.5 强度等级水泥调制的净浆粘结，厚度不超过 5mm，上下两表面用厚度不超过 3mm 的同种水泥浆抹平。制成的试件置于不通风的室内养护 3d，室温不低于 10℃。测量每个试件连接面的面积作为计算受力面积 A，在试验机上压至破坏，测出破坏荷载 P，单块试样的抗压强度为：

$$R_i = \frac{P_i}{A_i}$$

砖抗压强度标准值按下式计算：

$$f_k = \overline{R} - 2.1S$$

式中　$\overline{R}$——10 块试样抗压强度平均值；

S——10 块试样抗压强度标准差。

根据试验得出的砖抗压强度平均值和标准值，按表 3-13 可确定砖的强度等级。

烧结普通砖强度等级划分规定　　**表 3-13**

强度等级	抗压强度平均值 $\overline{R}\geqslant$	抗压强度标准值 $f_k\geqslant$	强度等级	抗压强度平均值 $\overline{R}\geqslant$	抗压强度标准值 $f_k\geqslant$
MU30	30.0	23.0	MU15	15.0	10.0
MU25	25.0	19.0	MU10	10.0	6.5
MU20	20.0	14.0	MU7.5	7.5	5.0

（2）灰缝砂浆强度检测的贯入法

贯入法检测灰缝砂浆强度的仪器称为贯入仪，贯入仪的构造如图 3-31。贯入仪中的工作弹簧提供一定的冲击能量，将一种专门的钢钉贯入砂浆中，由钢钉的贯入深度来推定砂浆的抗压强度，砂浆强度低，则贯入深度大，砂浆强度高，则贯入深度浅。贯入深度可由专门的贯入深度测量表完成，目前有机械式和数字式两种。贯入法检测砂浆强度依据的标准是《贯入法检测砌筑砂浆抗压强度技术规程》JGJ/T 136—2001，规程中提供了钢钉贯入深度与砂浆强度之间的关系曲线。

贯入法检测的主要影响因素包括砂浆原料，碳化，砌块种类，压力及砂浆含水率等。

中国建筑科学院的研究表明，不同品种砂浆贯入法测强曲线存在显著差异，检测规程中分别给出了水泥砂浆和水泥混合砂浆的测强曲线。

安徽省建科院的研究认为，碳化因素对水泥混合砂浆的贯入法强度检测结果影响显著，而对水泥砂浆的影响较小；随着碳化深度的增加，贯入深度线性递减；贯入法安徽省地方标准（DB34/T 233—2002）考虑了碳化因素对水泥混合砂浆检测的修正。

砌块有烧结砖、石块、加砌混凝土砌块、多孔砖等，由于不同材质砌块的吸水性能、约束程度不同，导致相同配比的砂浆强度在砌筑后出现差异，但目前贯入法检测时尚不考虑这种差异。

贯入法测强曲线是用砂浆试块试验统计建立的，试验时试块没有压力。实际砌体结构中，砂浆承受压力，研究表明，在砌体压力较小时，贯入深度随压力的增大而降低，在达到极限承载力的40%～50%时，贯入深度趋于稳定；当达到极限承载力60%～70%之间时，贯入深度逐渐增大。为了简化检测，目前均不考虑压力的影响。

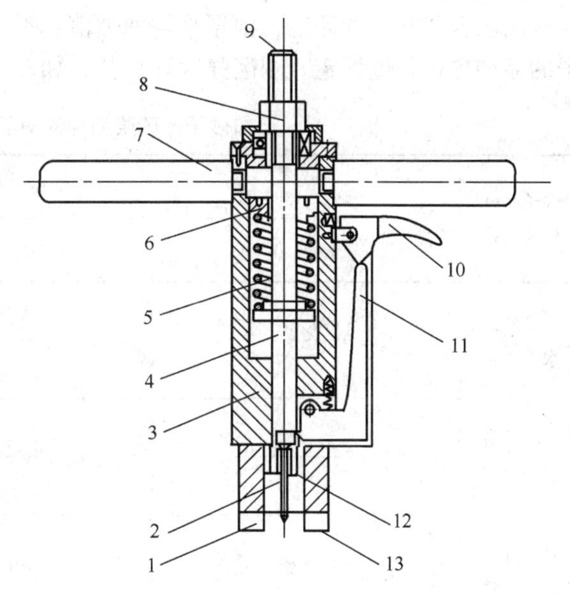

图3-31 贯入仪构造示意图

1—扁头；2—测钉；3—主体；4—贯入杆；5—工作弹簧；6—调整螺母；7—把手；8—螺母；9—贯入杆外端；10—扳机；11—挂钩；12—贯入杆端面；13—扁头端面

研究表明水泥混合砂浆的含水率对贯入法检测结果有影响，尤其是强度等级低于M2.5的混合砂浆，因此测试时砂浆应处于自然风干状态。

按批抽样检测时，应去龄期相近的同楼层、同品种、同强度等级砌筑砂浆且不大于250m³砌体为一批，抽样数量不少于砌体总构件数的30%，且不少于6个构件。面积不大于25m²砌体构件为一个构件。每个构件测试16个点，测点应均匀分布在构件的水平灰缝上，相邻测点间距不宜小于240mm，每条灰缝测点不宜多于2个。将16个贯入深度值中的3个最大值和3个最小值剔除，余下的10个取平均值，据此根据测强曲线查得砂浆抗压强度换算值。对于按批抽检的砌体，砂浆强度换算值变异系数不小于0.3时，则该批构件应全部按单个构件检测。

(3) 灰缝砂浆强度回弹法检测

检测灰缝砂浆强度的回弹仪冲击能量很小，标称冲击动能为0.196J，测强原理是砂浆表面硬度与抗压强度之间具有相关性，建立砂浆强度与回弹值及碳化深度的相关曲线，并用来评定砂浆强度。

检测前，按250m³砌体结构或每一楼层品种相同、强度等级相同的砂浆划分为一个评定单元，每15～20m²面积测试墙体布置一个测区，测区大小一般约0.2～0.3m²，每一个评定单元布置不少于10个测区，如果测区中的回弹值离散性大，应适当增加测区数。测区宜选在有代表性的承重墙，测区灰缝砂浆表面应清洁、干燥，应清除钩缝砂浆、浮浆，用薄片砂轮将暴露的灰缝砂浆打磨平整后，方可检测。

每个测区弹击12点，每个测点连续弹击3次，前2次不读数，仅读取最后一次的回弹值，在测区的12个回弹值中，剔除一个最大值和一个最小值，计算余下10个值的平均值。当砂浆碳化深度小于1.0mm时，测区平均回弹值应根据砂浆湿度进行修正，即乘以一个$K=1.17\sim1.21$的修正系数，当灰缝砂浆干燥时取小值，潮湿时取大值；当砂浆碳化深度大于1.0mm时，无需修正。

灰缝碳化深度的测定仍采用酚酞酒精试剂。取出部分灰缝砂浆，清除孔洞中的粉末和碎屑，但不可用液体冲洗，立即用1%的酚酞酒精溶液滴入孔洞内壁边缘，外侧碳化区为无色，内侧未碳化区变成紫红色，测量有颜色交界线的深度，即为碳化深度。

测区砂浆强度的评定，根据平均回弹值、平均碳化深度，并考虑灰缝砂浆的品种、砂子的品种进行强度评定。测区强度计算公式如表 3-14。

已知砂子、砂浆品种的测区强度计算（MPa）　　表 3-14

砂子品种 砂浆品种	平均碳化深度 $\overline{L_i}$（mm）		
	$\overline{L_i} \leqslant 1.0$	$1.0 < \overline{L_i} < 3.0$	$\overline{L_i} \geqslant 3.0$
细砂 水泥砂浆	$f_{ni} = \frac{1.99 \times 10^{-7} R^{5.14}}{K_2}$	$f_{ni} = \frac{1.46 \times 10^{-3} R^{2.73}}{K_2}$	$f_{ni} = \frac{2.56 \times 10^{-6} R^{4.50}}{K_2}$
细砂 混合砂浆	$f_{ni} = \frac{2.41 \times 10^{-4} R^{3.22}}{K_2}$	$f_{ni} = \frac{8.27 \times 10^{-4} R^{2.92}}{K_2}$	$f_{ni} = \frac{4.30 \times 10^{-5} R^{3.76}}{K_2}$
中砂 水泥砂浆	$f_{ni} = \frac{9.82 \times 10^{-6} R^{4.22}}{K_2}$	$f_{ni} = \frac{5.61 \times 10^{-6} R^{4.32}}{K_2}$	
中砂 混合砂浆	$f_{ni} = \frac{9.92 \times 10^{-5} R^{3.53}}{K_2}$	$f_{ni} = \frac{8.59 \times 10^{-7} R^{4.91}}{K_2}$	

表中：R——测区平均回弹值；

K_2——强度干湿修正系数，$K_2 = 1.06 \sim 1.18$，灰缝干燥时取小值，潮湿时取大值。

各评定单元砌体灰缝砂浆强度的评定值，取该评定单元所有测区强度的平均值。

评定单元砂浆强度的匀质性，可根据测区砂浆强度的变异系数进行区分。强度变异系数 C_v，由单元砂浆测区平均强度 f_n 和强度标准差 S 按下式计算：

$$C_v = \frac{S}{f_n}$$

变异系数 $C_v \leqslant 0.25$ 时，砂浆强度匀质性较好；当 $0.25 < C_v < 0.4$ 时，砂浆强度匀质性一般；当 $C_v \geqslant 0.4$ 时，砂浆强度匀质性较差。

(4) 砂浆或砖强度冲击法检测

冲击法检测的基本原理，基于脆性物体破坏能量定律，即强度高的材料破碎消耗的能量大，反之消耗的能量小。材料破碎后表面积增大，其破碎程度可用表面积的增量 ΔA 定量地表示。材料经多次冲击后的典型特性曲线如图 3-32，曲线的起始段呈直线，表明材料表面积的增量 ΔA 与破碎冲击能量 ΔW 呈线性关系，继续增加能量消耗，曲线开始弯曲。

冲击法检测砂浆或砖的抗压强度应运用冲击特性曲线的直线段，为了保证试验总能量消耗不超过线性关系的极限，对于不同强度的砂浆试样，可按表 3-15 选择合适的重锤和落锤高度，由此得出的砂浆表面积增量 ΔA 与破碎冲击能量 ΔW 的关系如图 3-33。该图显示砂浆表面积的增量与破碎冲击能量之间的线性关系很好，每一条直线代表一种砂浆强度，各条直线可用不同的斜率 $\frac{\Delta A}{\Delta W}$ 区分。冲击试验的结果是得到试样的斜率，依据事先建立的材料冲击试验斜率与抗压强度之间的关系，就可以推算出材料的强度。

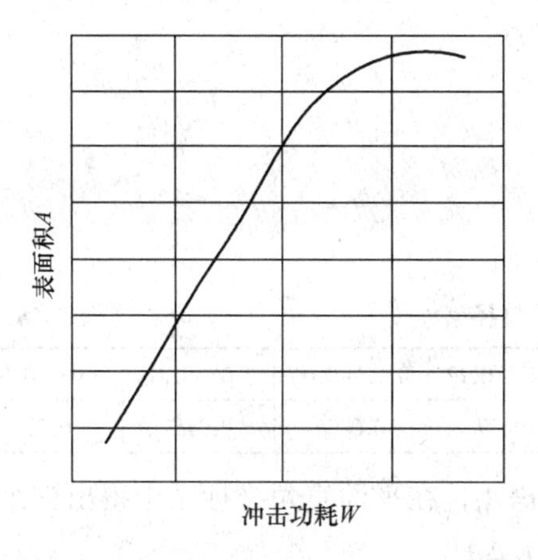

图 3-32　冲击功耗与表面积关系特性曲线

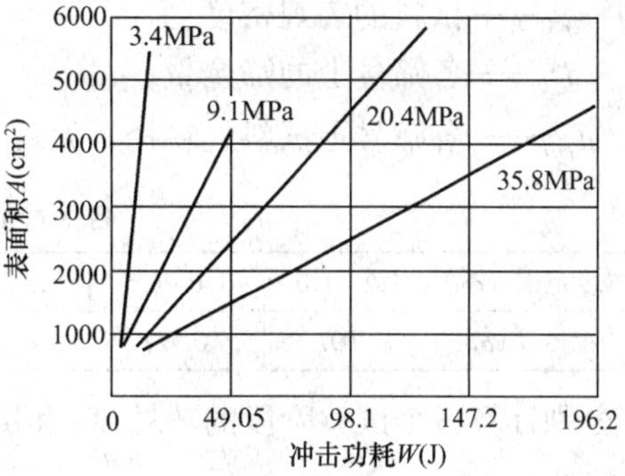

图 3-33　不同强度砂浆的冲击功耗与表面积关系

锤重及落锤高度选择　　　　**表 3-15**

砂浆强度估计（MPa）	砂浆特征	锤重（kg）	落锤高度（m）	砂浆强度估计（MPa）	砂浆特征	锤重（kg）	落锤高度（m）
<5.0	酥松，手可以捏碎	1.0	0.10	20.0~30.0	使用工具才能破碎	2.5	0.36
5.0~10.0	棱角容易扳掉	1.6	0.12	>30.0	尖锐工具才能破碎	3.0	0.50
10.0~20.0	棱角不易扳掉	1.6	0.30				

试验表明，砂浆或砖的冲击试验斜率$\frac{\Delta A}{\Delta W}$与抗压强度$f_m$之间呈幂函数关系，即

$$f_m = a\left(\frac{\Delta A}{\Delta W}\right)^{-b}$$

式中 a、b 为待定系数，可通过对试验数据的回归分析确定。例如，对于北京地区采用细度模数为 2.1~2.9 的砂子配置的水泥砂浆或混合砂浆，有如下关系。

$$f_m = 394.9\left(\frac{\Delta A}{\Delta W}\right)^{-0.78}$$

冲击试验的方法步骤，首先把从灰缝中取出的砂浆块凿成 10~12mm 直径的试料，进行筛分，将保留在孔径为 12mm 筛子上的试样作为试验用料。取 180~200g 试料放入烘箱内，对潮湿试样，需在 50~60℃温度下烘干。试料冷却后将其分成 3 份，进行相同的试验，每份 50g，放入冲击筒中，顶面摊平，选择合适的重锤和落锤高度，用自由落锤施加冲击荷载。试验分三个阶段，第一阶段冲击 2 次，然后筛分、称量 1 次；第二阶段冲击 4 次，然后筛分、称量 1 次，第三阶段再冲击 4 次，筛分、称量 1 次后结束。

破碎试料所消耗的功按下式计算：

$$W = G \cdot h$$

式中　W——冲击机械功；

　　　G——锤重；

　　　h——落锤高度。

对冲击后的试料采用多种孔径的筛子进行筛分，分别称量各筛号上的筛余量。冲击后试料的总表面积按下式计算。

$$A = \frac{1}{\gamma_0} 10.5 \Sigma \frac{Q_i}{d_{cpi}}$$

式中 γ_0——试料的表观密度；

Q_i——各筛号上的筛余量；

d_{cpi}——各筛号上试料的粒径，见表 3-16。

各筛号试料的平均粒径 **表 3-16**

筛号粒度范围（cm）	1.2～1.0	1.0～0.5	0.5～0.25	0.25～0.12	0.12～0.06	0.06～0.03	0.03～0.015
平均粒径（cm）	1.097	0.722	0.361	0.177	0.0866	0.0433	0.022

分别计算三个试验阶段的功耗 W_i 和试料表面积 A_i，在平面直角坐标系中得出三个试验点（W_i，A_i），按线性回归方法计算出直线的斜率$\frac{\Delta A}{\Delta W}$。

4. 砌体抗剪强度检测

(1) 原位单剪法

选择砌体的门、窗洞口作为测区，试验段两头凿通、自由，加压面座浆找平，垫上厚钢垫板，用千斤顶施加与受剪面平行的荷载（图 3-34），保持压力与受剪面基本在同一个平面内。若砌体沿通缝剪切破坏的荷载为 V，受剪面积为 A，则砌体的抗剪强度为：

$$f_{v,m} = \frac{V}{A}$$

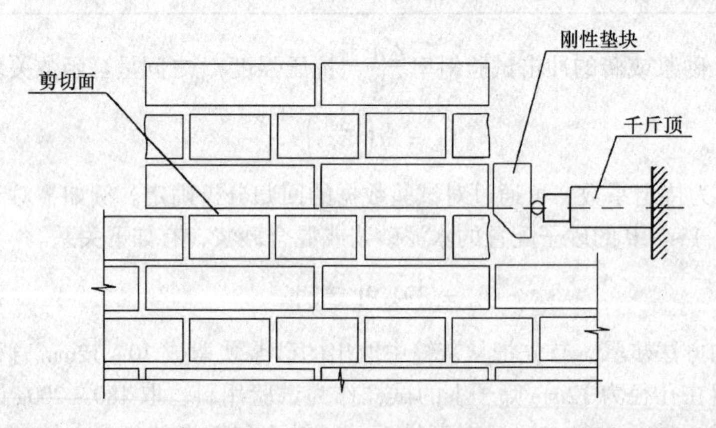

图 3-34 单剪试验装置图

(2) 原位双剪法

对砌体中非门、窗洞口边缘的单砖，两头凿通、自由，一端施加水平推力(图 3-35)，直接测定该砖块沿上下两个受剪面破坏的抗剪强度。影响抗剪强度的因素有上部结构的压应力，及内侧竖向灰缝的抗剪强度。按下式计算砌体沿通缝截面的抗剪强度。

$$f_{m,v} = \left(\frac{V}{2A} - \beta \cdot \sigma_0\right) / \alpha$$

式中 V——剪切破坏荷载；

A——单面抗剪面积；

σ_0——上部结构的压应力；

β——σ_0 的影响系数，可取 $\beta = 1.05$；

α——侧面竖向灰缝影响系数，当砖丁砌时，取 $\alpha = 1.05$，当砖顺砌时，取 $\alpha = 1.10$。

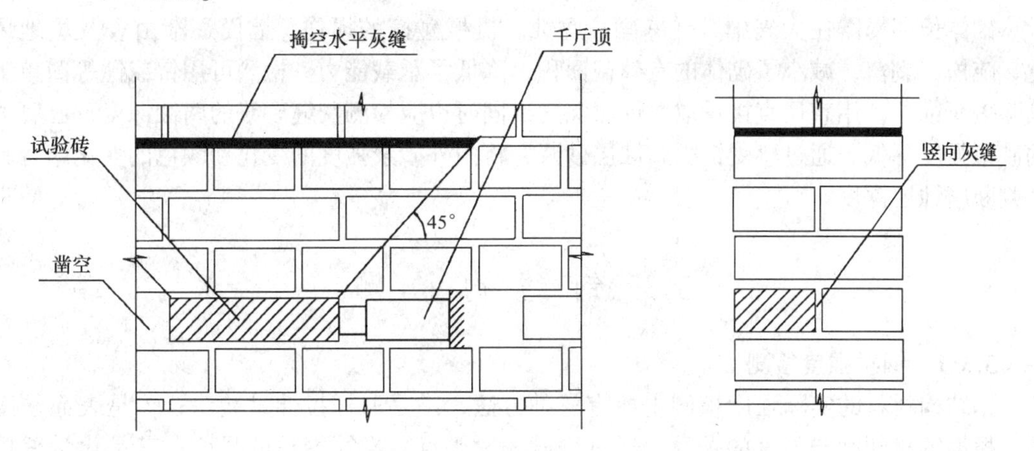

图 3-35 单砖双剪试验装置图

试验时也可消除 σ_0 的影响，采取的措施是将试验砖上方 45°范围内、上三皮砖的水平灰缝砂浆掏净，则 $\sigma_0 = 0$。

3.2.2 砌体缺陷检测

1. 灰缝厚度及饱满度检测

灰缝厚度对砌体强度有重要影响，灰缝铺得厚，容易做到饱满，但会增大砂浆层的横向变形，增加砖的横向拉力；灰缝过薄则不易均匀；灰缝的合理厚度为 8～12mm，一般采用 10mm。

砖砌体水平灰缝砂浆的饱满度不得低于 80%，低于此值后，砌体强度逐渐降低，当砂浆饱满度由 80%降为 65%时，砌体强度下降 20%。砂浆饱满度检测的数量和方法为，每层同类砌体抽查不少于 3 处，每处掀开 3 块砖，用刻有网格的透明百格网度量砖底面与砂浆的粘结痕迹面积。取 3 块砖的底面灰缝砂浆的饱满度平均值，作为该处灰缝砂浆的饱满度。

2. 砌体裂缝检测

设计规范对砌体结构构件仅要求作承载能力极限状态的验算，而正常使用极限状态则要求通过构造来保证，即砌体结构无需进行裂缝和变形验算。但在实际结构中，由于构造措施不当、日照或室内温差的影响、地基不均匀沉降及超载等因素，导致砌体开裂，影响建筑物的正常使用或安全。

在砌体结构鉴定中，对砌体开裂的调查，应在确定裂缝的长度、宽度、分布及其稳定性的基础上，重点分析裂缝产生的原因及其危害性。砌体结构的荷载裂缝直接危及结构安全，是砌体结构构件承载力不足的重要标志，如主梁支座下的受压砌体，当出现单砖开裂时，荷载约为破坏荷载的 60%，当发展为长度超过 3～4 皮砖的连通裂缝时，表明荷载已达到破坏荷载的 80%～90%；当判明属于荷载裂缝时，不论其宽度，应高度重视。

对于非荷载裂缝，应分析其对结构整体性、观感和适用性的影响，表面有粉刷层时应辨别是否仅为粉刷层裂缝，必要时凿开粉刷层观察，对结构裂缝用裂缝标尺或读数显微镜检测其宽度，分析产生裂缝的原因，把检测结果详细地标注在墙体立面或砖柱的展开图上。

3. 砌体腐蚀层深度检测

砌体长期暴露在大气中，受冻融、腐蚀、机械碰撞的损伤，墙面逐渐由表及里地风化、疏松、剥落，减小了砌体的有效截面积，降低了承载能力。检测可用铲或锤等简单工具除去腐蚀层，用直尺直接量取腐蚀层深度，同时也应检测灰缝砂浆的腐蚀深度，已腐蚀的砂浆强度降低，通过感受铲除腐蚀层砂浆，将内外砂浆强度的变化和颜色的变化结合起来判断腐蚀层深度。

3.3 钢结构检测

3.3.1 钢材强度检测

钢结构材料的实际强度检测主要有三种方法，一是取样拉伸试验法；二是表面硬度法，根据钢材硬度与强度的关系，通过测试钢材硬度，推算钢材的强度；三是化学分析法，通过化学分析测量钢材中有关元素的含量，然后计算钢材的强度。

1. 取样试验法

钢材的取样试验包括取样和拉伸试验两个步骤，其中拉伸试验步骤与钢筋的拉伸试验相同，所不同的是试件取样及加工。

按钢材试样的长宽比不同，有比例试样和非比例试样两种。设试样标距为 l_0，横截面面积为 A_0，则 $l_0=5.65\sqrt{A_0}$时称为短比例试样，$l_0=11.3\sqrt{A_0}$时称为长比例试样。非比例试样的标距与横截面面积无一定关系，而是根据钢材的尺寸和性质，给以规定的平行长度和标距长度。试样平行长度 $l=l_0+\frac{b_0}{2}$，式中 b_0 为试样的标距部分的宽度。

钢板试样的宽度 b_0，按钢材厚度不同采用10、15、20和30mm等四种。钢板试样采用短、长比例两种。对于厚度小于0.5mm的薄板，亦可采用规定的宽度 b_0 及标距长度 l_0，试样各部分尺寸的允许偏差及侧面加工光洁度应符合表3-17要求。

钢板试样各部分尺寸允许偏差　表3-17

钢板试样宽度 b_0（mm）	试样标距部分宽度 b_0 的允许偏差（mm）	试样标距长度内最大与最小宽度的允许差值（mm）
10	±0.2	0.1
15		
20	±0.5	0.2
30		

2. 表面硬度法

钢材的强度与其布氏硬度间有如下关系：

低碳钢　　$\sigma_b=3.6HB$

高碳钢　　$\sigma_b=3.4HB$

调质合金钢　　$\sigma_b=3.25HB$

式中　σ_b——钢材极限强度（N/mm^2）；

HB——布氏硬度，直接从钢材中测得。

当 σ_b 确定后，根据同种钢材的屈强比，可计算钢材的屈服强度或条件屈服强度。

3. 化学分析法

化学分析法是根据钢材中各种化学成分粗略估算碳素钢强度的方法。可按下式计算：

$$\sigma_b = 285 + 7C + 0.06Mn + 7.5P + 2Si$$

式中　C、Mn、P、Si 分别表示钢材中碳、锰、磷和硅元素的含量，以 0.01% 为计量单位。

3.3.2　钢结构探伤

钢结构探伤的主要内容是检测钢材内部的缺陷和焊缝质量，钢材缺陷的性质与其加工工艺有关，如铸造过程中可能产生气孔、疏松和裂纹等缺陷。锻造过程中可能产生夹层、折叠、裂纹等缺陷。焊接过程中可能产生气孔、夹渣、未熔合、未焊透和裂纹等缺陷。

钢结构探伤的方法有超声波法、射线法及磁力法等，超声波法是目前应用最广泛的探伤方法之一。超声波的波长很短、穿透力强，传播过程中遇不同介质的分界面会产生反射、折射、绕射和波形转换，超声波像光波一样具有良好的方向性，可以定向发射，犹如一束手电筒灯光可以在黑暗中寻找到目标一样，能在被检材料中发现缺陷。超声波探伤能探测到的最小缺陷尺寸约为波长的一半。超声波探伤又可分为脉冲反射法和穿透法。

脉冲反射法根据波的反射信息来检测试件的缺陷；脉冲反射法使用一个探头，该探头兼发射和接收，操作方便，大多数缺陷可以检出，是目前最常用的一种方法。穿透法是依据脉冲波或连续波穿透试件之后的能量衰减变化规律，来判断缺陷情况的一种方法；穿透法使用两个探头，一个发射，一个接收，分别放置在试件的两侧。穿透法的灵敏度不如脉冲反射法，下面简单介绍脉冲反射法的钢材缺陷探伤和焊缝探伤。

1. 钢材缺陷探伤　钢材缺陷可以采用平探头纵波探伤，探头轴线与其端面垂直，超声波与探头端面或钢材表面成垂直方向传播（图 3-36），超声波通过钢材上表面、缺陷及底面时，均有部分超声波反射回来，这些超声波各自往返的路程不同，回到探头时间不同，在示波器上将分别显示出反射脉冲，各称为始脉冲、伤脉冲和底脉冲。当钢材中无缺陷时，则无伤脉冲。始脉冲、伤脉冲和底脉冲波之间的间距比等于钢材中上表面、缺陷和底面的间距比，由此可确定缺陷的位置。

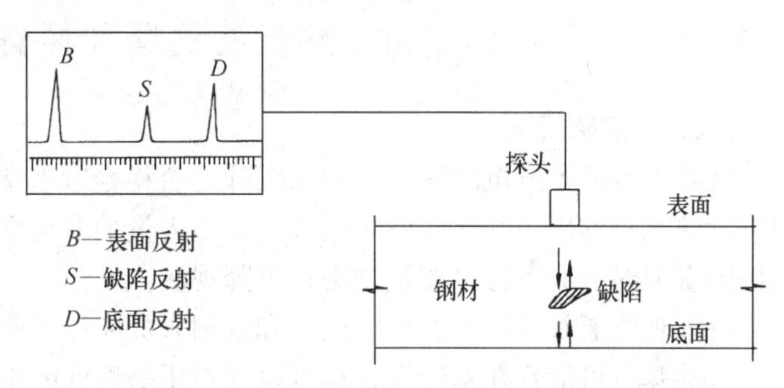

图 3-36　脉冲反射法探伤示意图

2. 焊缝探伤　焊缝探伤主要采用斜探头横波探伤，斜探头使声束倾斜入射，斜探头的倾斜角有多种，使用斜探头发现焊缝中的缺陷与用直探头探伤一样，都是根据在始脉冲与底脉冲之间是否存在伤脉冲来判断。当发现焊缝中存在缺陷之后，如何确定焊缝中缺陷的具体位置，常采用钢质三角形试块比较法。预先准备截面为直角三角形的钢质试块（图 3-37），使三角形试块的一个锐角与波束入射角相等。当在被测试件上发现焊缝缺陷时，记录探头在试件上的位置及始脉冲与伤脉冲的间距，然后将探头移至三角形试块的斜边，通过移动探头，使得在三角形试块上的始脉冲与底脉冲的间距，等同于被测试件上始脉冲与伤脉冲的间距，则三角形试块上 *A* 点与探头的位置关系，等同于被测试件上缺陷与探头的位置关系，由此可确定焊缝中的缺陷位置。

3. 钢材锈蚀检测

钢结构在潮湿、存水和酸碱盐腐蚀性环境中容易生锈，锈蚀导致钢材截面变薄，承

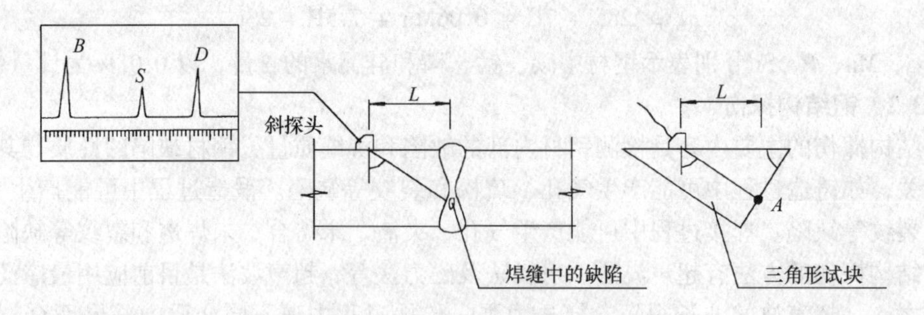

图 3-37 斜探头探测焊缝缺陷

载力下降，因此，钢材的锈蚀程度可由其截面厚度的变化来反应。检测钢材厚度的仪器有超声波测厚仪和游标卡尺，精度均达 0.01mm。

超声波测厚仪采用脉冲反射波法。超声波从一种均匀介质向另一种均匀介质传播时，在界面会发生反射，测厚仪可测出探头自发出超声波至收到界面反射回波的时间。超声波在各种钢材中的传播速度已知，或通过实测确定，由波速和传播时间测算出钢材的厚度，对于数字超声波测厚仪，厚度值会直接显示出来。

3.4 建筑物沉降和倾斜观测

3.4.1 沉降观测

沉降观测可了解沉降速度，判断沉降是否稳定及有无不均匀沉降。对于现有建筑物，当邻近建筑物的周边新建房屋开挖基坑、或大量抽取地下水、或建筑物受损原因不明怀疑与沉降有关时，应考虑对建筑物进行沉降观测。

沉降观测通常采用水准仪。仪器和观测人员应尽可能固定。

水准基点可设置在基岩上，也可设置在压缩性低的土层上，但须在地基变形的影响范围之外。

建筑物上的沉降观测点应选择在能反映地基变形特征及结构特点的位置，测点数不宜少于 6 点。测点标志可用铆钉或圆钢锚固于墙、柱或墩台上，标志点的立尺部位应加工成半球形或有明显的突出点。

沉降观测的周期和观测时间，可结合具体情况来定。建筑物施工阶段的观测，应随施工进度及时进行。一般建筑，可在基础完工后或地下室砌完后开始观测。观测次数和时间间隔应视地基与加荷情况而定，民用建筑可每加高 1～5 层观测一次，工业建筑可按不同施工阶段（如回填基坑、安装柱子和屋架、砌筑墙体、设备安装等）分别进行观测，如建筑物均匀增高，应至少在增加荷载的 25%、50%、75%和 100%时各测一次。施工过程中如暂时停工，在停工时和重新开工时应各观测一次，停工期间，可每隔 2～3 个月观测一次。

建筑物使用阶段的观测次数，应视地基土类型和沉降速度大小而定。一般情况下，可在第一年观测 3～4 次，第二年观测 2～3 次，第三年后每年 1 次，直至稳定为止。观测期限一般为，砂土地基不少于 2 年，膨胀土地基不少于 3 年，粘土地基不少于 5 年，软土地基不少于 10 年。当建筑物基础附近地面荷载突然增减、基础四周大量积水、长时间连续降雨等情况，均应及时增加观测次数。当建筑物突然发生大量沉降、不均匀沉降或严重裂缝时，应立即进行逐日或几天一次的连续观测，观测时应随记气象资料。

测读数据就是用水准仪和水准尺测读出各观测点的高程。水准仪与水准尺的距离宜为20～30m。水准仪与前、后视水准尺的距离要相等。观测应在成像清晰、稳定时进行，读完各观测点后，要回测后视点，两次同一后视点的读数差要求小于±1mm，记录观测结果，计算各测点的沉降量、沉降速度及不同测点之间的沉降差。

沉降是否稳定由沉降与时间关系曲线判断，一般当沉降速度小于0.1mm/月时，认为沉降已稳定。

沉降差的计算可判断建筑物不均匀沉降的情况。如果建筑物存在不均匀沉降，为进一步测量，可调整或增加观测点，新的观测点应布置在建筑物的阳角和沉降最大处。

3.4.2 倾斜观测

建筑物主体的倾斜观测，应测定建筑物顶部相对于底部，或各层间上层相对于下层的水平位移和高差，分别计算整体或分层的倾斜度、倾斜方向及倾斜速度。刚性建筑物的整体倾斜，也可通过测量沉降差来确定。

当建筑物或构件外部具有通视条件时，宜采用经纬仪观测。选择建筑物的阳角作为观测点，通常需对建筑物的各个阳角均进行倾斜观测，综合分析，才能反映建筑物的整体倾斜情况。

经纬仪测设位置如图3-38所示，经纬仪至建筑物的水平距离宜为1.5～2.0倍建筑物的高度。

如图3-39所示，经纬仪瞄准建筑物顶部的某特征点 M，垂直向下投影，在经纬仪同高度得出投影点 N，并从经纬仪中读出 M 点转至 N 点的夹角 α，测量 N 点从建筑物上对应点的水平偏移距离 Δ。

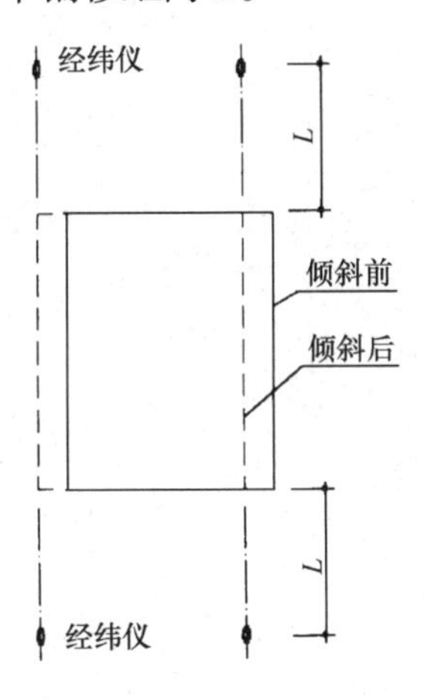

图3-38 经纬仪测设位置

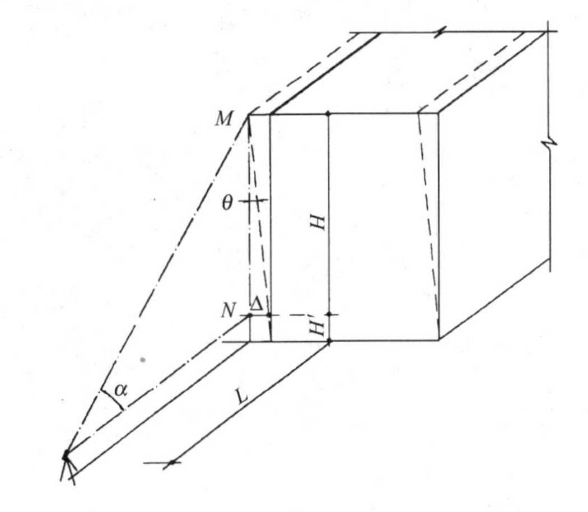

图3-39 建筑物倾斜测量方法

测量出经纬仪位置至 N 点的水平距离 L，计算 M、N 点之间的高度 H 为：

$$H = L \cdot \mathrm{tg}\alpha$$

建筑物的倾斜角度为：

$$\theta = \frac{\Delta}{H}$$

设 N 点到建筑物室外地面的高度为 H'，则建筑物顶部观测点 M 的水平偏移为：

$$\Delta' = \theta(H + H')$$

当建筑物或构件顶部与底部具有通视条件时，最简单的方法是吊垂球法。在顶部或其他观测点位置上，直接或伸臂悬挂垂球，垂球宜落入装有液体的桶中以便停止摆动，用直尺可测量出上部各观测点的水平偏位。倾斜观测应避开强日照和风荷载影响的时间段。

复习思考题

1. 混凝土强度的非破损检测与混凝土强度的合格性评定之间有何关系？
2. 用钻芯取样法检测混凝土强度时，选择芯样的直径应考虑哪些因素？
3. 超声波检测混凝土强度采用的是什么参数？超声波检测混凝土内部缺陷采用的是哪些参数？
4. 在什么情况下需要检测混凝土的碳化深度？
5. 影响混凝土内部钢筋锈蚀的因素有哪些？如何防止钢筋的锈蚀？
6. 如何通过荷载试验法来检验结构在正常使用极限状态和承载能力极限状态下的工作性能？
7. 砌体结构检测的主要内容有哪些？
8. 比较超声波在混凝土结构缺陷检测中与钢结构探伤中的区别。

第 4 章　建筑物可靠性鉴定

建筑物的可靠性水平在其使用过程中并非固定不变。建筑物随着使用年限的增长、材料的风蚀老化，其可靠性水平不断降低，出现构件开裂、钢筋锈蚀和局部破损等表观现象。人们因此对已有建筑物安全性、适用性和剩余耐久年限提出评估要求，尤其在涉及到技术改造、改建、扩建或拆除重建的决策问题时，需要可靠性鉴定作为决策的依据，进而作为加固、改造的技术依据。

建筑物的可靠性鉴定是通过调查、检测、试验及计算分析，按照现行设计规范和相关鉴定标准进行的综合评估。现已颁布的鉴定标准有《民用建筑可靠性鉴定标准》GB50292—99 及《工业厂房可靠性鉴定标准》GBJ144—90。按照相应的鉴定标准，对民用建筑和工业厂房采取了有所区别的鉴定评级过程。通过鉴定评估，找出薄弱环节，揭示隐患所在，划定可靠等级，从而采取相应的措施；如果安全性严重不足，则属于危房，应及时拆除，一般不建议加固再用；如果欠安全及适用性不好，应采取加固维修措施；如果剩余耐久年限不多，则不宜加层或改造。

在抗震设防地区,由于我国自 20 世纪 50 年代以来,抗震设防的标准和技术水平有过几次大的改进和提高,相比之下,20 世纪 80 年代前的房屋抗震能力普遍不足,甚至未考虑抗震设防。为了使经过鉴定加固的房屋在遇到地震时,具有相应的安全储备,在对地震区的建筑物进行可靠性鉴定时,应与抗震鉴定结合进行,鉴定后的加固处理方案也应与抗震加固方案同时提出。

4.1　民用建筑可靠性鉴定

建筑物在使用过程中，需要经常性的管理和维护，必要时还应及时修缮。同时，还有一些建筑或因设计、施工、使用不当而需加固，或因用途改变而需改造，或因使用环境变化而需处理等等。要做好这些工作，首先必须对建筑物在安全性、适用性和耐久性方面存在的问题有全面的了解，才能作出安全、合理、经济、可行的方案，这正是建筑物可靠性鉴定所要解决的问题。

4.1.1　鉴定方法及程序

已有建筑物的可靠性鉴定方法，正在从传统经验法和实用鉴定法向概率法过渡；目前采用的仍然是传统经验法和实用鉴定法，概率鉴定法尚未达到应用阶段。

1. 传统经验法

传统经验法的特点，是在不具备检测仪器设备的条件下，对建筑结构的材料强度及其损伤情况，按目测调查，或结合设计资料和建筑年代的普遍水平，凭经验进行评估取值，然后按相关设计规范进行验算；主要从承载力、结构布置及构造措施等方面，通过与设计规范的比较，对建筑物的可靠性作出评定。这种方法快速、简便、经济，适合于对构造简单的旧房的普查和定期检查。由于未采用现代测试手段，鉴定人员的主观随意性较大，鉴定质量由鉴定人员的专业素质和经验水平决定，鉴定结论容易出现争议。

2. 实用鉴定法

实用鉴定法的特点，是运用现代检测技术手段，对结构材料的强度、老化、裂缝、变形、锈蚀等通过实测确定。对于按新、旧规范设计的房屋，均按现行规范进行验算校核。实用鉴定法将鉴定对象从构件到鉴定单元划分成三个层次，每个层次划分为三至四个等级。评定顺序是从构件开始，通过调查、检测、验算确定等级，然后按该层次的等级构成评定上一层次的等级，最后评定鉴定单元的可靠性等级。

实用鉴定法包括初步调查、详细调查、补充调查、检测、试验、理论计算等多个环节。鉴定程序如图4-1。

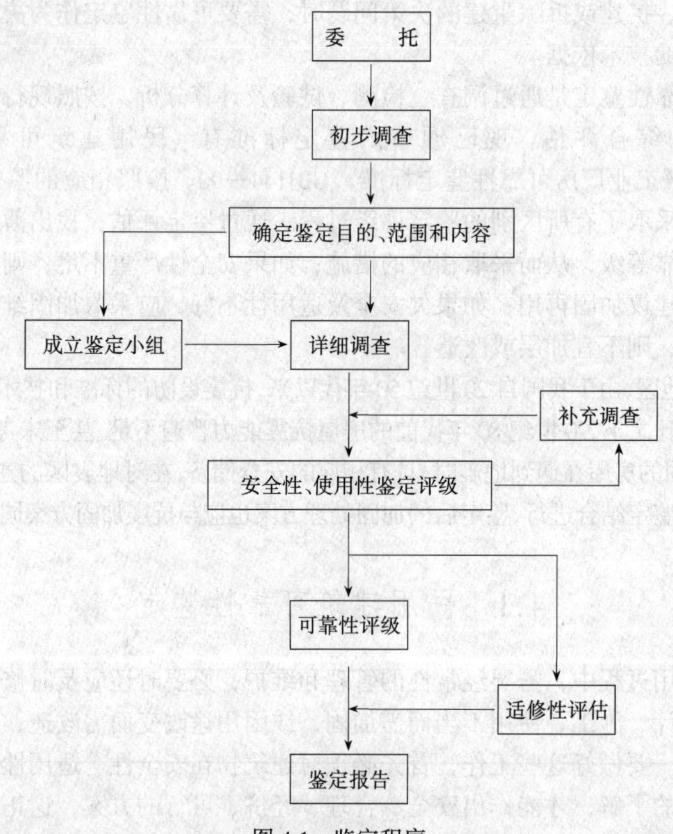

图4-1　鉴定程序

初步调查的目的是简单地了解建筑物的现状和历史，为进一步的详细调查做准备。初步调查一般进行资料搜集和现场调查工作，最后填写初步调查表。需要搜集的资料包括原设计图纸、设计变更通知、地质报告、施工验收记录、改造加固图纸、维修记录等。现场调查主要是了解建筑物的概况、破损部位、程度及范围等。

详细调查的内容包括细部检查、材料检测、结构试验、计算分析等。在详细调查实施之前，应制定详细调查方案，列出检测、检查的部位、数量，据此准备现场记录用的表格。检测记录结构构件的变形，如构件的破损特征、裂缝宽度和分布、挠度、倾斜、构件几何尺寸、砖墙风化腐蚀深度、砂浆饱满度等等；检测记录材料性能，如混凝土强度、碳化深度、保护层厚度、钢筋锈蚀程度、砌体强度等；调查记录结构荷载，如有无后期屋面增加保温、防水层，地面超厚装修，改变用途的活荷载变化等；进行环境调查，主要是烟气成分，室内温湿度、局部高温、积水、渗漏，机械振动等等；进行地基基础调查，首先根据地面上结构变形，判断是否有地基不均匀沉降、周期性的胀缩变化，然后决定是否进行基础开挖检查或地质勘察。

3. 概率法

概率法也称可靠度鉴定法,是将结构物的作用效应 S 和结构抗力 R 作为随机变量,运用概率论和数理统计原理,计算出 $R<S$ 时的失效概率,用来描述结构物可靠性的鉴定方法。可靠度鉴定法是理想的方法,由于作用效应和结构抗力的不确定性、检测手段的局限性及计算模型与实际工作状态间的差异,使可靠度鉴定法目前尚难以进入实用阶段。对于可靠度鉴定法的研究已引起专家的高度重视,开发新的性能可靠的检测仪器,也是推进可靠度鉴定法的重要手段。目前我国结构物可靠性鉴定的任务十分艰巨,所采用的鉴定方法仍然是传统经验法和实用鉴定法,其中实用鉴定法是目前最常用的方法,概率法尚未进入实用阶段。

4.1.2 鉴定的类型

1. 结构可靠性分类

结构功能的安全性、适用性和耐久性能否达到规定要求，是以结构的两种极限状态来划分的，其中承载能力极限状态主要考虑安全性功能，正常使用极限状态主要考虑适用性和耐久性功能，这两种极限状态均规定有明确的标志和限值。

(1) 承载能力极限状态

承载能力极限状态对应于结构或构件达到最大承载力或不适于继续承载的变形，当结构或构件出现下列状态之一时，即认为超过了承载能力极限状态：

a. 整个结构或结构的一部分作为刚体失去平衡（如倾覆等）；

b. 结构构件或连接因材料强度被超过而破坏，或因过度的塑性变形而不适于继续承载；

c. 结构转变为机动体系；

d. 结构或结构构件丧失稳定（如压屈等）。

(2) 正常使用极限状态

正常使用极限状态对应于结构或构件达到正常使用或耐久性能的某项规定限值。当结构或构件出现下列状态之一时，即认为超过了正常使用极限状态：

a. 影响正常使用或外观的变形；

b. 影响正常使用或耐久性能的局部破坏（包括裂缝）；

c. 影响正常使用的振动；

d. 影响正常使用的其他特定状态。

2. 鉴定的类别及适用范围

按照结构功能的两种极限状态，结构可靠性鉴定可以分为两种鉴定内容，即安全性鉴定（或称承载力鉴定）和使用性鉴定（或称正常使用鉴定）。根据不同的鉴定目的和要求，安全性鉴定与使用性鉴定可分别进行，或选择其一进行，或合并成为可靠性鉴定。各类别的鉴定有不同的适用范围，按不同要求，选用不同的鉴定类别：

(1) 可仅进行安全性鉴定的情况

危房鉴定及各种应急鉴定；

房屋改造前的安全检查；

临时性房屋需要延长使用期的检查；

使用性鉴定中发现有安全问题。

(2) 可仅进行使用性鉴定的情况

建筑物日常维护的检查；

建筑物使用功能的鉴定；

建筑物有特殊使用要求的专门鉴定。

(3) 应进行可靠性鉴定的情况

建筑物大修前的全面检查；

重要建筑物的定期检查；

建筑物改变用途或使用条件的鉴定；

建筑物超过设计基准期继续使用的鉴定；

为制定建筑群维修改造规划而进行的普查。

当鉴定评为需要加固处理或更换构件时，根据加固或更换的难易程度、修复价值及加固修复对原建筑功能的影响程度，补充构件的适修性评定，作为工程加固修复决策时的参考或建议。

当要确定结构继续使用的寿命时，还可进一步作结构的耐久性鉴定。

4.1.3 鉴定评级的层次与等级划分

将建筑结构体系按照结构失效的逻辑关系，划分为相对简单的三个层次，即构件、子单元和鉴定单元三个层次。

构件是鉴定的第一层次，是最基本的鉴定单位，它可以是一个单件，如一根梁或柱，也可以是一个组合件，如一榀桁架，也可以是一个片段，如一片墙。子单元由构件组成，是鉴定的第二层次，子单元层次一般包括地基基础、上部承重结构和围护系统三个子单元。鉴定单元由子单元组成，是鉴定的第三层次；根据建筑物的构造特点和承重体系的种类，将建筑物划分为一个或若干个可以独立进行鉴定的区段，则每一个区段就是一个鉴定单元。

对安全性和可靠性鉴定，每个层次划分为四个等级；对使用性鉴定，每个层次划分为三个等级。鉴定从第一层次开始，根据构件各检查项目的评定结果，确定单个构件等级；根据子单元各检查项目及各种构件的评定结果，确定子单元等级；再根据子单元的评定结果，确定鉴定单元等级。

构件或子单元的检查项目是针对影响其可靠性的因素所确定的调查、检测或验算项目；如混凝土构件的安全性鉴定，涉及承载能力、构造、不适于继续承载的位移及裂缝等四个检查项目。检查项目的评定结果最为重要，它不仅是各层次、各组成部分鉴定评级的依据，而且还是处理所查出问题的主要依据。子单元和鉴定单元的评定结果，由于经过了综合，只能作为对被鉴定建筑物进行科学管理和宏观决策的依据，而不能据以处理问题。

1. 安全性鉴定

民用建筑安全性鉴定按构件、子单元和鉴定单元三个层次，每个层次分成四个等级进行鉴定。构件的四个安全性等级用 a_u、b_u、c_u、d_u 表示，子单元的四个安全性等级用 A_u、B_u、C_u、D_u 表示，鉴定单元的四个安全性等级用 A_{su}、B_{su}、C_{su}、D_{su}表示。安全性鉴定评级的层次、等级划分及工作内容如表 4-1。

安全性鉴定评级的层次、等级划分及工作内容　　表 4-1

<table>
<tr><td>层次</td><td>第一层次</td><td colspan="2">第二层次</td><td>第三层次</td></tr>
<tr><td>层名</td><td>构件</td><td colspan="2">子单元</td><td>鉴定单元</td></tr>
<tr><td>等级</td><td>a_u、b_u、c_u、d_u级</td><td colspan="2">A_u、B_u、C_u、D_u级</td><td>A_{su}、B_{su}、C_{su}、D_{su}级</td></tr>
<tr><td rowspan="2">地基基础</td><td>—</td><td>按地基变形或承载力、地基稳定性（斜坡）等检查项目评定地基等级</td><td>地基基础评级</td><td rowspan="6">鉴定单元安全性评级</td></tr>
<tr><td>按同类材料构件各检查项目评定单个基础等级</td><td>每种基础评级</td><td></td></tr>
<tr><td rowspan="3">上部承重结构</td><td rowspan="2">按承载能力、构造、不适于继续承载的位移或残损等检查项目评定单个构件等级</td><td>每种构件评级</td><td rowspan="3">上部承重结构评级</td></tr>
<tr><td>结构侧向位移评级</td></tr>
<tr><td>—</td><td>按结构布置、支撑、圈梁、结构间联系等检查项目评定结构整体性等级</td></tr>
<tr><td>围护系统承重部分</td><td colspan="3">按上部承重结构检查项目及步骤评定围护系统承重部分各层次安全性等级</td></tr>
</table>

已有建筑物在鉴定后，通过采取加固措施一般还要继续使用，不论从保证其下一个目标使用期所必需的可靠度，或是从标准规范的适用性和合法性来说，均不能采用已被废止的原设计、施工规范作为鉴定的依据。现行的设计、施工规范可以作为鉴定的依据之一，但其针对的是拟建工程，不可能系统地考虑已有建筑物所能遇到的各种问题。鉴定工作应该依据的是鉴定标准，鉴定标准概括了现行设计、施工规范中的有关规定；也体现原设计、施工规范中尚行之有效，而由于某种原因已被现行规范删去的有关规定；此外，根据已有建筑物的特点和工作条件，鉴定标准还有专门的规定。

鉴定标准用文字统一表述各类结构各层次评级标准的分级原则，对有些不能用具体数量指标界定的分级标准，也需要依靠它来解释其等级的含义。民用建筑安全性鉴定评级各层次的分级标准如表 4-2。

安全性鉴定分级标准　　表 4-2

鉴定对象	等级	分级标准	处理要求
构件	a_u级	安全性符合鉴定标准对 a_u级的要求，具有足够的承载能力	不必采取措施
	b_u级	安全性略低于鉴定标准对 a_u级的要求，尚不显著影响承载能力	可不采取措施
	c_u级	安全性不符合鉴定标准对 a_u级的要求，显著影响承载能力	应采取措施
	d_u级	安全性极不符合鉴定标准对 a_u级的要求，已严重影响承载能力	必须及时或立即采取措施

续表

鉴定对象	等级	分级标准	处理要求
子单元	A_u 级	安全性符合鉴定标准对 A_u 级的要求，不影响整体承载	可能有个别一般构件应采取措施
	B_u 级	安全性略低于鉴定标准对 A_u 级的要求，尚不显著影响整体承载	可能有极少数构件应采取措施
	C_u 级	安全性不符合鉴定标准对 A_u 级的要求，显著影响整体承载	应采取措施，且可能有极少数构件必须立即采取措施
	D_u 级	安全性极不符合鉴定标准对 A_u 级的要求，严重影响整体承载	必须立即采取措施
鉴定单元	A_{su} 级	按 A_{su} 级的要求，各等级表述同“子单元”相应等级	各等级表述同“子单元”相应等级
	B_{su} 级		
	C_{su} 级		
	D_{su} 级		

2. 使用性鉴定

民用建筑使用性鉴定按构件、子单元和鉴定单元三个层次，每个层次分成三个等级进行鉴定。由于使用性鉴定中不存在类似安全性严重不足，必须立即采取措施的情况，所以使用性鉴定分级的档数比安全性和可靠性鉴定少一档。

构件的三个使用性等级用 a_s、b_s、c_s 表示，子单元的三个使用性等级用 A_s、B_s、C_s 表示，鉴定单元的三个使用性等级用 A_{ss}、B_{ss}、C_{ss} 表示。使用性鉴定评级的层次、等级划分及工作内容如表 4-3，各层次分级标准如表 4-4。

使用性鉴定评级的层次、等级划分及工作内容　　表 4-3

<table>
<tr><td>层次</td><td>第一层次</td><td colspan="2">第二层次</td><td>第三层次</td></tr>
<tr><td>层名</td><td>构件</td><td colspan="2">子单元</td><td>鉴定单元</td></tr>
<tr><td>等级</td><td>a_s、b_s、c_s 级</td><td colspan="2">A_s、B_s、C_s 级</td><td>A_{ss}、B_{ss}、C_{ss}级</td></tr>
<tr><td>地基基础</td><td>—</td><td colspan="2">按上部承重结构和围护系统工作状态评估地基基础等级</td><td rowspan="5">鉴定单元正常使用性评级</td></tr>
<tr><td rowspan="2">上部承重结构</td><td rowspan="2">按位移、裂缝、风化、锈蚀等检查项目评定单个构件等级</td><td>每种构件评级</td><td rowspan="2">上部承重结构评级</td></tr>
<tr><td>结构侧向位移评级</td></tr>
<tr><td rowspan="2">围护系统功能</td><td>—</td><td>按屋面防水、吊顶、墙、门窗、地下防水及其他防护设施等检查项目评定围护系统功能等级</td><td rowspan="2">围护系统评级</td></tr>
<tr><td colspan="2">按上部承重结构检查项目及步骤评定围护系统承重部分各层次使用性等级</td></tr>
</table>

使用性鉴定分级标准 **表 4-4**

鉴定对象	等级	分级标准	处理要求
构件	a_s 级	使用性符合鉴定标准对 a_s级的要求，具有正常的使用功能	不必采取措施
	b_s 级	使用性略低于鉴定标准对 a_s级的要求，尚不显著影响使用功能	可不采取措施
	c_s 级	使用性不符合鉴定标准对 a_s 级的要求，显著影响使用功能	应采取措施
子单元	A_s 级	使用性符合鉴定标准对 A_s级的要求，不影响整体使用功能	可能有极少数一般构件应采取措施
	B_s 级	使用性略低于鉴定标准对 A_s级的要求，尚不显著影响整体使用功能	可能有极少数构件应采取措施
	C_s 级	使用性不符合鉴定标准对 A_s 级的要求，显著影响整体使用功能	应采取措施
鉴定单元	A_{ss}级	按 A_{ss}级的要求，各等级表述同“子单元”相应等级	各等级表述同“子单元”相应等级
	B_{ss}级		
	C_{ss}级		

3. 可靠性鉴定

建筑结构可靠性鉴定按构件、子单元和鉴定单元三个层次，每个层次分为四个等级进行鉴定。各层次的可靠性鉴定评级，以该层次的安全性和使用性等级的评定结果为依据综合确定。

构件的四个可靠性等级用 a、b、c、d 表示，子单元的四个可靠性等级用 A、B、C、D 表示，鉴定单元的四个可靠性等级用Ⅰ、Ⅱ、Ⅲ、Ⅳ表示。可靠性鉴定评级的层次、等级划分及工作内容如表 4-5，各层次分级标准如表 4-6。

可靠性鉴定评级的层次、等级划分及工作内容 **表 4-5**

层　次	第一层次	第二层次	第三层次
层名	构件	子单元	鉴定单元
等级	a、b、c、d 级	A、B、C、D 级	Ⅰ、Ⅱ、Ⅲ、Ⅳ级
地基基础	以同层次安全性和使用性等级评定结果并列表达，或按鉴定标准规定的原则确定其可靠性等级		鉴定单元可靠性评级
上部承重结构			
围护系统			

可靠性鉴定分级标准 **表 4-6**

鉴定对象	等级	分级标准	处理要求
构件	a级	可靠性符合鉴定标准对a级的要求，具有正常的承载功能和使用功能	不必采取措施
	b级	可靠性略低于鉴定标准对a级的要求，尚不显著影响承载功能和使用功能	可不采取措施
	c级	可靠性不符合鉴定标准对a级的要求，显著影响承载功能和使用功能	应采取措施
	d级	可靠性极不符合鉴定标准对a级的要求，已严重影响安全	必须及时或立即采取措施
子单元	A级	可靠性符合鉴定标准对A级的要求，不影响整体承载功能和使用功能	可能有极少数一般构件应采取措施
	B级	可靠性略低于鉴定标准对A级的要求，尚不显著影响整体承载功能和使用功能	可能有极少数构件应采取措施
	C级	可靠性不符合鉴定标准对A级的要求，显著影响整体承载功能和使用功能	应采取措施，且可能有极少数构件必须立即采取措施
	D级	可靠性极不符合鉴定标准对A级的要求，已严重影响安全	必须立即采取措施
鉴定单元	Ⅰ级	按Ⅰ级的要求，各等级表述同“子单元”相应等级	各等级表述同“子单元”相应等级
	Ⅱ级		
	Ⅲ级		
	Ⅳ级		

4. 适修性鉴定

所谓适修性，是指一种能反映残损结构适修程度与修复价值的技术与经济的综合特性。对于这一特性，建筑物所有或管理部门尤为关注。因为残损结构的鉴定评级固然重要，但鉴定评级后更需要关于结构能否修复及是否值得修复的评价意见。

民用建筑适修性各层次按四个等级进行评定，子单元或其中某组成部分的四个适修性等级用 A'_r、B'_r、C'_r、D'_r表示，鉴定单元的四个适修性等级用 A_r、B_r、C_r、D_r 表示，各层次适修性的评级标准应按表 4-7 及表 4-8 的规定采用。

每种构件适修性分级标准 **表 4-7**

等级	分级标准
A'_r级	构件易加固或易更换，所涉及的相关构造问题易处理，适修性好，修后可恢复原功能
B'_r级	构件稍难加固或稍难更换，所涉及的相关构造问题尚可处理，适修性尚好，修后尚能恢复原功能或接近恢复原功能
C'_r级	构件难加固，也难更换，或所涉及的相关构造问题较难处理。适修性差，修后对原功能有一定影响
D'_r级	构件很难加固，或很难更换，或所涉及的相关构造问题很难处理。适修性极差，只能从安全性出发采取必要的措施，可能损害建筑物的局部使用功能

子单元或鉴定单元适修性分级标准　　表 4-8

等　级	分　级　标　准
A'_r/A_r 级	易修，或易改造，修后能恢复原功能，或改造后的功能可达到现行设计标准的要求，所需费用远低于新建的造价，适修性好，应予修复或改造
B'_r/B_r 级	稍难修，或稍难改造，修后尚能恢复或接近恢复原功能，或改造后的功能尚可达到现行设计标准的要求，所需费用不到新建造价的 70%。适修性尚好，宜予修复或改造
C'_r/C_r 级	难修，或难改造，修后或改造后需降低使用功能或限制使用条件，或所需费用为新建造价的 70%以上。适修性差，是否有保留价值，取决于其重要性和使用要求
D'_r/D_r 级	该鉴定对象已严重残损，或修后功能极差，已无利用价值，或所需费用接近、甚至超过新建的造价。适修性很差，除纪念性或历史性建筑外，宜予拆除或重建

4.1.4　构件安全性鉴定评级

构件是可靠性鉴定最基本的鉴定单位。这里所指的构件可以是一个单件，如一根梁或某层的单根柱；也可以是一个组合件，如一榀屋架；还可以是一个片段，如一片墙或一段条形基础。鉴定时划分的单个构件，应包括构件自身及其连接、节点。

1. 混凝土构件安全性评级

混凝土构件的安全性涉及多方面因素，主要是构件的承载能力、构造、位移（或变形）和裂缝四种因素，鉴定标准将这四个因素作为四个检查项目，分别规定了安全等级标准。混凝土构件的安全性鉴定，就是先评定该构件各个检查项目的安全性等级，然后取其中最低的等级作为该构件的安全性等级。

（1）承载能力评定

混凝土构件的承载能力评定，是在对构件的抗力 R 和作用效应 S 按现行规范进行计算的基础上，考虑结构重要性系数 γ_0，按表 4-9 评定混凝土构件的承载能力等级。

混凝土结构构件承载能力评级标准　表 4-9

构件种类	$R/\gamma_0 S$			
	a_u 级	b_u 级	c_u 级	d_u 级
主要构件	≥1.0	≥0.95	≥0.90	<0.90
一般构件	≥1.0	≥0.90	≥0.85	<0.85

在进行承载能力验算时，材料强度的取值应以检测试验为基础，结构或构件的几何参数应采用实测值，并考虑构件截面的损伤、偏差以及结构构件过度变形的影响。

各种材料结构构件鉴定中的承载能力验算，不同于新建结构的设计计算。新建结构设计时涉及到的参数，如结构上的作用、材料强度等，由设计者选定，当试算发现不合理时，还可重选。已建结构鉴定中的各种验算参数客观存在，鉴定人员只能通过调查和检测确定，使验算参数符合实际。

对已有结构上的荷载标准值的取值，应符合现行的荷载规范。结构和构件的自重标准值，应根据构件和连接的实际尺寸，按材料或构件单位自重的标准值计算确定，对不便实测的某些连接构造尺寸，允许按结构详图估算。当规范规定的荷载标准值有上、下限时，其效应对结构不利的，取上限值；反之，取下限值。

当荷载规范没有规定或材料自重变异较大时，材料和构件的自重标准值应按现场抽样称量确定，抽取的试样数量不应少于 5 个，按下式计算材料或构件自重的标准值：

当自重效应对结构不利时

$$g_{k,sup} = m_g + \frac{t}{\sqrt{n}} S_g$$

式中 $g_{k,sup}$——材料或构件自重的标准值；

m_g——试样称量结果的平均值；

S_g——试样称量结果的标准差；

n——试样数量；

t——考虑抽样数量影响的计算系数，按表 4-10 采用。

当自重效应对结构有利时

$$g_{k,sup} = m_g - \frac{t}{\sqrt{n}} S_g$$

计 算 系 数 t 值　　　　表 4-10

n	t	n	t	n	t	n	t
5	2.13	8	1.89	15	1.76	30	1.70
6	2.02	9	1.86	20	1.73	40	1.68
7	1.94	10	1.80	25	1.71	≥60	1.67

对已有建筑物进行可靠性鉴定或加固设计验算时，其基本雪压值、基本风压值和楼面活荷载的标准值，除应按现行荷载规范的规定采用外，尚应按下一个目标使用年限，乘以表 4-11 的修正系数 K_t 予以修正。下一个目标使用年限，应由建筑物管理部门与鉴定方共同商定。

基本雪压值、基本风压值和楼面活荷载的修正系数 K_t　　表 4-11

下一个目标使用年限 t（年）	10	20	30～50
雪荷载或风荷载	0.85	0.95	1.0
楼面活荷载	0.85	0.90	1.0

注：对表中未列出的中间值允许按插值确定，当 $t<10$ 年时，按 $t=10$ 年确定。

《建筑结构可靠度设计统一标准》GB 50068—2001 对建筑结构规定了两种质量界限，即设计要求的质量和下限质量，前者为材料和构件的质量应达到或高于目标可靠指标要求的期望值。由于目标可靠指标是根据我国材料和构件性能的统计参数的平均值校准得到的，因此，它所代表的质量水平相当于全国平均水平，实际的材料和构件性能可能在此质量水平上下波动。建筑结构设计统一标准规定质量波动的下限，是按目标可靠指标减 0.25 确定的。上表中承载能力分级与可靠指标的关系可表述如下：

a_u 级　符合现行设计规范对目标可靠指标 β_0 的要求，实物完好，其验算表征为 $R/\gamma_0 S \geqslant 1$；分级标准表述为：安全性符合鉴定标准对 a_u 级的要求，不必采取措施。

b_u 级　略低于现行设计规范对 β_0 的要求，但尚可达到或超过相当于工程质量下限的可靠度水平，即可靠指标 $\beta \geqslant \beta_0 - 0.25$。此时，实物状况可能比 a_u 级稍差，但仍可继续使用，验算表征为 $0.95 \leqslant R/\gamma_0 S < 1$；分级标准表述为：安全性略低于鉴定标准对 a_u 级的要求，可不采取措施。

c_u 级　不符合现行设计规范对 β_0 的要求，其可靠指标下降已超过工程质量下限，但未达到随时有破坏可能的程度，因此，其可靠指标 β 的下浮可按构件的失效概率增大一个数量级估计，即 $\beta_0 - 0.5 \leqslant \beta < \beta_0 - 0.25$。此时，构件的安全性等级比现行规范要求下降

了一个档次，显然，对承载能力有不容忽视的影响。对于这种情况，验算表征为 $0.9 \leqslant R/\gamma_0 S < 0.95$；分级标准表述为：安全性不符合鉴定标准对 a_u 级的要求，显著影响构件承载，应采取措施。

d_u 级　严重不符合现行设计规范对 β_0 的要求，其可靠指标下降已超过 0.5，这意味着失效概率大幅度提高，实物可能处于危险状态。此时，验算表征为 $R/\gamma_0 S < 0.9$；分级标准表述为：安全性极不符合鉴定标准对 a_u 级的要求，已严重影响构件承载，必须立即采取措施，才能防止事故发生。

(2) 构造评定

装配式钢筋混凝土结构是由许多单一构件通过预埋件、焊缝或螺栓连接起来的，在外荷载作用下，通过节点传递和分配内力。连接节点的破坏将直接导致结构的破坏，因此，连接构造也是建筑结构安全性评定的重要内容之一。当混凝土结构构件的安全性按构造评定时，应按表 4-12 的规定，分别评定连接（或节点）构造、受力预埋件两个检查项目的等级，然后取其中较低等级作为该构件构造的安全等级。

混凝土结构构件构造评级标准　　**表 4-12**

检查项目	a_u 或 b_u 级	c_u 或 d_u 级
连接（或节点）构造	连接方式正确，构造符合国家现行设计规范要求，无缺陷，或仅有局部的表面缺陷，工作无异常	连接方式不当，构造有严重缺陷，已导致焊缝或螺栓等发生明显变形、滑移、局部拉脱、剪坏或裂缝
受力预埋件	构造合理，受力可靠，无变形、滑移、松动或其他损坏	构造有严重缺陷，已导致预埋件发生明显变形、滑移、松动或其他损坏

注：1. 评定结果取 a_u 级或 b_u 级，可根据其实际完好程度确定；评定结果取 c_u 级或 d_u 级，可根据其实际严重程度确定。

2. 构件支承长度的检查结果不参加评定，但若有问题，应在鉴定报告中说明，并提出处理意见。

(3) 位移评定

结构由于受荷载、温度、徐变及地基不均匀沉降等因素的影响，产生挠度或位移，影响观感和使用，产生附加应力。结构过度变形是结构刚度不足或稳定性不足的标志，虽然不直接反映结构的强度，但影响结构变形的因素，如截面尺寸、跨度、荷载、支承约束、材料强度、配筋情况等等，也影响结构的强度。过度的变形一般对应较大的裂缝，因此变形与裂缝应结合起来测量。

评定混凝土结构构件的位移，受弯构件评定的是挠度和侧向弯曲，柱子评定的是柱顶水平位移。受弯构件的挠度或施工偏差造成的侧向弯曲，按表 4-13 的规定评级。

混凝土受弯构件不适于继续承载的变形评级标准　　**表 4-13**

检查项目	构件类别		c_u 或 d_u 级
挠　度	主要受弯构件——主梁、托梁等		$> L_0/250$
	一般受弯构件	$L_0 \leqslant 9$m	$> L_0/150$ 或 > 45mm
		$L_0 > 9$m	$> L_0/200$
侧向弯曲的矢高	预制屋面梁、桁架或深梁		$> L_0/500$

注：1. 表中 L_0 为计算跨度。

2. 评定结果取 c_u 级或 d_u 级，可根据其实际严重程度确定。

对于混凝土桁架式构件，如屋架或托架，当实测挠度大于 $L_0/400$ 时，其变形的评级应结合承载能力验算，验算时应考虑由位移产生的附加应力的影响，当承载能力验算结果不低于 b_u 级时，位移项目可评定为 b_u 级，但宜附加观察使用一段时间的限制，以判别变形是稳定的还是发展的，变形稳定或发展很慢是正常的，若变形发展速度突然加大，通常预示结构可能破坏，应评为 c_u 或 d_u 级，并立即采取安全措施。当承载能力验算结果低于 b_u 级时，可根据其实际严重程度定为 c_u 或 d_u 级。

柱顶水平位移的评级，按子单元层次中上部承重结构的安全性评级标准，并结合分析柱顶水平侧移与整个结构的关系及侧移发展状况确定。具体地，当柱顶水平位移大于表 4-39 的限值时，若该位移与整个结构有关，则取与上部承重结构相同的级别作为该柱的水平位移等级；若该位移只是孤立事件，则应在其承载能力验算中考虑此附加位移的影响，当承载能力验算结果不低于 b_u 级时，柱顶位移项目可评定为 b_u 级，但宜附加观察使用一段时间的限制，以判别变形是稳定的还是发展的。当承载能力验算结果低于 b_u 级时，可根据其实际严重程度定为 c_u 或 d_u 级。若该位移尚在发展，应直接评定为 d_u 级。

（4）裂缝评定

钢筋混凝土结构出现裂缝的原因很多，裂缝对结构影响程度的差异也很大，根据裂缝产生原因的不同，可将裂缝分为两大类，即受力裂缝和非受力裂缝。受力裂缝由荷载引起，是材料应力大到一定程度的标志，是结构破坏开始的特征或强度不足的征兆。从出现受力裂缝到承载力破坏的过程有两种，即脆性破坏和延性破坏。脆性破坏具有突然性，构件一旦开裂，就已接近破坏，属于这种破坏的裂缝主要有剪切裂缝、受压裂缝、受弯构件的压区裂缝等。所以，当分析认为属于剪切裂缝时，只要裂缝存在，就应评定为 c_u 或 d_u 级；当受压区混凝土有压坏迹象时，不论其裂缝宽度大小，其安全性应直接评定为 d_u 级。

延性破坏的特点是从开裂到承载力破坏有一个较长的过程，在这个过程中，裂缝的宽度、长度会有很大的发展，挠度变形明显，这个过程作为破坏前的征兆，使人们能够及时采取加固措施。属于这种破坏的裂缝主要有弯曲裂缝、受拉构件裂缝、大偏心受压构件的拉区裂缝等。普通混凝土结构构件一般是允许带裂缝工作的，构件开裂时，尚有相当大的承载潜力，如果裂缝已趋于稳定，且最大裂缝宽度未超过规定的限值，则可不必采取措施，但当出现表 4-14 所列的受力裂缝时，应视为不适于继续承载的裂缝，并应根据其实际严重程度定为 c_u 或 d_u 级。

混凝土构件不适于继续承载的裂缝宽度评级标准　　表 4-14

检查项目	环　境	构件类别		c_u 或 d_u 级
受力主筋处的弯曲（含一般弯剪）裂缝和轴拉裂缝宽度（mm）	正常湿度环境	钢筋混凝土	主要构件	>0.50
			一般构件	>0.70
		预应力混凝土	主要构件	>0.20（0.30）
			一般构件	>0.30（0.50）
	高湿度环境	钢筋混凝土	任何构件	>0.40
		预应力混凝土		>0.10（0.20）
剪切裂缝（mm）	任何湿度环境	钢筋混凝土或预应力混凝土		出现裂缝

注：1. 高湿度环境系指露天环境，开敞式房屋易遭飘雨部位，经常受蒸汽或冷凝水作用的场所（如厨房、浴室、寒冷地区不保暖屋盖等）以及与土壤直接接触的部位等；

2. 表中括号内的限值适用于冷拉Ⅱ、Ⅲ、Ⅳ级钢筋的预应力混凝土构件。

非受力裂缝往往由构件自身应力引起，一般对结构的承载力影响不大，但钢筋锈蚀造成的沿主筋方向的裂缝，意味着钢筋与混凝土之间握裹力降低，直接影响构件的安全性。因此，鉴定标准规定，因钢筋锈蚀产生的沿主筋方向的裂缝，当其裂缝宽度已大于1mm时，也应视为不适于继续承载的裂缝，并应根据其实际严重程度评定为 c_u 或 d_u 级；当主筋锈蚀导致构件掉角以及混凝土保护层严重脱落时，不论裂缝宽度大小，应直接评定为 d_u 级。

对于其他非受力裂缝，如温度裂缝或收缩裂缝等，鉴定标准也规定，当其宽度超过表4-14规定的弯曲裂缝宽度值的50%，且分析表明已显著影响结构的受力时，视其为不适于继续承载的裂缝，并根据其实际严重程度评定为 c_u 或 d_u 级。

2. 钢结构构件安全性评级

钢结构构件的安全性评定，是在其承载能力、构造及变形等三个检查项目逐个评定的基础上，取最低一个等级作为该构件的安全性等级。

对于冷弯薄壁型钢结构、轻钢结构和钢桩，以及处于有腐蚀性介质的工业区或高湿、临海地区的钢结构，由于钢材锈蚀发展很快，以致在很短的时间内便会危及结构构件的承载安全，尤其是冷弯薄壁型钢结构和轻钢结构，自身截面尺寸小，对锈蚀十分敏感，因此增加锈蚀作为一个检查项目，使锈蚀不仅列为钢结构使用性鉴定的检查项目，同时也成为安全性鉴定的检查项目。

(1) 承载能力评定

钢结构构件（含连接）安全性的承载能力评定，是在对构件的抗力 R 和作用效应 S 按现行规范进行计算的基础上，考虑结构重要性系数 γ_0，按表4-15的规定，分别评定每一验算项目的等级，然后取其中最低一级作为构件承载能力的安全性等级。

钢结构构件（含连接）承载能力评级标准 **表4-15**

构件类别	$R/\gamma_0 S$			
	a_u 级	b_u 级	c_u 级	d_u 级
主要构件及其连接	≥1.0	≥0.95	≥0.90	<0.90
一般构件	≥1.0	≥0.90	≥0.85	<0.85

注：当构件或连接出现脆性断裂或疲劳开裂时，应直接定为 d_u 级。

(2) 构造评定

钢结构构造的正确性与可靠性是其承载能力的重要保证，构造与连接不当将直接危及结构构件的安全。在钢结构的安全事故中，由于构造连接问题引起的破坏，如失稳、应力集中及次应力所造成的破坏，均占有较大的比例。当钢结构构件的安全性按构造评定时，应按表4-16的规定评级。

钢结构构件构造安全性评级标准 **表4-16**

检查项目	a_u 或 b_u 级	c_u 或 d_u 级
连接构造	连接方式正确，构造符合国家现行设计规范要求，无缺陷，或仅有局部的表面缺陷，工作无异常	连接方式不当，构造有严重缺陷（包括施工遗留缺陷）；构造或连接有裂缝或锐角切口；焊缝、铆钉、螺栓有变形、滑移或其他损坏

注：1. 评定结果取 a_u 或 b_u 级，可根据其实际完好程度确定；评定取 c_u 或 d_u 级，可根据其实际严重程度确定。

2. 施工遗留的缺陷，对焊缝是指夹渣、气泡、咬边、烧穿、漏焊、未焊透以及焊脚尺寸不足等；对铆钉或螺栓是指漏铆、漏栓、错位、错排及掉头等；其他施工遗留的缺陷可根据实际情况确定。

(3) 位移评定

钢结构构件的位移或变形评定，对于受弯构件是指其挠度、侧向弯曲或侧向倾斜等；对于柱子是指其柱顶水平位移或柱身弯曲。受弯构件除桁架外，其挠度或偏差造成的侧向弯曲，应按表 4-17 的规定进行安全性评定。

钢结构受弯构件不适于继续承载的变形评级标准 **表 4-17**

检查项目	构件类别			c_u 或 d_u 级
挠　度	主要构件	网　架	屋盖（短向）	$> L_s/200$，且可能发展
			楼盖（短向）	$> L_s/250$，且可能发展
		主梁、托梁		$> L_0/300$
	一般构件	其他梁		$> L_0/180$
		檩条等		$> L_0/120$
侧向弯曲矢高	深梁			$> L_0/660$
	一般实腹梁			$> L_0/500$

注：表中 L_0 为构件计算跨度；L_s 为网架短向计算跨度。

钢桁架，如屋架或托架，其挠度界限值在不同情况下差别较大，进行安全性评定时应验算其承载能力，验算时应考虑位移产生的附加应力的影响。具体地，当实测挠度大于 $L_0/400$ 时，若构件的承载能力验算结果不低于 b_u 级，变形等级可评定为 b_u 级，但宜附加观察使用一段时间的限制，以判别变形是稳定的还是发展的，若变形发展速度突然加大，通常预示结构可能破坏，应评为 c_u 或 d_u 级，并立即采取安全措施。当承载能力验算结果低于 b_u 级时，可根据其实际严重程度定为 c_u 或 d_u 级。

钢结构柱顶水平侧移的评级，应参照子单元层次中上部承重结构的评级标准，并结合对该位移与整个结构关系的分析进行。具体评级原则同混凝土柱顶水平位移的评级。

对偏差或其他使用原因引起的柱子弯曲，当弯曲矢高大于柱子自由长度的 1/660 时，应在承载能力的验算中考虑其所引起的附加弯矩的影响，承载能力等级不低于 b_u 级的，变形等级可评定为 b_u 级，承载能力等级低于 b_u 级的，可根据其实际严重程度定为 c_u 或 d_u 级。

(4) 锈蚀评定

若钢结构构件的锈蚀已达到一定深度，则其危害将不单纯是截面削弱，还会造成钢材深处的晶间断裂或穿透，加剧应力集中。因此，当以截面削弱为标志来划分影响继续承载的锈蚀界限时，有必要考虑这种微观结构破坏的影响。当钢结构构件的安全性按不适于继续承载的锈蚀评定时，除应按剩余的完好截面验算承载能力外，还应按表 4-18 的规定评级。

钢结构构件不适于继续承载的锈蚀评级标准 **表 4-18**

等级	评　定　标　准
c_u 级	在结构的主要受力部位，构件截面平均锈蚀深度 Δt 大于 $0.05t$，但不大于 $0.1t$
d_u 级	在结构的主要受力部位，构件截面平均锈蚀深度 Δt 大于 $0.1t$

注：表中 t 为锈蚀部位构件原截面的壁厚，或钢板的板厚。

3. 砌体结构构件安全性评级

砌体结构构件的安全性鉴定，应按承载能力、构造以及不适于继续承载的位移和裂缝等四个检查项目，分别评定每一受检构件等级，取其中最低一个等级作为该构件的安全性等级。

（1）承载能力评定

砌体结构的承载能力评定，按表4-19的规定，分别评定每一验算项目的等级，然后取其中最低一级作为该构件承载能力的安全性等级。

在进行砌体结构承载能力验算和评定时，应考虑现行砌体结构设计规范对材料强度等级的要求，例如现行设计规范规定对于六层及六层以上房屋外墙和潮湿房间的内墙、受振动或高度大于6.0m的墙与柱，所用材料的最低强度等级砖为MU10，砌块为MU5，砂浆为M2.5等。当所鉴定砌体结构材料的最低强度等级不符合现行规范要求时，即使按实际材料强度验算其承载能力等级高于c_u级，也应定为c_u级。

砌体结构构件承载能力评级标准　表4-19

构件种类	$R/\gamma_0 S$			
	a_u级	b_u级	c_u级	d_u级
主要构件	≥1.0	≥0.95	≥0.90	<0.90
一般构件	≥1.0	≥0.90	≥0.85	<0.85

（2）构造评定

砌体结构的构造包括墙、柱高厚比和一般构造要求两个方面。墙、柱高厚比是保证砌体结构刚度和稳定的重要措施，规范对砌体墙、柱的允许高厚比作出了具体规定。一般构造要求包括墙、柱最小尺寸限制、梁的支承长度、砌体搭接与拉结、材料最低强度等。对材料强度的构造规定已在砌体承载能力评定时考虑，构造评定中可不再考虑材料强度要求。因此，当砌体结构构件的安全性按构造评定时，应按表4-20的规定，分别评定两个检查项目的等级，然后取其中较低等级作为该构件构造的安全等级。

砌体结构构件构造评级标准　表4-20

检查项目	a_u或b_u级	c_u或d_u级
墙、柱高厚比	符合或略不符合国家现行设计规范的要求	不符合国家现行设计规范的要求，且已超过限值的10%
连接及其他构造	连接及砌筑方式正确，构造符合国家现行设计规范的要求，无缺陷或仅有局部的表面缺陷，工作无异常	连接或砌筑方式不当，构造有严重缺陷（包括施工遗留缺陷），已导致构件或连接部位开裂、变形、位移或松动，或已造成其他损坏

注：1. 评定结果取a_u级或b_u级，可根据其实际完好程度确定；评定结果取c_u级或d_u级，可根据其实际严重程度确定。

2. 构件支承长度检查结果不参加评定，但若有问题，应在鉴定报告中说明，并提出处理意见。

（3）位移评定

砌体结构构件不适于继续承载的位移，对墙、柱主要指侧向水平位移（或倾斜）或弯曲，对拱或壳体结构构件主要指拱脚的水平位移或拱轴变形。

砌体墙、柱水平位移或倾斜的安全性评级原则，同混凝土结构柱顶水平位移的安全性评级原则，此处不再赘述。

对偏差或其他使用原因造成的柱子弯曲，当弯曲矢高大于柱子自由长度的1/500时，应在其承载能力的验算中考虑附加弯矩的影响，对承载能力验算结果不低于b_u级的，变形等级可评定为b_u级，对承载能力验算低于b_u级的，可根据其实际严重程度定为c_u或d_u

级。

对拱或壳体结构构件，因其对位移和变形十分敏感，所以只要拱脚或壳的边梁出现水平位移，或拱轴线、曲面发生变形，就应根据其严重程度评定为 c_u 或 d_u 级。

（4）裂缝评定

砌体结构的裂缝同混凝土结构一样，可分为受力裂缝和非受力裂缝。受力裂缝由荷载引起，如砖砌体结构的受压裂缝、受弯裂缝、稳定性裂缝、局部受压裂缝、受拉裂缝及受剪裂缝等均为受力裂缝。受压裂缝通常顺压力方向出现，当单砖的断裂在同一层多次出现时，说明墙体在竖向荷载下已经无安全储备；当竖向裂缝连续长度超过 4 皮砖时，该部位砖墙已接近破坏。对受弯或大偏心受压构件，当偏心距较大时，砌体会产生较大的弯曲变形，在受拉一侧可能会出现垂直于荷载方向的裂缝。当梁底部未设置垫块或垫块设置不当时，梁或垫块下的砌体可能产生因局部承压不足的竖向或斜向裂缝。

砌体承载能力严重不足，会导致相应部位出现受力裂缝。受力裂缝一旦出现，即使很小，也是非常危险的，它是构件达到临界状态的重要特征之一，应根据其严重程度评定为 c_u 或 d_u 级。

砌体非受力裂缝（或称变形裂缝）是指温度、收缩、变形或地基不均匀沉降等引起的裂缝。这类裂缝占砌体裂缝的绝大多数，影响砌体结构的整体性，恶化了砌体结构的承载条件，当裂缝宽度过大时也危及结构构件承载的安全。所以，当墙身裂缝严重且最大裂缝宽度已大于 5mm，或柱已出现宽度大于 1.5mm 的裂缝，或有断裂、错位现象，或其他显著影响结构整体性的非受力裂缝时，也应视为不适于继续承载的裂缝，并根据其实际严重程度评定为 c_u 或 d_u 级。

砌体结构受力裂缝与非受力裂缝的鉴别，可从裂缝的位置、形态特征、开裂时间、变化规律及建筑物特征等多个方面进行分析，如温度裂缝的位置多数出现在房屋顶部两端，纵横墙上均可能出现，形态特征多为斜裂缝，大多数在经过夏季或冬季后形成，随气温或环境温度的变化，裂缝宽度和长度也有所变化，但不会无限制地扩展恶化；屋盖保温隔热性能差、建筑物过长而无变形缝等原因，都可能导致温度裂缝产生。地基不均匀沉降裂缝的位置多出现在房屋下部，对等高的长条形房屋，裂缝常出现在两端附近；裂缝形态也多为斜裂缝；裂缝出现的时间多在房屋竣工后不久，甚至在施工期间就已发生；裂缝的发展随地基沉降是否趋于稳定而变，在地基变形稳定后，裂缝一般不再变化；房屋地基是否均匀，房屋高差或使用荷载变化较大的位置是否设置沉降缝，房屋周围是否开挖土方、大量堆载或新建高大建筑物等等，也是鉴别不均匀沉降裂缝时应考虑的重要因素。

木结构构件承载能力评级标准　　表 4-21

构件种类	$R/\gamma_0 S$			
	a_u 级	b_u 级	c_u 级	d_u 级
主要构件及连接	≥1.0	≥0.95	≥0.90	<0.90
一般构件	≥1.0	≥0.90	≥0.85	<0.85

4．木结构构件安全性评级

木结构构件的安全性鉴定，应按承载能力、构造、不适于继续承载的位移、斜纹或斜裂、腐朽及虫蛀等六个检查项目，分别评定每一受检构件等级，取其中最低一个等级作为该构件的安全性等级。

腐朽及虫蛀是严重威胁木结构安全的重要因素，在经常受潮且通风不良的条件下，腐朽的发展异常迅速。在虫害严重的地区，木材内部可能很快被蛀空。处于这两种情况下的木结构，一般只需 3～5 年便会完全丧失承载能力。因此在使用木结构的建筑物中，应注重其通风防潮条件，并进行防腐、防虫处理。

（1）承载能力评定

当木结构构件及其连接的安全性按承载能力评定时，应按表4-21的规定，分别评定每一验算项目的等级，然后取其中最低一级作为该构件承载能力的安全性等级。

（2）构造评定

当木结构构件的安全性按构造评定时，应按表4-22的规定，分别评定连接（或节点）构造、屋架起拱值两个检查项目的等级，然后取其中较低等级作为该构件构造的安全等级。

木结构构件构造的安全性评级标准 **表4-22**

检查项目	a_u或b_u级	c_u或d_u级
连接（或节点）	连接方式正确，构造符合国家现行设计规范要求，无缺陷，或仅有局部的表面缺陷，通风良好，工作无异常	连接方式不当，构造有严重缺陷，（包括施工遗留缺陷），已导致连接松弛变形、滑移、沿剪面开裂或其他损坏
屋架起拱值	符合或略不符合国家现行设计规范要求，但未发现有推力所造成的影响	严重不符合国家现行设计规范要求，且由其引起的推力已使墙、柱等发生裂缝或侧倾

木结构设计规范规定桁架式木屋架应有约1/200跨度的起拱。调查表明，不少设计和施工单位为了防止木结构连接变形较大，产生影响外观的挠度，而额外加大起拱量，当起拱量加大到一定程度时，屋架的水平推力将使支承墙、柱出现裂缝或侧移，轻则影响正常承载，重则引起倒塌事故。所以将起拱值列为木结构构造安全性鉴定的检查项目。

（3）位移评定

当木结构构件的安全性按不适于继续承载的位移评定时，应按表4-23的规定评级。

木结构构件不适于继续承载的位移评级标准 **表4-23**

检查项目	构件类别	c_u或d_u级
最大挠度	桁架（屋架、托架）	$>L_0/200$
	主梁	$>L_0^2/3000h$，或$>L_0/150$
	搁栅、檩条	$>L_0^2/2400h$，或$>L_0/120$
	椽条	$>L_0/100$，或已劈裂
侧向弯曲矢高	柱或其他受压构件	$>L_c/200$
	矩形截面梁	$>L_c/150$

注：1. 表中L_0为计算跨度；L_c为柱的无支长度；h为截面高度。

2. 表中的侧向弯曲，主要是由木材生长原因或干燥、施工不当引起的。

木梁挠度的界限值是以公式给出的，公式中既反映梁的跨度因素，也考虑梁的截面高度。受弯木构件的挠度发展程度与构件的高跨比密切相关，当高跨比很大时，木梁即使挠度不大，也有可能发生劈裂破坏。

（4）斜纹或斜裂评定

木材属于各向异性材料，外力的作用方向与木纹方向之间的角度对木材强度影响很大。如木材的顺纹抗拉强度最高，横纹抗拉强度仅为顺纹抗拉强度的1/10～1/14，斜纹抗拉强度介于两者之间；木材的横纹抗压强度仅为顺纹抗压强度的1/5～1/7，斜纹抗压强度按作用力与木纹的夹角不同，介于横纹与顺纹抗压强度之间。由于木材强度随木纹倾斜角度的增大而迅速降低，如果伴有裂缝，则强度将更低，因此，在木结构构件安全性鉴定中应考虑斜纹及斜裂缝对承载力的严重影响，当木结构具有下列斜率（ρ）的斜纹理或斜裂缝时，应根据其实际严重程度定为 c_u 或 d_u 级。

1）对受拉构件及拉弯构件　　$\rho > 10\%$；

2）对受弯构件及偏压构件　　$\rho > 15\%$；

3）对受压构件　　$\rho > 20\%$。

（5）腐朽或虫蛀评定

腐朽和虫蛀是木材最严重的缺点，是造成木结构破坏的重要原因之一。木材的腐朽由木腐菌侵害引起，木腐菌必须在水分、温度和空气三个条件均具备的情况下才能将木材分解作为养料而繁殖生长，如果能消除其中一个条件，木材就能免遭腐朽，由于空气和温度难以控制，因此，防腐措施的根本原则是使木结构通风良好，使结构即使受潮也能及时风干。

木材的蛀虫主要有白蚁和甲虫，白蚁喜欢蛀蚀潮湿的木材，甲虫主要侵害含水率低的木材，白蚁和甲虫的蛀蚀都是选择比较隐蔽、不干净的地方作为侵入处。所以当封入墙、保温层内的木构件或其连接已受潮时，腐朽或虫蛀的发生是必然且不久的事，即使木材尚未腐朽，其腐朽或虫蛀的安全性也应直接评定为 c_u 级。其他情况下应按表4-24的规定评级。

木结构构件危险性腐朽、虫蛀的评级标准　　表4-24

检查项目		c_u 或 d_u 级
表层腐朽	上部承重结构构件	截面上的腐朽面积大于原截面面积的5%，或按剩余截面验算不合格
	木桩	截面上的腐朽面积大于原截面面积的10%
心腐	任何构件	有心腐
虫蛀		有新蛀孔；或未见蛀孔，但敲击有空鼓声，或用仪器探测，内有蛀洞

4.1.5　构件正常使用性鉴定评级

构件的使用性鉴定分成三个等级，分别用 a_s、b_s、c_s 表示，与构件安全性鉴定分级相比，取消了相应于“必须立即采取措施”的 d_u 级。

每种构件的使用性鉴定，都包含对2～3个检查项目的评级，各个检查项目是影响该类构件使用的控制因素，如混凝土构件使用性鉴定的检查项目是位移和裂缝两项，钢结构构件是位移和锈蚀两项，砌体结构构件有位移、非受力裂缝和风化三项，木结构构件有位移、干缩裂缝和初期腐蚀三项。对构件的使用性鉴定，首先评定该构件各检查项目的使用性等级，然后取其较低一级作为该构件的使用性等级。

由于国内外对建筑结构正常使用极限状态的研究不够深入，对正常使用性准则与建筑物各功能之间关系的认识不充分，目前，鉴定分级的原则是在广泛进行调查实测与分析的基础上，参考国外的观点，对构件使用性等级中 a_s 级与 b_s 级的评定，按下列量值之一作为划分的界限：

（1）偏差允许值或计算值或其同量值的议定值；

（2）构件性能检验合格值或其同量值的议定值；

（3）当无上述量值可依时，选用经过验证的经验值。

构件使用性等级中 b_s 级与 c_s 级的划分，是以现行设计规范对正常使用极限状态规定的限值为界限的。如混凝土结构设计规范对受弯构件正常使用极限状态下的最大挠度和最大裂缝宽度，均有明确具体的限值规定。若某个检查项目的现场实测值超过规范限值，则只能评定为 c_s 级。因为在一次现场检测中，恰好遇到荷载与抗力均处于规定的使用极限状态的可能性极小，通常的情况是荷载较小、材料应力较低，此时若检测结果已达到现行设计规范规定的限值，则说明该项功能已下降。

1. 混凝土结构构件使用性评级

混凝土结构构件的正常使用性鉴定，应按位移和裂缝两个检查项目，分别评定每一个受检构件的等级，取其中较低一级作为该构件的使用性等级。混凝土结构构件碳化深度的测定结果，不参与评级，但若构件主筋已处于碳化区，则应在鉴定报告中指出，并应结合其他项目的检测结果提出处理意见。

（1）位移评定

混凝土构件使用性评级中的位移，主要指受弯构件的挠度及柱顶的水平位移。

对于重要的受弯构件，当其使用性按挠度评定时，除了需要现场实测构件的挠度外，还应计算构件在正常使用极限状态下的挠度值，将挠度的实测值、计算值及现行设计规范的限值（表 4-25）进行比较，按下列规定评级：

现行设计规范对混凝土受弯构件的允许挠度　　表 4-25

构件类型	允许挠度（以计算跨度 L_0 计算）
屋盖、楼盖及楼梯构件：	
当 $L_0 \leqslant 7m$ 时	$L_0/200$（$L_0/250$）
当 $7 \leqslant L_0 \leqslant 9m$ 时	$L_0/250$（$L_0/300$）
当 $L_0 > 9m$ 时	$L_0/300$（$L_0/400$）

注：1. 表中括号内的数值适用于使用上对挠度要求较高的构件；
2. 悬臂构件的允许挠度按表中相应数值乘以系数 2.0 取用。

1. 若检测值小于计算值及现行设计规范限值，可评定为 a_s 级；

2. 若检测值不小于计算值，但不大于现行设计规范限值，可评定为 b_s 级；

3. 若检测值大于现行设计规范限值，应评定为 c_s 级。

对于一般构件，当挠度检测值小于现行设计规范限值时，也可不作挠度计算，而直接根据构件的完好程度评定为 a_s 级或 b_s 级。

若进行挠度计算，构件上的荷载应按规范取用标准值；材料的弹性模量、剪切模量和泊松比等物理指标，可根据鉴定确认的材料品种和强度等级，按现行设计规范的数值采用。

对柱子的水平位移或倾斜,可根据其特征划分为两类,一类是与整个结构或相邻构件有关的非孤立事件,如由外界作用引起的水平位移,或因地基不均匀沉降产生的倾斜等;另一类是与整个结构或相邻构件无关的孤立事件,如因施工或安装偏差引起的个别柱子的倾斜等。前者由于其数值在建筑物使用期间可能变化,易造成相邻的非承重构件和装修的开裂甚至局部破损,评定时,应将上部承重结构使用性侧向位移的级别,作为该柱的水平位移等级。

对于孤立的柱子侧移，由于数值稳定，一般影响的是外观，只有在倾斜过大引起附加内力时，才损坏构件的使用功能。为了鉴定中的方便，可根据挠度检测结果直接评级，评级所需的位移限值，可按表4-42所列的层间数值乘以1.1的系数确定。

（2）裂缝评定

裂缝对混凝土结构使用上的影响，主要是结构耐久性和观感上的不适。混凝土结构设计规范对正常使用极限状态下的最大裂缝宽度，规定有验算上的限值，这个限值在鉴定评级中是划分 b_s 级与 c_s 级的界限。当混凝土结构构件的正常使用性按裂缝宽度评定时，应调查检测裂缝的走向和最大宽度，对于沿主筋方向的锈蚀裂缝，一旦存在，构件的使用性等级就应评定为 c_s 级。

对于非锈蚀性的横向或斜向裂缝，宜按表4-26、表4-27的规定评级。

混凝土构件裂缝宽度评级标准 **表4-26**

检查项目	环境	构件类别		a_s 级	b_s 级	c_s 级
受力主筋处横向或斜向裂缝宽度（mm）	正常湿度环境	主要构件	屋架、托架	≤0.15	≤0.20	>0.20
			主梁、托梁	≤0.20	≤0.30	>0.30
		一般构件		≤0.25	≤0.40	>0.40
	高湿度环境	任何构件		≤0.15	≤0.20	>0.20

注：1. 高湿度环境系指露天环境，开敞式房屋易遭飘雨部位，经常受蒸汽或冷凝水作用的场所（如厨房、浴室、寒冷地区不保暖屋盖等）以及与土壤直接接触的部位等；

2. 对拱架和屋面梁，应分别按桁架和主梁评定；

3. 对板的裂缝宽度，以表面量测的数值为准。

预应力混凝土构件裂缝宽度评级标准 **表4-27**

检查项目	环境	构件类别	a_s 级	b_s 级	c_s 级
横向或斜向裂缝宽度（mm）	正常湿度环境	主要构件	无裂缝（≤0.15）	无裂缝（>0.15，且≤0.20）	无裂缝（>0.20）
		一般构件	无裂缝（≤0.20）	无裂缝（>0.20，且≤0.30）	无裂缝（>0.30）
	高湿度环境	任何构件	（无裂缝）	（无裂缝）	出现裂缝

注：1. 表中括号内的限值适用于冷拉Ⅱ、Ⅲ、Ⅳ级钢筋的预应力混凝土构件；

2. 当构件无裂缝时，评定结果取 a_s 或 b_s 级，可根据其完好程度确定。

2．钢结构构件使用性评级

钢结构构件的正常使用性鉴定，应按位移和锈蚀（腐蚀）两个检查项目，分别评定每一个受检构件的等级，取其中较低一级作为该构件的使用等级。对钢结构受拉构件，尚应以长细比作为检查项目参与上述评级，因为柔细的受拉构件在自重作用下可能产生过大的变形和晃动，不仅影响外观，甚至会妨碍相关部位的正常工作。

（1）位移评定

钢结构构件的位移，同混凝土结构构件一样，主要也是指受弯构件的挠度和柱顶的水平位移。当受弯构件的正常使用性按挠度评定时，同样将挠度的实测值、计算值及现行设计规范的允许限值（表4-28）进行比较，然后按混凝土构件挠度评级相同的规定进行。

对柱子的水平位移或倾斜，也应根据其与整个结构是否有关，划分为非孤立事件和孤立事件。对于非孤立事件，应将上部承重结构使用性侧向位移的评定级别，作为该柱的水平位移等级。对于孤立事件，可根据挠度检测结果直接评级。评级所需的位移限值，可按

表 4-42 所列的层间数值确定。

（2）锈蚀（腐蚀）评定

锈蚀是钢材表面电化学反应，也是钢材的主要弱点。锈蚀使钢结构构件截面减薄，产生应力集中，降低承载力。目前，涂漆是建筑钢结构的主要防锈措施。防锈漆层一般分成底漆、中间漆和面漆，防锈主要靠底漆，底漆应与钢材和中间漆有良好的附着力；中间漆主要是增加漆膜厚度，增强保护能力；面漆既可阻止侵蚀介质进入钢材表面，又起装饰作用。当面漆成片脱落且有麻面状点蚀透出底层时，往往是该构件的使用功能已遭损坏的征兆。当钢结构构件的使用性按其锈蚀（腐蚀）的检查结果评定时，应按表 4-29 的规定评级。

现行设计规范对钢结构受弯构件的允许挠度　　表 4-28

构件类型	允许挠度（以计算跨度 L_0 计算）
楼盖和工作平台梁、平台板	
(1) 主梁	$L_0/400$
(2) 抹灰顶棚的梁（仅对可变荷载）	$L_0/350$
(3) 除（1）、(2) 款外的其他梁	$L_0/250$
(4) 平台板	$L_0/150$
屋盖檩条	
(1) 无积灰的瓦楞铁和石棉瓦屋面	$L_0/150$
(2) 压型钢板、有积灰的瓦楞铁和石棉等瓦屋面	$L_0/200$
(3) 其他屋面	$L_0/200$

注：悬臂构件的允许挠度按表中相应数值乘以系数 2.0 取用。

钢结构构件和连接的锈蚀（腐蚀）评级标准　　表 4-29

锈　蚀　程　度	等级
面漆及底漆完好，漆膜尚有光泽	a_s 级
面漆脱落（包括起鼓）面积，对普通钢结构不大于 15%；对薄壁型钢和轻钢结构不大于 10%；底漆基本完好，但边角处可能有锈蚀，易锈部位的表面上可能有少量点蚀	b_s 级
面漆脱落（包括起鼓）面积，对普通钢结构大于 15%；对薄壁型钢和轻钢结构大于 10%；底漆锈蚀面积正在扩大，易锈部位可见到麻面状锈蚀	c_s 级

（3）当钢结构受拉构件的正常使用性按其长细比的检测结果评定时，应按表 4-30 的规定评级。

钢结构受拉构件长细比的评级标准　　表 4-30

构　件　类　别		a_s 或 b_s 级	c_s 级
主要受拉构件	桁架拉杆	≤350	>350
	网架支座附近处拉杆	≤300	>300
一般受拉构件		≤400	>400

注：1. 评定结果取 a_s 或 b_s 级，根据其实际完好程度确定；

2. 当钢结构受拉构件的长细比虽略大于 b_s 级，但若该构件的下垂矢高尚不影响其正常使用时，仍可定为 b_s 级；

3. 张紧的圆钢拉杆的长细比不受本表限制。

3．砌体结构构件使用性评级

砌体结构构件的正常使用性鉴定，应按位移、非受力裂缝和风化（或粉化）三个检查项目，分别评定每一个受检构件的等级，取其中较低一级作为该构件的使用等级。受力裂缝未列入检查项目，是因为砌体结构构件的脆性性质，决定了砌体受力裂缝一旦出现，不论其宽度大小，都将影响甚至危及结构安全，而对使用功能的影响已成为非常次要的问题。

砌体墙、柱的正常使用性按其顶点水平位移（或倾斜）的评级方法与混凝土柱相同，此处不再赘述。

(1) 非受力裂缝评定

砌体结构非受力裂缝，是指由温度、收缩、变形或地基不均匀沉降等引起的裂缝，轻微的非受力裂缝在砌体结构中是常见现象。当砌体结构构件的正常使用性按其非受力裂缝检测结果评定时，应按表 4-31 的规定评级。

砌体结构构件非受力裂缝评级标准 **表 4-31**

检查项目	构件类别	a_s 级	b_s 级	c_s 级
非受力裂缝宽度（mm）	墙及带壁柱墙	无可见裂缝	≤1.5	>1.5
	柱	无可见裂缝	无可见裂缝	出现裂缝

注：对无可见裂缝的柱，取 a_s 或 b_s 级，可根据其实际完好程度确定。

(2) 风化或粉化评定

砌体清水墙在没有粉刷层保护的情况下，块材及灰缝砂浆随时间的推移而风化或粉化是不可避免的。风化初期仅见于块材棱角变钝，随后才出现表面粉化迹象。当砌体结构构件的正常使用性按其风化或粉化检测结果评定时，应按表 4-32 的规定评级。

砌体结构构件风化或粉化评级标准 **表 4-32**

检查部位	a_s 级	b_s 级	c_s 级
块材（砖或砌块）	无风化迹象，且所处环境正常	局部有风化迹象或尚未风化，但所处环境不良（如潮湿、腐蚀性介质等）	局部或较大范围已风化
砂浆层（灰缝）	无粉化迹象，且所处环境正常	局部有粉化迹象或尚未粉化，但所处环境不良（同上）	局部或较大范围已粉化

4．木结构构件使用性评级

木结构构件的正常使用性鉴定，应按位移、干缩裂缝和初期腐朽三个检查项目的检测结果，分别评定每一个受检构件的等级，取其中较低一级作为该构件的使用等级。

(1) 位移评定

当木结构构件的正常使用性按其挠度检测结果评定时，应直接按表 4-33 的规定评级。

木结构构件挠度评级标准 **表 4-33**

构件类别		a_s 级	b_s 级	c_s 级
桁架（屋架、托架）		$\leq L_0/500$	$\leq L_0/400$	$> L_0/400$
檩条	$L_0 \leq 3.3$m	$\leq L_0/250$	$\leq L_0/200$	$> L_0/200$
	$L_0 > 3.3$m	$\leq L_0/300$	$\leq L_0/250$	$> L_0/250$
椽条		$\leq L_0/200$	$\leq L_0/150$	$> L_0/150$
吊顶中的受弯构件	抹灰吊顶	$\leq L_0/360$	$\leq L_0/300$	$> L_0/300$
	其他吊顶	$\leq L_0/250$	$\leq L_0/200$	$> L_0/200$
楼盖梁、搁栅		$\leq L_0/300$	$\leq L_0/250$	$> L_0/250$

木构件的挠度使用性评级未像混凝土等构件挠度评级那样，采用检测值与计算值及现

行设计规范限值相比较的方法。因为木结构作为一种传统结构，我国积累有大量的使用经验。另外，计算木桁架的挠度，要考虑木材径、弦向干缩和连接松弛变形的影响，这些数据在已有建筑物的旧木材中很难确定。

(2) 干缩裂缝评定

半干木材制成的构件，通常很快就会出现干缩裂缝，这是木结构的常见缺陷。只要干缩裂缝不发生在节点或连接的受剪面上，一般不影响构件的受力性能。当木结构构件的正常使用性按干缩裂缝检测结果评定时，应按表 4-34 的规定评级。原木的干缩裂缝可不参与评级。

木结构构件干缩裂缝评级标准 **表 4-34**

检查项目	构件类别		a_s 级	b_s 级	c_s 级
干缩裂缝深度（t）	受拉构件	板　材	无裂缝	$t \leqslant b/6$	$t > b/6$
		方　材	可有裂缝	$t \leqslant b/4$	$t > b/4$
	受弯或受压构件	板　材	无裂缝	$t \leqslant b/5$	$t > b/5$
		方　材	可有裂缝	$t \leqslant b/3$	$t > b/3$

注：表中 b 为沿裂缝深度方向构件截面尺寸。

(3) 初期腐朽评定

初期腐朽是木结构构件发生耐久性损伤的开始，当发现木结构构件有初期腐朽迹象，或虽未腐朽，但所处环境较潮湿时，应直接定为 c_s 级。初期腐朽并不立即影响构件的受力性能，只要及时发现并采取防腐处理和防潮通风措施，便能在较长时间内使腐朽的发展停止。

4.1.6 子单元安全性鉴定评级

子单元是民用建筑可靠性鉴定的第二层次。一个完整的建筑物或其中的一个区段可划分为三个部分，即地基基础子单元、上部承重结构子单元和围护系统子单元。每个子单元的鉴定又可分成安全性鉴定和使用性鉴定两种。子单元安全性鉴定按四个等级评定，分别用 A_u、B_u、C_u、D_u 表示。

1. 地基基础安全性评级

地基基础是地基与基础的总称。地基是承担上部结构荷载的一定范围内的地层。基础是建筑物中向地基传递荷载的下部结构。地基应具备不产生过大的沉降变形、承载能力及斜坡稳定等三方面的基本条件。基础作为结构构件应具有安全性和正常使用性。地基基础子单元的安全性鉴定，包括地基、基础和斜坡稳定三个检查项目的安全性评级，取各检查项目中的最低一级作为子单元的安全性等级。

(1) 地基评定

地基或桩基的安全性鉴定有按其沉降变形和承载能力评级两种指标，一般情况下，宜根据其沉降变形，即地基、桩基沉降观测资料或其不均匀沉降在上部结构中的反应的检查结果进行鉴定评级。

当现场条件适宜于按地基或桩基承载力进行鉴定评级时，可根据岩土工程勘察档案和有关检测资料的完整程度，适当补充近位勘察点，进一步查明土层分布情况，并采用原位测试和取原状土作室内物理力学性质试验方法进行地基检验，根据上述资料并结合当地工程经验对地基或桩基的承载力进行综合评价。若现场条件许可，还可通过在基础下进行载

建筑物的地基变形允许值　　　表 4-35

变形特征	地基土类别	
	中、低压缩性土	高压缩性土
砌体承重结构基础的局部倾斜	0.002	0.003
工业与民用建筑相邻柱基的沉降差		
(1) 框架结构	$0.002L$	$0.003L$
(2) 砖石墙填充的边排柱	$0.0007L$	$0.001L$
(3) 基础不均匀沉降不产生附加应力的结构	$0.005L$	$0.005L$
多层和高层建筑基础的倾斜 $H_g \leqslant 24$	0.004	
$24 < H_g \leqslant 60$	0.003	
$60 < H_g \leqslant 100$	0.002	
$H_g > 100$	0.0015	

注：1. L 为相邻柱基的中心距离（mm），H_g 为自室外地面算起的建筑物高度（m）；
2. 倾斜指基础倾斜方向两端点的沉降差与其距离的比值；
3. 局部倾斜指砌体承重结构沿纵向 6～10m 内基础两点的沉降差与其距离的比值。

荷试验，以确定地基或桩基的承载力。当发现地基受力层范围内有软弱下卧层时，应对软弱下卧层地基承载能力进行验算。

当地基的安全性已按地基变形评定后，则无需再按承载能力进行评定。

1）按地基变形评定

当地基或桩基的安全性按建筑物的地基沉降变形观测资料或其上部结构反映的检查结果评定时，应按下列规定评级：

A_u 级　不均匀沉降小于现行建筑地基基础设计规范规定的允许沉降差(表 4-35)；或建筑物无沉降裂缝、变形或位移。

B_u 级　不均匀沉降不大于现行建筑地基基础设计规范规定的允许沉降差；且连续两个月地基沉降速度小于每月 2mm；或建筑物上部结构砌体部分虽有轻微裂缝，但无发展迹象。

C_u 级　不均匀沉降大于现行建筑地基基础设计规范规定的允许沉降差；或连续两个月地基沉降速度大于每月 2mm；或建筑物上部结构砌体部分出现宽度大于 5mm 的沉降裂缝，预制构件间的连接部位可出现宽度大于 1mm 的沉降裂缝，且沉降裂缝短期内无终止趋势。

D_u 级　不均匀沉降远大于现行建筑地基基础设计规范规定的允许沉降差；连续两个月地基沉降速度大于每月 2mm，且尚有变快趋势；或建筑物上部结构的沉降裂缝发展明显，砌体的裂缝宽度大于 10mm；预制构件间的连接部位的裂缝宽度大于 3mm；现浇结构个别部位也开始出现沉降裂缝。

在按上述规定评级时，应考虑建筑物的已使用年限和地基土类别。已有建筑物的沉降变形与其建成时间长短有着密切关系，对砂土地基，建筑物完工后其沉降已基本完成；对低压缩性粘土地基，建筑物完工时，其最终沉降量才完成不到 50%；而对高压缩性粘土或其他特殊土，其所需的沉降持续时间则更长。上述分级评定标准仅适用于已建成 2 年以上，且建于一般地基土上的建筑物；对新建房屋或建造在高压缩性粘土地基上的建筑物，则应根据当地经验，考虑时间因素对检查和观测结论的影响。

2）按地基承载能力评定

当有条件检测或计算分析地基承载能力时，可将检测或计算分析结果与现行地基基础设计规范或桩基技术规范的要求相比较，若承载能力符合现行规范要求，可根据建筑物的完好程度评为 A_u 或 B_u 级；若承载能力不符合规范要求，可根据建筑物损坏的严重程度评定为 C_u 或 D_u 级。

(2) 基础评定

基础的鉴定评级有直接和间接两种途径。直接评定，对于浅埋基础或短桩，可通过开挖进行检测、评定。对于深基础或深桩，可根据原设计、施工、检测和工程验收的有效文件进行分析，也可向原设计、施工、检测人员进行核实，或通过小范围的局部开挖，取得材料性能、几何参数和外观质量的检测数据，若检测中发现基础或桩有裂缝、局部损坏或腐蚀现象，应查明原因和程度；根据这些核查结果，对基础或桩身的承载能力进行计算分析和验算，并结合工程经验作出综合评价。

间接评定针对一些容易判断的情况，不经过开挖检查，而根据地基评定结果并结合工程经验进行评定。

1）浅基础或短桩直接评级：对浅埋基础或短桩，宜根据抽样或全数开挖的检查结果，按照同类材料上部结构主要构件的有关项目评定每一受检基础或单桩的等级，并按样本中所含的各个等级基础或桩的百分比，按下列原则评定该种基础或桩的安全性等级：

A_u 级　不含 c_u 级及 d_u 级基础或单桩，可含 b_u 级基础或单桩，但含量不大于 30%；

B_u 级　不含 d_u 级基础或单桩，可含 c_u 级基础或单桩，但含量不大于 15%；

C_u 级　可含 d_u 级基础或单桩，但含量不大于 5%；

D_u 级　d_u 级基础或单桩的含量大于 5%。

2）深基础或深桩直接评级：应对基础或桩的承载能力进行计算和分析，若分析结果表明，其承载能力或质量符合现行有关国家规范的要求，可根据其开挖部分完好程度评定为 A_u 或 B_u 级；若承载能力或质量不符合现行有关国家规范的要求，可根据其开挖部分所发现问题的严重程度评定为 C_u 或 D_u 级。

3）间接评定：当地基或桩基的安全性等级已评为 A_u 或 B_u 级，且建筑场地的环境正常时，可不经开挖检查，取基础安全性等级为地基或桩基相同的等级。

当地基或桩基的安全性等级已评为 C_u 或 D_u 级，且根据经验可以判断基础或桩也已损坏时，可不经开挖，取与地基或桩基相同的等级。

（3）斜坡评定

建造于山区或坡地上的建筑物，除了需要鉴定其小范围的地基承载的安全性外，还应对周围斜坡的稳定性进行评价。此时，调查的对象应为整个场区；一方面要取得工程地质勘察报告，另一方面还要注意场区的环境状况，如山洪排泄有无变化，坡地树林有无向一边倒的态势，附近有无新增的工程设施等等。当地基基础的安全性按斜坡稳定性评定时，应按下列标准评级：

A_u 级　建筑场地地基稳定，无滑动迹象及滑动史；

B_u 级　建筑场地地基在历史上曾经有过局部滑动，经治理后已停止滑动，且近期评估表明，在一般情况下，不会再滑动；

C_u 级　建筑场地地基在历史上发生过滑动，目前虽已停止滑动，但若触动诱发因素，今后仍有可能再滑动；

D_u 级　建筑场地地基在历史上发生过滑动，目前又有滑动或滑动迹象。

2．上部承重结构安全性评级

上部承重结构子单元的安全性鉴定评级，应根据其所包含的各种构件的安全性等级、结构的整体性等级，以及结构侧向位移等级三个方面进行确定。

（1）各种构件评定

上部承重结构构件是分类进行鉴定评级的。构件种类按其受力性质和重要性划分，不必按构件的几何尺寸进一步细分，例如当以楼盖主梁作为一种构件时，无须按跨度或截面大小再细分。对分类划定的构件簇又分成主要构件和一般构件，分别按不同的评级标准进行评定。

1）主要构件：当评定一种主要构件的安全性等级时，应根据其每一受检构件的评定结果，按表4-36的规定评级。

每种主要构件安全性评级标准　　表4-36

等　级	多层及高层房屋	单 层 房 屋
A_u级	在该种构件中，不含c_u级和d_u级，可含b_u级，但一个子单元中含b_u级的楼层数不多于$\sqrt{m}$，每一楼层的b_u级含量不多于25%，且任一轴线（或任一跨）上的b_u级含量不多于该轴线（或该跨）构件数的1/3	在该种构件中不含c_u级和d_u级，可含b_u级，但一个子单元的含量不多于30%，且任一轴线（或任一跨）的b_u级含量不多于该轴线（或该跨）构件数的1/3
B_u级	在该种构件中，不含d_u级，可含c_u级，但一个子单元中含c_u级的楼层数不多于$\sqrt{m}$，每一楼层的c_u级含量不多于15%，且任一轴线（或任一跨）上的c_u级含量不多于该轴线（或该跨）构件数的1/3	在该种构件中不含d_u级，可含c_u级，但一个子单元的含量不多于20%，且任一轴线（或任一跨）的c_u级含量不多于该轴线（或该跨）构件数的1/3
C_u级	在该种构件中，可含d_u级，但一个子单元中含d_u级的楼层数不多于$\sqrt{m}$，每一楼层的d_u级含量不多于5%，且任一轴线（或任一跨）上的d_u级含量不多于1个	在该种构件中可含d_u级（单跨及双跨房屋除外），但一个子单元的含量不多于7.5%，且任一轴线（或任一跨）上的d_u级含量不多于1个
D_u级	在该种构件中，d_u级的含量或其分布多于C_u级的规定数	

注：1. 表中"轴线"系指结构平面布置图中的纵轴线或横轴线，当计算纵轴线上的构件数时，对桁架、屋面梁等构件可按跨统计。m为房屋鉴定单元的层数。

2. 当计算的含有低一级构件的楼层数为非整数时，可多取一层，但该层中允许出现的低一级构件数，应按相应的比例进行折减（即以该非整数的小数部分作为折减系数）。

2）一般构件：当评定一种一般构件的安全性等级时，应根据其每一受检构件的评定结果，按表4-37的规定评级。

每种一般构件安全性评级标准　　表4-37

等　级	多层及高层房屋	单 层 房 屋
A_u级	在该种构件中，不含c_u级和d_u级，可含b_u级，但一个子单元中含b_u级的楼层数不多于$\sqrt{m}$，每一楼层的b_u级含量不多于30%，且任一轴线（或任一跨）上的b_u级含量不多于该轴线（或该跨）构件数的2/5	在该种构件中不含c_u级和d_u级，可含b_u级，但一个子单元的含量不多于35%，且任一轴线（或任一跨）的b_u级含量不多于该轴线（或该跨）构件数的2/5
B_u级	在该种构件中，不含d_u级，可含c_u级，但一个子单元中含c_u级的楼层数不多于$\sqrt{m}$，每一楼层的c_u级含量不多于20%，且任一轴线（或任一跨）上的c_u级含量不多于该轴线（或该跨）构件数的2/5	在该种构件中不含d_u级，可含c_u级，但一个子单元的含量不多于25%，且任一轴线（或任一跨）的c_u级含量不多于该轴线（或该跨）构件数的2/5

续表

等　级	多层及高层房屋	单层房屋
C_u级	在该种构件中，可含d_u级，但一个子单元中含d_u级的楼层数不多于$\sqrt{m}$，每一楼层的d_u级含量不多于7.5%，且任一轴线（或任一跨）上的d_u级含量不多于1/3	在该种构件中可含d_u级，但一个子单元的含量不多于10%，且任一轴线（或任一跨）的d_u级含量不多于该轴线（或该跨）构件数的1/3
D_u级	在该种构件中，d_u级的含量或其分布多于C_u级的规定数	

（2）结构整体性评定

当评定结构整体性等级时，应按表4-38的规定，先评定各检查项目的等级，然后按下列原则确定该结构整体性等级：

1）若各检查项目均不低于B_u级，可取占多数的等级；

2）若仅有一个检查项目低于B_u级，可根据实际情况定为B_u级或C_u级；

3）若不止一个检查项目低于B_u级，可根据实际情况定为C_u级或D_u级。

结构整体性评级标准　　表4-38

检　查　项　目	A_u或B_u级	C_u或D_u级
结构布置、支承系统（或其他抗侧力系统）布置	布置合理、形成完整系统，且结构选型及传力路线设计正确，符合现行设计规范要求	布置不合理、存在薄弱环节，或结构选型、传力路线设计不当，不符合现行设计规范要求
支撑系统（或其他抗侧力系统）的构造	构件长细比及连接构造符合现行设计规范要求，无明显残损或施工缺陷，能传递各种侧向作用	构件长细比或连接构造不符合现行设计规范要求，或构件连接已失效或有严重缺陷，不能传递各种侧向作用
圈梁构造	截面尺寸、配筋及材料强度等符合现行设计规范要求，无裂缝或其他残损，能起封闭系统作用	截面尺寸、配筋及材料强度不符合现行设计规范要求，或已开裂，或有其他残损，或不能起封闭系统作用
结构间的联系	设计合理、无疏漏；锚固、连接方式正确，无松动、变形或其他残损	设计不合理、多处疏漏；或锚固、连接不当，或已松动、变形，或已残损

注：评定结果取A_u级或B_u级，可根据其实际完好程度确定；取C_u级或D_u级，根据其实际严重程度确定。

（3）侧向位移评定

对上部承重结构不适于继续承载的侧向位移，应根据表4-39并结合构件的损坏情况，按下列规定评级：

1）当侧向位移检测值已超过表4-39的界限，且有部分构件或连接出现裂缝、变形或其他局部损坏迹象时，应根据实际严重程度定为C_u或D_u级；

2）当侧向位移检测值虽已超过表 4-39 的界限，但尚未发现开裂等损坏迹象时，应进一步作计入该位移影响的结构内力计算分析，验算各构件的承载能力，若验算结果其承载能力均不低于 b_u 级，仍然可将该结构定为 B_u 级，但宜附加观察使用一段时间的限制。若构件承载能力验算结果有低于 b_u 级时，应定为 C_u 级。

对于某些构造复杂的砌体结构，也可直接按表 4-39 规定的界限评级。

各类结构不适于继续承载的侧向位移评级标准 **表 4-39**

<table>
<tr><th rowspan="2">检查项目</th><th rowspan="2" colspan="4">结构类别</th><th>顶点位移</th><th>层间位移</th></tr>
<tr><th>C_u 或 D_u 级</th><th>C_u 或 D_u 级</th></tr>
<tr><td rowspan="12">结构平面内的侧向位移（mm）</td><td rowspan="4">混凝土结构或钢结构</td><td colspan="3">单层建筑</td><td>$> H/400$</td><td>—</td></tr>
<tr><td colspan="3">多层建筑</td><td>$> H/450$</td><td>$> H_i/350$</td></tr>
<tr><td rowspan="2">高层建筑</td><td colspan="2">框架</td><td>$> H/550$</td><td>$> H_i/450$</td></tr>
<tr><td colspan="2">框架剪力墙</td><td>$> H/700$</td><td>$> H_i/600$</td></tr>
<tr><td rowspan="8">砌体结构</td><td rowspan="4">单层建筑</td><td rowspan="2">墙</td><td>$H \leqslant 7m$</td><td>> 25</td><td>—</td></tr>
<tr><td>$H > 7m$</td><td>$> H/280$ 或 > 25</td><td>—</td></tr>
<tr><td rowspan="2">柱</td><td>$H \leqslant 7m$</td><td>> 20</td><td>—</td></tr>
<tr><td>$H > 7m$</td><td>$> H/350$ 或 > 40</td><td>—</td></tr>
<tr><td rowspan="4">多层建筑</td><td rowspan="2">墙</td><td>$H \leqslant 10m$</td><td>> 40</td><td rowspan="2">$> H_i/100$ 或 > 20</td></tr>
<tr><td>$H > 10m$</td><td>$> H/250$ 或 > 90</td></tr>
<tr><td rowspan="2">柱</td><td>$H \leqslant 10m$</td><td>> 30</td><td rowspan="2">$> H_i/150$ 或 > 15</td></tr>
<tr><td>$H > 10m$</td><td>$> H/330$ 或 > 70</td></tr>
<tr><td colspan="5">单层排架平面外侧倾</td><td>$> H/750$ 或 > 30</td><td>—</td></tr>
</table>

注：1. 表中 H 为结构顶点高度；H_i 为第 i 层层间高度；
2. 墙包括带壁柱墙。

（4）上部承重结构综合评定

在前述各种构件、结构整体性及侧向位移等三方面的安全性等级评定后，上部承重结构子单元的安全性等级按下列原则确定：

1）一般情况下，应在各种主要构件等级和结构侧向位移等级中，取较低一级作为上部承重结构子单元的安全性等级。

当由此评定结果为 B_u 级，但发现主要构件中的各种 c_u 级构件沿建筑物某方位呈规律性分布，或过于集中，或存在于人群密集场所等破坏后果严重的部位时，宜将所评等级降为 C_u 级。

当各种主要构件与结构侧向位移的最低等级为 C_u 级，但发现其中的主要构件或连接有 50%为 c_u 级，或多、高层房屋中的底层均为 c_u 级，或脆性材料结构中出现 d_u 级，或人群密集场所等破坏后果严重的部位出现 d_u 级时，宜将所评等级降为 D_u 级。

2）当按上述原则评定上部承重结构为 A_u 级或 B_u 级，而结构整体性等级为 C_u 级时，应将所评上部承重结构的安全性等级降为 C_u 级。若结构整体性等级为 A_u 级或 B_u 级，但各种一般构件中最低的为 C_u 级或 D_u 级时，则应对所评等级进行调整。

若设计考虑该种一般构件参与支撑系统（或其他抗侧力系统）工作，或在抗震加固中，已加强了该种构件与主要构件锚固，应将所评的上部承重结构安全性等级降为 C_u 级。

当仅有一种一般构件为 C_u 级或 D_u 级，且不参与支撑系统工作者，可将上部承重结构的安全性等级定为 B_u 级。

当不止一种一般构件为 C_u 级或 D_u 级，应将上部承重结构的安全性等级定为 C_u 级。

3．围护系统的承重部分安全性评级

围护系统承重部分子单元的安全性鉴定评级，按该系统专设的和参与该系统工作的各种构件的安全性等级，以及该部分结构的整体性安全等级进行评定。一种构件的安全性等级是根据每一受检构件的评定结果及构件类别，分别按表 4-36 和表 4-37 规定评级。围护系统承重部分的结构整体性等级可按表 4-38 的规定评定。

当上述各种构件和结构整体性的评定结果仅有 A_u 级和 B_u 级时，围护系统承重部分的安全性等级按占多数的级别确定；当含有 C_u 级或 D_u 级时，可按下列规定评级；

(1) 若 C_u 级或 D_u 级属于主要构件，按最低等级确定；

(2) 若 C_u 级或 D_u 级属于一般构件，可按实际情况定为 B_u 级或 C_u 级。

围护系统承重部分的安全性等级，不得高于上部承重结构的等级。

4.1.7 子单元使用性鉴定评级

民用建筑第二层次的使用性鉴定，同样包括地基基础、上部承重结构和围护系统三个子单元。各子单元使用性鉴定分成三个等级，分别用 A_s、B_s、C_s 表示。

1．地基基础使用性评级

地基基础使用性不良所造成的问题，主要是导致上部承重结构和围护系统不能正常使用。因此，一般可通过调查上部承重结构和围护系统是否存在使用性问题，及此类问题与地基基础之间是否有因果关系，来间接判断地基基础的使用性是否满足设计要求。此外，在如地基土受到腐蚀性介质的浸入等情况下，鉴定人员认为有必要开挖检查时，也可按上部结构同类材料构件的使用性鉴定方法，评定基础的使用性等级。但一般情况下不必进行开挖检查。

地基基础的使用性等级，应按下列原则确定：

(1) 当上部承重结构和围护系统的使用性检查未发现问题，或所发现的问题与地基基础无关时，可根据实际情况定为 A_s 级或 B_s 级。

(2) 当上部承重结构和围护系统所发现的问题与地基基础有关时，可根据上部承重结构和围护系统所评定的等级，取其中较低一级作为地基基础使用性等级。

(3) 当一种基础按开挖检查结果所评的等级，低于按上述方法评定的等级时，应取基础开挖检查所评的等级作为地基基础的使用性等级。

2．上部承重结构使用性评级

上部承重结构子单元的使用性鉴定，应根据其所包含的各种构件的使用性等级、结构的侧向位移等级以及振动影响等三方面进行。

(1) 各种构件评定

一种构件的使用性等级，应根据其每一受检构件的评定结果，按表 4-40 和表 4-41 的规定评定。

每种主要构件使用性评级标准　　表 4-40

等　级	多层及高层房屋	单层房屋
A_s 级	在该种构件中，不含 c_s 级，可含 b_s 级，但一个子单元中含 b_s 级的楼层数不多于 $\sqrt{m}$，且一个楼层含量不多于 35%	在该种构件中不含 c_s 级，可含 b_s 级，但一个子单元的含量不多于 40%
B_s 级	在该种构件中，可含 c_s 级，但一个子单元中含 c_s 级的楼层数不多于 $\sqrt{m}$，且一个楼层含量不多于 25%	在该种构件中，可含 c_s 级，但一个子单元的含量不多于 30%
C_s 级	在该种构件中，c_s 级的含量或含有 c_s 级的楼层数多于 B_s 级的规定数	在该种构件中，c_s 级的含量多于 B_s 级的规定数

注：1. m 为建筑物鉴定单元的层数；

2. 当计算的含有低一级构件的楼层数为非整数时，可多取一层，但该层中允许出现的低一级构件数，应按相应的比例进行折减（即以该非整数的小数部分作为折减系数）。

每种一般构件使用性评级标准　　表 4-41

等　级	多层及高层房屋	单层房屋
A_s 级	在该种构件中，不含 c_s 级，可含 b_s 级，但一个子单元中含 b_s 级的楼层数不多于 $\sqrt{m}$，且一个楼层含量不多于 40%	在该种构件中不含 c_s 级，可含 b_s 级，但一个子单元的含量不多于 45%
B_s 级	在该种构件中，可含 c_s 级，但一个子单元中含 c_s 级的楼层数不多于 $\sqrt{m}$，且一个楼层含量不多于 30%	在该种构件中，可含 c_s 级，但一个子单元的含量不多于 35%
C_s 级	在该种构件中，c_s 级的含量或含有 c_s 级的楼层数多于 B_s 级的规定数	在该种构件中，c_s 级的含量多于 B_s 级的规定数

（2）侧向位移评定

当上部承重结构的正常使用性需考虑侧向位移的影响时，可采用实测或者计算的方法确定侧移量，并按下列规定评级：

1）对于实测取得的由包括施工偏差等各种原因造成的侧移值，先按表 4-42 的规定，分别评定每一个测点的顶点侧移等级和层间侧移等级，然后从各测点的等级中，取占多数的顶点侧移等级作为结构的顶点侧移等级；而取最低的层间侧移等级作为结构的层间侧移等级。最后在结构的顶点侧移等级与层间侧移等级中，取较低等级作为上部承重结构的侧向位移等级。

2）当实测有困难时，可计算由风荷载引起的侧向位移。若计算侧移值未超过表 4-42 中 B_s 级界限，可根据上部承重结构的完好程度评为 A_s 级或 B_s 级。若计算侧移值已超过表 4-42 中 B_s 级界限，应定为 C_s 级。

结构侧向（水平）位移评级标准　　表 4-42

检查项目	结构类别		位移限值		
			A_s 级	B_s 级	C_s 级
钢筋混凝土结构或钢结构的侧向位移	多层框架	层间	$\leqslant H_i/600$	$\leqslant H_i/450$	$> H_i/450$
		结构顶点	$\leqslant H/750$	$\leqslant H/550$	$> H/550$
	高层框架	层间	$\leqslant H_i/650$	$\leqslant H_i/500$	$> H_i/500$
		结构顶点	$\leqslant H/850$	$\leqslant H/650$	$> H/650$
	框架-剪力墙 框架-筒体	层间	$\leqslant H_i/900$	$\leqslant H_i/750$	$> H_i/750$
		结构顶点	$\leqslant H/1000$	$\leqslant H/800$	$> H/800$
	筒中筒	层间	$\leqslant H_i/950$	$\leqslant H_i/800$	$> H_i/800$
		结构顶点	$\leqslant H/1100$	$\leqslant H/900$	$> H/900$
	剪力墙	层间	$\leqslant H_i/1050$	$\leqslant H_i/900$	$> H_i/900$
		结构顶点	$\leqslant H/1200$	$\leqslant H/1000$	$> H/1000$
砌体结构侧向位移	多层房屋（柱承重）	层间	$\leqslant H_i/650$	$\leqslant H_i/500$	$> H_i/500$
		结构顶点	$\leqslant H/750$	$\leqslant H/550$	$> H/550$
	多层房屋（墙承重）	层间	$\leqslant H_i/600$	$\leqslant H_i/450$	$> H_i/450$
		结构顶点	$\leqslant H/700$	$\leqslant H/500$	$> H/500$

注：1. 表中限值系对一般装修标准而言，若为高级装修应事先协商确定；

2. 表中 H 为结构顶点高度；H_i 为第 i 层层间高度 。

（3）上部承重结构评定

在上部承重结构的主要构件、一般构件及侧向位移的使用性等级评定后，上部承重结构子单元的使用性等级，一般情况下，应按各种主要构件及结构侧向位移所评等级，取其中最低一级作为上部承重结构子单元的使用性等级。若评定结果为 A_s 级或 B_s 级，而一般构件所评等级为 C_s 级时，还应按下列规定进行调整：

1）当仅一种一般构件为 C_s 级，且其影响仅限于自身时，可不作调整。若其影响波及非结构构件、高级装修或围护系统的使用功能时，则可根据影响范围的大小，将上部承重结构所评等级调整为 B_s 级或 C_s 级。

2）当不止一种一般构件为 C_s 级时，可将上部承重结构所评等级调整为 C_s 级。

（4）振动影响评定

振动对建筑物使用性的影响，有人体心理或生理上的不适，也导致精密仪器或精密机械不能正常工作。决定振动影响程度的主要指标有振动幅度、频率、频谱特征等。评定振动的影响时，可根据一些专门标准的规定，通过对振动参数的实测和必要的计算，判断振动影响是否超出了有关规定的允许限值。对于超出专门标准规定限值的，当振动仅涉及一种构件时，可仅将该种构件所评等级降为 C_s 级；当振动影响涉及整个结构或多于一种构件时，应将上部承重结构以及所涉及的各种构件均降为 C_s 级。

当楼层振动已使室内精密仪器不能正常工作，或已明显引起人体不适，或高层建筑顶部的风振效应使用户感到不安，或引起非结构构件开裂等损坏时，可直接将上部承重结构的使用性定为 C_s 级。

3．围护系统使用性评级

围护系统子单元的正常使用性鉴定，应根据其使用功能和承重部分的使用性两方面进行。按围护系统使用功能的要求，可划分 7 个检查项目，表 4-43 规定了各个检查项目的评级标准。鉴定时，既可根据委托方的要求，只评定其中的部分项目，也可在对各个项目评级的基础上，按下列原则确定围护系统使用功能的等级：

（1）一般情况下，可取其中最低等级作为围护系统的使用功能等级；

（2）当鉴定的房屋对表中各检查项目的要求有主次之分时，也可取主要项目中的最低等级作为围护系统的使用功能等级；

（3）当按上述主要项目所评的等级为 A_s 级或 B_s 级，但有不止一个次要项目为 C_s 级时，应将所评等级降为 C_s 级。

围护系统使用功能评级标准 **表 4-43**

检查项目	A_s 级	B_s 级	C_s 级
屋面防水	防水构造及排水设施完好，无老化、渗漏及排水不畅的迹象	构造设施基本完好，或略有老化迹象，但尚不渗漏或积水	构造设施不当或已损坏，或有渗漏，或积水
吊顶（天棚）	构造合理，外观完好，建筑功能符合设计要求	构造稍有缺陷，或有轻微变形或裂纹，或建筑功能略低于设计要求	构造不当或已损坏，或建筑功能不符合设计要求，或出现有碍外观的下垂
非承重内墙（和隔墙）	构造合理，与主体结构有可靠联系，无可见位移，面层完好，建筑功能符合设计要求	略低于 A_s 级要求，但尚不显著影响其使用功能	已开裂、变形、或破损，或使用功能不符合设计要求
外墙（自承重墙或填充墙）	墙体及其面层外观完好，墙角无潮湿迹象，墙厚符合节能要求	略低于 A_s 级要求，但尚不显著影响其使用功能	不符合 A_s 级要求，且已显著影响其使用功能
门窗	外观完好，密封性符合设计要求，无剪切变形迹象，开闭或推动自如	略低于 A_s 级要求，但尚不显著影响其使用功能	门窗构件或其连接已损坏，或密封性差，或有剪切变形，已显著影响其使用功能
地下防水	完好，且防水功能符合设计要求	基本完好，局部可能有潮湿迹象，但尚不渗漏	有不同程度损坏或有渗漏
其他防护设施	完好，且防护功能符合设计要求	有轻微缺陷，但尚不显著影响其使用功能	有损坏，或防护功能不符合设计要求

注：其他防护设施系指隔热、保温、防尘、隔声、防潮、防腐、防灾等各种设施。

围护系统承重部分的使用性评定，应按上部承重结构使用性等级的评定方法和标准，评定每种构件的等级，取其中最低等级作为围护系统承重部分的使用性等级。

根据上述围护系统使用功能和承重部分的评级结果，取较低等级作为围护系统子单元的正常使用性等级。

4.1.8 鉴定单元安全性及使用性评级

鉴定单元是民用建筑可靠性鉴定的第三层次，也是最高层次。鉴定单元的评级，应根据各子单元的评定结果，以及与整栋建筑有关的其他问题，分安全性和使用性分别进行评定。鉴定单元的安全性分成四个等级，分别用 A_{su}、B_{su}、C_{su}、D_{su}表示。鉴定单元的使用性分成三个等级，分别用 A_{ss}、B_{ss}、C_{ss}表示。

1．鉴定单元安全性评级

鉴定单元的安全性评级，应根据地基基础、上部承重结构及围护系统的承重部分等三个子单元的安全性等级，以及与整栋建筑有关的其他安全问题进行评定。

在三个子单元中，地基基础和上部承重结构是鉴定单元的两个主要组成部分，因此，一般情况下，取地基基础与上部承重结构子单元中的较低等级作为鉴定单元的安全性等级。

若按上述原则的评定结果为 A_{su}级或 B_{su}级,而围护系统承重部分的等级为 C_u 或 D_u 级,则可根据实际情况将鉴定单元所评等级降一级或二级,但最终所确定的等级不得低于 C_{su}级。

当现场宏观勘察认为，建筑物处于有危险的建筑群中，且直接受其威胁，或建筑物朝一方向倾斜，且速度开始变快时，可直接评定为 D_{su}级。

2．鉴定单元使用性评级

鉴定单元的使用性评级，应根据地基基础、上部承重结构及围护系统三个子单元的使用性等级，以及与整栋建筑有关的其他使用问题进行评定；按三个子单元最低的使用性等级确定。

当按上述原则确定的鉴定单元使用性等级为 A_{ss}级或 B_{ss}级，但房屋内外装修已大部分老化或残损，或房屋的管道、设备已需要全部更新时，宜将所评等级降为 C_{ss}级。

4.1.9　可靠性评级

建物筑的可靠性由安全性和正常使用性组成。在评定出各个层次的安全性等级和使用性等级后，均可以再确定该层次的可靠性等级；当不要求给出可靠性等级时，各层次的可靠性可采取直接列出其安全性等级和使用性等级的形式共同表达。当需要给出各层次的可靠性等级时，可根据其安全性和正常使用性的评定结果，按下列原则确定：

（1）当该层次的安全性等级低于 b_u 级、B_u 级或 B_{su}级时，应按安全性等级确定。

（2）除上述情况外，可按安全性等级与正常使用性等级中的较低等级确定。

4.1.10　适修性评估

在民用建筑可靠性鉴定中，若委托方要求对安全性不符合鉴定标准要求的鉴定单元或子单元或某种构件，提出处理意见时，宜对其适修性进行评估。适修性评级按 4.1.3 节的要求进行，并可按下列处理原则提出具体意见：

（1）对适修性评定为 A_r、B_r 的鉴定单元，或评为 A'_r、B'_r 的子单元或其中某种构件，应予以修复使用。

（2）对适修性评定为 C_r 的鉴定单元，和评为 C'_r 的子单元或其中某种构件，应分别作出修复和拆除两种方案，经技术、经济评估后再作选择。

（3）对安全性和适修性评定为 C_{su}—D_r、D_{su}—D_r 的鉴定单元，及 C_u—D_r、D_u—D'_r 的子单元或其中某种构件，宜考虑拆换或重建。

（4）对有纪念意义或有文物、历史、艺术价值的建筑物，不进行适修性评估，而应予以修复和保存。

4.1.11　鉴定报告编写的内容和要求

民用建筑可靠性鉴定报告应包括下列内容：

建筑物概况；

鉴定的目的、范围和内容；

检查、分析、鉴定的结果；

结论与建议；

附件。

鉴定报告中，应对安全性等级为 c_u 级、d_u 级构件，及 C_u 级、D_u 级检查项目的数量、位置及处理意见或建议，逐一作出详细说明。当房屋的构造复杂或难以用文字表达明了时，还应绘制 c_u 级、d_u 级构件，及 C_u 级、D_u 级检查项目的分布图。对使用性鉴定中发现的 c_s 级构件或 C_s 级检查项目，也应作出同样全面、明了的表述。

对承重结构或构件的安全性鉴定所查出的问题，可根据其严重程度和具体情况有选择地采取下列处理措施：

减少结构上的荷载；

加固或更换构件；

临时支顶；

停止使用；

拆除部分结构或全部结构；

对承重结构或构件的使用性鉴定所查出的问题，可根据其实际情况有选择地采取下列处理措施：

考虑经济因素而接受现状；

考虑耐久性要求而进行修补、封护或化学药剂处理；

改变使用条件或改变用途；

全面或局部修缮、更新；

进行现代化改造。

鉴定报告中应说明对建筑物（鉴定单元）或其组成部分（子单元）所评等级，仅作为技术管理或制定维修计划的依据，即使所评等级较高，也应及时对其中所含的 c_u 级和 d_u 级构件及 C_u 级和 D_u 级检查项目采取措施。

4.2 工业厂房可靠性鉴定

我国现行的工业厂房可靠性鉴定标准，于 1990 年首次颁布实施，一直沿用至今。对照民用建筑可靠性鉴定标准，两者最大的区别是，工业厂房的鉴定未将安全性与正常使用性分别进行，而是直接按可靠性进行的鉴定评级。

4.2.1 鉴定评级的层次和等级划分

工业厂房的可靠性鉴定，按所谓三层次、四等级进行鉴定评级；三个层次分别称为“单元”、“组合项目与项目”和“子项”。

1. 单元

单元是指厂房的整体或局部，以及某些特定的结构系统（如框、排架、承重墙体等），单元是厂房鉴定评级的最高层次，单元的评级是厂房可靠性的综合评定结果，四个等级用一、二、三、四表示。

2．项目

项目是厂房可靠性鉴定评级的中间层次，有基本项目和组合项目之分。单元中的承重结构系统、围护结构系统及结构布置与支撑系统是组合项目；如承重结构系统中的地基基础、混凝土结构等，则为项目。组合项目和项目的四个等级用A、B、C、D表示。

3．子项

子项是鉴定评级的最低层次。地基基础项目包括地基、基础、桩和桩基、斜坡四个子项；钢筋混凝土结构、钢结构和砌体结构项目包括承载力、构造连接、裂缝和变形等子项。由于每个子项是根据某项功能的极限状态评定的，因此，子项的评定等级是结构构件能否满足单项功能可靠性要求的评定基础。子项的四个等级用a、b、c、d表示。

子项的评级是构件功能评定的基础，项目的评定是多因素的综合评定，单元的评定是最后评定。鉴定层次及等级划分如表4-44。

可靠性鉴定层次、等级划分表　　　　表4-44

<table>
<tr><th>层　次</th><th>单　元</th><th colspan="3">组合项目或项目</th><th>子　项</th></tr>
<tr><td>等级</td><td>一、二、三、四</td><td colspan="3">A、B、C、D级</td><td>a、b、c、d级</td></tr>
<tr><td rowspan="9">鉴定内容</td><td rowspan="9">厂房的整体或局部或某个结构系统</td><td rowspan="6">承重结构系统</td><td rowspan="3">地基基础</td><td>地基、桩基</td><td>沉降变形</td></tr>
<tr><td>基础</td><td>按同材料构件</td></tr>
<tr><td>桩</td><td>完整性</td></tr>
<tr><td colspan="2">混凝土结构</td><td rowspan="3">承载能力
构造和连接
裂缝（钢结构无）
挠度、倾斜
偏差（仅钢结构）</td></tr>
<tr><td colspan="2">砌体结构</td></tr>
<tr><td colspan="2">钢结构</td></tr>
<tr><td rowspan="2">围护结构系统</td><td colspan="2">承重结构</td><td>同相应结构</td></tr>
<tr><td colspan="2">使用功能</td><td></td></tr>
<tr><td colspan="3">结构布置及支撑系统</td><td></td></tr>
</table>

4.2.2　鉴定评级原则

对于现行设计施工规范中已有明确允许限值规定的子项，如承载力子项、裂缝子项及挠度变形子项等，鉴定时，对满足现行规范要求的子项评定为a级；对不满足现行规范的，可靠性鉴定规程按其差距程度，再分成b、c、d三个等级，分级原则如表4-45。

子项的分级原则　　　　表4-45

等　级	是否满足现行规范	使　用　情　况	对　策
a级	满足	安全适用	不必采取措施
b级	略低	基本安全适用	可不采取措施
c级	不满足	影响正常使用	应采取措施
d级	严重不满足	危及安全或不能正常使用	必须立即采取措施

项目的评级是在子项评级完成之后，根据项目中各子项的主次关系和等级差异，按一

定规则进行评定的。主要子项有承载力子项、构造连接子项，次要子项包括裂缝子项、挠度变形等子项。项目的分级原则如表4-46。

项目的分级原则 **表4-46**

等　级	是否满足现行规范		使用情况	对　策
	主要子项	次要子项		
A级	满足	可略低	安全适用	不必采取措施
B级	满足或略低	可不满足	基本安全适用	可不采取措施
C级	略低或不满足	个别可严重不满足	影响正常使用	应采取措施
D级	严重不满足		危及安全或不能正常使用	必须立即采取措施

单元的评级是在项目评级基础上的综合评定，是建筑物可靠性的总体评估；具体的评级方法，根据组合项目的等级构成，按与项目评级类似的规则进行。单元的可靠性分级原则如表4-47。

单元的分级原则 **表4-47**

等级	可靠性是否满足现行规范	使用情况	对　策
一级	满足	可正常使用	极个别项目宜采取措施
二级	略低	不影响正常使用	个别项目应采取措施
三级	不满足	影响正常使用	应采取措施，个别项目应立即采取措施
四级	严重不满足	不能正常使用	必须立即采取措施

已有建筑物的鉴定与新设计不同，新结构一般以50年作为设计基准期，而已有建筑物的可靠性鉴定，是以下一个目标使用年限作为鉴定的目标使用期，下一个目标使用期一般较短，如5年、10年或15年等。已有建筑物虽然有老化破损现象，但经历了若干年使用的考验以及使用条件更为具体、明确的特点。

大量工程鉴定实例和事故处理资料表明，达到规范规定的正常设计、正常施工和正常使用的建筑物，未见一例倒塌；绝大多数结构事故都是由于施工、设计或使用的严重失误造成的。那些强度在一定范围内不足，以及强度验算不满足现行规范要求而满足旧规范要求的结构，过去有的处理了，有的也没有处理，使用几十年并没有破坏或倒塌。可见，那种强度在一定范围内不足、以及新旧规范的差异，不是导致结构破坏或倒塌的关键。规范规定的可靠指标只是一个控制指标，并不是实际结构满足可靠性要求的真正必需的最低指标。

4.2.3 地基基础鉴定评级

地基基础作为组合项目，包括地基、桩基、基础、桩四个项目。具体到每一个建筑物，其地基基础可能只包括其中的两个或三个项目。地基基础组合项目的评定等级，按其所包含项目中的最低等级确定。

1. 项目评级

(1) 地基和桩基。地基和桩基的等级评定，可以根据地基的沉降变形确定，当地基发生较大沉降或不均匀沉降时，上部结构就会出现相应的症状，如墙体开裂、倾斜，厂房吊车运行不稳或卡轨，梁柱开裂等现象；反之，没有这些症状时，则可以认为地基未发生明显的不均匀沉降。若虽然墙体出现开裂、倾斜现象，但调查证实裂缝宽度稳定，则说明沉降变形已经终止。地基和桩基的评级标准如下。

A 级——沉降终止或沉降速度接近于零。

B 级——沉降接近终止，连续两个月观测到的沉降速度小于 2mm/月，不均匀性较小。

C 级——沉降继续发展，连续两个月观测到的沉降速度大于 2mm/月，不均匀性较大。

D 级——沉降较 C 级严重，不均匀性很大，判断难以稳定，严重影响安全和正常使用。

(2) 基础。基础根据其结构类型，按相应结构的分级标准评定等级。

(3) 桩。桩的种类包括混凝土桩、钢桩及木桩，可按下列情况间接确定桩的等级。

当桩基项目的等级为 A、B 级，且上部承重结构及周围环境无异常变化时，混凝土桩取与桩基相同的等级；钢桩、木桩及临海建筑物的混凝土桩，应了解有无防锈、防腐措施；若有可靠措施，可取与桩基相同的等级，若无措施或措施已失效，则按同类材料构件的项目评定等级。

当桩基项目的等级为 C、D 级，且仅需检查分析个别桩便可判断该种桩已失效和失效原因时，可按其实际严重程度评为 C 级或 D 级。

2. 组合项目评级

地基基础组合项目的等级，取其所包含各项目中的最低等级。

4.2.4 混凝土结构鉴定评级

混凝土结构或构件的鉴定评级包括承载力、构造和连接、裂缝、变形四个子项。

1. 子项评级

(1) 承载能力。混凝土结构或构件的承载能力验算，按国家现行规范或标准执行。材料强度取值应以检测试验为基础，结构或构件的几何参数应采用实测值，并考虑构件截面的损伤、偏差以及结构构件过度变形的影响。结构上的作用，经调查符合国家现行标准《建筑结构荷载规范》规定取值者，应按规范选用，当现行规范未作规定或有特殊情况时，应按国家现行标准《建筑结构设计统一标准》有关的原则规定执行。钢筋混凝土结构或构件承载能力子项按表 4-48 评定等级。

混凝土结构或构件承载能力子项评级标准　　表 4-48

结构或构件种类	$R/\gamma_0 S$			
	a 级	b 级	c 级	d 级
主要构件及其连接	≥1.0	≥0.92	≥0.87	<0.87
一般构件及其连接	≥1.0	≥0.90	≥0.85	<0.85

(2) 构造和连接。装配式钢筋混凝土结构是由许多单一构件靠预埋件、焊缝或螺栓连接而成，通过节点传递和分配内力。连接节点的破坏将导致结构破坏，因此，它是建筑结

构可靠性评定的重要内容之一，按表 4-49 评定等级。

混凝土结构或构件构造和连接子项评级标准 **表 4-49**

连接方式	评级标准	
	a、b 级	c、d 级
预埋件	构造合理，受力可靠，无变形、滑移或其他损坏	构造有严重缺陷，已导致预埋件有明显变形、滑移、松动或其他损坏
焊缝或螺栓	连接方式正确，无缺陷，或仅有局部表面缺陷，工作正常	连接方式不当，构造有严重缺陷，已导致焊缝或螺栓等发生明显变形、滑移、局部拉脱或裂缝

(3) 变形。变形的准确测定一般是在调查出可疑迹象的情况下，选择较大的挠度或位移进行测量。过度的变形一般对应较大的裂缝，因此变形与裂缝应结合起来测量。混凝土结构或构件的变形子项按表 4-50 评定等级。

混凝土结构或构件变形子项评级标准 **表 4-50**

结构或构件类别		评级标准			
		a 级	b 级	c 级	d 级
单层厂房托架、屋架		$\leqslant L_0/500$	$\leqslant L_0/450$	$\leqslant L_0/400$	$>L_0/400$
多层框架主梁		$\leqslant L_0/400$	$\leqslant L_0/350$	$\leqslant L_0/250$	$>L_0/250$
屋盖、楼盖及楼梯构件	$L_0<7$m	$\leqslant L_0/200$	$\leqslant L_0/175$	$\leqslant L_0/125$	$>L_0/125$
	7m$\leqslant L_0 \leqslant$9m	$\leqslant L_0/250$	$\leqslant L_0/200$	$\leqslant L_0/175$	$>L_0/175$
	$L_0>9$m	$\leqslant L_0/300$	$\leqslant L_0/250$	$\leqslant L_0/200$	$>L_0/200$
吊车梁	电动吊车	$\leqslant L_0/600$	$\leqslant L_0/500$	$\leqslant L_0/400$	$>L_0/400$
	手动吊车	$\leqslant L_0/500$	$\leqslant L_0/450$	$\leqslant L_0/350$	$>L_0/350$
风荷载下多层厂房	层间侧移	$\leqslant h/400$	$\leqslant h/350$	$\leqslant h/300$	$>h/300$
	总侧移	$\leqslant H/500$	$\leqslant H/450$	$\leqslant H/400$	$>H/400$
单层厂房排架柱平面外倾斜		$\leqslant H/1000$ 且 $H>10$m 时，$\leqslant$20mm	$\leqslant H/750$ 且 $H>10$m 时，$\leqslant$30mm	$\leqslant H/500$ 且 $H>10$m 时，$\leqslant$40mm	$>H/500$ 且 $H>10$m 时，$>$40mm

注：1. 表中 L_0 为构件的计算跨度，H 为柱或框架总高，h 为框架层高；
2. 本表所列为按长期荷载效应组合的变形值，应减去或加上制作反拱或下挠值。

(4) 裂缝。对于因主筋锈蚀造成的沿构件主筋方向的裂缝，当裂缝宽度不超过 2mm 时评为 c 级；裂缝宽度大于 2mm 或主筋锈蚀导致构件掉角及混凝土保护层脱落者评为 d 级；无裂缝者评为 a、b 级。

对于受力主筋处的横向或斜向裂缝，根据裂缝的宽度，分别按表 4-51 及表 4-52 的规定评级，并应考虑检测时尚未作用的各种因素对裂缝宽度的影响。

Ⅰ、Ⅱ、Ⅲ级钢筋配筋的混凝土结构或构件裂缝子项评级标准　　表 4-51

结构或构件的工作条件		裂缝宽度（mm）			
		a级	b级	c级	d级
室内正常环境	一般构件	≤0.40	≤0.45	≤0.70	>0.70
	屋架、托架	≤0.20	≤0.30	≤0.50	>0.50
	吊车梁	≤0.30	≤0.35	≤0.50	>0.50
露天或室内高湿度环境		≤0.20	≤0.30	≤0.40	>0.40

预应力混凝土结构或构件裂缝子项评级标准　　表 4-52

结构或构件的工作条件		裂缝宽度（mm）			
		a级	b级	c级	d级
室内正常环境	一般构件	≤0.20 (0.02)	≤0.35 (0.10)	≤0.50 (0.20)	>0.50 (0.20)
	屋架、托架	≤0.05 (0.02)	≤0.10 (0.05)	≤0.30 (0.20)	>0.30 (0.20)
	吊车梁	≤0.05	≤0.10 (0.05)	≤0.30 (0.20)	>0.30 (0.20)
露天或室内高湿度环境		≤0.02	≤0.05 (0.02)	≤0.20 (0.10)	>0.20 (0.10)

注：表中括号内的数值针对配置碳素钢丝、钢绞线、热处理钢筋、冷拔低碳钢丝的预应力混凝土结构或构件；括号外的数值针对配置Ⅱ、Ⅲ、Ⅳ级钢筋的预应力混凝土结构或构件。

2. 项目评级

混凝土结构或构件的项目评定分为A、B、C、D四个等级，应根据上述承载能力、构造和连接、裂缝、变形四个子项的评定结果，按下列原则确定：

(1) 当四个子项的等级相差不大于一级时，以主要子项，即承载能力子项与构造和连接子项中的较低等级作为该项目的等级。

(2) 当变形、裂缝子项比承载能力或构造和连接子项低二级时，以承载能力或构造和连接子项中的较低等级降一级作为该项目的等级。

(3) 当变形、裂缝子项比承载能力或构造和连接子项低三级时，可根据变形、裂缝对承载能力的影响程度及其发展速度，以承载能力或构造和连接中的较低等级降一级或二级作为该项目的等级。

4.2.5　砌体结构鉴定评级

砌体结构或构件的鉴定评级包括承载能力、变形裂缝、变形、构造和连接四个子项。

1. 子项评级

(1) 承载能力。混凝土结构或构件的承载能力验算，应在调查、检测结构材质的基础上，按国家现行规范或标准执行。验算时应考虑留洞、风化剥离、各种变形裂缝及倾斜引起的有效截面的削弱和附加内力。评级标准如表4-53。

砌体结构或构件承载能力子项评级标准 表 4-53

构件类别	$R/\gamma_0 S$			
	a 级	b 级	c 级	d 级
砌体结构或构件	≥1.0	≥0.92	≥0.87	<0.87

(2) 变形裂缝。砌体结构变形裂缝是指温度、收缩、变形和地基不均匀沉降引起的裂缝。变形裂缝对承重结构整体性及承载能力的影响，仍然通过承载能力子项等级来反映。变形裂缝的评级主要按其对使用功能的影响程度确定，以表 4-54 的规定为主，并应结合裂缝发生的部位、长度、稳定性及有无振动等因素综合评定。

砌体结构或构件变形裂缝子项评级标准 表 4-54

结构或构件	变 形 裂 缝			
	a 级	b 级	c 级	d 级
墙、有壁柱墙	无裂缝	墙体产生轻微裂缝，最大裂缝宽度 $\omega_f<1.5$mm	墙体裂缝较严重，最大裂缝宽度 ω_f 在 1.5～10 mm 范围	墙体裂缝严重，最大裂缝宽度 $\omega_f>10$mm
独立柱	无裂缝	无裂缝	最大裂缝宽度 $\omega_f<1.5$mm，且未贯通柱截面	柱断裂或产生水平错位

(3) 变形。砌体结构在长期使用中，由于荷载、温差、地基沉降及松弛徐变等因素，导致结构变形，不但影响观感，且影响结构受力或稳定，如导致偏心距增大，产生新的附加应力等，从而降低构件的承载能力，引起结构构件的开裂，甚至倒塌。单层和多层砌体结构厂房变形子项的评级标准有所不同，多层稍宽，单层稍严。单层评级标准如表 4-55，多层评级标准如表 4-56。

单层厂房砌体结构或构件变形子项评级标准 表 4-55

构件类别	变形或倾斜值 Δ（mm）			
	a 级	b 级	c 级	d 级
无吊车厂房墙、柱	≤10	≤30	≤60 或 $H/150$	>60 或 $H/150$
有吊车厂房墙、柱	$\leq H_T/1250$	有倾斜，但不影响使用	有倾斜，影响吊车运行，但可调节	有倾斜，影响吊车运行，已无法调节
独立柱	≤10	≤15	≤40 或 $H/170$	>40 或 $H/170$

注：1. 表中 H_T 为柱脚底面至吊车梁或吊车桁架顶面的高度；Δ 为单层工业厂房砌体墙、柱变形或倾斜值；H 为砌体结构房屋总高。

2. 本表适用于墙、柱高度 $H\leq10$m 。当 $H>10$m 时，高度每增加 1 m，各级变形或倾斜限值可增大 10%。

多层厂房砌体结构或构件变形子项评级标准 表 4-56

构件类别	层间变形或倾斜值（mm）				总变形或倾斜值（mm）			
	a 级	b 级	c 级	d 级	a 级	b 级	c 级	d 级
墙、带壁柱墙	≤5	≤20	≤40 或 $h/100$	>40 或 $h/100$	≤10	≤30	≤60 或 $H/120$	>60 或 $H/120$
独立柱	≤5	≤15	≤30 或 $h/120$	>30 或 $h/120$	≤10	≤20	≤45 或 $H/150$	>45 或 $H/150$

注：1. h 为多层厂房的层高。

2. 本表适用于房屋总高 $H\leq10$m 。当房屋总高度 $H>10$m 时，总高度每增加 1 m，各级变形或倾斜限值可增大 10%。

3. 取层间变形和总变形中较低的等级作为变形子项的评定等级。

(4) 构造和连接。砌体结构的构造和连接子项，包括墙、柱高厚比，墙与柱的连接，墙、柱与梁的连接等，如搁置长度、垫块设置、预埋件与构造连接等等，按表4-57的规定评级。

砌体结构构造和连接子项评级标准 **表4-57**

检查项目	a级	b级	c级	d级
墙、柱高厚比	小于或等于现行规范的允许值	大于现行规范的允许值，但不超过10%	大于现行规范的允许值，但不超过20%	大于现行规范的允许值，且超过20%
构造和连接	符合现行规范要求	有局部缺陷，不影响安全使用	有较严重缺陷，影响安全使用	有严重缺陷，危及安全

2. 项目评级

砌体结构或构件的项目评定分为A、B、C、D四个等级，应根据上述承载能力、构造和连接、变形裂缝、变形四个子项的评定结果，按下列原则确定：

(1) 当变形裂缝和变形子项中的较低等级，与承载能力、构造和连接子项中的较低等级相比，相差不大于一级时，以承载能力或构造和连接子项中的较低等级作为该项目的等级。

(2) 当变形裂缝、变形子项比承载能力或构造和连接子项中的较低等级低二级时，以承载能力或构造和连接子项中的较低等级降一级作为该项目的等级。

(3) 当变形裂缝、变形子项比承载能力或构造和连接子项中的较低等级低三级时，可根据变形裂缝、变形对承载能力的影响程度及其发展速度，以承载能力或构造和连接中的较低等级降一级或二级作为该项目的等级。

4.2.6 钢结构鉴定评级

现行鉴定标准仅涉及单层钢结构厂房。对单层厂房钢结构或构件的鉴定，包括承载能力（含构造和连接）、变形及偏差三个子项。

1. 子项评级

(1) 承载能力。钢结构或构件承载能力的验算，应包括强度、稳定、连接、疲劳等方面。承载能力验算时的钢材强度取值，当结构材料的种类或性能符合原设计要求时，应按原设计取值；不符时，应进行材料试验。单层钢结构厂房承载能力（含构造和连接）子项评级标准如表4-58。

钢结构或构件承载能力子项评级标准 **表4-58**

结构或构件种类	$R/\gamma_0 S$			
	a级	b级	c级	d级
屋架、托架、梁、柱	≥1.0	≥0.95	≥0.90	<0.90
中、重级制吊车梁	≥1.0	≥0.95	≥0.90	<0.90
一般构件及支撑	≥1.0	≥0.92	≥0.87	<0.87
连接、构造	≥1.0	≥0.95	≥0.90	<0.90

（2）变形。单层钢结构厂房变形子项按表 4-59 评定等级。

钢结构或构件变形子项评级标准 **表 4-59**

钢结构或构件类别		变形			
		a级	b级	c级	d级
檩条	轻屋盖	$\leqslant L/150$	>a级，功能无影响	>a级，功能有局部影响	>a级，功能有影响
	其他屋盖	$\leqslant L/200$			
桁架屋架及托架		$\leqslant L/400$			
实腹梁	主梁	$\leqslant L/400$			
	其他梁	$\leqslant L/250$			
吊车梁	轻级和 $Q<50t$	$\leqslant L/600$	>a级，吊车运行无影响	>a级，吊车运行有局部影响，可补救	>a级，吊车运行有影响，不可补救
	重级和 $Q>50t$	$\leqslant L/750$			
柱	厂房柱横向变形	$\leqslant H_T/1250$			
	露天栈桥柱横向变形	$\leqslant H_T/2500$			
	柱纵向变形	$\leqslant H_T/4000$			
墙架构件	支承砌体的横梁（水平向）	$\leqslant L/300$	>a级，功能无影响	>a级，功能有影响	>a级，功能有严重影响
	压型钢板等轻墙横梁（水平向）	$\leqslant L/200$			
	支柱	$\leqslant L/400$			

注：1. 表中 L 为受弯构件的跨度，H_T 为柱脚底面到吊车梁顶面的高度。柱变位为最大一台吊车水平荷载作用下的水平变位值。

2. 本表为按长期荷载效应组合的变形值，应减去或加上制作反拱或下挠值。

（3）偏差。单层钢结构厂房偏差子项按表 4-60 评定等级。

单层钢结构厂房偏差子项评级标准 **表 4-60**

检查项目	a级	b级	c、d级
天窗架、屋架、托架的不垂直度	不大于高度的 1/250 及 15mm	略大于 a 级，且不发展	大于 a 级，且有发展的可能
压杆主受力平面的弯曲矢高	不大于杆件自由长度的 1/1000 及 10mm	不大于杆件自由长度的 1/660	大于杆件自由长度的 1/660
实腹梁的侧弯矢高	不大于跨度的 1/660	略大于跨度的 1/660，且不可能发展	大于跨度的 1/660
吊车轨道中心对吊车梁轴线的偏差	不大于 10mm	不大于 20mm	大于 20mm，轨道与吊车梁接触面不平，有啃轨现象

2. 项目评级

单层厂房钢结构或构件的项目评定分为 A、B、C、D 四级，应根据承载能力、变形、偏差三个子项的等级，按下列原则确定：

（1）当变形、偏差子项比承载能力子项相差不大于一级时，以承载能力子项的等级作为该项目的等级。

（2）当变形、偏差子项比承载能力子项低二级时，以承载能力子项的等级降一级作为该项目的等级。

（3）变形、偏差子项比承载能力子项低三级时，可根据变形、偏差对承载能力的影响程度，以承载能力的等级降一级或二级作为该项目的等级。

4.2.7 组合项目鉴定评级

结构布置、围护结构系统、承重结构系统是构成单元的三大组合项目，应分别按 A、B、C、D 四个等级进行评定。

1. 结构布置

结构布置的评级没有量化指标，应从建筑平、立面布置，结构和构件选型，荷载传递路径，及构造措施等方面，按照基本的鉴定评级原则进行评级。

2. 围护结构系统

围护结构系统的鉴定评级应包括使用功能和承重结构两个项目。使用功能项目包括屋面、墙体及门窗、地下防水和防护设施四个子项。根据各子项对建筑物使用寿命和生产的影响程度，确定出一个或数个主要子项，其余为次要子项，取主要子项的最低等级作为该项目的评定等级。承重结构或构件项目的评级，应根据其结构类别按相应结构或构件评定等级。围护结构系统的等级取为使用功能项目和承重结构项目中的较低等级。

3. 承重结构系统

将承重结构系统划分为若干传力树，传力树中的构件分为基本构件和非基本构件两种类型。基本构件是指其自身失效时会导致其他构件失效的一类构件。非基本构件的失效不会导致其他构件的失效。承重结构系统评级的顺序是，首先分别对基本构件和非基本构件进行评级，在此基础上进行传力树的评级，最后进行承重结构系统的评级。传力树是由基本构件和非基本构件组成的传力系统，树表示构件与系统失效之间的逻辑关系。

（1）基本构件和非基本构件。应在各自单个构件评定等级的基础上，按其所含各等级构件数量的百分比确定，评级标准如表 4-61。

传力树中基本构件、非基本构件的评级标准　　表 4-61

等级	基本构件	非基本构件
A 级	含 B 级且不大于 30%；不含 C、D 级	含 B 级且不大于 50%；不含 C、D 级
B 级	含 C 级且不大于 30%；不含 D 级	含 C 级、D 级之和小于 50%，且 D 级含量小于 5%
C 级	含 D 级且小于 10%	含 D 级且小于 35%
D 级	含 D 级且不小于 10%	含 D 级且不小于 35%

（2）传力树。各传力树的等级，一般是取树中各基本构件等级中的最低等级。当树中非基本构件的最低等级低于基本构件最低等级二级时，取基本构件最低等级降一级后的等级；当低于三级时，取基本构件最低等级降二级后的等级。

（3）承重结构系统。单元的承重结构系统评级，按表 4-62 中传力树的各等级比例构成评定等级。

承重结构系统的评级标准　　表 4-62

等级	传力树等级构成	等级	传力树等级构成
A级	含B级传力树且不大于30%；不含C、D级传力树	C级	含D级传力树且小于5%
B级	含C级传力树且不大于15%；不含D级传力树	D级	含D级传力树且不小于5%

4.2.8 单元鉴定评级

鉴定单元包括承重结构系统、结构布置、围护结构系统三个组合项目，以承重结构系统为主，考虑结构的重要性、耐久性、建筑物使用条件等因素，结合结构布置、围护结构系统的等级，按下述原则综合评定。

1. 当结构布置、围护结构系统、承重结构系统的评定等级相差不大于一级时，以承重结构系统的等级作为鉴定单元的评定等级。

2. 当结构布置、围护结构系统比承重结构系统的评定等级低二级时，以承重结构系统的等级降一级作为鉴定单元的评定等级；当低三级时，可按具体情况降一级或二级作为单元的评定等级。

3. 根据鉴定单元的重要性、耐久性、使用条件和状态等要求，可对上述评定等级作不大于一级的调整。

4.3 建筑结构耐久性评估

结构耐久性是指结构在正常维护条件下，随时间变化而仍满足预定功能要求的能力；含指耐久年限及剩余耐久年限。耐久年限是指结构在正常维护条件下，从建成至不能满足预定功能要求的时间。剩余耐久年限是指经过一定使用年限后的已建结构，至不能满足预定功能要求的剩余时间。结构耐久性评估一般是指剩余耐久年限的评估。我国《钢铁工业建（构）筑物可靠性鉴定规程》YJB219—89 对此作了规定，它通过可靠性检测鉴定，根据结构在前一个使用阶段的损伤程度、损伤速度，结合结构现存的安全度或加固后的安全度进行推算或评估。但影响结构耐久性的因素十分复杂，目前的研究还很不深入，迫切需要进一步的研究、补充和完善。

4.3.1 钢筋混凝土结构耐久性评估

钢筋混凝土结构耐久性破坏，是混凝土或钢筋随时间变化，受自然作用、化学腐蚀、集料反应、疲劳损伤等造成的累积损伤。当构件中一半以上的主筋处于锈蚀状态，即使通过一般维修或局部更换，已不能满足可靠性鉴定评级中的 B 级要求时，自鉴定之日算起，达到这种状态的时间 Y_r，称为该构件的剩余耐久年限。

混凝土结构的剩余耐久年限，根据混凝土平均碳化深度的实测值是否超过其保护层厚度，按不同的方法推算。当平均碳化深度小于平均保护层厚度时，其剩余耐久年限按下式推算：

$$Y_r = Y_0\left(\frac{\overline{C}^2}{C_t^2} - 1\right)\alpha_c\beta_c\gamma_c\delta_c$$

当平均碳化深度大于、等于平均保护层厚度时，且受力主筋直径不小于 10mm，主筋残余截面面积满足下式：

$$1-\frac{A_{sr}}{A_{s0}}\leqslant 6\%$$

则剩余耐久年限按下式推算：

$$Y_r = Y_0\left(\frac{0.1}{1.05-\frac{A_{sr}}{A_{s0}}}\right)\alpha_c\beta_c\gamma_c\delta_c$$

式中 $\overline{C}$——混凝土结构构件受力主筋平均保护层厚度；

$\overline{C}_t$——混凝土结构构件受力主筋处平均碳化深度；

Y_0——结构构件已使用年限；

α_c——混凝土结构耐久性的混凝土材质系数，按表 4-63；

β_c——混凝土结构耐久性的钢筋保护层系数，按表 4-64；

γ_c——环境对混凝土结构耐久性的影响系数，按表 4-65；

δ_c——混凝土结构耐久性的结构损伤系数，按表 4-66；

A_{sr}——钢筋锈蚀后当前剩余截面面积；

A_{s0}——钢筋锈蚀前截面面积。

混凝土结构耐久性的混凝土材质系数 α_c **表 4-63**

混凝土强度（MPa）	15.0	20.0	25.0	30.0	35.0	≥40
混凝土材质系数	0.85	1.00	1.15	1.30	1.45	1.60

混凝土结构耐久性的钢筋保护层系数 β_c **表 4-64**

构件状态	混凝土结构保护层厚度（mm）						
	10	15	20	25	30	35	≥40
受力主筋直径 $d_i\leqslant$10mm	0.9	1.0	1.1	1.2	1.3		
受力主筋直径 $d_i>$10mm		0.8	0.9	1.0	1.1	1.2	1.3

注：当有良好的砂浆面层且厚度达到 15～20 mm 时，上表系数可乘 1.3 采用。

环境对混凝土结构耐久性的影响系数 γ_c **表 4-65**

腐蚀程度分类	环境状况			
	一般区		干湿交替区	
	构件主筋直径（mm）		构件主筋直径（mm）	
	（≤ϕ10）	（>ϕ10）	（≤ϕ10）	（>ϕ10）
Ⅳ	0.6	0.7	0.4	0.5
Ⅴ	0.7	0.8	0.5	0.6
Ⅳ沿海≤5km	0.8	0.9	0.6	0.7
潮湿区、室外	0.9	1.0	0.7	0.8
一般室内	1.0	1.1	0.8	0.9
室内干燥区	1.2	1.3		

注：腐蚀程度根据《工业建筑防腐设计规范》（GB 50046—95）分类。

混凝土结构耐久性的结构损伤系数 δ_c **表 4-66**

损伤程度		$\overline{C}/d_i$		备注
		0.5~1.5	1.5~2.5	
因主筋耐久性锈蚀混凝土保护层成片脱落		0.5	0.3 且 $d<10$mm	必须检查钢筋剩余截面面积，考虑折损进行验算
构件截面角部沿主筋出现耐久性锈蚀裂缝		0.8	0.6	
保护层机械损伤	干燥区	0.9	0.8	
	潮湿区	0.3~0.8	0.3~0.6	
无损伤		1.0	1.0	

注：$\overline{C}$ 为平均保护层厚度，d_i 为主筋直径。

4.3.2 砌体结构耐久性评估

砌体结构剩余耐久年限的评估，主要以砌体结构的风化、剥落、砂浆粉化等原因导致砌体截面削弱的速度为推算依据。当墙体截面削弱到 1/4 或柱截面削弱达 1/5 时，即使通过一般维修和局部更换也不能满足评定等级 B 级要求时，达到这种状态的年限 Y_r 为该砌体构件的剩余耐久年限。可按下式推算：

$$Y_r=\left(\frac{\alpha_m\cdot A_{m0}}{A_{m0}-A_{mr}}-1\right)Y_0$$

式中 A_{m0}——砌体结构墙（柱）原截面面积；

A_{mr}——砌体结构墙（柱）当前剩余截面面积；

α_m——砌体结构耐久极限系数，墙体为 0.25，柱子为 0.20。

4.3.3 钢结构耐久性评估

钢结构的耐久性破坏，是钢结构表面的保护膜、母材、焊缝、铆钉、螺栓等随时间推移，受自然作用、化学腐蚀、疲劳损伤、变形等造成的累积损伤。目前，钢结构耐久性评估有多种理论，如保护膜破坏寿命理论、大气腐蚀母材断面损伤寿命理论、大气和应力联合作用下承载能力寿命理论、疲劳累积损伤寿命理论，以及按常见钢结构耐久性破坏的规律判断寿命理论等。钢结构的各种耐久性寿命理论都还是初步的，下面仅就个别理论建立的剩余耐久年限推算作简单介绍。

当钢结构构件主体的保护膜破坏，母材截面损伤超过 10%，且通过一般维修和局部更换已不能满足评定等级 B 级要求时，达到这种状态的年限 Y_{r1} 称为该钢结构耐久性的自然腐蚀剩余年限。通常按下式推算：

$$Y_{r1}=\left(\frac{0.1t_0}{t_0-t_r}-1\right)Y_0\cdot\alpha_s$$

式中 t_0——钢结构钢材原材厚度；

t_r——钢结构腐蚀后当前剩余厚度；

α_s——钢结构腐蚀系数，按表 4-67。

当钢结构主要构件中的应力水平较高时，还应考虑高应力影响，按下式计算称为考虑应力影响的耐久性自然腐蚀剩余年限 Y_{r2}：

$$Y_{r2} = \left\{ \frac{0.5 t_0}{t_0 - t_r} \left[\left(1 - \frac{\sigma_0}{f_y} \right)^{1/m} \right] - 1 \right\} Y_0 \cdot \alpha_s$$

式中 σ_0——钢结构主要杆件在常遇荷载下的最大主应力；

f_y——钢材的屈服强度；

m——钢结构考虑应力影响耐久性腐蚀的截面形状和受力系数，按表 4-68 取用。

钢结构腐蚀系数 α_s　　表 4-67

$\frac{t_0 - t_r}{Y_0}$	≤0.01mm/年	0.01~0.05mm/年	≥0.05mm/年
α_s	1.20	1.00	0.80

钢结构应力影响的截面形状和受力系数　　表 4-68

系数		截面形状和受力种类
m	1	薄板、受拉构件、长细比小于 100 的受压构件
	2	薄板、受弯构件
	3	薄板、长细比大于 100 的受压构件

复 习 思 考 题

1. 民用建筑与工业厂房可靠性鉴定评级过程及层次划分有何异同？

2. 可靠性鉴定各层次的评级结果在房屋加固维修与宏观管理中的作用有何区别？

3. 对于不同时期、按照不同的设计施工规范建造的房屋，可靠性鉴定是否依据不同的标准？

4. 混凝土结构设计规范中的裂缝或挠度控制标准与可靠性鉴定的评级标准有何联系？

5. 结构的可靠性水平与其使用年限有没有关系？什么叫剩余耐久年限？结构耐久性评估要考虑哪些因素？

第 5 章　工程结构的补强与加固

5.1　混凝土结构的补强与加固

对于已经建成的混凝土结构，多种原因可能导致结构的安全性、适用性或耐久性不能满足规定要求，这些原因包括设计错误、施工或材料质量低劣、增层改造导致结构上的荷载增大或者遭受灾害及结构耐久性损伤等等。当结构构件可靠性鉴定评级为 c 级或 d 级时，一般应采取结构加固补强措施。

结构加固与新建不同，加固的设计与施工有其特殊性。加固设计工作包括原结构的验算和加固设计计算，要求考虑新、旧结构材料的粘结能力，承载力结构、刚度和使用寿命的均衡，以及新、旧结构的协调工作。加固施工常常是在建筑物使用过程中进行，或只能短期停业施工；要求施工速度快，尽量减少现场浇筑的湿作业量；施工现场狭窄，常受相邻构件、设备、管道等空间环境的制约，施工难度大；加固施工常伴随局部拆除、开洞、凿糙等工序，安全防范要求高；此外，为了保证新旧结构材料的粘结，要求对界面进行粗糙和清洁处理，但对处理效果尚缺乏简便的控制办法。如此等等，造成加固施工质量不易控制。

混凝土结构发展应用时间不长，至今约 100 年。混凝土加固历史更短，仅 30 ~ 40 年时间。近十年来，我国在结构加固补强方面做了大量的研究和实践，取得了丰富的经验，先后颁布《混凝土结构加固技术规范》CECS 25：90 和《混凝土结构加固设计规范》GB 50367—2006。成熟的加固技术包括增大截面加固法、置换混凝土加固法、外加预应力加固法、外粘钢加固法、改变结构传力途径加固法及植筋技术等。

5.1.1　混凝土结构的加固原理

1. 混凝土加固结构的受力特征

加固前原结构已经承受荷载，若称之为第一次受力，则加固后属于二次受力。加固前原结构已经产生应力应变，存在一定的压缩变形、弯曲变形等，同时原结构混凝土的收缩变形已完成。而加固一般是在未卸除已承受的荷载或部分卸除下进行的，加固时新增加的结构部分只有在荷载变化时，才开始受力，所以新加部分的应力、应变滞后于原结构，新、旧结构不能同时达到应力峰值，破坏时，新加部分可能达不到自身的承载能力极限。如果原结构构件的应力和变形较大，则新加部分的应力将处于较低水平，承载潜力不能充分发挥，起不到应有的加固效果。

加固结构属于新、旧二次组合结构，新、旧部分能否成为整体，共同工作，关键取决于结合面能否充分地传递剪力。实际上混凝土结合面的抗剪强度一般总是远低于一次整浇混凝土的抗剪强度，所以二次组合结构承载力低于一次整浇结构。加固结构的这些受力特征，决定了混凝土结构加固设计计算、构造及施工不同于新建混凝土结构。

2. 新旧混凝土的粘结抗剪强度

混凝土加固结构新旧两部分能否共同工作，关键在于结合面能否有效地传递剪力。加固结构新旧混凝土的结合面是一个薄弱环节，中国建筑科学研究院的粘结抗剪对比试验结果（表5-1）表明，结合面上的粘结抗剪强度仅为一次整浇混凝土抗剪强度的15%～20%。

混凝土抗剪强度与粘结抗剪强度（N/mm^2） **表5-1**

混凝土强度等级		C10	C15	C20	C25	C30	C35	C40	C45	C50	C60
粘结抗剪	标准值 f_{vk}	0.25	0.32	0.39	0.44	0.50	0.54	0.58	0.62	0.66	0.73
	设计值 f_v	0.19	0.24	0.29	0.33	0.37	0.40	0.43	0.46	0.49	0.54
整体抗剪	标准值 f_{vk}	1.25	1.70	2.10	2.50	2.85	3.20	3.50	3.80	3.90	4.10
	设计值 f_v	0.90	1.25	1.75	1.80	2.10	2.35	2.60	2.80	2.90	3.10

当混凝土粘结抗剪强度不能满足要求时，可通过配置贯通结合面的剪切-摩擦钢筋，来提高粘结抗剪能力。根据中国建筑科学研究院的试验研究，结合面粘结抗剪可按下式进行验算：

$$\tau \leqslant f_v + 0.56\rho_{sv}f_y \tag{5-1}$$

式中 τ——结合面剪应力设计值；

f_v——结合面混凝土抗剪强度设计值，按表5-1取用；

ρ_{sv}——横贯结合面的剪切-摩擦钢筋配筋率，$\rho_{sv} = A_{sv}/bs$；

A_{sv}——配置在同一截面内贯通钢筋的截面面积；

b——截面宽度；

s——贯通钢筋间距；

f_y——贯通钢筋抗拉强度设计值。

四川建筑科学研究院的试验表明，加固前已有纵向裂缝的轴心受压柱，加固后进行试验，虽然结合面满足抗剪要求，但破坏总是最先出现在结合面上，新旧混凝土分离，加固柱破坏荷载低于整浇柱。加固设计中，对此采用共同工作系数予以考虑，共同工作系数一般在0.8～1之间，并根据构件受力性质、构造处理、施工方法等因素取值。

为了提高结合面的粘结抗剪强度，可采取对结合面进行处理及选择合适的加固混凝土强度等措施。旧混凝土表面的抹灰层均应铲去，旧混凝土质量较好时，应将结合面凿糙，露出石子，或作一般刷糙处理。旧混凝土表面已风化、变质、严重损坏时，一般应尽量清除彻底，直至坚实层为止。在结合面上涂刷界面剂，也是提高粘结抗剪强度一种有效方法，浇筑新混凝土前，在旧混凝土表面涂刷水泥净浆、掺108胶或铝粉水泥净浆，均能提高粘结强度。新加部分混凝土的强度，一般应比原结构混凝土强度等级提高一级，且不低于C20；若原结构混凝土强度较高，如高于C40时，可采用与原结构相同的强度等级。

3. 混凝土加固结构的计算假定

混凝土加固结构无论采用增大截面法、外粘型钢法或是粘钢加固法，加固结构的承载力都不是新、旧两部分的简单叠加，加固结构的承载力与原结构的应力、应变水平相关，与原结构的极限变形能力相关，与两部分材料的应力-应变关系相关。为了从理论上分析计算加固结构的承载力，参照混凝土结构设计规范的规定，对混凝土加固结构计算作如下假定：

(1) 截面变形保持平面；

(2) 不考虑混凝土的抗拉强度；

(3) 混凝土轴心受压的应力 σ_c 与应变 ε_c 关系为抛物线（图 5-1*a*），可用如下回归方程表示：

$$\sigma_c = \left[2\left(\frac{\varepsilon_c}{\varepsilon_{co}}\right) - \left(\frac{\varepsilon_c}{\varepsilon_{co}}\right)^2\right] f_c \tag{5-2}$$

式中 f_c——混凝土轴心抗压强度设计值；

ε_{co}——混凝土轴心受压极限应变值，$\varepsilon_{co} = 0.002$。

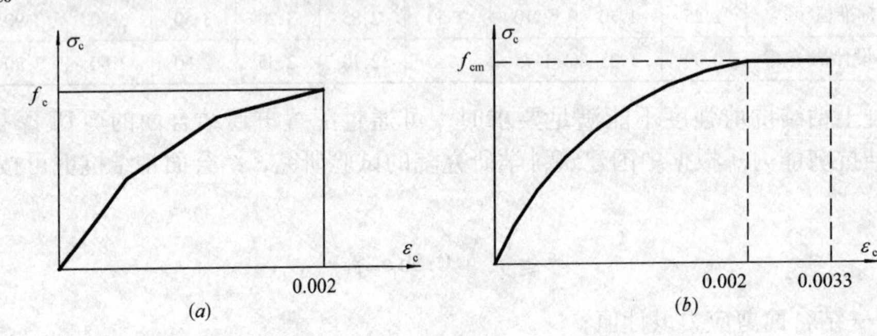

图 5-1 混凝土受压应力-应变关系曲线

(4) 混凝土非均匀受压时的应力 σ_c 与应变 ε_c 关系为抛物线和水平线的组合（图 5-1*b*），用如下方程表示：

$$\sigma_c = \begin{cases} \left[2\left(\frac{\varepsilon_c}{\varepsilon_{cu}}\right) - \left(\frac{\varepsilon_c}{\varepsilon_{cu}}\right)^2\right] \alpha_1 f_c & (\varepsilon_c \leqslant \varepsilon_{cu}) \\ \alpha_1 f_c & (\varepsilon_{co} < \varepsilon_c \leqslant \varepsilon_{cu}) \end{cases} \tag{5-3}$$

式中 ε_{cu}——混凝土弯曲受压极限应变值，$\varepsilon_{cu} = 0.0033$。

(5) 钢筋的应力 σ_s 与应变 ε_s 关系为直线和水平线的组合，受拉钢筋极限应变值 $\varepsilon_{su} = 0.01$，应力应变关系用下式表示：

$$\sigma_s = \begin{cases} \varepsilon_s E_s & (\varepsilon_s E_s < f_y) \\ f_y & (\varepsilon_s E_s \geqslant f_y) \end{cases} \tag{5-4}$$

式中 f_y——钢筋屈服强度设计值；

E_s——钢筋弹性模量。

4. 混凝土结构加固方法及选择

混凝土结构加固的方法很多，常用的有增大截面加固法、外粘型钢加固法、预应力加固法、改变结构传力途径加固法、粘钢加固法及各种裂缝修补技术等等。选择哪一种加固方法，应根据被加固结构在承载力、刚度、裂缝或耐久性等方面的不足，并结合各种加固方法的特点和适用范围（表 5-2）以及施工的可行性进行选择。如对于裂缝过大而承载力满足要求的构件，采用增加配筋的加固方法是不可取的，有效的方法是采用预应力加固。对于构件一般的刚度不足，可选择增设支点或增大截面加固法。对于构件承载力不足，而配筋已达到超筋时，不能采用在受拉区增加钢筋的方法。

确定加固方案时，除了要研究加固范围的局部效果，还应考虑与之相关的整体效应。如避免因局部加固导致整体刚度失衡或破坏了原结构强柱弱梁、强剪弱弯的合理性。

混凝土结构常用加固方法的特点和适用范围　　表 5-2

加固方法	主 要 特 点	适 用 范 围
增大截面加固法	用同种材料加大构件截面面积，提高承载力	梁、板、柱、墙等一般构件
外粘型钢加固法	在混凝土构件四周包以型钢，可显著提高承载力。有干式和湿式两种做法	截面尺寸增大受限，或需要大幅度提高承载力。当用化学灌浆外粘型钢时，型钢表面温度不应高于 60℃；当环境具有腐蚀性介质时，应有可靠的防护措施
预应力加固法	采用外加预应力的钢拉杆或撑杆，使加固与卸载合而为一	提高承载力、刚度和抗裂性，加固后占用空间小，不宜用于温度高于 60℃的环境，也不宜用于收缩徐变大的混凝土结构
增设支点加固法	增设支点减小结构构件的计算跨度和变形，提高承载力。分刚性支点和弹性支点	净空不受限制的梁、板、桁架等构件
粘贴钢板加固法	在混凝土构件表面用结构胶粘贴钢板，以提高其承载力	一般受弯、受拉构件，环境温度不高于 60℃，相对湿度不大于 70%，无化学腐蚀，否则应采取措施
植筋技术	在已有钢筋混凝土构件上植入锚固钢筋	用于增层、新增悬臂构件、新旧混凝土连接
其他加固方法	如通过增设支撑体系或剪力墙，增加结构的整体刚度，改变构件的刚度比值，调整原结构的内力，改善结构构件的受力状况	多用于增强单层厂房或多层框架的空间刚度，提高抗震能力
裂缝修补技术	恢复或部分恢复结构因裂缝所丧失的承载力、耐久性、防水性及美观等	各种混凝土结构

5.1.2　增大截面加固法

1. 概述

增大截面加固法，又称外包混凝土加固法，是通过在原混凝土构件外，叠浇新的钢筋混凝土，增大构件的截面面积和配筋，达到提高构件的承载力和刚度、降低柱子长细比等目的。

增大截面加固法适用于混凝土柱、板、梁等结构构件，根据构件的受力特点、薄弱环节、几何尺寸及方便施工等，加固可以设计为单侧、双侧、三侧或四面增大截面。例如，轴心受压柱常采用四面加固（图 5-2*a*）；偏心受压柱受压边薄弱时，可仅对受压边加固（图 5-2*b* ），反之，可仅对受拉边加固（图 5-2*c*）；梁、板等受弯构件，有以增大截面为主的受压区加固（图 5-2*d*）和以增加配筋为主的受拉区加固（图 5-2*e*），或二者兼备。以增大截面为主的加固，为了保证补加混凝土的正常工作，需配置构造钢筋；以加配钢筋为主的加固，为了保证钢筋的正常工作，需按钢筋保护层等构造要求，适当增大截面。

2. 加固计算

加固时新浇筑的混凝土和新配置的钢筋，与原构件相比，存在着应力、应变滞后，其滞后程度与加固施工时原构件的负荷水平相关。在进行加固构件承载力计算时，应视具体情况对补加混凝土和钢筋的强度进行折减，加固施工时原构件的负荷越大，补加部分的强度折减越多，即强度利用率越低。

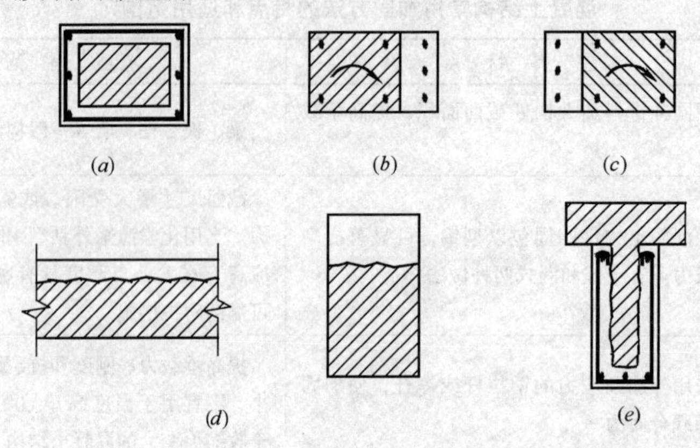

图 5-2　外包混凝土加固构件截面

(1) 轴心受压柱

当用增大截面法加固轴心受压柱时，其正截面承载力应按下列公式计算：

$$N = 0.9\varphi[f_{c0}A_{c0} + f'_{y0}A'_{s0} + \alpha_{cs}(f_cA_c + f'_yA'_s)] \tag{5-5}$$

式中　N——构件加固后的轴向力设计值；

φ——构件的稳定系数，以加固后截面尺寸为准；

f_{c0}、A_{c0}——原柱混凝土抗压强度设计值及截面面积；

f'_{y0}、A'_{s0}——原柱纵向钢筋抗压强度设计值及截面面积；

f_c、A_c——新加混凝土抗压强度设计值及截面面积；

f'_y、A'_s——新加纵向钢筋抗压强度设计值及截面面积；

α_{cs}——新加混凝土和纵向钢筋的强度利用系数，可近似取 $\alpha_{cs}=0.8$，当能够确定加固时柱子的应力水平时，宜通过计算确定。

下面通过理论计算，对新加混凝土和纵向钢筋的强度利用系数 α_{cs}作进一步分析。

轴心受压加固柱的破坏，首先是原构件混凝土达到极限压应变，退出工作，全部荷载转而由新加部分承担，一般新加部分的承载力有限，不足以单独承担全部荷载，导致加固构件的承载力被各个击破。原构件混凝土达到极限压应变，便是加固柱的受压承载力极限状态。此时，原柱混凝土和钢筋的强度均达到设计值，而新加混凝土和钢筋的强度未达到设计值。在极限状态时，新加混凝土的应力为 σ_c，新加钢筋的应力为 σ'_s，则新加混凝土的强度利用系数为：

$$\alpha_c = \frac{\sigma_c}{f_c} \tag{5-6}$$

新加钢筋的强度利用系数为：

$$\alpha_s = \frac{\sigma'_s}{f'_y} \tag{5-7}$$

根据叠加原理，加固柱正截面极限承载能力可按下式计算：

$$\begin{aligned} N_u &= \varphi(f_{c0}A_{c0} + f'_{y0}A'_{s0} + \sigma_c A_c + \sigma'_s A'_s) \\ &= \varphi(f_{c0}A_{c0} + f'_{y0}A'_{s0} + \alpha_c f_c A_c + \alpha_s f'_y A'_s) \end{aligned} \tag{5-8}$$

轴心受压加固柱破坏时，新加混凝土和钢筋的实际应变值，等于原构件混凝土加固施工时的应变值 ε_c 至极限压应变 ε_{co}的增量 $\Delta\varepsilon_c$，有：

$$\Delta\varepsilon_c = \varepsilon_{co} - \varepsilon_c \tag{5-9}$$

根据混凝土轴心受压的应力-应变关系方程：

$$\begin{aligned} \sigma_c &= \left[2\left(\frac{\varepsilon_c}{\varepsilon_{co}}\right) - \left(\frac{\varepsilon_c}{\varepsilon_{co}}\right)^2\right] f_c \\ &= \left[1 - \left(\frac{\varepsilon_c}{\varepsilon_{c0}} - 1\right)^2\right] f_c \end{aligned} \tag{5-10}$$

新加混凝土的强度利用系数，与原构件混凝土加固施工时的应变及极限应变有如下关系：

$$\alpha_c = \frac{\sigma_c}{f_c} = 1 \quad \left(\frac{\Delta\varepsilon_c}{\varepsilon_{c0}} - 1\right)^2 = 1 - \left(\frac{\varepsilon_c}{\varepsilon_{c0}}\right)^2 \tag{5-11}$$

引入原构件混凝土应力水平指标 β（构件的实际轴压比），β 对应于加固施工时原构件混凝土的实际应力应变状态，由下式确定：

$$\beta = \frac{\sigma_{c0}}{f_{c0}} = 1 - \left(\frac{\varepsilon_c}{\varepsilon_{c0}} - 1\right)^2 \tag{5-12}$$

联立方程解得：

$$\alpha_c = 1 - (1 - \sqrt{1-\beta})^2 \tag{5-13}$$

上式表达了新加混凝土强度利用系数 α_c 与原构件混凝土应力水平指标 β 的关系，当 β 在 0~1 之间由小变大时，α_c 在 1~0 之间由大向小变化。按上式计算，新加混凝土的强度利用系数如表 5-3。可见，在加固施工时，进行卸荷或顶撑施工，是提高新加部分强度利用率的重要手段。

新加混凝土强度利用系数 **表 5-3**

β	0.1	0.2	0.3	0.4	0.5	0.6	0.7	0.8	0.9
α_c	0.99	0.98	0.97	0.95	0.91	0.86	0.79	0.69	0.5

新加钢筋的弹性模量为 E_s，则其强度利用系数可以进行如下推导：

$$\alpha_s = \frac{\sigma'_s}{f'_y} = \frac{\Delta\varepsilon_c E_s}{f'_y} = \frac{E_s\varepsilon_{c0}}{f'_y}\sqrt{1-\beta} \tag{5-14}$$

α_s 值应在 0~1 之间，当计算结果 α_s 大于 1 时，说明钢筋进入塑性阶段，取 $\alpha_s = 1$。α_s 值不仅与原构件负荷水平有关，还因新加钢筋级别不同而有较大差异。表 5-4 列出了 HPB235、HRB335、HRB400 钢筋的弹性模量、屈服强度、屈服应变及强度利用系数与 β 关系的对比。由表可见，钢筋强度愈高，其利用率愈低。所以，结构加固所用钢材，一般宜选用比例极限变形较小的低强钢材，如 HPB235 和 HRB335 级钢筋。但预应力加固法除外，它可以采用高强钢材，因为预加应力使钢材处于高应力状态，减少或消除了新加钢材的应力滞后现象，钢材强度潜力的发挥可通过调节预应力大小加以控制。

钢筋级别与强度利用率比较　　表 5-4

钢筋种类	E_s（N/mm²）	f'_y（N/mm²）	ε'_y	$\alpha_s=1$	$\alpha_s=0.8$
HPB235	2.1×10^5	210	0.001	$\beta\leqslant0.75$	$\beta=0.84$
HRB335	2.0×10^5	300	0.00155	$\beta\leqslant0.40$	$\beta=0.62$
HRB400	2.0×10^5	360	0.0017	$\beta\leqslant0.28$	$\beta=0.54$

我国混凝土加固设计规范，对轴心受压构件加固设计，统一取新加钢筋混凝土的强度利用系数为 $\alpha_{cs}=0.8$，是对原构件轴压比不大于 0.75 情况下的近似考虑；当原构件轴压比不小于 0.75 时，α_{cs}宜进行调整或计算确定。

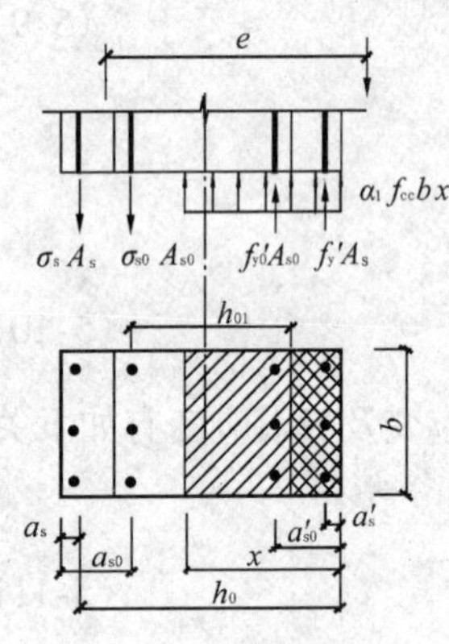

图 5-3　矩形截面偏心受压构件加固计算

（2）偏心受压柱

当用增大截面法加固偏心受压混凝土柱时，假定新旧混凝土整体协同工作，按现行混凝土结构设计规范中的正截面承载力公式计算。对新加的混凝土和钢筋，其强度设计值应乘以 0.9 的折减系数。

双侧加固的偏心受压柱，在承载力极限状态时的截面计算图如图 5-3 所示，正截面受压承载力按下式计算：

$$N \leqslant \alpha_1 f_{cc} bx + 0.9 f'_y A'_s + f'_{y0} A'_{s0} - 0.9\sigma_s A_s - \sigma_{s0} A_{s0} \tag{5-15}$$

$$N \cdot e \leqslant \alpha_1 f_{cc} bx\left(h_0 - \frac{x}{2}\right) + 0.9 f'_y A'_s (h_0 - a'_s) + f'_{y0} A'_{s0} (h_0 - a'_{s0}) + \sigma_{s0} A_{s0} (a_{s0} - a_s) \tag{5-16}$$

$$\sigma_{s0} = \left(\frac{0.8h_{01}}{x} - 1\right) E_{s0}\varepsilon_{cu} \leqslant f_{y0} \tag{5-17}$$

$$\sigma_s = \left(\frac{0.8h_0}{x} - 1\right) E_s\varepsilon_{cu} \leqslant f_y \tag{5-18}$$

式中　f_{cc}——新旧混凝土组合截面的混凝土轴心抗压强度设计值，可按 $f_{cc}=\frac{1}{2}(f_{c0}+0.9f_c)$ 计算确定；

f_c、f_{c0}——分别为新旧混凝土轴心抗压强度设计值；

σ_{s0}——原构件受拉边或受压较小边纵向钢筋应力，当 $\sigma_{s0}>f_{y0}$时，取 $\sigma_{s0}=f_{y0}$；

σ_s——受拉边或受压较小边的新增纵向钢筋应力，当 $\sigma_s>f_y$ 时，取 $\sigma_s=f_y$；

A_{s0}——原构件受拉边或受压较小边纵向钢筋截面面积；

A'_{s0}——原构件受压较大边纵向钢筋截面面积；

e——轴向压力设计值 N 的作用点至新增受拉钢筋合力点的距离；

a_{s0}——原构件受拉边或受压较小边纵向钢筋合力点到加固后截面近边的距离；

a'_{s0}——原构件受压较大边纵向钢筋合力点到加固后截面近边的距离；

a_s——受拉边或受压较小边新增纵向钢筋合力点到加固后截面近边的距离；

a'_s——受压较大边新增纵向钢筋合力点到加固后截面近边的距离；

h_0——受拉边或受压较小边新增纵向钢筋合力点到加固后截面受压较大边的距离；

h_{01}——原截面有效高度。

(3) 受弯构件

梁板等受弯构件的增大截面法加固，按补浇层所处位置的不同，分为受压区加固和受拉区加固。受压区加固多用于板的加固，受拉区加固多用于梁的加固；当在连续梁、板的全长上部补浇加固层时，其跨中为受压区加固，而支座却为受拉区加固。

受压区加固的梁、板承载力计算，可能有两种情况。一种是新旧混凝土整体工作；另一种是新旧混凝土各成构件，独立工作。当梁、板结合面的处理符合加固构造要求时，可认为新旧混凝土粘结牢靠，应按整体协同工作计算。如果原梁、板表面未作很好处理，达不到构造要求，结合面的粘结强度得不到保证，则应按新旧混凝土构件独立工作计算。

当新旧混凝土整体协同工作时，其受力过程与二次受力的叠合梁、板相同，加固后的承载力，可按《混凝土结构设计规范》中关于叠合构件的计算方法进行。

当新旧混凝土各成构件，并独立工作时，各部分承担的弯矩，按新旧混凝土构件的刚度比进行分配。设原构件的厚度为 h_1，新浇构件的厚度为 h_2，总弯矩为 M，则原构件分担的弯矩为：

$$M_1 = \frac{\alpha h_1^3}{\alpha h_1^3 + h_2^3} M \tag{5-19}$$

新浇构件分担的弯矩为：

$$M_2 = \frac{h_2^3}{\alpha h_1^3 + h_2^3} M \tag{5-20}$$

式中 α 为原构件刚度折减系数。考虑到原构件已产生一定的变形，加固后的总变形将大于新浇构件，较早进入弹塑性变形而使刚度有所降低，一般可取 $\alpha = 0.8 \sim 0.9$。

对于新浇混凝土构件按刚度比计算出分担的弯矩，再按规范进行承载力验算。

受拉区加固的梁、板承载力计算，不考虑混凝土的抗拉作用，按截面整体协同工作计算，但新加钢筋的抗拉强度设计值，应乘以 0.9 的折减系数。在承载力极限状态，有如下公式：

$$\alpha_1 f_c bx = f_y A_s + 0.9 f_y A_s \tag{5-21}$$

$$M \leqslant \alpha_1 f_c bx\left(h_0 - \frac{x}{2}\right) \tag{5-22}$$

由上式可进行受拉区增补钢筋的配筋量计算。

3. 构造规定

新浇混凝土的最小厚度，加固板时不应小于 40mm，加固梁时不应小于 60mm，采用喷射混凝土施工时不应小于 50mm。新浇混凝土的强度等级不应低于 C20，且宜比原构件混凝土强度等级提高一级。石子宜用坚硬耐久的碎石或卵石，其最大粒径不宜大于 20mm。

加固板的受力钢筋直径不应小于 8mm；加固梁的纵向受力钢筋宜用带肋的钢筋，钢筋最小直径对于梁不应小于 12mm，对于柱不应小于 14mm；最大直径不宜大于 25mm；封闭式箍筋直径不应小于 8mm，U 形箍筋直径宜与原有箍筋直径相同；分布筋直径不应小于 6mm。

加固的受力钢筋与原构件的受力钢筋间的净距不应小于 20mm，并应采用短筋焊接连接；箍筋应采用封闭箍筋或 U 形箍筋，并按现行混凝土结构设计规范对箍筋的构造要求进行设置。当加固的受力钢筋与原构件的受力钢筋采用短筋焊接时，短筋的直径不应小于20mm，长度不小于5d（d为新加纵向钢筋和原有纵向钢筋直径中的较小值），各短筋的中距不大于500mm（图5-4a）。当采用四面混凝土围套进行加固时，应设置封闭箍筋（图5-4b）。当用单侧或双侧加固时，应设置U形箍筋（图5-4c），U形箍筋应焊接在原有箍筋上，单面焊缝长度为10d，双面焊缝长度为5d，d为箍筋直径。U形箍筋可焊接在增设的锚筋上，也可直接伸入锚孔内锚固（图5-4d），锚筋直径不应小于10mm，锚筋距构件边缘不小于3d，且不小于40mm，锚筋宜采用现代植筋技术进行锚固。

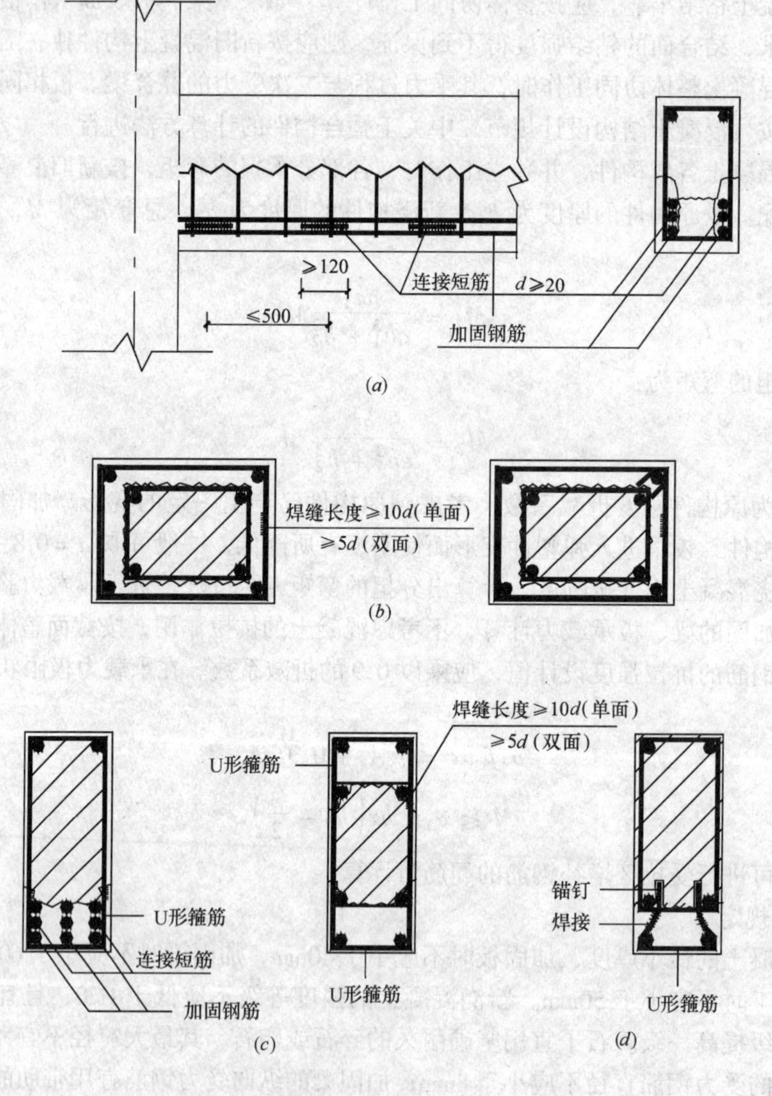

图5-4 加固纵向受力钢筋与原构件的连接

梁的纵向加固受力钢筋的两端应可靠锚固，柱的纵向加固受力钢筋的下端应伸入基础并满足锚固要求，上端应穿过楼板与上柱脚连接或在屋面板处封顶锚固。

4. 施工要求

为了加强新、旧混凝土的结合，原构件表面应凿毛，要求打成麻坑或沟槽，深度不宜小于 6mm，间距不宜大于箍筋的间距或 200mm，并清理原构件混凝土存在的缺陷至密实部位。当采用三面或四面外包加固梁柱时，应将梁、柱的棱角敲掉，构件表面冲洗干净；浇筑混凝土前，构件混凝土表面应以水泥浆等界面剂进行处理，以加强新、旧混凝土的粘合。

在施工前应尽量减少原构件的负荷，或采用临时预应力顶撑进行卸荷，尤其在受力钢筋上施焊前应采取卸荷或顶撑措施。钢筋焊接应逐根分区分段分层进行，以减少钢筋的热变形。

5.1.3 外粘型钢加固法

1. 概述

外粘型钢加固，是在原混凝土构件外粘角钢或槽钢等型钢，从而大幅度提高构件承载力的一种加固方法。外粘型钢法多用于柱子加固，也用于梁的加固。对于矩形截面柱，一般在其四角外包角钢，横向用缀板焊接成整体（图 5-5a）；对于圆形截面柱，多用扁钢加箍套（图 5-5b）；对于梁可采用仅在受拉边外包角钢加固（图 5-5c），也采用在受拉和受压边外包角钢或钢板加固（图 5-5d），无论是单面加固还是双面，均需设置横向箍套，箍套可用扁钢、角钢或钢筋焊成。

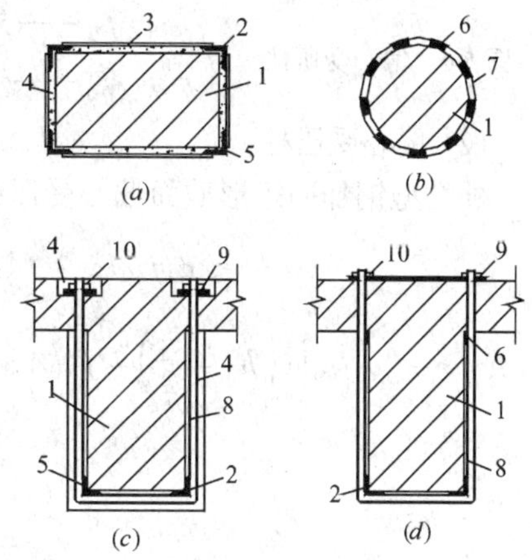

图 5-5 外包钢加固混凝土示意

1—原构件；2—角钢；3—缀板；4—填充混凝土或砂浆；5—胶粘剂；6—扁钢；7—套箍；8—U形螺栓；9—垫板；10—螺帽

外粘型钢加固法，是在型钢与原构件之间留有一定间隙，并在其间灌填乳胶水泥浆、环氧砂浆或细石混凝土，使二者粘结成整体，协同工作。外粘型钢加固，使原柱子混凝土的横向变形受到型钢骨架的约束，同时，型钢受到混凝土横向变形时的侧向挤压，使型钢处于压弯状态，导致型钢受压承载力降低。同加大截面加固法一样，型钢也存在应力滞后问题，影响型钢承载力的充分发挥。

外粘型钢加固法的优点是，构件的截面尺寸扩大不多，但承载力提高幅度较大，且由于纵横向外粘型钢的约束，使构件的延性有较大提高。

2. 外粘型钢加固计算

外粘型钢加固中的后浇层，如环氧砂浆或细石混凝土，因为厚度薄，且在极限承载力状态下可能首先剥落，所以，在加固计算时，略去后浇层的承载作用。外粘型钢加固柱子，其正截面承载力按整体协同工作计算，其截面刚度 EI 可近似按下式计算：

$$EI = E_{c0}I_{c0} + 0.5E_{a}A_{a}a_{a}^{2} \tag{5-23}$$

式中 E_{c0}、E_{a}——分别为原构件混凝土和加固型钢的弹性模量；

I_{c0}——原构件截面惯性矩；

A_{a}——加固构件一侧外粘型钢截面面积；

a_{a}——受拉与受压两侧型钢截面形心距。

(1) 轴心受压柱

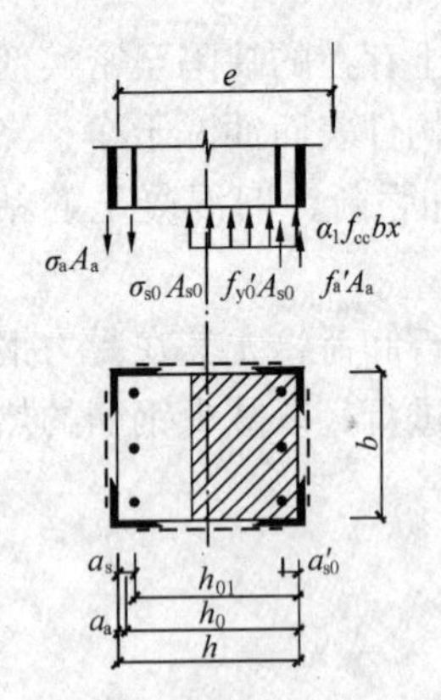

图 5-6 偏心受压柱

考虑后加型钢的应力滞后，型钢的承载潜力不一定得到充分发挥，在进行加固构件的正截面承载力计算时，对型钢的强度设计值应进行折减，现行加固规范取折减系数为 0.9。

外粘型钢加固后的轴心受压柱，其正截面承载力应按下式计算：

$$N \leqslant 0.9\varphi(f_{c0}A_{c0} + f'_{y0}A'_{s0} + \alpha_a f'_a A'_a) \tag{5-24}$$

式中 N——加固后轴向压力设计值；

α_a——新增型钢强度利用系数，除抗震设计取 $\alpha_a = 1.0$ 外，其他取 $\alpha_a = 0.9$；

f'_a——外粘型钢的抗压强度设计值；

A'_a——外粘受压肢型钢的横截面面积。

(2) 偏心受压柱

外粘型钢加固矩形截面偏心受压柱时，如图 5-6 所示，正截面承载力按下式计算：

$$N \leqslant \alpha_1 f_{c0} bx + f'_{y0}A'_{s0} - \sigma_{s0}A_{s0} + \alpha_a f'_a A'_a - \alpha_a f_a A_a \tag{5-25}$$

$$N \cdot e \leqslant \alpha_1 f_{c0} bx\left(h_0 - \frac{x}{2}\right) + f'_{y0}A'_{s0}(h_0 - a'_{s0}) + \sigma_{s0}A_{s0}(a_{s0} - a_a) + \alpha_a f'_a A'_a(h_0 - a'_a) \tag{5-26}$$

$$\sigma_{s0} = \left(\frac{0.8h_{01}}{x} - 1\right)E_{s0}\varepsilon_{cu} \tag{5-27}$$

$$\sigma_a = \left(\frac{0.8h_0}{x} - 1\right)E_a\varepsilon_{cu} \tag{5-28}$$

式中 b、h——原柱子的截面宽度和高度；

a'_{s0}——原截面受压较大边纵向钢筋合力点至原构件截面近边的距离；

a'_a——受压型钢截面形心至原柱受压边缘的距离；

公式中其他符号的意义同混凝土结构设计规范。

3. 构造规定

外粘型钢加固时，角钢厚度不应小于 5mm；角钢边长，对于梁和桁架，不应小于 50mm，对于柱，不应小于 75mm。沿梁、柱轴线应用扁钢箍或箍筋与角钢焊接，焊接应该在胶粘前完成。扁钢箍截面不应小于 40mm × 4mm，间距不宜大于 20r（r 为单根角钢截面的最小回转半径），也不应大于 500mm。箍筋直径不应小于 10mm，间距不应大于 300mm。在节点区，间距应适当减小。

外粘型钢须通长、连续，在穿过楼板时也不得断开（图 5-7a）；角钢下端应伸入到基础顶面，用环氧砂浆加以锚固（图 5-7b），角钢上端应有足够的锚固长度，如有可能应在上端设置与角钢焊接的柱帽。

外粘型钢加固梁、柱时，应将原构件棱角打磨成圆角，胶缝厚度宜在 3 ~ 5mm。外粘型钢加固后，型钢表面宜抹 25mm 厚的高强度等级水泥砂浆保护层，也可采用其他饰面防腐材料加以保护。

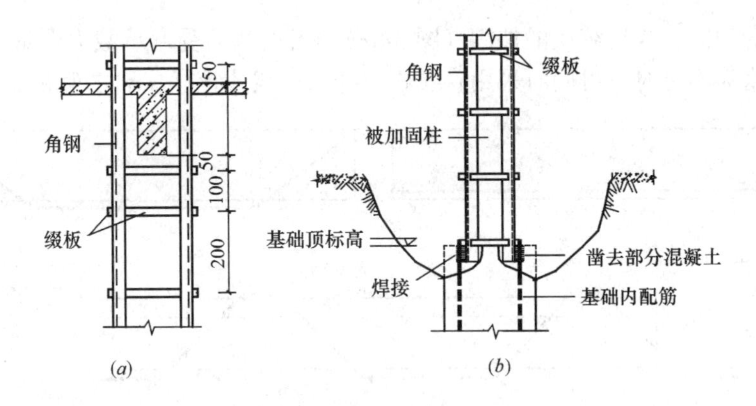

图 5-7　外包钢穿过楼板及底脚的锚固

当采用外粘型钢加固排架柱时，应将加固型钢与原柱顶承压钢板焊接。

4. 施工要求

当采用环氧树脂化学灌浆外粘型钢加固时，应先将混凝土表面打磨平整，四角磨出小圆角，并用钢丝刷刷毛，用压缩空气吹净后，刷环氧树脂一薄层；然后将已除锈并用二甲苯擦净的型钢骨架贴附于构件表面，用卡具卡紧、焊牢，用环氧胶泥将型钢周围封闭，留出排气孔，并在灌浆处粘贴灌浆嘴（一般在较低处），间距为 2～3m。待灌浆嘴粘牢后，通气试压，即以 0.2～0.4MPa 的压力将环氧树脂浆从灌浆嘴压入；当排气孔出现浆液后，停止加压，以环氧胶泥堵孔，再以较低压力维持 10min 后可停止灌浆。灌浆后不应再对型钢进行锤击、移动和焊接。

当采用乳胶水泥砂浆粘贴外粘型钢加固时，应先在处理好的柱角抹上乳胶水泥砂浆，厚约 5mm，立即将角钢粘贴上，并用夹具在两个方向将柱子四角的角钢夹紧，夹具间距不宜大于 500mm，然后将扁钢箍或钢筋箍与角钢焊接。必须分段交错施焊，整个焊接应在胶浆初凝前完成。

采用外粘型钢加固时，构件表面必须打磨平整，无杂物和尘土，角钢与构件之间宜用 1:2 水泥砂浆填实。施焊钢缀板时，应用夹具夹紧角钢。用螺栓套箍时，拧紧螺帽后，宜将螺母与垫板焊接。

5.1.4　预应力加固法

1. 概述

预应力加固法，是采用体外补加预应力拉杆或型钢撑杆，对结构或构件进行加固的方法。特点是通过对后加的拉杆或型钢撑杆施加预应力，改变原结构内力分布，消除加固部分的应力滞后现象，使后加部分与原构件能较好地协调工作，提高原结构的承载力，减小挠曲变形，缩小裂缝宽度。预应力加固法具有加固、卸荷及改变原结构内力分布的三重效果，尤其适合于在大跨度结构加固中采用。

针对受弯构件和受压构件的不同，预应力加固法分为预应力拉杆加固和预应力撑杆加固。预应力拉杆加固主要用于受弯构件；预应力撑杆加固主要用于受压构件。

预应力拉杆加固，同一般后张预应力结构的预应力束布置一样，可采用直线式（图 5-8*a*）和折线式（或称下撑式，图 5-8*b*）等多种形式。对于梁，采用水平直线式拉杆，适合于正截面受弯承载力不足的加固；采用折线式拉杆，适合于斜截面受剪和正截面受弯承载力均不足的加固，或连续梁的加固（图 5-8c）；当正截面受弯承载力严重不足，斜截面受剪承载力略为不足时，可同时采用直线式拉杆与折线式拉杆，称之为混合式拉杆布置。

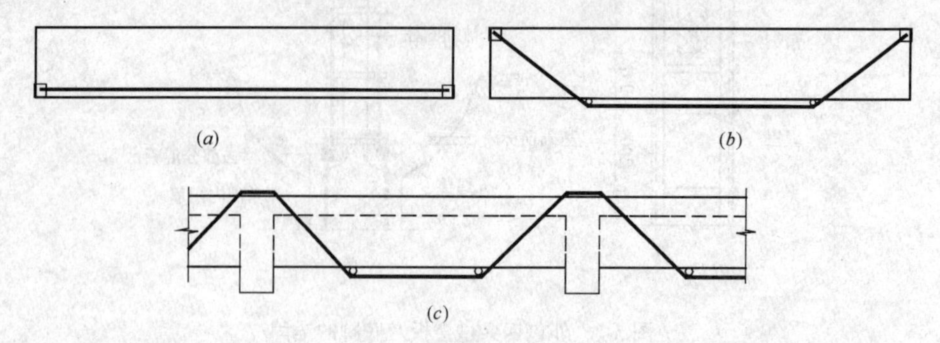

图 5-8　预应力拉杆布置

预应力撑杆加固，分为双侧撑杆加固（图 5-9a）和单侧撑杆加固（图 5-9b）。双侧撑杆加固，适用于轴心受压及小偏心受压柱子的加固；单侧撑杆加固，适用于弯矩不变号的大偏心受压柱子的加固，弯矩不变号是指截面受拉和受压边沿全长在同一侧的情况。

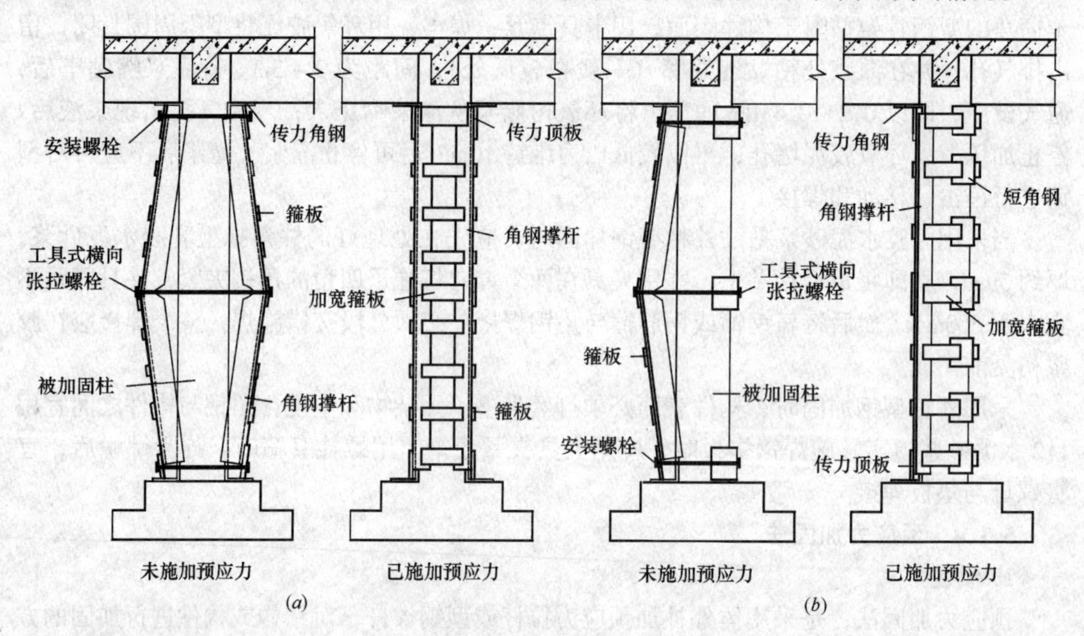

图 5-9　预应力撑杆加固框架柱

2．预应力拉杆的锚固

预应力加固法设计构造的关键，是预应力拉杆或撑杆的锚固及与被加固构件的连接。锚固承载能力应大于拉杆或撑杆自身的承载能力。

预应力拉杆的锚固方法，应根据具体情况来设计。如被加固的是简支梁且端部有间隙时，可在其端部设置钢套，预应力拉杆可焊接在钢套的两侧（图 5-10a）；或在钢套的侧面再焊接留孔的角钢，供预应力拉杆穿入后通过螺帽锚固并预紧（图 5-10b）。按照拉杆设计线形布置的需要，钢套可置于梁端的上部或下部，或将钢套做大，适用于不同锚固位置的需要。

对于薄腹梁或截面宽度较小的梁，可在梁腹打孔，穿入高强度螺栓，夹紧固定两侧的钢板，形成高强度螺栓摩擦-粘结锚固，或销栓锚固（图 5-10*b*）。当梁侧的钢板固定后，同上述钢套一样，可将预应力拉杆与之进行焊接锚固或螺栓锚固。

对于梁端有柱子的框架梁，可在柱端设置钢套（图 5-10*c*），连续梁可在梁端设置钢套（图 5-10*d*），供预应力拉杆锚固。

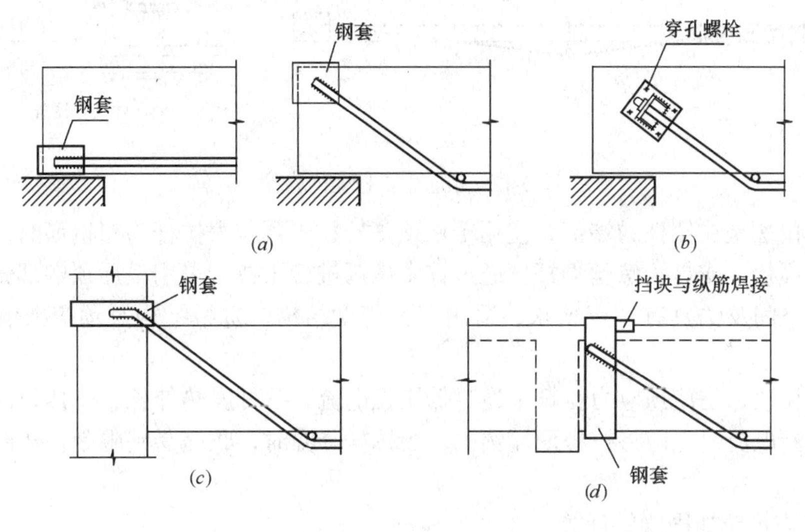

图 5-10　预应力拉杆的锚固

3. 预应力拉杆的张拉

加固用预应力拉杆的张拉方法，有中部横向（或竖向）收紧张拉法、端部张拉法及电热法等。

横向收紧张拉法，适用于预应力拉杆或其局部的线形布置，低于梁底下皮的情况。当拉杆两端锚固后，将对称布置于梁两侧的预应力拉杆，卡在 C 形或 U 形螺丝收紧装置内（图 5-11*a*），用扳手将螺帽从外向内拧入，强迫两侧的预应力拉杆向梁底中部靠拢，拉杆由直变曲，发生弹性伸长变形，从而建立预应力值。对于梁跨度较大、拉杆较长，仅一处收紧产生的弹性伸长应变较小时，可在拉杆间每隔一定间距设置撑杆，然后在两两撑杆间横向收紧，从而建立较大的预应力值，图 5-11*b* 分别有梁底单点收紧和两点收紧张拉示意图。

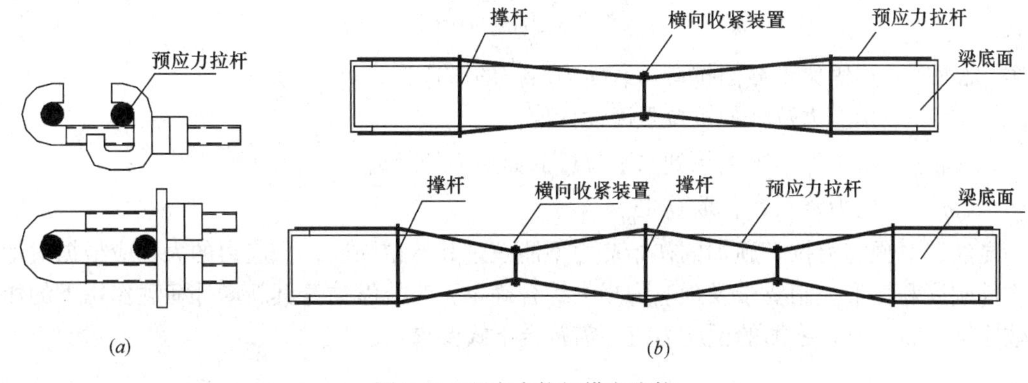

图 5-11　预应力拉杆横向张拉

竖向收紧张拉法，沿梁的竖向侧面收紧拉杆，一般在梁底按照收紧装置（图 5-12），通过将预应力拉杆从上向下拉伸变形，建立预应力。

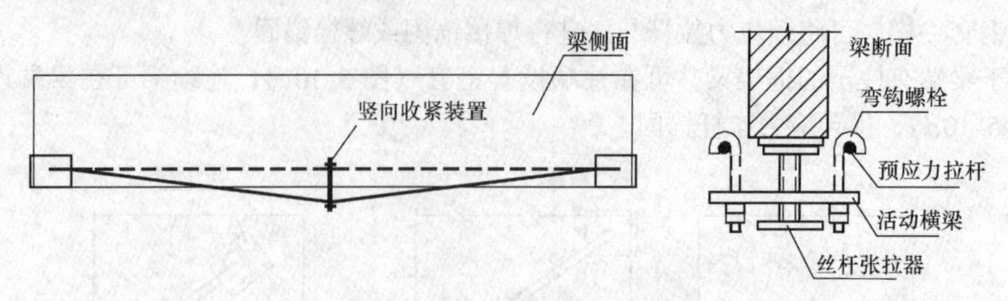

图 5-12　预应力拉杆竖向张拉

端部张拉法是在拉杆的端部，使用千斤顶张拉；当预应力拉杆为粗钢筋时，可将拉杆端部加工成螺栓，或焊接螺丝端杆，通过拧紧螺帽进行张拉。采用千斤顶端部张拉，对锚固区的操作空间及锚具有一定要求，适用于大跨度结构、桥梁结构及预应力值较大的情况。

电热张拉法，是使预应力拉杆中通过低压强电流，拉杆发热伸长，待伸长值达到设计要求时，切断电流，立即将拉杆两端锚固，当拉杆降温时，收缩受到限制，从而建立预应力。

4. 预应力拉杆加固梁的计算

预应力拉杆属于体外预应力，拉杆与被加固梁体之间有间隙，拉杆仅在其锚固点和支撑点处与梁体接触。拉杆的张拉锚固完成后，当梁随外荷载的增加而发生新的挠曲变形时，拉杆并不随之产生相同的变形，拉杆的变形只与支撑点和锚固点的变位有关，所以拉杆与梁体的变形不协调。由于拉杆与梁体不是整截面协同工作，所以当梁体承受的外荷载增加时，拉杆的应力不一定随之作相应的增大，拉杆的应力增量一般较小，难以定量分析。在设计计算中，为了简便，并偏于安全考虑，可忽略拉杆的应力增量，对拉杆的计算应力，始终取为张拉施工结束后建立的预应力值。综上分析，在预应力拉杆加固梁的承载力计算中，将拉杆预应力作为外荷载考虑。

(1) 预应力水平拉杆计算

预应力水平拉杆加固梁的设计，首先估算确定水平拉杆的截面面积 $A_{p,est}$，公式如下：

$$A_{p,est} \geqslant \frac{\Delta M}{f_{py} \cdot \eta_1 h_{01}} \tag{5-29}$$

式中　ΔM——加固梁正截面抗弯承载能力所需的增量；

f_{py}——预应力拉杆的抗拉强度设计值；

h_{01}——由被加固梁上缘到水平拉杆截面形心的距离；

η_1——内力臂系数，取 0.85。

显然，对预应力拉杆施加的初始应力不能超过其抗拉强度，预应力的大小应根据对加固构件刚度和变形控制要求及预应力损失综合确定，当能够估算其新增外荷载作用下的作用效应增量 ΔN 时，施加的预应力值还需符合下式要求：

$$\sigma_p + \Delta N / A_p \leqslant \beta_1 f_{py} \tag{5-30}$$

式中　A_p——实际的预应力拉杆截面面积；

β_1——两根水平拉杆的协同工作系数，取0.85。

估算确定拉杆所需的预拉力后，将其作为外荷载，可进行梁体的承载力验算。由于纵向预拉力的作用，使原来的受弯构件转变为偏心受压构件，且一般均为大偏心受压构件。当预应力拉杆与原梁体，通过后浇混凝土保护层而成为整体时，则预应力拉杆与原梁体能够协同工作，拉杆的强度可充分发挥。这种加固梁的承载力计算同一般预应力混凝土梁，此处不再赘述。

(2) 预应力下撑式拉杆计算

预应力下撑式拉杆加固梁，拉杆的截面面积 A_p 按下式估算：

$$A_p = \frac{\Delta M}{f_{py} \cdot \eta_2 h_{02}} \tag{5-31}$$

式中　A_p——预应力下撑式拉杆截面面积；

h_{02}——下撑式拉杆中部水平段的截面形心到被加固梁上缘的距离；

η_2——内力臂系数，取0.80。

5. 预应力拉杆张拉控制量

由上述加固计算可知，拉杆中施工建立的预拉力不应低于某个限值。这就要求张拉施工时，对张拉量应该进行控制。不同的张拉施工方法，可有不同的控制手段；当采用千斤顶端部张拉时，可直接根据千斤顶的油压表控制张拉力；当采用电热法张拉时，可根据拉杆的纵向热胀伸长量，间接控制张拉力；而当采用中部横向或竖向收紧张拉时，若要控制张拉力，需建立拉杆收紧张拉量与其纵向伸长量的关系，按照设计的纵向目标伸长量或设计张拉控制应力，反算收紧张拉量，作为张拉施工中的控制指标。

(1) 横向收紧张拉量计算

梁底水平拉杆的单点横向收紧张拉，是最简单的一种，设拉杆初始长度为 L，收紧造成每根拉杆的侧移为 ΔH（图 5-13a），根据几何关系，由此产生的拉杆纵向伸长量 ΔL 为：

$$\Delta L = 2(\sqrt{L_1^2 + \Delta H^2} - L_1) \tag{5-32}$$

则有：

$$\Delta H = \sqrt{\left(\frac{\Delta L}{2}\right)^2 + \Delta L L_1} \tag{5-33}$$

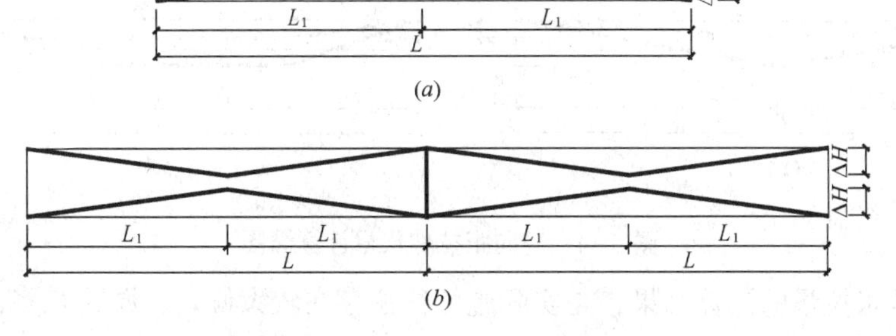

图 5-13　横向张拉伸长量计算简图

略去式中的高阶微量得：

$$\Delta H = \sqrt{\Delta L L_1} \tag{5-34}$$

若以拉杆的预应力 σ_p 作为因变量，根据 $\sigma_p = E_s \dfrac{\Delta L}{L}$，及 $L = 2L_1$，代入上式，则有：

$$\Delta H = L_1 \sqrt{\frac{2\sigma_p}{E_s}} \tag{5-35}$$

当梁底宽度较窄，单点收紧不能满足最低预拉力要求时，可采用两点收紧张拉，中间设置支撑，如图 5-13b，张拉量计算原理同单点张拉。

对于折线下撑式拉杆，采用横向收紧张拉，若拉杆为粗钢筋，弯折点处的预应力损失很大，可忽略拉杆两端斜段的影响，只考虑中部水平段的长度，按水平拉杆的方法计算张拉量。

(2) 竖向收紧张拉量计算

当对初始为直线的拉杆进行单点竖向张拉时，如图 5-14a，同水平拉杆单点横向张拉相似，竖向张拉量为：

$$\Delta H = \sqrt{\Delta L L_1} \tag{5-36}$$

当对初始为折线的拉杆进行单点竖向张拉时，如图 5-14b，根据几何关系，竖向张拉量为：

$$\Delta H = \sqrt{H^2 + \Delta L L_1} - H \tag{5-37}$$

式中　H——预应力拉杆的初始弯折挠度。

当对初始为直线的拉杆进行两点竖向张拉时，如图 5-14c，竖向张拉量为：

$$\Delta H = \sqrt{\Delta L L_1} \tag{5-38}$$

当对初始为三折的折线拉杆进行两点竖向张拉时，如图 5-14d，竖向张拉量为：

$$\Delta H = \sqrt{H^2 + 2(\Delta L_1 L_1 + \Delta L_2 L_1')} - H \tag{5-39}$$

式中　L_1、L_1'——拉杆斜段的初始长度及其水平投影长度；

L_2——拉杆水平段长度的一半。

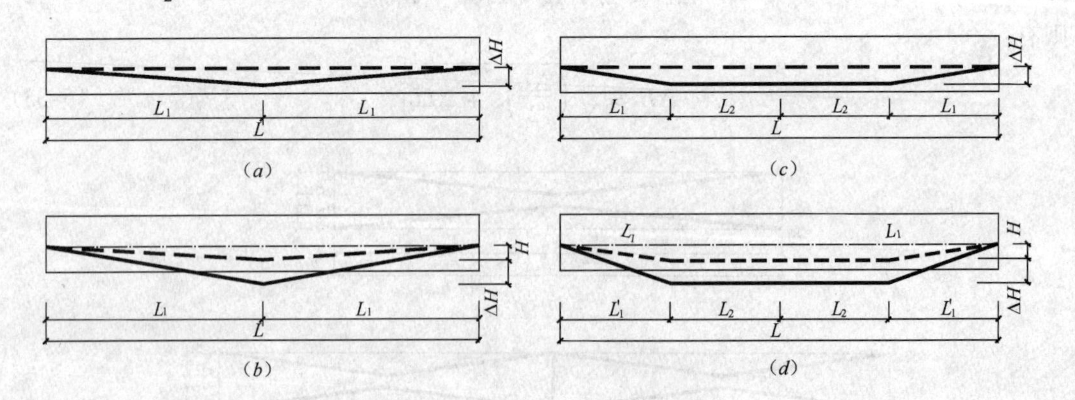

图 5-14　竖向张拉伸长量计算简图

上述收紧张拉量的计算结果，与实际施工往往存在较大偏差，原因有多种，如拉杆初始的预紧度不确定，即可能存在拉杆初始不直的情况；再如拉杆安装时，可能出现拉杆弯折点与梁的支撑点的位置偏差；还有折线拉杆各段预应力不均匀等等。当设计要求精确控制预拉力时，还宜通过在拉杆上粘贴电阻应变片或其他测力仪，作为校核控制手段。

6. 预应力撑杆的张拉与锚固

对于柱子的双侧预应力撑杆加固，撑杆可由四根角钢组成，先用连接板拼成两组，两端焊接传力顶板；原结构与撑杆抵承传力的部位，应嵌粘锚固承压角钢；撑杆与上下混凝土梁或基础之间，通过传力顶板和承压角钢传递压力（图 5-15a）。撑杆张拉前应向外弯曲，张拉点的角钢应剖口，以降低抗弯刚度，便于弯折；剖口后角钢截面被削弱，张拉后应用相同截面的钢板补焊（图 5-15b）。撑杆预压应力可采用手动螺栓横向收紧，迫使弯折的撑杆变直来实现。张拉后将连接板焊在撑杆的翼缘上，使两组撑杆连在一起。撑杆与柱子的结合与外粘型钢加固相同。

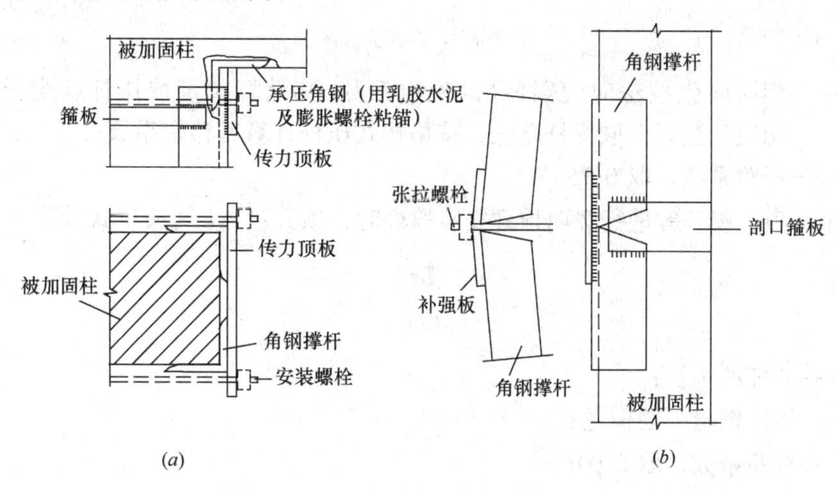

图 5-15　撑杆端部及剖口处构造

对于偏心受压柱采用单侧预应力撑杆加固时，撑杆设置在受压混凝土一侧，另一侧可不设置撑杆，或设置无预应力撑杆。张拉、锚固同双侧撑杆加固。

7. 预应力撑杆加固混凝土柱计算

对称双侧预应力撑杆加固一般用于轴心受压柱；单侧预应力撑杆加固可用于偏心受压柱。

（1）轴心受压柱加固计算

首先确定加固后柱子将承受的全部受压荷载值 N 及原柱子的轴心受压承载力设计值 N_0，据此可计算出需由撑杆分担承受的轴心受压荷载 N_1。

$$N_0 = 0.9\varphi(f_{c0}A_{c0} + f'_{y0}A'_{s0}) \tag{5-40}$$

$$N_1 = N - N_0 \tag{5-41}$$

预应力撑杆所需的总截面面积为：

$$A'_{P} \geqslant \frac{N_1}{\beta_3\varphi f'_{py}} \tag{5-42}$$

式中　β_3——撑杆与原柱子的协同工作系数，取 0.9；

f'_{py}——撑杆材料的抗压强度设计值。

加固后轴心受压承载力设计值可按下式验算：

$$N \leqslant 0.9\varphi(f_{c0}A_{c0} + f'_{y0}A'_{s0} + \beta_3 f'_{py}A'_{P}) \tag{5-43}$$

缀板可按钢结构设计规范进行计算，撑杆压肢或单根角钢在施工时不应失稳。

预应力撑杆加固柱子与预应力拉杆加固梁的重要区别之一是，前者采用粘结，整体协同工作，材料强度利用率高；而后者一般无粘结，变形不协调，材料强度的利用率取决于施工张拉力。所以对撑杆施加预压力虽然有利于柱子的卸荷及撑杆强度利用率的提高，但撑杆强度利用率不取决于预压力的大小；预压力过大可能加大施工张拉难度，或易造成角钢施工中失稳。施工时的预压应力 σ'_p 可按下式控制：

$$\sigma'_p \leqslant \varphi_1 \beta_4 f'_{py} \tag{5-44}$$

式中 φ_1——用横向张拉法时，压杆肢的稳定系数，其计算长度取压杆肢全长的一半；用顶升法时，取撑杆全长，按格构式压杆计算其稳定系数；

β_4——经验系数，取0.75。

当用千斤顶、楔子等进行竖向顶升安装撑杆时，顶升量 ΔL 可按下式计算：

$$\Delta L = \frac{L\sigma'_p}{\beta_5 E_a} + a_1 \tag{5-45}$$

式中 L——撑杆的全长；

E_a——撑杆钢材弹性模量；

β_5——经验系数，取0.90；

a_1——撑杆端顶板与混凝土间的压缩量，取2~4mm。

当用横向张拉法安装撑杆时，横向张拉量 ΔH 可按下式近似计算：

$$\Delta H \leqslant \frac{L}{2}\sqrt{\frac{2.2\sigma'_p}{E_a}} + a_2 \tag{5-46}$$

式中 a_2 为综合考虑各种误差因素对张拉量影响的修正项，取5~7mm。实际弯折撑杆肢时，宜将长度中点处的横向弯折量，根据撑杆的总高度取为 ΔH+3~5mm，施工中只收紧 ΔH，以确保撑杆处于预压状态。

(2) 偏心受压柱加固计算

当采用单侧预压力撑杆加固弯矩不变号的偏心受压柱时，首先确定加固后柱子将承受的全部偏心荷载，包括轴向力 N 和弯矩 M。

然后采用试算法，假定选用某种角钢，其截面积为 A'_P、抗压强度设计值为 f'_{py}，其有效受压承载力取为 $0.9f'_{py}A'_P$。根据静力平衡条件，原柱加固后所承受的偏心受压荷载为：

$$N_{01} = N - 0.9f'_{py}A'_P \tag{5-47}$$

$$M_{01} = M - 0.9f'_{py}A'_P\frac{a}{2} \tag{5-48}$$

式中 a——撑杆截面形心至原柱子纵轴线的距离。

然后按外荷载 N_{01}、M_{01}，对原柱子进行承载力验算，若不满足承载力要求，可加大撑杆的截面面积重新验算，直至满足该柱子加固后需承受的荷载为止。原柱截面偏心受压承载力按下式验算：

$$N_{01} \leqslant \alpha_1 f_{c0} bx + f'_{y0} A'_{s0} - \sigma_{s0} A_{s0} \tag{5-49}$$

$$N_{01} \cdot e \leqslant \alpha_1 f_{c0} bx\left(h_0 - \frac{x}{2}\right) + f'_{y0} A'_{s0}(h_0 - a'_{s0}) \tag{5-50}$$

$$e = e_0 + 0.5h_0 - a'_{s0} \tag{5-51}$$

$$e_0 = M_{01} / N_{01} \tag{5-52}$$

式中　e——轴向力作用点至原柱纵向受拉钢筋合力点之间的距离。

8. 构造规定

(1) 预压力拉杆加固构造规定

当加固的张拉力较小，如在 150kN 以下时，可选用两根直径为 12 ~ 30mm 的 HPB235 级钢筋；若加固的预应力较大，可用 HRB335 级钢筋或其他高强钢材。被加固梁截面高度大于 600mm 时，也可采用型钢拉杆。当用预应力拉杆加固屋架时，可用 HRB335 钢筋、HRB400 钢筋、RRB400 钢筋、碳素钢丝、钢绞线等高强度钢材。

预应力水平拉杆或下撑式拉杆的中部水平段，距离被加固梁下缘的净空一般不应大于 100mm，以 30 ~ 80mm 为宜。

预应力下撑式拉杆的斜段宜紧贴梁的两侧，拉杆弯折处的构造如图 5-16 所示，在被加固梁下应设置厚度不小于 10mm 的钢垫板，其宽度宜与梁同宽，沿梁跨度方向的长度应不小于板厚的 5 倍，钢垫板下设置直径不小于 20mm 的钢垫棒，其长度不小于梁宽加 2 倍拉杆直径再加 40mm，钢垫板宜用结构胶和膨胀螺栓固定，钢垫棒可用焊接固定。

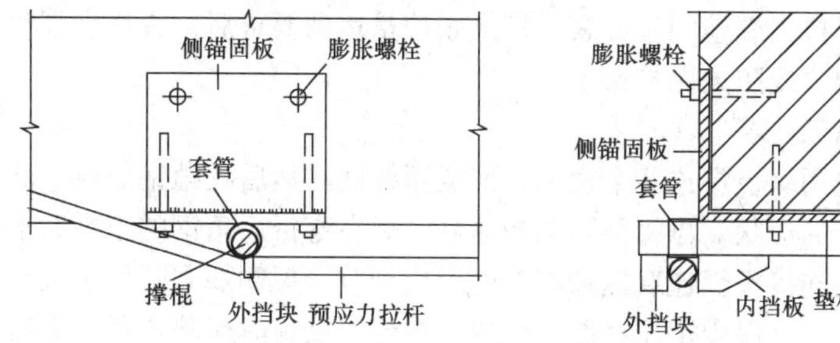

图 5-16　预应力拉杆弯折处构造

预应力拉杆端部的锚固，当构件端部有传力预埋件可利用时，可将拉杆与之焊接；无传力预埋件时，宜焊接专门的钢套，钢套可用型钢焊成，也可用钢板加焊加劲肋。钢套与混凝土间的空隙，应用细石混凝土或砂浆填实。

横向张拉通过拧紧螺栓的螺帽进行，螺栓的直径不得小于 16mm，螺帽的高度不得小于螺杆直径的 1.5 倍。

(2) 预压力撑杆加固构造规定

预应力撑杆加固用角钢的截面不应小于 50mm × 50mm × 5mm，压杆肢的两根角钢用缀板连接，形成槽形的截面。也可用单根槽钢作压杆肢。缀板的厚度不得小于6mm，宽度不得小于80mm。相邻缀板间的距离应保证单个角钢的长细比不大于40。

压杆肢的两根角钢与顶板（平行于缀板而且较厚）间通过焊缝传力，顶板与传力角钢之间则通过抵承传力。承压角钢宜嵌入被加固柱的柱身混凝土或柱头混凝土内25mm左右。传力顶板宜用厚度不小于16mm的钢板，其与角钢肢焊连的板面及与承压角钢抵承的面均应刨平。承压角钢截面不得小于100mm×75mm×12mm。为使撑杆压力能较均匀地传递，可在承压角钢之上或其外侧再加钢垫。

当预应力撑杆采用螺栓横向收紧施工时，双侧加固的撑杆的压杆肢中部向外弯折，在弯折处通过拉紧螺栓建立预应力。单侧加固的撑杆只有一个压杆肢，仍在中点处弯折，并采用螺栓进行横向张拉。

弯折压杆肢之前，需在角钢的侧立肢上切出三角形缺口。角钢截面因此而受到削弱，应在角钢的正平肢上补焊钢板予以补强。

拉紧螺栓的直径不应小于16mm，螺帽高度不应小于螺杆直径的1.5倍。

9. 施工要求

（1）预压力拉杆加固施工要求

采用预应力拉杆加固时，预加应力的施工方法宜根据现场条件和需加预应力的大小选定。预应力较大时宜用机械张拉或用电热法，预应力较小时（150kN以下），宜用横向张拉法。

当采用横向张拉法时，钢套、锚具等部件应在施工现场附近焊接存放，拉杆应在施工现场尽量调直，然后进行装配和横向张拉，拉杆端部的传力结构质量很重要，应检查锚具附近细石混凝土的填灌、钢套与构件之间缝隙的填塞，拉杆端部与预埋件或钢套的焊缝等。横向张拉量控制，可先适当拉紧螺栓，再逐渐放松，至拉杆仍基本上平直而未松弛弯垂时停止放松，记录此时的有关读数，作为控制张拉量的起点。横向张拉分单点张拉和两点张拉，两点张拉应用两个拉紧螺栓同步旋紧，横向张拉量达到要求后，宜用点焊将拉紧螺栓上的螺帽固定，涂防锈漆或防火保护层。

（2）预压力撑杆加固施工要求

宜在施工现场附近，先用缀板焊连两个角钢，形成压杆肢。然后在角钢的侧立肢切割出三角形缺口，弯折成设计的形状，再将补强钢板弯好，焊在弯折后角钢的正平肢上。

横向张拉完成后，应用连接板焊连双侧加固的两个压杆肢，单侧加固时用连接板焊连在被加固柱另一侧的短角钢上，以固定压杆肢的位置。焊连连接板时应防止预应力因施焊时受热而损失，可采取上下连接板轮流施焊或同一连接板分段施焊等措施来防止，焊完后，撑杆与柱间的缝隙应用砂浆或细石混凝土填塞密实。加固的压杆肢、连接板、缀板和拉紧螺栓等均应涂防护漆或防火保护层。

5.1.5 改变传力途径加固法

1. 概述

改变传力途径的加固方式有多种，目的都是降低构件的内力峰值，调整构件各截面的内力分布，从而提高结构的承载力。这里所说的改变传力途径加固法，主要指增设支点加固及多跨简支梁的连续化。

增设支点加固法，针对梁、板等受弯构件，通过在梁或板的跨中增设支点，减小构件的计算跨度，大幅度降低构件的弯矩和剪力峰值，并能减少和限制梁板的挠曲变形和开裂。按增设的支点的刚性，分为刚性支点和弹性支点两种。按增设支点是否预加支反力，分为预应力支撑和非预应力支撑两种。

多跨简支梁连续化，就是设法在原简支梁构件的支座处，增设抵抗负弯矩的钢筋，使支座处可以承受负弯矩。这样，简支梁即变为连续梁，减小了原构件的跨中弯矩，提高了梁的承载力。

(1) 刚性支点

刚性支点在外荷载作用下的变位很小，或其变位与原构件支座的变位差很小，以致于可以忽略。图 5-17*a* 所示为工程中常见的几种支承，通常这些支承杆件都是承受轴向力，在后加荷载的作用下，新支点的变位与原支点的变位相差不大，可视为刚性支点。刚性支承的计算较为简单。

(2) 弹性支点

弹性支点所增设的支杆或托架的相对刚度较小，在外荷载作用下，新支点的变位相对于原支点的变位较大，不能忽略，应在内力计算时考虑支点变位的影响。当采用受弯构件作为支撑杆件时（图 5-17*b*），通常属于弹性支点。

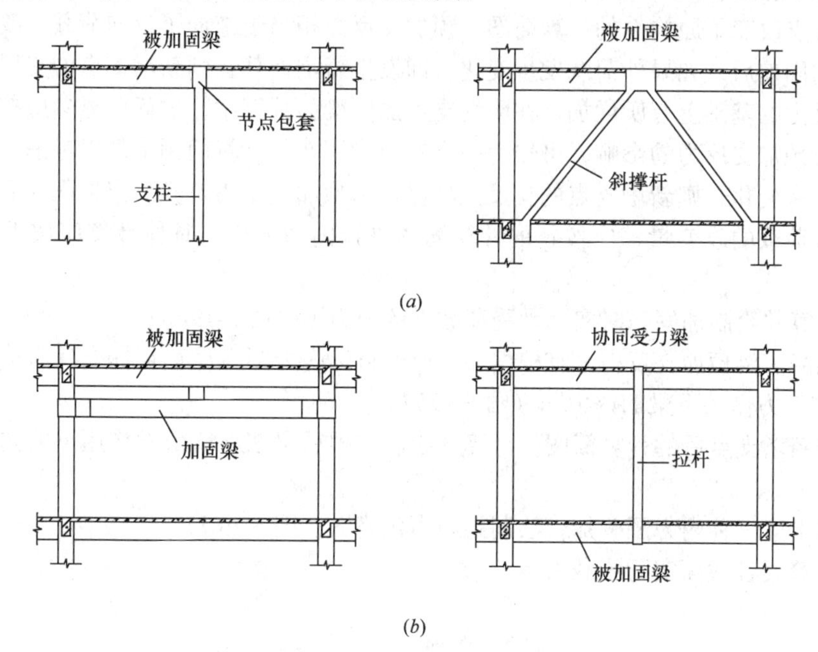

图 5-17 增设支点加固示意

(3) 预应力支撑

预应力支撑是指采用施工手段，对增设的支点预加支反力，使支撑杆件较好地参加工作，并调节加固构件的内力。预加支反力越大，被加固梁的跨中弯矩越小，直至可使梁产生反向弯矩。对预加支反力的大小应进行控制，以使支点上表面不出现裂缝和不需增设附加钢筋为宜。施加支反力的常用方法有两种，即纵向压缩法和横向收紧法。

纵向压缩法采用预制型钢支撑或混凝土柱，使其长度略小于安装长度，并在支座下部预留一孔洞。在加固施工时，将一根小托梁穿入孔洞，用千斤顶顶升小托梁（图

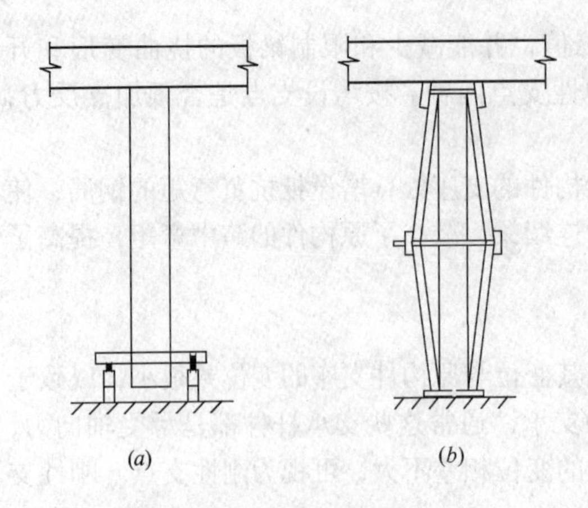

图 5-18 撑杆预应力施加方法

5-18a)，必要时应测量顶升力的大小，当顶升力或位移达到要求时，在支座顶部嵌入钢板，撤去托梁和千斤顶，通过焊接或浇混凝土保护。当要求的顶升力不大时，也可直接在支撑或柱下部嵌入钢楔，施加支反力。

横向收紧法采用成对的型钢支撑，使支撑的长度略大于安装长度，先固定支撑的两端，并使支撑的中部对称地向外弯折（图 5-18b)，然后用螺栓装置将弯折的支撑校直，支撑被压缩，产生支反力。

(4) 多跨简支梁连续化

多跨简支梁的端部衔接部位一般是有间隙的，应在间隙中密实地填塞混凝土，使之能够传递压力；然后在简支梁上部受拉部位增配受拉钢筋或粘贴受拉钢板进行加固。

2. 刚性支点加固构件的计算

新增支点改变了原构件的计算简图。预加支反力相当于施加了反向荷载，改变了构件的内力。加固前后，如果外荷载发生变化，即发生新增荷载，则新增支点的支反力，也将在预加支反力的基础上有所增加。在刚性支点加固梁的计算中，加固前显然应按原计算简图进行，对预加支反力的影响，可作为一个外力作用在原计算简图上加以考虑。若加固前后外荷载没有变化，则新增支点的支反力将保持为预加支反力不变。当加固前后外荷载变化时，对外荷载的改变量，应按新的计算简图进行内力分析。具体计算应按下列步骤进行：

(1) 计算并绘制加固当时实际承受荷载下的内力图（图 5-19a)；

(2) 如果需要预加支反力，宜根据加固后的目标内力图，计算目标支反力值；绘制在支点预加支反力作用下梁的内力图（图 5-19b)。

(3) 按新增支点后的计算简图，计算并绘制加固后梁在新增荷载作用下的内力图（图 5-19c)。

(4) 将上述三种内力图叠加，绘制梁内力包络图（图 5-19d)。

(5) 计算梁各截面实际承载力。

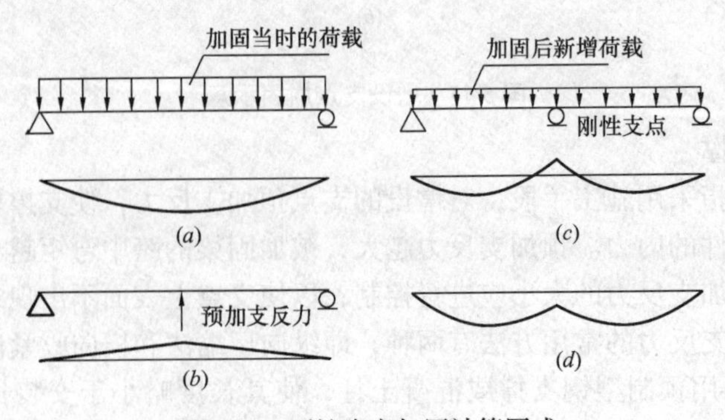

图 5-19 刚性支点加固计算图式

（6）调节预加支反力，使梁各截面的最大内力小于该截面实际承载力。

（7）根据支点的最大支座反力，设计支撑杆件。

3. 弹性支点加固构件的计算

弹性支点与刚性支点的不同，是弹性支点要考虑支点的变位，即支点的支反力与支承结构的刚度有关。

对弹性支点的加固设计，首先应确定被加固梁所需的目标支反力。目标支反力的大小，可根据原构件抗力不足的缺额来定，即分别计算原构件的抗力，及其在外荷载作用下的内力；之所以需要加固，必是因为抗力小于内力；通过加固产生的支反力来调节内力，可使二者平衡，由此确定弹性支反力值。合适的弹性支反力值不是惟一的，但当支点的位置和数量确定后，可确定所需支反力的下限值；在下限值以上，支反力越大，加固效果越趋于保守，支承结构所需的刚度也越大。

目标支反力确定后，根据原构件与支承结构在支点处的变形协调条件，即原构件在新增荷载及目标支反力共同作用下的支点位移，应等于支承结构在支承力作用下的支点位移，及支承结构的计算简图，可确定支承结构的刚度和截面特征。具体计算应按下列步骤进行：

（1）计算并绘制原梁的内力图；

（2）绘制原梁在新增荷载作用下的内力图；

（3）计算原梁的抗力及其不足，并由此求出所需的弹性支点的目标支反力；

（4）根据所需的目标支反力及支承结构类型，计算支承结构所需的刚度；

（5）根据所需的刚度确定支承结构截面尺寸。

4. 构造规定

新增支点所设置的支承结构，与被加固结构在支承点的连接，及支承结构另端的固定，应根据支承结构的类型及受力性质的不同，分别采用干式连接、湿式连接或混合连接。当支承结构为型钢时，可采用干式连接；当支承结构为钢筋混凝土时，可采用湿式连接或混合连接。

干式连接，如图 5-20，是在支承点或固定点相应部位的梁、柱截面上，安装型钢箍套，再将支承结构与型钢箍套焊接。

湿式连接，如图 5-21，是在支承点或固定点相应部位，用钢筋箍和混凝土，将支承结构与被加固结构整浇连接；钢筋箍可为Π形或Γ形，但应绕过并卡住整个梁截面，并与支柱或支撑中的受力钢筋焊接。套箍或连接筋直径应由计算确定，一般不应小于 $2\phi10$。节点后浇混凝土的强度等级不应低于 C25。

5. 施工要求

采用预加支反力增设支点加固时，除直接卸除原构件上的荷载外，预加支反力应采用测力计控制。若仅采用打入钢楔以变形控制，宜先进行试验，在确定支反力与变位的关系后，方可应用。

增设支点若采用湿式连接，与后浇混凝土的接触面，应进行凿毛，清除浮渣，洒水湿润，一般以微膨胀混凝土浇筑为宜。若采用型钢箍套干式连接，型钢箍套与梁接触面间应用水泥砂浆坐浆，待型钢箍套与支柱焊接后，再用较干硬砂浆将全部接触缝隙塞紧填实；对于楔块顶升法，顶升完毕后，应将所有楔块焊接，再用环氧砂浆封闭。

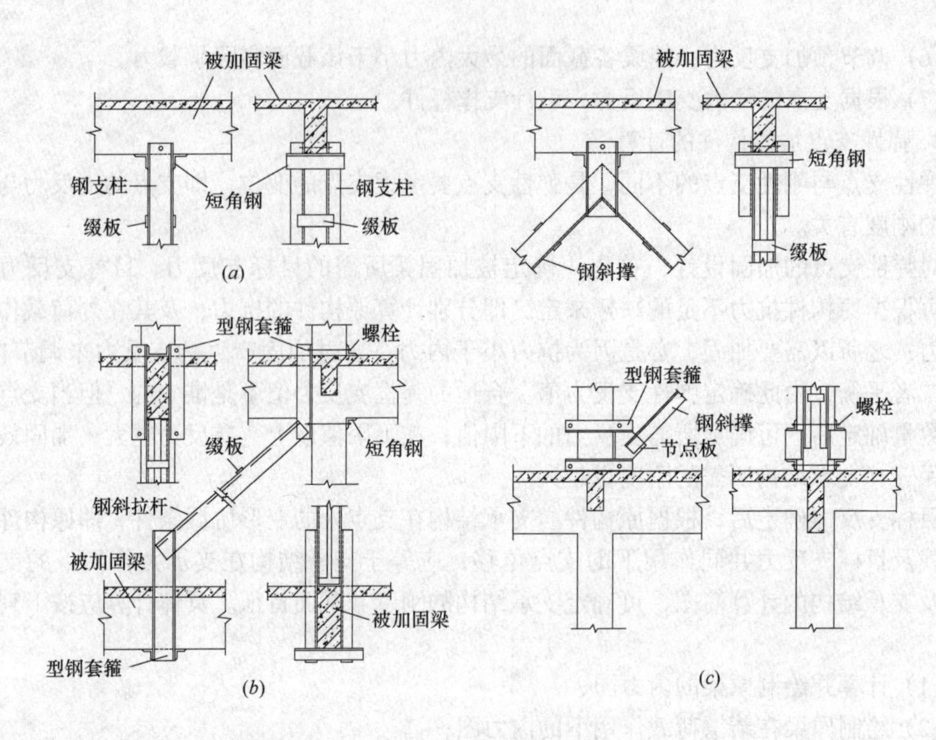

图 5-20　干式连接

（a）受压支柱；（b）受拉斜杆；（c）受压斜撑

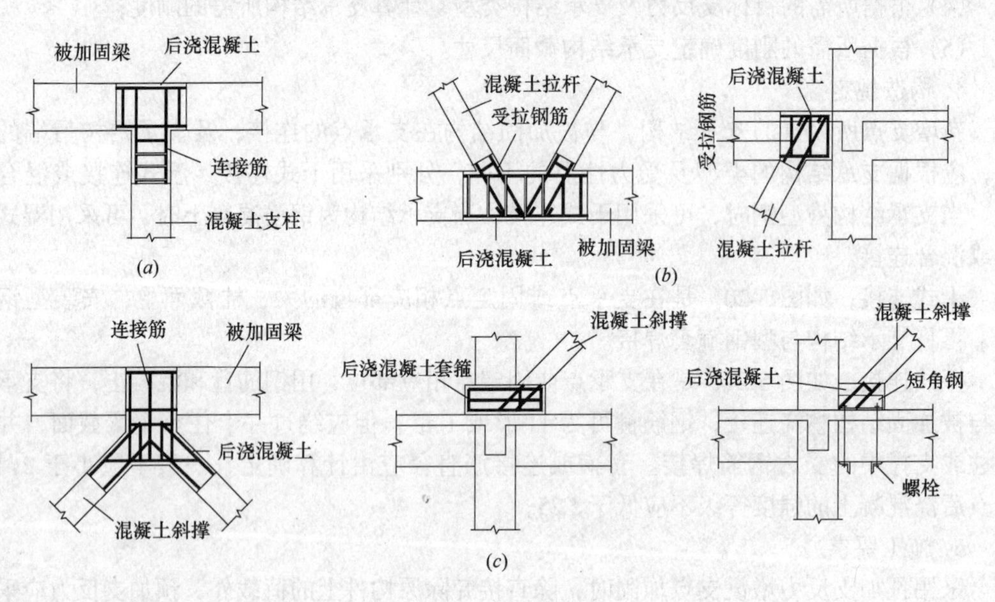

图 5-21　湿式连接

（a）受压支柱；（b）受拉斜杆；（c）受压斜撑

5.1.6　粘贴钢板加固法

1. 概述

粘贴钢板加固法，是指用胶粘剂把薄钢板粘贴在混凝土构件表面，使薄钢板与混凝土整体协同工作的一种加固方法。这类胶粘剂称为结构胶，其粘结强度不应低于混凝土的自身强度。目前常用的结构胶，由环氧树脂加入适量的固化剂、增韧剂、增塑剂配制而成。加固用的钢板，一般以 Q235 或 Q345 钢为宜。

粘贴钢板加固法，主要应用于承受静载的受弯构件、受拉构件和大偏心受压构件；对于承受动载的结构构件，如吊车梁等，尚缺乏全面、充分的疲劳性能试验资料，应慎重采用。

近年来，粘贴钢板加固法的应用和研究发展很快，趋于成熟，也逐渐得到广大工程技术人员的了解和重视。粘贴的钢板厚度一般为 2～6mm，结构胶厚度 1～3mm，这是加固所增加的全部厚度，相对于构件的截面尺寸是很薄的，所以该加固法几乎不增加构件的截面尺寸，基本上不影响构件的外观。另外，粘贴钢板加固法施工速度快，从清理、修补加固构件表面，将钢板粘贴于构件上，到加压固化，仅需 1～2d 时间，比其他加固方法大大节省施工时间。粘贴钢板加固法所需钢材，可按计算的需要量粘贴于加固部位，并和原构件整体协同工作，因此钢材的利用率高、用量少，但却能大幅度提高构件的抗裂性、抑制裂缝的发展，提高承载力。

2. 钢与混凝土的粘结强度

加固时粘贴上的钢板，能否与原构件混凝土整体协同工作，取决于钢板与混凝土之间的粘结强度。中国建筑科学研究院等单位，曾就钢与混凝土的粘结抗剪强度和粘结抗拉强度进行如下试验：

(1) 粘结抗剪试验

在 C40 级的混凝土立方体试块上，用结构胶粘合两块大小相同的钢板，在结构胶完全固化后，进行剪切试验（图 5-22*a*）。结果表明，剪切破坏发生在混凝土，而不在粘结面上，混凝土的破坏面大于粘合面。可见，粘结抗剪强度大于混凝土的抗剪强度。

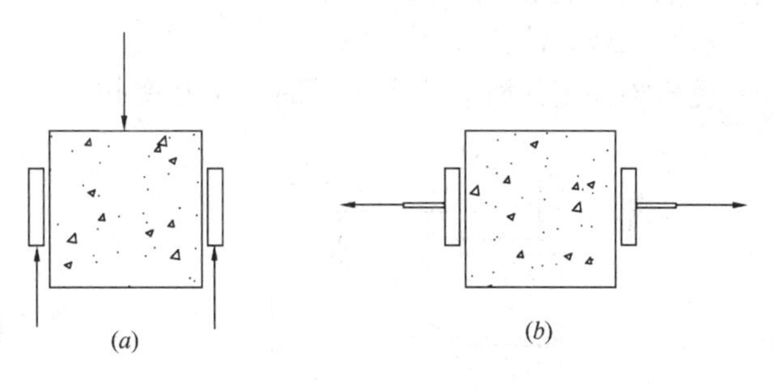

图 5-22　钢与混凝土粘结强度试验

(2) 粘结抗拉试验

把两块钢板对称地粘结在 C40 级的混凝土立方体试块上，进行抗拉试验（图 5-22*b*）。结果表明，拉断面发生在混凝土试块上，而粘结面完好，混凝土的破坏面大于粘合面。可见，粘结抗拉强度大于混凝土的抗拉强度。

上述试验表明，用结构胶粘结的钢板与混凝土，无论其粘结抗剪，还是粘结抗拉，破坏均发生在混凝土，粘结强度取决于混凝土的自身强度。因此，钢板与混凝土的粘结抗剪、粘结抗拉强度，可取等于混凝土的抗剪强度、轴心抗拉强度。混凝土的抗剪强度试验值、标准值和设计值按表 5-5 采用；混凝土的轴心抗拉强度标准值和设计值，按《混凝土结构设计规范》的规定取用。

混凝土抗剪强度（MPa）　　　　**表 5-5**

混凝土强度等级	C15	C20	C25	C30	C35	C40	C45	C50	C55	C60
试验值（f_{cv}^{0}）	2.25	2.70	3.15	3.55	3.90	4.30	4.65	5.00	5.30	5.60
标准值（f_{cvk}）	1.70	2.10	2.50	2.85	3.20	3.50	3.80	3.90	4.00	4.10
设计值（f_{cv}）	1.25	1.75	1.80	2.10	2.35	2.60	2.80	2.90	2.95	3.10

3. 粘钢加固梁的受力分析与破坏特征

对于粘贴钢板加固后的梁，由于原受拉钢筋的极限应变为 $\varepsilon_{su}=0.01$，比钢板 Q235 的屈服应变 $\varepsilon_{sy}=0.001\sim0.0025$ 大 4～10 倍以上，虽然粘贴的钢板较钢筋存在应力滞后，但试验表明，在适筋范围内，随着外荷载的增加，原钢筋首先屈服；当加固梁破坏时，钢板一般能够屈服；随后混凝土被压坏。由于钢板的应力滞后，加固梁在承载力极限状态时的挠度和裂缝偏大。

也有部分试验表明，当加固梁破坏时，粘贴的钢板未达到屈服强度，而是钢板与混凝土的粘结突然撕脱，钢板退出工作，导致梁突然破坏。造成钢板撕脱主要可能有三方面原因：其一是钢板锚固长度不够；规范要求受拉区的锚固长度不得小于 $200t$（t 为钢板厚度），也不得小于 600mm；受压区的锚固长度不得小于 $160t$，也不得小于 480mm。其二是结构胶存在质量问题，使粘结强度达不到规定要求。第三是施工质量不良；粘贴钢板加固的效果与施工质量密切相关，钢板撕脱事故大部分是由施工质量不佳引起的，在施工工艺中，构件结合面及钢板贴合面处理是最关键的工序，应根据构件表面的新旧程度、坚实程度、干湿程度区别对待，认真处理；粘贴、固定、加压应不断检查，无空洞声，保证粘贴密实。为了保证施工质量，粘贴钢板加固应由专门施工队伍操作。

4. 受弯构件正截面粘贴钢板加固计算

(1) 承载力计算

受弯构件正截面承载力不足时，可在受拉面和受压面粘贴钢板进行加固（图 5-23），

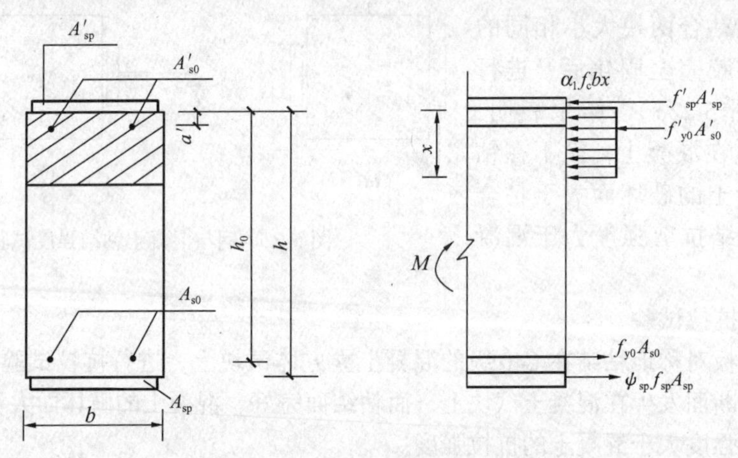

图 5-23　矩形截面正截面受弯承载力计算

加固后的正截面受弯承载力按下式计算：

$$M \leqslant \alpha_1 f_{c0} bx\left(h-\frac{x}{2}\right)+f'_{y0}A'_{s0}(h-a')+f'_{sp}A'_{sp}h-f_{y0}A_{s0}(h-h_0) \quad (5\text{-}53)$$

$$\alpha_1 f_{c0} bx = \varphi_{sp}f_{sp}A_{sp}+f_{y0}A_{s0}-f'_{y0}A'_{s0}-f'_{sp}A'_{sp} \quad (5\text{-}54)$$

$$\varphi_{sp}=\frac{(0.8\varepsilon_{cu}h/x)-\varepsilon_{cu}-\varepsilon_{sp,0}}{f_{sp}/E_{sp}} \quad (5\text{-}55)$$

$$\varepsilon_{sp,0}=\frac{\alpha_{sp}M_{ok}}{E_s A_s h_0} \quad (5\text{-}56)$$

式中　φ_{sp}——考虑二次受力影响时，受拉钢板抗拉强度有可能达不到设计值而引用的折

减系数；当 $\varphi_{sp}>1.0$ 时，取 $\varphi_{sp}=1.0$；

ε_{cu}——混凝土极限压应变，取 $\varepsilon_{cu}=0.0033$；

$\varepsilon_{sp,0}$——考虑二次受力影响时，受拉钢板的滞后应变；

M_{ok}——加固前受弯构件验算截面上作用的弯矩标准值；

α_{sp}——综合考虑受弯构件裂缝截面内力臂变化、钢筋拉应变不均匀以及钢筋排列影响的计算系数，按表5-6采用。

计算系数 α_{sp} 值 **表5-6**

ρ_{te}	≤0.007	0.010	0.020	0.030	0.040	≥0.060
单排钢筋	0.70	0.90	1.15	1.20	1.25	1.30
双排钢筋	0.75	1.00	1.25	1.30	1.35	1.40

注：1. 表中 ρ_{te} 为原有混凝土有效受拉截面的纵向受拉钢筋配筋率，即 $\rho_{te}=A_s/A_{te}$；A_{te} 为有效受拉混凝土截面面积，按现行国家标准《混凝土结构设计规范》GB 50010的规定计算。

2. 当原构件钢筋应力 $\sigma_{s0}\leqslant150$MPa，且 $\rho_{te}\leqslant0.05$ 时，表中 α_{sp} 值可乘以调整系数0.9。

（2）钢板锚固长度计算

钢板锚固长度 l_{sp}，是指在原梁不需要加固截面以外的粘贴钢板的延伸长度，按下式计算：

$$l_{sp}=f_{sp}t_{sp}/f_{bd}\geqslant170t_{sp} \tag{5-57}$$

式中 t_{sp}——粘贴钢板的总厚度；

f_{sp}——粘贴钢板的抗拉强度设计值；

f_{bd}——钢板与混凝土之间的粘结强度设计值，如表5-7。

钢板与混凝土之间的粘结强度设计值 f_{bd}（MPa） **表5-7**

混凝土强度	C15	C20	C25	C30	C35	C40	C45	C50	≥C60
f_{bd}	0.61	0.80	0.94	1.05	1.14	1.21	1.26	1.31	1.35

若粘贴钢板锚固长度不能满足计算要求，可在钢板的端部锚固粘结U形箍板（图5-24）。比较箍板与补强钢板、箍板与混凝土间的粘结受剪承载力，当前者较小时，总锚固承载力等于前者加上补强钢板与混凝土间的粘结受剪承载力；反之，总锚固承载力等于后者加上补强钢板与混凝土间的粘结受剪承载力。

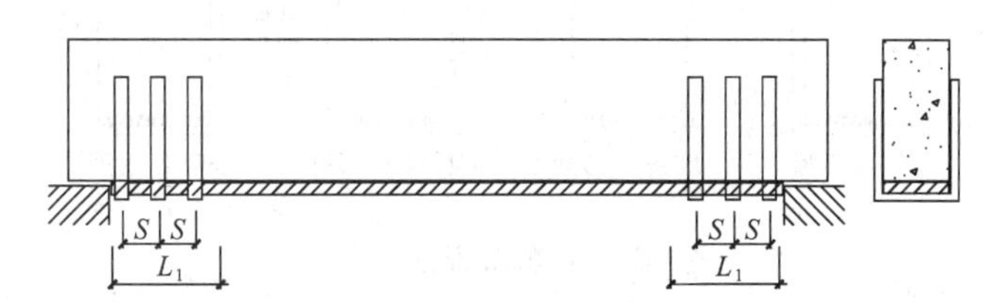

图5-24 锚固区粘贴U形箍板

5. 斜截面受剪粘贴钢板加固计算

受弯构件加固后的斜截面应满足下列要求：

当 $h_w/b\leqslant4$ 时

$$V \leqslant 0.25\beta_c f_{c0} b h_0 \tag{5-58}$$

当$h_w/b \geqslant 6$时

$$V \leqslant 0.20\beta_c f_{c0} b h_0 \tag{5-59}$$

当$4 < h_w/b < 6$时，按线性内插法确定；式中符号意义同《混凝土结构设计规范》GB 50010—2002。

当构件的斜截面受剪承载力不足时，可采用局部粘贴并联U形箍板进行加固（图5-25）。此时斜截面受剪承载力按下式验算：

$$V \leqslant V_{b0} + V_{b,sp} \tag{5-60}$$

$$V_{b,sp} = \varphi_{vb} f_{sp} A_{sp} h_{sp} / S_{sp} \tag{5-61}$$

式中 V_{b0}——加固前梁的斜截面承载力；

$V_{b,sp}$——粘贴钢板加固后的斜截面承载力增加值；

φ_{vb}——与钢板的粘贴方式和受力条件有关的抗剪强度折减系数，如表5-8；

A_{sp}——配置在同一截面处箍板的全部截面面积；

h_{sp}——梁侧面粘贴箍板的竖向高度；

S_{sp}——箍板间距。

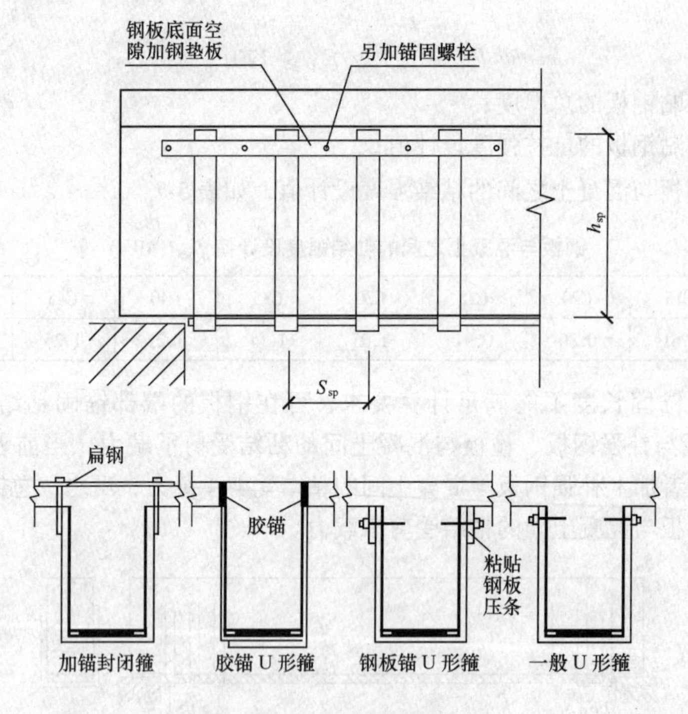

图5-25 抗剪箍板锚固构造

6. 构造规定

(1) 因为粘结抗剪、抗拉强度取决于混凝土强度，为了不使钢与混凝土的粘结强度过低，粘贴钢板的基层混凝土强度等级不应低于C15。

(2) 采用手工涂胶粘贴的钢板厚度不应大于5mm。采用压力注胶粘结的钢板厚度不应大于10mm。粘贴钢板加固量，受拉区不应超过3层，受压区不应超过2层，钢板总厚度不应大于10mm。愈厚所需锚固长度愈长，且愈硬，不易粘贴。

(3) 对于受压区粘贴钢板加固，当采用在梁侧粘贴时，钢板宽度不宜大于梁高的1/3。

(4) 对受弯梁构件正截面加固时，受拉面沿构件轴向连续粘贴的加固钢板宜延长至支座边缘，在钢板端部和集中力作用点的两侧，应设置U形钢箍板；当抗弯加固钢板锚固长度不能满足计算要求时，应在延伸长度范围内均匀设置U形箍，箍的高度尽可能达到板的底面。端箍板的宽度不小于抗弯加固钢板宽度的2/3，且不应小于80mm；中间箍宽度不小于抗弯加固钢板宽度的1/2，且不应小于40mm；箍板厚度不小于抗弯加固钢板厚度的1/2，且不应小于4mm。

(5) 对受弯板构件正截面加固时，也应在钢板端部和集中力作用点的两侧设置横向钢压条进行锚固。当加固钢板锚固长度不能满足计算要求时，应在延伸长度范围内通长设置垂直于受力钢板方向的钢压条。压条宽度不应小于抗弯加固钢板宽度的3/5，厚度不应小于抗弯加固钢板厚度的1/2。

(6) 连续梁支座负弯矩受拉区的锚固，应根据该区段有无障碍，分别采用不同的粘钢方法（图5-26）。

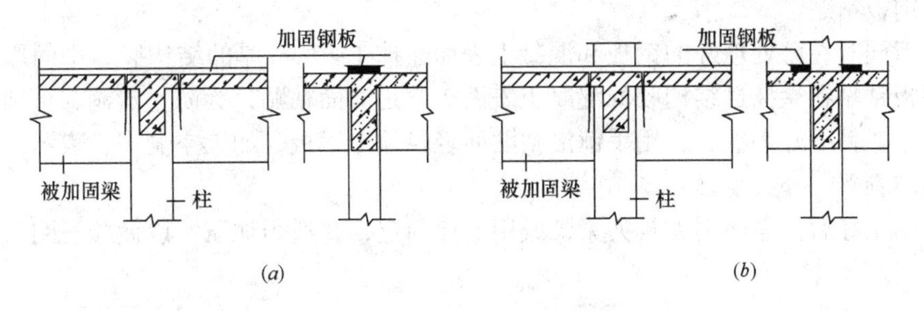

图5-26　连续梁支座区上表面粘钢加固
(a) 无障碍物；(b) 有障碍物

(7) 当需要粘贴不止一层钢板时，相邻两层钢板的截断位置应错开不小于300mm，并应在截断处设置U形箍板或压条。

(8) 钢板表面须用M15水泥砂浆抹面，其厚度，对于梁不应小于20mm，对于板不应小于15mm。

7. 施工要求

(1) 施工工艺流程

粘贴钢板加固施工应按图5-27的工艺流程进行。

(2) 混凝土表面处理

对原混凝土构件的粘合面，可用硬毛刷沾高效洗涤剂，刷除表面油垢、污物后用清水

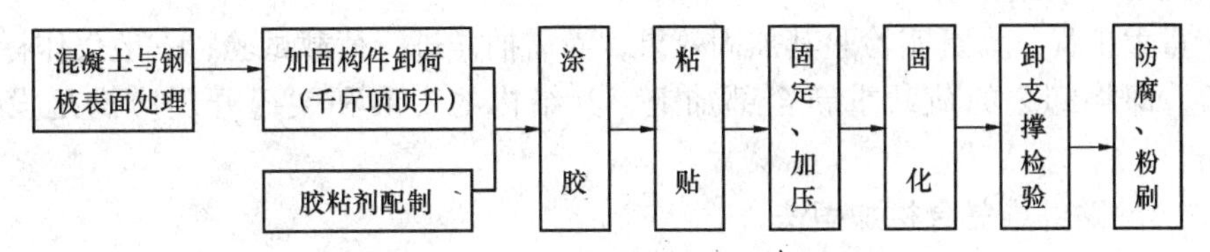

图5-27　粘贴钢板加固施工工艺流程

冲洗，再对粘合面进行打磨，除去2~3mm厚表层，直至完全露出新面，并用压缩空气吹除粉粒。如混凝土表面不是很脏很旧，则可直接对粘合面进行打磨，去掉1~2mm厚表层，用压缩空气除去粉尘或清水冲洗干净，待完全干燥后用脱脂棉沾丙酮擦拭表面即可。

对新混凝土粘合面，先用钢丝刷将表面松散浮渣刷去，再用硬毛刷沾洗涤剂洗刷表面，或用有压冷水冲洗，待完全干后即可涂胶粘剂。

对于龄期在3个月以内或湿度较大的混凝土构件，尚需进行人工干燥处理。

(3) 钢板处理

钢板粘结面须进行除锈和粗糙处理。如钢板未生锈或锈蚀轻微，可用喷砂、砂布或砂轮打磨，直至出现金属光泽。打磨粗糙度越大越好，打磨纹路应与钢板受力方向垂直。然后用脱脂棉沾丙酮擦拭干净。如钢板锈蚀严重，须先用适度盐酸浸泡20min，使锈层脱落，再用石灰水冲洗，中和酸离子，最后用平砂轮打磨出纹路。

(4) 构件支撑卸荷

粘贴钢板前，应对加固构件进行卸荷。如采用千斤顶顶升方式卸荷，对于承受均布荷载的梁，应采用多点（至少两点）均匀顶升；对于有次梁的主梁，每根次梁下应设一台千斤顶。顶升荷载以梁顶面不出现裂缝为准。

(5) 钢板粘贴

用抹刀同时在已处理好的钢板和混凝土表面涂抹1~3mm厚的结构胶，中间厚，边缘薄。将钢板粘贴在涂抹过结构胶的混凝土表面。若是立面粘贴，为防止流淌，可加一层脱腊玻璃丝布。粘贴好钢板后，用手锤沿粘贴面轻轻捶击钢板，如无空洞声，表示已粘贴密实，否则应剥下，补胶重贴。

钢板粘贴好后，立即用夹具夹紧，或用支撑固定，并适当加压，以使胶液刚从钢板边缝挤出为度。

(6) 固化与防腐

JGN型结构胶在常温下固化，保持20℃以上，24h即可拆除夹具和支撑，3d可受力使用。如温度低于15℃，应采取人工加温，一般用红外线灯加热。

加固后，钢板表面应粉刷水泥砂浆保护。如钢板表面积较大，为利于砂浆粘结，可粘一层钢丝网或点粘一层豆石。

(7) 施工安全

配制结构胶的原料应密封储存，远离火源，避免阳光直射。配制和使用场所应保持良好通风。操作人员应穿工作服，戴防护口罩和手套。工作场所应配灭火器材，以防万一。

(8) 工程验收

拆除临时固定设备后，应用小锤轻轻敲击粘贴钢板，从声响判断粘结效果或用超声波法探测粘结密实度。如锚固区粘结面积少于90%，非锚固区粘结面积少于70%，则此粘结无效，应返工重做。

对于重大工程，为真实检验其加固效果，尚需抽样进行荷载试验，一般仅作标准使用荷载试验，即将卸去的荷载重新全部加上，其结构的变形和裂缝开展应满足设计使用要求。

5.1.7 粘贴纤维复合材加固法

1. 概述

粘贴纤维复合材加固混凝土结构技术是20世纪80年代末90年代初在美日等发达国家兴起的一项新型加固技术。近年来，我国工程界也已普遍采用粘贴纤维复合材方法对混凝土结构构件进行加固，该加固技术是利用树脂类胶粘剂将纤维复合材粘贴于结构或构件表面，纤维复合材承受拉应力，与结构或构件变形协调、共同工作，达到对结构构件加固及改善受力性能的目的。

与传统的加固技术相比较，纤维复合材加固技术有许多突出的优点：

（1）高强高效。纤维复合材具有许多优异的物理力学性能，抗拉强度高于普通钢材的5～10倍，弹性模量与钢材较为接近，在加固工程中可充分利用这些特点来提高结构及构件承载力和延性，改善其受力性能，达到高效加固的目的。

（2）自重轻，厚度薄。纤维复合材的密度（1.8g/cm^3）仅为钢材密度的1/4；每层厚度通常为0.1～0.2mm，基本不增加结构自重及截面尺寸，因而对结构产生的附加荷载很小。

（3）良好的耐久性和耐腐蚀性。纤维复合材及胶粘剂具有良好的化学稳定性，抗腐、碱、盐、紫外线侵蚀（碳纤维对紫外线还具有一定的吸收和屏蔽作用）和防水能力极强，具有足够的适应气候变化的能力，易于外加防火涂层后有效地防火，可以大大增强结构对恶劣外部环境的适应能力，延长结构的使用寿命。

这里特别指出树脂类胶粘剂的耐日光辐射要差一些，因此工程中都要求纤维复合材加固层外必须有适当的防护层。

（4）适用范围广。可广泛应用于工业与民用建筑的梁、板、柱、拱、壳、墩等构件的加固，以及桥梁、隧道、涵洞、烟囱、水塔、水池、管道等构筑物的加固，且不改变结构的形状及不影响结构的外观。

（5）施工质量易于保证。由于加固施工可操作性很好，且纤维复合材较为柔软，即使构件表面平整度不太好，也可使有效粘贴面积达100%，施工完成后发现气泡也易于处理。

（6）施工便捷。纤维复合材切割方便，具有良好的可操作性，不需大型施工机械和重型设备，占用场地也较小，涉及的工种也不多，而且工效高、工期短，更能在结构构件不停止工作、有振动的情况下操作，大大地降低了间接经济损失和社会影响。

（7）环境影响少。施工现场无湿作业，可以不动明火，因此特别适用于现场环境要求比较高，防火要求比较高的场所。

粘贴纤维复合材加固法适用于钢筋混凝土受弯、轴心受压、大偏心受压及受拉构件的加固。被加固的构件，其现场实测混凝土强度等级不得低于C15，且混凝土表面的正拉粘结强度不得低于1.5MPa。加固后的构件，其长期使用的环境温度不得高于60℃，当处于特殊环境（如高温、高湿、介质侵蚀、放射等）时，应采取专门的防护措施，并应按专门的工艺要求进行粘贴。

2. 纤维复合材与胶粘剂

加固用材料主要有纤维复合材与胶粘剂两大类。

（1）纤维复合材

纤维复合材是在几千度的高温下经特殊工艺制造，碳纤维丝由3000至12000个，碳原子丝以绞线或麻绳的方式排列而成，其粗细仅相当于一根头发丝。纤维复合材按外形分为片材和线材，加固用材主要为片材，片材又分为布材和板材，按编织方法分为单向和双向。按材料分为碳纤维和玻璃纤维。

承重结构加固用的碳纤维，必须选用聚丙烯腈基（PAN基）12k或12k以下的小丝束纤维，严禁大丝束纤维。碳纤维复合材的主要力学性能指标应满足表5-8的要求。碳纤维复合材的安全性能指标应满足表5-9的要求。

碳纤维复合材的主要力学性能指标 **表5-8**

性能项目	高强度Ⅰ级	高强度Ⅱ级
抗拉强度标准值 $f_{f,k}$（MPa）	≥4900	≥4100
弹性模量 E_{cf}（MPa）	$\geqslant 2.4\times10^5$	$\geqslant 2.1\times10^5$
伸长率（%）	≥2.0	≥1.8

碳纤维复合材的安全性能指标 **表5-9**

类别 / 项目	单向织物（布）		条形板	
	高强度Ⅰ级	高强度Ⅱ级	高强度Ⅰ级	高强度Ⅱ级
抗拉强度标准值 f_{cfk}（MPa）	≥3400	≥3000	≥2400	≥2000
受拉弹性模量 E_{cf}（MPa）	$\geqslant 2.4\times10^5$	$\geqslant 2.1\times10^5$	$\geqslant 1.6\times10^5$	$\geqslant 1.4\times10^5$
伸长率（%）	≥1.7	≥1.5	≥1.7	≥1.5
弯曲强度 f_{fb}（MPa）	≥700	≥600	—	—
层间剪切强度（MPa）	≥45	≥35	≥50	≥40
仰贴条件下复合材与混凝土正拉粘结强度（MPa）	≥2.5，且为混凝土内聚破坏			
纤维体积含量（%）	—	—	≥65	≥55
单位面积质量（g/m²）	≤300	≤300	—	—

单层碳纤维布单位面积碳纤维质量不宜低于150g/m²；不应高于300g/m²。碳纤维板的厚度不宜大于2.0mm，宽度不宜大于200mm。

碳纤维布的计算厚度为理论计算值，而不是碳纤维布的实测厚度，因为碳纤维布质地柔软，实测厚度离散性很大。碳纤维板的截面面积指含树脂板材的实测截面面积，碳纤维板产品应该说明纤维的体积含量。常用碳纤维布的单位面积碳纤维质量、截面面积及计算厚度见表5-10。

常用碳纤维布的单位面积质量、截面面积及计算厚度 **表5-10**

纤维单位面积质量（g/m²）	密度（g/mm³）	单位宽度的截面面积（mm²/m）	计算厚度（mm）
200	1.8×10^{-3}	111	0.111
300		167	0.167

碳纤维复合材的设计计算指标按表5-11。

碳纤维复合材的设计计算指标 **表 5-11**

项目 \ 性能		单向织物（布） 高强度 Ⅰ级	单向织物（布） 高强度 Ⅱ级	条形板 高强度 Ⅰ级	条形板 高强度 Ⅱ级
抗拉强度设计值 f_f（MPa）	重要构件	1600	1400	1150	1000
	一般构件	2300	2000	1600	1400
弹性模量设计值 E_f（MPa）	重要构件 一般构件	2.3×10^5	2.0×10^5	1.6×10^5	1.4×10^5
拉应变设计值 ε_f	重要构件	0.007	0.007	0.007	0.007
	一般构件	0.01	0.01	0.01	0.01

注：*L* 形板按高强度Ⅱ级条形板的设计计算指标采用。

承重结构加固用的玻璃纤维，必须选用高强度的 *S* 玻璃纤维或含碱量低于 0.8% 的 *E* 玻璃纤维，严禁采用 *A* 玻璃纤维或 *C* 玻璃纤维。玻璃纤维复合材的主要力学性能指标应满足表 5-12 的要求。玻璃纤维复合材的安全性能指标应满足表 5-13 的要求。

玻璃纤维复合材的主要力学性能指标 **表 5-12**

性 能 项 目	*S* 玻璃（高强、无碱型）	*E* 玻璃（无碱型）
抗拉强度标准值 $f_{f,k}$（MPa）	≥3500	≥2800
弹性模量 E_{cf}（MPa）	$\geq 8.0\times10^4$	$\geq 7.0\times10^4$
伸长率（%）	≥4.0	≥3.0

玻璃纤维复合材的安全性能指标 **表 5-13**

类型 \ 项目	抗拉强度标准值（MPa）	受拉弹性模量（MPa）	伸长率（%）	弯曲强度（MPa）	仰贴条件下复合材与混凝土正拉粘结强度（MPa）	单位面积质量（g/m^2）	层间剪切强度（MPa）
S 玻璃	≥2200	$\geq 1.0\times10^5$	≥2.5	≥600	≥2.5，且为混凝土内聚破坏	≤450	≥40
E 玻璃	≥1500	$\geq 7.2\times10^4$	≥2.0	≥500		≤450	≥35

与碳纤维布相同，玻璃纤维布的计算厚度为理论计算值，也不是碳纤维布的实测厚度。玻璃纤维复合材的设计计算指标按表 5-14。

玻璃纤维复合材（单向织物）的设计计算指标 **表 5-14**

类型 \ 项目	抗拉强度设计值 f_f（MPa）		弹性模量设计值 E_f（MPa）		拉应变设计值 ε_f	
	重要构件	一般构件	重要构件	一般构件	重要构件	一般构件
S 玻璃	500	700	7.0×10^4		0.007	0.01
E 玻璃	350	500	5.0×10^4		0.007	0.01

（2）胶粘剂

承重结构加固用的胶粘剂，按其基本性能分为 *A* 级胶和 *B* 级胶；对重要结构、悬挑构件、承受动力作用的结构、构件，应采用 *A* 级胶；对一般结构可采用 *A* 级胶或 *B* 级胶。

胶粘剂一般包括三种材料：底胶、修补胶、浸渍/粘贴胶。底胶的作用是浸入混凝土表面，强化混凝土表面强度，提高混凝土与修补胶或浸渍/粘贴胶界面的粘结强度；修补胶的作用是修补混凝土表面的空洞、裂缝等，使构件表面的平整度符合要求，便于纤维复合材的粘结，并与底胶和浸渍/粘贴胶具有可靠的粘结强度；浸渍/粘贴胶的作用是将连续纤维状的纤维粘合在一起，使之形成纤维增强复合材料，并将纤维布与混凝土粘结在一起，形成一个复合性整体，以共同承受结构的作用。

底胶和修补胶应与浸渍/粘贴胶相适配，其安全性能应满足表 5-15、表 5-16 的要求；浸渍/粘贴胶必须采用专门配制的改性环氧树脂胶粘剂，其安全性能应满足表 5-17 的要求。

底胶的安全性能指标 **表 5-15**

性 能 项 目	性 能 要 求
与混凝土的正拉粘结强度（MPa）	≥2.5，且为混凝土内聚破坏
不挥发物含量（固体含量）（%）	≥99
混合后初黏度（23℃时）（MPa·s）	≤6000

修补胶的安全性能指标 **表 5-16**

性 能 项 目	性 能 要 求
胶体正拉强度（MPa）	≥30
胶体抗弯强度（MPa）	≥40，且不得呈脆性（碎裂状）破坏
与混凝土的正拉粘结强度（MPa）	≥2.5，且为混凝土内聚破坏

浸渍/粘结胶的安全性能指标 **表 5-17**

<table>
<tr><th colspan="2" rowspan="2">性 能 项 目</th><th colspan="2">性 能 要 求</th></tr>
<tr><th>A 级胶</th><th>B 级胶</th></tr>
<tr><td rowspan="6">胶体性能</td><td>抗拉强度（MPa）</td><td>≥40</td><td>≥30</td></tr>
<tr><td>受拉弹性模量（MPa）</td><td>≥2500</td><td>≥1500</td></tr>
<tr><td>伸长率（%）</td><td colspan="2">≥1.5</td></tr>
<tr><td rowspan="2">抗弯强度（MPa）</td><td>≥50</td><td>≥40</td></tr>
<tr><td colspan="2">且不得呈脆性（碎裂状）破坏</td></tr>
<tr><td>抗压强度（MPa）</td><td colspan="2">≥70</td></tr>
<tr><td>粘贴能力</td><td>与混凝土的正拉粘结强度（MPa）</td><td colspan="2">≥2.5，且为混凝土内聚破坏</td></tr>
<tr><td colspan="2">不挥发物含量（固体含量）（%）</td><td colspan="2">≥99</td></tr>
</table>

注：1. B 级胶不用于粘贴预成型板。

2. 表中的性能指标，除标有强度标准值外，均为平均值。

3. 当预成型板为仰面或立面粘贴时，其所使用胶粘剂的下垂度（40℃时）不应大于 3mm。

所有胶粘剂应进行耐久性检验，其钢-钢粘结抗剪性能必须经湿热老化检验合格。此外，胶粘剂还必须通过毒性检验，对完全固化的胶粘剂，其检验结果应符合实际无毒卫生等级的要求。寒冷地区加固混凝土结构使用的胶粘剂，应具有耐冻融性能试验合格的证书。

3. 受弯构件的加固

(1) 受弯构件正截面承载力加固计算

采用纤维复合材加固梁板，其粘贴方式主要为底贴条带、U形箍和压条等，如图5-28所示。

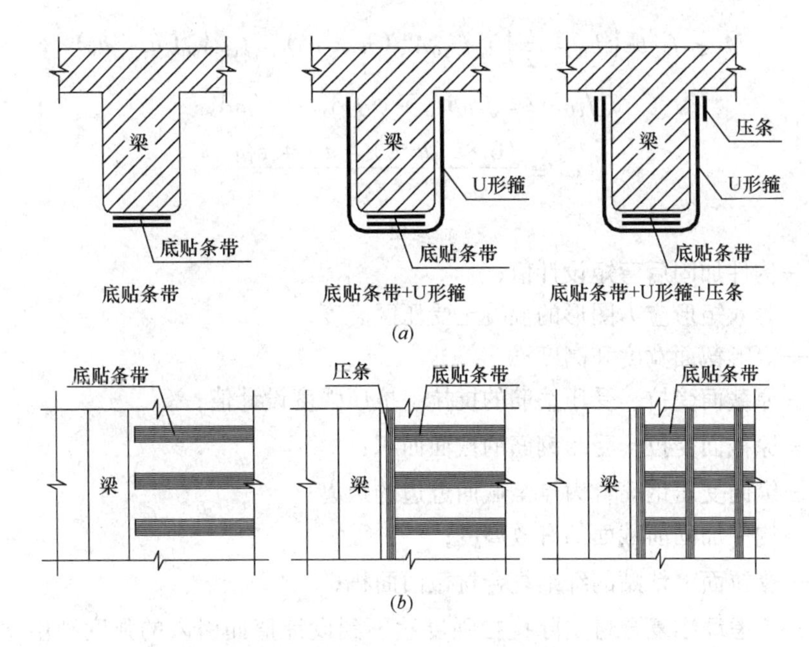

图5-28　受弯构件正截面抗弯纤维复合材粘贴方式

(a) 梁的粘贴方式；(b) 板的粘贴方式

1) 破坏形态

试验表明，粘贴纤维复合材加固梁的抗弯破坏形态主要有七种（图5-29所示了四种主要破坏形态）：①受压区混凝土破坏；②纤维复合材拉断破坏；③端部保护层混凝土粘结破坏（混凝土粘在纤维复合材上）；④混凝土-胶界面粘结破坏（混凝土几乎没有粘在纤维复合材上）；⑤纤维-纤维界面粘结破坏（多层纤维复合材加固时）；⑥从梁中部弯曲裂

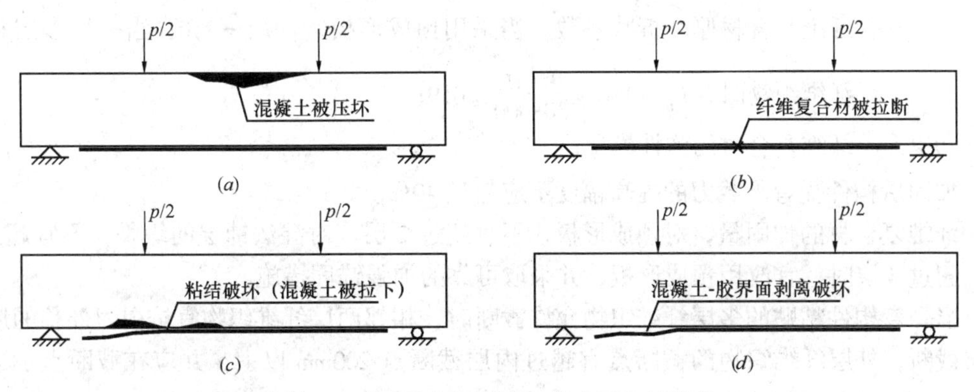

图5-29　抗弯加固后梁的4种主要破坏形态

缝处开始的粘结破坏；⑦从剪切裂缝处开始的粘结破坏。破坏形式与很多因素有关，包括荷载情况、梁的跨高比、剪跨比、混凝土强度、配筋率、配箍率、纤维复合材的厚度（层数）和弹性模量、锚固性能以及胶的弹性模量、剪切强度、厚度和极限延伸率等。

2）承载力计算公式

在矩形截面受弯构件的受拉面上粘贴纤维复合材进行受弯加固时，其正截面受弯承载力按下列公式计算：

$$M \leqslant f_{c0}bx\left(h_0 - \frac{x}{2}\right) + f'_{y0}A'_{s0}(h - a') - f_{y0}A_{s0}(h - h_0) \tag{5-62}$$

$$\alpha_1 f_{c0}bx = f_{y0}A_{s0} + \psi_f f_f A_{fe} - f'_{y0}A'_{s0} \tag{5-63}$$

$$\psi_f = \frac{(0.8\varepsilon_{cu}h/x) - \varepsilon_{cu} + \varepsilon_{f0}}{\varepsilon_f} \tag{5-64}$$

$$x \geqslant 2a' \tag{5-65}$$

式中 M——构件加固后弯矩设计值；

x——等效矩形应力图形的混凝土受压区高度；

b、h——矩形截面宽度和高度；

f_{y0}、f'_{y0}——原截面受拉、受压钢筋的抗拉、抗压强度设计值；

A_{s0}、A'_{s0}——原截面受拉、受压钢筋的截面面积；

a'——纵向受压钢筋合力点至截面近边的距离；

h_0——构件加固前截面的有效高度；

A_{fe}——受拉面上粘贴的纤维复合材截面面积；

ψ_f——考虑纤维复合材实际抗拉强度达不到设计值而引入的强度利用系数，当 $\psi_f \geqslant 1.0$ 时，取 $\psi_f = 1.0$；

ε_{cu}——混凝土极限压应变，取 $\varepsilon_{cu} = 0.0033$；

ε_f——纤维复合材拉应变设计值，应根据纤维复合材的品种，分别按表 5-11、表 5-14采用；

ε_{f0}——考虑二次受力影响时，纤维复合材的滞后应变，当不考虑二次受力影响时，取 $\varepsilon_{f0} = 0$；

$A_f = A_{fe}/k_m$；

k_m——纤维复合材厚度折减系数。当采用预成形板时，$k_m = 1.0$；当采用多层粘贴纤维织物时，$k_m = 1.6 - \frac{n_f E_f t_f}{308000} \leqslant 0.9$；

E_f——纤维复合材的弹性模量；

加固后构件受弯承载力的提高幅度不应超过 40%。

纤维复合材的加固量，对预成形板，不宜超过 2 层，对湿法铺层的织物，不宜超过 4 层，超过 4 层时，宜改用预成形板，并采取可靠的加强锚固措施。

当受弯构件粘贴的多层纤维织物允许截断时，相邻两层纤维织物宜按内短外长的原则分层截断；外层纤维织物的截断点宜越过内层截断点 200mm 以上，并应在截断点加设 U 形箍。

当翼缘位于受压区的T形截面或I形截面受弯构件，在其受拉面上粘贴纤维复合材进行受弯加固时，可按上述矩形截面相同的计算原则和现行《混凝土结构设计规范》中关于T形截面抗弯承载力的计算方法进行计算。

当考虑二次受力影响时，纤维复合材的滞后应变 ε_{f0}应按下式计算：

$$\varepsilon_{f0} = \frac{\alpha_f M_{0k}}{E_s A_s h_0} \tag{5-66}$$

式中 M_{0k}——加固前受弯构件验算截面上原作用的弯矩标准值；

α_f——综合考虑受弯构件裂缝截面内力臂变化、钢筋拉应变不均匀以及钢筋排列影响等的计算系数，按表5-18采用。

计算系数 α_f 值 **表5-18**

ρ_{te}	≤0.007	0.010	0.020	0.030	0.040	≥0.060
单排钢筋	0.70	0.90	1.15	1.20	1.25	1.30
双排钢筋	0.75	1.00	1.25	1.30	1.35	1.40

注：1. 表中 ρ_{te}为混凝土有效受拉截面的纵向受拉钢筋配筋率，即 $\rho_{te}=A_s/A_{te}$，A_{te}为有效受拉混凝土截面面积，按现行国家标准《混凝土结构设计规范》GB 50010—2002 的规定计算。

2. 当原构件钢筋应力 $\sigma_{s0}\leqslant 150$MPa，且 $\rho_{te}\leqslant 0.05$ 时，表中 α_f 值可乘以调整系数 0.9。

3）延伸长度计算

对梁、板正弯矩区进行受弯加固时，纤维复合材宜伸至支座边缘。在集中荷载作用点两侧宜设置纤维复合材U形箍条或横向压条。

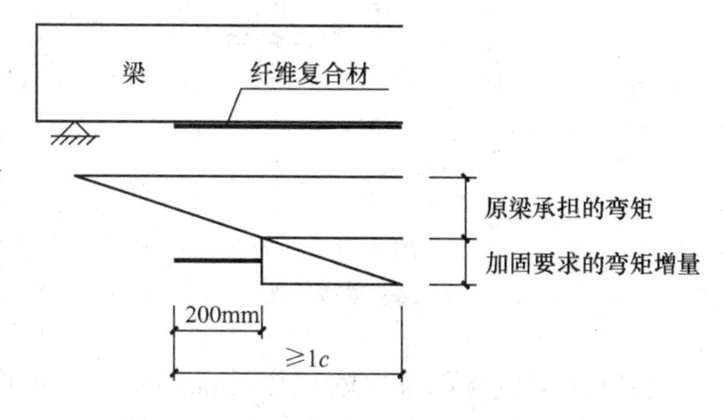

图5-30 纤维复合材的粘贴延伸长度

纤维复合材的切断位置距其充分利用截面的距离不应小于按下式计算得出的粘贴延伸长度 l_c：

$$l_c = \frac{\psi_1 f_f A_f}{f_{f,v} b_f} + 200 \tag{5-67}$$

式中 l_c——纤维复合材粘贴延伸长度（mm），如图5-30所示；

b_f——对梁为受拉面粘贴的纤维复合材的总宽度（mm），对板为1000mm板宽范围内粘贴的纤维复合材总宽度；

f_f——纤维复合材抗拉强度设计值（MPa）；

$f_{f,v}$——纤维与混凝土之间的粘结强度设计值（MPa），取 $f_{f,v}=0.40f_t$；f_t 为混凝土抗拉强度设计值，按现行国家标准《混凝土结构设计规范》GB 50010—2002 规定值采用；当 $f_{f,v}$计算值低于0.40时，取 $f_{f,v}=0.40$MPa；当 $f_{f,v}$计算值高于0.70时，取 $f_{f,v}=0.70$MPa；

ψ_1——修正系数；对重要构件，取 $\psi_1=1.45$；对一般构件，取 $\psi_1=1.0$。

对受弯构件负弯矩区的正截面加固，纤维复合材的截断位置距支座边缘的距离，除应根据负弯矩包络图按上式确定外，尚应在纤维复合材端部采取可靠措施锚固。

当纤维复合材延伸至支座边缘 l_c 不能满足要求时，可采取图 5-31 所示的附加锚固措施予以加强。对梁，应在延伸长度范围内均匀设置 U 形箍锚固，并应在延伸长度端部设置一道；U 形箍的粘贴高度应为梁的截面高度，若梁有翼缘或有现浇楼板，应伸至其底面。U 形箍的宽度，对端箍不应小于加固纤维复合材宽度的 2/3，且不应小于 200mm；对中间箍不应小于加固纤维复合材宽度的 1/2，且不应小于 100mm；U 形箍的厚度不应小于受弯加固纤维复合材厚度的 1/2。对板，应在延伸长度范围内通长设置垂直于受力纤维方向的压条；压条应在延伸长度范围内均匀布置；压条的宽度不应小于受弯加固纤维复合材条带宽度的 3/5，压条的厚度不应小于受弯加固纤维复合材厚度的 1/2。

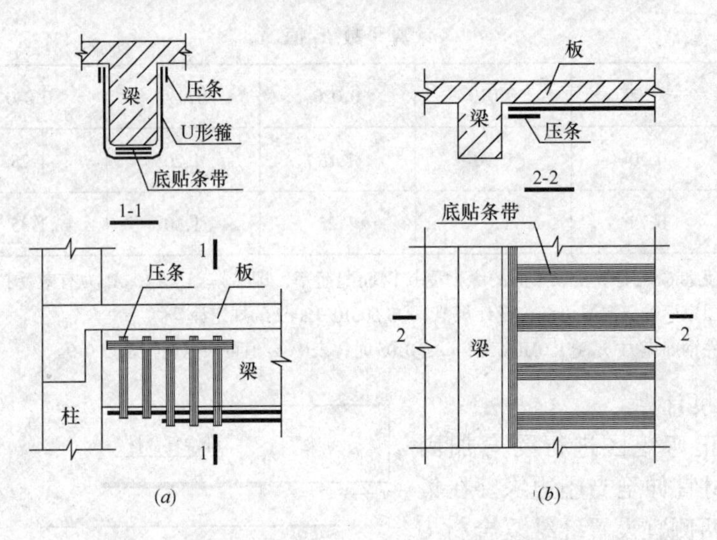

图 5-31　受弯构件加固时纤维复合材端部附加锚固措施
（a）梁端纤维复合材 U 形箍、压条；（b）板端纤维复合材压条

还可在梁板端部采取附加机械锚固措施，如图 5-32 所示。

(2) 受弯构件斜截面承载力加固计算

采用纤维复合材对受弯构件的斜截面受剪承载力进行加固时，应粘贴成垂直于构件轴线方向的环形箍或其他有效的 U 形箍，如图 5-33 所示，不允许只在侧面粘贴条带。

1）破坏形态

纤维复合材加固的受弯构件的斜截面破坏形态主要有：①端部保护层混凝土粘结破坏(混凝土粘在纤维复合材上)；②混凝土-胶界面粘结破坏（混凝土几乎没有粘在纤维复合材上)；③受压区混凝土破坏；④纤维复合材拉断破坏。破坏形式与很多因素有关，包括荷载作用形式、梁的跨高比、剪跨比、混凝土强度、配箍率、纤维复合材的厚度（层数)、宽度、间距和弹性模量、锚固性能以及胶的弹性模量、剪切强度、厚度和极限延伸率等。

2）承载力计算公式

当采用条带构成的环形（封闭）箍或 U 形箍对钢筋混凝土梁进行抗剪加固时，其斜截面承载力计算公式为：

$$V \leqslant V_{b0} + V_{bf} \tag{5-68}$$

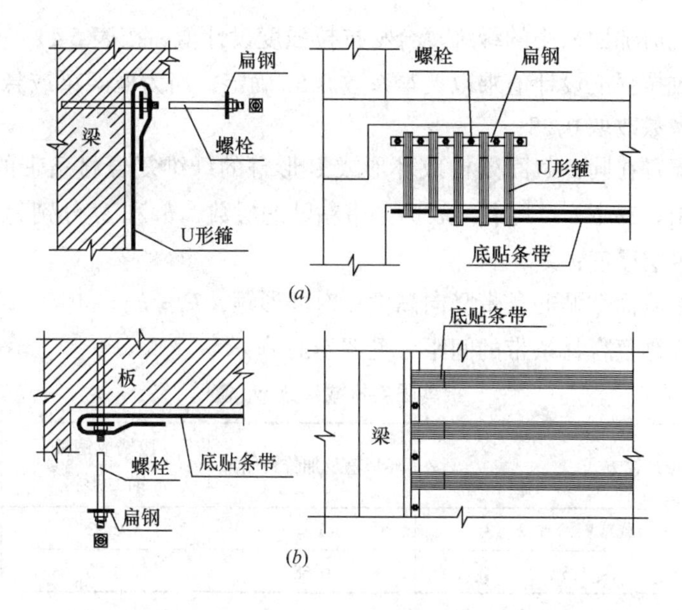

图 5-32　受弯构件加固时纤维复合材端部附加机械锚固措施

（a）梁端附加机械锚固措施；（b）板端附加机械锚固措施

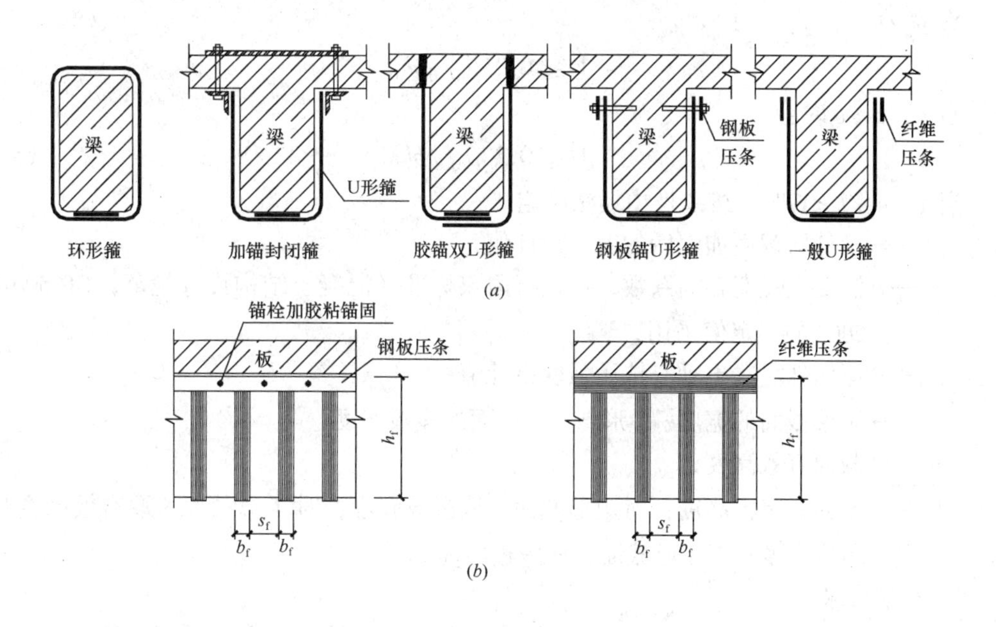

图 5-33　纤维复合材抗剪箍及其粘贴方式

（a）粘贴方式；（b）U 形箍加纵向压条

$$V_{bf} = \psi_{vb} f_f A_f h_f / s_f \tag{5-69}$$

式中　V_{b0}——加固前梁的斜截面承载力，应按现行国家标准《混凝土结构设计规范》GB 50010—2002 计算；

V_{bf}——粘贴条带加固后，对梁斜截面承载力的提高值；

ψ_{vb}——与条带加锚方式及受力条件有关的抗剪强度折减系数（表 5-19）；

f_f——受剪加固采用的纤维复合材抗拉强度设计值，按表 5-11、表 5-14 的规定的抗拉强度设计值乘以调整系数 0.56 确定；当为框架梁或悬挑构件时，调整系数改取 0.28；

A_f——配置在同一截面处构成环形或 U 形箍的纤维复合材条带的全部截面面积：$A_f=2n_f b_f t_f$，其中，n_f 为条带粘贴的层数，b_f 和 t_f 分别为条带宽度和条带单层厚度；

h_f——梁侧面粘贴的条带竖向高度；对环形箍，$h_f=h$；

s_f——纤维复合材条带的间距，见图 5-33 所示。

抗剪强度折减系数 ψ_{vb} 值 **表 5-19**

条带加锚方式		环形箍及加锚封闭箍	胶锚或钢板锚 U 形箍	加织物压条的一般 U 形箍
受力条件	均布荷载或剪跨比 $\lambda\geqslant3$	1.0	0.92	0.85
	$\lambda\leqslant1.5$	0.68	0.63	0.58

注：当 λ 为中间值时，按线性内插法确定 ψ_{vb} 值。

受弯构件加固后的斜截面应符合下列条件：

当 $h_w/b\leqslant4$ 时：

$$V\leqslant0.25\beta_c f_{c0}bh_0 \tag{5-70}$$

当 $h_w/b\geqslant6$ 时：

$$V\leqslant0.20\beta_c f_{c0}bh_0 \tag{5-71}$$

当 $4<h_w/b<6$ 时，按线性内插法确定。

式中 V——构件斜截面加固后的剪力设计值；

β_c——混凝土强度影响系数，按现行国家标准《混凝土结构设计规范》GB 50010—2002 的规定值采用；

f_{c0}——原构件混凝土轴心抗压强度设计值；

b——矩形截面的宽度、T 形或 I 形截面的腹板宽度；

h_0——截面有效高度；

h_w——截面的腹板高度：对矩形截面，取有效高度；对 T 形截面，取有效高度减去翼缘高度；对 I 形截面，取腹板净高。

3）构造要求

宜选用环形箍或加锚的 U 形箍，当仅按构造需要设箍时，也可采用一般 U 形箍。U 形箍的纤维受力方向应与构件轴向垂直。当环形箍或 U 形箍采用纤维复合材条带时，其净间距不应大于现行国家标准《混凝土结构设计规范》GB 50010—2002 规定的最大箍筋间距的 0.7 倍，且不应大于梁高的 0.25 倍。U 形箍的粘贴高度应为梁的截面高度，若梁有翼缘或有现浇楼板，应伸至其底面，U 形箍的上端应粘贴纵向压条予以锚固。当梁的高度 $h\geqslant600$mm 时，应在梁的腰部增设一道纵向腰压带（图 5-34）。采用环形箍、U 形箍或环向围束加固矩形截面构件时，其截面棱角应在粘贴前通过打磨加以圆化（图 5-35），梁的圆化半径 r，对碳纤维不应小于 20mm，对玻璃纤维不应小于 15mm。

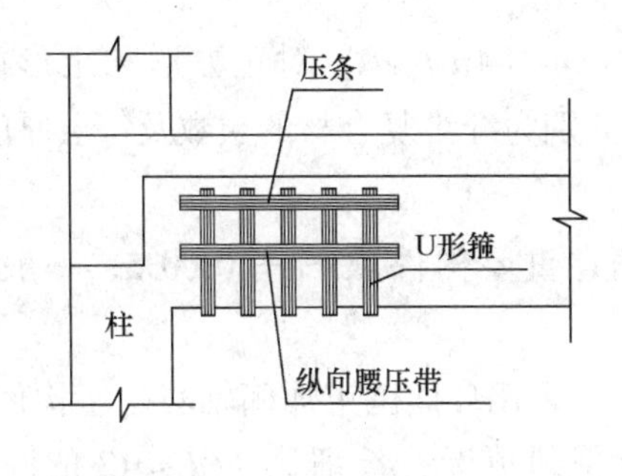

图 5-34　纵向腰压带

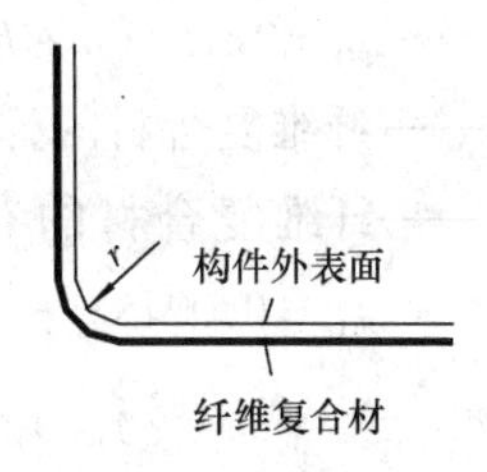

图 5-35　构件截面棱角的圆化打磨

4. 受压构件的加固

(1) 轴心受压构件正截面加固计算

轴心受压构件正截面加固的粘贴方式，可采用沿其全长无间隔地环向连续粘贴纤维织物的方法（简称环向围束法）进行加固。

1）破坏形态

粘贴纤维复合材加固的轴心受压构件正截面破坏形态与其长细比有较大关系，细长柱、长柱与一般混凝土受压构件基本相同，短柱破坏形态主要为①混凝土受压破坏；②纤维复合材拉断破坏；③混凝土-胶界面粘结破坏（混凝土几乎没有粘在纤维复合材上）；④端部保护层混凝土粘结破坏（混凝土粘在纤维复合材上）。破坏形式与很多因素有关，包括混凝土强度、配筋率、配箍率、纤维复合材的厚度（层数）、宽度、间距和弹性模量、锚固性能以及胶的弹性模量、剪切强度、厚度和极限延伸率等。

2）承载力计算公式

采用环向围束的轴心受压构件，其正截面承载力计算公式为：

$$N \leqslant 0.9[(f_{c0} + 4\sigma_1)A_{cor} + f'_{y0}A'_{s0}] \tag{5-72}$$

$$\sigma_1 \leqslant 0.5\beta_c k_c \rho_f E_f \varepsilon_{fe} \tag{5-73}$$

式中　N——轴向压力设计值；

f_{c0}——原构件混凝土轴心抗压强度设计值；

σ_1——有效约束应力；

A_{cor}——环向围束内混凝土面积；圆形截面：$A_{cor}=\pi D^2/4$，正方形和矩形截面：$A_{cor}=bh-(4-\pi)r^2$；

D——圆形截面柱的直径；

b——正方形截面边长或矩形截面宽度；

h——矩形截面高度；

r——截面棱角的圆化半径(倒角半径)；

β_c——混凝土强度影响系数；当混凝土强度等级不大于 C50 时，$\beta_c=1.0$；当混凝土强度等级为 C80 时，$\beta_c=0.8$；其间按线性内插法确定；

k_c——环向围束的有效约束系数；对圆形截面柱：$k_c=0.95$；对正方形和矩形截面柱：$k_c=1-\dfrac{(b-2r)^2+(h-2r)^2}{3A_{cor}(1-\rho_s)}$，见图 5-36，$\rho_s$ 为柱中纵向钢筋的配筋率；

ρ_f——环向围束体积比；对圆形截面柱：$\rho_f = 4n_f t_f / D$；对正方形和矩形截面柱：$\rho_f = 2n_f t_f\ (b+h)\ / A_{cor}$；$n_f$ 和 t_f 分别为纤维复合材的层数及每层厚度；

E_f——纤维复合材的弹性模量；

ε_{fe}——纤维复合材的有效拉应变设计值；重要构件取 $\varepsilon_{fe} = 0.0035$；一般构件取 $\varepsilon_{fe} = 0.0045$。

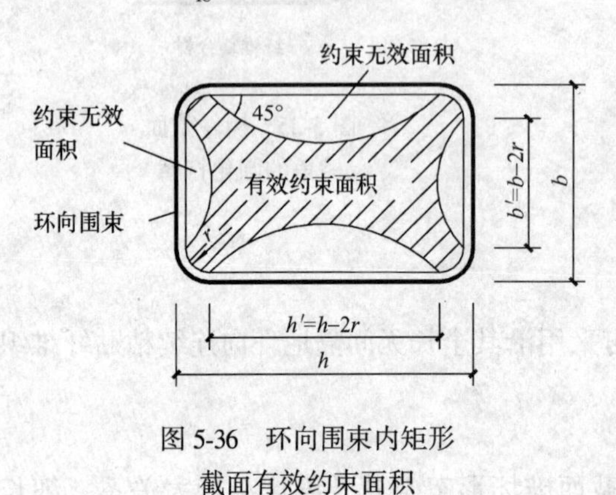

图 5-36　环向围束内矩形截面有效约束面积

采用环向围束加固轴心受压构件仅适用于下列情况：长细比 $l/d \leqslant 12$ 的圆形截面柱；长细比 $l/b \leqslant 14$、截面高宽比 $h/b \leqslant 1.5$、截面高度 $h \leqslant 600$mm，且截面棱角经过圆化打磨的正方形或矩形截面柱。

(2) 大偏心受压构件正截面加固计算

当采用纤维复合材加固大偏心受压构件时，应将纤维复合材粘贴于构件受拉区边缘混凝土表面，且纤维方向应与柱的纵轴线方向一致。

加固的大偏心受压构件正截面破坏形态与加固梁基本相似。

采用纤维复合材加固大偏心受压构件，其正截面承载力计算公式为：

$$N \leqslant \alpha_1 f_{c0} bx + f'_{y0} A'_{s0} - f_{y0} A_{s0} - f_f A_f \tag{5-74}$$

$$Ne \leqslant \alpha_1 f_{c0} bx\left(h_0 - \frac{x}{2}\right) + f'_{y0} A'_{s0}(h_0 - a') + f_f A_f (h - h_0) \tag{5-75}$$

$$e = \eta e_i + \frac{h}{2} - a \tag{5-76}$$

$$e_i = e_0 + e_a \tag{5-77}$$

式中　e——轴向压力作用点至纵向受拉钢筋 A_s 合力点的距离；

η——偏心受压构件考虑二阶弯矩影响的轴向压力偏心距增大系数，除应按现行国家标准《混凝土结构设计规范》GB 50010—2002 的规定计算外，尚应乘以修正系数 ψ_η；对围套或其他对称形式的加固，当 $e_0/h \geqslant 0.3$ 时，$\psi_\eta = 1.1$，当 $e_0/h < 0.3$ 时，$\psi_\eta = 1.2$；对非对称形式的加固，当 $e_0/h \geqslant 0.3$ 时，$\psi_\eta = 1.2$，当 $e_0/h < 0.3$ 时，$\psi_\eta = 1.3$；

e_i——初始偏心距；

e_0——轴向压力对截面重心的偏心距：$e_0 = M/N$；

e_a——附加偏心距，按偏心方向截面最大尺寸 h 确定：当 $h \leqslant 600$mm 时，$e_a = 20$mm；当 $h > 600$mm 时，$e_a > h/30$；

a、a'——纵向受拉钢筋合力点、纵向受压钢筋合力点至截面近边的距离；

f_f——纤维复合材抗拉强度设计值，按表 5-11 及表 5-14 采用。

(3) 受压构件斜截面加固计算

当采用纤维复合材的条带对钢筋混凝土柱进行受剪加固时，应粘贴成环形箍，且纤维方向应与柱的纵轴线垂直。

采用环形箍加固的柱，其斜截面受剪承载力应符合下列规定，其斜截面承载力计算公式为：

$$V \leqslant V_{c0} + V_{cf} \tag{5-78}$$

$$V_{cf} = \psi_{vc} f_f A_f h / s_f \tag{5-79}$$

$$A_f = 2 n_f b_f t_f \tag{5-80}$$

式中　V——构件加固后剪力设计值；

V_{c0}——加固前原构件斜截面受剪承载力，按现行国家标准《混凝土结构设计规范》GB 50010—2002 的规定计算；

V_{cf}——粘贴纤维复合材加固后，对构件斜截面承载力的提高值；

ψ_{vc}——与纤维复合材受力条件有关的抗剪强度折减系数，按表 5-20 采用；

f_f——受剪加固采用的纤维复合材抗拉强度设计值，按表 5-11 及表 5-14 规定的抗拉强度设计值乘以调整系数 0.5 确定；

A_f——配置在同一截面处纤维复合材环形箍的全截面面积；

n_f、b_f、t_f——分别为纤维复合材环形箍的层数、宽度和每层厚度；

h——构件的截面高度；

s_f——环形箍的中心间距。

ψ_{vc}值　　**表 5-20**

轴压比		≤0.1	0.3	0.5	0.7	0.9
受力条件	均布荷载或 $\lambda_c \geqslant 3$	0.95	0.84	0.72	0.62	0.51
	$\lambda_c \leqslant 1$	0.90	0.72	0.54	0.34	0.16

注：1. λ_c 为柱的剪跨比；对框架柱 $\lambda_c = H_n/2h_0$；H_n 为柱的净高；h_0 为柱截面有效高度。
2. 中间值按线性内插法确定。

（4）提高柱延性的加固计算

钢筋混凝土柱因延性不足而进行抗震加固时，可采用环向粘贴纤维复合材构成的环向围束作为附加箍筋。

当采用环向围束作为附加箍筋时，应按下列公式计算柱箍筋加密区加固后的箍筋体积配筋率 ρ_v，且应满足现行国家标准《混凝土结构设计规范》GB 50010—2002 规定的要求。

$$\rho_v = \rho_{v,e} + \rho_{v,f} \tag{5-81}$$

$$\rho_{v,f} = k_c \rho_f \frac{b_f f_f}{s_f f_{yv0}} \tag{5-82}$$

式中　$\rho_{v,e}$——被加固柱原有箍筋的体积配筋率；当需重新复核时，应按箍筋范围内的核心截面进行计算；

$\rho_{v,f}$——环向围束作为附加箍筋算得的箍筋体积配筋率的增量；

ρ_f——环向围束体积比；

k_c——环向围束的有效约束系数，对圆形截面，$k_c = 0.90$；对正方形截面，$k_c = 0.66$；对矩形截面，$k_c = 0.42$；

b_f ——环向围束纤维条带的宽度；

s_f ——环向围束纤维条带的中心间距；

f_f ——纤维复合材抗拉强度设计值，按表 5-11 及表 5-14 采用；

f_{yv0}——原箍筋抗拉强度设计值。

5. 受拉构件的加固

水塔、水池及环形或其他封闭形结构等钢筋混凝土受拉构件，可采用外贴纤维复合材加固，应按原构件纵向受拉钢筋的配置方式，将纤维复合材粘贴于相应位置的混凝土表面上，且纤维方向应与构件受拉方向一致，并处理好围拢部位的搭接和锚固。

轴心受拉构件的加固，其正截面承载力计算公式为：

$$N \leqslant f_{y0}A_{s0} + f_f A_f \tag{5-83}$$

式中 N——轴向拉力设计值；

f_f——纤维复合材抗拉强度设计值，按表 5-11 及表 5-14 采用。

矩形截面大偏心受拉构件的加固，其正截面承载力计算公式为：

$$N \leqslant f_{y0}A_{s0} + f_f A_f - \alpha_1 f_{c0} bx - f'_{y0}A'_{s0} \tag{5-84}$$

$$Ne \leqslant \alpha_1 f_{c0} bx\left(h_0 - \frac{x}{2}\right) + f'_{y0}A'_{s0}(h_0 - a'_s) + f_f A_f(h - h_0) \tag{5-85}$$

式中 N——轴向拉力设计值；

e——轴向压力作用点至纵向受拉钢筋 A_s 合力点的距离；

f_f——纤维复合材抗拉强度设计值，按表 5-11 及表 5-14 采用。

6. 施工技术要点

粘贴纤维复合材加固修复混凝土结构应由专业施工单位完成，并应有加固方案和施工技术措施。工程中常采用“三步贴法”，施工工序为：

(1) 施工准备。应认真阅读设计施工图。根据施工现场和被加固构件混凝土的实际状况，拟定施工方案和施工计划。对所使用的纤维复合材、配套树脂、机具等做好施工前的准备工作。

(2) 混凝土表面处理。应清除被加固构件表面的剥落、疏松、蜂窝、腐蚀等劣化混凝土，露出混凝土结构层。按设计要求对裂缝进行灌缝或封闭处理。将被粘贴混凝土表面打磨平整，除去表层浮浆、油污等杂质，直至完全露出混凝土结构新面，转角粘贴处要进行导角处理并打磨成圆弧状，如图 5-35 所示。混凝土表面应清理干净并保持干燥。

(3) 配制并涂刷底胶。按产品供应商提供的工艺规定配制底胶。用滚筒刷或毛刷将底胶均匀涂抹于混凝土表面。在底胶表面指触干燥后立即进行下一步工序施工。

(4) 配制修补胶并对不平整处进行找平处理。按产品供应商提供的工艺规定配制修补胶。对混凝土表面凹陷部位用修补胶填补平整，且不应有棱角。转角处应用修补胶修复为光滑的圆弧。应在修补胶表面指触干燥后立即进行下一步工序施工。

(5) 配制并涂刷浸渍/粘贴胶，粘贴纤维复合材。

纤维布的粘贴。按设计要求的尺寸裁剪纤维布，按产品供应商提供的工艺规定配制浸渍/粘贴胶并均匀涂抹于所要粘贴的部位。用专用的滚筒顺纤维方向多次滚压，挤除气泡，使浸渍/粘贴胶充分浸透纤维布，滚压时不得损伤纤维布。多层粘贴重复上述步骤，应在纤维表面浸渍/粘贴胶指触干燥后立即进行下一层的粘贴。在最后一层碳纤维布的表面均匀涂抹浸渍/粘贴胶。

碳纤维板的粘贴。应按设计要求的尺寸裁剪碳纤维板，按产品供应商提供的工艺规定配制粘贴胶。将碳纤维板表面擦拭干净至无粉尘，如需粘贴两层时，对底层碳纤维板两面均应擦拭干净。擦拭干净的碳纤维板应立即涂刷粘贴胶，胶层应中间厚两边薄，平均厚度不小于2mm。将涂有粘贴胶的碳纤维板用手轻压贴于需粘贴的位置。用橡皮滚筒顺纤维方向均匀平稳压实，使树脂从两边溢出，保证密实无空洞，当平行粘贴多条碳纤维板时，两板之间空隙应不小于5mm。需粘贴两层碳纤维板时，应连续粘贴。如不能立即粘贴，再开始粘贴前应对底层碳纤维板重新进行清理。

（6）表面防护。做表面防护时，应先进行表面清洁处理，然后做防护层，应确保防护材料与纤维复合材之间有可靠的粘结。

（7）工程验收。

在开始施工之前，应确认纤维复合材及配套胶粘剂的产品合格证和产品质量出厂检验报告，按规定送检测部门进行检测。

纤维复合材与混凝土之间多层粘贴时片材与片材之间的粘结质量是施工的关键，可用小锤轻轻敲击或手压纤维复合材表面的方法来检查，总有效粘结面积不应低于95%。当纤维布的空鼓面积小于10000mm^2时，可采用针管注胶的方式进行补救；当空鼓面积大于10000mm^2时，宜将空鼓处的纤维复合材切除，重新搭接贴上等量的纤维复合材，搭接长度应不小于100m。

（8）施工安全及注意事项。碳纤维为导电材料，施工碳纤维时应远离电气设备及电源，或采取可靠的防护措施。施工过程中应避免纤维复合材的弯折。纤维复合材配套树脂的原料应密封储存，远离火源，避免阳光直接照射。胶的配制和使用场所，应保持通风良好。现场施工人员应采取相应的劳动保护措施。

5.1.8 裂缝修补

当混凝土结构裂缝鉴定为需要处理时，应对裂缝危害性进行评定，分析裂缝主要是影响结构安全，还是影响正常使用，或是影响结构耐久性，并结合裂缝的宽度、稳定性等特征，选择合适的修补方法。

对于静止的裂缝，其形态、尺寸和数量均已稳定，不再发展，修补时，仅需依据裂缝粗细选择修补材料和方法。

对于活动裂缝，即裂缝宽度在现有环境和工作条件下始终不能保持稳定，易随受力、变形或环境温度、湿度的变化而变化。修补时，应先消除其成因，并观察一段时间，确认已稳定后，再按静止裂缝的处理方法修补；若不能完全消除其成因，但确认对结构、构件的安全性不构成危害时，可使用具有弹性和柔韧性的材料进行修补。

对于裂缝的长度、宽度或数量尚在发展，但经历一段时间后将会终止的裂缝，应待其稳定后再进行修补和加固。

裂缝的修补方法主要有三种，即表面修补法、压力灌浆法和填充密封法。表面修补法仅是沿构件表面涂刷浆料，修补构件表面细小裂缝，主要用于宽度不超过0.5mm的裂缝处理，通过修补起到封闭效果，防止裂缝对结构耐久性的影响。压力灌浆法不仅修补表面，而且能注入到混凝土内部，不仅是对表面裂缝进行封闭，而且对裂缝进行粘合、补强，增强构件整体性；压力灌浆法可以处理最小宽度 0.1mm 的裂缝。填充密封法用来修补中等宽度的裂缝，起到封闭和防渗作用；将裂缝表面凿成凹槽，填充密封材料进行修补；对活动裂缝用弹性嵌缝材料填充，以使裂缝有伸缩余地，避免产生新的裂缝。

1. 表面修补法

表面修补常采用表面涂刷、表面铺设及表面抹灰等三种方法。

(1) 表面涂刷

沿裂缝涂刷薄膜型表面涂料，阻塞细小裂缝，减少渗漏，阻止侵蚀性介质渗入，满足外观要求等。涂刷材料有水泥浆、沥青、环氧树脂等。采用水泥浆涂刷，应事前在裂缝处用水冲洗。采用沥青、环氧树脂涂刷，不仅要清洁混凝土表面，且要干燥。表面涂刷法施工简单，一般仅用于表面细小裂缝处理。

(2) 表面粘贴

表面粘贴法是沿裂缝表面粘贴环氧树脂玻璃布或橡胶沥青棉纸等，起到封闭裂缝的作用，效果优于表面涂刷法，用于耐久性需要及防渗要求较高的情况。

(3) 表面抹灰

对于局部有较多裂缝的混凝土表面，可用 1:2 水泥砂浆抹平。在抹砂浆之前，必须用钢丝刷和压力水冲洗基层，保持结合面湿润，抹灰初凝后要加强养护，避免砂浆层起皮脱落。

2. 压力灌浆法

此法适用于处理大型结构贯穿性裂缝。

(1) 灌浆材料

用于结构修补的灌浆材料，可根据裂缝的宽度、深度及密度的不同，进行选用。对于宽度小于 0.3mm 的细而深的裂缝，宜采用可灌性较好的甲凝液或低黏度的环氧树脂浆液。当裂缝宽度大于 1.0mm 时，宜用微膨胀水泥砂浆液。对宽度为 0.3 ~ 1.0mm 的裂缝，宜采用收缩较小的环氧树脂浆液灌注。

(2) 灌浆机具及方法

目前常用的灌注方法分手动和机械两类。

手动灌浆工具是油脂枪。枪筒容量一般为 300mL，可装 200mL 以下的浆液。操作时将配制好的浆液装入枪筒，枪头与灌浆嘴相接，扳动操纵杠杆即可把浆液压入缝中。施工时可任意调节灌注压力，枪端最大压力达 20MPa。这样大的压力，即使膏糊也可注入。手动法所用的工具少，机动灵活，当裂缝不多，灌浆量不大时，采用此法尤为适宜。

机械灌浆是一种靠泵连续压浆的机械施工方法。它所需要的机具包括灌浆泵、管、灌浆嘴等。灌浆速度约在 0 ~ 6L/min，既适用于化学灌浆，又适用于水泥灌浆。储浆筒可自制，其容量根据工程上耗浆量的大小自行决定。

化学灌浆修补裂缝的工艺流程如图 5-37。

灌浆前的裂缝处理，视裂缝情况不同，有表面处理法、凿槽法和钻孔法。表面处理法适用于细小裂缝（小于 0.3mm），可采用钢丝刷等工具清除裂缝表面的污物，然后用毛刷蘸甲苯、酒精等有机溶剂，将裂缝两侧 20 ~ 30mm 范围擦洗干净，并保持干燥。当混凝土构件上的裂缝较宽（大于 0.3mm）、较深时，宜采用凿槽法，即沿裂缝凿成“V”形槽，槽宽 50 ~ 100mm，深 30 ~ 50mm；凿完后用钢丝刷及压缩空气将混凝土碎屑、粉尘清除干

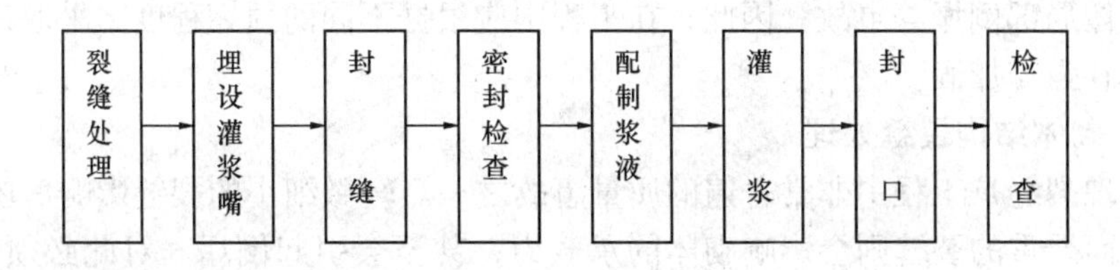

图 5-37　化学灌浆工艺流程

净。对于大体积混凝土或大型构筑物上的深裂缝，采用钻孔法，钻孔直径一般宜选 50mm；裂缝宽度大于 0.5mm 时，孔距可取 2～3m；裂缝宽度小于 0.5mm 时，适当缩小孔距；钻孔后，清除孔内的碎屑和粉尘，用粒径小于孔径的干净卵石填入孔内，这样既不缩小钻孔与裂缝相交的"通路"，又可节约浆液。

灌浆嘴是裂缝与灌浆管之间的连接器，多为用户自制。灌浆嘴的埋设间距，应根据浆液黏度和裂缝宽度及分布情况确定。一般地，当缝宽小于 1mm 时，其间距宜取 350～500mm；当缝宽大于 1mm 时，宜取 500～1000mm，并注意在裂缝的交叉处、较宽处、缝端以及钻孔处布嘴。在一条裂缝上必须有进浆嘴、排气嘴及出浆嘴。

封缝的方法一般有两种：对于不凿槽的裂缝，当裂缝细小时，可用环氧树脂胶泥直接封缝，即先在裂缝两侧（宽 20～30mm）涂一层环氧基液，然后抹一层厚约 1mm，宽度 20～30mm 的环氧树脂胶泥（环氧基液中加入水泥制成）。当裂缝较宽时，可粘贴玻璃丝布封缝，即先在裂缝两侧宽 80～100mm 内涂一层环氧树脂基液，然后将已除去润滑剂的玻璃丝布沿缝从一端向另一端粘贴密实，不得有鼓泡和皱纹。玻璃丝布可粘贴 1～3 层。

对凿"V"形槽的裂缝，可用水泥砂浆封缝。即先在"V"形槽面上，用毛刷涂刷一层 1～2mm 厚的环氧基液，涂刷要平整、均匀，防止出现气孔和波纹，然后用水泥砂浆封闭，封缝 3 天后进行压气试漏，以检查密闭效果。试漏前，沿裂缝涂刷一层肥皂水，从灌浆嘴通入压缩空气，如封闭不严，可用快干水泥密封堵漏。

灌浆由下向上，由一端到另一端地进行。开始时应注意观察，逐渐加压，防止聚然加压。化学浆液的灌浆压力常用 0.2MPa，水泥浆液的灌浆压力常为 0.4～0.8MPa；达到规定压力后，保持压力稳定，一旦出浆孔出浆，立即关闭阀门。这时裂缝中的浆液不一定十分饱满，还会有吸浆现象，因此在出浆口出浆后，把出浆口堵住，再继续压注几分钟。

3. 填充密封法

此法适用于处理裂缝宽度大于 0.5mm 的活动裂缝和静止裂缝。

填充密封法用来修补中等宽度的混凝土裂缝，将裂缝表面凿成凹槽，然后填以密封材料。对于稳定裂缝，通常采用水泥砂浆、膨胀砂浆、环氧树脂砂浆等刚性材料填充；对于活动裂缝则用弹性嵌缝材料填充，以使裂缝有伸缩余地，防止产生新的裂缝。弹性密封材料一般有丙烯酸树脂、硅酸酯、合成橡胶等，这些材料施工时呈膏糊状，硬化后呈弹性橡胶状。

5.2　砌体结构补强与加固

砌体结构由于材料来源广泛，施工方便，相对造价低廉，因而得到普遍应用。但由于设计、施工等方面的原因，在工程中常常会出现墙体裂缝，墙体强度不足，墙体错位和变形，甚至墙体局部倒塌等事故。因此，在工程中应根据不同的损坏程度，采取适当的方法对结构进行补强与加固。

5.2.1 砌体结构裂缝处理

砌体出现裂缝是工程中非常普遍的质量事故之一。轻微细小的裂缝影响房屋的外观和使用功能，而严重的裂缝则会影响砌体的承载力，甚至会引起倒塌。对此必须认真分析，妥善处理。

一旦砌体发生开裂，应首先分析开裂原因，鉴别裂缝性质，并观察裂缝是否稳定及其发展状态。这可以从构件受力的特点，建筑物所处的环境条件，以及裂缝所处的位置，出现的时间及形态综合加以判断。如果在裂缝上涂一层石膏或石灰，经一段时间后，若石膏或石灰不开裂，说明裂缝已经稳定。在裂缝原因已经查清的基础上，采取有效措施补强。对于除荷载裂缝以外、不致于危及安全且已经稳定的裂缝，常常采用填缝密封、配筋填缝密封、灌浆等修补方法。

1. 填缝密封修补法

砖砌体填缝密封修补的方法，通常用于墙体外观维修和裂缝较浅的场合。常用材料有水泥砂浆、聚合水泥砂浆等。这类硬质填缝材料极限拉伸率很低，如砌体尚未稳定，修补后可能再次开裂。

这类填缝密封修补方法的工序为：先将裂缝清理干净，用勾缝刀、抹子、刮刀等工具将1∶3的水泥砂浆或比砌筑砂浆强度高一级的水泥砂浆或掺有107胶的聚合水泥砂浆填入砖缝内。

2. 配筋填缝密封修补法

当裂缝较宽时，可采用配筋水泥砂浆填缝的修补方法，即在与裂缝相交的灰缝中嵌入细钢筋，然后再用水泥砂浆填缝。

这种方法的具体做法是在两侧每隔4～5皮砖剔凿一道长约800～1000mm，深约30～40mm的砖缝，埋入一根ϕ6钢筋，端部弯直钩并嵌入砖墙竖缝，然后用强度等级为M10的水泥砂浆嵌填严实，见图5-38。

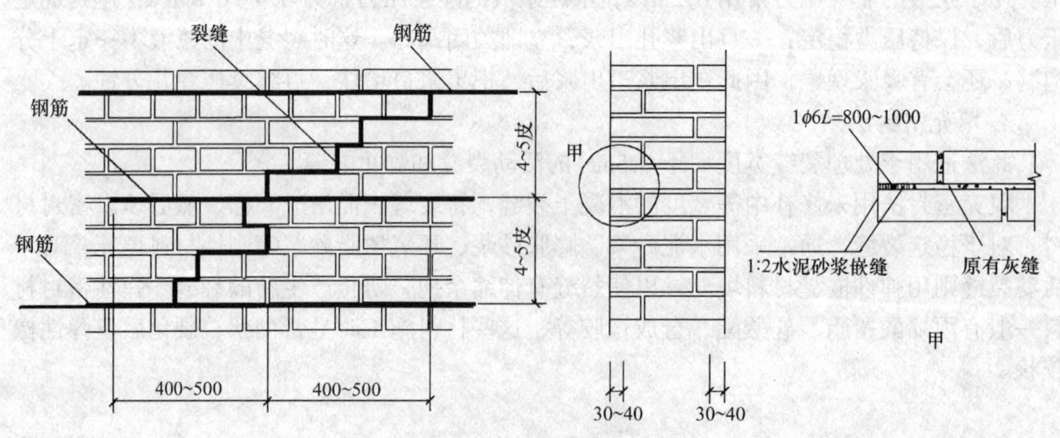

图5-38 配筋填缝密封修补法

施工时应注意以下几点：(1) 两面不要剔同一条缝，最好隔两皮砖；(2) 必须处理好一面，并等砂浆有一定强度后再施工另一面；(3) 修补前剔开的砖缝要充分浇水湿润，修补后必须浇水养护。

3. 灌浆修补法

当裂缝较细，裂缝数量较多，发展已基本稳定时，可采用灌浆补强方法。它是工程中最常用的裂缝修补方法。

灌浆修补是利用浆液自身重力或压力设备将含有胶合材料的水泥浆液或化学浆液灌入裂缝内，使裂缝粘合起来的一种修补方法，如图 5-39、图 5-40 所示。这种方法设备简单，施工方便，价格便宜，修补后的砌体可以达到甚至超过原砌体的承载力，裂缝不会在原来位置重复出现。

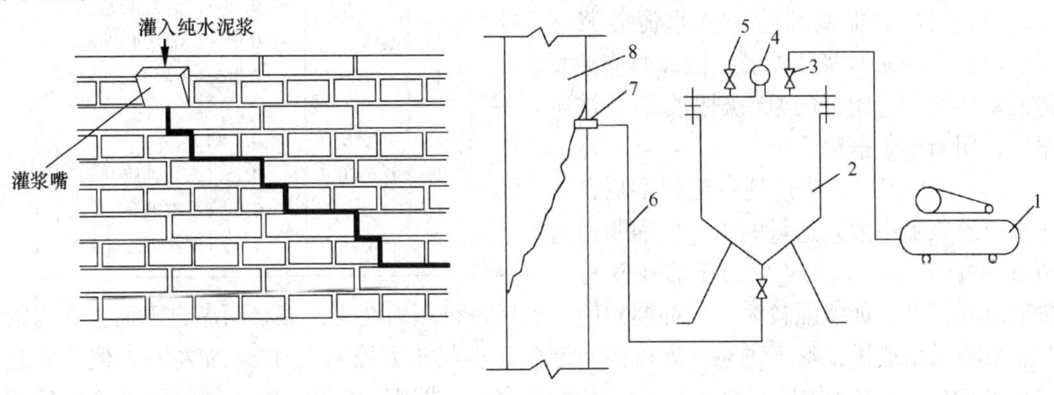

图 5-39 重力灌浆示意图

图 5-40　压力灌浆装置示意图

1—空压机；2—压浆罐；3—进气阀；4—压力表；
5—进浆口；6—输送管；7—灌浆嘴；8—墙体

灌浆常用的材料有纯水泥浆，水泥砂浆，水玻璃砂浆或水泥石灰浆等。在砌体修补中，可用纯水泥浆，因纯水泥浆的可灌性较好，可顺利地灌入贯通外露的孔隙，对于宽度为 3mm 左右的裂缝可以灌实。若裂缝宽度大于 5mm 时，可采用水泥砂浆。裂缝细小时，可采用压力灌浆。灌浆浆液配合比见表 5-21，表中稀浆用于 0.3～1mm 宽的裂缝；稠浆用于 1～5mm 的裂缝；砂浆则适用于宽度大于 5mm 的裂缝。

水泥灌浆浆液中需掺入悬浮型外加剂，以提高水泥的悬浮性，延缓水泥沉淀时间，防止灌浆设备及输送系统堵塞。外加剂一般采用聚乙烯醇或水玻璃或 107 胶。掺入外加剂后，水泥浆液的强度略有提高。掺加 107 胶还可增强粘结力，但掺量过大，会使灌浆材料的强度降低。

配置浆液采用聚乙烯醇作外加剂时，先将聚乙烯醇溶解于水中形成水溶液，然后边搅拌边掺加水泥即可。聚乙烯醇与水的重量配制比为：聚乙烯醇∶水 = 2∶98。最后按水泥∶水溶液（重量比） = 1∶0.7 比例配制成混合浆液。当采用水玻璃作外加剂时，只要将 2%（按水重量计）的水玻璃溶液倒入刚搅拌好的纯水泥浆中搅拌均匀即可。当采用 107 胶作外加剂时，先将定量的 107 胶溶于水成溶液，然后用这种溶液拌制灌浆浆液。

另外，还有一种加氟硅酸钠的水玻璃砂浆用于灌实较宽的裂缝，其配合比为：水玻璃∶矿渣粉∶砂为(1.15～1.5)∶1∶2，再加 15%的纯度为 90%的氟硅酸钠。

灌浆法修补裂缝可按下述工艺进行：

(1) 清理裂缝，使裂缝通道贯通，无堵塞。

(2) 灌浆嘴布置：在裂缝交叉处和裂缝端部均应设灌浆嘴，布嘴间距可按照裂缝宽度大小在250～500mm之间选取。厚度大于360mm的墙体，应在墙体两面都设灌浆嘴。在墙体的设置灌浆嘴处，应预先钻孔，孔径稍大于灌浆嘴外径，孔深30～40mm，孔内应冲洗干净，并先用纯水泥浆涂刷，然后用1:2水泥砂浆固定灌浆嘴。

(3) 用加有促凝剂的1:2水泥砂浆嵌缝，以避免灌浆时浆液外溢。嵌缝时应注意将混水砖墙裂缝附近的原粉刷剔除，冲洗干净后，用新砂浆嵌缝。

(4) 待封闭层砂浆达到一定强度后，先向每个灌浆嘴中灌入适量的水，使灌浆通过畅通。再用0.2～0.25MPa的压缩孔气检查通道泄漏程度，如泄漏较大，应补漏封闭。然后进行压力灌浆，灌浆顺序自下而上，当附近灌浆嘴溢出或进浆嘴不进浆时方可停止灌浆。灌浆压力控制在0.2MPa左右，但不宜超过0.25MPa。发现墙体局部冒浆时，应停灌约15min或用快硬水泥砂浆临时堵塞，然后再进行灌浆。当向靠近基础或楼板（多孔板）处灌入大量浆液仍未灌满时，应增大浆液浓度或停1～2h后再灌。

裂缝灌浆浆液配合比　　表5-21

浆别	水泥	水	胶结料	砂
稀浆	1	0.9	0.2（107胶）	
	1	0.9	0.2（二元乳胶）	
	1	0.9	0.01～0.02（水玻璃）	
	1	1.2	0.06（聚醋酸乙烯）	
稠浆	1	0.6	0.2（107胶）	
	1	0.6	0.15（二元乳胶）	
	1	0.7	0.01～0.02（水玻璃）	
	1	0.74	0.055（聚醋酸乙烯）	
砂浆	1	0.6	0.2（107胶）	1
	1	0.6～0.7	0.15（二元乳胶）	1
	1	0.6	0.01（水玻璃）	1
	1	0.4～0.7	0.06（聚醋酸乙烯）	1

(5) 全部灌完后，停30min再进行二次补灌，以提高灌浆密实度。

(6) 拆除或切断灌浆嘴，表面清理抹平，冲洗设备。

对于水平的通长裂缝，可沿裂缝钻孔，做成销键，以加强两边砌体的共同作用。销键直径25mm，间距250～300mm，深度可以比墙厚小20～25mm。做完销键后再进行灌浆，灌浆方法同上。

5.2.2　砖墙的加固方法

当砖墙裂缝过宽过深，可能危及房屋安全，经鉴定后确认墙体承载力或稳定性不足时，或因房屋增层、改变使用功能等原因引起砖墙承载力不足时，应及时进行加固。通常在加固施工前应先卸除外荷载。若卸除外荷载有困难时，应设置临时预应力支撑，以减小后加构件的应力滞后。常用的砖墙承载力及稳定性加固方法有扶壁柱法和钢筋网水泥砂浆法。

1. 扶壁柱法

扶壁柱法是工程中最常用的砖墙加固方法，它能有效地提高砖墙的承载力和稳定性。根据使用材料不同，扶壁柱有砖砌和钢筋混凝土两种。

(1) 砖扶壁柱加固

常用的砖扶壁柱形式如图5-41所示，其中 *a*、*b* 表示单面增设的砖扶壁柱，*c*、*d* 表示双面增设的砖扶壁柱。

增设的扶壁柱与原砖墙的连接，可采用插筋法或挖镶法，以保证两者共同工作。

如图5-41中的 *a*、*b*、*c* 所示，插筋法的连接具体做法如下：

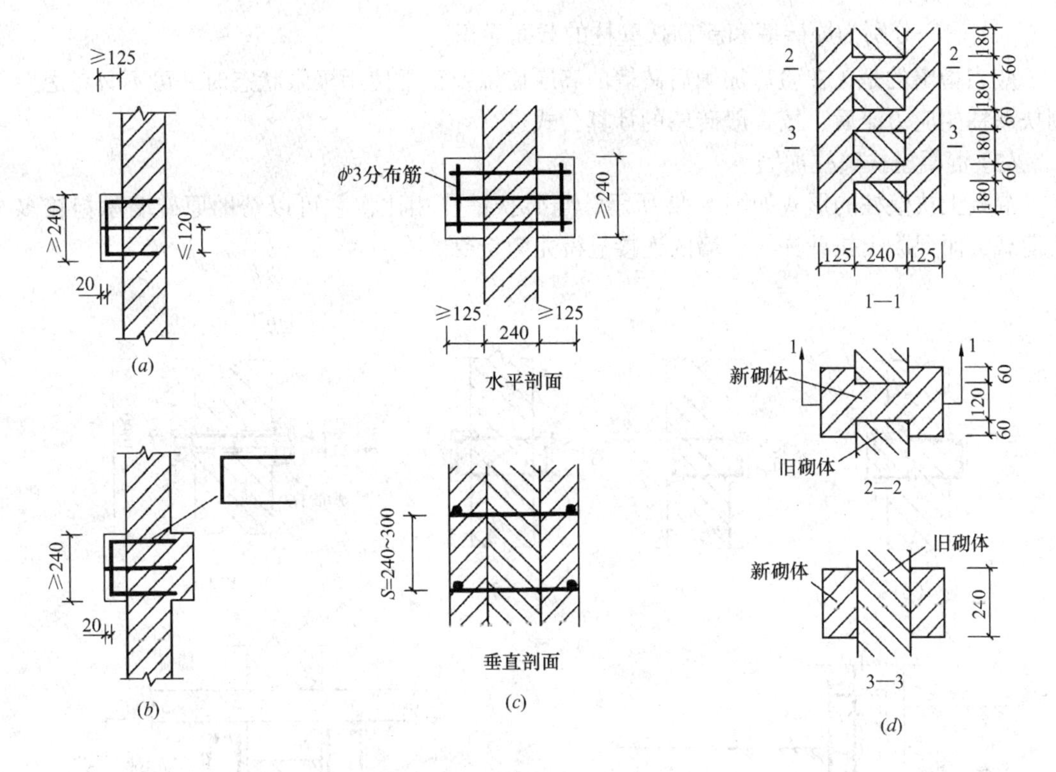

图 5-41 砖扶壁柱法加固砖墙

1) 剥去新旧砌体间的粉刷层，并将墙面冲洗干净。

2) 在原有砖墙的灰缝中打入 ϕ^b4 或 ϕ^b6 的连接钢筋。如果打入钢筋有困难时，可用电钻钻孔，再将钢筋打入。插筋水平间距应不大于 120mm（图 5-41a），竖向间距一般以 240~300mm 为宜（图 5-41c）。在砌筑扶壁柱时，插筋必须嵌入灰缝之中。

3) 在插筋的开口边绑扎 ϕ^b3 的封口筋（图 5-41c）。

4) 用 M5~M10 的混合砂浆，MU7.5 以上的砖砌筑扶壁柱。扶壁柱的宽度不应小于 240mm，厚度不应小于 125mm。当砌至楼板底或梁底时，应采用硬木顶撑，或用膨胀水泥砂浆补塞最后 5 层的水平灰缝，以保证补强砌体能有效地发挥作用。

挖镶法的连接情况见图 5-41d。具体做法是：先挖去墙上的顶砖，在砌两侧新壁柱时，再镶入镶砖。为了保证镶砖与旧墙之间能上下顶紧，在旧墙内镶砖时用的灰浆最好掺入适量膨胀水泥。

砖墙所需增设的扶壁柱间距及数量，应由计算确定。考虑到原砖墙已处于承载状态，后砌扶壁柱存在着应力滞后，在计算加固后砖墙承载力时，应对后砌扶壁柱的抗压强度设计值 f 乘以一个 0.9 的折减系数。则加固后的砖墙受压承载力可按下式验算：

$$N \leqslant \varphi(fA + 0.9 f_1 A_1) \tag{5-86}$$

式中 N——荷载产生的轴向力设计值；

φ——高厚比 β 和轴向力的偏心距 e 对受压构件承载力的影响系数，可按《砌体结构设计规范》取用；

f、f_1——分别为原砖墙和新砌扶壁柱的抗压强度设计值；

A、A_1——分别为原砖墙和新砌扶壁柱的截面面积。

应当指出的是，在验算加固后砖墙的高厚比以及正常使用极限状态时，可不必考虑后砌扶壁柱的应力滞后，按一般砖墙的计算公式进行计算。

(2) 混凝土扶壁柱加固

混凝土扶壁柱的形式如图 5-42 所示，与砖扶壁柱相比，它可以帮助原砖墙承担较多的荷载，而混凝土扶壁柱与原墙的连接显得尤为重要。

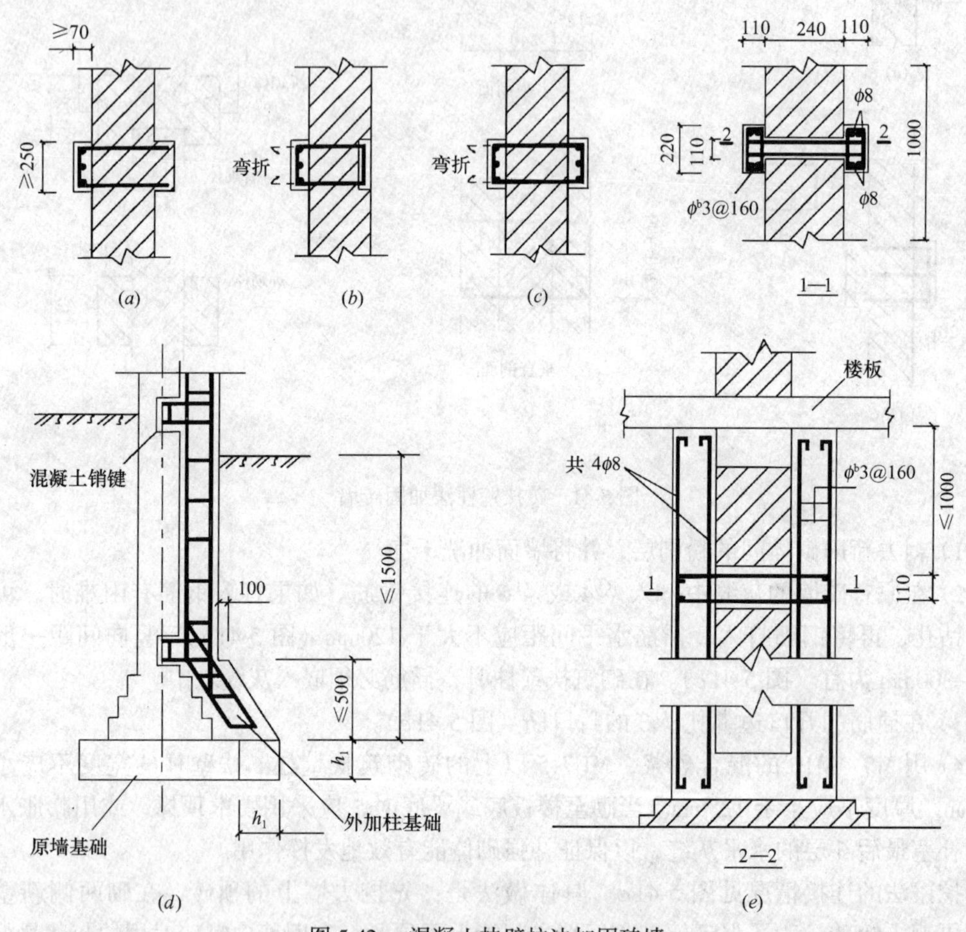

图 5-42 混凝土扶壁柱法加固砖墙

对于原来带有壁柱的墙，新旧柱间的连接如图 5-42a 所示，它与砖扶壁柱基本相同。当原墙厚度小于 240mm 时，可凿去一块顺砖，使 U 形连接筋穿透墙体，并加以弯折（图 5-42b），形成闭口钢箍，并用豆石混凝土填实。图 5-42a、b、c 中的 U 形箍筋竖向间距不应大于 240mm，纵筋不宜小于 $\phi 12$。图 5-42d、e 所示为销键连接法，销键的纵向间距不应大于 1000mm。图 5-42c、e 的加固形式可较多地提高原墙体的承载力，效果较好。

混凝土扶壁柱常采用 C15 或 C20 混凝土浇筑，截面宽度不宜小于 250mm，厚度不宜小于 70mm。

经混凝土扶壁柱加固后的砌体已成为组合砖砌体，可按《砌体结构设计规范》中的组合砌体计算。但考虑到新浇混凝土扶壁柱与原砖墙的受力状态有关，并存在着应力滞后，因此在计算加固后组合砖砌体的承载力时，应对新浇混凝土扶壁柱引入强度折减系数 α。此外，对于原砖墙，一般可不折减，但若已经出现破损，其承载力会有所下降，也可视破损程度不同而乘以一个 0.7～0.9 的降低系数。

轴心受压组合砖砌体的承载力，可按下式计算：

$$N \leqslant \varphi_{com}[fA + \alpha(f_c A_c + \eta_s f'_y A'_s)] \tag{5-87}$$

式中 φ_{com}——组合砖砌体构件的稳定系数，按《砌体结构设计规范》表 8.2.3 取用；

α——新浇扶壁柱的材料强度折减系数，若加固时原砖砌体完好，取 $\alpha = 0.95$，若加固时原砖砌体有荷载裂缝或破损现象，取 $\alpha = 0.9$；

A——原砖砌体的截面面积；

f_c——扶壁柱混凝土或砂浆面层的轴心抗压强度设计值，砂浆的轴心抗压强度设计值可取为同等强度等级的混凝土设计值的 70%，当砂浆为 M7.5 时，其值为 2.6MPa；

A_c——混凝土或砂浆面层的截面面积；

η_s——受压钢筋的强度系数，当为混凝土面层时取 1.0，当为砂浆面层时取 0.9；

A'_s、f'_y——分别为受压钢筋的截面面积和抗压强度设计值。

偏心受压组合砖砌体的受力状态如图 5-43 所示。由图示的受力极限平衡条件，可得

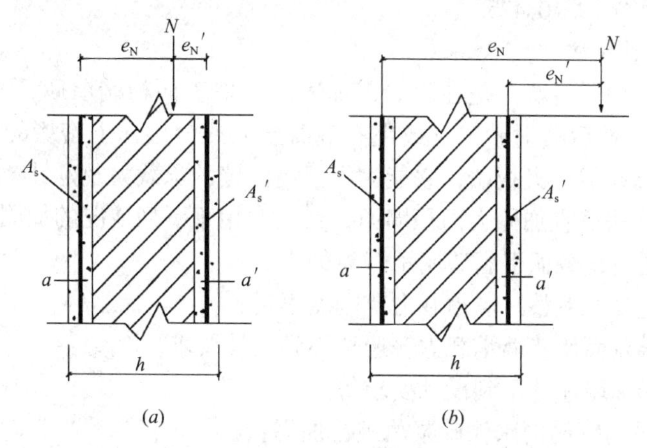

图 5-43 组合砖砌体偏心受压构件

偏心受压组合砖砌体的承载力计算公式如下：

$$N \leqslant f'A + \alpha(f'_c A'_c + \eta_s f'_y A'_s) - \sigma_s A_s \tag{5-88}$$

或

$$Ne_N \leqslant fS_s + \alpha[f_c S_{c,s} + \eta_s f'_y A'_s(h_0 - a')] \tag{5-89}$$

此时受压区高度 x 可按下式确定：

$$fS_N + \alpha(f_c S_{c,N} + \eta_s f'_y A'_s e'_N) - \sigma_s A_s e_N = 0 \tag{5-90}$$

式中 A——原砖砌体受压部分的面积；

A'_c——混凝土或砂浆面层受压部分的面积；

S_s——砖砌体受压部分的面积对受拉钢筋 A_s 重心的面积矩；

$S_{c,s}$——混凝土或砂浆面层受压部分的面积对钢筋 A_s 重心的面积矩；

S_N——砖砌体受压部分的面积对轴向力 N 作用点的面积矩；

$S_{c,N}$——混凝土或砂浆面层受压部分的面积对轴向力 N 作用点的面积矩；

e'_N、e_N——分别为钢筋 A'_s 和 A_s 重心至轴向力 N 作用点的距离（图 5-43）；

$$e'_N = e + e_i - (h/2 - a')$$

$$e_N = e + e_i + (h/2 - a)$$

e——轴向力的初始偏心距。按荷载标准值计算，当 $e < 0.05h$ 时，取 $e = 0.05h$；

e_i——组合砖砌体构件在轴向力作用下的附加偏心距，与高厚比 β 有关，即

$$e_i = \frac{\beta^2 h}{2200}(1 - 0.022\beta);$$

h_0——组合砖砌体构件截面的有效高度，即 $h_0 = h - a$；

a'、a——分别为钢筋 A_s 和 A_s 重心至截面较近边的距离；

σ_s——受拉钢筋 A_s 的应力。当大偏心受压时（$\xi < \xi_b$），$\sigma_s = f_y$；当小偏心受压时（$\xi \geqslant \xi_b$），$\sigma_s = 650 - 800\xi$；

ξ——组合砖砌体构件截面受压区的相对高度，即 $\xi = x/h_0$；

ξ_b——组合砖砌体构件受压区的相对高度的界限值，对Ⅰ级钢筋，取 0.55；对Ⅱ级钢筋，取 0.425。

2. 钢筋网水泥砂浆法

钢筋网水泥砂浆加固砖墙，是在除去需加固的砖墙表面粉刷层后，两面附设由 $\phi4 \sim \phi8$ 组成的钢筋网片，然后喷射砂浆（或细石混凝土）或分层抹上密缀的砂浆层。这种经加固后形成的组合墙体俗称夹板墙，它能大大提高砖墙的承载力及延性。

钢筋网水泥砂浆法适宜加固大面积墙面，目前常用于下列情况的加固：

(1) 因房屋加层或超载而引起砖墙承载力的不足；

(2) 因火灾或地震而使整片墙承载力或刚度不足；

(3) 因施工质量差而使砖墙承载力普遍达不到设计要求；

(4) 窗间墙等局部墙体达不到设计要求等。

下列情况不宜采用钢筋网水泥砂浆法进行加固：

(1) 孔径大于 15mm 的空心砖墙及 240mm 厚的空斗砖墙。

(2) 砌筑砂浆强度等级小于 M0.4 的墙体。

(3) 墙体严重酥松，或油污、碱化层不易清除，难以保证抹面砂浆的粘结质量。

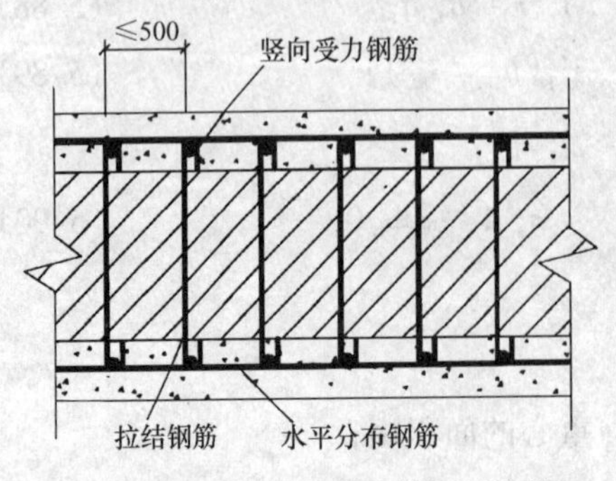

图 5-44 钢筋网水泥砂浆加固墙体

喷抹水泥砂浆面层前，应先清理墙面并加以湿润。如原墙面有损坏或酥松、碱化部位，应拆除修补。对粘结不牢或强度低的粉刷层应予铲除，并刷洗干净。水泥砂浆应分层喷抹，每层厚度不宜大于 15mm，以便压密压实。

钢筋网水泥砂浆加固的具体做法参见图 5-44、图 5-45。

钢筋网水泥砂浆面层厚度宜为 30 ~ 45mm。当面层厚度大于 45mm 时，则宜采用细石混凝土。面层

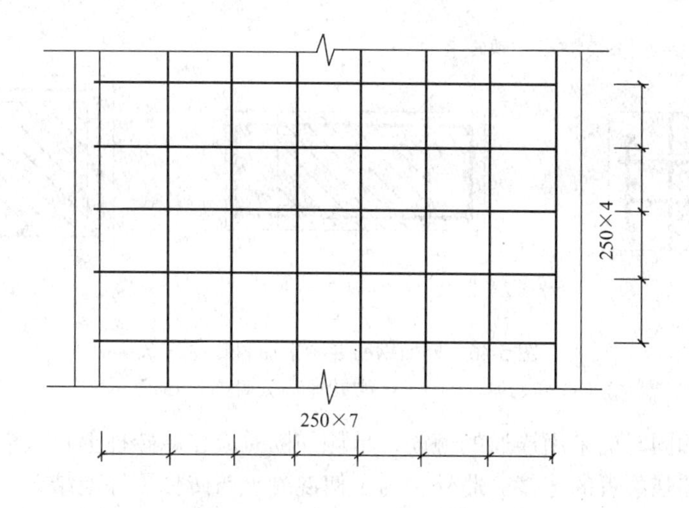

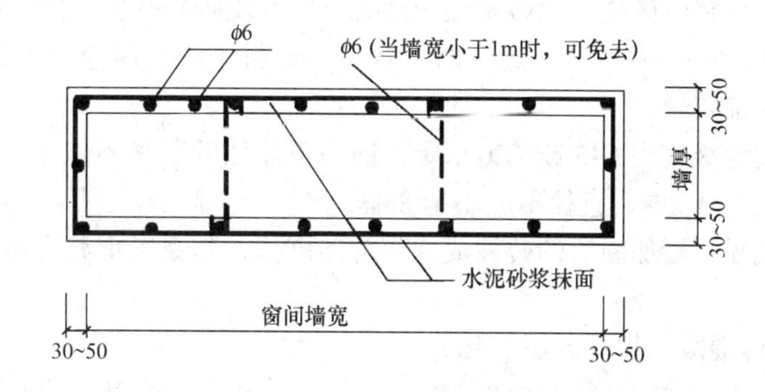

图 5-45　钢筋网水泥砂浆加固窗间墙

砂浆的强度等级一般可采用 M7.5～M15，面层混凝土强度等级宜用 C15 或 C20。

受力钢筋宜用Ⅰ级钢筋，对于混凝土面层也可采用Ⅱ级钢筋。受压钢筋的配筋率，对砂浆面层不宜小于 0.1%；对于混凝土面层，不宜小于 0.2%。受力钢筋直径可用≥ϕ8 的钢筋，其净保护层厚度不宜小于 10mm。

横向筋直径不宜小于 4mm 及 0.2 倍的受力钢筋直径，并不宜大于 6mm。横向筋间距不宜大于 20 倍受压主筋的直径及 500mm，但也不宜过密，不应小于 120mm。横向钢筋遇到门窗洞口，宜将其弯折 90°（直钩）并锚入墙体内。

面层钢筋网需用 ϕ4～ϕ6 的穿墙拉筋与墙体固定，间距不宜大于 500mm。

经钢筋网水泥砂浆法加固的墙体（夹板墙）成为组合砌体，其正截面受压承载力计算可按式（5-87）～式（5-90）进行。

5.2.3　砖柱的加固方法

当砖柱承载力不足时，常用外加钢筋混凝土加固，包括侧面外加混凝土层加固（简称侧面加固）和四周外包混凝土加固两类，如图 5-46 所示。

1. 侧面外加混凝土加固

当砖柱承受较大的弯矩时，常常采用仅在受压面增设混凝土层（图 5-46a）或双面增设混凝土层的方法（图 5-46b）予以加固。

采用侧面加固时，新旧柱的连接接合非常重要，应采取措施保证两者能可靠地共同工

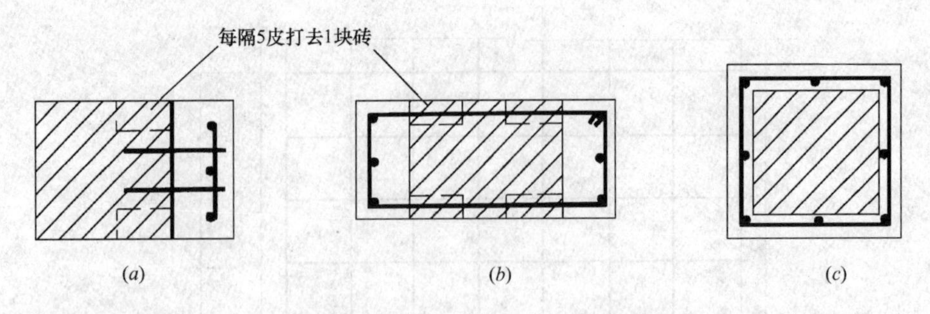

图 5-46　外加钢筋混凝土加固砖柱

（a）单侧加固；（b）双侧加固；（c）四周外包加固

作。因此，两侧加固时应采用连通的箍筋；单侧加固时应在原砖柱上打入混凝土钉或膨胀螺栓等物件，以加强两者的连接。此外，为了使混凝土与砖柱更好地结合，无论单侧加固还是两侧加固，应将原砖柱的角砖每隔 300mm（约 5 皮砖）打去一块，使后浇混凝土嵌入砖柱内，如图 5-46a、b 所示。施工时，各角部被打去的角砖应上下错开，并应施加预应力顶撑，以保证安全。

混凝土强度等级宜用 C15 或 C20，受力钢筋距砖柱的距离不应小于 50mm，受压钢筋的配筋率不宜小于 0.2%，直径不应小于 8mm。

侧面外加混凝土层加固后的砖柱成为组合砖砌体，其受压承载力可按式（5-87）~式（5-90）计算。

2. 四周外包混凝土加固（图 5-46c）

四周外包混凝土加固砖柱的效果较好，对于轴心受压砖柱及小偏心受压砖柱，其承载力的提高尤为显著。

外包层较薄时也可采用砂浆，砂浆强度等级不宜低于 M7.5。外包层内应设置 $\phi4\sim\phi6$ 的封闭箍筋，间距不宜超过 150mm。

由于封闭箍筋的作用，使砖柱的侧向变形受到约束，其受力类似于网状配筋砖砌体。由此，四周外包混凝土加固砖柱的受压承载力可按下式计算：

$$N \leqslant N_1 + 2\alpha_1\varphi_n \frac{\rho_v f_y}{100}\left(1 - \frac{2e}{y}\right)A \tag{5-91}$$

式中　N_1——加固砖柱按组合砖砌体，即按式（5-87）~式（5-90）算得的受压承载力；

φ_n——高厚比和配筋率以及轴向力偏心距对网状配筋砖砌体受压构件承载力的影响系数。按《砌体结构设计规范》取用；

ρ_v——体积配箍率（%）。当箍筋的长度为 a，宽度为 b，间距为 s，单肢截面面积为 A_{sv1}时，$\rho_v = \frac{2A_{sv1}(a+b)}{abs}\times 100$；

f_y——箍筋的抗拉强度设计值；

e——轴向力偏心距；

A——被加固砖柱的截面面积；

α_1——新浇混凝土的材料强度折减系数，它与原柱的受力状态有关，当加固前原柱未损坏时，取 $\alpha_1 = 0.9$；部分损坏或应力较高时，取 $\alpha_1 = 0.7$。

5.3 钢结构加固与补强

5.3.1 构件裂缝处理

当构件上出现裂缝时，应首先在裂缝的两端外（0.5～1.0）t（t 为板件厚度）处钻直径为 t 的小孔，以防止裂缝进一步扩展，并应在短期内采取恰当措施消除产生裂缝的根源，并进行修复加固。

裂缝修复应优先采用焊接方法，一般按下列顺序进行：

（1）清洗裂缝两边 80mm 以上范围内板面油污至露出洁净的金属面；

（2）用碳弧气刨、风铲或砂轮将裂缝边缘加工出坡口，直达缝端的钻孔，坡口的形式应根据板厚和施工条件按现行《气焊、手工电弧焊及气体保护焊焊缝坡口的基本型式与尺寸》的要求选用；

（3）将裂缝两侧及端部金属预热至 100～150℃，并在焊接过程中保持此温度；

（4）用与钢材相匹配的低氢型焊条或超低氢型焊条施焊，尽可能用小直径焊条以分段分层逆向施焊，焊接顺序参见图 5-47，每一焊道焊完后宜立即进行锤击；

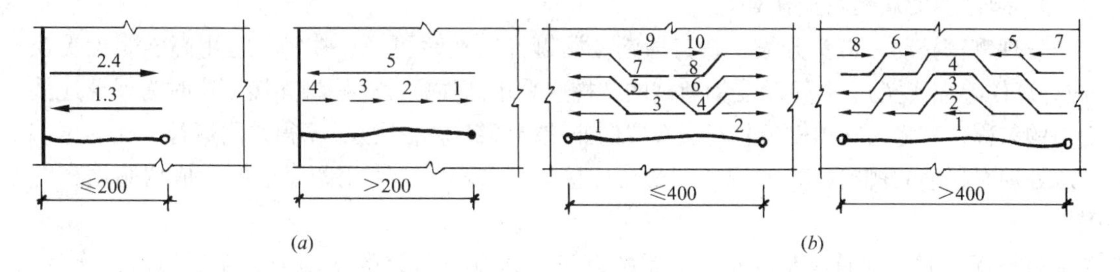

图 5-47　堵焊焊接顺序

（a）裂缝由板端开始；（b）裂缝在板中间

（5）对承受动力荷载的构件，堵焊后应用砂轮打磨焊缝表面使之与原构件表面齐平，磨削痕迹线应大体与裂缝方向垂直；

（6）对重要结构或厚板构件，堵焊后应立即进行退火处理。

对网状、分叉裂缝区和有破裂的、过烧或烧穿等缺陷的梁、柱腹板部位，宜采用嵌板修补，也可用附加盖板修补。

嵌板修补顺序为：

（1）检查确定缺陷的范围；

（2）将缺陷部位切除，宜切成带圆角的矩形孔，切除部分的尺寸均应比缺陷范围的尺寸大 100mm（图 5-48a）；

（3）用等厚度同材质的钢板嵌入切除部位，嵌入板的长宽边缘与切除孔间两个边应留有 2～4mm 的间隙，并将其边缘加工成对接焊缝要求的坡口形式；

（4）嵌板定位后，将孔口四角区域预热至 100～150℃，并按图 5-48b 所示的顺序采用分段分层逆向施焊；

（5）打磨焊缝余高，使之与原构件表面齐平。

盖板修补一般宜采用双层盖板。当盖板用焊缝连接时，应设法将加固盖板压紧，盖板的长宽应比缺陷范围的尺寸大100mm，盖板与原板等厚，焊脚尺寸等于板厚，焊接顺序按图5-48b采用分段分层逆向施焊；当盖板用摩擦型高强螺栓连接时，在裂缝的每侧用双排螺栓，盖板宽度以能布置螺栓为宜，盖板长度每边应超出裂缝端部150mm。

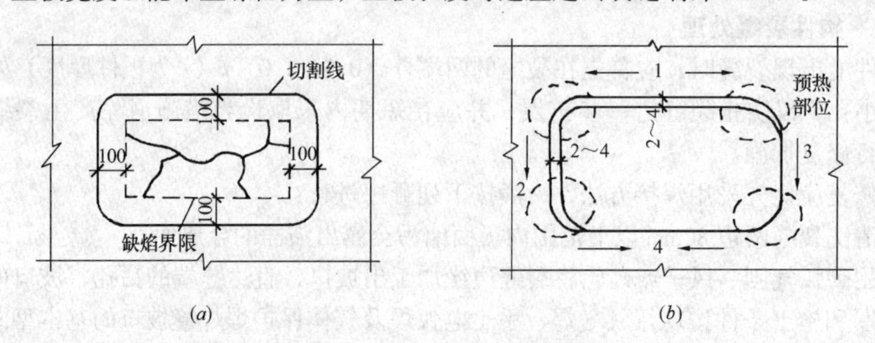

图5-48 缺陷切除后的修补

（a）缺陷部位的切除；（b）预热部位及焊接顺序

5.3.2 连接缺陷及损伤处理

1. 铆钉连接缺陷及损伤处理

发现铆钉松动、钉头开裂、铆钉剪断、漏铆等应及时更换、补铆，宜用高强螺栓更换（应计算作等强代换）。直接承受动荷载的结构应采用高强螺栓摩擦型连接，这时为保证连接受力的匀称，宜将与缺损铆钉相对应布置的非缺损铆钉一并更换，不得采用焊补、加热再铆方法处理有缺陷的铆钉。如发现个别铆钉连接处贴合不紧，可用防腐蚀的合成树脂填充缝隙。

更换铆钉时，应首先更换损坏严重的铆钉。为避免风铲的振动削弱邻近的铆钉连接，局部更换时宜用气割割除铆钉头，但施工时，应注意不能烧伤主体金属，也可锯除或钻去有缺陷的铆钉。取出铆钉杆后，应仔细检查钉孔并予以清理。若发现有错孔、椭圆孔、孔壁倾斜等情况，当用铆钉修复时，上述钉孔缺陷必须消除。可按直径增大一级予以扩钻，用直径较大级的铆钉重铆。当用高强螺栓修复时，只要不妨碍螺栓顺利插入，且能保证螺栓头、螺帽和支承面紧密帖合，则可不必扩孔，当孔壁倾斜度超过5°、螺栓头和螺帽不能和支承面紧密帖合时，才需扩孔至较大直径或安放楔形垫圈。若用高强螺栓摩擦型连接更换和修补后，承载力不能满足要求时也可按增大一级直径扩孔。扩孔时，若铆钉间距、行距及边距均符合扩孔后铆钉或螺栓直径的现行规范规定时，扩孔的数量不受限制，否则扩孔的数量宜控制在50%范围内。

在负荷状态下更换铆钉时，应根据具体情况分批进行，更换过程中铆钉受力不得超过其设计承载力，一般不容许同时去掉占总数10%以上的铆钉，铆钉总数在10个以下时，仅容许一个一个地更换。

2. 普通螺栓连接缺陷及损伤处理

螺栓孔移位，螺栓无法穿过时，可用机械扩钻孔，严禁气割扩孔；对松动的螺栓要紧固；断裂、损伤的螺栓应更换，更换过程中不允许螺栓受力超过其设计承载力。

3. 高强螺栓连接缺陷及损伤处理

螺栓孔移位，螺栓无法穿过时，经设计同意也可用机械扩钻孔；欠拧、漏拧的螺栓应补拧；超拧的螺栓必须更换；对螺栓断裂，如发生在拧紧过程中，往往是因施加扭矩太大所致，一般作个别替换处理，如是材质问题则应拆换同一批号全部螺栓，拆换螺栓要严格遵守单个拆换和对重要受力部位按先加固（或卸荷）后拆换原则进行；高强螺栓摩擦型连接产生滑移后，虽能继续承载，但从设计计算而言，连接已破坏，应进行处理，对承受静载结构，可在盖板周边加焊，如因螺栓漏拧或欠拧造成滑移，应进行补拧。处理后的连接应满足承载要求。

4．焊接连接缺陷及损伤处理

当焊接连接的缺陷（图 5-49）超过规范容许标准时，如结构承受静荷载，在常温条件下使用，使用中又无异常现象，一般可不作处理；如结构承受动荷载，应予以消除。对轻微的咬边可采用钢锉或砂轮打磨，将边缘加工为平缓过渡即行，较严重的咬边应打磨后补焊磨平；对焊瘤，可采用铲、磨、锉等手工或机械方法，将多余焊缝堆积物去掉、磨平；对夹渣、气孔等缺陷，采用碳弧气刨或风铲，将缺陷焊缝铲掉，然后以相同焊条补焊，补焊的焊缝至少 40mm 长；对弧坑、未焊透等缺陷，采用补焊处理。

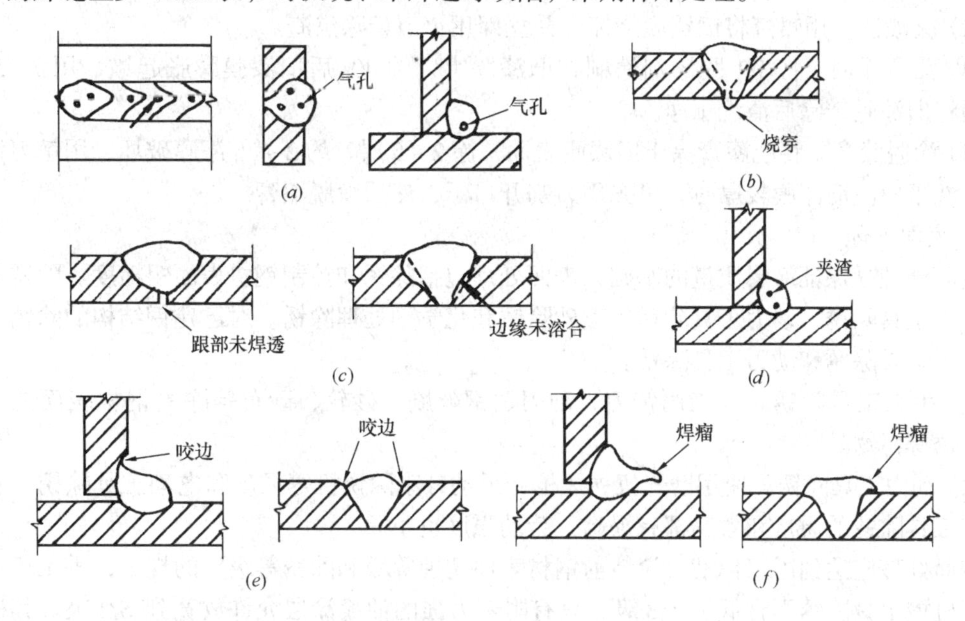

图 5-49　焊接连接缺陷

（a）气孔；（b）烧穿；（c）未焊透；（d）夹渣；（e）咬边；（f）焊瘤

对焊缝裂纹（图 5-50），原则上要刨掉（用碳弧气刨或风铲）重焊，但对承受静荷载的实腹梁翼缘和腹板处的焊缝裂纹，可采用在裂纹两端钻至裂孔后，在两板之间加焊短斜板的方法处理，斜板的长度应超出裂纹范围以外不少于斜板的宽度（图 5-51）。

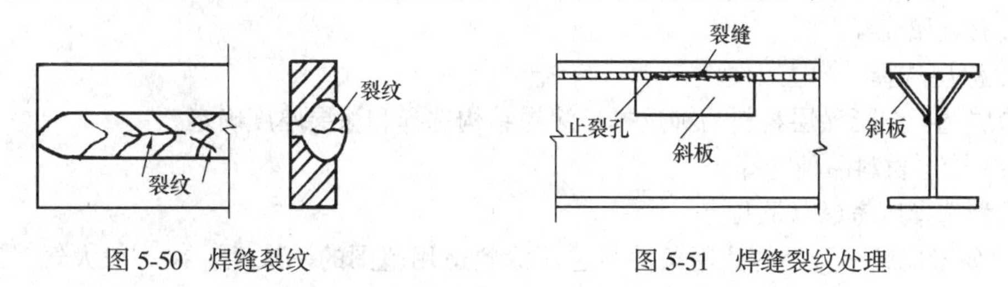

图 5-50　焊缝裂纹

图 5-51　焊缝裂纹处理

5.3.3 构件锈蚀处理

钢材防锈蚀的方法很多，对已建结构的锈蚀处理一般采用涂层涂料，但较新建结构复杂，必须根据实际情况选择涂层材料，决定除锈和涂刷程序。应根据锈蚀面积来决定局部维护涂层还是全面维护涂层，一般锈蚀面积超过 1/3 要全面重新做涂层，周期性（一般视情况 3～5 年）全面涂层维修还是应该重视的。

构件涂层防锈蚀处理包括旧漆膜处理、表面处理、涂层选择、涂层施工。

1. 旧漆膜处理

如旧漆膜大部分完好，局部有锈蚀，只需将局部漆膜按下述方法清除干净，再嵌批腻子、打磨、补刷涂层，做到与旧漆膜平整、颜色一致。

如构件锈蚀面积较大，旧漆膜已脱皮起壳，则应将旧漆膜全部清除，再刮腻子、打磨即可。清除可用下列方法：

(1) 碱水清洗。用石灰和纯碱配成稀溶液或用 5%～10%氢氧化钠溶液涂刷 3～4 遍，使旧漆膜脱落，再用铲刀刮去，清水洗净。

(2) 火喷法。用喷灯将旧漆膜烧掉，并立即用铲刀铲除焦渣。

(3) 涂脱漆剂。将 T-1 脱漆剂涂刷在旧漆膜上，约 30s 后旧漆膜膨胀起皱，用铲刀、钢丝刷将旧漆膜铲除后清洗干净。

(4) 涂脱漆膏。将脱漆膏涂于旧漆膜表面，涂 2～5 层，约 2～3h 漆膜破坏，用铲刀铲除，清洗干净。旧漆膜较厚时，可先用刀割开口子，然后涂脱漆膏。

2. 表面处理

表面处理是保证涂层质量的基础，表面处理包括除锈和控制钢材表面粗糙度。除锈方法有手工工具除锈、动力工具除锈、喷砂除锈和化学剂处理除锈。对已建钢结构的除锈主要用手工工具除锈和动力工具除锈。

(1) 手工工具除锈。人工用铲刀、刮刀、钢丝刷、砂轮、砂布等除去钢材表面的毛刺、铁锈等污物。

(2) 动力工具除锈。使用磨光机、风枪、风动针束除锈机等风动和电动工具除锈。它比手工工具除锈的质量和效率都有提高，劳动强度也小。

表面处理应达到国家标准《涂装前钢材表面锈蚀等级和除锈等级》的规定，手工工具除锈和机械工具除锈不宜低于 S_t3 级，只有附着力强的油漆涂层允许放宽到 S_t2 级。其标准为：

S_t2——彻底的手工、动力除锈。钢材表面应无可见的油脂和污垢，并且没有附着不牢的氧化物、铁锈和油漆涂层等附着物。

S_t3——非常彻底的手工、动力除锈，钢材表面应无可见的油脂和污垢，并且没有附着不牢的氧化物、铁锈和油漆涂层等附着物，除锈应比 S_t2 更为彻底，钢材显露部分的表面应具有金属光泽。

3. 涂层选择

涂层选择包括涂层材料品种选择、涂层结构选择和涂层厚度确定。

(1) 涂层材料品种选择

品种选择应考虑以下几点：

1) 要考虑结构所处的使用条件与选用涂料适用范围的一致性。在一般大气、工业大气条件下，可选用防锈漆；在有酸性介质环境中可选用耐酸性能较好的酚醛树脂漆；而在碱性介质环境中可选用耐碱性能较好的环氧树脂漆；处于高温条件下，选用耐热漆；室外结构涂层要有较好的耐候性能。

2）要考虑施工条件的可能性，有的宜于刷涂，有的宜用喷涂，一般选用干燥快，便于刷、喷的常温固化型涂料。

3）要考虑涂料的正确配套。涂料（油漆）一般分为底漆和面漆，两者应有良好的配套性能。表5-22、表5-23分别为常用防锈底漆和常用防锈面漆的适用范围和配套要求。

4）要考虑结构的主次，根据构件的重要性，分别选用不同涂料，或用相同涂料而采用不同的涂覆层数。

5）除考虑结构的使用功能、经济性和耐久性外，尚应考虑施工过程中的稳定性、干燥速度、毒性及固化条件等因素。

常用防锈底漆 **表5-22**

名称	型号	适用范围	配套要求
红丹油性防锈漆 红丹酚醛防锈漆 红丹醇酸防锈漆	Y53-1 F53-1 C53-1	适用于室内外钢结构防锈打底	与油性磁漆、醇酸磁漆或酚醛磁漆配套使用
云母氧化铁底漆		适用于室内外钢结构，适用于热带和湿热条件下使用	可与各种磁漆配套使用，是目前代替红丹的最好底漆
硼钡酚醛防锈漆		适用于室内外钢结构	与醇酸磁漆或酚醛磁漆配套使用
无机富锌底漆		适用于水下工程、水塔、水槽、油罐内外壁及海洋钢构筑物	可作面漆，与环氧磁漆、乙烯磁漆配套更好
乙烯磷化底漆	X06-1	只能与某些底漆（如过氯乙烯底漆）配套使用，增加附着力，不能代替底漆使用	不能与碱性涂料配套使用
铁红油性防锈漆 铁红酚醛防锈漆	Y53-2 F53-2	适用于锈蚀情况不太严重的室内外钢结构表面打底	与酚醛磁漆配套使用
铁红环氧底漆 铁红过氯乙烯底漆	H06-2 G06-4	适用于沿海及湿热带气候条件下钢结构	与磷化底漆和环氧磁漆等配套使用
铁红醇酸底漆	C06-1	适用于一般较干燥处钢结构表面防锈打底	与硝基磁漆、醇酸磁漆和过氯乙烯漆配套使用

常用防锈面漆 **表5-23**

名称	型号	适用范围	配套要求
醇酸磁漆	C04-42	适用于室内外钢结构	与油性、醇酸或酚醛底漆配套使用
灰醇酸磁漆（“66”灰色户外面漆）	C04-45	适合大型室外钢结构表面用漆，桥梁、高压线塔用漆	先涂红丹酚醛防锈漆两道，再涂该面漆三道，漆膜总厚度 $>200\mu m$
酚醛磁漆	F04-1	适用于室内钢结构	与红丹防锈漆、铁红防锈漆配套使用
过氯乙烯磁漆 过氯乙烯清漆	G52-1 G52-2	适合于防工业大气，用于室内外钢结构	与G06－4底漆配套使用
环氧硝基磁漆	H04-2	适合于防工业大气，适用于沿海及湿热带气候条件下钢结构	与环氧底漆配套使用
纯酚醛磁漆	F04-11	适用于防潮和干湿交替的钢结构	与各种防锈漆配套使用
油性调和漆 酚醛调和漆	Y03-1 F03-1	适用于室内钢结构	

续表

名　称	型　号	适　用　范　围	配　套　要　求
沥青清漆	L01-6	适用于室内钢结构作防潮、防水、耐酸保护层	底漆兼面漆不少于两道
沥青耐酸漆	L50-1	适用于室内钢结构防腐，加铝粉后可用于室外耐酸防腐	底漆兼面漆一般涂两道

(2) 涂层结构选择

涂层耐久年限，除了表面处理影响外，很大程度上与涂层结构是否合理有关。涂层结构由底漆、腻子、两道底漆和面漆组成，要放弃“一底两度”不变结构。钢结构中全面统刮腻子是很少的，一般用两道底漆和两至三道面漆结构，底漆道数增加可起填平基层作用，也可保证漆膜总厚度。

(3) 涂层厚度确定

漆膜厚度影响防锈效果，增加漆膜厚度是延长使用年限的有效措施之一，一般钢结构防护涂层总厚度要求室内不小于100μm，室外应不小于125μm，腐蚀性环境中，漆膜应加厚。漆膜厚度很难准确控制，故重要工程对各层漆膜厚度应测定。

4. 涂层施工中注意事项

(1) 除锈完毕应清除基层上杂物和灰尘，在8h内尽快涂刷第一道底漆，如遇表面凹凸不平，应将第一道底漆稀释后多次涂刷，使其浸透入凹凸毛孔深部，防止空隙部分再生锈。

(2) 避免在5℃以下与40℃以上气温以及太阳光直晒下、或85%湿度以上情况下涂刷，否则易产生起泡、针孔和光泽下降等。

(3) 底漆表面充分干燥以后才可涂刷次层油漆，间隔时间一般为8~48h，第二道底漆尽可能在第一道底漆完成后48h内施工，以防第一道底漆漏涂处引起生锈；对于环氧树脂类涂料，如漆膜过度硬化易产生漆膜间附着不良，必须在规定时间内涂刷上一层。

(4) 涂刷各道油漆前，应用工具清除表面砂粒、灰尘，对前层漆膜表面过分光滑或干后停留时间过长的，适当用砂布、水砂纸打磨后再涂刷上层。

(5) 一次涂刷不宜太厚，以免产生起皱、流淌现象，为求膜厚均匀，应做交叉覆盖涂刷。

(6) 涂料粘度过大时才使用稀释剂，在满足操作需要情况下尽量少加或不加，稀释剂掺用过多会使漆膜厚度不足，密实性下降，影响涂层质量。稀释剂使用必须与油漆类型配套。

(7) 焊接、螺栓连接处，边角处最易发生涂刷缺陷与生锈，所以尤要注意不产生漏涂和涂刷不均，一般应加涂来弥补。

5. 涂层缺陷与处理

涂层缺陷有流痕、桔子皮、刷纹、气泡、针孔、白化、发粘、剥离、透色、龟裂、失光及光泽不良、起泡、变色退色等，是由涂料质量问题和施工操作造成的。一般可采用下列方法修整：

(1) 当缺陷轻，涂层的平整度和保护性未受影响时，可直接用砂纸轻轻地湿打磨一下，重涂面漆。适用于白化、变色褪色等缺陷。

（2）当缺陷较严重，影响到涂层的平整性、完整性时，一般用砂纸打磨或打磨后涂刮腻子等方法来消除缺陷，再重涂面漆。适用于流痕、起泡、龟裂等缺陷。

（3）当缺陷严重，涂层已不完整，失去保护性能时，如剥离、生锈等缺陷，则应彻底去掉涂层，重新涂漆。

5.3.4 钢结构加固的基本原则及一般规定

1. 结构经可靠性鉴定不满足要求，必须进行加固处理。加固的范围和内容应根据鉴定结论和加固后的使用要求确定。

2. 加固后的结构的安全等级应根据结构破坏后果的严重性和使用要求结合实际情况确定。

3. 加固设计应与施工方法紧密结合，充分考虑现场条件对施工方法、加固效果的影响，应采取有效措施保证新增截面、构件和部件与原结构连接可靠，形成整体共同工作。应避免对未加固的部件和构件造成不利的影响。

4. 加固施工前应尽可能卸除作用于结构上的荷载并采取可靠的安全防护措施。

5. 原结构材料经鉴定符合现行国家标准规定时，其强度设计值应按现行《钢结构设计规范》规定取值，否则应按鉴定确定的屈服强度除以抗力分项系数 1.2 作为其强度设计值。

6. 加固材料的选择应按现行《钢结构设计规范》规定并在保证设计意图的前提下，便于施工，使新老截面、构件或结构能共同工作，并应注意新老材料之间的强度、塑性、韧性及焊接性能匹配，以利于充分发挥材料的潜能。

7. 加固用连接材料应符合现行《钢结构设计规范》的要求，并与加固件和原有构件的钢材相匹配。当加固件和原有构件的钢号不同时，连接材料应与强度较低的钢号相匹配。

8. 加固设计的荷载应进行实地调查，根据实际构造情况和实测厚度按现行《建筑结构荷载规范》确定；对不符合《建筑结构荷载规范》规定或未作规定的荷载，可根据实际情况进行抽样实测，以其平均值乘以 1.2 系数作为该荷载的标准值；对未作规定的工艺、吊车等使用荷载，应根据使用单位提供的资料和实际情况或实测结果取值。

9. 结构的计算简图应根据实际的支承条件、连接情况和受力状态确定，并应考虑加固期间及前后作用在结构上的荷载及其不利组合。必要时应分阶段进行受力分析和计算。

10. 结构的计算截面应采用实际有效截面面积，并考虑结构在加固时的实际受力状况，即原结构的应力超前和加固部分的应变滞后特点，以及加固部分与原结构共同工作的程度。

11. 对高温、腐蚀、冷脆、振动、地基不均匀沉降等原因造成的结构损坏，应提出相应的处理对策后再进行加固。

12. 加固施工过程中，若发现原结构或相关工程隐蔽部位有未预计的损伤或严重缺陷时，应立即停止施工，并会同加固设计者采取有效措施进行处理后再继续施工。

13. 连接部位的构造应避免形成三向应力或双向受拉的应力状态，不宜采用刚度突变的构造，宜采用变形能力较大的构造形式。

5.3.5 改变结构计算图形的加固

改变结构计算图形的加固方法是指采用改变荷载分布状况、传力途径、节点性质和边界条件，增设附加杆件和支撑，施加预应力，考虑空间协同工作等措施对结构进行加固的方法。

1. 对钢柱可采用下列方法加固

(1) 增加屋盖支撑使排架柱可按空间结构进行验算（图 5-52）；

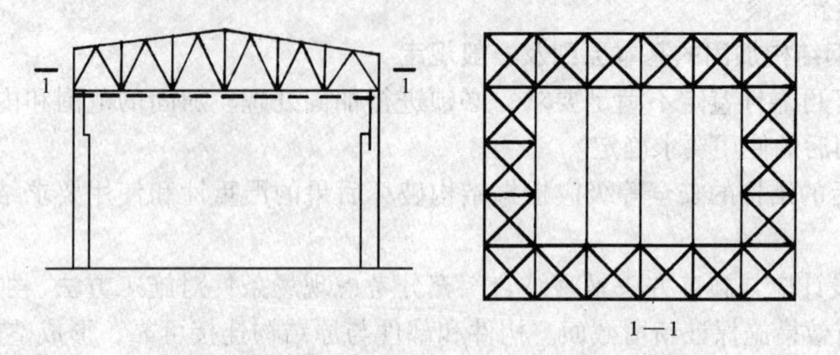

图 5-52　增加屋盖支撑提高空间刚度

(2) 增设支撑减少柱计算长度（图 5-53）；

(3) 将屋架与柱铰接改为刚接，减少了柱计算弯矩和计算长度（图 5-54）；

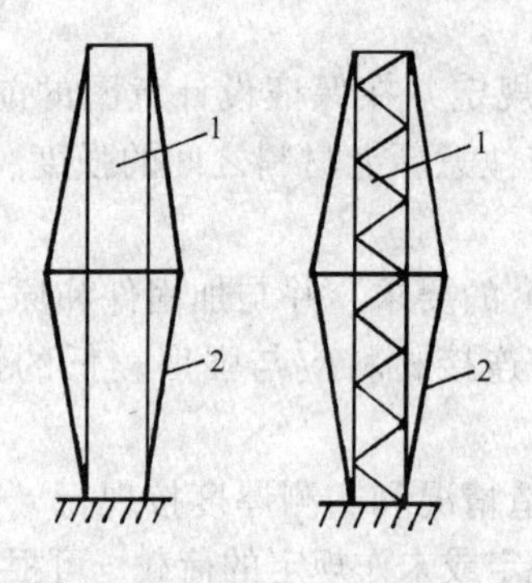

图 5-53　增设支撑加固柱
1—原柱；2—增设支撑

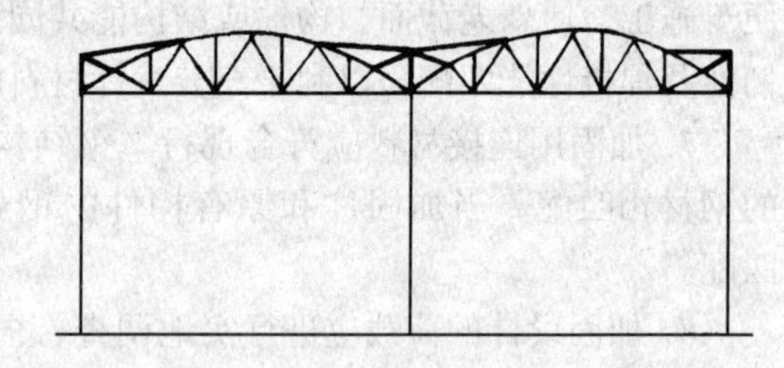

图 5-54　柱顶与屋架铰接改刚接

(4) 加强某列柱，使排架所受水平荷载主要由该列柱承担，其他柱列卸荷，减少加固工作量（图 5-55）；

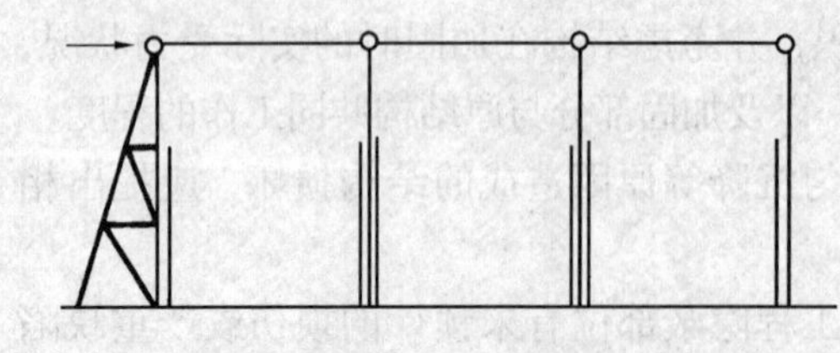

图 5-55　加固某列柱

2. 对钢梁可采用下列方法进行加固

(1) 将各单跨梁支座连接成连续梁，连续后可使跨中弯矩减少 15%～20%。

(2) 增设支柱或支撑减小梁的跨度，从而提高梁的承载力。图 5-56*a* 用短斜撑加固钢梁，适用于柱子承载能力储备足够的情况；图 5-56*b* 为长斜撑加固钢梁，虽用钢量多一点又较笨重，但不增加柱子负荷；当由于梁上增加的荷载需同时加固柱和基础时，可采用图 5-56*c* 在新基础上设立支柱的加固方法。

(3) 当梁下部净空允许时，可在梁下加下撑杆形成具有刚性上弦梁桁架（图 5-57）；

(4) 增设拉杆施加预应力（图 5-58）；

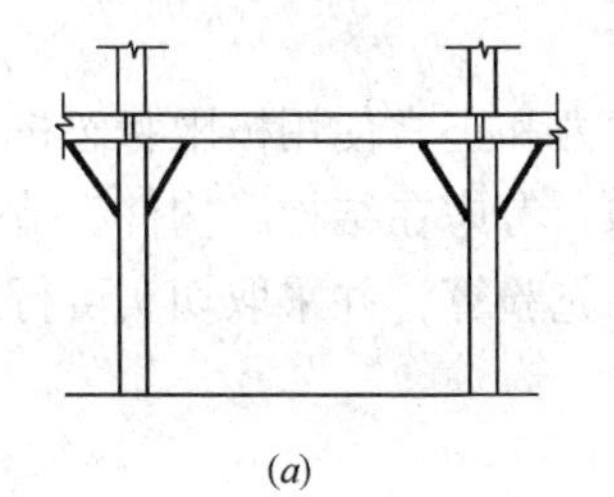
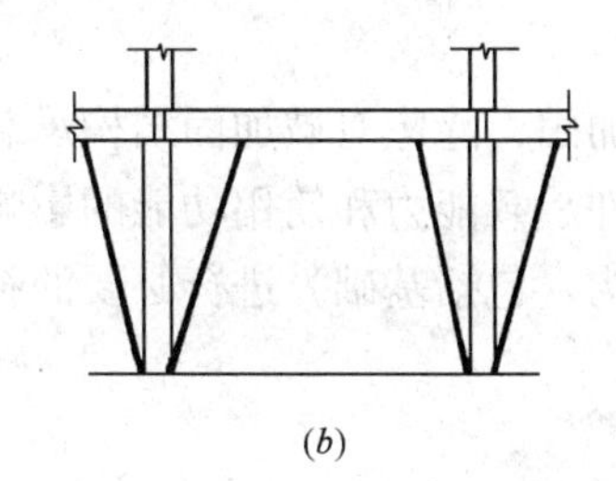
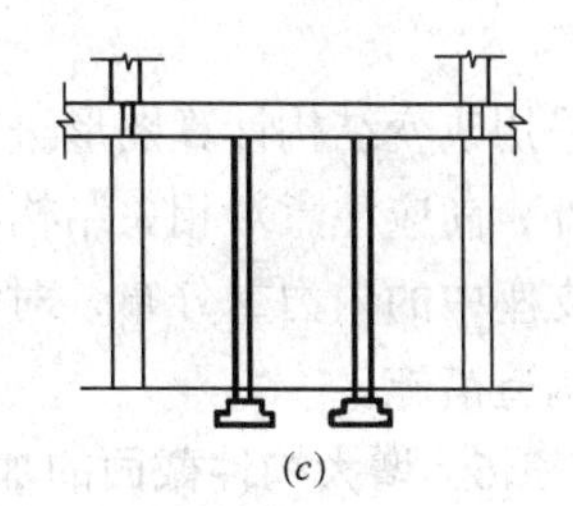

(a)　　(b)　　(c)

图 5-56　钢梁设支撑加固

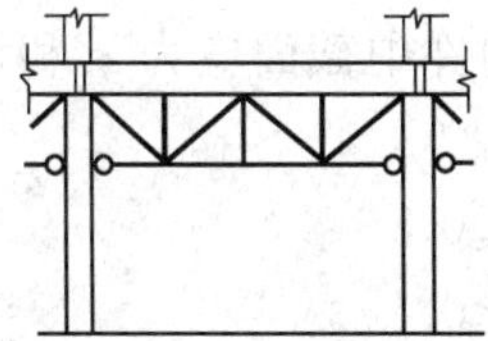

图 5-57　钢梁加下撑杆加固

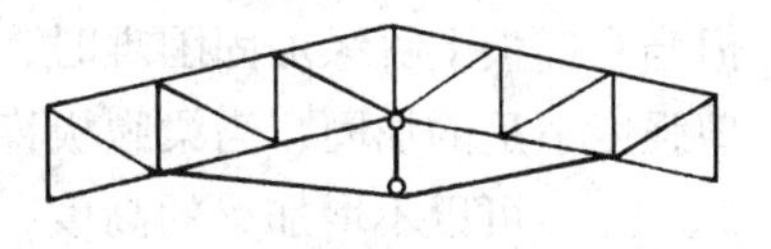

图 5-58　钢梁施加预应力加固

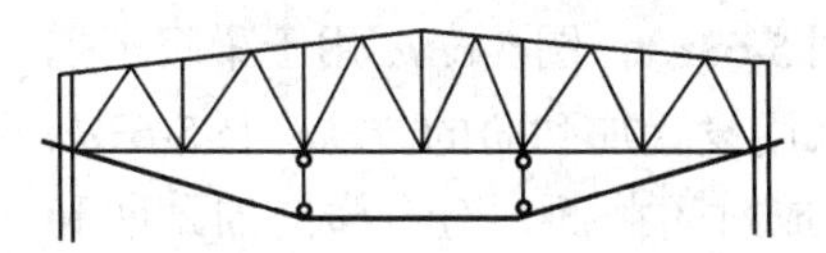

图 5-59　托架支座处由铰接改为刚接

3. 对桁架可采用下列方法进行加固

(1) 改变支座连接，如图 5-54 使原铰接屋架、图 5-59 使原铰接托架变为连续结构，单跨时铰接改刚接也同样改变屋架杆件内力。

(2) 增设撑杆变桁架为撑杆式构架（图 5-60）；

(3) 加设预应力拉杆（图 5-61）；

(4) 设置再分式杆件减小压杆长细比，提高原杆件的承载力（图 5-62）；

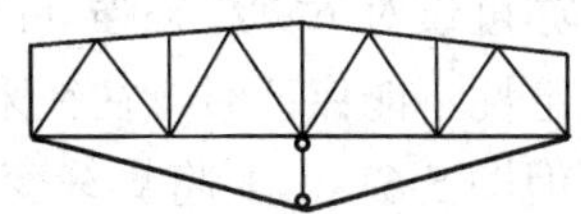

图 5-60　桁架下设撑杆

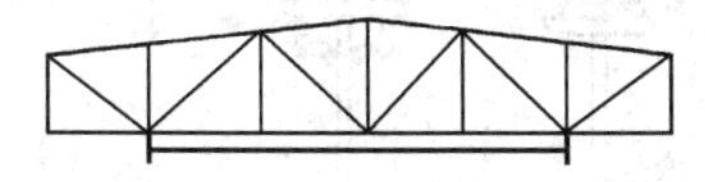
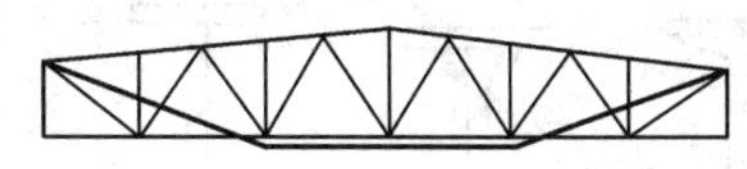
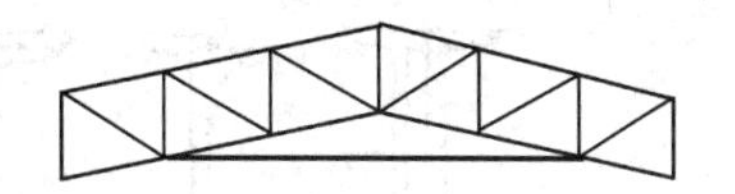

图 5-61　在桁架中加设预应力拉杆

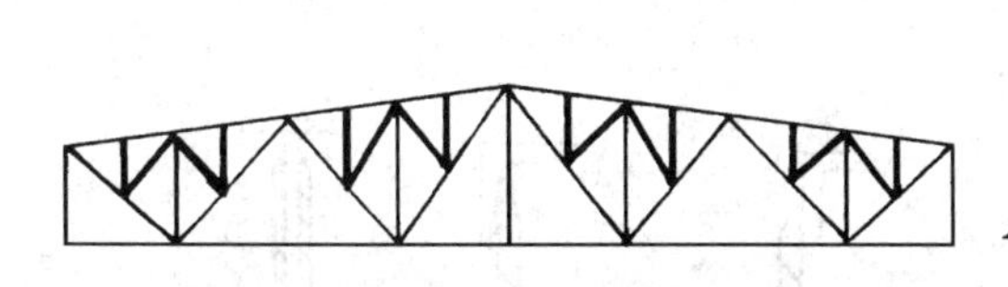
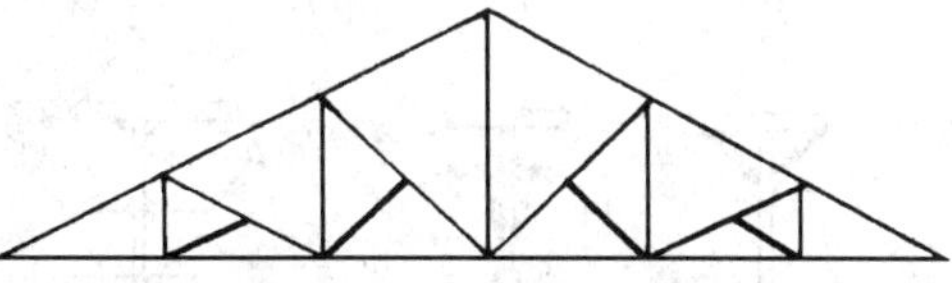

图 5-62　用再分杆加固桁架

(5) 在一定条件下可采取加强钢屋架与天窗架的连接节点，考虑钢屋架与天窗架共同工作，将二者作为一个整体构件进行分析，以此来改变屋架的受力状态，达到加固的目的。

采用改变结构计算图形进行加固，除应对被加固结构承载力和正常使用极限状态进行计算外，尚应注意对相关结构构件承载能力和使用功能的影响，考虑在结构、构件、节点以及支座中的内力重分布，对结构（包括基础）进行必要的补充验算，并采取切实可行的合理构造措施。

5.3.6 增大构件截面的加固

增大构件截面是钢结构加固中常用的方法，其涉及面窄，施工方便，尤其在满足一定前提条件下可在负荷状态下加固，对生产的影响较小。

负荷状态下，采用焊接方法增大构件截面时，原有构件中截面应力 σ 和钢材强度设计值 f 的比值 β 应满足下列要求：

承受静力荷载或间接承受动力荷载的构件 $\beta \leqslant 0.8$

承受动力荷载的构件 $\beta \leqslant 0.4$

β 值的限制主要考虑了对原有构件的影响，确保加固施工的安全，如增加孔洞而削弱截面或焊接时使原有构件强度下降等；其次保证加固后构件工作的可靠性，防止加固件更严重的应力滞后。

1. 截面加固形式

应考虑构件的受力情况及存在的缺陷，在方便施工、连接可靠的前提下，选取最有效的截面增加形式。

(1) 钢梁加固

钢梁截面加固可采用图 5-63 的形式或其他形式。图 5-63a 用于构件抗弯及抗剪能力均不足时加固；若腹板不必加固可采用图 5-63b；焊接组合梁和型钢梁都可在翼缘板上加焊水平板、斜板或型钢进行加固（图 5-63c、f、g、h、i、j），一般宜上、下翼缘均加固，但当有铺板上翼缘加固困难时，亦可仅对下翼缘补强（图 5-63e）；图 5-63m 用于梁腹板抗剪强度不足的加固，当梁腹板稳定性不能保证时，往往采用设置加劲肋的方法；图5-63d、g、h、i 可以不增加梁的高度，但图 5-63g、h 将翼缘变成封闭截面，对有横向加劲肋和翼缘上需要用螺栓连接的梁，构造复杂，施工麻烦；图 5-63i 可在原位置施工，但加固效果较差且对原有横向加劲肋的梁需加设短加劲肋来代替；图 5-63k、l 主要用于加固简支

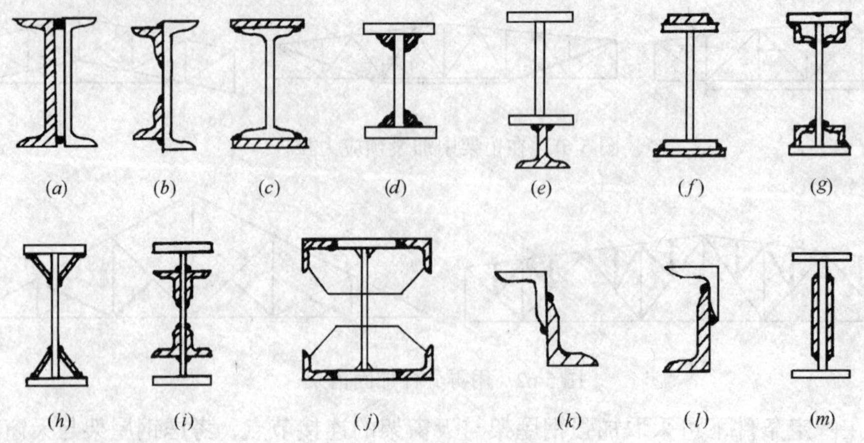

图 5-63 钢梁截面加固形式

梁弯矩较大的区段，加固件不伸到支座；图5-63 a、b、i、k、l、m 也可用高强螺栓连接新老部件。

（2）钢柱加固

钢柱截面加固可采用图 5-64 的形式或其他形式。图 5-64b、c、e 用于轴心受力或弯矩较小的钢柱；图 5-64d、h、i、j 能同时提高弯矩作用平面内外的承载能力；图 5-64d、f、h、i、j 用于左右两方向作用弯矩不等的压弯柱，也可在原截面两侧采用相同的加固件，用于两方向作用弯矩相等或相差不大的压弯柱。

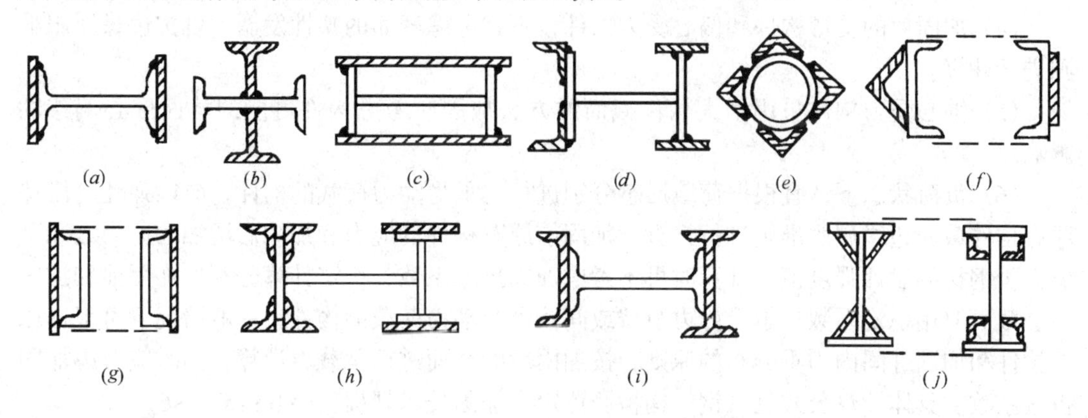

图 5-64　钢柱截面加固形式

（3）桁架杆件加固

截面加固可采用图 5-65 的形式或其他形式。图 5-65a 用于杆件上有拼接角钢或扭曲变形不大的杆件；图 5-65b 可增大杆件平面外的回转半径，减小长细比，而且可以调整杆件因旁弯而产生的偏心；图 5-65d 适用于拉杆；图 5-65f 用于单角钢腹杆加固；图 5-65j、k 适用于下弦截面加固。

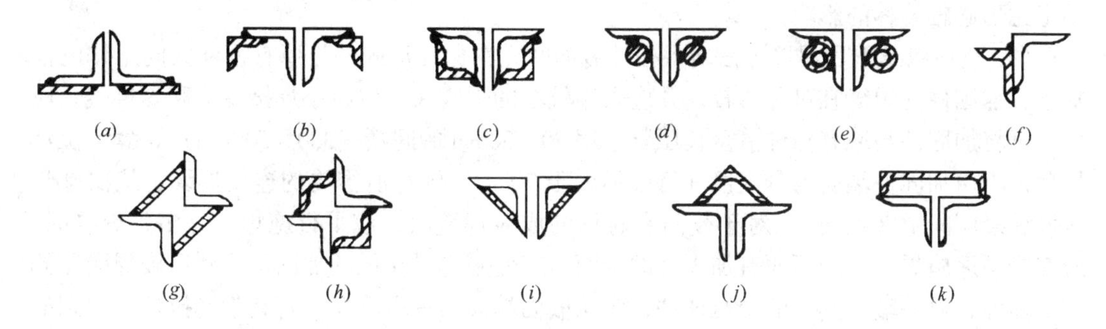

图 5-65　桁架杆件截面加固形式

以上构件截面的增大都是采用增补钢材的方法，除此以外还可对原构件外包混凝土进行加固，如在钢柱周围外包混凝土形成劲性混凝土柱，可大幅度提高柱的承载能力，同时混凝土对钢材起到保护作用，当然混凝土中应配置纵向钢筋和箍筋。

2. 加固计算方法

（1）完全卸荷状态下，构件的强度和稳定性按加固后的截面，与新结构相同的方法依照现行《钢结构设计规范》规定进行。

（2）负荷状态下的加固计算应根据原有构件的受力状态，钢材强度设计值应乘以按下列规定选用的加固折减系数 k：

轴心受力的实腹构件　　　　　　　　　　$k=0.8$

偏心受力和受弯构件及格构式构件　　　　$k=0.9$

系数 k 是考虑多种随机因素的影响，为简化计算而引入的经验系数，综合考虑了施工条件恶劣，不易保证质量；应力重分布时加固件的应力滞后；焊接加固引起的变形对加固构件承载力的影响；焊接加固时产生的残余应力等等因素。

(3) 钢材强度设计值采用加固件和原构件两个钢材强度设计值中较小者。

(4) 加固后的受弯构件和偏心受力构件，不宜考虑截面的塑性发展，可按边缘屈服准则进行计算。

(5) 轴心受力构件采用增大构件截面的方法加固应考虑构件可能的截面形心偏移的影响。

(6) 负荷状态下，宜根据荷载形态分别进行。承受动力荷载的构件，应以弹性阶段按原有构件截面边缘屈服准则进行计算，加固前原有构件的应力和加固后增加的应力之和不应大于钢材的设计强度值，计算时可不考虑加固折减系数，稳定计算分别按加固前和加固后的截面取用稳定系数；承受静力荷载或间接承受动力荷载的构件，一般情况下可根据原有构件和加固件间内力重分布的原则，按加固后的截面进行承载力计算，同时应考虑加固折减系数。具体计算公式见《钢结构检测评定及加固技术规程》(YB 9257—96)。

3. 构造及施工要求

(1) 采用增大截面的方法进行加固时，应有保证加固件与原有构件共同工作的相互连接，对轴心受力和偏心受力构件，加固件宜与原有构件的支座或节点有可靠的连接。加固件与原有构件通过连接件连接时，连接件的间距对受拉构件不应大于 $80i$，对受压构件不应大于 $40i$，其中 i 为新的截面中各独立截面回转半径的最小者。

(2) 加固件的布置不宜采用引起截面形心轴偏移的形式，不可避免时，应在加固计算中考虑形心轴偏移的影响。

(3) 负荷状态下用焊接方法增大构件截面时，在保证加固件与原有构件共同工作的前提下，加固件的焊缝宜对称布置，并应采用较小的焊脚尺寸以减小焊接变形和焊接残余应力。可将加固件与原有构件沿全长压紧，用 20～30mm 的间断（300～500mm）焊缝定位焊接后，再由加固件端向内分区段（每段不大于 70mm）施焊所需要的连接焊缝，依次施焊区段焊缝应间歇 2～5min。对于截面有对称的成对焊缝时，应平行施焊；有多条焊缝时，应交错顺序施焊；对于两面有加固件的截面，应先施焊受拉侧的加固件，然后施焊受压侧的加固件；对一端为嵌固的受压杆件，应从嵌固端向另一端施焊，若其为受拉杆件，则应从另一端向嵌固端施焊。

(4) 增大截面的加固构造不应过多削弱原有构件承载能力，采用螺栓或高强螺栓连接时，在保证加固件与原有构件共同工作的前提下，应选用较小直径的螺栓或高强螺栓；采用焊缝连接时，不宜采用与原有构件应力方向垂直的焊缝；轻钢结构中的小角钢和圆钢杆件不宜在负荷状态下进行焊接加固，必要时应采取适当措施，圆钢拉杆严禁在负荷状态下用焊接方法加固。

(5) 负荷状态下用增大截面的方法加固构件时，应采用合理的加固顺序，应首先加固对原有构件影响较小、构件最薄弱和能立即起到加固作用的部位。

5.3.7 连接和节点加固

构件的增补或局部杆件的替换，都需要适当的连接。加固的杆件必须通过节点加固才能参与原结构工作，破坏了的节点需要加固。所以钢结构加固工作中连接与节点加固占有重要位置。

钢结构连接加固的方法根据加固的原因、目的、受力状态、构造和施工条件，并考虑原有结构的连接方法而确定，可采用焊接、普通螺栓和高强螺栓等连接方法，一般可与原有结构的连接方法一致。在同一受力部位连接的加固中，不宜采用刚度相差较大的连接方法，如焊接与铆钉或普通螺栓共同受力的混合连接，但如仅考虑其中刚度较大的连接（如焊接）承受全部作用力则除外。

1. 原焊接连接的加固

焊接连接的加固应采用焊接，可采用增加焊缝长度、加大焊缝高度（堆焊）或两者同时进行的办法实现，优先考虑增加焊缝长度。

在负荷下用焊缝加固结构时，应尽量避免采用长度垂直于受力方向的横向焊缝，以免施焊中因焊件过热引起的构件和连接承载力急剧降低而导致事故的发生，否则应采取专门的技术措施和施焊工艺，以确保结构施工时的安全。焊缝施焊时采用的焊条直径不大于4mm，焊接电流不超过220A，每道焊缝的焊脚尺寸不大于4mm，前一道焊缝温度冷却至100℃以下后方可施焊下一道焊缝，对于长度小于200mm的焊缝增加长度时，首道焊缝应从原焊缝端点以外至少20mm处开始补焊。加固焊缝与原有焊缝相接时，施焊前应对相接处原有焊缝进行处理，包括清除焊渣、修补焊缝缺陷，使加固焊缝与原有焊缝之间有一平滑过渡，加固焊缝的起点和落点不得紧靠原有焊缝边缘。

负荷下用堆焊增加角焊缝焊脚尺寸的方法加固焊缝连接时，按下式计算和限制焊缝应力

$$\sqrt{\sigma_{\mathrm{f}}^{2}+\tau_{\mathrm{f}}^{2}} \leqslant \eta_{\mathrm{f}} f_{\mathrm{f}}^{\mathrm{w}} \tag{5-92}$$

式中 σ_{f}、τ_{f}——分别为角焊缝有效面积（$h_{\mathrm{e}} l_{\mathrm{w}}$）计算的负荷下垂直于焊缝长度方向的应力和沿焊缝长度方向的剪应力；

η_{f}——焊缝强度影响系数，可按表5-24采用；

$f_{\mathrm{f}}^{\mathrm{w}}$——角焊缝设计强度，按现行《钢结构设计规范》确定。

焊缝强度影响系数　　表5-24

加固焊缝总长度（mm）	≥600	300	200	100	50	≤30
η_{f}	1.0	0.9	0.8	0.65	0.25	0

卸荷状态下加固后焊缝可按新旧焊缝共同工作考虑依现行《钢结构设计规范》进行计算。

负荷状态下加固后焊缝亦可考虑新增焊缝和原有焊缝的共同受力，但总的承载力应乘以0.9的折减系数。

2. 原铆钉、螺栓连接的加固

铆钉连接因施工复杂、耗钢量多已极少采用，因此铆钉连接的加固宜用高强螺栓摩擦型连接；螺栓连接的加固也宜用高强螺栓。接触面处理情况不明时，摩擦面的抗滑移系数

应按未经处理的轧制表面考虑。加固后可考虑两者的共同受力，连接总承载力取原有连接承载力与新增连接承载力之和，承载力按现行《钢结构设计规范》计算。

当用焊缝加固普通螺栓或铆钉连接时，应按焊缝承受全部作用力设计计算其连接，不考虑两种连接的共同工作，且不宜拆除原有连接件。

对原高强螺栓摩擦型连接可采用焊缝加固，两种连接计算承载力的比值应在 1～1.5 范围内，加固后连接的总承载力为两者分别计算的承载力之和，但高强螺栓摩擦型连接的承载力应乘以 0.9 折减系数。

3. 节点连接的扩大

当原有连接节点无法布置加固新增的连接件（螺栓、铆钉）或焊缝时，可考虑加大节点连接板或加辅助件，图 5-66*a*、*b* 所示为加大节点连接板的方法，新增的节点板应牢靠地焊接在原节点板上；图 5-66*c* 所示为加辅助件的方法，一般要求短斜板与节点板间的焊缝承载力是该短斜板与杆件连接焊缝承载力的 1.5 倍。

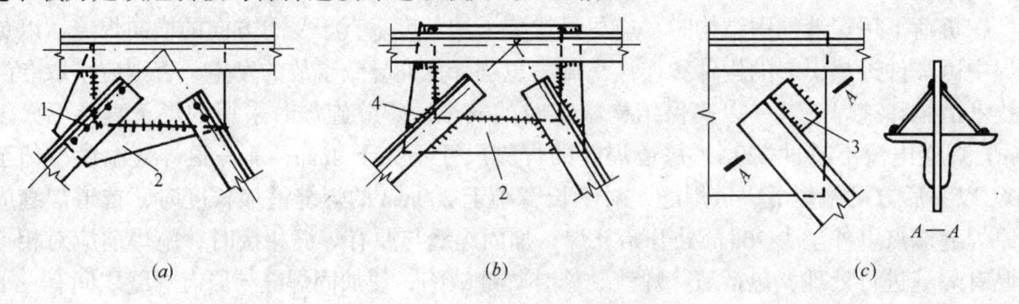

图 5-66　节点连接加固

1—新增加螺栓、铆钉；2—加大的连接板；3—附加辅助件；4—新增焊缝

5.4　地基加固与纠偏

对已有建筑物的地基和基础进行加固和处理称为基础托换，基础托换技术可分为补救性托换、预防性托换和维持性托换。已有建筑物基础和地基不符合要求，而需将原基础加深至比较好的持力层上，或者将原基础底面积扩大的托换，称为补救性托换。已有建筑物基础和地基符合要求，但由于邻近要修建的新建筑物基础较深，而需将原基础加深和扩大者，称为预防性托换（其中包括在平行于已有建筑物基础旁采用比较深的地下连续墙、板桩墙、树根桩等侧向托换措施者）；在新建的建筑物基础上预先设计好顶升措施，以调整不容许出现的差异沉降者，称为维持性托换。

建筑物纠偏是指已有建筑物沉降不均匀发生倾斜而影响正常使用时采取的托换措施。偏斜建筑物的纠正主要有两条途径，一是在建筑物沉降小的部位采取措施促沉，从而调整地基不均匀沉降，将建筑物纠正；二是在建筑物沉降大的部位采取措施顶升，使得地基沉降均匀，达到纠正目的。

基础托换和基础纠偏是一种难度较大的综合性技术，在制定地基托换和纠偏技术方案前，应当做好调查研究工作，这些工作一般包括以下内容：

(1) 场地的工程地质和水文地质条件

分析已有建筑场地的工程勘察报告，了解地基的土层分布及各层土的物理力学性能，查清地基中是否有软弱夹层、暗浜、古墓等不良地质现象，调查地下水位变化和补给情况，对照工程事故特征，判断地质勘察资料的可靠性。当原有工程勘察资料不能很好解释建筑物的沉降原因时，需对地基进行复查和补勘。

(2) 建筑物基础及上部结构情况

查阅相关设计图纸，了解拟托换和纠偏的建筑物荷载分布及作用效应，基础形式及受力状态，上部结构整体刚度及构造措施。如建筑物已出现倾斜或发现裂缝，还应了解结构沉降和不均匀沉降发展速度、裂缝分布情况及开裂规律。

(3) 建筑物施工记录及竣工资料

检查整体结构施工质量，尤其是地下隐蔽工程的施工质量是否满足要求，查明施工过程中采用的水泥、钢材等建筑材料质量是否得到保证，调查基坑施工期间积水排放、雨雪天气是否造成不良影响。

(4) 使用期间周围环境变化情况

调查使用期间周围环境实际情况，包括建筑物周围地下市政管网的修建，邻近建筑物深基坑开挖的影响及打桩引起的振动，地下水位的升降和地面排水条件的变迁。

以上调查有助于弄清地基产生过大沉降和不均匀沉降的原因，针对工程特点和事故性质，选择合理的地基或基础加固方案。

5.4.1 地基与基础加固技术

对地基和基础进行加固的托换方法可分为四类：基础扩大技术、坑式托换技术、桩式托换技术和灌浆托换技术。同时采用上述两种或两种以上托换技术对基础进行加固者，也称综合加固技术。

1. 基础扩大技术

当已有建筑物基础底面积偏小，因承载力不足而产生过大沉降或不均匀沉降，可采用基础扩大的托换方法进行加固，通过增加建筑物基础底面积，减小作用在地基上的接触压力，降低地基土中附加应力，以满足地基承载力要求并可减小建筑物的沉降量。

基础扩大可通过设置混凝土围套或钢筋混凝土围套来实现，当基础扩大宽度较小时可采用素混凝土围套，当基础扩大宽度较大时可采用钢筋混凝土围套。对于承受轴心荷载为主的基础宜采用双面扩宽做法；对于承受偏心荷载较大的基础或受相邻建筑基础条件限制，或为沉降缝处的基础，可采用单面扩宽做法；也有将各条基础扩大成片筏基础，或沿片筏基础底板周边将基础扩大的做法。

图 5-67 表示了基础扩大的几种做法，采用这些做法加宽加大基础，要注意混凝土围套与原有基础之间的结合，浇捣围套混凝土之前，应将原有基础凿毛，并用钢丝刷清除表面碎屑，用水冲洗干净。为加强结合部分联接，应在基础侧面每隔一定高度和间距设置钢筋锚杆，穿越新老混凝土结合部。已有基础和围套之间的可靠结合，有利于将荷载传递到加宽部分基础上。

施工过程中，无论是条形基础加宽还是独立基础扩大，均应划分成许多单独区段分批间隔进行，不可同时作业。如果连续开挖使地基土暴露时间过长，遇水软化后有可能导致土体从基底挤出，加剧地基破坏。

2. 坑式托换

坑式托换是直接在被托换基础下挖坑后浇筑混凝土的一种托换加固方法。基坑挖至承

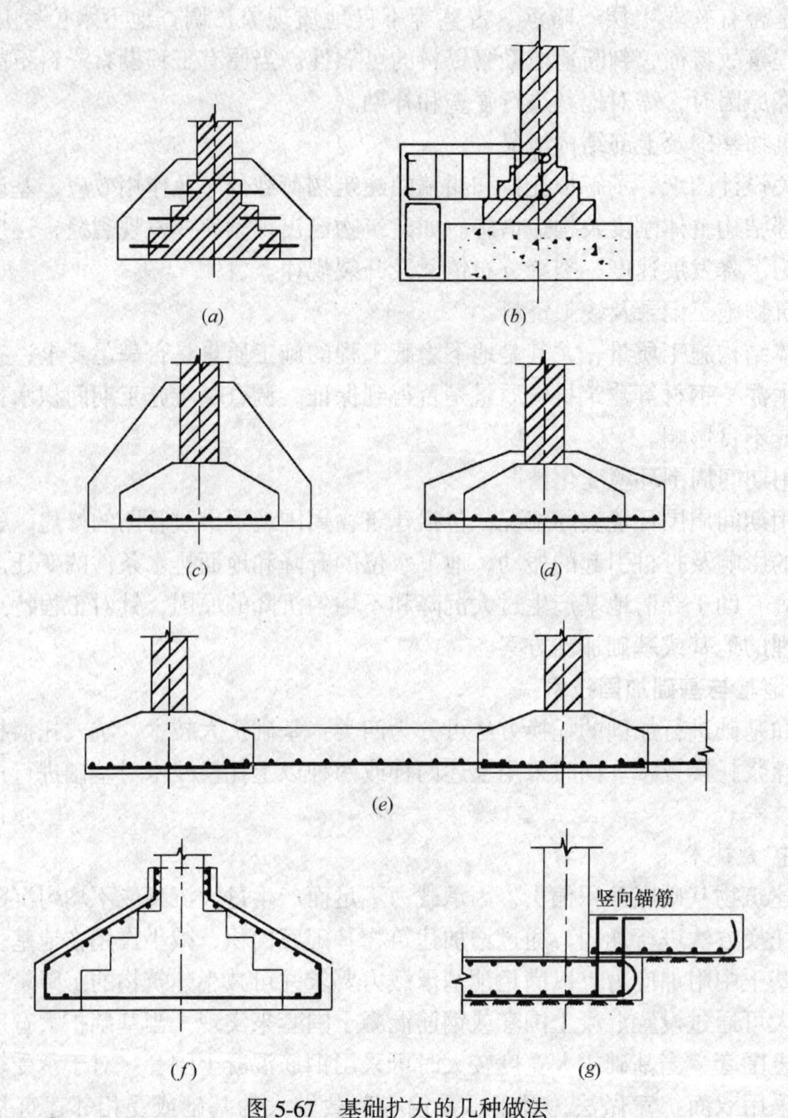

图 5-67　基础扩大的几种做法

(*a*) 刚性条基双侧加固；(*b*) 刚性条基单侧加固；(*c*) 柔性条基扩大改为刚性基础；
(*d*) 柔性条基加宽；(*e*) 条基扩大成片筏基础；(*f*) 独立柱基周边加宽；
(*g*) 筏基周边加宽

载能力较好的新持力层，混凝土从坑底一直浇筑到基底形成混凝土支墩，通过支墩将上部结构荷载传至良好的持力层上，该方法又称墩式托换，属于将基础加深的一种托换方法。

坑式托换应先在贴近被托换基础侧面挖一个竖向导坑，坑的大小应便于施工操作和支墩浇筑，导坑平面长度 1.2～1.5m，宽度 0.9～1.0m，深度挖至原有基础下 1.5～2.0m 处。再将导坑横向扩展到基础底部，并向下继续开挖至新的持力层标高。然后用混凝土浇筑支墩，浇至原基础底面留出 80mm 空隙，养护 1d 后，用干硬性水泥砂浆填入空隙并强力捣实，若用早强或膨胀水泥，则效果更佳。图 5-68 为坑式托换过程示意图。

对于上部结构整体刚度较大的建筑物进行条形基础托换时，由于墙身内力重分布，在基础下开挖基坑后可不设临时支撑，局部基础下短时间内没有支撑是容许的。对于独立

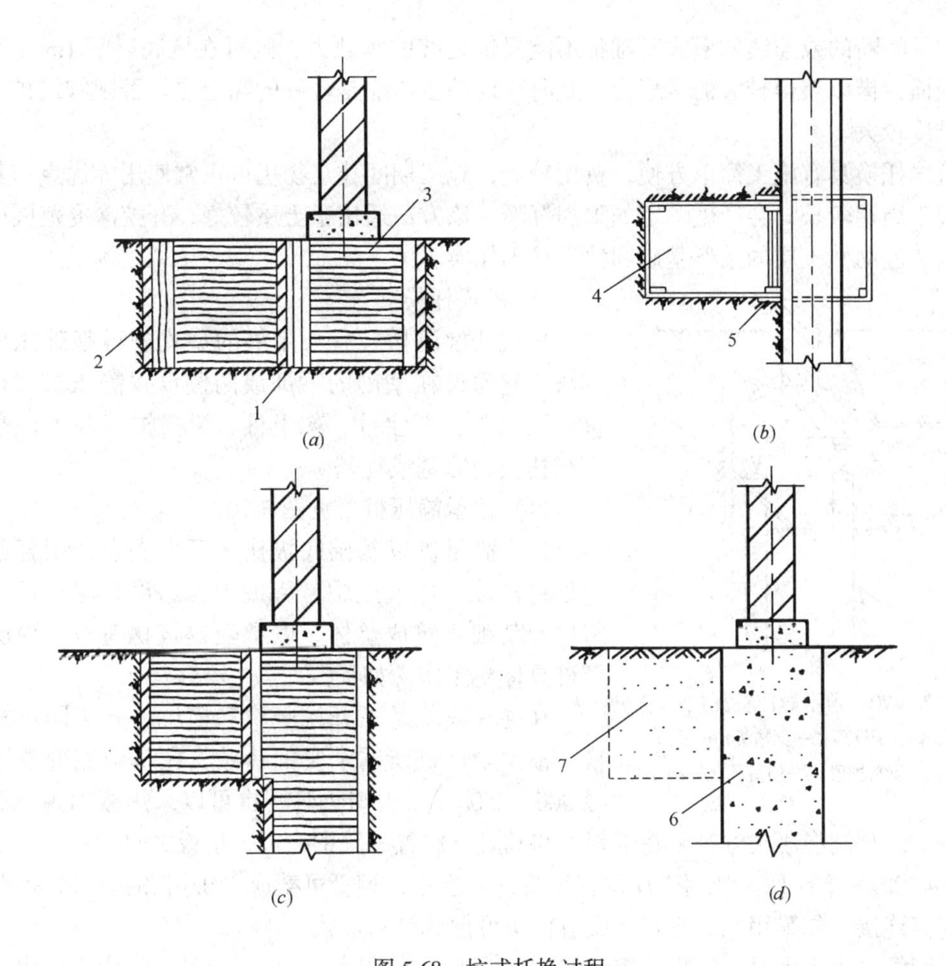

图 5-68 坑式托换过程

(*a*) 开挖导坑；(*b*) 导坑平面及支撑；(*c*) 基础下挖坑；(*d*) 浇筑混凝土及回填

1—嵌条；2—挡板；3—基础下挖坑；4—导坑；5—挡板搭接；6—混凝土墩；7—回填土夯实

柱基托换如不加临时支撑，一次托换面积不宜超过基底面积的 20%。基坑开挖过程中，由于土拱的作用，坑内侧向土压将大为减少，而且土压力的大小将不随深度而增加，因此坑壁开挖可采用简易支撑，如用 50mm × 200mm 横向挡板即可，横向挡板相互顶紧，转角处再用 50mm × 100mm 方木钉牢。

混凝土墩可以是间断的或连续的（图 5-69），主要取决于被托换加固的建筑物的荷载要求和墩下地基承载力。当间断墩的底面积不能对建筑物提供足够的支承时，可采用连续墩式基础。连续墩基础施工时应首先设置间断墩以提供临时支承。当开挖间断墩之间的土时，可先将坑侧挡板拆除，挖出墩间土后在坑内浇筑混凝土，墩顶同样留出空隙用砂浆填实，从而形成连续混凝土墩式基础。

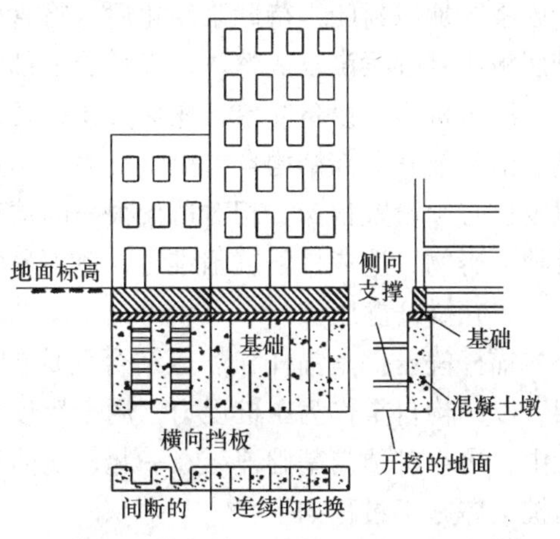

图 5-69 间断的和连续的混凝土墩式托换

如果间断的或连续的墩式基础都不能提供足够的承载力，则可在坑底以下1m左右处扩大断面，借以获得较大的承载力。此时，地基土质应是较好的黏土层，否则修筑扩大头施工难度较大。

坑式托换具有施工简单方便，费用较低，施工期间建筑物仍可正常使用等优点。其缺点是施工周期较长，会产生一定的附加沉降。该方法适用于土质较好，开挖深度范围内无地下水和流动性土层的条形基础和独立基础托换。

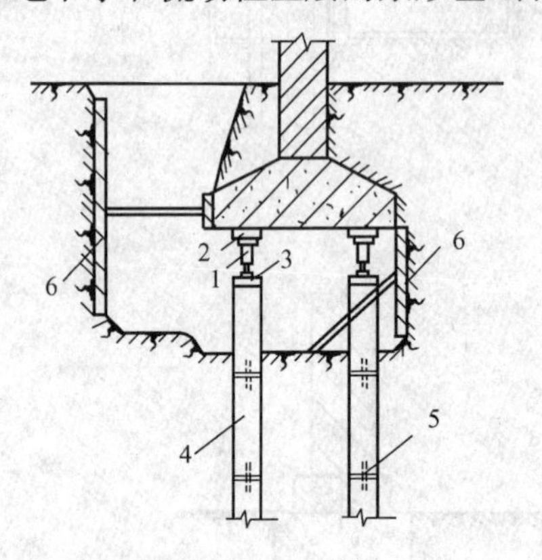

图5-70　顶承静压桩托换

1—倒置油压千斤顶；2—钢垫板；3—承压板；4—混凝土预制桩段；5—预留孔；6—挡土板

3. 桩式托换

桩式托换泛指所有采用桩的型式进行基础托换的方法。它通过在基础的下部或两侧设置静压桩、打入桩、顶试桩、灌注桩、灰土桩、树根桩等各类桩来支承被托换的墙基或柱基。

(1) 顶承静压桩（见图5-70）

顶承静压桩以基础底板作为反力支点，用普通千斤顶将桩分节压入土中，待桩尖到达设计深度后，再将桩与基础浇筑成整体，以承受建筑物荷载。顶层静压桩具体施工步骤如下。

在柱基或墙基下开挖竖坑和横坑，方法同坑式托换。根据设计桩所需承受的荷载，在基础底部放置直径300~450mm的开口钢管（也可以采用截面为200mm×200mm的预制混凝土方桩）在钢管上和基底下放置一块钢垫板，垫板之间设置行程较大的150~300kN千斤顶。利用千斤顶将钢管顶入土中，钢管可截成1.0m长的短段，钢管之间用套筒连接。如采用预制方桩，底节桩头可做成锥角形状。

当钢管顶入土中时，每隔一定时间可根据土质的不同，用取土工具将管内土取出。如遇个别孤石或乱石，可用锤击破碎或用冲击钻头钻除，不可使用爆破方法。如为软弱地基土，亦可用封闭的钢管桩尖，桩尖作成锥形。桩经交替顶进、清孔和接高后，直到桩尖到达设计要求的持力层深度，此时撤出千斤顶，准备浇筑混凝土。

清孔后，如钢管中无水，即可向管中浇筑混凝土；如钢管中有水，则可在管中填入一个砂浆塞加以封闭，待砂浆硬化后，将管中水抽干，再向管中浇筑混凝土。最后将桩与基础底板或基础梁浇筑成整体，以承受上部结构荷载。

静压桩施工设备简单，操作方便，费用较低。适合于地下水位较高的地基和松软土地基。由于依靠上部结构自重提供反力，不适合于上部结构较轻、整体刚度较差的建筑物，以及桩必须设置很深、相对造价很高的情况。另外，当地下土层含有孤石、乱石、木块或其他障碍物，造成桩下沉困难时，也不易使用该方法。

(2) 锚杆静压桩

锚杆静压桩是锚杆和静压结合而成的一种桩基托换方法。它通过在基础上设置压桩架，以结构自重作为压桩反力，用千斤顶将桩段从基础中预留或凿开的压桩孔内逐段压入土中，再将桩顶与基础连结在一起，从而达到提高地基承载力和控制沉降的目的。锚杆静压桩具体施工过程如下。

先在被托换的基础上开凿压桩孔和锚杆孔，压桩孔应布置在墙体的内外两侧或柱四周

(图 5-71*a*)，并尽量靠近墙体或柱子，压桩孔应凿成上小下大的楔形，有利于基础承受冲剪。锚杆孔的大小和深度取决于锚杆的直径，当锚杆直径根据计算确定之后，锚固深度一般可取 10～12 倍锚杆直径。锚杆孔钻成后，清除孔中粉屑，用环氧砂浆作粘结剂把锚杆埋入孔中，即可安装压桩反力架。

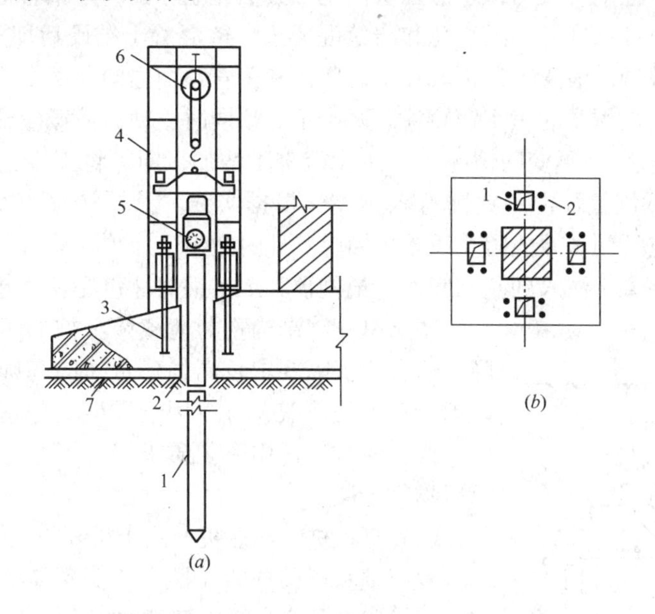

图 5-71　锚杆静压桩托换

(*a*) 压桩孔和锚杆孔位置；(*b*) 锚杆静压桩位置示意图

1—桩；2—压桩孔；3—锚杆；4—反力架；5—千斤顶；6—电动葫芦；7—基础

压桩时可采用手动或电动千斤顶，将断面为 200mm × 200mm，每段长 1.5～2.0m 的桩，逐节压入压桩孔中（图 5-71*b*）。接桩时，应将上节桩预留插筋插入下节桩预留孔内，再浇筑硫磺砂浆，使上下桩面充分粘结，硫磺砂浆结硬后，才能开始压桩。压桩架要保持垂直，桩段和千斤顶亦应保持在同一垂线上，不得偏压。桩顶应垫设木板或多层麻袋，套上钢帽再进行压桩，防止桩头受压过程中受损。压桩力总和不应超过该基础及上部结构的自重，防止基础上抬造成结构破坏。

当最终压桩力或压桩深度达到设计要求时，最好在不卸载的条件下，进行封桩，将桩与基础锚固。封桩前，清除孔内杂物和桩尖浮浆，浇入早强微膨胀混凝土，并予以捣实。当混凝土达到设计强度后，该桩便能分担上部荷载，及时阻止建筑不均匀沉降，起到基础托换作用。

该方法施工时无振动，无噪声，设备简单，操作方便，可在场地和空间狭窄条件下施工，施工过程中建筑物可正常使用。适用于新旧建筑物地基加固和基础托换。

(3) 预试桩托换（见图 5-72）

预试桩是对顶承静压桩的一种改进，顶承静压桩

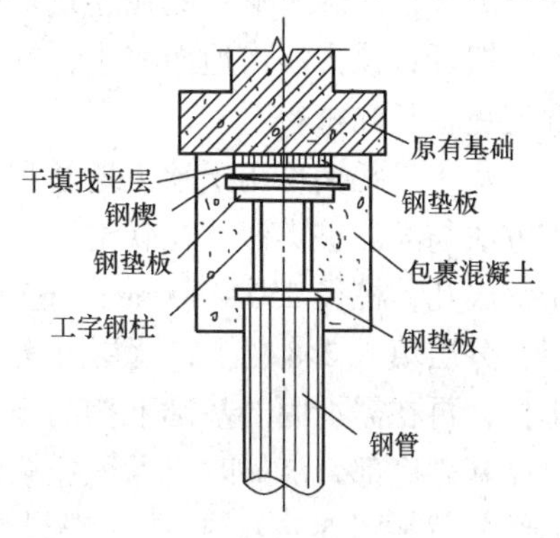

图 5-72　预试桩托换

桩尖到达设计深度撤出千斤顶时，压入桩产生回弹，只有当建筑物基底产生新的附加沉降，桩身才能充分发挥效应。预试桩在撤出千斤顶之前，在已承压的桩顶和基底之间加入一个楔紧的工字钢短柱，用以阻止桩的回弹。

预试桩施工，在前阶段与顶承静压桩的施工方法完全相同，即钢管桩（或预制钢筋混凝土方桩）达到设计深度时，经清孔和浇筑混凝土，待混凝土结硬后即可进行预试工作。一般用两个并排放置的液压千斤顶放在基础底面和钢管顶面之间，两个千斤顶之间留有足够的空间，以便安放楔紧的工字钢短柱。两个千斤顶同时驱动，荷载应施加到设计荷载的150%为止，在荷载保持不变的情况下，1h 内沉降不增加，即可将工字钢短柱竖放在两个千斤顶之间的预留位置，再用铁锤打入钢楔。根据实践，只要转移 10% ~ 15% 的荷载，就能有效地对桩进行预试并能阻止压入桩回弹。此时撤出千斤顶，然后用干填法或在压力不大的情况下将混凝土注入到基础底面，把桩顶和工字钢短柱包裹在一起。

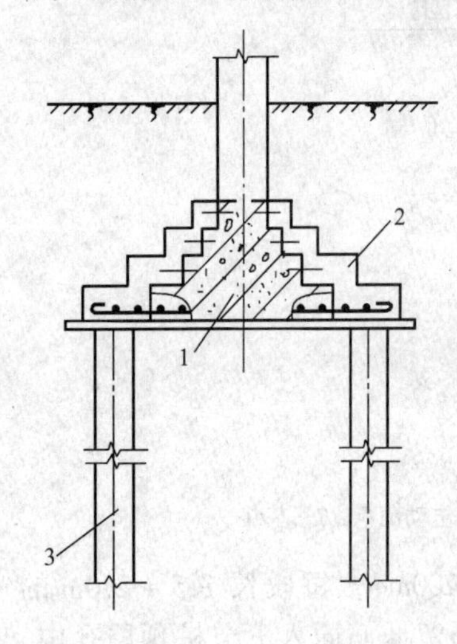

图 5-73　灌注桩托换
1—原基础；2—扩大基础；
3—灌注桩

预试桩能将结构物的荷载传至桩上而又不产生附加沉降，适合于沉降要求较高的建筑物的基础托换。预试桩可以承受较大的荷载，可以用于重型受荷基础托换。与静压桩一样，该方法适用于匀质土层，不适合含有孤石或其他障碍物的土层。

（4）打入桩、灌注桩、灰土桩托换

静压桩和预试桩的托换常常受到某些条件的限制，例如，当桩管必须穿过夹带障碍物的地层时，或当被托换的建筑物不能提供千斤顶所需反力时，或当桩身过长费用很贵时，均不宜采用静压桩和预试桩托换，此时可考虑采用打入桩、灌注桩或灰土桩托换。

灌注桩托换也是靠支承于桩上的钢筋混凝土托梁或承台来支承被托换的柱基和墙基（图 5-73），它与打入桩的不同点仅在于沉桩方法不一样。灌注桩成孔常采用螺旋钻孔、潜水钻孔、人工挖孔、沉管等方法。机械成孔灌注桩直径一般在 350 ~ 800mm 之间，人工挖孔桩直径一般在 800 ~ 1200mm 之间。成孔后先放入钢筋笼，再浇筑混凝土。若荷载较大，桩的下部可做成扩大头，以增加承载力。灌注桩施工时，无冲击荷载影响；能在建筑较密集的狭窄地段施工，施工期间建筑物仍可正常使用，不需搬迁；该方法占地面积小，操作方便灵活，可根据实际情况变更桩长和桩径。

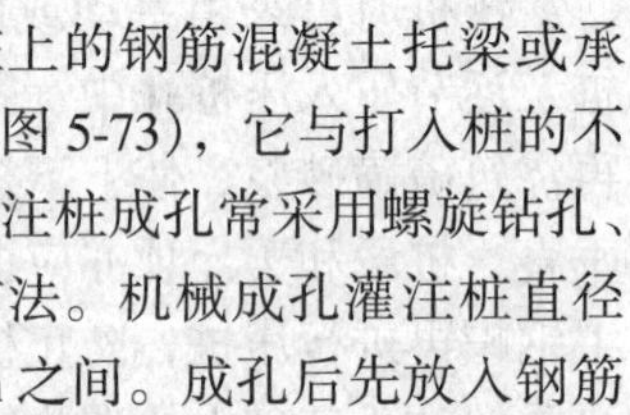

灰土桩托换可用于软土地基和湿陷性黄土地基，其托换加固方法与灌注桩类似。在软土地基或湿陷性黄土地基上可用洛阳铲成孔，桩径 250 ~ 400mm，挖至较密实持力层或非湿陷土层，分层填入 2:8 灰土，逐层夯实。然后在桩顶浇筑钢筋混凝土板，再在需加固的基础下掏洞浇筑钢筋混凝土托梁，托梁穿过原基础底部，浇捣时应保证托梁和原基础紧密结合，以支承上部荷载（图 5-74）。托梁一般设在纵横墙交接处，当墙身较长时，也可在中间增设 1 ~ 2 道托梁。桩顶处采用托梁支承时，

图 5-74　灰土桩托换
1—灰土桩；2—钢筋混凝土顶板；
3—钢筋混凝土托梁；4—基础

应分段间隔施工，以免基底掏空过多，基础产生附加下沉。

（5）树根桩托换

树根桩实际上是一种小直径的钻孔灌注桩，根据托换工程的需要，树根桩可以是垂直的或倾斜的，可以是单根的或成排的。由于它加固后所形成的桩基结构形同树根，故称树根桩。

树根桩的钻孔可在钢套管的引导下，用小型钻机旋转法钻进，孔径一般为 75～250mm，穿过原有建筑物基础进入到下面坚实的土层中（图 5-75）。钻到设计深度时，清孔后放入钢筋，钢筋数量视孔桩直径而定，当孔径为 75～125mm 时，可放入单根钢筋，当孔径为 180～250mm 时，可放入数根钢筋组成的钢筋笼。再用压力灌浆注入水泥砂浆或细石混凝土，应一边浇灌，一边拔管，最后成桩。

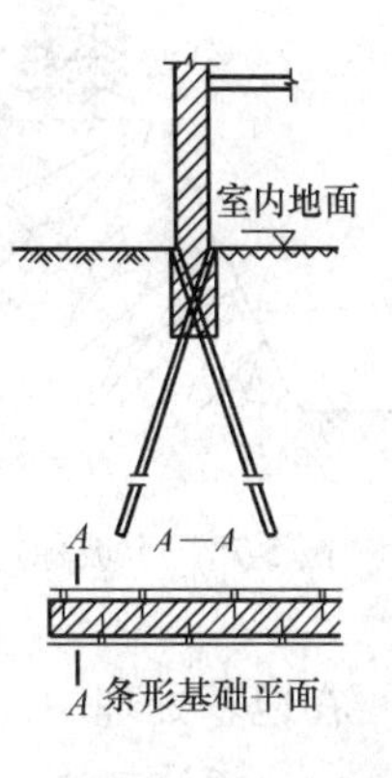

图 5-75　树根桩托换

由于树根桩往往是穿过基础而达到地基土中，桩与基础的连接十分重要，一般应凿开钢筋混凝土基础，露出钢筋，再将树根桩主筋与基础钢筋焊接，并宜在原基础表面将混凝土凿毛后浇筑一层与原基础等强度的混凝土。

树根桩施工所需场地较小，钻孔机具轻便，所有操作均在地面上进行，因而比较方便。施工时钻机噪音很小，振动甚微，墙身和地基几乎不产生附加应力，不改变建筑物原来的平衡状态，不干扰建筑物正常使用。另外，压力灌浆使得桩的表面比较粗糙，能使桩身与土体紧密结合，具有良好的受力性能。

由于上述原因树根桩广泛地用于基础托换加固。图 5-76 表示意大利罗马的一座教堂树根桩托换，该教堂建于 12 世纪，1960 年进行了地基和上部结构加固，属于补救性托换。图 5-77 表示对浅埋地铁上已有建筑物的预防性托换，在房屋的地下室内，将已建成的网状结构树根桩用混凝土基础梁或底板与原有基础连为一个牢固的整体。此外，树根桩还可对岩坡或土坡进行稳定加固（图 2-78）以及对挡土墙起锚着加固等作用。

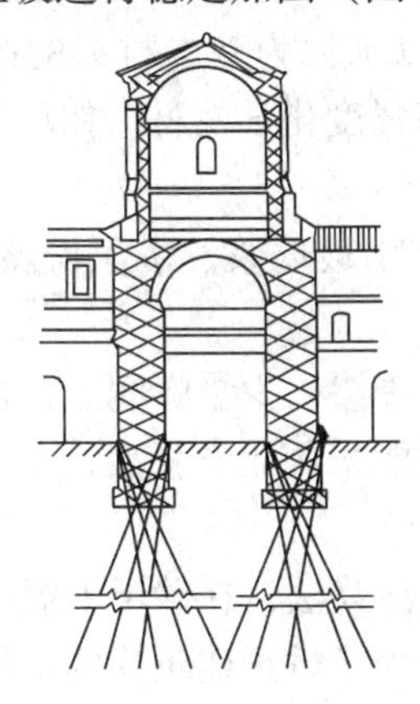
图 5-76　意大利罗马某教堂树根桩托换

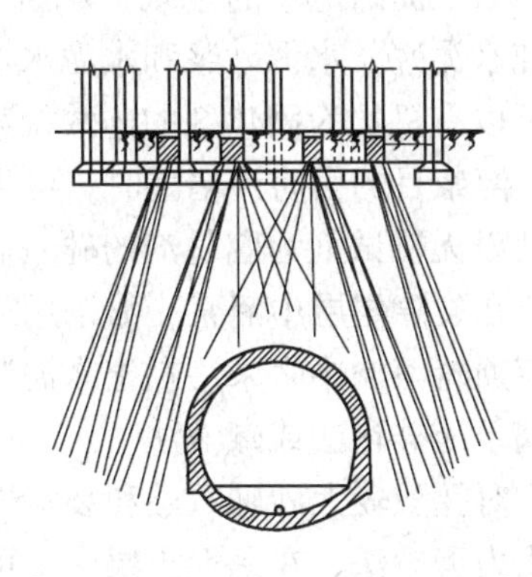
图 5-77　浅埋地铁上建筑物树根桩托换

4．灌浆托换

灌浆托换是用压力灌浆方法将化学浆液均匀地注入地基中，通过化学浆液把原来松散的土粒或裂隙胶结为一体，使地基土固化，起到提高地基土承载力，清除其湿陷性及防水抗渗的作用。

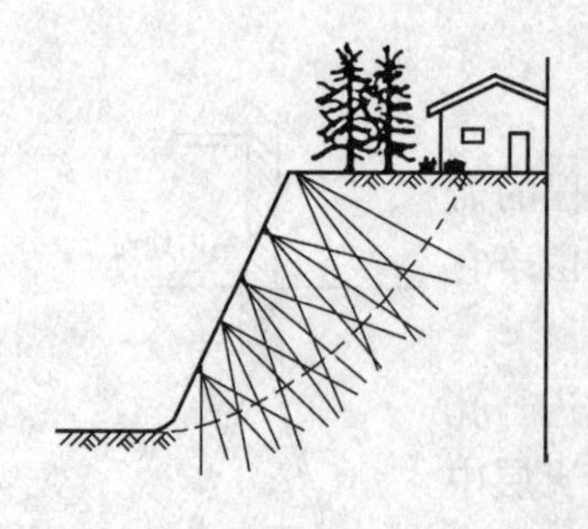

图 5-78　土坡稳定加固

灌浆材料有粒状浆材和化学浆材。粒状浆材包括纯水泥浆、黏土水泥浆、水泥砂浆等，这些浆材成本低廉，取材方便，在各类工程中应用较为广泛。为改善粒状浆材的性质，以适应各种自然条件和不同灌浆目的的需要，还常在浆材中掺入各种外加剂。化学浆材包括硅酸钠、氢氧化钠、环氧树脂、丙烯酰胺等，与粒状浆材相比，其优点是能灌入较小的孔隙。由于稠度较低能很好地控制凝固时间，但是灌浆工艺复杂，成本较高，一般只用于其他方法不能解决的一些特殊托换。

在地基处理中，浆液加固所依据的理论主要可分为三类：

(1) 渗透加固　在灌浆压力作用下，浆液克服各种阻力而渗入孔隙和裂隙，由溶液自身或土颗粒表面的物质成分发生化学反应，将松散土颗粒胶结为整体。灌浆过程中地层结构不受扰动和破坏，所用灌浆压力相对较小。

(2) 劈裂加固　在灌浆压力作用下，浆液克服地层初始应力和抗拉强度，引起岩石或土体结构受扰或破坏，使地层中原有孔隙和裂隙扩张，或形成新的裂缝和孔隙，从而使低透水性地层的可灌性和浆液扩散距离增大。这种灌浆法所用的灌浆压力相对较高。

(3) 压密加固　通过钻孔向土层中压入极浓的浆液，随土体的压密和浆液的挤入，将在压浆点周围形成灯泡形空间，并因浆液的挤压作用下而产生辐射状抬力。当合理使用灌浆压力可造成适宜的上抬力，能使下沉的建筑物顶升到原位。

在确定灌浆方案之前，首先应探明地基的工程地质特性和水文地质资料，根据工程性质、灌浆目的及地质条件初步选择灌浆方法和灌浆材料。对一般工程应进行室内灌浆试验，对较重要的工程，还应选择代表性的地段进行现场灌浆试验，以便为确定灌浆技术参数及灌浆施工方法提供依据。根据国内外工程经验，灌浆方案的决择可遵循下列原则进行。

(1) 为了提高地基的承载力和抗变形能力，可选用以水泥为基本材料的高强度混合物，如纯水泥浆、水泥砂浆和水泥水玻璃浆等；或采用高强度化学浆材，如环氧树脂、聚氨脂以及以有机物为固化剂的硅酸盐浆材等。

(2) 灌浆目的为防渗堵漏时，可采用黏土泥浆、黏土水玻璃浆、水泥粉煤灰混合物，丙凝以及以无机试剂为固化剂的硅酸盐浆液等。

(3) 在裂隙岩层中灌浆一般采用纯水泥浆或在水泥浆中渗入少量膨润土，在砂砾石层中或在喀斯特溶洞中多采用黏土水泥浆，在砂层中一般只能采用化学浆液，在黄土中可采用水玻璃单液硅化法或碱液法。

(4) 对孔隙较大砂砾石层和裂隙岩层一般采用渗入性注浆法，在砂层中灌注粒状浆材宜采用水力劈裂法，在黏性土层中也可采用水力劈裂法，为了矫正建筑物的不均匀沉陷则只能采用压密灌浆法。

(5) 在选择灌浆方案时，还应把技术上的可行性和经济上的合理综合起来考虑。灌浆加固属原位托换，施工较为方便，浆材硬化快，可在不停产的情况下进行。但灌浆托换浆材价格多数较高，应与其他托换方法进行经济技术比较后，再决定是否采用。

5.4.2　纠偏托换

建筑物纠偏是指建筑物偏离垂直位置发生倾斜而影响正常使用时所采取的纠正措施，

纠偏中采用的思路和手段与其他托换加固方法类同，所以房屋纠偏亦归属于基础托换技术。造成建筑物整体倾斜的主要原因是地基不均匀沉降，纠偏则是采取某些手段人为地使地基产生新的不均匀沉降来调整建筑物已存在的不均匀沉降，以达到矫正建筑物倾斜的目的。

基础纠偏是一项技术难度较大的托换方法，在进行纠偏之前应搞清建筑物发生倾斜的原因，首先采取措施制止基础沉降大的部位继续下沉，然后选择合理方案使少沉部位迫降，或使多沉部位顶升。纠偏托换可分为迫降纠偏和顶升纠偏两大类。

1. 迫降纠偏托换

迫降纠偏是指在倾斜建筑物基础沉降多的一侧采取阻止下沉的措施，而在沉降少的一侧采取迫降措施的基础托换方法，迫降纠偏方法包括堆载加压纠偏、锚桩加压纠偏、掏土纠偏、压桩掏土纠偏、注水纠偏等方法。

（1）堆载加压纠偏

在软弱地基上建造某些活载较大的构筑物（如料仓、油罐、钢锭库等），由于在短期内施加大量的集中荷载，且施加速率过快，使土体中孔隙水压力来不及消散，持力土层未能充分固结，从而影响了地基承载力的提高。当荷载超过地基的临塑荷载时，地基土开始出现塑性区，部分土体从基底侧向挤出，引起构筑物大量沉降，甚至出现严重倾斜。

堆载加压纠偏就是在构筑物沉降小的一侧施加临时荷载，适当增加该侧边的沉降，用以减少构筑物的沉降差。加载可采用钢锭或石块等材料，加载过程中应严格控制加载速率，分期分批施加。荷载可划分为20～30级，加载初期每天可加1～2级，以后每1～2d施加1级，后期每3～5d施加1级。堆载过程中应加强沉降监控，及时调整加载速度。

堆载加压纠偏在地面上进行，方法简单，易于操作，一般都能达到预期效果。

（2）锚桩加压纠偏

锚桩加压纠偏是在倾斜基础沉降较小的一侧修建一个与原基础相连的钢筋混凝土悬臂梁，在梁端设置锚桩（图5-79），通过千斤顶加载系统，利用杠杆原理对地基施加压力，迫使地基土应力重分布，产生不均匀变形，以调整基础不均匀沉降，达到纠偏目的。

采用此法应先浇筑锚桩和钢筋混凝土悬臂梁，然后安装加载装置，由压力表控制油压大小，用百分表测量各部位变形值。锚桩加压应根据工程需要采取一次或多次加载。第一次加载后，地基一侧变形加大，另一侧应力松弛，待变形稳定后，再进行第二次加载。加压过程就是地基应力重分布和地基变形的过程。重复上述加载步骤，直至不均匀沉降调整到预期要求时，纠偏方告结束。

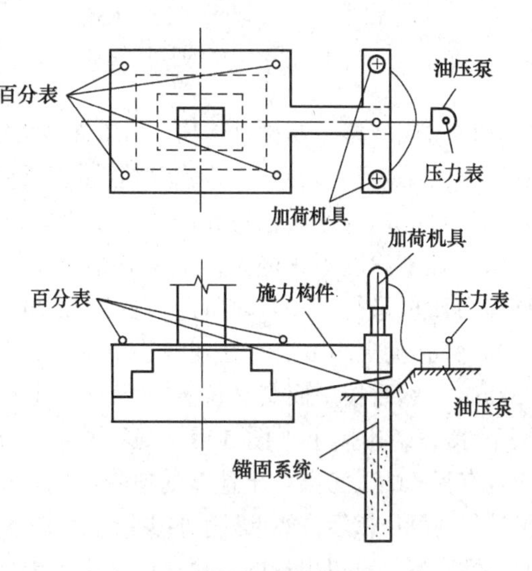

图5-79　锚桩加压纠偏装置示意图

某些对不均匀沉降十分敏感，且又要求严格控制倾斜的建（构）筑物，可在设计与施工时，在基础两侧设置纠偏装置，以后根据具体情况随时调整。与其他地基处理和托换方法相比，此法可减少原有土体结构的破坏，同时又达到改善地基土性能的效果，是一种处理与防止建（构）筑物倾斜的治本之法。

(3) 掏土纠偏

掏土纠偏是指在倾斜建筑物基础沉降小的部位采取掏土迫降措施，形成基底下土体部分临空，使这部分基础的接触面积减少，接触应力增加，迫使基底下的土层在结构自重作用下产生一定的压密下沉或侧向挤压变形，用以调整基础的沉降差异，达到纠偏目的。

掏土纠偏时要求满足下式条件：

$$\beta = \frac{\Delta p}{P_a} \tag{5-93}$$

$$t = \frac{\Delta s}{v} \tag{5-94}$$

式中 β——基底压力增长率（一般取 25%～40%）；

Δp——基底压力增长量（kPa），根据原地基土的极限承载力及不同倾斜速率确定；

P_a——原基底压力（kPa）；

t——所需纠偏时间（d）；

Δs——角点沉降差，纠偏相对值（mm）；

v——纠偏沉降速率，根据结构类型确定，一般为 5～12mm/d。

掏土纠偏根据取土方法的不同，可分为抽砂纠偏，穿孔掏土纠偏，钻孔取土纠偏，沉井冲水掏土纠偏等方法。

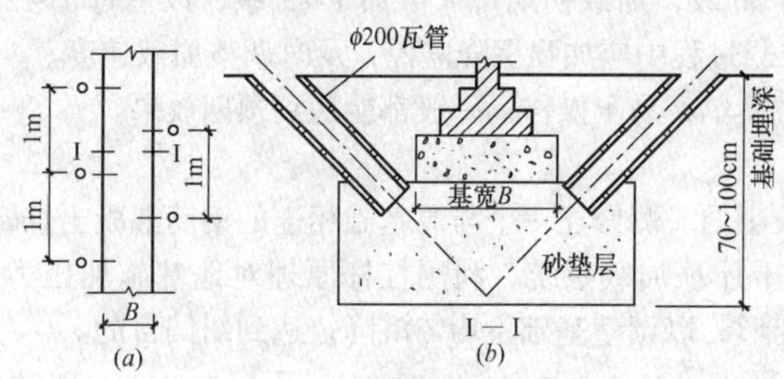

图 5-80 抽砂纠偏抽砂孔布置

1）抽砂纠偏法 在建筑物设计时，在基底预先做一层 0.7～1.0m 厚的砂垫层，砂垫层材料可用中粗砂，最大粒径宜少于 3～4mm。然后在预计发生沉降较小的部位，每隔 1m 左右的距离交叉布置斜向设置的直径为 200mm 瓦管抽砂孔（图 5-80）。

当基础出现不均匀沉降时，可在沉降小的部位用铁管在抽砂孔中掏砂，掏砂时应严格控制抽砂体积，力求抽砂均匀。当抽砂孔四周的砂体不能在自重作用下挤入孔洞时，可向砂孔内冲水，促使砂孔周围砂体下陷，建筑物下沉，达到均匀沉降的目的。

向抽砂孔内冲水时，每孔的冲水量不宜过多，水压不宜过大，一般以抽砂孔能自行闭合为限。抽砂深度不宜过大，至少应小于垫层厚度 100mm，以免扰动垫层下软黏土地基。抽砂应分阶段进行，每阶段沉降可控制在 20mm，待下沉稳定后再进行下阶段抽砂操作。

2）穿孔掏土纠偏法 在建筑物沉降小的部位的基础两侧开挖，挖到基础底面标高以下 200mm，然后按平面交叉位置，每隔一定距离在基底下水平穿孔掏土（图 5-81）。这种掏土方法适用于含有瓦砾的人工杂填土地基的迫降纠偏。这类地基经较长时间压密后，如果只削弱少量基底支承面积，瞬时塑性变形是难以出现的，短期浸水也不能使土体

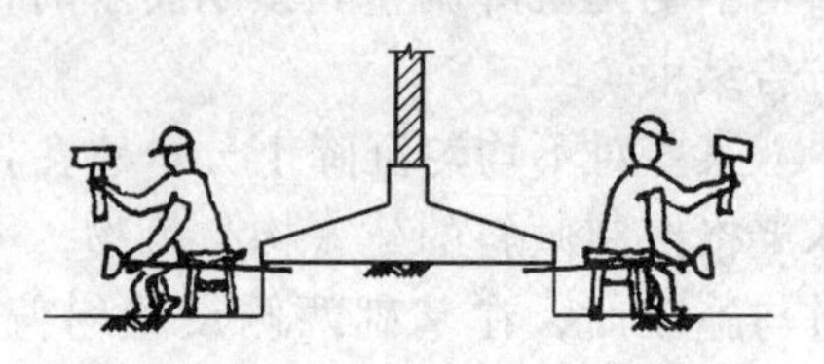

图 5-81 穿孔掏土操作示意

软化。因此必须适量地削弱原有支承面积，增加地基所承担的附加应力，才能使局部土体产生塑性变形。为了加速沉降，也可进行水冲扩孔，水冲扩孔对瓦砾含量较小的填土，效果较好，对瓦砾含量较多的杂填土，作用不大。

3）钻孔取土纠偏　软黏土的特征是强度低而变形大，在建筑物附加荷载作用下，会产生较大的塑性流动使基底软土侧向挤出。钻孔掏土就是利用基底软土侧向挤出的原理，在建筑物倾斜相反的一侧基础边缘钻孔，解除地基侧向应力（图 5-82）。在建筑物自重作用下软黏土产生侧移挤入孔内，再将孔内部分土体掏出，促使该侧下沉，从而调整建筑物沉降差异，校正倾斜。

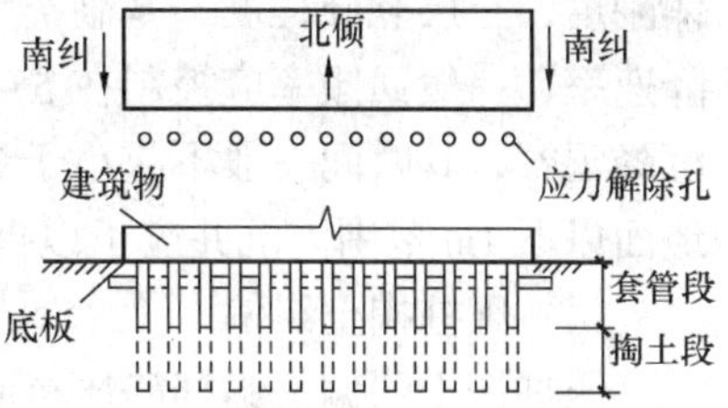

图 5-82　基础侧面钻孔掏土纠偏示意

钻孔的布置和直径应根据工程地质条件、差异沉降量、纠偏调整量及基底软黏土向孔内挤入量等因素确定。钻孔应设置在建筑物沉降较小的一侧，靠近地面处用套管保护，以防孔口变形。钻孔直径一般为 100～500mm，钻孔深度可取为 1～5m。纠偏时，根据建筑物回倾速率，掏取套管下挤入孔内的软土。钻孔掏土后，由于孔壁附近产生了应力集中，造成了部分土体侧向挤出，基础范围内的土体因边界条件改变，产生了应力重分布，使钻土侧基础产生附加下沉，从而使建筑物逐步缓慢回倾。亦可在钻孔取土同时，辅以高压冲刷手段，利用高压水柱在一定深度范围内切割土体，形成泥浆，然后再由泥浆泵抽出，使建筑物按预定方向复位。

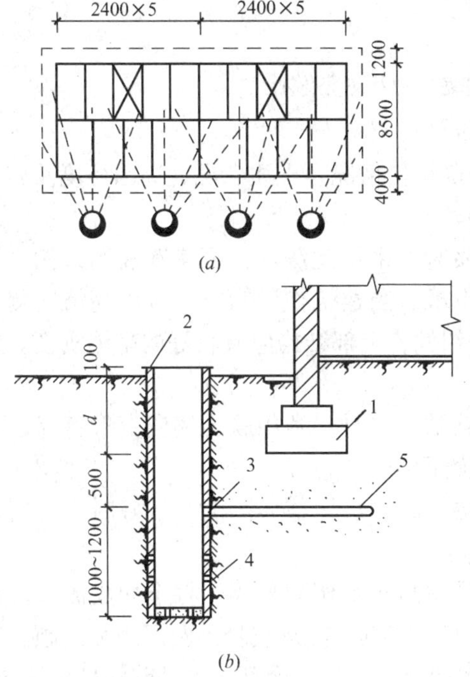

图 5-83　沉井冲水掏土纠偏
（a）沉井布置；（b）沉井射水示意
1—纠偏基础；2—沉井；3—射水孔；4—回水孔；5—射水成水平孔

4）沉井冲水掏土纠偏　在基础沉降小的建筑物一侧，设置若干个小型沉井，沉井内预留 4～6 个成扇形的冲孔，当沉井达到预计的设计标高后，通过井壁预留孔，用高压水枪伸入基础下进行人工射水，泥浆水流通过沉井排出，整个冲水排土过程就是对建筑物纠偏的过程。

沉井的布置及工作原理如图 5-83 所示，沉井设置数量，下沉深度和间隔距离应根据建筑物倾斜情况、基础类型及埋深、场地土层性质等因素确定。

沉井内径不少于 0.8～1.0m，可采用圆形混凝土预制井筒或砖砌井筒，井壁上设置扇形射水孔和回水孔，射水孔尺寸为 120mm×120mm，回水孔尺寸为 60mm×60mm，其位置应设在距基底 500～800mm 处。

沉井通过人工挖土下沉，到达设计标高后封底，用高压水枪伸入基础下层进行射水。泥浆水通过沉井回水孔流入井内排出。经射水排土，基础下土层形成若干水平孔洞，使部分地基应力解除，引起地基局部塌陷变形，迫使建筑物沉降小的一侧地基发生沉降，从而纠正建筑物倾斜。

高压射水枪的压力和流量应通过现场试验确定。在射水排土过程中，应根据建筑物整体刚度，土层软硬程度，基础类型及尺寸，工程地质和水文地质等条件确定建筑物最大沉降速率，一般回倾率应控制在5~15mm/d。在达到预定的沉降速率，应继续对建筑物进行沉降观察，其时间一般不应小于30~60d。纠偏完成后，沉井内可回填3:7灰土分层夯实，地面以下1m范围内沉井应予以拆除。

(4) 压桩掏土纠偏

压桩掏土纠偏是锚杆静压桩和掏土技术的有机结合。它的工作原理是先在建筑物沉降大的一侧用锚杆静压桩法压桩，并立即将桩与基础锚固在一起，制止建筑物继续下沉，然后在沉降小的基础一侧进行掏土，减小基础底面与地基土的接触面积，增大掏土一侧地基压力，让地基土产生塑性变形，造成建筑物缓慢而又均匀的下沉和回倾。必要时可在掏土一侧再设置少量保护桩，以提高基础回倾后的稳定性。压桩掏土纠偏过程基底压力状态变化见图5-84。

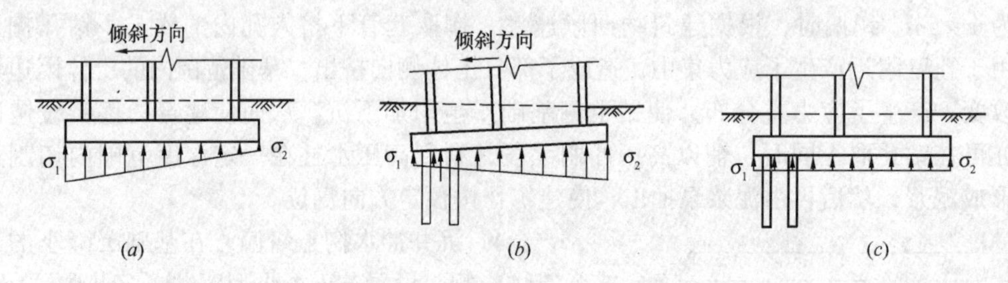

图5-84 压桩掏土纠偏过程基底压力状态变化示意

(*a*) 纠偏前 $\sigma_1>\sigma_2$；(*b*) 压桩后 $\sigma_1<\sigma_2$；(*c*) 掏土后 $\sigma_1\approx\sigma_2$

压桩掏土纠偏的方法有多种，应根据房屋上部结构情况、土质状况、周围环境及施工条件加以选择。常用的压桩纠偏方法有以下几种。

1) 压桩水平掏土纠偏　当基础下有较好土质时可采用此法。工程实践表明，掏土量大于沉降所需掏土量的2~3倍时，基础即开始下沉。当建筑物回倾时，应用高精度测量仪器加以观察，以控制掏土量的多少。采用本法纠偏，上部结构应有较好的整体刚度。施工时需要较大的作业面。

2) 压桩钻孔掏土纠偏　当基础下有较厚的软黏土层时，利用软土侧向变形特点，在沉降较小一侧钻孔取土，使该侧基础下沉，建筑物回倾。

3) 压桩掏砂纠偏　当基础底面以下有砂垫层，而建筑物整体刚度又较好时，可用抽砂方法，促使基础下沉，房屋纠偏。

4) 压桩冲水纠偏　当基础下为软土时，可采用高压水切割土体，将土冲成泥浆，再将泥浆抽去，形成孔穴，利用软土受力后的塑性变形特点，使建筑物不断沉降和回倾。

5) 压桩顶升纠偏　利用建筑物自重，将加固和顶升用的桩全部压入基础的桩位孔内，稳定两周后，利用桩的反作用力，安装顶升装置将基础上抬到设计要求位置，使倾斜得到纠正，然后快速将桩与基础锚固在一起。

(5) 注水纠偏

建于湿陷性黄土地基上的一些高耸构筑物或刚度较大的建筑物，由于地基局部浸水，往往使基础产生不均匀沉陷，从而导致建（构）筑物的倾斜。此时可利用湿陷性黄土遇水湿陷的特性，化不利为有利，往倾斜相反方向的地基中注水，迫使其发生湿陷，达到纠偏目的。此法适用于低含水量、强湿陷性黄土地基上建（构）筑物纠偏。如将注水和加压相结合则会收到更好的纠偏效果。

注水可通过注水孔进行，孔径为 100 ~ 300mm，可用洛阳铲成孔，注水孔深取决于基底尺寸大小，一般应达基底以下 1 ~ 3m。注水孔成型后，先用碎石或粗砂填至基底标高处，再插入注水管，注水管直径 30 ~ 100mm，可为塑料或钢管，管周用黏土封实，管内设一控制水位用的浮标，注水时用水表计量注入水量。

注水前，应根据主要受力层范围内土的湿陷系数和饱和度预估总的注水量，然后分批注入。注水时开始宜少，根据纠偏速率逐渐增多，一般以 5 ~ 10mm/d 为宜，该数值系指倾斜相反方向一侧基础的沉降值。如实际纠偏轨迹偏离预期纠偏轨迹，则可通过增减各孔注水量加以调节，使基础底面均匀地回复到水平位置。注水时要防止水流入倾斜一侧地基中，以免加剧倾斜。

2. 顶升纠偏托换

顶升纠偏是指在倾斜建（构）筑物基础沉降大的部位，采用顶升设备将倾斜一侧整体顶升的纠偏方法。顶升过程中，通过调整建（构）筑物各部分的顶升量，使其沿某一点或某一直线作整体平面转动，以达到恢复原位的目地。其基本思路是把建（构）筑物的基础和上部结构沿某一位置分离，在分离区设置顶升设备将建（构）筑物顶升复位，再将顶升后的上部结构与基础妥善连接。顶升纠偏按顶升部位和范围大小可分为一侧顶升纠偏和整体顶升纠偏。

（1）一侧顶升纠偏

一侧顶升纠偏是在建（构）筑物倾斜一侧安放千斤顶顶升复位的方法（图 5-85）。其

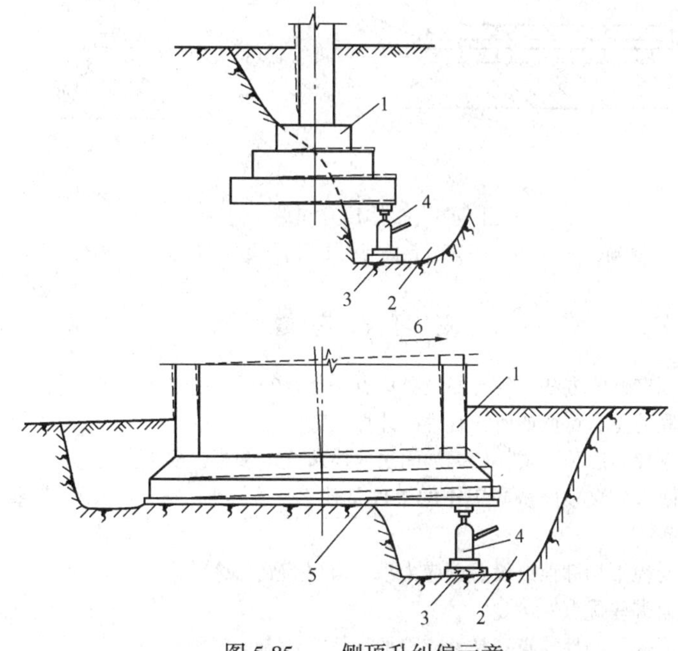

图 5-85　一侧顶升纠偏示意

1—需要纠偏的基础；2—开挖后的基坑；3—垫板；

4—千斤顶；5—压力灌浆；6—倾斜方向

顶升过程如下：先在建筑物底层的柱或墙上设置顶升点，顶升点数量由建筑物总重量和千斤顶大小确定，顶升设备宜选用同步控制液压千斤顶。顶升前，应将水电管线妥善分离，千斤顶安装就位，并在柱底凿开倾斜一侧柱子钢筋保护层，切断柱中纵向钢筋，顶升时，应严格控制各点顶升量，按标尺所标明的顶升位置逐步进行，使各点均匀协调顶升。顶升到预定位置后，采用搭接钢筋焊接已切断的纵向钢筋，并将接头处箍筋加密，再浇细石混凝土。接头处混凝土强度等级可比原结构混凝土提高一级，并可掺入膨胀剂。达到要求的强度时，卸去千斤顶，拆除模板，修补表面，全部顶升工作即告完成。

（2）整体顶升纠偏

整体顶升纠偏是在上部结构和基础之间选定一个平行于楼层的平面，设置一个具有较大刚度和足够承载力的水平钢筋混凝土加固架体系，并与上部结构连成一体（图 5-86）。它的作用是使顶升力能扩散传递和使上部结构顶升时不产生变形。加固支承梁是专门为顶升设置的，可利用原地基作为反力点，用千斤顶顶起支承梁以上结构，通过调整千斤顶顶升距离来调整支承梁平面，使之处于水平位置。对于砌体结构，建筑物复位后，可用砖砌体将顶升后的空隙填塞密实；对于框架结构，可用现浇混凝土将顶升后的空隙浇筑密实。当连接部位能传递荷载后，才可卸去千斤顶。

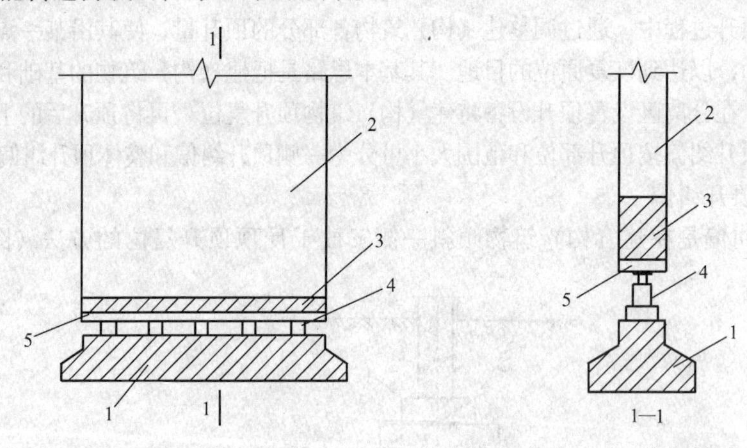

图 5-86　整体顶升纠偏示意

1—基础；2—墙体；3—新做钢筋混凝土框架；4—千斤顶；5—钢垫板

复习思考题

1. 混凝土结构加固有哪些方法，各自的主要特点是什么？适用范围如何？

2. 混凝土结构加固的受力特征如何？有哪些计算假定？

3. 简述湿式外包钢加固法和干式外包钢加固法的构造规定和施工要求？

4. 加固结构新旧两部分整截面协同工作的条件是什么？在各种加固方法中，哪些是整截面协同工作的？

5. 在加固施工中对原结构卸荷或设置预应力顶撑可以起到什么效果？

6. 预应力加固法有哪些优点？

7. 增设支点加固时采用刚性支点和弹性支点的计算方法有何区别？

8. 简述粘贴钢板加固法的施工工艺流程。

9. 如何根据混凝土结构裂缝的特性采用不同的修补方法？

10. 水泥灌浆法修补墙体裂缝时，为什么要在浆液中掺入外加剂？各种外加剂应如何掺入？
11. 经混凝土扶壁柱加固后的砖墙应视为什么构件？其承载力应如何计算？
12. 钢筋网水泥砂浆法加固砖墙有哪些构造要求？这种加固方法在什么情况下不宜采用？
13. 采用四周外包混凝土加固砖柱时，应如何计算其受压承载力？
14. 简述钢结构构件裂缝的处理方法。
15. 焊接连接缺陷有哪些，如何处理。
16. 旧漆膜消除和构件表面除锈各有哪些方法？
17. 钢结构加固时，荷载及材料强度如何确定？
18. 简述钢结构加固方法。
19. 原有焊接连接用焊缝加固后承载力如何计算？
20. 加固原螺栓连接有哪些方法，加固后承载力如何计算？
21. 试述坑式托换操作过程，施工中应注意哪些问题？
22. 桩式托换有哪些类型，各自特点是什么？适用范围如何？
23. 论述灌浆托换所依据的理论及选择灌浆方案应遵循的原则。
24. 迫降纠偏有哪些方法？试述各自特点及适用范围。
25. 顶升纠偏的基本思路是什么？如何进行纠偏？

第6章　建筑物的加层改造

6.1　建筑物加层基本要求和原则

6.1.1　加层改造工作的意义

建国以来，我国城镇已建成的建筑近百亿平方米，这些建筑中目前约有三分之一已进入了“中年期”或“老年期”。20世纪80年代以前，我国中、小城市和集镇的住宅和其他民用房屋大多数是中低层建筑，随着社会的发展，旧有建筑的面积或使用功能已不能满足新的需求。从经济角度考虑，对中低层结构房屋应当尽可能进行改造利用，而不能采取全部推倒重建的方针。结合房屋使用功能改善或大修时进行加层，是改造利用中低层房屋使其变为中高层房屋或高层房屋的重要途径。特别是在土地紧缺、地价昂贵、人口稠密的大中城市，对旧有建筑进行加层改造已逐渐成为城市建设的重要途径之一。

我国建筑物的加层改造技术，近年来发展很快，结构形式多样，工程繁简不一，增加的楼层高低各异，获得了显著的社会效益和经济效益，受到使用部门和住户的欢迎；也积累了丰富的加层设计与施工经验，出现了许多富有特色的加层改造工程。

建筑物加层改造的优点主要有：不需增加占地面积，节省土地，提高土地利用率；充分利用空间，增加建筑面积，改善建筑物的使用功能和条件；地震区的建筑物在加层改造的同时，对建筑物进行抗震加固，可提高抗震能力，延长使用寿命；加层改造时可重新设计建筑立面，使旧有房屋和新增加房屋协调一致，改善城市景观，并可解决旧建筑物渗水、漏水等许多病害；旧房在加层施工期间，可继续使用或局部停止使用，不需整体搬迁，方便生产、方便工作、方便生活，比新建投资少、工期短，节省城市配套费用等，具有较好的经济效益和社会效益。

6.1.2　加层主要程序和加层方法

1. 加层工作主要程序

房屋加层应遵循规定的程序进行工作，以保证加层、加固设计和施工的质量，达到房屋加层的预期效果。房屋加层前应进行详细的调查研究，保证加层技术可靠，经济合理。加层设计要注意作多方案比较，择优采用最佳方案，并应严格按照现行国家标准规范进行合理的设计。房屋加层施工前应做好施工组织设计，提出切实可行的施工方案、技术措施和沉降观测要求，以及确保施工质量与安全的措施。竣工后应按现行国家工程施工与验收规范进行验收，使工程质量满足设计使用要求。加层房屋在工程竣工后的一段时间内应进行沉降观测，以确保使用安全。加层

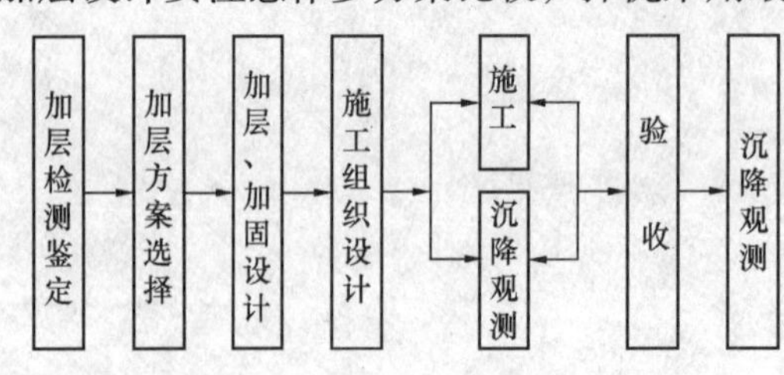

图6-1　加层工作主要程序

工作主要程序应按图 6-1 所示进行。

建筑物加层设计前业主应提供相关资料和设计要求。应得到规划、消防、抗震、环保等管理部门的批准，获取规划、消防、抗震、环保等部门的有关批文。相关部门都会对设计提出相应的要求，建设单位在得到这些部门的批准后实施加层改造，才可减少设计和施工中的不断改动和不必要损失，避免擅自施工，出现违章建筑。

建筑物加层设计前还应获得原建筑物的施工图、地质勘察报告、施工记录、完整准确的建筑物竣工资料和验收报告等。建筑物加层后基础上荷载作用会相应增加，原地质勘察报告执行的是旧的岩土工程勘察规范，另外其勘察手段通常较为单一，数据分析也比较粗糙，往往不能满足现行《岩土工程勘察规范》的要求，有的房屋甚至没有地质勘察报告，因此应重新进行地质勘察。加固设计前应委托检测部门对房屋进行检测，查明已有建筑物的结构布置、构造、材料强度等级、结构构件破损等，进而为加层改造设计和施工提供必要的技术依据。原建筑物的施工图、施工记录等可为结构检测提供极大的方便。

2. 加层改造方法选择

房屋的加层方法较多，常用的较为成熟的加层方法主要有：直接加层法、改变荷载传递加层法、外套结构加层法和轻钢结构加层法等。在对房屋进行加层鉴定后，适宜加层者尚应进行多方案比较，选择最佳方案进行加层、加固设计。

（1）直接加层法：指在原有房屋上不改变结构承重体系和平面布置直接加层的方法。其适用条件是原结构和地基基础的承载力和变形能满足加层的要求；或经局部加固处理即可直接加层，从国内的加层经验总结和技术经济效益来看，该法加层层数以不超过 3 层为宜，加 1 层技术经济效果不明显，故以加 2～3 层为好。

（2）改变荷载传递加层法：原房屋的基础及承重结构体系不能满足加层后的承载力的要求，或由于房屋使用功能改变，需改变原房屋的建筑平面、结构布置及荷载传递途径，如原为横墙承重改为纵墙承重，或改为纵横墙混合承重，或另设承重墙及柱子等。另经局部加固处理后能满足加层设计要求时，也可考虑采用该加层法进行加层。加层层数的限制同直接加层法。

（3）外套结构加层法：在原房屋外增设外套结构，如框架、框架—剪力墙等，以支承加层后的全部荷载。该法可用于改变原房屋平面布置，改善使用功能，同时要求加层层数较多，原房屋加层施工时又不能停止使用，用户搬迁有困难，且地处设防烈度不超过 8 度，为Ⅰ、Ⅱ、Ⅲ类场地的房屋。外套结构底层柱不宜过高，以保证结构的稳定性和抗震性能。

（4）轻钢结构加层法：轻钢结构体系采用轻型冷弯薄壁型钢、薄壁钢管、轻型热轧型钢等构件拼接焊接成的组合构件为主要受力构件，采用彩色压型钢板为主要围护分隔部件，具有结构自重轻、施工周期短、现场无湿作业、对周围环境干扰小等特点。加层部分的承重结构采用轻钢结构，围护结构采用轻质保温材料，可以最大限度地减小加层荷载对原有房屋地基基础与上部结构的影响。

6.1.3 加层的建筑设计原则

建筑物加层改造设计应在符合城市规划要求的前提下，根据业主的使用要求，进行建筑物平面功能的调整、空间组合和立面设计，具体设计要求如下：

（1）总平面设计应符合城市规划的要求。根据城市规划、消防部门的批文，房屋加层后应满足日照间距要求，避免房屋加高后影响相邻建筑物底层常年见不到阳光；建筑物的加层还应满足现行建筑设计防火规范要求，房屋加高后需增设消防设施，消防通道亦需满足要求。

（2）建筑物的平面设计首先应满足改建工程使用要求和建筑功能，宜使卫生间、厨房等房间上下对应，这样做便于给排水管道的布置。此外，还应考虑结构的合理性，采用直接加层时，宜使新增房屋与旧房屋的墙、柱上下对应。

（3）建筑物的立面设计应符合城市规划要求，加层房屋的建筑立面设计，要求造型美观，不仅要与原建筑立面造型协调，还应与其周围环境相互协调，要求加层后看不出原有痕迹，新旧房屋融为一体。

（4）加层建筑中楼梯的处理是加层的一项重要内容，它是解决建筑物新旧两部分交通联系的关键。首先加层后建筑高度增加、建筑面积扩大，因此应对照防火规范的规定，针对防火分区发生的变化，考虑是否需要增设楼梯，是否需要将原开敞式楼梯更改为封闭式楼梯或防烟式楼梯。

6.1.4 加层的结构设计原则

建筑物的加层是由旧房和新房两部分组成，由于旧房已使用多年，其抗震能力和耐久性等均低于现行设计规范，如何把握加层房屋的设计标准和计算准则，是当前房屋加层中亟需解决的问题。加层房屋设计一般应遵循以下原则。

1. 安全可靠原则

（1）房屋加层应首先进行综合技术经济分析和可靠性论证，并按国家现行有关标准和规范进行加层鉴定，经综合评定适宜加层后，方可进行加层设计。房屋加层设计应采用与新建房屋相同的设计标准，即应符合国家现行设计规范和标准，在地震区尚应符合现行《建筑抗震设计规范》的要求。加层后房屋结构的安全等级，在设计时应根据结构破坏可能产生的后果的严重性按现行《建筑结构设计统一标准》的规定，采用不同的安全等级。

（2）房屋加层设计前应对现场进行详细地调查研究，查明地质情况。不应在地基下有严重隐患的矿山采空区、地质滑坡区、砂土液化区进行房屋加层。房屋加层设计时，应充分考虑在加层施工期间和加层以后不致影响相邻建筑物的基础下沉、墙体开裂、房屋倾斜等。因此，要求在设计和施工时采取有效措施，使相邻建筑物的地基保持稳定，防止对相邻建筑物产生不利影响。加层后的房屋应避免立面高度或荷载差异过大，尽量减小地基不均匀沉降。

（3）房屋加层常和加固一道实施，因此，在材料选用上较一般工程要求严格，砖材强度等级应大于 M7.5，砂浆强度等级宜大于 M5，组合砌体砂浆面层宜大于 M10，混凝土强度等级宜大于 C20。考虑原墙体结构和混凝土构件所用材料强度等级，设计与施工实际情况不完全一致，并且又使用了多年，材料强度有所变化。故在确定墙体结构与混凝土构件承载力时，应根据实测材料强度推定值进行验算。房屋加层设计时，应尽量考虑墙体和屋面采用轻质材料，以减轻结构自重，减少基础荷载。

2. 有利于抗震原则

（1）房屋平面布置力求简单对称，尽量减少刚心和质心的偏心，防止地震时产生扭转破坏。立面沿竖向均匀连续，应具有合理的刚度和强度分布，防止竖向刚度突变，造成薄弱层，产生过大的应力集中或塑性变形。

（2）宜设置多道抗震防线，避免因部分构件或结构破坏而使整个结构破坏。应具有良好的耐震机制，加强构件的可靠连接，保证构件承载力的充分发挥，增强结构的整体抗震性能。结构及构件应具有较高的承载能力，良好的变形能力和较强的耗能能力。

（3）加层结构计算简图必须与实际结构相符合，应有明确的传力路线，合理的计算方法和可靠的构造措施。妥善处理非结构构件，以减轻震害，提高建筑的抗震可靠度。

3. 施工方便原则

（1）房屋加层设计同新工程设计一样，应考虑方便施工，同时还应考虑在不停止原房屋使用的情况下安全施工，故要求加层设计尽量不改动原结构、不影响住房的正常使用；在施工时应采用相应的安全措施，保证住户的安全。

（2）为减少由于加层使旧房屋产生过大的附加应力和出现过大的变形，应遵照先加固后加层的原则进行施工。

（3）在房屋加层施工过程中，既要对该建筑物进行观测，又要注意对相邻建筑物进行观测，经常检查房屋地基下沉情况，墙柱有无开裂，房屋是否产生倾斜，对相邻建筑物基础有无影响；原房屋基础、主体结构是否存在严重隐患，如发现上述问题，应立即停止施工，会同设计单位采取加固或纠编等有效措施，消除隐患后方能继续施工。

4. 经济合理原则

（1）在选择加层方案和加层结构形式时，应充分发挥原建筑物的承载潜力，进行多方案比较、技术经济综合分析，从中选择合理的最佳加层设计方案。还应尽量减少拆除，做好废弃物的回收利用，减少废弃物的处理量。

（2）房屋加层设计应根据建设单位的使用要求和加层层数，选择技术可靠，经济合理的结构体系，采取合理的构造措施，加强结构的整体性，使新旧结构协调工作。

6.2 加层建筑物地基承载力

目前确定加层房屋的地基承载力的方法基本上分两大类：一类是现场勘察法，另一类是经验计算法。现场勘察法通过工程地质勘察确定加层房屋的地基承载力，由专业勘察部门对原建筑房屋的地基进行勘察，利用专业仪器，现场采集数据，科学计算分析，形成地质勘察报告，为加层建筑的基础设计提供可靠的依据。以下主要介绍经验计算法。

6.2.1 经验计算法

人们在长期的工程实践中认识到，房屋经过一段时间使用后，随着时间的增长，房屋地基土逐渐被压实，孔隙率和含水量逐渐减小，重度逐渐增加，地基土变硬，承载能力有所提高。若将房屋使用后的地基承载力与使用前的地基承载力二者的比值叫作地基承载力提高系数 μ_1 ，则 μ_1 值大于1。地基承载力提高系数 μ_1 值与地基土类别、房屋使用时间的长短、房屋使用荷载的大小等因素有密切的关系。房屋使用的荷载越大，使用的年限越长，则其地基承载力的提高系数越大。对于房屋使用后的地基承载力的提高程度，国内外学者从不同的角度给出了加层房屋地基承载力经验计算方法。

参照前苏联的经验公式和我国现有的试验数据资料，加层房屋地基承载力可采用下列单系数计算公式：

$$f_k = \mu_1 f_{0k} \tag{6-1}$$

式中　f_k——加层设计时基础底面地基承载力标准值；

f_{0k}——原房屋设计时的地基承载力标准值；

μ_1——地基承载力提高系数，考虑房屋地基使用荷载的大小和使用年限的长短分别按表6-1和表6-2采用。

此公式适用于房屋使用年限超过4年的砂土地基或超过6年的粉土及粉质黏土地基，或超过8年的黏土地基，原房屋未出现裂缝和异常变形，地基沉降均匀，上部结构良好，且原基底地基承载力在80kPa以上。

加层时地基承载力提高系数 μ_1（按地基使用荷载的大小）　　表6-1

地基压应力比 P_o/f_{0k}	≥0.9	0.8	0.7	0.6	0.5
μ_1	1.25	1.20	1.15	1.10	1.05

注：1. P_o为原房屋设计时基础底面处的平均压力，在计算时应加以注意，不要和现行的设计值混用。

2. f_{0k}为老建筑地基基础设计规范（TJ7—74）的地基容许承载力［R］。f_{0k}与现行国家标准《建筑地基基础设计规范》（GB 50007—2002）规定的各类土地基承载力标准值的精确换算关系很复杂，可近似的取值为：岩石、碎石土：$f_k=f_{0k}$；粉土；$f_k=f_{0k}$；砂土、中粗砂：$f_k=1.07f_{0k}$；粉、细砂：$f_k=1.10f_{0k}$；黏性土：按标准贯入试验，$f_k=f_{0k}$、按轻便触探试验 $f_k=1.05f_{0k}$；素填土：$f_k=1.05f_{0k}$。

加层时地基承载力提高系数 μ_1（按房屋使用年限的长短）　　表6-2

修建时间（年）	5~15	15~25	25~35	35~50
μ_1	1.05~1.2	1.15~1.3	1.25~1.45	1.35~1.5

6.2.2　加大基础底面积

当房屋加层后的地基承载力不足时，经常采用加大原基础底面积的方法，增大地基承载力，满足使用要求。其加大部分的底面积可按下式计算：

$$\Delta A \geqslant \mu_2\left(\frac{F+G}{f}-A_0\right) \tag{6-2}$$

或

$$\Delta A \geqslant \mu_2\left(\frac{F}{f-\gamma H}-A_0\right) \tag{6-3}$$

式中　ΔA——加层房屋原基础加大部分的底面积；

A_0——房屋加层前的基础底面积；

μ_2——考虑新旧基础连接的影响系数，取1.1；

F——房屋加层后上部结构传至基础顶面的竖向力设计值；

G——基础加大后其自重设计值和其上土重标准值；

γ——基础和回填土的平均重度值，可取用22kN/m^3

H——基础自重计算高度：外墙基础为室内外地面至基础底面高度的平均值；内墙基础为室内地面至基础底面的高度；

f——房屋加层设计时地基承载力设计值。

当房屋加层后加大原基础面积，在计算加大部分的底面积时，考虑了一个新旧基础共同工作时在连接上的影响系数1.1。其目的是为了保证新旧基础共同工作时克服不利因素的影响，因为新旧基础衔接的紧密程度，受力后的变形，施工尺寸误差，基底土平整度等因素都会降低地基承载力。

房屋加层后其基础需要加大截面时，新旧基础之间必须有可靠的连接措施，确保新旧基础协同工作。房屋加层后需要加大原基础时，新基础的埋深宜与原基础的埋深相同。在确定房屋加层的地基承载力设计值 f 时，因为新旧基础埋深一般相同，其深度修正值按旧基础埋深考虑，在计算时，基础加大尺寸尚未确定，f 值的宽度修正值则不考虑，此时 f 值偏低，相应的 ΔA 值偏大，对房屋是安全的。

房屋加层增加了上部结构荷载，地基承载力和沉降变形是关键问题。多数的黏性土和砂性土地基，随着房屋建成时间的增加，在荷载作用下地基土都有一定程度的压密，孔隙减小，承载力和压缩模量都有一定程度的提高，但也有的地基（如湿陷性黄土浸水）使用期间的承载力可能比原修建时降低。因此应采取科学手段，认真勘察，对地基土进行评价，为房屋加层提供可靠的依据。

6.3 直 接 加 层 法

6.3.1 设计要求

1. 一般原则

直接加层法就是在原有房屋上不改变原结构承重体系和平面布置的直接加层方法。该方法适合于原有房屋的结构布置合理，主要承重结构与地基基础的承载力和变形能满足加层的要求，或经加固处理后能满足要求的房屋。加层的层数一般不宜超过 3 层，相对造价较低，如果结合原有房屋的抗震加固进行加层，经济效益更好。

多层砖房结构、底层框架上部砖房和多层内框架砖房结构，多层钢筋混凝土结构（框架结构、框架—抗震墙结构、抗震墙结构、框架—筒体结构等）房屋均可采用直接加层方案。

加层后的地基基础、墙体结构和混凝土构件均应分别按照现行国家有关规范进行承载力和正常使用极限状态的验算，若不符合要求，应进行必要的加固。

在抗震设防区的加层房屋，首先应对不符合抗震要求的原房屋进行抗震加固设计，其次应对加层部分房屋进行抗震设计；同时对加层后的整体房屋进行抗震验算。加层后其总高度和层数、高宽比、抗震横墙间距、局部尺寸限值、构造柱和圈梁的设置，均应满足《建筑抗震设计规范》的有关规定，当不符合上述要求时，应进行抗震加固。

在抗震设防区房屋加层设计尚应满足以下要求：加层房屋首先应对不符合抗震要求的原房屋进行抗震加固设计；其次应对加层部分房屋进行抗震设计；同时应对加层后的整体房屋进行抗震验算。原房屋未落地的砖墙不能作为计算抗震横墙间距的抗震横墙。原房屋承重墙厚度小于 240mm，层高大于 4m 时，不宜进行直接加层，如因特殊需要进行加层者，则应进行加固处理。

2. 承载力验算

对竖向承重结构要进行承载力验算，砌体结构的竖向承重结构是砌体墙或柱。上部结构荷载增加，原构件材料强度等级可能偏低，在荷载作用及各种侵蚀作用下，可能发生破损，因此应对原结构构件进行检测，并依据现行设计规范，对竖向承重结构承载力进行验算。若承载力不能满足规范的要求，应采用其他加层设计方案，或对结构构件采取适当的措施进行加固。

承重砖墙采用加大截面加固时，砖砌体加大截面后的受压承载力应按下式计算：

$$N \leqslant \psi(f_0 A_{0b} + \alpha f_a A_a) \tag{6-4}$$

式中 N——房屋加层后全部荷载设计值产生的轴向力；

ψ——加固后的砖墙高厚比和轴向力偏心距（对受压构件承载力的影响系数，按现行国家标准《砌体结构设计规范》采用）；

f_0——原砖砌体抗压强度设计值；

f_a——新加砖砌体抗压强度设计值；

A_{0b}——原砖砌体横截面面积；

A_a——新加砖砌体横截面面积；

α——新加砖砌体与原砖砌体协同工作时的强度折减系数，取用 0.6。

砖墙采用配筋组合砖砌体加固时，应按现行国家标准《砌体结构设计规范》进行承载力验算。加固部分与原砖砌体协同工作时的强度折减系数：当轴心受压时取 0.7；当偏心受压时取 0.8；当有成熟经验时亦可适当提高。

原屋面改成楼面后，通常可变荷载将会增加，但一般情况下可通过将原屋面上隔热层、防水层、找平层凿除等方法卸荷，原屋面梁板材料强度等级可能偏低，在荷载作用及各种侵蚀作用下，可能发生破损，房屋加层设计时，以原房屋屋面板作为加层后的楼面板使用时，应依据现行设计规范，对梁板承载力进行验算，当不满足要求时应对梁板采取加固措施。

6.3.2 构造要求

1. 圈梁与构造柱

加层房屋应在房屋的顶部设置钢筋混凝土圈梁一道，圈梁应闭合。当圈梁被门窗洞截断时，应按现行国家标准《砌体结构设计规范》的规定设置附加圈梁。圈梁的宽度宜与墙厚相同，圈梁的高度不应小于 180mm。其纵向钢筋不宜小于 4 根直径为 10mm，箍筋间距不宜大于 250mm。

在原墙体侧部新加砖壁柱或钢筋混凝土壁柱时，应沿墙体的垂直方向每隔 500mm 间距，设置不少于 2 根直径为 6mm 的拉结钢筋，伸入砖墙、砖壁柱或混凝土壁柱内的长度不小于 200m，保证原砖墙与新加壁柱连接可靠。其拉结钢筋锚固方法亦可采用钻孔浆锚，现浇混凝土销键、膨胀螺栓焊锚等。

2. 楼梯的处理

加层建筑中楼梯的处理是加层改造的一项重要内容，对楼梯间设在原房屋尽端或拐角处的加层砖房横墙，应采用夹板墙或构造柱予以加强，并与圈梁连接。加层部分新设楼梯与原有楼梯采用整体连接，加层设计时，应对原有顶层梯进行承载力验算，新增楼梯宜采用现浇钢筋混凝土楼梯，其承载力也应经计算确定。

原房屋采用悬挑式踏步板或踏步竖肋插入墙体的楼梯，宜更换为现浇钢筋混凝土楼梯或在原楼梯下增加现浇楼梯横梁和斜梁加固，对原为无筋砖砌楼梯栏板应改为钢筋混凝土栏杆或钢栏杆。

加层房屋的新楼梯与原楼梯的连接处，其梁板钢筋应采用焊接；钢筋的焊接长度（单面焊）不小于 $10d$（d 为梁板钢筋直径），梁的钢筋直径不宜小于 16mm，板筋直径不宜小于 10mm。

3. 抗震要求

在抗震设防区房屋加层的构造设计应满足以下要求：在原房屋的顶部、加层部分的每层楼盖和屋盖处的外墙，内纵墙及主要横墙上，均应设置钢筋混凝土圈梁。当原房屋设有构造柱时，加层部分的构造柱钢筋与原构造柱钢筋焊接连接；当原房屋未设构造柱时，应按现行国家规范的规定增设钢筋混凝土构造柱，或采用夹板墙加固，其下部锚固要求与现行国家抗震设计规范相同；上部应伸过加层部分砖墙 500mm。抗震加固的构造柱必须上下贯通，且应落到基础圈梁上或伸入地面下 500mm。

4. 上下层间的连接

(1) 砌体结构的连接

砌体结构上下层间的连接可通过加层部分构造柱与下层圈梁相连来实现。通常的做法是在原建筑物的顶部先浇一道圈梁，构造柱钢筋锚入圈梁内，如图 6-2 所示。或者在原建筑物的顶部圈梁上，将新加构造柱钢筋采用植筋连接锚入原圈梁内，如图 6-3 所示。

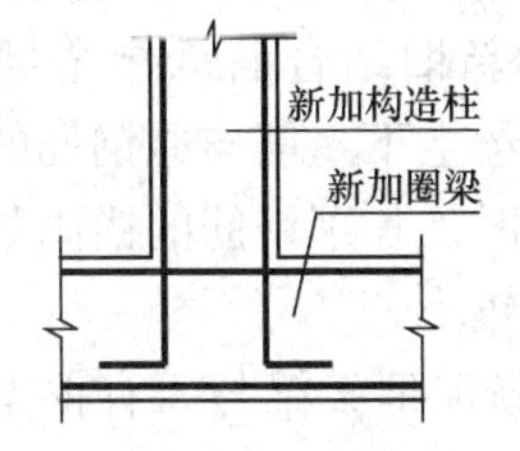

图 6-2　新加构造柱与新加圈梁的连接

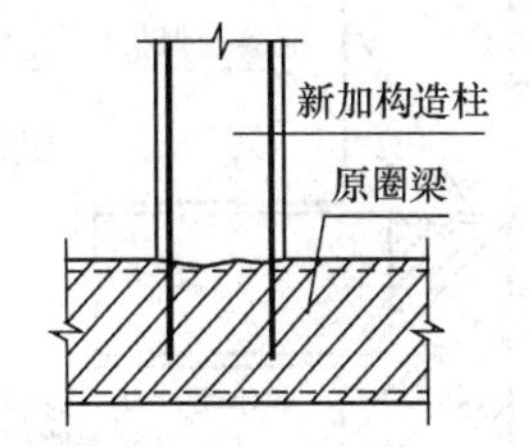

图 6-3　新加构造柱与原圈梁的连接

(2) 混凝土结构的连接

对于钢筋混凝土框架结构，加层部分与原建筑物的柱之间必须有可靠连接。上下层间的连接可通过凿出下层柱顶部钢筋与新加钢筋绑扎连接或焊接连接实现。但是，凿出下层柱顶部钢筋，会对柱顶的梁、柱节点造成较大的破坏，可通过植筋连接。植筋连接施工简便、可靠性高，这是目前加固工程中常用的连接方式。

图 6-4 为新加柱与原柱连接示意图，由于梁、柱筋交集，框架节点钢筋十分密集，必须凿开柱顶保护层后仔细观察，首先尽量利用可扳起的柱水平钢筋与新加柱主筋焊接，当无法利用原柱主筋时，可采用钻孔后用结构锚固胶锚固的办法。考虑到加层柱一般断面较小，轴向力较小，大部分为大偏心受压柱，柱筋处于受拉区，可在四周另加焊钢板，钢板底与相交的柱、梁筋均焊接，钢板内侧与柱主筋焊接，这样钢板既加强了上下柱筋的连接，又可使柱筋受力较均匀，同时增强了柱头的抗剪能力。

图 6-5 为新加框架梁与原有框架梁连接示意图，梁支座负筋与原框架梁支座负筋在支座中间即在柱内焊接连接，避免了在支座边最大弯矩处连接，同时由于柱的轴向力的存在，也有利于在柱内的连接受力，梁下部筋可与原框架梁的水平弯折筋扳直后焊接。对无法焊接的，采用钻孔后用结构锚固胶进行高效能植筋，对于大部分梁，梁下部筋在支座处处于受压区，采用该方法可满足受力要求。对于新旧连接的结合面，应进行抗剪强度验算。

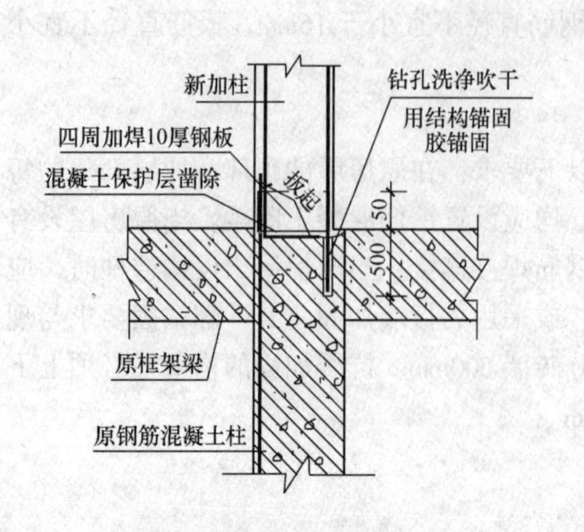

图 6-4　新加柱与原柱连接图

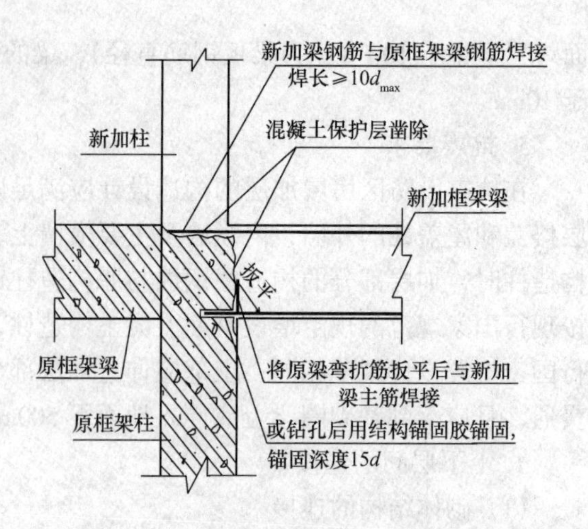

图 6-5　新加框架梁与原有框架梁连接

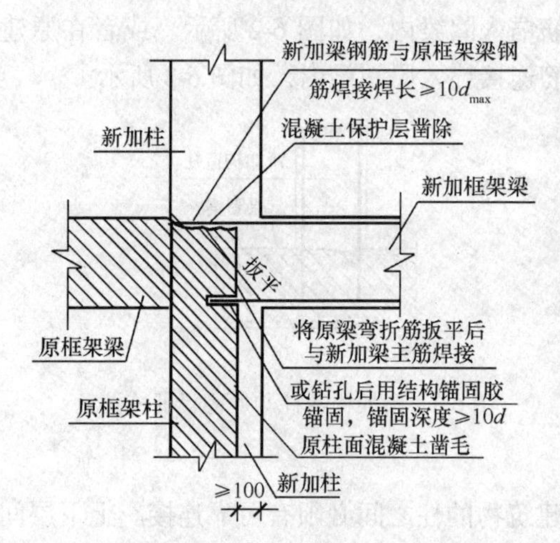

图 6-6　新加框架梁与原有框架梁连接

图 6-6 为新加框架梁与原有框架梁连接示意图。由于采用在新加梁下柱加大的办法，解决了由薄弱的新旧结合面承接全部剪力的问题，也使新加梁上下主筋与原钢筋的连接位于构件中间，同时加长了钢筋的锚固长度，对原构件的损坏也较小。

图 6-7 为新加框架梁与原有框架梁、柱连接示意图，将钢板与柱筋焊接，并在钢板上加胀锚螺栓，增强联系。将梁主筋焊于钢牛腿上，钢牛腿同时增强了梁端抗剪能力。图 6-8 为新加次梁与原结构梁连接示意图，新加次梁与原结构梁互相垂直，新加次梁的上部筋难以锚固，将下部筋穿过梁后在原梁另一侧与上部筋焊接在一起，既解决了新加梁上下主筋的锚固问题，又简单可靠。

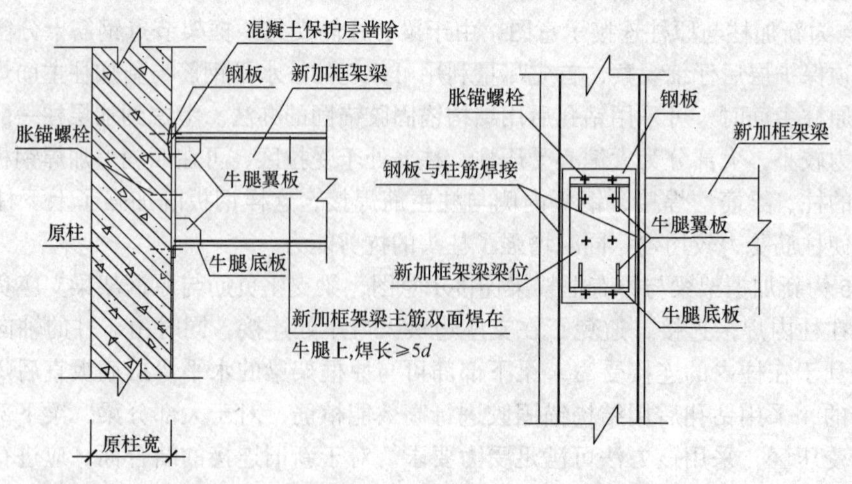

图 6-7　新加框架梁与原有框架梁、柱连接

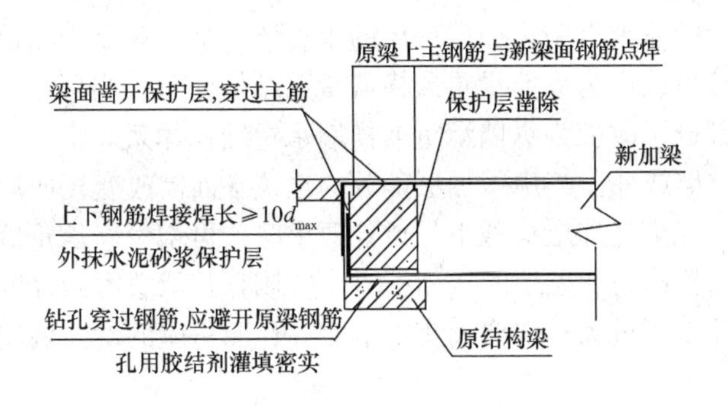

图 6-8 新加次梁与原结构梁连接

6.4 改变荷载传递加层法

改变荷载传递加层法就是当原房屋的基础及承重结构体系不能满足加层后承载力的要求，或由于房屋使用功能要求需改变建筑平面布置，相应改变结构布置及荷载传递途径的加层方法。该方法适用于原房屋墙体结构有承载潜力，通过增设部分墙体、柱，或经局部加固处理后，即可满足加层要求的房屋。通常增加的层数不宜超过 3 层。

6.4.1 设计要求

1. 一般原则

改变荷载传递加层法的方案大致有以下三种：将原房屋的横向承重结构体系改变为纵向或纵横向混合承重体系；将纵向承重结构体系改变为纵横向混合承重体系；将纵横向混合承重体系改变为纵向或横向承重体系；将砖墙承重体系改变为内框架承重体系，将内框架承重体系改变为框架承重体系，将框架承重体系改变为框架－剪力墙承重体系等。

采用改变荷载传递加层法进行房屋加层时，应对加层后房屋的地基基础、承重结构及其构件进行承载力和正常使用极限状态的验算。其验算结果应满足有关现行国家标准规范的要求，尚应采取可靠的连接措施保证新加层结构与原结构的协同工作。对加层房屋承载力进行验算时，原房屋的砖砌体、混凝土强度设计值应根据现场实测结果确定。

加层房屋的地基经长期压密，地基的承载力在加层设计时可适当提高；其取值按 6-2 节有关规定确定。对新增加的承重墙应考虑新旧结构的协调变形及地基土未经压密的情况，其地基承载力应适当折减；对原为非承重墙改为承重墙时，其地基承载力可适当提高。并可按下式计算：

$$f_k \leqslant \mu_3 f_{0k} \tag{6-5}$$

式中 f_k——加层设计时基础底面地基承载力标准值；

f_{0k}——原有房屋地基承载力标准值；

μ_3——地基承载力修正系数，对新增承重墙取 0.85～0.9；对原非承重墙改为承重墙取 1.1。

新设承重墙的基础宜采用与原房屋相同的基础型式，并尽量与原房屋基础埋深相同。

2. 改变荷载传递途径

房屋加层设计时，可根据原房屋的实际情况选用以下方法来改变荷载传递途径：

（1）改变原房屋的非承重墙为加层房屋的承重墙。当原房屋为横墙承重或纵墙承重结构体系时，加层部分可改变为纵墙承重或横墙承重结构体系；当原房屋为纵横墙混合承重结构体系时，加层部分可改变为纵墙承重或横墙承重结构体系。

（2）增设新承重墙或柱。当房屋加层部分的建筑平面需改变，或原房屋承重墙体和基础的承载力与变形不能满足加层荷载下的设计要求时，可增设新承重墙或柱。

（3）原房屋屋面板作为加层后的楼面板时，应该算其承载力和挠度；原房屋与新加层房屋高差或荷载差异不宜过大；门窗洞宜上下对齐；原房屋的女儿墙应拆除，不得作为加层房屋的墙体。

3. 抗震要求

在抗震设防区房屋加层设计应满足以下要求：加层后的多层房屋，其总高度和层数，高宽比、抗震横墙间距、局部尺寸限值、构造柱和圈梁的设置等均应符合现行国家标准《建筑抗震设计规范》的有关规定。当不满足要求时，应进行抗震加固设计。

对原房屋和加层后的房屋均应按现行国家标准《建筑抗震设计规范》进行抗震设计。加层房屋的砖墙厚度和层高的限值，以及原房屋中未落地的砖墙在计算抗震横墙间距时均应符合规范的规定。

6.4.2 构造要求

1. 圈梁与构造柱

加层后的多层房屋，其钢筋混凝土圈梁及构造柱的设置和构造要求，应符合 6.3.1 节的规定。

新增设承重墙上的圈梁与原墙体上的圈梁宜采用刚性连接，圈梁主筋与连接钢筋的焊接长度应满足单面焊为 10d 的要求（d 为圈梁钢筋直径）。对于承载力或高厚比验算不满足现行规范要求的墙体，应增设壁柱，或加大墙体截面等加固措施。

在抗震设防区加层房屋与原房屋构造柱的连接构造和原房屋需新增设构造柱的要求，应符合 6.3.1 节的规定。新增设的构造柱应穿过原楼板、沿竖向连续贯通设置。当原结构体系改变为内框架且纵向窗间墙宽度小于 1.5m 时，应在窗间墙处增设钢筋混凝土构造柱。

2. 新增墙体连接

新增设的横墙，应沿竖向连续贯通。新增承重墙体与梁、板构件交接处，应用钢楔塞紧，并用细石混凝土或砂浆填实新加墙体与原梁、板之间的缝隙，确保荷载均匀传递到新加墙体上。当新增设横墙穿过楼板时，应每隔 500mm 中距局部凿孔并灌注 C20 细石混凝土。新灌注的混凝土应均匀密实。横墙砌筑时，距屋楼面梁或楼板应留 120mm，如图 6-9

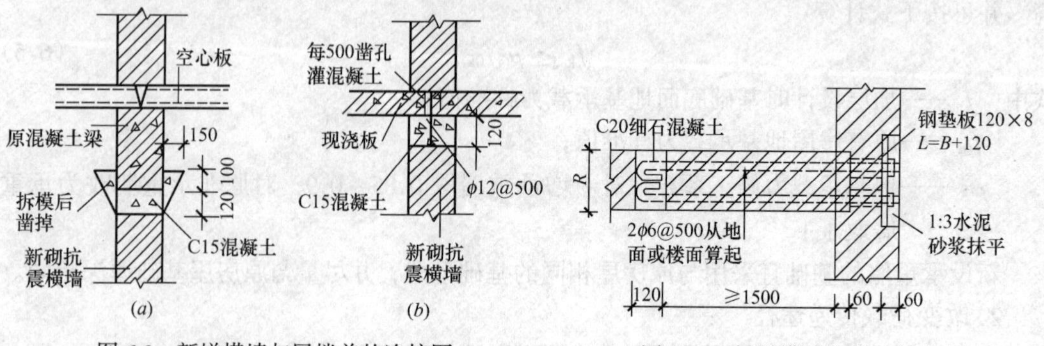

图 6-9　新增横墙与屋楼盖的连接图

图 6-10　新增横墙与纵墙的连接

所示，浇筑微膨胀混凝土，以保证与屋楼面梁或楼板顶紧。

房屋加层时，新增加承重墙体与原墙体交接处应有可靠连接，新增横墙与原纵墙之间可通过咬接和设置拉结筋保证连接，如图 6-10 所示。如果新增横墙与原混凝土柱时，沿墙高每隔 500mm 设 2ϕ6 拉结筋，一端伸入新增横墙内 1000mm，另一端与柱箍筋焊接或用结构胶锚入原柱 15d。

6.5 外套结构加层法

6.5.1 设计要求

1. 一般要求

外套结构应有合理的刚度和强度分布，防止竖向刚度突变，形成薄弱底层。抗震设防区不宜采用无钢筋混凝土剪力墙的外套结构体系。外套结构属高层建筑的尚应按《高层建筑混凝土结构技术规程》进行设计。

外套结构加层可采用下列结构体系：底层框剪上部砖混结构，即在原房屋外套“底层框架——剪力墙，上部各层为砖混结构”；底层框剪上部框架结构，即在原房屋外套“底层框架——剪力墙，上部各层为框架结构”；底层框剪上部框剪结构，即在原房屋外套“底层及上部各层均为框架——剪力墙结构”；底层框架上部砖混结构，即在原房屋外套“底层框架，上部各层为砖混结构”，该款结构体系不得用于抗震设防区；底层框架上部框架结构，即在原房屋外套“底层及上部各层均为框架结构”。当有成熟经验时也可采用其他结构体系。

外套结构房屋总高度和总层数不宜超过表 6-3 的规定；底层层高不宜超过表 6-4 的规定；剪力墙间距不应超过表 6-5 的要求；高宽比不应超过表 6-6 的要求。

外套结构房屋总高度（m）和总层数限值　　表 6-3

外套结构类别	非抗震设防区		6度		7度		8度	
	高度	层数	高度	层数	高度	层数	高度	层数
底层框剪上部砖混	21	七	19	六	19	六	16	五
底层框剪上部框架	24	八	24	八	21	七	19	六
底层框剪上部框剪	30	十	27	九	24	八	21	七
底层框架上部砖混	19	六	—	—	—	—	—	—
底层框架上部框架	21	七	19	六	19	六	—	—

外套结构底层层高（m）限值　　表 6-4

外套结构类别	非抗震设防区	6度	7度	8度
底层框剪上部砖混	12	12	9	9
底层框剪上部框架	15	15	12	12
底层框剪上部框剪	18	18	15	15
底层框架上部砖混	9	—	—	—
底层框架上部框架	12	12	8	—

剪力横墙（抗震横墙）最大间距（mm） **表 6-5**

外套结构类别	非抗震设防区		6 度		7 度		8 度	
	底层	上部各层	底层	上部各层	底层	上部各层	底层	上部各层
底层框剪上部砖混	25	15	25	15	21	15	18	11
底层框剪上部框架	4B	—	4B	—	4B	—	3B	—
底层框剪上部框剪	4B	4B	4B	4B	4B	4B（3B）	3B	3B（2.5B）
底层框架上部砖混	—	—	—	—	—	—	—	—
底层框架上部框架	—	—	—	—	—	—	—	—

外套结构房屋高宽比限值 **表 6-6**

外套结构类别	非抗震设防区	6 度	7 度	8 度
底层框剪上部砖混	3.0	2.5	2.5	2.0
底层框剪上部框架	5.0	4.0	4.0	3.0
底层框剪上部框剪	5.0	4.0	4.0	3.0
底层框架上部砖混	3.0	—	—	—
底层框架上部框架	4.0	4.0	4.0	—

外套结构楼层侧移刚度应符合下列要求：采用底层框架上部砖混外套结构时，第二层与底层侧移刚度比不应超过 3；采用底层框剪上部砖混外套结构时，第二层与底层侧移刚度比不应超过 2.5；采用其他外套结构时，底层刚度不应小于其相邻上层刚度的 70%，且连续三层总的刚度降低不得超过 50%。

外套结构应与原有房屋完全脱开，其水平净空距离应满足抗震及加层施工的要求，其与原有房屋屋盖间的竖向净空距离应满足外套结构沉降的要求，当利用原有房屋屋盖作为加层后的楼面时，其竖向净空距离尚应满足楼层门洞高度的要求。外套结构中的框架梁柱，剪力墙及加层房屋底层楼板均应采用现浇钢筋混凝土结构。

外套结构中的剪力墙应沿纵横向均匀布置，尽量使刚度中心与质量中心重合，对质量刚度明显不均匀不对称的应考虑水平地震作用的扭转影响。外套结构梁与柱或剪力墙与柱的中线宜重合；当不能重合时，梁或墙与柱中线偏心距不应大于柱截面在该方向边长的 1/4。

外套结构基础应与原房屋基础分开，应优先选用在施工中无振动的桩基（如钻孔灌注桩、人工挖孔桩、静压预制钢筋混凝土桩等），其承载力宜通过试验确定，当外套结构荷载较小且为Ⅰ、Ⅱ类场地时，也可采用天然地基。但应采取措施防止对原有房屋基础及相邻建筑产生不利影响。

2. 减震耗能措施

外套加层体系一般为“上刚下柔”的鸡腿式结构，而原结构相对为刚性结构（图 6-11），可采用减震耗能装置将外套加层结构与原结构连接起来，达到控制其动力反应的目的，以期在不增加结构强度、刚度等条件下降低新旧结构的地震反应，控制底部的侧移，进而改善此组合结构体系的抗震性能。

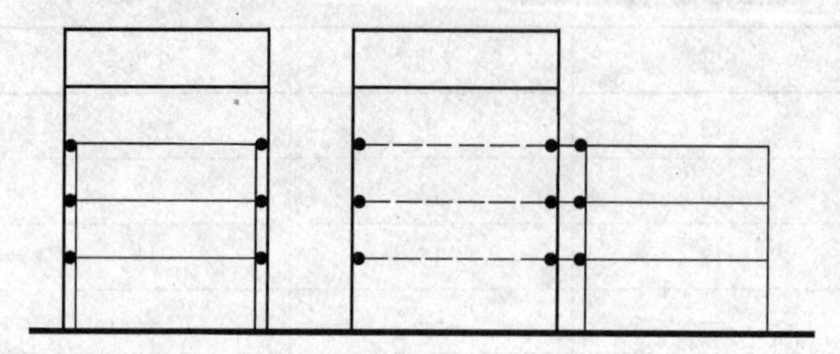
图 6-11　外套加层结构示意及计算简图

为此，在进行外套加层组合结构体系的优化设计时，应特别注意以下两点：一是要充分利用外套结构底层柔性的特点，以减少地面运动向上部结构传递。二是要合理地选择和调整减震耗能装置的刚度和阻尼等参数，使结构受控后的地震反应最小。

6.5.2 构造要求

1. 梁柱构造措施

外套结构材料应符合下列要求：底层钢筋混凝土梁、板、柱、墙混凝土强度等级不应小于C25。除外套结构底层外，框架填充墙宜采用轻质材料，并应采取措施与框架梁柱拉接。

外套结构底层框架柱的抗震构造设计应符合下列要求：柱截面宽度不宜小于400mm，柱截面高度不宜小于梁跨度的1/12；轴压比应控制为0.65～0.70；柱纵向钢筋应采用对称配筋，接头宜采用焊接；全部纵向受力钢筋配筋率不大于4%，超过3%时箍筋应焊接；当设防烈度为6度时，箍筋直径不应小于8mm，间距不应大于200mm；7度、8度时，箍筋直径不应小于8mm，间距不应大于150mm；对角柱、短柱宜选用复合箍筋，间距不应大于150mm。

外套结构底层框架梁的抗震构造设计应符合下列要求：梁截面的宽度不宜小于300mm，且不宜小于柱宽的1/2；其高宽比不宜大于4；梁净跨与截面高度之比不宜小于4；梁顶面和底面的通长钢筋各不得少于2根，直径为20mm。且不应小于梁端顶面和底面纵向钢筋中较大截面面积的1/4；梁端截面的底面和顶面配筋量的比值，除按计算确定外，不应小于0.5。

外套结构底层的楼板抗震构造设计应符合下列要求：楼板应采用现浇混凝土，厚度不宜小于150mm；采用双层双向配筋，每方向的配筋率不应小于0.25%；楼板不宜开洞，当必须开洞时，洞口位置应尽量远离外侧边，且应在洞口周边设置边梁，其宽度不宜小于板厚的2倍，纵向钢筋配筋率不得小于1%，且接头用焊接，楼板中钢筋应锚固在边梁内35d（d为钢筋直径）。

2. 剪力墙构造措施

外套结构底层的剪力墙构造设计应符合下列要求：剪力墙周边应与梁柱相连，剪力墙中线与墙端边柱中线应重合。剪力墙厚度不应小于160mm；剪力墙不宜开洞，或开小洞。当必须开洞时应进行核算，并在洞口四周设暗梁暗柱加强。暗柱截面积为$1.5b_w^2$～$2.0b_w^2$（b_w为剪力墙厚度），配筋不少于4根，直径不小于16mm，箍筋直径不应小于8mm，间距不大于200mm。不宜采用错洞剪力墙，当必须采用错洞墙时，洞口错开距离不得小于2m；并用暗梁暗柱组成暗框架加强。

剪力墙的竖向和横向分布钢筋，采用双排布置。双排钢筋之间应采用拉筋连接，拉筋直径不应小于8mm，间距不得大于600mm，拉筋应与外皮钢筋钩牢；剪力墙水平和竖向分布钢筋配筋率均不应小于0.25%，直径不宜小于8mm，间距不宜大于300mm。剪力墙的分布钢筋接头，竖筋直径大于22mm时应焊接，接头位置应错开，同一截面每次连接的钢筋数量不超过50%。

6.6 轻钢结构加层方法

6.6.1 轻钢结构加层体系

轻钢结构体系采用轻型冷弯薄壁型钢、轻型焊接和高频焊接型钢、薄壁钢管、轻型热轧型钢等构件拼接焊接成的组合构件为主要受力构件，采用彩色压型钢板为主要围护分隔部件，具有自重轻、制造安装周期短、施工现场无湿作业、对周围环境干扰小等特点。加层部分的承重结构采用轻钢结构，围护结构采用轻质保温材料，可以最大限度地减小加层荷载对原有房屋地基基础与上部结构的影响。轻钢结构用于旧房加层改造，易于实现产业化，符合可持续发展的战略要求。可用于加层的新型轻钢结构体系主要有以下几种。

（1）网架结构体系

网架结构是良好的空间受力体系，具有灵活的空间造形能力，适用于复杂支撑条件，可形成方形、圆形、不规则多边形等的各种屋面形状。网架结构主要有焊接空心球节点和螺栓球节点，构件截面一般较小，便于运输吊装。从施工角度看，现场难以配备大型垂直吊装设备的高层建筑增层，选用网架结构是较为理想的结构形式。

（2）压型钢板拱形屋盖结构体系

压型钢板拱形屋盖结构是一种圆弧拱体系，是由专门的成形机组，先将厚度为0.6～1.6mm的彩色涂层钢板冷弯成带卷边的梯形或U形截面，再将底边辊压折皱，轧制成圆弧单拱，而后把各单拱的上边用轧边机将它们相互咬合，并依次连接形成一种轻型筒壳结构。该结构起拱产生一定的水平推力，且筒壳对下部结构不能构成有效约束，柱脚必须实现刚接。

（3）框架体系

型钢框架体系采用热轧或焊接H型钢为主承重框架，由于H型钢腹板较薄，框架节点在强轴方向宜采用刚接方式，在弱轴方向宜采用铰接方式。轻型钢框架与钢承板组合楼盖或预制板叠合楼盖结合，可适用于建筑物多层加层的情况。当增层的柱网尺寸较大时，也可用主次梁结构的轻钢框架体系。轻钢框架的基本构件可由工厂预制，现场高强螺栓拼装完毕后再焊接，结构整体性好，施工速度快。

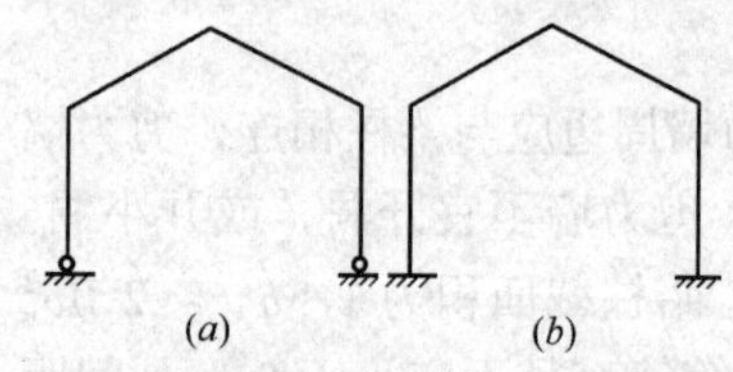

图6-12　轻型钢结构加层连接方式

（4）门式刚架体系

门式刚架结构体系主要由主刚架、墙梁、檩条、层面支撑、柱间支撑、抗风柱、隅撑等组成，梁柱构件多采用焊接工字形实腹截面，为与梁、柱的弯矩图相吻合，可通过改变腹板高度的方法实现变截面。门式刚架的现场拼接节点采用高强螺栓端板连接方式，比通常的腹板翼缘拼接节省材料和紧固件。门式刚架与下部结构可以是铰接（图6-12*a*）或刚接图（6-12*b*）连接，其连接形式主要受原结构限制。如砖混结构房屋的增层，新增层与原建筑的结合部位难以做成刚接连接式，便可以采用柱脚铰接的刚架结构；当增层建筑的平面长宽比接近时，应注意考虑在风荷载、地震力及温度应力下纵向柱列的受力计算。因此，作为平面受力体系，门式刚架结构主要适于矩形平面布置的单层增层情况，跨度可做到以9～36m，柱距可为6～12m。

轻型钢结构加层一般是在既有建筑物上直接增加1～2层，目前单层多采用门式刚架方案，多层多采用钢框架方案。

柱下端与原房屋连接有铰接和固接两种　铰接连接从理论上讲，截面上弯矩为零，则对原结构只有轴力作用无弯矩，最大限度减轻了加层结构对原房屋的影响。原房屋质量较好，承载力较高，可采用固接连接，则可有效地减小柱和梁的弯矩，减小截面尺寸、降低造价。

6.6.2　轻钢加层计算方法

轻钢结构构件的设计方法有弹性设计法和塑性设计法，目前我国多用弹性设计法。即在规范规定的各种组合荷载下，根据结构形式及尺寸计算内力和变形，然后验算构件的承载力和稳定性，验算结构的整体刚度和变形，特别要注意整体和局部稳定性验算。

轻钢增层结构是在原有砖混或混凝土框架结构上直接增层，原有结构自重和侧向刚度比上部加层结构大，加层后形成一种上柔下刚、上轻下重的结构体系，沿高度质量和刚度分布不均匀。轻钢加层结构地震作用效应有两种计算方法：一是底部剪力放大系数计算法，各楼层按一个自由度考虑，加层结构按突出屋面的小塔楼对待。考虑到加层结构的刚度远小于原有结构，在地震作用下受到经过原有主体结构放大的地震加速度影响，存在明显的鞭梢效应，将按底部剪力计算出的地震力乘以放大系数2.0～3.0。二是振型分解反应谱法，计算时采用集中质量法，对结构进行离散化，整个房屋化为串联多质点体系，加层部分作为质点，考虑高阶振型的影响，振型组合取前2～3个振型。

6.6.3　轻钢增层耗能减震方法

轻钢加层结构由于鞭梢效应，自身的层间位移较大，往往不能满足设计要求。近年来一些学者将消能减震和基底隔震引入轻钢加层结构，使得轻钢加层的应用不受地震高烈度区域的局限和房屋高度的限制，为框架结构轻钢加层抗震设计提供了新的途径。

结构消能减震是把加层结构的某些非承重构件，如支撑处设置粘滞阻尼器，形成耗能减震支撑。当轻微地震或阵风脉动时，这些消能杆件处于弹性状态，结构具有一定的侧向刚度，以满足正常使用要求。在强烈地震作用下，随结构受力和变形增大，这些消能杆件进入非弹性变形状态，产生较大阻尼，大量消耗输入结构的地震能量，避免主体结构进入明显塑性状态，从而保护主体结构在强震中不发生破坏，不产生过大变形。图6-13为设置耗能支撑轻钢加层结构。

减震耗能装置的种类有很多，根据机制的不同可分为摩擦耗能器、钢弹塑性耗能器、粘弹性阻尼器和粘滞阻尼器等，如图6-15所示为粘滞阻尼器。

基底隔震技术是采用某种装置，将上部加层结构与下部原有结构隔开，减弱或改变地震动对上部加层结构的动力作用，使加层结构地震作用下只产生很小的振动。此方法能隔阻地震动向上部结构的传播，限制输入结构的能量。图6-14设置隔震支座轻钢加层结构。

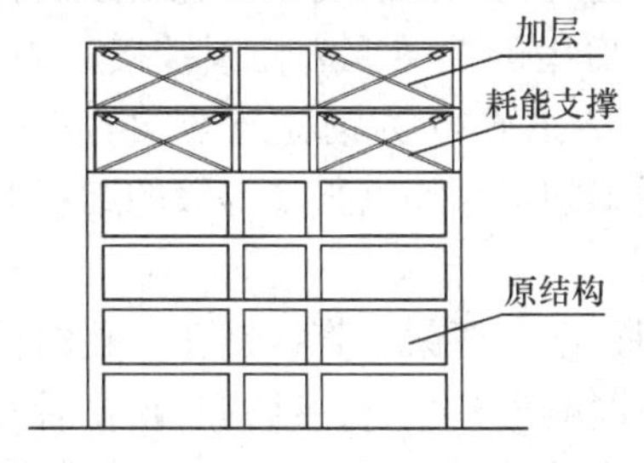

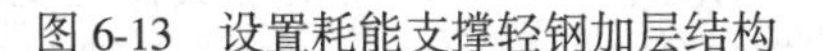

图6-13　设置耗能支撑轻钢加层结构

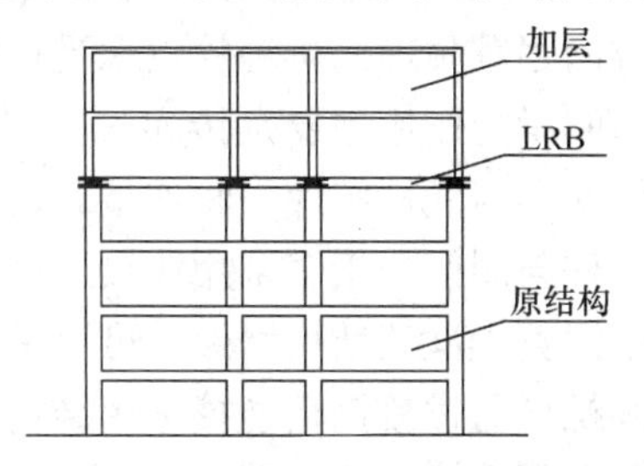

图6-14　设置隔震支座轻钢加层结构

常用的隔震装置主要有铅芯叠层橡胶支座（LRB），其作用是在竖向支承加层结构的重量，在水平方向具有一定的水平刚度，可以延长基本周期，降低加层结构的地震反应，能提供较大的变形能力和自复位能力。铅芯叠层橡胶支座如图6-16所示。

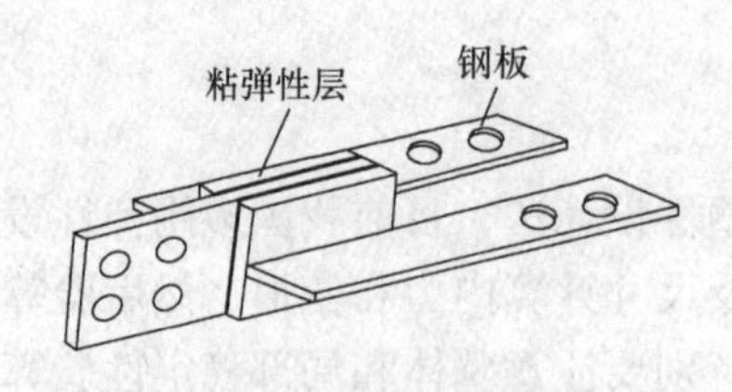

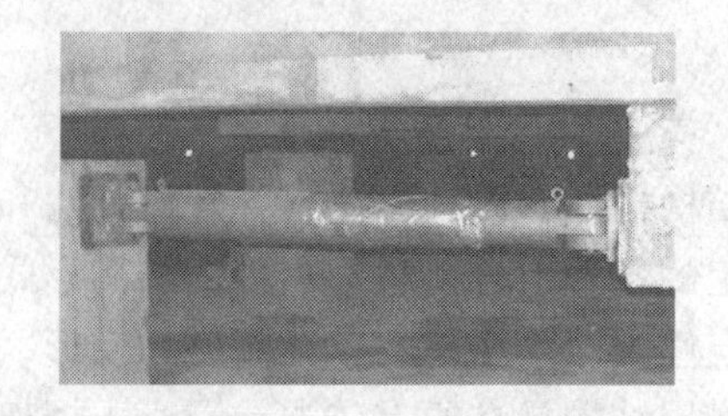

图 6-15　粘滞阻尼器

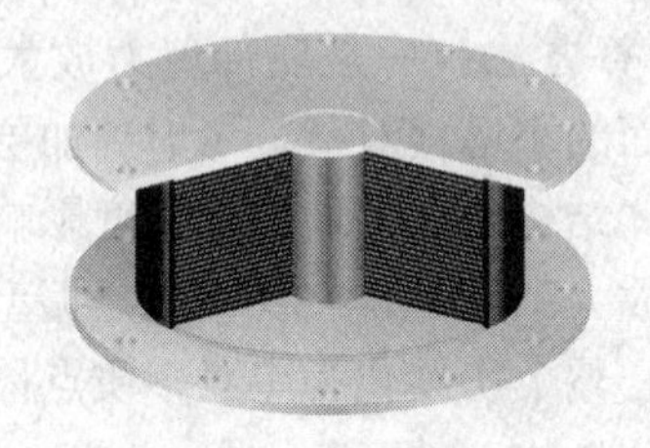

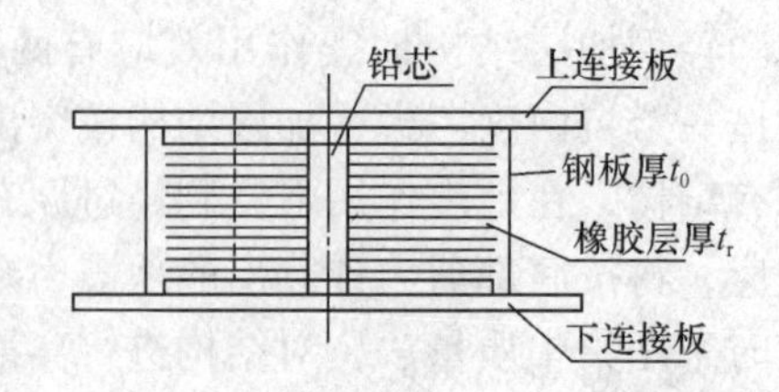

图 6-16　铅芯叠层橡胶支座

6.6.4　轻钢增层构造要求

1. 支撑系统

轻钢增层结构的侧向刚度较弱，应设置足够的纵、横向支撑以保证结构的稳定性，及抵抗侧向风力和地震作用。通常用槽钢或角钢在墙体平面内布置垂直支撑体系。根据要求可以沿纵、横单向布置或双向布置。支撑与框架铰接，按拉杆或压杆设计。考虑到门窗的布置，可以采用X形、单斜杆形、人字形等多种形式。在不影响建筑功能的前提下，平面上支撑应均匀布置。为增强轻钢结构的塑性耗能力，还可采用偏心耗能支撑，偏心支撑在风荷载和小震作用下有足够的抗侧刚度，而在强震作用下具有较好的延性和耗能性能。

2. 连接形式

新旧结构的连接处存在显著的刚度突变，它是整个结构的最薄弱处。现有设计计算方法常采用铰接和刚接两种方式，按构造做法采用焊接和高强螺栓连接为主。目前新旧结构的连接形式主要有以下几种。

对于砖混结构加层，可在已有房屋纵横墙的圈梁内植入螺栓，借助锚栓实现新旧结构连接，没有圈梁的可新增圈梁，在圈梁中预埋锚栓。这种构造方法受圈梁宽度限制，沿圈梁宽度方向很难预埋两排锚栓以承受柱底弯矩，此类房屋的加层取为柱下铰接较为合理。新增横向圈梁的作用主要是传递铰接门架的水平推力。图 6-17 为钢柱与圈梁的连接，通过螺栓将圈梁与钢柱脚底板相连接，钢柱脚底板与圈梁间可采用高强度等级的细石混凝土找平，钢柱与圈梁连接多采用铰接连接方式。

对于混凝土框架结构增层，可以采用植筋法，即在已有框架上直接钻孔，孔内植入螺栓，锚固螺栓与过渡钢板连接。用结构胶将过渡板与混凝土柱粘合，结构胶硬化后安装钢柱。有些混凝土框架柱配筋较密，无法成孔，不能采用植筋法，可采用钢柱底板与混凝土柱主筋直接连接方法，即柱内选 4 根位置合适的主筋调直反投到底板上开孔，柱顶铺碎石混凝土套上底板找平，待混凝土终凝后，将底板与主筋剖口焊接，钢柱与底板螺栓连接。加层结构与混凝土柱的连接，应根据可否传递弯矩的原则确定是属于刚接还是铰接。图 6-18 为钢柱与框架结构的连接，通过螺栓将框架柱与钢柱脚底板相连接，钢柱与框架柱连接可采用铰接或固接连接方式。

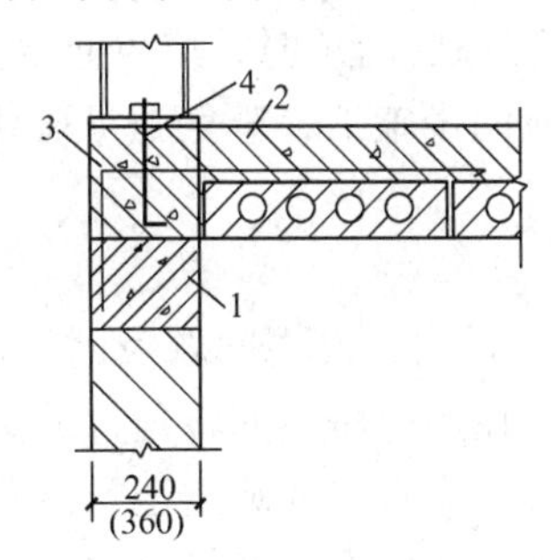

图 6-17　钢柱与圈梁连接

1—既有圈梁；2—新设横向梁；3—新设纵向圈梁；4—螺栓

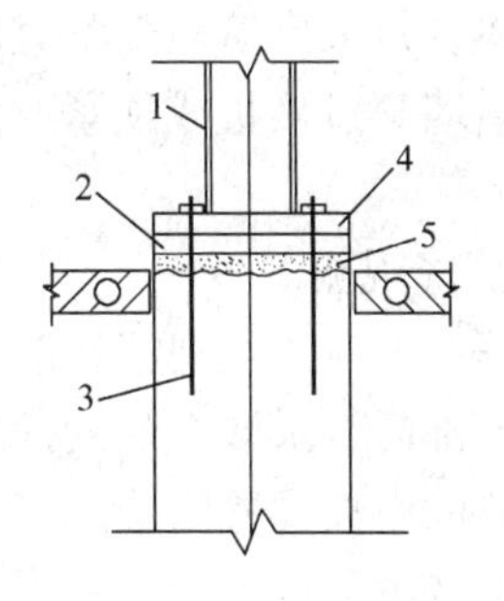

图 6-18　钢柱与框架结构连接

1—增层钢柱；2—过渡板；3—螺栓；4—柱底板；5—细石混凝土

6.7　建筑物加层施工要求

加层施工应遵循“先支撑、后拆除”、“先加固、后拆除”、“先加固、后加层”的原则，所有加固工作应在加层施工前进行。加层房屋施工前，应由业主会同设计、施工和监理等部门，对图纸会审，设计单位对加层注意事项等进行技术交底。施工单位应结合加层工程特点编制施工组织设计，指导施工。如遇现场实际情况与图纸不符时，须经设计单位变更设计后方可施工。

1. 原有建筑拆除

原有屋面一般设有保温层和防水层，在加层施工前，都应拆除。防水层的拆除应避免在雨天进行，否则雨水会渗入楼下，造成楼下房间的污染。拆除保温层也应避免在雨天进行，否则去掉防水层的保温层会大量吸水，给屋面增加很大荷载。

对原建筑结构打洞或拆除时，宜优先采用机械方法，如切割机切割、冲击钻打排孔、小铁锤铁钎凿除等，严禁采用风镐、大锤直接敲击，应避免损伤原结构。

2. 加层部分施工

房屋基础挖槽后应由设计、施工、监理和业主等单位共同验槽，发现问题及时进行处理。严寒地区基槽底土应防止受冻。开挖基槽时应注意对原建筑物的影响，对其主要承重结构应进行监测，必要时尚应采取临时加固措施。

当原房屋在加层期间不停止使用时，应在原房屋的出入口和行人区段设置安全通廊和安全网。在对原房屋拆除时，应防止建筑垃圾高空坠落，并应注意避免在楼屋面上大量堆载。

加层房屋的新旧部分应严格按加层设计图要求和有关规范施工，应连接可靠，确保新旧部分整体受力、共同工作。新旧混凝土结合部位，应将原构件的连接部位凿毛，除去浮渣冲洗干净，涂刷界面剂或水灰比为 0.4～0.45 的水泥浆一层；对需进行钢筋焊接的部位，应将原构件保护层凿掉，主筋外露，满足钢筋施焊的要求；新旧钢筋均应除锈处理，在受力钢筋上施焊应采取卸荷或支顶措施，逐根分段分层焊接。加层的墙体在砌筑前，应将新旧墙体结合部位清除干净，用水冲刷湿润，并应按加层设计图规定或采取有效的施工措施，保证新旧墙体之间连接可靠。

新砌墙体，每天砌筑高度不宜超过1.2m。当新墙砌到每层墙顶时，应停止3天左右，然后再做新增墙穿过楼板或顶紧梁的构造措施。每层楼应同步施工，避免施工荷载产生过大的差异。

3. 施工沉降观测

施工过程中，应注意观察房屋加层时对相邻建筑物的影响，发现问题及时会同业主、设计和监理等部门，采取有效的处理措施。施工过程中应在加层房屋的转角，纵横墙的交接处及纵横墙的中央设置隐蔽式沉降观测点，每施工一层楼应有沉降观测记录，施工过程中总的观测不得少于四次，沉降观测应符合现行《建筑地基基础设计规范》的有关规定。

当加层房屋施工中发现地基沉降量大、不均匀沉降或承重结构严重裂缝时，应立即停止施工，查明原因后会同设计和监理等部门采取处理措施。

6.8 建筑物加层改造实例

6.8.1 工程概况（该例题取自文献［12］，在此致谢）

纺织工业部办公楼位于北京市长安街南侧，是一座政府级办公大楼。该工程始建于20世纪50年代初，建筑面积为9054m^2，三层砖砌体结构，层高为4.1～4.4m。一、二层内外墙均为370mm厚；三层外墙厚370mm、内墙厚240mm，木楼板、现浇钢筋混凝土走道板。基础为砖砌条基，持力层为素填土，地耐力为$R=100$kPa，基础埋深1.5m。

随着纺织工业部的业务范围不断扩大，原办公楼已不能适应新的工作要求。从经济的角度考虑，进行抗震加固和加层改造。改造后的房屋要求平面布局合理，满足使用功能要求；建筑造型和立面装修应与长安街环境相适应，既要尊重历史，又要有时代感；在原建筑上增加二层，局部加三层，改造后的总建筑面积要求达到15500m^{2}左右。

6.8.2 对原建筑物的鉴定意见

根据当时的建筑抗震鉴定标准对原建筑物进行了鉴定。鉴定结果如下：

(1) 该建筑为纵横墙承重结构，平面分三段。中间段长84m，未设伸缩缝；横墙最大间距14m，超过8度地震区的横墙最大间距的限值（9m）。砂浆强度均低于M2.5，砖强度取样测定为MU2.5。未设置圈梁及构造柱。外墙、内横墙及山墙转角处均有裂缝出现。

(2) 墙体面积率验算：中楼一至三层的内墙及二层的内外纵墙不满足。东西楼一至三层的内横墙，一、二层的内纵墙及二层的外纵墙均不满足。

(3) 原建筑砌体砂浆强度低，墙体能增加的承载力有限，内纵墙已不能再增加荷载。

6.8.3 加层改造方案比较

设计单位提出了四种结构设计方案进行分析比较。

1. 直接加层法

地基经数十年压密后，重新勘探提供地基承载力$f_{ak}=110$kPa，基础尚有一定潜力。墙体经过抗震加固后其承载能力也有所提高，这是实施本方案的基本出发点。具体做法是：加层结构采用轻钢框架，水平荷载由钢支撑传至砖墙，加层的垂直荷载由外墙直接传到原有外纵墙上，内墙则由新加走道柱传至地基。外墙为200厚加气混凝土，内墙为轻钢龙骨石膏板，楼屋面板均用压型钢板上铺陶粒混凝土，在压型钢板的凹槽中适当配筋形成连续多跨单向板，混凝土平均厚度为70mm。此方案的最大优点是造价低，施工方便。但由于原内墙无富余的承载力而需加柱，这样会影响走道的使用与美观。加层荷载的传递对内外墙是不均匀的，对填土地基的变形不易控制，可能会产生新的墙体裂缝。

2. 外套框剪结构加层法

贴外墙设框架柱，断面为400mm×500mm，六层柱为400mm×600mm，柱距7m左右，高出原有建筑物后连成双向刚接框架。由于横向跨度较大，分别为15.43m和19.39m。为了减少梁高，采用部分预应力框架梁，梁断面尺寸分别为300mm×850mm和300mm×1000mm，楼屋面板及次梁采用现浇陶粒混凝土。为了不使加层结构的刚度太弱，适当增加钢筋混凝土剪力墙，如图6-19（*a*）。为了减少框架柱基础的沉降，采用大孔径挖孔桩，持力于砂卵石层上。此方案的优点是充分利用原结构的抗力，把加固与加层结合在一起处理，传力明确，加层后整体建筑沿高度的刚度比较均匀，有利于抗震。主要缺点是抗震缝处梁柱布置较复杂。

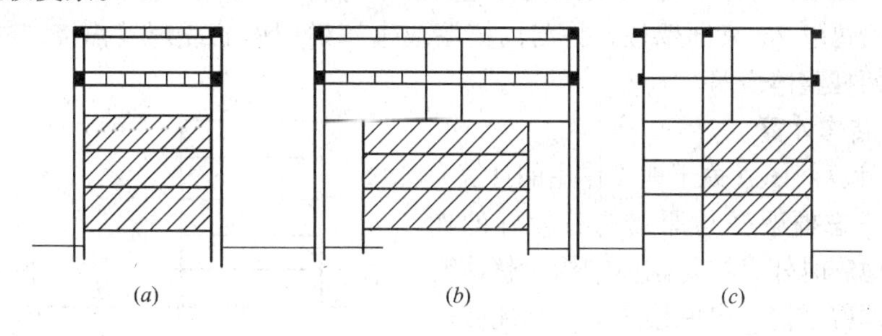

图6-19 加层结构方案比较

3. 外套框架结构加层法

为了使旧楼的加固与新楼的建造完全分开，沿外墙距离2m加框架柱，柱距约7m左右，高出原楼屋面后连成框架，把原有的砌体结构完全罩在新建的框架结构之内，如图6-19（*b*）。将原楼的屋面改造为楼面，在四层楼板及墙顶设新老楼的抗震缝。这样不论是垂直荷载作用下的沉降还是地震作用下的水平变形，新老楼均无变形协调要求。对原有建筑仅涉及抗震加固，相对比较简单。而且加固与新建施工互不干扰。但是由于底层框架的高度大，初算柱截面需要500mm×1000mm，而且占地面积大，由于内院现场狭窄，此方案不易实现。

4. 内筒体结构加层

沿房间内壁四周加钢筋混凝土墙使其形成筒体，筒壁厚160mm，与砖墙按夹板墙的要求进行拉接。在建筑平面中适当位置布置筒体，如图6-19（*c*），以使结构平面刚度均匀，并通过控制筒体间的距离，使楼屋面梁布置合理。筒体高出原有屋面，在五层楼面标高布置主次梁。筒体既是抗震加固需要的抗剪墙体，又是加层结构的支撑构件。通过筒体把加层荷载传至大孔径挖孔桩。而且筒体的位置可以任意调整，梁可以不施加预应力。为了不使梁的跨度太大，需要布置一定数量的筒体，且在房屋的端部及楼梯间的两侧均需要有支撑筒体，筒体过多带来施工的困难，而且筒体与外墙间形成较厚的距离，造成不良的使用空间。

在分析比较上述方案的基础上，结合工程现场实际，最后决定在第二个方案的基础上加入六个筒体，以解决抗震缝处需设置大跨度托梁的问题。加层后的新建筑是一幢下部三层为砌体，上部二层（局部三层）为框剪结构的混合结构体系。加层的结构平面如图 6-20。

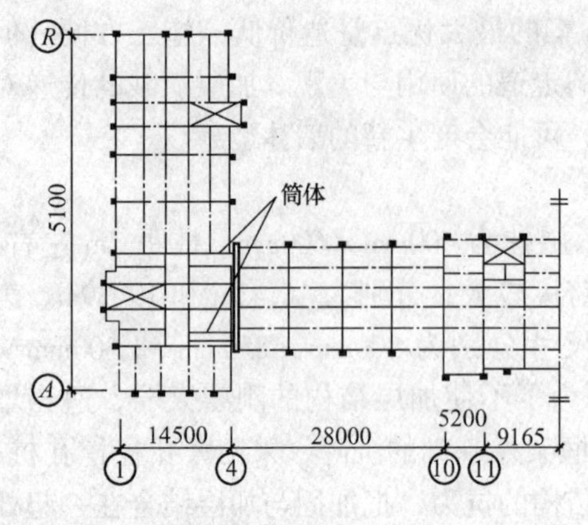

图 6-20 加层结构平面图

6.8.4 原建筑物的加固处理

原有砌体结构进行夹板墙加固，考虑到施工时尽量不影响或少影响原建筑的使用，采用沿外墙的外侧加 80mm 厚钢筋网现浇混凝土单面夹板墙。在内墙较弱的墙段也加了单面或双面夹板墙。夹板墙内配 ϕ6@200 双向单片钢筋网；沿外墙在楼面标高处增设暗圈梁，断面为 110mm×180mm，混凝土强度为 C20。由于原楼横墙间距较大，加砖墙不足以承受地震剪力，因此增加钢筋混凝土墙。为了能有效的传递剪力，将墙两侧的木楼板改为现浇钢筋混凝土楼板；沿外墙每隔 7m 有框架柱，柱与内横墙或进深梁用钢筋或螺栓锚接，外墙的夹板、暗圈梁与框架柱整体浇筑。

6.8.5 结构计算

1. 结构计算简图（关于地震作用的计算）

设计时考虑框架柱与原结构有较好的连接，要求在地震时外套柱与砌体结构应整体变形，加层的框剪结构高出原楼之上，其地震反应是不利的，结构计算简图如图 6-21。

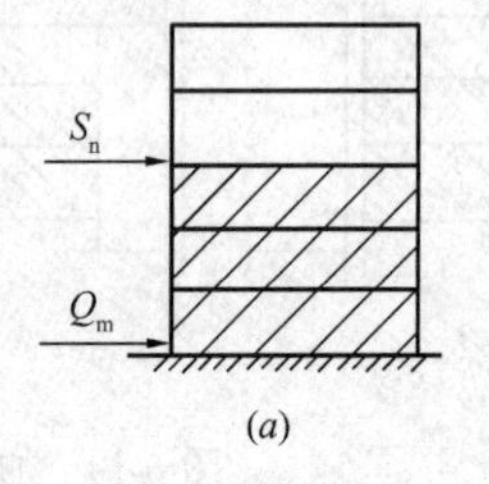

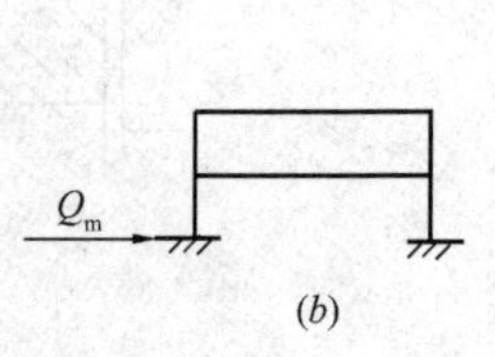

图 6-21 结构计算简图

加层结构地震作用可由底部剪力法求得，外套结构的自振周期 T_1列于表 6-7，由《建筑结构抗震设计规范》所给反应谱，可求出外套加层结构的基底剪力（表 6-7）。原有三层砌体结构的水平地震作用计算，可取地震影响系数 $\alpha = \alpha_{\max}$，可求出砌体结构的基底剪力（表 6-7）。

加层的基底剪力 **表 6-7**

	中楼		东西楼	
	横向	纵向	横向	纵向
T_1（s）	0.524	0.300	0.399	0.171
按外套框剪 Q_m（kN）	1713	4596	2680	6043
按砌体结构 Q_m（kN）	6440		3330	

2. 关于砌体结构中加钢筋混凝土墙的计算

在地震作用下，砌体结构中加入混凝土墙，由于混凝土墙的极限变形能力要比砖墙大得多，因此其强度不一定充分发挥。抗震设计中，钢筋混凝土墙承担的水平力的大小取决于楼板的刚度以及其相邻两侧横墙的间距。

当采用现浇或装配整体式钢筋混凝土楼屋面时，地震作用按墙段的抗侧力刚度分配。当只考虑剪切变形的影响时，钢筋混凝土墙承担的剪力应为相同断面砖墙承担剪力的 G_c/G 倍。如果采用 C20 混凝土，砖 MU10，砂浆 M10 则：$G_c/G = 11$。

当为柔性楼盖时，地震剪力按荷载从属面积比例分配，则钢筋混凝土墙与相同截面的砖墙承担的剪力相同，混凝土墙不能充分发挥其作用。对装配式钢筋混凝土的中等刚度楼盖，近似取以上两种分配方法的平均值。这样混凝土墙承担的剪力至少是相同砖墙承载力的5.5倍。

3. 关于内筒体的计算假定

筒体作为主要抗侧力构件，在地震作用时承受相当大的弯矩和剪力，考虑到桩顶与承台不可能达到完全固接，承台与桩之间的相对变形会使桩顶承受的弯矩减小，因此乘以0.8弯矩折减系数，又由于筒体与原有建筑连在一起，砖墙的刚度使筒体的内力降低，因此弯矩再乘以系数0.8，同时剪力全部由砖墙承担，不再考虑增加筒底的弯矩，前一个0.8系数是规范中规定的，后一个0.8折减是根据本工程的具体条件而采用的。

6.8.6 构造措施

1. 剪力墙下基础的处理

抗震缝靠中楼一侧加一道钢筋混凝土剪力墙，使中楼的纵墙得以封闭，该墙支承着新老各层楼屋面的垂直荷载以及地震剪力，荷载通过承台梁传至四根大孔径桩上，桩靠墙角和房角布置，承台梁穿墙而过，将桩与承台连成整体，如图6-22剖面1—1。当在双面夹板墙上加混凝土剪力墙时，加层的垂直荷载不能直接传给砖条基，为此在条基两侧做承台梁，将荷载传至三根桩上，见图6-22剖面2—2。

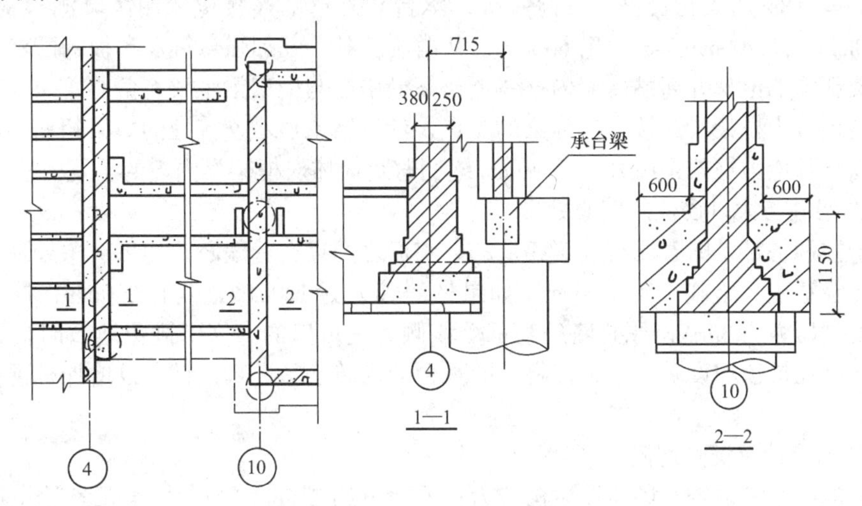

图6-22 桩与承台连接

2. 框架柱与横墙及进深梁的连接处理

为了不使框架柱的长细比太大而导致柱截面过大，必须使柱与原有砌体结构有可靠的连接，使它们在地震作用下能整体变形，柱通过外墙夹板墙及暗圈梁与纵墙的连接是不够的，为此对有内横墙的柱用拉筋将柱与横墙连接，如图6-23。无内横墙的柱用螺栓与进深梁连接，见图6-24，而且将原现浇屋面沿外纵墙边缘凿出板筋，加焊钢筋后增加一条现浇板带及纵向连梁，以加强原屋面与柱子的连接。

3. 夹板墙与上部剪力墙的连接

加层剪力墙的地震剪力有的是通过对原现浇屋面的处理，把力传到夹板墙上，因为该节点是剪力墙与夹板墙钢筋的锚固区，起着传递弯矩剪力的作用，因此钢筋的埋入应满足锚固长度，见图 6-25。由于砖墙顶支承着屋面板，不能通长凿开，因此采取分段间隔施工，最终形成通长节点。

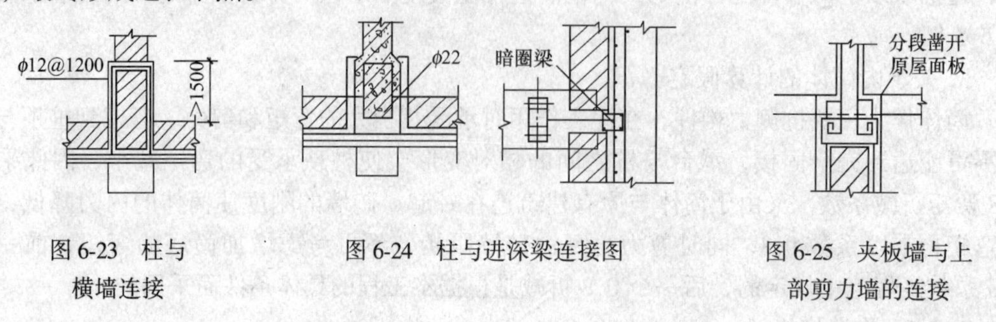

图 6-23　柱与横墙连接

图 6-24　柱与进深梁连接图

图 6-25　夹板墙与上部剪力墙的连接

4. 筒体的构造

东西楼与中楼交接处设置了抗震缝，缝宽 70mm。为了楼屋面梁的布置，在抗震缝的东西楼一侧各设二个钢筋混凝土筒体，并将靠缝边的筒壁由内贴改为外贴，使东西楼的纵向框架梁可沿外墙外侧支承在筒体上，内壁与外壁靠凿通墙洞隔段相连，每层连接三处，隔 500mm 凿高度为 600～1000mm 的墙体，宽度等于壁厚为 160mm，每层穿过墙洞的配筋量不少于原有筒壁的水平配筋，筒体支承在厚度为 1.45m 的承台板上，下设直径为 1.9m，扩大头 $D=3.8$m 的大孔径桩。一筒一桩，承台与外壁的连接也采用凿墙洞挑板的方法，洞宽 350mm，高 700mm，板挑出 600mm，共凿洞三处，并加强悬挑承台板的配筋。

中楼新增的电梯井筒贴砖墙内壁建造，筒壁中心与框架梁轴线有偏心距 190mm。如果将筒壁与预应力框架梁连接，作为梁的支点，计算结果显示连接处的短梁超筋，因此，将电梯井筒与预应力框架梁脱开，留 40mm 缝，避免筒体对框架梁内力的干扰。

5. 框架柱与大口径桩的偏心处理

由于柱和桩都是贴着原有外墙建造的，它们之间存在着偏心，如果对中处理则桩位需要进入砖墙基础，给施工带来不便。如果柱的轴力为 1200kN，偏心 250mm，桩顶可能产生的最大侧压力为 35kN，原砖墙条基承受该侧力是可以的。为了避免地震时桩顶相互位移，沿外墙在桩顶加设承台板，柱脚处的承台伸入砖条基进行拉结，以增加桩顶平面的水平刚性。

6. 基础设计及沉降观测

根据地质勘测报告，场地地质构造为：地面下约 2.5m 深为杂填土及素填土层；再往下 2.5～7m 为粉质粘土及粉土；7～12m 为中细砂层；12～17m 为卵石层；以下又是轻亚黏土。由于施工场地狭小，大型施工设备无法进场，施工噪声有扰民影响，因此采用大直径人工挖孔扩底灌注桩，一柱一桩或一筒一桩，直径为 1.0，1.2，1.4 和 1.9m 四种。扩大头直径分别为 1.4m，1.6m，2.4m，2.8m 及 3.5m 五种。桩周作 100mm 厚混凝土护壁，桩长 12m 左右持力在卵石层上，桩身直径和扩大头直径受桩基沉降量控制，本工程是砌体和框剪的混合结构体系，参照北京地区相似地质情况的试桩资料，采用调整扩底的办法把沉降值限定在 5mm 以内。加层结构的荷载是逐级增加的。新体系依靠内力重分布来协调此变形是可能的。

复习思考题

1. 为什么要对建筑物加层改造？其优缺点有哪些？

2. 建筑物加层设计前的准备工作有哪些?
3. 既有建筑物地基承载力是否一定会增长? 你是如何理解的?
4. 谈谈既有建筑物地基承载力的确定方法。
5. 建筑物加层的结构设计原则有哪些?
6. 加层结构的结构体系有哪些? 各自的适用范围如何?
7. 砌体结构加层时，新旧墙体如何连接?
8. 框架结构加层时，新加柱与原柱如何连接?

第7章　建筑物移位技术

7.1　建筑物移位技术原理

建筑物移位（也称搬迁、迁移）技术的基本原理是采用托换技术使建筑物形成一个可移动体，然后采用动力设备对建筑物可移动体施加推力或拉力，使其移动到新址（参见图7-1和图7-2）。建筑物移位技术既可以应用于城镇建设中的既有建筑物位置调整工程，也可以采用该技术进行新建筑的预制、迁移建造。

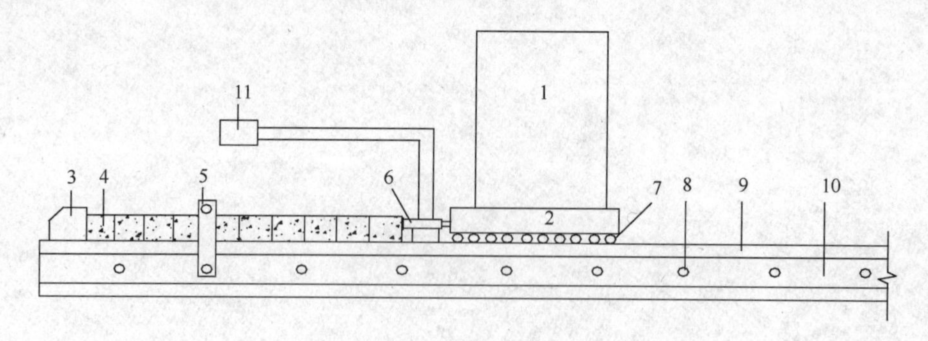

图7-1　顶推法整体平移示意图

1—建筑物；2—托换梁；3—反力支座；4—垫块；5—垫块固定架；6—千斤顶；7—滚轴；8—可动反力架安装预留孔；9—轨道型钢（钢板）；10—下轨道梁；11—电动油泵站

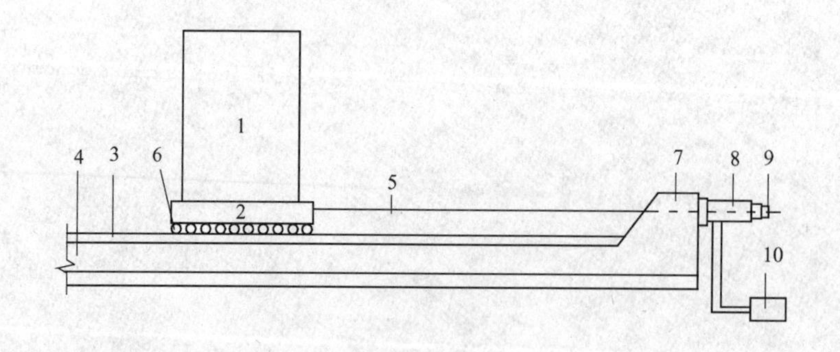

图7-2　牵拉法整体平移示意图

1—建筑物；2—托换梁；3—轨道型钢；4—下轨道梁；5—牵引钢索；6—滚轴；7—反力支座；8—穿心千斤顶；9—锚具；10—电动油泵站

根据不同的移位路线，移位工程可分为水平移位和竖向移位。水平移位又可分为水平直线移位（简称为平移）和水平旋转移位，竖向移位包括顶升和纠倾（竖向旋转移位）。实际工程中的移位路线可以是平移、旋转、顶升等单一路线，也可以它们的组合路线，参见图7-3。通常我们所说的建筑物整体移位工程仅指平移工程。

根据托换部位的不同，建筑物平移的思路有两种。第一种为：首先在规划新址位置修建新基础，其次修建平移轨道与新旧基础相连，在轨道上铺设滚轴或滑块，同时在上部结构底部建造一个刚度很大的水平托换底盘，水平托换底盘下皮支撑在滚轴或滑块上，然后采用人工或机械切割方法将墙体和柱与原基础分离，分离后的上部结构被完全托换到轨道上，安装牵引（或顶推）设备（千斤顶或卷扬机）后开始进行同步迁移直到到达设计位置，最后与新基础就位连接。这种思路目前在我国被广泛采用。第二种思路是直接在基础底部进行托换，将基础和上部结构一起迁移至新位置。该方法仅适用于基础埋深较浅的小型建筑物平移。

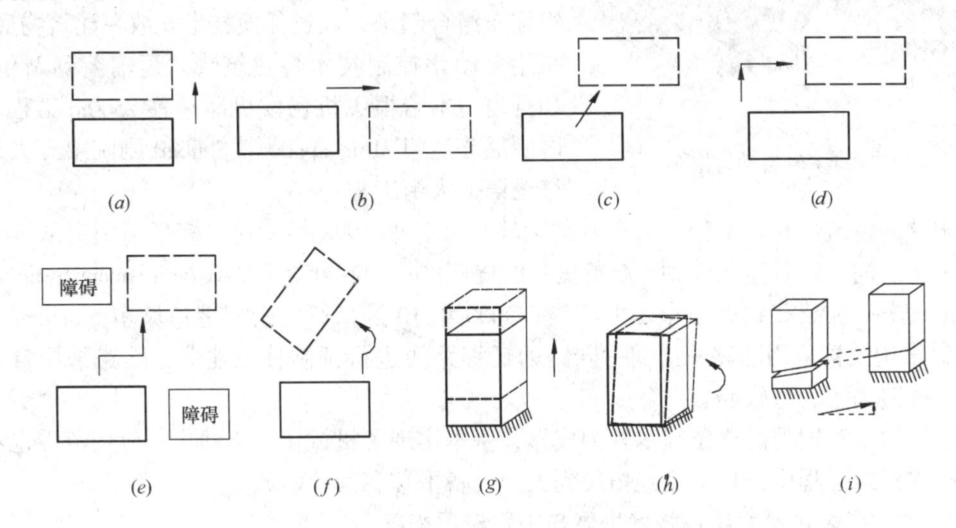

图 7-3　建筑物移位路线（$a \sim f$ 为平面示意图）
（a）横向平移；（b）纵向平移；（c）斜向平移；（d）双向平移；（e）多向平移；
（f）平移旋转；（g）原位顶升；（h）纠倾；（i）坡向迁移

建筑物整体移位的关键技术包括结构托换技术、迁移轨道技术、上部结构与基础分离技术、同步移位施工控制技术及其实时监测技术和就位连接技术。

7.2　建筑物移位技术发展概况

7.2.1　国外移位技术发展与工程应用概况

世界上最早的建筑物整体平移工程出现在新西兰，工程技术人员采用蒸汽机车作为牵引装置，将新普利茅斯市一座一层民宅移到新址。

现代整体平移技术始于20世纪初。1901年，由于校园扩建，对美国依阿华大学三层高、建筑面积约3000m^{2}的科学馆进行了整体平移，滚动装置采用直径6in（152.4mm）的圆木滚轴，托换采用木梁，移动过程中为了绕过另一栋楼，还采用了转向技术，旋转45°。

从20世纪初到80年代，尤其在60年代后，西方国家经济发展迅速，城市改造大规模开展，建筑物整体移位技术得到了广泛应用，在前苏联、英国、荷兰、罗马尼亚、美国、日本等国家都出现了典型的平移工程，如：二战前的莫斯科市整体平移了20多栋建筑物，其中仅在扩建高尔基大街就完成了9栋建筑物；英国伯明翰市一个会计事务所平移 8.05km。1983 年罗马尼亚首都布加勒斯特搬迁了五层、七层楼房各一栋；美国一座近 90 年历史的大剧院以每小时 40ft（12.2m）的速度移到 160ft 远的新址；日本具有 60 年历史的横滨市银行附属建筑迁移到 170m 外；希腊寒沙罗索基市火车站以每小时 2m 的速度被搬移了 40m，等等。这些被迁移的建筑物功能多样、结构形式多样，最大移位距离达到数公里。

图 7-4　多轮自动力拖车

进入 90 年代后，随着平移技术的发展，一些国家设计了自动力专用多轮平板拖车（图 7-4）和专用托换装置。一些大型建筑物进行整体搬迁可采用多组拖车组合起来，通过托换技术安放在建筑物底部，采用自动化控制技术将建筑物“运输”到新位置。如丹麦哥本哈根飞机场候机厅平移 2500m 工程；美国明尼苏达州 Minneapolis 市 Shubert 剧院第五大街平移至第七大街工程等。

国外的建筑物移位工程也采用其他运输工具，如 1998 年美国一栋豪华别墅从波卡罗顿沿一条运河乘船长途跋涉到 100 英里外的皮斯城；1999 年 8 月，美国 Vermont Swanton 一个小型火车站被装载到火车车厢上移走；2000 年 10 月，荷兰南部港口城市 Shiedam 一座 10 层钢结构大楼采用陆路—海路—陆路的迁移路线进行预制移位建造，陆路采用自动力拖车，海路采用大型驳船。

总体说来，国外的移位技术较为成熟，基本实现了机械化和自动化，应用范围也不仅仅局限在建筑工程中，目前已经拓展到大型设备平移和其他领域。

7.2.2　国内建筑物移位技术发展与工程应用概况

国内最早采用整体平移技术出现在煤矿矿井建设中，有关采矿文献中曾介绍过小恒山矿排矸井井塔整体平移。1991 年，出现楼房滑动平移方法，并递交了“工业及民用建筑搬迁方法”的专利申请，该方法的主要思路是在建筑物基础下部修建新基座，基座下修建滑道，然后顶推平移到新位置。

1992 年，科技人员提出了将上部结构和基础分离的方法。由于该方法适用性广，迅速取代了原平移方法。1992 年 9 月，吉林省辽源矿物局高继良先生申请了名为“建筑物平移的方法和装置”的专利，并于 1992 年底完成了重庆市一栋办公楼的整体平移。福建的阮蔚文先生也独立发明了类似技术，于 1992 年 9 月首先主持完成了闽侯县交通局平移旋转 62°工程；同年 12 月又完成了晋江工商行整体平移工程，平移 7.7m；1993 年 10 月，申请了“建筑物搬迁方法”专利申请，着重强调了分离的概念。

随后几年，我国出现了一些具有技术创新的典型移位工程。1995 年，河南孟州市政府办公楼平移工程集横向移动、纵向移动和旋转于一身。1999 年 10 月，建于 1885 年的北海市原英国领事馆沿与纵轴成 50°角斜向平移 55.8m。1996 年，济南市一建筑群 7 栋建筑进行了转向平移，同时抬升，最长移动轨迹 196m。工程中采用了以毛石、混凝土和黏土砖为材料的三种下轨道形式。1999 年 12 月，临沂国家安全局大楼创造了我国框架结构双向平移距离最长的纪录，平移 171m。

进入 21 世纪以来，随着我国城市改造高潮的到来，整体平移技术发展迅速，平移工程如雨后春笋，并解决了一些新的技术难题。该技术也得到了社会各界越来越广泛的关注。2000 年 11 月，北京物资局明光老干部活动中心平移工程首次完成了带地下室的建筑物的整体平移。2001 年南京江南大酒店整体平移工程和泰州建委综合楼平移工程解决了带伸缩缝建筑的一体托换和同步控制难题。前者在就位连接中采用了滑移隔震技术，有效地提高了平移后房屋的抗震能力，新旧基础之间的过渡段地基处理采用了经济实用的静压木桩复合地基技术。该工程在国内引起了强烈反响，被国内数十家权威新闻媒体报道。2001 年底，辽河油田兴隆台采油厂旧办公楼实施平移，根据业主要求将大楼分体转向 90°平移。同年 9 月，始建于清雍正年间的广州锦纶会馆平移工程完成，这座青砖空斗砖木结构首先向北“走”了 80 多米，然后抬升 1 米多后向西平移，该工程是保护文物建筑的典型工程。2002 年 7 月的江都市供电局生产调度楼平移工程中将框架和砖混结构托换到一起，实现了两种结构形式建筑连体双向同步整体平移。2002 年 8 月重庆市梁平县南门粮站综合楼平移是首次将底部框架结构整体迁移。

移位技术也被应用到桥梁和构筑物的施工中。2001 年 4 月在建造成都石羊场三环路公路地道桥时，首先将 8 孔道的桥体预制，然后通过整体平移“嵌入”铁路下面。8 月，燕山石化 66 万吨乙烯改造，高 62 米、直径 11 米大型急冷水塔被预制后移至设计位置，该工程中采用了跨越多轨道的通长滚轴。2003 年 9 月，深圳与香港之间的百年罗浮桥正式退役，经过两次横移、两次纵移到达 120m 外的新址永久保存。

自从 80 年代初建筑物整体移位技术在我国出现以来，在十几个省市已经有数百个成功的工程实例。其中既包括了框架结构的整体平移和旋转工程，也包括砖混结构、钢结构甚至组合结构的整体迁移工程。移动方向有纵向、横向、斜向和多向。被整体平移的建筑有住宅、办公楼、酒店、纪念馆、塔、桥梁等，其中部分为文物建筑。平移高度最高的建筑物达到 10 层；平移建筑面积最大已经达到 7062m^2、总重 14000 吨；平移距离最长的框架结构房屋为 171m，砖混结构房屋为 196m；最大旋转角度 90°。从完成平移工程的数量、高度、自重以及结构形式的种类来看，我国的建筑物整体平移技术已经达到了较高的水平。

7.3 建筑物移位关键技术设计

7.3.1 建筑物移位技术的设计内容

建筑物整体移位工程设计前应首先对被迁移建筑物进行结构检测和安全性鉴定，按照我国现行规范规定的四等级可靠性鉴定时，鉴定为一级和二级的建筑物可直接进行移位设计，鉴定为三级或四级的建筑物移位工程应首先评估结构损伤对整体移位施工的影响，连同结构加固方案一同进行设计。

设计包括方案设计和施工图设计两个阶段，特殊建筑物的整体移位应进行方案的可行性论证。

整体移位工程的设计包括以下内容：

（1）新基础设计；

（2）结构托换设计；

（3）移位轨道设计；

（4）移动系统设计；

(5) 就位连接构造设计。

其中新基础设计同新建建筑物基础设计，设计方法可参见其他参考书，本章仅对整体移位工程特有的托换结构设计、轨道设计、移动系统设计和就位连接构造设计进行较为详细的介绍。

7.3.2 建筑物移位托换设计

1. 托换技术与托换方法

托换技术是指既有建筑物进行迁移或加固改造时，对整体结构或部分结构进行合理改造，改变荷载传力途径的工程技术。目前该技术被广泛用于建筑结构的加固改造、建筑物整体迁移、建筑物下修建地铁、隧道等工程领域中。

托换工程所包括的型式较为广泛，相应的托换方法多种多样，一般可分成两大类，一类是基础托换，另一类是上部结构托换。基础托换的主要方法有：基础扩大托换、坑式托换、桩基托换（包括石灰桩、石灰砂桩、静压预制桩、打入钢桩、树根桩、锚杆静压桩、灌注桩等）、振冲加固法、碱液加固法、硅化加固法、基础加压托换、基础减压托换和加强刚度法托换等。上部结构托换包括梁板托换、柱托换和墙体托换。上部结构托换的基本方法有牛腿式（柱、梁托换）、双夹梁式（柱、墙托换）、单托梁式（墙、柱托换）和底盘式（墙、柱整体托换）等。

2. 移位工程中的托换结构形式

移位工程中往往同时使用基础托换和上部结构托换方法。水平迁移工程、顶升工程和顶升纠偏工程中的托换主要采用增大截面基础托换法和上部结构托换方法，其中上部结构的托换结构包括柱托换节点、墙托换梁和连系梁，三者共同组成水平托换底盘或水平托换桁架（托架）。桩式托换、坑式托换和基础加压托换等基础托换方法，一般只应用于竖向迁移工程中。下面对平移工程中建筑物上部结构的托换方法——墙体托换方法、柱托换方法、托架的形式及其应用做简单介绍。

(1) 墙体托换

砖墙的托换思路有两种，均从基础加固工程中的补救性托换方法变化而来。一种是抬梁托换方法，具体做法是在砌体托换部位穿横向抬梁，抬梁两端支撑在加大的基础上。这种方法被改进为双夹梁式墙体托换方法（构造参见 7-5*a*），由墙体两侧的夹梁和用于拉结两侧夹梁的横向拉梁组成。另一种方法是分段墩式基础托换发展而来的单梁托换（构造参见图 7-5*b*），基本思路是在墙体中分段凿洞，在洞口部位分段制作托梁托柱上部墙体，最后完成整个结构的托换。两种托换方法在施工过程中都利用了砌体的“内拱卸荷作用”，而第一种托换方法在托换完成后的传力中仍靠该作用传力，同时利用夹梁和砌体接触面的摩擦力。

双夹梁式托换和单托梁式托换的构造如图 7-5 所示。双夹梁式托换施工方便、施工速度快、对墙体削弱面积小，但材料用量大，成本略高，该托换方法适用于各类墙体托换。单托梁式托换施工难度高、施工速度慢、材料用量小，由于其施工期间对墙体削弱较大，仅适用于具有较高强度储备的墙体托换。

(2) 柱托换

框架柱的托换荷载较大，截面尺寸较小，托换要求较高，如何将柱传下来的可能达数百吨的力托换到下轨道梁上，目前仍然是一个需要研究的课题。

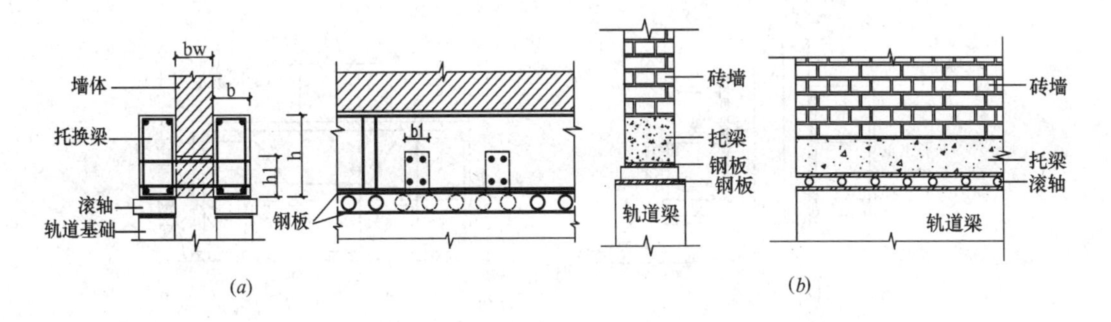

图 7-5 墙体托换构造

(a) 双夹梁式托换；(b) 单托梁式托换

有文献中提出了在柱中钻孔穿钢筋的托换方法，并给出详细构造；山东建筑工程学院则在临沂国安局大楼整体平移工程中采用植筋柱托换技术。这两种托换构造都没有文献给出相应的设计方法。广州鲁班防水补强公司提出一种直接将柱根部包住，不打孔、不削弱柱截面的柱托换方法，托换荷载在 200t 左右，并应用到阳春大酒店工程中，该方法称为钢筋混凝土包柱式托换承台技术。2001 年，又改进为可拆卸式的碟形钢及混凝土组合结构转换受力承台，并应用于广东中山市的一栋六层住宅平移工程中。东南大学提出了一种新型的柱托换节点——型钢对拉螺栓托换方法，并于 2001 年申请了国家专利。型钢对拉螺栓托换方法施工方便，托换荷载范围广，成功应用于江南大酒店整体平移工程中。东南大学和华夏建筑调移公司提出了直接焊接 L 形钢筋的临时托换方法，并给出相应的设计方法，该方法已成功应用到多个整体迁移工程中，如江都新月大楼的整体迁移工程等。

常用的四种钢筋混凝土柱托换方法——焊接 L 形钢筋托换、穿钢筋托换、植筋托换和型钢对拉螺栓托换方法构造如图 7-6 所示。

当托换荷载较小时，可以采用焊接钢筋托换方法；若托换荷载较大，托换节点尺寸不受限制时，可采用穿钢筋托换和植筋托换方法；若托换荷载较大，且建筑物基础埋深较浅，使柱托换节点的高度小于 500mm 时，可采用型钢对拉螺栓托换方法。

对于钢柱，托换方法简单，可以采用焊接或螺栓连接的钢梁托换，类似于钢牛腿。这里主要介绍钢筋混凝土柱托换方法。

(3) 上部结构托换桁架

上部结构加固托换底盘又称为平移上轨道，分为梁式（平面桁架）和板式，由于梁式托换节省材料，施工方便，被绝大多数工程采用。平面桁架式托换底盘可以设计成各种桁架形式，具体形式的选择主要和房屋底层的平面布置有关，根据跨度的大小同时考虑移动方式增加附加支撑。图 7-7 中给出了几种托架的形式。

东南大学针对江南大酒店平移工程提出了四种平面桁架形式并进行了优化分析，认为采用不同动力方案时受力不同，加荷不同步时应考虑不利影响，托架的合理形式和加荷点的位置有很大关系。研究表明，托架梁尺寸和滚轴摆放方案有关，和移动时水平加荷、卸荷制度有关。

目前工程中常用的上部托架主要为钢筋混凝土结构。对于临时性托换支架，可考虑采用可拆除的钢结构以提高重复使用率。

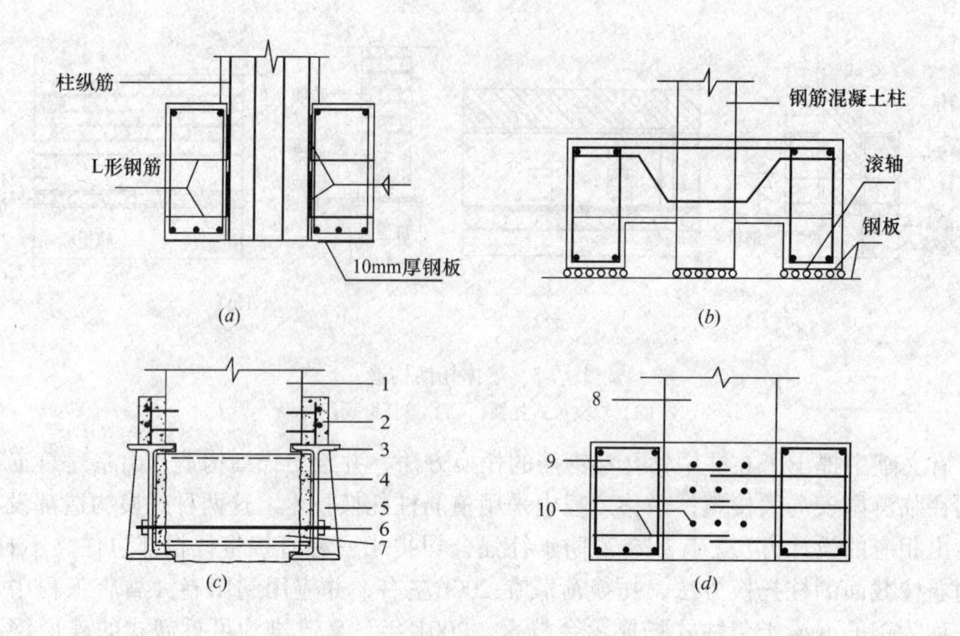

图 7-6 柱托换构造

（a）焊接 L 形钢筋托换；（b）穿钢筋托换；（c）对拉螺栓托换；（d）植筋托换

1—柱；2—上部围护结构；3—工字钢；4—填充细石混凝土；5—加劲肋；

6—对拉螺栓；7—槽钢；8—柱；9—包柱梁；10—所植钢筋

3. 墙体托换设计

(1) 双夹梁墙体托换设计

双夹梁式砖墙托换的设计内容包括构件截面尺寸的确定（包括夹梁和横向拉梁）、托换结合面的强度验算、夹梁的承载力验算和横向拉梁的承载力验算。

1) 构件的截面尺寸选择

托换夹梁截面宽度可根据托换荷载的大小在 150 ~ 250mm 之间选择，高宽比一般取 2 ~ 3。梁高不宜低于 200mm。

横向拉梁间距可取 1 ~ 1.5m，荷载较大时适当减小。拉梁截面宽度和高度可分别在 200 ~ 400mm 之间和 150 ~ 300mm 之间选取。拉梁高度不宜小于夹梁高度的 1/2。

2) 托换结合面的强度验算

取 1m 宽墙体作为计算单元，托换结合面强度按下式验算：

$$q \leqslant 2\tau h + V_1 \tag{7-1}$$

式中 q——托换位置处墙体竖向均布荷载；

τ——双夹梁和墙体结合面剪切强度，建议取 0.3N/mm^2；

h——夹梁高度；

V_1——1m 范围内横向拉梁承担的竖向荷载，取无腹筋混凝土梁受剪承载力计算值。

3) 夹梁的承载力验算

根据滚轴摆放方式（图 7-24）的不同，夹梁受力简图如图 7-8 所示。

当滚轴沿托换夹梁全长布置时，不需要进行验算，纵筋和箍筋按《混凝土结构设计规范》中构造要求确定。当滚轴间隔布置时，按多跨连续梁计算。

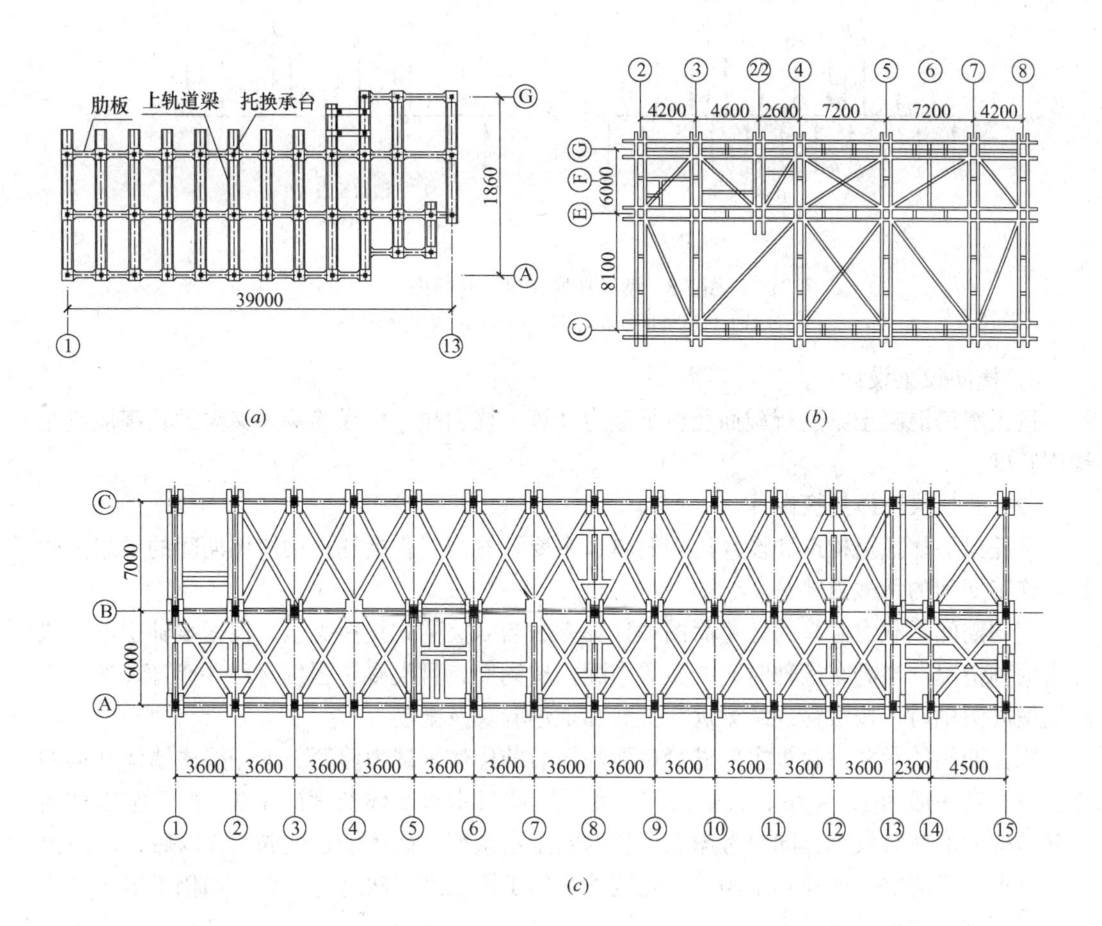

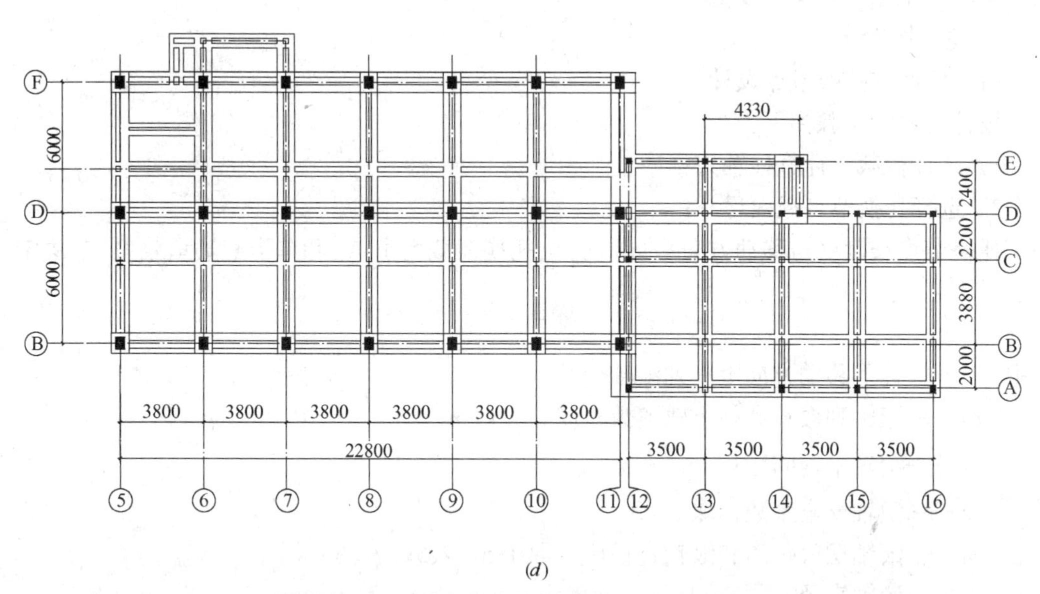

图 7-7 几种有代表性的平移工程托架形式

（*a*）阳春大酒店平移工程；（*b*）临沂国家安全局双向平移工程；

（*c*）南京江南大酒店平移工程；（*d*）江都供电局生产调度楼双向平移

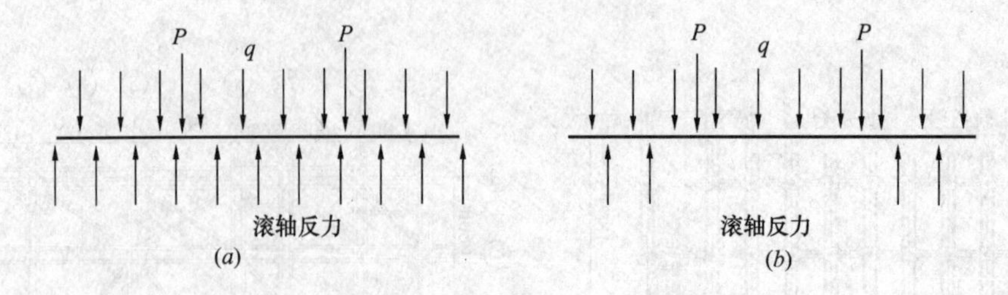

图 7-8　墙体托换夹梁计算简图

（a）沿上轨道全长布置滚轴时；（b）间隔布置滚轴时

4）横向拉梁设计

按无腹筋混凝土梁进行截面受剪承载力计算。横向拉梁中纵筋深入夹梁的长度应满足锚固长度。

(2) 单托梁墙体托换设计

单托梁墙体托换构造和设计比较简单，主要计算内容包括托换梁使用期间的承载力验算和施工期间的承载力验算。

使用期间承载力验算的计算简图和计算方法与双夹梁式托换类似，根据滚轴摆放方式分为两种情况。当满布滚轴时，托换梁中配构造钢筋，且混凝土强度等级不低于 C20；当间隔摆放滚轴时，按多跨连续梁进行抗剪和抗弯验算及配筋。

施工期间的承载力验算主要进行截面削弱后的砌体承载力验算。单托梁式墙体托换的施工段长度一般为 1.5～2m，且施工段长度不宜超过本道墙体长度的 1/3。由于施工期间上部结构的活荷载较小，同时考虑原结构的安全富余度，砌体墙在削弱 1/3 以后，承载力满足要求是可能的。如验算不满足，则应缩小施工段长度再次进行验算，如仍不能满足要求，则不宜采用单托梁托换方法。

4. 柱托换设计

(1) 植筋柱托换节点设计

设计内容和步骤如下：

1）统计荷载，计算柱轴力；

2）选择托换节点截面尺寸；

托换节点长度（与移动方向平行）L_b 由托换荷载大小 N_c 和单个滚轴承载力 F_0 决定。

$$L_b \geqslant n \cdot l_0 = k \frac{N_c}{n_1 F_0} \cdot mD \tag{7-2}$$

式中　n——柱下移动方向上一列滚轴个数；

n_1——滚轴列数；和柱下轨道数对应，一般 $n_1 = 2$；

l_0——滚轴平均间距；

k——滚轴安全系数，取 2～3；

m——滚轴摆放距离和滚轴直径比，取 1.5～2.5；

D——滚轴直径。

托换节点为四周包柱形式，夹梁横截面高度根据托换荷载大小可在 400～1000mm 范围内选择，一般不超过基础顶面到首层室内地坪的距离。宽度可参照一般梁构件取高宽比为 2 ~ 3。

为保证不发生四周包柱梁的剪压破坏，包柱梁的截面尺寸应满足下式要求：

$$\frac{16}{3}b_b h_b f_t > N \tag{7-3}$$

式中 N 为柱的竖向轴力设计值；b_b 为包柱小梁截面宽度；h_b 为包柱小梁截面高度。

3）托换节点受剪承载力计算。

受剪承载力可根据式（7.4 ~ 7.5）计算，得出植筋截面面积，并确定直径和根数。

$$V = V_s + V_{cf} \tag{7-4}$$

$$V = f_{cv}A_c + 0.75f_{sv}A_s \tag{7-5}$$

式中 V——柱托换节点受剪承载力；

V_s——植筋的受剪承载力；

V_{cf}——滑移界面的混凝土粘结力和摩擦力；

f_{sv}——植筋的抗剪强度；

A_s——全部植筋的横截面面积；

f_{cv}——新旧混凝土界面粘结抗剪强度，建议按 $0.3f_t$ 取值；

A_c——粘结界面总面积。

0.75 为混凝土与植筋共同抗剪时的共同作用试验系数，试验表明当新旧混凝土界面粘结抗剪强度充分利用时，植筋承载力约为 $0.75f_{sv}A_s \sim 0.8f_{sv}A_s$。

4）截面削弱后的柱承载力验算，不满足则通过改变局部构造以减小托换施工时对柱截面的削弱。

5）节点四周包柱结构的抗剪和抗弯验算，验算按钢筋混凝土深梁计算。

6）确定设计构造。植筋柱托换节点应满足下列构造要求：

植筋深入柱身长度和包柱节点的长度不宜小于 $10d$，d 为植筋直径。

植筋宜四面均匀布置，根数应适中。四面植筋位置标高应错开，避免相互干扰。

（2）型钢对拉螺栓柱托换节点设计

设计内容和步骤如下：

1）根据结构荷载确定柱轴力；

2）根据柱轴力和工程条件确定柱托换节点高度；

型钢对拉螺栓柱托换节点的突出优点是尺寸小，一般高度在 500mm 以下。

3）选定型钢规格；

常用的型钢规格可选用 36 和 45 工字型钢，槽钢高度可降低一个规格，托换荷载较小时工字钢和槽形钢规格也可适当减小。

4）选定填充混凝土强度；

5）按式（7-6）进行节点承载力验算。

$$V = 1.2(2nf_{sv}A_{sv1} + 0.3f_{cv}A_{cv} + 0.9f_c a l_c) \tag{7-6}$$

式中 f_{sv}——螺杆的抗剪强度；

A_{sv1}——单根螺杆的截面面积，因有两个抗剪面，故公式中乘以 2；

n——螺栓根数；

f_{cv}——填充混凝土界面的剪切强度；

A_{cv}——新旧混凝土结合面面积；

f_c——混凝土抗压强度；

a——型钢翼缘卡入柱保护层平均深度；

l_c——柱截面周长。

由于型钢腹板的受剪承载力较高，一般情况下，只进行节点整体受剪承载力验算，而不进行包柱型钢的承载力验算。

6）节点构造设计。

型钢托换节点构造要求如下：

①型钢和柱之间填充膨胀细石混凝土，强度不低于 C40；

②当托换夹梁截面宽度大于型钢截面宽度时，可考虑焊接加宽钢板，钢板厚度不应小于 10mm，并应每隔 300mm 设加劲肋；

③为防止型钢上翼缘卡入柱身位置处混凝土局压剥落，宜在节点四周设保护构造，高度 100~150mm，宽度不小于 60mm，箍筋不少于 2ϕ6，且箍筋接头不应在同一柱角；

④工字钢之间用槽钢或钢板拉结；

⑤当托换荷载较大，需要穿螺栓较多时，为防止柱截面削弱过大，同一水平截面螺栓不宜超过两个，上下两层螺栓净距不宜小于 100mm。可以在型钢上部穿长螺杆或垂直方向穿螺栓，后者情况应进行槽钢和工字钢之间的焊缝强度验算。

（3）焊接 L 形筋柱托换节点设计

设计内容和步骤如下：

1）受剪承载力计算

按植筋托换方法计算。

2）焊缝长度计算

焊缝受到剪力作用，设一根 L 形钢筋的截面面积用 A_{sL1} 表示，抗剪强度为 f_{sv}，则焊缝承担的剪力为 $f_{sv}A_{sL1}$，焊缝抗剪验算近似按角焊缝计算，有：

$$\frac{f_{sv}A_{sL1}}{2\times0.7h_f l_w}\leqslant f_v^w \tag{7-7}$$

即：

$$l_w\geqslant\frac{f_{sv}A_{sL1}}{1.4h_f f_v^w} \tag{7-8}$$

式中 f_v^w——角焊缝的强度设计值；

h_f——焊角尺寸（mm）；

l_w——焊缝的计算长度。

3）L 形钢筋的数量限制条件

显然，柱中纵筋位置不同，每根纵筋上焊接的 L 形钢筋的数量不同，角部纵筋可以焊接 2 根，四边中间部位纵筋可以焊接 1 根。每根纵筋上焊接 L 形钢筋承担的总剪力应小于纵筋抗压强度设计值，即：

$$f_{sv}A_{sL} \leqslant f_y A_{s1} \tag{7-9}$$

所以，每根柱中焊接 L 形钢筋的总截面面积存在上限值：

$$\Sigma A_{sL} \leqslant \frac{f_y A_s}{f_{sv}} \tag{7-10}$$

（4）包柱节点高度下限

托换荷载为 V，而由 L 形钢筋承担的最大托换受剪承载力为柱中纵筋的抗压承载力 $f_y A_s$，故由式（7-5），最小界面粘结面积 A_c 按下式计算：

$$A_c \geqslant \frac{V - 0.8 f_y A_s}{0.8 f_{cv}} \tag{7-11}$$

考虑保护层凿除的影响，近似取新旧混凝土界面面积 $A_c = 0.9 \times 2(b + h)h_b$，代入上式，最小托换梁高度为：

$$h_b \geqslant \frac{V - 0.8 f_y A_s}{1.44 f_{cv}(b + h)} \tag{7-12}$$

5. 托换桁架整体设计

托换桁架简称托架，由柱托换节点、墙体托换梁、连系梁（互相交叉的斜向连梁习惯称为剪刀撑）组成。托架材料多选用型钢和钢筋混凝土，个别情况下连梁也可采用木构件。

托换节点和墙体托换梁根据实际结构的首层平面构件设置，其组成的结构托换底盘往往受力不均、整体性较差或水平刚度不足，在水平迁移荷载作用下，在墙、柱底部可能产生较大的相对位移，从而引起结构开裂。因此，托架设计中通常增设连梁或斜向支撑，形成平面刚度很大的整体托架。如图 7-9 所示。

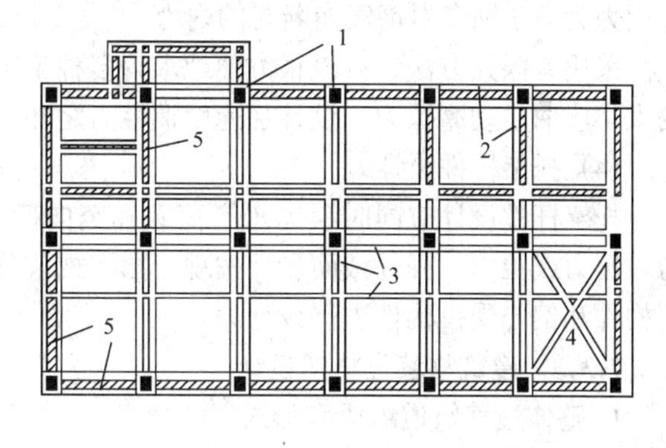

图 7-9 某平移工程上加固托架平面示意图

1—柱托换节点；2—墙托换梁；3—连梁；4—剪刀支撑；5—砖墙

托架设计的内容和步骤如下：

（1）连梁布置

连梁根据平面刚度大小和传力需要设置。连梁的设置原则为：①沿轴线设置，一般沿结构轴线拉通；②较大空间时设置，建议开间和进深大于 4m×6m 时设置；③根据施力需要设置。如图 7-9 所示结构纵向平移时，考虑施加水平力的均匀对称，水平托架增设了一道单梁支撑。连梁设置可以与轴线平行，也设计成斜向支撑（图中的斜撑为剪刀支撑形式）。

（2）内力分析模型

计算简图的确定可假定匀速平移过程中水平动力作用点为铰接点，摩擦力反方向作用到托架上，如图 7-10 所示。

图中 F_i为第 i 轴施加的水平动力，R_{ij}为第 i 轴 j 柱下的摩擦反力。当匀速移动时，理论上 $F_i = \Sigma R_{ij}$。

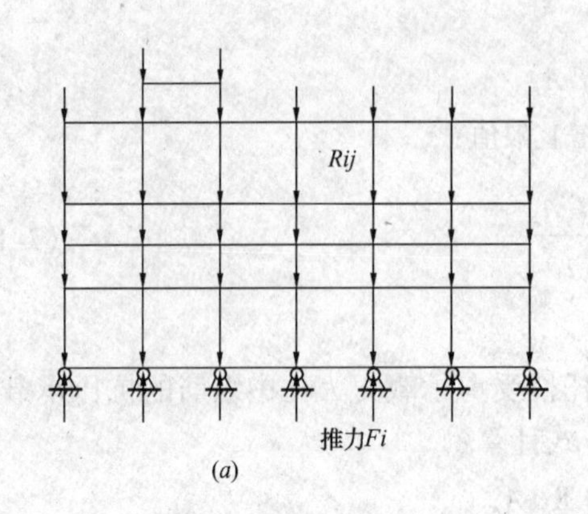

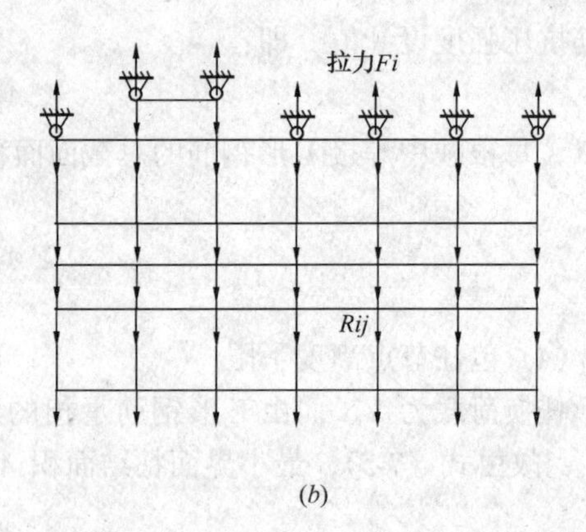

图 7-10　托架在水平力作用下的计算简图

（*a*）推力系统托架计算简图；（*b*）拉力系统托架计算简图

(3) 不利荷载作用下内力分析

托架内力按最不利状态进行受力分析。实际平移工程中托架最不利状态出现在加荷不平衡、顶推千斤顶失稳、牵引钢索崩断等情况发生时，进行分析时将计算简图中对应的铰支座去掉即可。例如图 7-10（*a*）中去掉第 j 轴的铰支座，分析得到的上托架杆件内力为第 j 轴千斤顶失稳时的内力；在 7-10（*b*）中去掉第 j 轴的铰支座，分析得到的上托架杆件内力为第 j 轴牵引钢索崩断时的内力。

采用有限元方法，可以很方便地求解多种工况下托架的内力。每道轴线的输入摩擦力的大小应取启动摩擦力、设计加速度惯性力之和。

(4) 托架杆件设计

托架杆件设计应同时考虑水平荷载和竖向荷载作用，杆件截面上一般产生弯矩、剪力、压力或拉力。杆件截面设计按现行国家规范分别按弯剪构件、轴心受压构件、偏心受压构件和偏心受拉构件进行设计。

7.3.3　建筑物移位轨道设计

1. 整体迁移轨道组成和形式

建筑物整体迁移工程的迁移轨道通常包括下轨道和上轨道，具体形式和移动方式有关，一般有以下三种（图 7-11）。其中第一种滚动方式较常用，第二种滑动方式和第三种

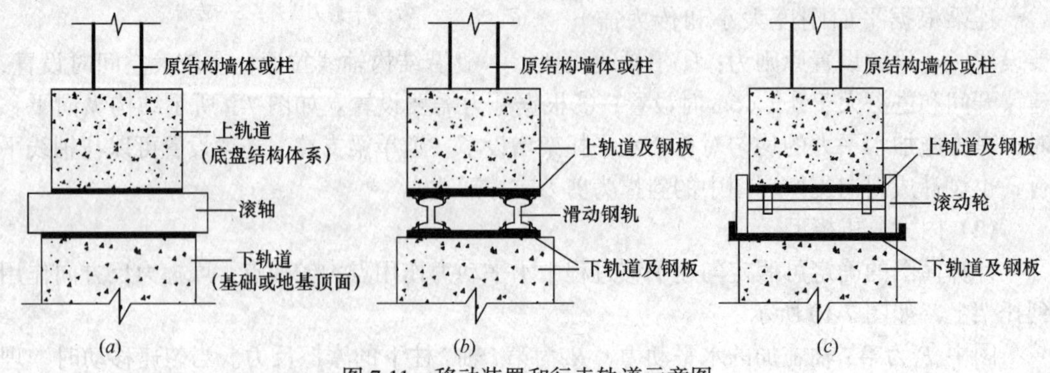

图 7-11　移动装置和行走轨道示意图

（*a*）滚轴滚动移位；（*b*）中间设滑动平移装置；（*c*）中间设滚动轮

滚动方式适用于房屋层数较少、竖向荷载小情况下的整体平移。

与滚轴（滚轮或滑动面）直接接触的上托架梁及其下面的钢板称为上轨道。上轨道形式简单，基本采用钢筋混凝土梁加钢板的形式，又称上轨道梁。

下轨道指移动界面下面的轨道，一般由下轨道基础和铺设的钢板（或型钢）组成，通常将轨道基础梁称为下轨道梁。

下轨道梁上铺设的钢板或型钢一般有三种类型（图 7-35 ~ 图 7-37），分别为钢板、槽钢和预制组合钢轨，其中预制组合钢轨由槽钢和钢板焊接后，内部填充细石混凝土组成。

轨道基础的主要作用是将建筑物移动过程中的荷载传递给地基，避免出现较大沉降和沉降差；上下轨道钢板或型钢的作用是找平，减小移动和滚动摩擦力，分散下轨道梁受力，避免下轨道梁局部受压破坏。

下轨道基础根据材料不同分为钢筋混凝土条形轨道基础、砖石砌体轨道基础、型钢轨道基础和组合结构轨道基础，最为常用是第一种。

钢筋混凝土轨道基础的形式多种多样，设计时根据平移工程具体情况综合考虑施工条件和经济性选定。当移动距离较长，新旧基础位置之间多采用单肋梁和双肋梁条形基础形式（图 7-12（*a*）、7-12（*b*））；当轨道基础下存在间隔的支承时（如原结构基础为条形基础或独立柱基，移动方向和原条形基础垂直，在原基础范围内，原基础为轨道梁的间隔支承），采用矩形截面跨越梁式轨道梁（图 7-12（*c*））；当原基础为条形基础，移动方向和条基方向相同时，可利用原条基进行改造，轨道基础形式如图 7-12（*d*）所示，其实质为特殊的双肋梁条基。

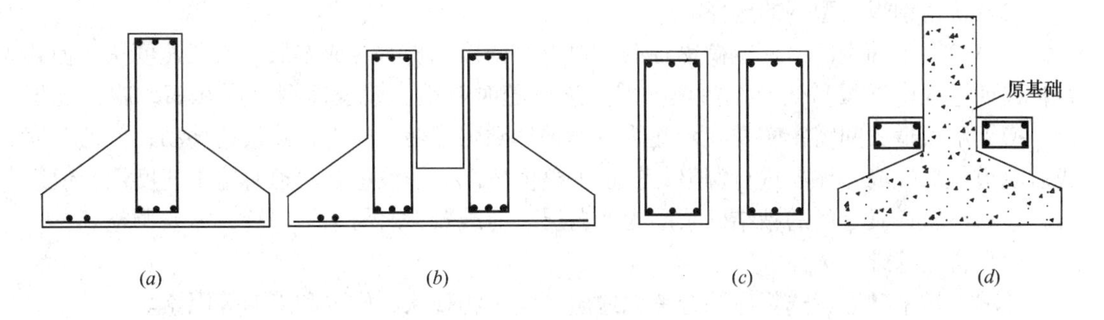

图 7-12　钢筋混凝土下轨道梁的断面形式

（*a*）单肋梁条形基础式下轨道梁；（*b*）双肋梁条形基础式下轨道梁；

（*c*）双跨越梁式下轨道梁；（*d*）原基础组合式下轨道梁

当楼房层数不多，且地质条件良好时，可选用砌体轨道基础。福建省建筑科学研究院在济南市的七栋住宅楼平移工程中故根据不同情况采用了三种类型的轨道基础：毛石基础 + 钢筋混凝土梁；毛石基础 + 钢筋混凝土梁 + 砖砌轨道梁；钢筋混凝土条形基础。华夏建筑调移公司则在一些工程中采用了“三明治”式的轨道梁（图 7-13），这种形式可以节省钢材，降低造价。福建莆田小学教学楼工程中则采用枕木上铺型钢作为轨道（图 7-14）。为了实现下轨道梁的可重复利用，东大特种基础工程公司的技术人员提出了钢轨道的概念，并申请了专利（图 7-14）。

2. 迁移轨道方案选择

（1）迁移轨道的确定原则

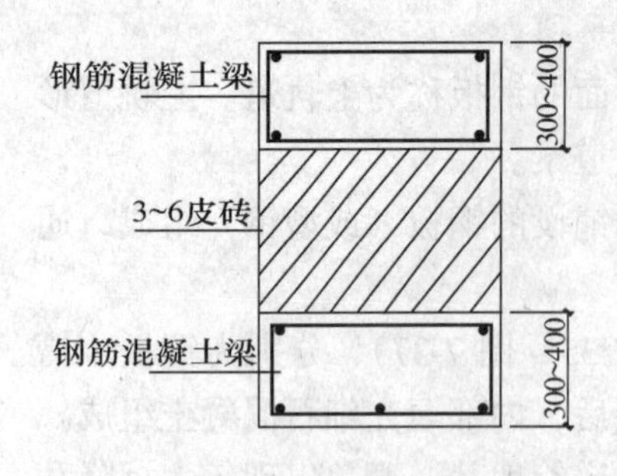

图 7-13 “三明治”下轨道梁

图 7-14 安庆某住宅楼平移顶升工程中的钢轨道

1）安全性原则

迁移轨道选择应首先从安全可靠角度进行判断，轨道设计必须保证地基承载力、轨道梁抗弯抗剪承载力和沉降差满足要求。

2）经济性原则

迁移技术的最大优点就是节省投资，迁移轨道在迁移工程造价中占有相当高的比例，合理选择轨道方案对工程造价影响显著。

3）施工简便快速原则

施工要简便，尽量选择易于就地取材的材料。由于轨道为临时结构，当需要拆除时应考虑拆除方便。轨道施工工期对总工期影响较大，缩短工期有利于减少建筑物停止使用的损失。

(2) 轨道钢板与型钢的选择

下轨道梁上铺设的钢板或槽钢各有优缺点。铺设钢板时，成本低，施工速度快，但建筑物移动过程中钢板易变形，错位，需要进行随时调整。铺设槽钢时成本高，施工速度慢，槽钢和轨道梁间需密实灌浆，灌浆后养护达到强度后才能进行建筑物移动；但铺设完成后轨道可靠性高，无需进行调整，轨道平整度较高。铺设组合轨道时施工速度快，但组合轨道和下轨道梁之间的粘结砂浆层为薄弱层，荷载较大时易水平扭转，需要调整。

(3) 轨道基础的选择

迁移轨道基础方案选择应综合考虑地质、建筑物现状、成本和工期等因素。

对于岩石地基，由于沉降较小，可直接在地基上铺设矩形钢筋混凝土或素混凝土下轨道梁，抗压强度满足时，也可采用砖石砌筑下轨道梁。

对于较好的天然地基土，应根据建筑物实际情况选择下轨道基础。框架结构一般采用钢轨道或钢筋混凝土轨道基础；砌体结构沿墙体轴线方向迁移时可选择砌体和素混凝土组合下轨道或钢筋混凝土下轨道基础；建筑物斜向迁移时，托换支点荷载较大，宜选择钢筋混凝土下轨道基础。平移旋转时，轨道为弧形，移动时易产生扭矩，因此宜选择钢筋混凝土轨道基础。

当地基条件较差时，可采用桩基础下轨道或进行地基处理。

钢筋混凝土条形基础是一种普遍适用的轨道基础形式。在新旧基础之间的过渡段，一般采用双肋梁条形基础形式。对于采用双夹梁式托换的荷载较小的墙体，或采用单托梁式托换的墙体，可采用单肋梁条形基础下轨道梁。在新、旧基础范围内，轨道基础设计考虑到建筑物新旧基础的作用，按跨越梁设计，这样可以减少临时结构材料用量。

3. 轨道基础的设计内容

轨道基础设计内容一般包括以下几个方面：

(1) 确定截面形式和尺寸；

轨道基础截面形式和托换方法有关，单梁托换一般设计成条形基础形式（单肋梁），双夹梁托换可设计成双肋梁条形基础，也可直接在原基础上改造。

轨道基础截面尺寸大小按迁移时上部结构传下来的内力大小和地基承载力大小确定。由于属于临时作用，轨道基础下的地基承载力适当放大。

(2) 轨道基础变形的验算；

(3) 轨道基础的正截面抗弯和斜截面抗剪承载力验算；

(4) 轨道基础底板的抗弯承载力和抗冲切验算。

钢筋混凝土轨道基础与基础底板的承载力验算可按现行《混凝土结构设计规范》规定方法进行。内力计算时，应考虑地基土反力的作用。

4. 轨道基础计算简图

(1) 荷载取值

上部结构通过滚轴和轨道基础相连，该连接方式只能传递竖向荷载和水平荷载，不能传递弯矩。水平荷载通过摩擦力传递给基础梁，在基础梁中产生水平轴力，轴力的大小与轨道基础的承载力相比很小，忽略不计。因此，轨道基础设计时，上部荷载仅考虑竖向荷载。

作用到轨道基础上的荷载形式和滚轴摆放方式有关。当滚轴沿上托架梁满布摆放时，简化为均布荷载；当滚轴分批集中摆放时，可将每批滚轴传给轨道基础的荷载看成集中力，如框架结构迁移仅在柱托换节点下摆放滚轴。

(2) 支座约束

轨道基础和新、旧基础相连，上部受到滚轴约束作用，下部受到（新、旧）基础、地基土反力的作用，当采用桩基础形式时，下轨道梁还将受到桩的作用，其支座约束根据受力可分为多种情况。

当轨道梁采用天然地基上条形基础或矩形梁形式时，原基础为独立柱基或与迁移轨道相交的条基时，与原基础相交部位可看成铰支座。

对于天然地基上较长的轨道基础，可按弹性地基梁进行内力分析。梁下地基对下轨道梁的作用为弹簧支座。

当轨道基础为轨道梁连接的桩基础时，桩基与下轨道梁间的支座可视作铰支座。

对于仅在柱托换节点下摆放滚轴的迁移工程，轨道基础梁可按倒梁法设计计算，滚轴与基础梁的支座为铰支座。

(3) 墙下条形基础简图

墙下轨道基础通常采用墙下条形基础形式，梁肋根据托换方法不同采用单肋或双肋，满布滚轴，则轨道梁设计同墙下条基。参见图 7-15。

轨道梁上、下两侧受到近似平衡均布压力作用，内力较小，可不进行承载力验算。但轨道基础底板应进行正截面（A－A 截面）和斜截面（虚线截面）承载力验算。

(4) 简支梁计算简图

当原基础为独立基础或原基础为条形基础，移动方向和原基础方向垂直情况下，支座

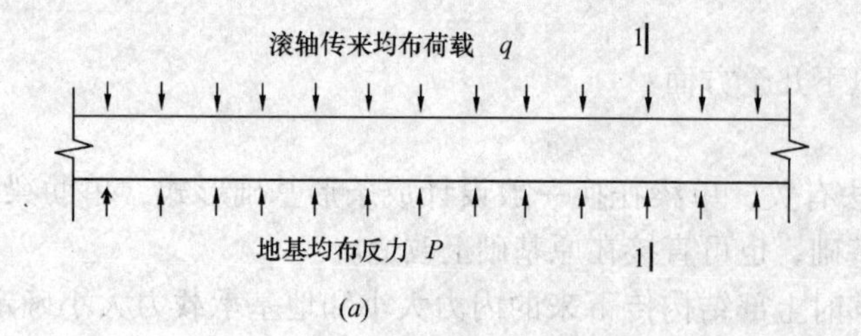

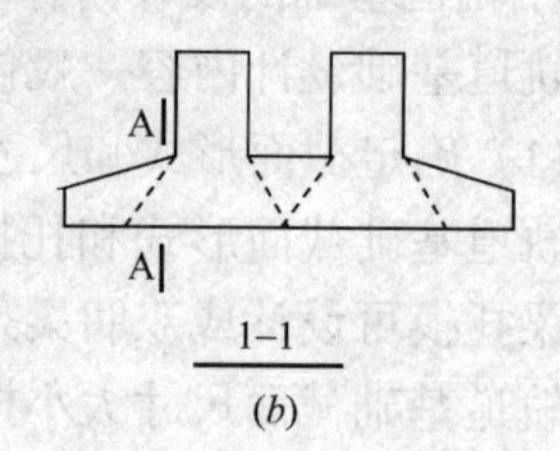

图 7-15 墙下条基受力示意简图

（a）基础梁受力；（b）横截面

位置处轨道梁被严重削弱（图 7-16），导致支点处传递弯矩的能力很小。此时轨道梁分析时可采用简支梁计算简图。图 7-17 给出了分批集中摆放滚轴时轨道梁的计算简图。

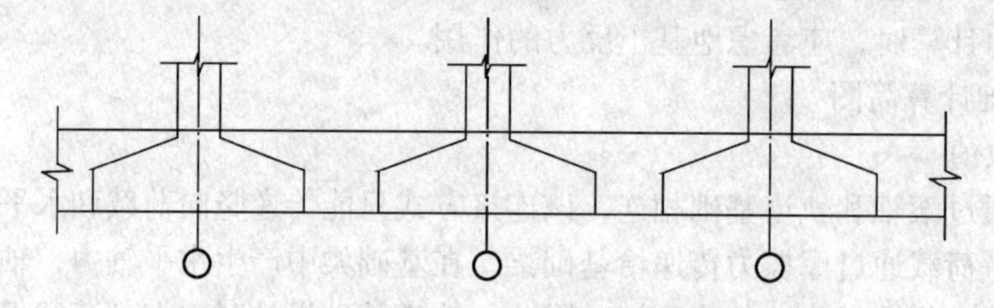

图 7-16 原基础为独立基础时下轨道剖面示意图

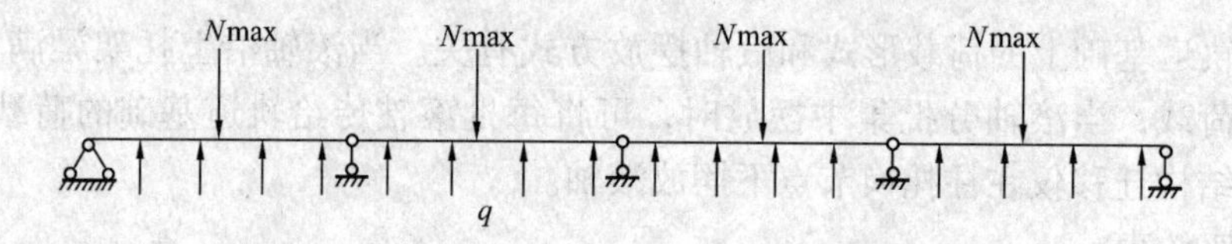

图 7-17 简支梁式下轨道梁的计算简图

注：图中 q 为地基土反力

(5) 多跨连续梁计算简图

当轨道梁在支座位置处削弱不多，基础与轨道梁的混凝土整体性较好时，轨道梁具有较强的抗弯能力，内力分析可以采用连续梁计算简图（图 7-18）。

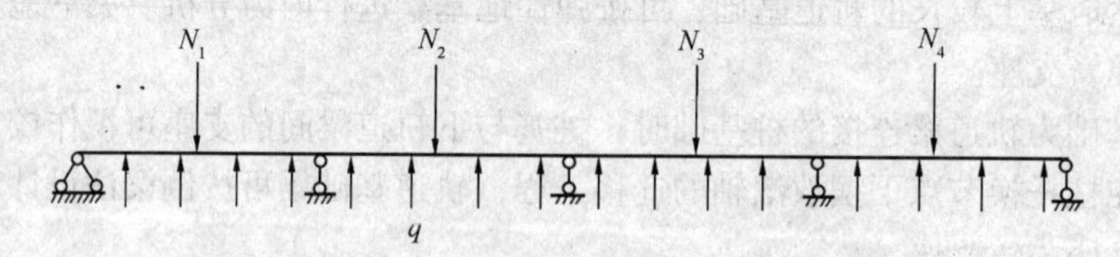

图 7-18 连续梁简图

采用连续梁简图各跨内力都应按本跨荷载的最不利布置计算。

(6) 地基上无限长梁简图

当移动距离过长，新旧基础之间的下轨道一般为条形基础形式，对于分批集中摆放滚轴情况，内力计算时可采用倒梁法计算。计算简图见图 7-19。伸出支座的轨道梁长度可以按相邻 1/3 跨度近似选取。上部支座的数量与该轨道梁上滚轴摆放批数相同。

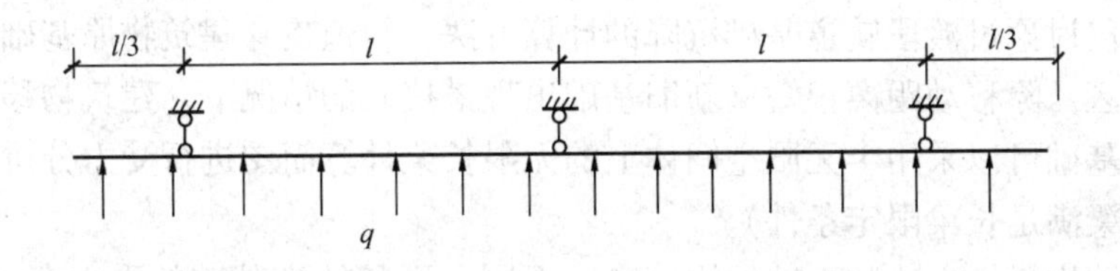

图 7-19　地基土上无限长梁计算简图

(7) 交叉梁简图

在双向平移时，转换方向位置处的下轨道形成了十字交叉梁形式。设计时应考虑以下两种荷载最不利位置。参见图 7-20。

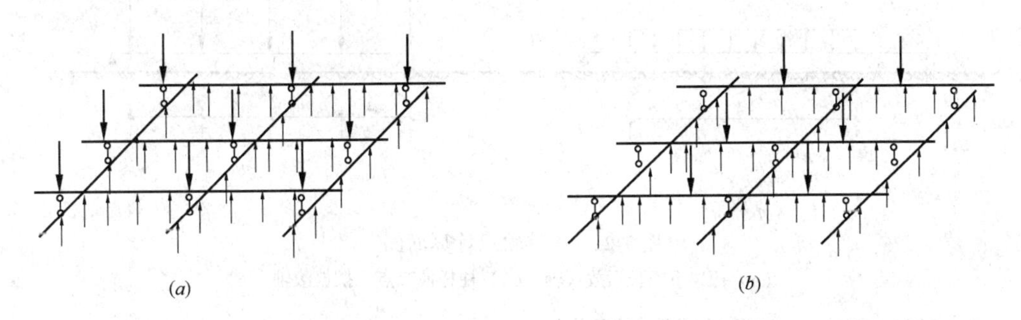

图 7-20　十字交叉轨道计算简图示意图

(*a*) 荷载作用在节点处；(*b*) 荷载作用在跨中位置处

图 7-20 (*a*) 中情况基础梁求得跨中最大负弯矩，7-20 (*b*) 图情况基础梁求得跨中最大正弯矩。

(8) 连续曲梁简图

当旋转平移时，可按连续曲梁简图进行内力分析。当梁下存在支撑支点时，按正向连续曲梁计算 [图 7-21 (*a*)]；当为曲线条基时，按倒曲梁计算 [图 7-21 (b)]。基础梁截面验算时按弯剪扭构件计算。

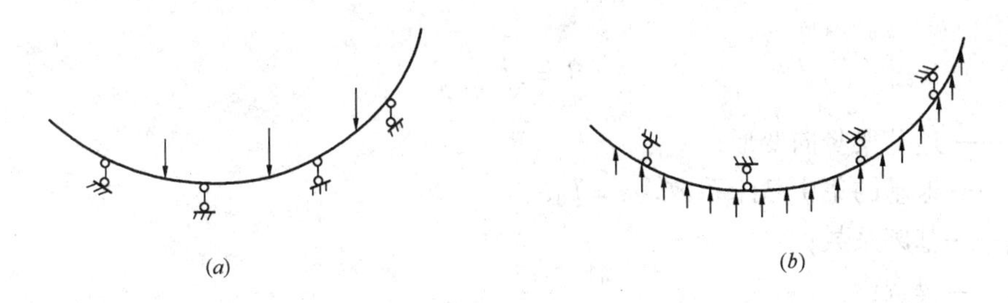

图 7-21　曲线轨道基础计算简图

(*a*) 跨越式曲轨道梁；(*b*) 弯曲条基下轨道梁

5. 轨道基础的沉降和沉降差计算

(1) 无限长梁迁移轨道的计算简图

平移轨道基础采用钢筋混凝土条形基础形式时，通常可将轨道基础简化为弹性地基梁进行内力和变形计算。轨道基础作为临时构件，其设计可靠度可小于新旧基础的可靠度，其中新旧基础之间的过渡段是最薄弱部位，移动过程中轨道的最大沉降一般在过渡段产生。因此这里仅讨论过渡段轨道基础沉降的计算方法。轨道贯穿建筑物原基础、新基础和移动经过的地区，除移动距离很短（新旧基础出现搭接）的情况下，建筑物移动至过渡段时，平移轨道基础可以采用半无限空间体上的无限长梁计算简图进行受力分析（绝大多数平移工程轨道梁满足长梁限定条件）。

根据上部结构托换方法和滚轴的摆放方式不同，平移轨道基础的受力存在两种情况。当在建筑物移动方向上沿托换梁下通长摆放滚轴时，轨道上部受到近似均部荷载作用；当仅在柱托换节点下摆放滚轴时，轨道上部受力按集中荷载考虑。上述两种情况下受力简图如图 7-22 所示。

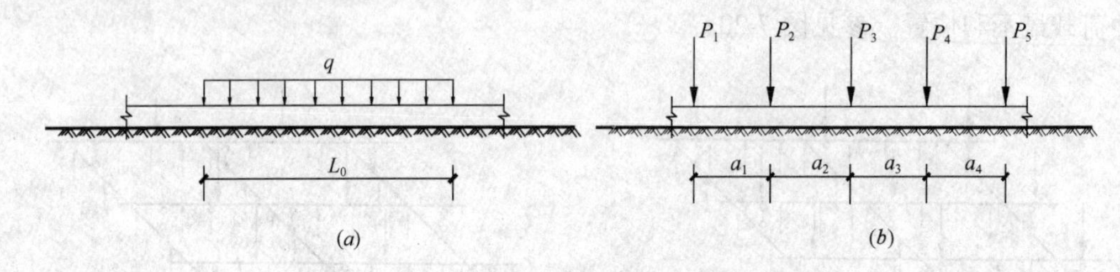

图 7-22 平移轨道计算简图

（a）托架下通长摆放滚轴；（b）柱托换节点下摆放滚轴

（2）无限长弹性地基梁的变形计算公式

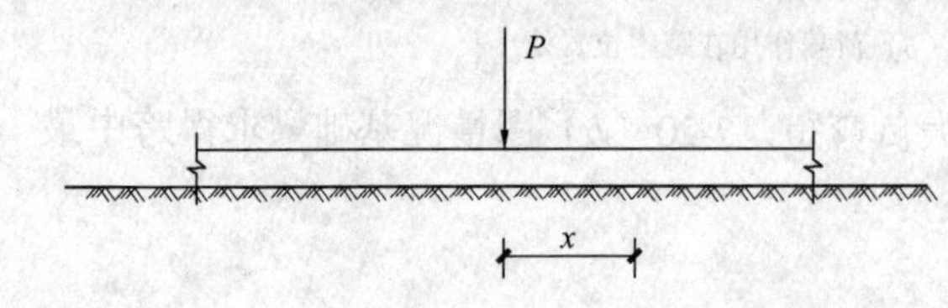

图 7-23 集中力作用下无限长弹性地基梁

相关文献中详细给出了文克勒地基上弹性地基梁的内力和变形计算方法和过程，本文采用文克勒地基假定，对轨道梁变形进行讨论。在集中荷载作用下（图 7-23），距集中力 P 为 x 的梁的变形计算公式如下：

$$y = \frac{P\beta}{2k}e^{-\beta x}(\cos\beta x + \sin\beta x) \tag{7-13}$$

$$\beta = \sqrt[4]{\frac{k}{4EI}} \tag{7-14}$$

式中 y——地基梁竖向变形；

k——地基的集中基床系数，$k = k_0 b$；

k_0——基床系数；

b——梁宽；

β——特征系数；

EI——弹性地基梁的抗弯刚度。

基床系数 k_0 可按下述方法估算或参考有关地基基础设计的相关文献。

对于某个特定的地基和基础条件，如已探明土层情况并测得土的压缩性指标，则可利用下式估计基床系数：

$$k = p_0/s_m \tag{7-15}$$

式中 p_0、s_m 分别为基底平均附加压力和基底各点平均沉降。

当地基压缩层范围内的土质比较均匀，则可利用载荷试验成果估算基床系数，在载荷板试验 p-s 曲线上取基底平均反力 p 及其对应沉降值 s，(7-15) 式变形为 (7-16) 式。

$$k = p/s \tag{7-16}$$

(3) 多个集中荷载作用下的平移轨道沉降和沉降差计算

1) 最大沉降的简化计算

仅在柱托换节点下摆放滚轴是框架结构整体平移的常用方式。在如图 7-22 (b) 所示的简图情况下，P_3作用点处轨道的沉降最大，根据式 (7-13) 采用叠加原理可得：

$$\begin{aligned} y = & \frac{\beta}{2k}[P_3 + P_2 e^{-\beta a_2}(\cos\beta a_2 + \sin\beta a_2) + P_4 e^{-\beta a_3}(\cos\beta a_3 + \sin\beta a_3)] \\ & + \frac{\beta}{2k}\{P_1 e^{-\beta(a_1+a_2)}[\cos\beta(a_1 + a_2) + \sin\beta(a_1 + a_2)] \\ & + P_5 e^{-\beta(a_3+a_4)}[\cos(a_3 + a_4) + \sin(a_3 + a_4)]\} \end{aligned} \tag{7-17}$$

当柱间距相等时，即：$a_i = a, i = 1 \sim 4$，则 (7-17) 式简化为：

$$\begin{aligned} y = & \frac{\beta}{2k}[P_3 + (P_2 + P_4)e^{-\beta a}(\cos\beta a + \sin\beta a) \\ & + (P_1 + P_5)e^{-2\beta a}(\cos 2\beta a + \sin 2\beta a)] \end{aligned} \tag{7-18}$$

当一条轨道上柱根数小于 5 时，可分别令相应的 $P_1 \sim P_5$等于 0。例如求四柱轨道沉降时，令 P_1或 P_5为 0；求三柱轨道沉降时令 P_1、P_5同为 0。当框架结构纵向平移，柱的根数往往大于 5，考虑到沉降沿距离衰减较快，距离较远的荷载在计算点产生的沉降可忽略，仍按图 7-22 (b) 所示简图计算。

2) 沉降差的简化计算

沉降差对平移工程的安全性的影响比沉降更为重要，不同轨道的沉降差可用不同轨道上对应柱的最大沉降进行比较。

在同一条轨道上，P_3作用点处沉降最大，P_1或 P_5作用点处沉降最小，设 P_1处最小，则最大沉降差为 $y_{P3} - y_{P1}$。设柱等间距为 a，将轨道梁上的集中力 $P_1 \sim P_5$依次写成 $\alpha_1 P$、$\alpha_2 P$、P、$\alpha_4 P$、$\alpha_5 P$ 的形式，则最大沉降差为：

$$\begin{aligned} \Delta y_{max} & = y_{p3} - y_{p1} \\ & = \frac{\beta P}{2k}[(1 - \alpha_1) + \alpha_4 e^{-\beta a}(\cos\beta a + \sin\beta a) \\ & \quad + (\alpha_1 + \alpha_5 - 1)e^{-2\beta a}(\cos 2\beta a + \sin 2\beta a)] \end{aligned} \tag{7-19}$$

式 (7-19) 中忽略了 P_4、P_5在 P_1点处产生的沉降。

同一轨道上仅有 3 根柱时，作用力写成 $\alpha_1 P$、P、$\alpha_2 P$，最大沉降差简化计算公式为：

$$\Delta y_{max} = \frac{\beta P}{2k}[(1 - \alpha_1) + (\alpha_1 + \alpha_2 - 1)e^{-\beta a}(\cos\beta a + \sin\beta a) - \alpha_2 e^{-2\beta a}(\cos 2\beta a + \sin 2\beta a)] \tag{7-20}$$

(4) 均布荷载作用下的平移轨道沉降和沉降差计算

在图 7-12 (a) 所示计算简图情况下，均布荷载边缘位置处轨道沉降为：

$$y = \int_0^{L_0} \frac{q\beta}{2k} e^{-\beta x}(\cos\beta x + \sin\beta x)\,dx = \frac{q}{2k}(1 - e^{-\beta L_0}\cos\beta L_0) \tag{7-21}$$

荷载中部为最大沉降，计算表达式为：

$$y_{\max} = \frac{q}{k}\left(1 - e^{-\frac{\beta L_0}{2}} \cos \frac{\beta L_0}{2}\right) \tag{7-22}$$

最大沉降差为：

$$\Delta y_{\max} = y_{\max} - y = \frac{q}{2k} + \frac{q}{2k} e^{-\beta L_0} \cos\beta L_0 - \frac{q}{k} e^{-\frac{\beta L_0}{2}} \cos \frac{\beta L_0}{2} \tag{7-23}$$

如果设 $L_0 = 2b$，并应用三角函数倍角公式，则式（7-23）可以写成另一形式：

$$\Delta y_{\max} = \frac{q}{2k}(1 - e^{-2\beta b}) + \frac{q}{k}(e^{-2\beta b}\cos^2\beta b - e^{-\beta b}\cos\beta b) \tag{7-24}$$

（5）验算方法

轨道最大沉降差按式（7-25）进行验算：

$$\Delta y_{\max} \leqslant \Delta_{\lim} \tag{7-25}$$

式中 $\Delta_{\lim}$为平移工程中沉降差控制限值。

6. 轨道基础的构造要求

下轨道基础的构造要求如下：

（1）轨道基础梁的宽度不宜小于 250mm，高宽比不应太小，也不宜大于 3；

（2）轨道基础的混凝土标号不宜小于 C25，不应小于 C20；

（3）新旧混凝土结合面应凿毛，粗糙深度不小于 6mm；原基础钢筋应凿出，宜和轨道梁同一位置处钢筋焊接；

（4）轨道基础支座附近宜设弯筋或附加吊筋抗剪；下轨道基础梁中箍筋接头宜设在底板部位；

（5）轨道基础梁上铺设钢板时宜在轨道梁上皮和钢板之间铺设 2～3mm 厚粉细砂；

（6）轨道梁上找平砂浆和铺设组合型钢的砂浆强度不宜低于轨道梁混凝土强度。

7.3.4 建筑物移位动力系统设计

1. 移动系统组成

在建筑整体平移的设计和施工过程中，移动系统的设计和安装起着非常关键的作用。本章着重讨论水平迁移工程中的移动系统。

通常建筑物水平移动有两种方法：滚动和滑动。滑动的优点在于平移时比较稳定，轨道受力均匀，其缺点是摩阻力大，需要提供较大的移动动力，移动速度缓慢。另外，要寻找一种高强度、高硬度、摩擦系数小且成本低廉的材料十分困难。滚动的优点是摩擦系数小，需提供的移动动力小，移动速度快；缺点是稳定性差，易产生平移偏位。目前绝大多数建筑物平移均采用滚动方法。

根据建筑物平移过程中的动力施加方式，移动系统分为推力系统、拉力系统和前拉后推系统。移动系统由移动装置、移动动力设备、反力支座组成。移动装置包括滚轴和上下轨道板（或滑道板）。推力系统的移动动力设备包括千斤顶和垫块；拉力系统的移动动力设备包括千斤顶和牵引钢索。反力支座包括固定反力支座和可动反力支座。

推力系统由于千斤顶的行程限制，每行走一个行程，需要在千斤顶后部加垫块，垫块过多则容易失稳。因此，需要每隔一段距离设一可动反力支座或者对垫块施加限制失稳措施。

拉力系统中的拉力施加方式有两种：一种是在加固托架前端设牵引环，牵引钢索固定到牵引环上，这种方式对上加固托架的抗拉强度要求较高；另一种是将牵引钢索穿到建筑物后面，固定到加固托架上。拉力系统可以很方便地控制建筑物的行走方向，移动距离较短时不需要设可动反力支座；当移动距离很长时，为了减小牵引钢索的长度，可设几组可动反力支座。

平移工程中推力系统和拉力系统的组成示意参见图 7-1、图 7-2。

2. 滚轴设计

（1）滚轴种类

移动装置的设计包括滚轴选择、承载力验算以及钢板的选取。其中移动装置中上下轨道板移动滚轴的设计是移动装置设计的最主要的内容。

滚轴的选取有三个要求，一是具有一定的承载能力；二是滚动摩擦系数较小；三是具有一定的变形能力。

常用的滚轴多采用实心钢辊和钢管混凝土。实心钢辊强度高，但变形能力差，受力不均匀时易引起上托架开裂；钢管混凝土滚轴采用壁厚 4 ~ 6mm 的空心钢管，中间用不低于 C30 的细石膨胀混凝土填实。钢管混凝土滚轴承载力较低，弹性模量适中，摩擦系数和钢辊接近，缺点是受力不均匀时易破坏，施工中需要随时更换。中国矿业大学结合某平移工程提出了工程塑料滚轴，试验证明其承载力高，滚动摩擦系数小，弹性模量适当，不易破坏，但成本较高。

滚轴选择根据结构受力和经济性建议优先选择钢管混凝土滚轴，其次是实心钢辊滚轴；当移动距离较长时，不宜单独采用钢管混凝土滚轴。这是由于钢管混凝土经反复碾压易产生破坏，或者两端多次调整敲打时易产生变形，造成滚轴更换数量较大。此时可采用实心圆钢滚轴或间隔布置等直径的圆钢滚轴和钢管混凝土滚轴。当建筑重量较小时，如承载力满足，可直接采用钢管滚轴。滚轴需多次重复利用时，可采用工程塑料滚轴或实心钢滚轴。

（2）滚轴的长度、直径和个数

滚轴的大小选择和两个因素有关，一是单个滚轴设计荷载大小，另一是结构分离时切割空间的要求。滚轴的直径和长度越大，单个滚轴的承载力越大；滚轴滚动摩擦系数和直径有关，直径越大，所需要的总的牵引力越小。滚轴的直径越大，上部结构与基础分离时切割越方便。

滚轴的长度一般比下轨道板宽度大 100 ~ 200mm。这样当出现偏位时，通过斜放滚轴调整，同时外露一定长度以便人工用锤敲击滚轴端头，对滚轴进行矫正。特殊情况下，可采用通长滚轴。如轨道间距较密的高塔平移。

工程中常采用的滚轴直径为：钢管混凝土滚轴和高强钢管直径为 60 ~ 150mm；实心钢辊滚轴直径为 40 ~ 100mm。

滚轴个数按下式计算：

$$n = k\frac{\Sigma N}{F_0} \tag{7-26}$$

式中　n——为滚轴个数；

ΣN——为上部结构竖向荷载总和；

k——为安全系数；

F_0——为单个滚轴平均受压承载力。

滚轴在平移施工过程中实际受力为疲劳荷载，如果轨道不平则会造成局部压力过大，为保证平移中滚轴不破坏，建议安全系数 k 取值不小于 3。

F_0 可根据试验得到，也可由式（7-33）式进行计算。

(3) 滚轴的摆放方式和间距

在平移工程中，移动装置和上部结构、下轨道梁的相对关系见图 7-24。

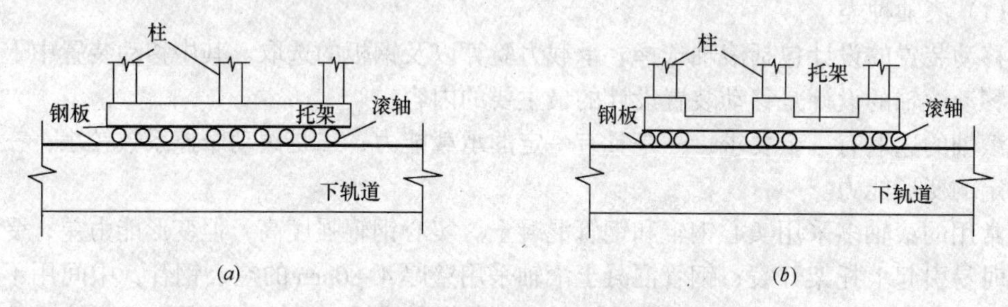

图 7-24　滚动装置位置示意图

（a）托架下全部摆放滚轴时；（b）只在支撑点处摆放滚轴时

滚轴摆放方式有两种，一种是在整个上部结构的加固托架下均匀摆放，见图 7-24（a）。其特点是：单个滚轴设计荷载小，使用中变形小，但上部托架尺寸较大，浪费材料。另一种是选择上部荷载传力支撑点，只在支撑点处摆放滚轴，参见图 7-24（b）。其特点是：单个滚轴设计荷载大，强度要求高，上部托架尺寸小。平移时在每个支座前及时摆放滚轴，并取走后部滚出支座范围的滚轴，循环摆放。

滚轴的数量和摆放范围决定其间距，间距近似按下式计算：

$$S = \frac{L}{n_1 - 1} \tag{7-27}$$

式中　L——滚轴支撑长度；当沿上托架通长布置滚轴时，为移动方向上托架长度；当仅在支撑点下集中布置时，为支撑点的计算长度；

n_1——单道轨道或一个设计支撑点处布置的滚轴个数。

滚轴布置尚应满足下面两个条件：

1）滚轴间距不宜小于 $2.5D$，净距不宜小于 100mm，D 为滚轴直径；

滚轴的最小间距限制是为了保证滚动正常，避免滚轴相互卡住，同时保证在对滚轴进行调整时有一定的锤击空间。

2）滚轴和轨道板接触满足最小允许荷载的要求，避免轨道板压缩变形过大。根据福建省建科院的研究成果，按下式计算：

$$\frac{N_1}{l_0}K_1 \leqslant [W] = (53 \sim 42)D \tag{7-28}$$

式中　N_1——单个滚轴承担的压力值（kN）；

l_0——单个滚轴与轨道板的有效接触长度（cm），取上下轨道板宽度的较小值；当下轨道板为钢轨时，按轨道顶面宽度的 1/2 计算；

K_1——轨道板不平引起的增大系数，取值为 1.2～1.5。根据轨道平整度选择，平整度差较小时，取小值；

$[W]$——滚轴与轨道板接触面上每厘米长度的允许荷载（kN/cm）。

(4) 滚轴抗压承载力计算

实心钢辊滚轴无需进行抗压承载力验算。

钢管混凝土在横向压力作用下，加荷初期钢管的横向变形将大于内部混凝土的横向变形，随压力的增加，混凝土和侧向钢管壁的粘结将首先破坏，此时混凝土的受力类似于劈拉试验。由混凝土劈拉强度公式 $f_{t,s}=\frac{2F}{\pi dl}$ 可得压力：

$$F=\frac{f_{t,s}\pi dl}{2} \tag{7-29}$$

用混凝土的抗拉强度标准值 f_{tk} 代替劈拉强度 $f_{t,s}$，用滚轴混凝土抗压承载力 F_c 代替压力 F，并考虑钢管对混凝土的约束作用和受力不均匀情况，得到下式：

$$F_c=\frac{\pi\cdot d\cdot\beta l\cdot\alpha f_{tk}}{2} \tag{7-30}$$

式中 d——为滚轴内混凝土直径；

l——为滚轴长度；

β——为考虑滚轴受压不均匀的计算长度折减系数，可取 0.8～0.9；

f_{tk}——为内填混凝土的抗拉强度标准值；

α——为考虑钢管约束作用的混凝土强度增大系数。

空心钢管承担的压力很小，因此在 F_c 中乘以一个增大系数 k。用滚轴外径和钢管内混凝土直径的关系为 $D=1.2d$，代入式（7-30）中，得滚轴抗压承载力：

$$F_0=kF_c=k\frac{\pi\cdot D\cdot\beta l\cdot\alpha f_{tk}}{1.2\times 2} \tag{7-31}$$

将上述所有系数合并成一个综合系数 γ 得：

$$F_0=\gamma\pi Dlf_{tk} \tag{7-32}$$

根据将东南大学试验结果和山东建工学院加固研究所提供的试验数据，建议取 $\gamma=3.5$。

将综合系数 $\gamma=3.5$ 代入式（7-32）中，并用混凝土抗拉强度设计值代替标准值，钢管混凝土滚轴抗压承载力设计值按下式计算：

$$F_0=11Dlf_t \tag{7-33}$$

3. 迁移动力计算和动力设备选择

(1) 滚动摩擦系数试验和工程实测结果

东南大学、山东建筑工程学院和解放军后勤工程学院等单位进行了滚轴滚动摩擦系数试验。试验目的是测定在不同压力下，滚轴启动时的摩擦系数，以便选择适当的推拉设备，同时为反力支座的设计提供依据。

东南大学在试验中测得的不同竖向压力下钢管混凝土滚轴平均滚动摩擦系数在 2‰～4‰之间，随荷载增大滚动摩擦系数略有减小。山东建工学院采用不同直径的实心钢滚轴进行了对比试验，结果表明摩擦系数随滚轴直径增大而减小，随荷载增大而增大。试验研究也表明启动摩擦系数比匀速运动摩擦系数大。

解放军后勤工程学院采用长 200mm 的 $\phi140\times5$mm 空心钢管滚轴进行试验，测得的均布荷载时的启动摩擦系数约为 3‰~4‰，随荷载变化规律与东南大学结论基本相同。但其测得的匀速运动时摩擦系数增大至 8%左右。

东南大学在平移工程现场中实测得到的滚动摩擦系数，初始移动时为 0.07，匀速运动时为 0.04。山东建工学院在实际工程中实测的滚动摩擦系数参见表 7-1。

实际工程中平移牵引力 F 和竖向荷载 G 的比值关系 **表 7-1**

参 数	临沂国家安全局办公大楼	济南种子公司大楼	济南王舍人供电所	莒南岭泉信用社	东营庄西采油厂
G(kN)	59600	28300	19300	17400	11600
F(kN)	4227	1459	923	811	452
F/G	1/14	1/19	1/21	1/21	1/25

上述试验结果相差较大，这主要是由于试验方法和试验条件以及滚轴种类不同产生的。另外，试验情况和实际工程现场情况差别较大，设计中滚动摩擦系数主要参考现场实测结果，一般在 1/25~1/10 之间。滚动摩擦系数主要影响因素有摩擦副材料特性、轨道平整度、滚轴直径、竖向荷载分布情况等。

（2）滚动摩擦系数理论公式

古典滚动摩擦系数的定义和滑动摩擦相对应，定义滚动时水平驱动力和法向压力的比值为滚动摩擦系数。现在机械领域常用的滚动摩擦系数的定义为水平驱动力在单位长度上所做的功和竖向压力的比值。这两个概念的实质是相同的。

两个固体相互接触，若在加载前是点接触或线接触，加载后由于接触区的变形，扩展成接触面，这类接触称为赫兹接触。建筑物整体迁移工程中的滚轴受力属于典型的赫兹接触。

一个直径为 R 的圆柱体在线荷载 f_n 作用下和一个平面接触时，当两者材料相同，弹性模量 E 和泊松比 μ 相同时，接触带半带宽和压缩变形（见图 7-25）计算如下：

半带宽：
$$b=\sqrt{\frac{8f_nR}{\pi}\left(\frac{1-\mu^2}{E}\right)} \tag{7-34}$$

直径压缩：
$$\Delta D=-\frac{4f_n}{\pi}\frac{1-\mu^2}{E}\left(0.407-\ln\frac{4R}{b}\right) \tag{7-35}$$

楼房整体平移工程中滚轴受力如图 7-25 所示。

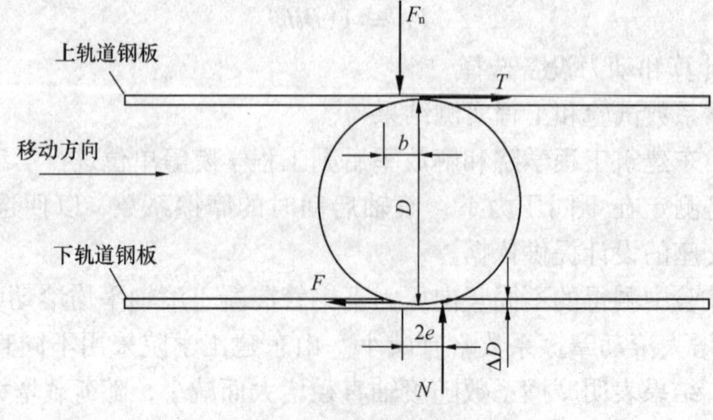

图 7-25 滚轴受力图

在滚轴滚动时，滚轴和钢板接触面变形恢复有滞后现象，即当上钢板向右滑动后，钢板和滚轴逐渐脱离的部分变形没有恢复，因此不能承担压力，导致竖向荷载作用点后移。同理下部钢板对滚轴的支撑反力作用点前移，如上图所示。当滚轴匀速滚动时，作用到滚轴上的力矩平衡，有：

$$F_n \cdot 2e = F \cdot (D - 2\Delta D) \tag{7-36}$$

滚动摩擦系数：

$$f = \frac{F}{F_n} = \frac{2e}{D - 2\Delta D} \tag{7-37}$$

偏心距 e 是由滞后效应造成的，根据滚动摩擦理论得：$e = \frac{2\alpha b}{3\pi}$；$\alpha$ 为滞后耗能系数，文献中给出圆柱体的试验值约为 2。将 $D = 2R$、$f_n = F_n/l$、$e = \frac{2\alpha b}{3\pi}$ 和（7-34）、（7-35）代入（7-37）式推导得：

$$f = \frac{\frac{4\alpha}{3\pi}\sqrt{\frac{8f_n R}{\pi}\left(\frac{1-\mu^2}{E}\right)}}{2R - \frac{8f_n}{\pi}\frac{1-\mu^2}{E}\left(0.407 - \ln\frac{4R}{b}\right)} \tag{7-38}$$

ΔD 项和 D 项相比很小，可略去。最后得：

$$f \approx 0.677\sqrt{\frac{F_n}{Rl}\left(\frac{1-\mu^2}{E}\right)} \tag{7-39}$$

由上式可知：滚动摩擦系数和滚轴半径的平方根成反比，和滚轴长度的平方根成反比，和压力的平方根成正比。

当摩擦副均为钢材时，取弹性模量 $E = 2.1\times10^5 \mathrm{N/mm^2}$，泊松比 $\mu = 0.3$。将计算值和东南大学试验值对比可知，两者处于同一数量级，参见表 7-2。试验中摩擦系数随荷载增大而减小与理论分析不符，分析认为这是由于大荷载试验前先进行了若干次小荷载滚动摩擦试验，导致摩擦副界面越来越光滑所致。

滚轴滚动摩擦系数 **表 7-2**

F_n（kN）	100	150	200	250
理论值	0.00575	0.00703	0.00812	0.00906
试验值	0.00375	0.00333	0.00258	0.00245

（3）平移水平动力计算方法

东南大学建议公式：

根据式（7-39），引入实际工程调整系数 K，将轨道不平、接触面灰尘、滚轴受力不均匀等因素考虑在内，摩擦系数设计表达式形如（7-40）所示：

$$f = K\sqrt{\frac{F_n}{Rl}} \tag{7-40}$$

则总水平动力为：

$$F = f \cdot G = K \cdot G\sqrt{\frac{F_n}{Rl}} = K\sqrt{\frac{G^3}{nRl}}\,(\mathrm{kN}) \tag{7-41}$$

式中 K——实际工程综合经验系数，初始取0.025，移动过程中取0.02。

F_n——滚轴受到的平均压力，单位kN；

G——结构总重，单位kN；

R——滚轴半径，单位mm；

n——滚轴个数；

l——滚轴长度，单位m。

福建省建筑科学研究院建议计算公式：

$$N = K\frac{Q(f+f')}{2R}(\text{kN}) \tag{7-42}$$

K——滚轴表面不平及滚轴方向偏位等原因引起的阻力增大系数，一般 $K=2.5\sim5.0$，当轨道板与滚轴均为钢材时 $K=2.5$；

Q——建筑物总荷重（kN）；

f，f'——分别为沿上下轨道的摩擦系数（cm），取值参见表7-3。当上下轨道板材料相同时可简化取值，启动时为 $f=f'=0.15$，移动时。$f=f'=0.08$；

R——滚轴半径（cm）。

摩擦系数 f（f'）值（钢与钢） 表 **7-3**

摩擦条件	起动时		运动中	
	无油	涂油	无油	涂油
压力较小时	0.15	0.11	0.11	0.08~0.10
压力>100kN	0.15~0.25	0.11~0.12	0.07~0.09	—

4. 动力设备的选择和布置

动力设备一般使用千斤顶（参见图7-26、图7-27）。重量较小的建筑，水平迁移动力较小时，也可采用卷扬机牵引，以加快平移速度。千斤顶可采用手动千斤顶或液压千斤顶，手动千斤顶的特点是：操作简单，需统一号令，实际施加荷载受人为影响大，一般采用小吨位千斤顶，加力点较多。采用液压千斤顶对操作人员要求高，但施力平稳。

图7-26 牵引装置

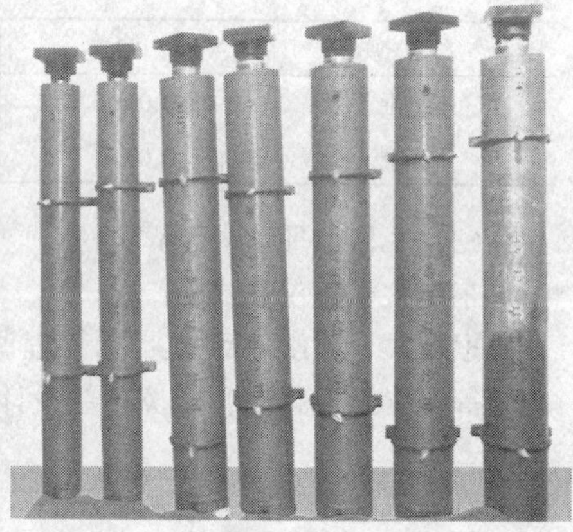

图7-27 平移专用的大行程液压缸

千斤顶的数量根据工程实际情况确定，一般在平移方向上每条轴线设一套动力设备。隔轴设置则需要增大上托架的刚度和强度。实际工程中应根据工程情况准备若干台备用千斤顶。

千斤顶额定负载根据总平移动力设计值和数量确定，考虑到实际工程中千斤顶受力的不均匀性，一般额定负载不应小于设计水平动力 1.5 倍。

千斤顶选择步骤如下：

(1) 根据对上部结构的受力分析，计算出每条轴线上的重力荷载 G_i；

(2) 计算每条轴线需要的滚轴个数；

(3) 根据滚动摩擦系数计算每条轴线所需要的水平力 F_i；

(4) 根据 F_i 的大小选择千斤顶的吨位大小和每条轴线上所需千斤顶个数。

为了加快建筑物的移动速度，建议选用行程较大的液压千斤顶。

千斤顶的布置根据水平动力方案确定。首先在推力方案、拉力方案和推拉混合方案中选择动力方案，然后确定各千斤顶的相应位置。千斤顶宜进行分组，水平动力设计值相近的千斤顶分为一组，每组配一台油泵，以利于加载平衡。

5. 反力系统设计

(1) 反力支座的设计

施加水平推力或拉力必须有安全可靠的反力支座。一般在轨道的端部设固定反力支座(图 7-28)，随着移动行程的增加，支座和千斤顶之间设垫块。当移动距离较大时，垫块过多会导致失稳，因此应设可动反力支座，可动反力支座的形式参见图 7-29。当平移动力为拉力时，可只在移动位置的最前端设固定反力支座即可。

固定反力支座一般为钢筋混凝土结构，验算内容主要是根据支座受到的最大水平力设计值，进行抗剪验算和抗弯验算。

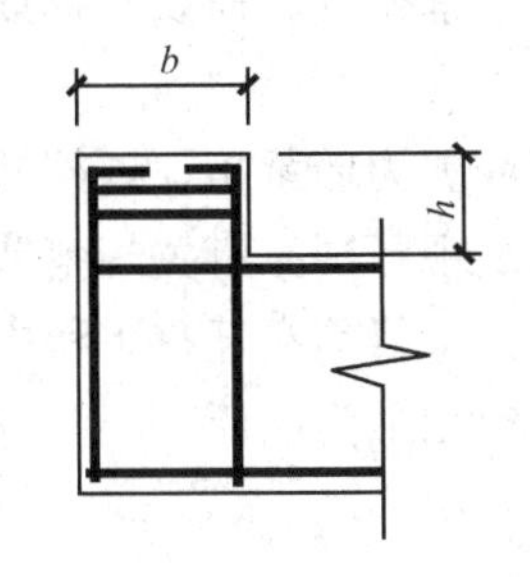

图 7-28　固定反力支座

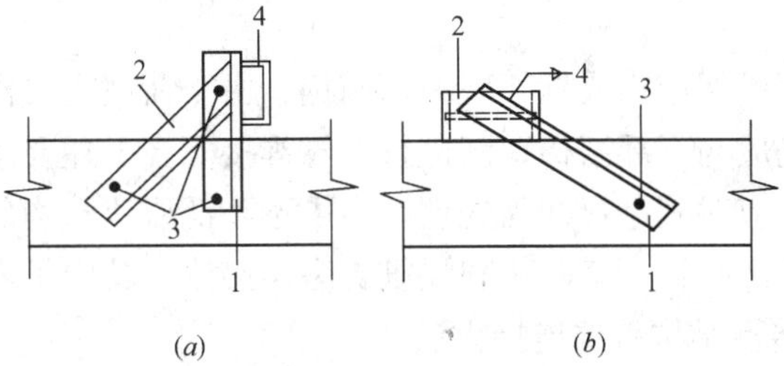

(a)　(b)

图 7-29　楼房平移中的可动反力支座

可移动反力支座一般由型钢制作，图 7-29 中给出了分别应用于闽侯县交通局整体平移工程和南京江南大酒店整体平移工程中的两种可动反力支座。图 7-29（a）所示支座验算内容为：角钢 1 抗拉承载力验算；角钢 2 抗压承载力验算；螺杆 3 抗剪承载力验算；型钢 4 抗弯剪验算。图 7-29（b）中支座验算内容为：角钢 1 抗拉承载力验算；型钢 2 抗弯剪承载力验算；螺杆 3 抗剪承载力验算；焊缝 4 强度验算。

(2) 顶推垫块的失稳验算

当动力为推力时，由于千斤顶的行程很小（常用的额定压力为 100t 的液压千斤顶只有 15cm)，完成一个行程后，在千斤顶后加混凝土垫块或钢垫块。但垫块加得过多时很容易失稳。在压力不超过垫块的受压承载力设计值的情况下，垫块的计算长细比 λ 应满足：

$$\lambda = \frac{l}{d} \leqslant [\lambda] \tag{7-43}$$

式中　l——千斤顶后的垫块总长度；

d——垫块的短边尺寸或回转半径；

$[\lambda]$——轴心受压构件的临界长细比，根据国家规范，混凝土构件$[\lambda]=30$；钢结构构件$[\lambda]=150$。

平移工程中增加垫块时，计算长度随之相应增大，设增大系数为 α，则 n 个垫块的长细比为：

$$\lambda=\frac{l\cdot\alpha^{n}}{d} \tag{7-44}$$

将垫块之间的连接近似看成铰接，则每增加一个垫块，可认为将受压构件中间一个固接连接换成铰接连接。根据杆件稳定计算理论，杆件固接连接时计算长度约为铰接连接时计算长度的 0.7 倍。反之，每增加一个铰接连接，计算长度约增大 1.4 倍。因此，垫块失稳验算公式为：

$$\frac{l\cdot 1.4^{n}}{d}\leqslant[\lambda] \tag{7-45}$$

7.3.5 建筑物移位的就位连接构造

由于移位时已将上部结构与原有基础切割分离，移位后如何使上部结构与基础重新连接，以保证建筑物具有良好的整体性能和抗震性能是整体移位中的一个关键问题。

对于砖混结构，由于承重结构为墙体，因此其关键在于墙体与新基础之间的处理，一般采用浇筑素混凝土的方法。砖混结构中的构造柱连接则类似于框架柱，需要对钢筋进行焊接。

对于框架结构或框架剪力墙结构，由于荷载主要由框架柱或剪力墙承担，框架柱或剪力墙钢筋应与下部结构钢筋进行可靠焊接。当上述要求无法满足现行国家有关规范或规程要求时，应对其进行加固处理。为了不降低原建筑物的抗震能力，目前在迁移工程中采用的连接方法有扩大基础法和隔震支座连接法，其中扩大基础法应用最为广泛。

1. 砖混结构就位连接方法

(1) 墙体就位连接方法

墙体连接的基本方法是在托换结构与新基础之间砌砖或浇筑混凝土，构造如图 7-30 所示。

墙体就位连接采用的混凝土标号不得低于砖砌体强度。由于相同抗压强度的素混凝土

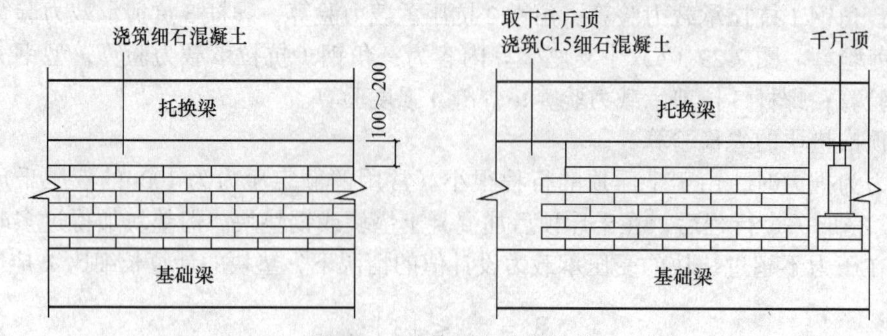

图 7-30　墙体就位连接构造

的抗剪强度高于砌体的抗剪强度，所以在满足本条要求的情况下可不进行墙体连接承载力验算。

(2) 构造柱就位连接方法

砖混结构建筑物中，如设置有构造柱，其就位连接构造参见图 7-31。配筋及混凝土强度同原设计要求，柱与墙体应设置拉结构造钢筋。

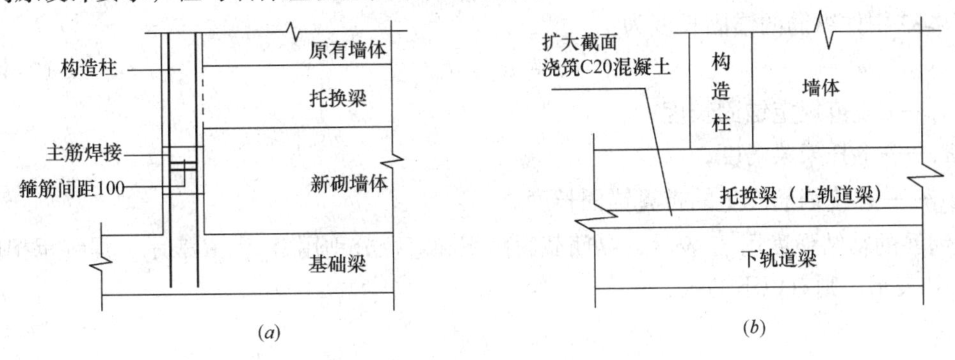

图 7-31　构造柱就位连接构造

(a) 用于顶升工程；(b) 用于平移工程

2. 框架柱扩大基础就位连接方法

(1) 基本构造

扩大基础就位连接方法是一种常规的就位连接方法，做法是直接将柱底钢筋和新基础内预埋钢筋焊接，然后浇筑混凝土的连接方法。此时实际的基础包括新基础和就位连接节点以及与之相连的部分上托架，相当于将基础扩大了，因此称为扩大基础法。柱底和新基础也可采用预埋钢板进行焊接。其构造如图 7-32 所示。

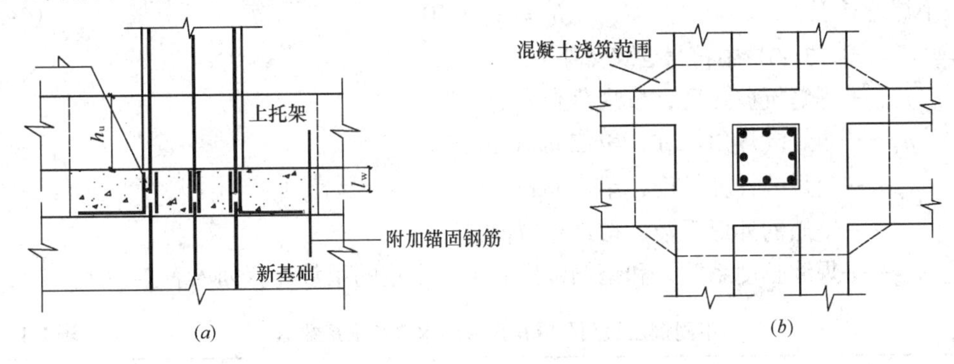

图 7-32　柱就位连接构造示意图

(a) 立面图；(b) 平面图

扩大基础就位连接构造施工简单，成本低，但由于施工空间狭小，纵筋的焊接质量和混凝土密实度较难保证。对于托换节点高度较高、施工空间较大的平移工程较易保证质量。

(2) 扩大基础法的设计

1) 设计要求

图 7-32 中的柱连接方法连接牢固应满足三个条件：①节点浇筑的混凝土能够承担柱

下竖向荷载；②柱中的纵筋在连接节点处具有足够的锚固能力，即保证锚固长度；③节点混凝土足够承担水平剪力。

第一项要求较容易满足；第二项主要是钢筋焊缝的验算，下面将推导出最短焊接长度的计算公式；第三项可根据新旧素混凝土结合面抗剪进行验算。

2）纵筋最小焊接长度

图 7-32 中柱纵筋的锚固长度为：

$$l_a = h_u + l_{as} \tag{7-46}$$

式中 l_a——规范规定锚固长度；

h_u——上托架梁高度；

l_{as}——焊接钢筋产生的折算锚固长度。

设钢筋的粘结强度用 f_s 表示，纵筋截面面积和直径分别用 A_s 和 d 表示，焊缝承担的剪力用 V 表示，则有以下两式：

$$f_s l_a = f_y A_s \tag{7-47}$$

$$f_s l_{as} = V = \tau_f \cdot 0.7 h_f l_w \tag{7-48}$$

根据（7-47）式求出 f_s，代入（7-48）式并化简得：

$$l_w = \frac{l_{as} f_s}{\tau_f 0.7 h_f} = \frac{l_{as}}{l_a} \frac{f_y A_s}{\tau_f 0.7 h_f} = \frac{(l_a - h_u)}{l_a} \frac{f_y A_s}{0.7 \tau_f h_f} \tag{7-49}$$

根据规范，锚固长度 $l = \alpha \dfrac{f_y}{f_t} d$，且 $A_s = \dfrac{\pi d^2}{4}$，代入（7-49）式中化简得：

$$l_w = \frac{\pi f_y d^2}{2.8 \tau_f h_f} - \frac{\pi}{2.8 \tau_f h_f} \frac{d f_t}{\alpha} h_u = \alpha_{w1} \frac{d^2}{h_f} - \alpha_{w2} \frac{d f_t}{\alpha h_f} h_u \tag{7-50}$$

最小焊缝长度：

$$l_0 = l_w + 10 \tag{7-51}$$

式（7-47）~式（7-50）中符号含义如下：

τ_f——焊缝抗剪强度，按规范查表；

h_f——角焊缝焊角尺寸，单位 mm；

l_w——角焊缝计算长度，单位 mm；

α——钢筋的外形系数，按规范取值；

α_{w1}，α_{w2}——焊缝长度系数，和钢筋级别有关。常用的系数计算列入表 7-4 中。

不同钢筋级别和焊角尺寸的焊缝长度系数值 **表 7-4**

钢筋级别	Ⅰ	Ⅱ	Ⅲ
α_{w1}	1.473	1.739	1.734
α_{w2}	0.007	0.0056	0.0051

3）构造要求

A. 由于施工空间狭小，钢筋焊接为单面焊。焊接长度不足时，可加一根帮焊钢筋。条件许可时，宜双面焊；

B. 焊接长度不满足要求时，优先保证搭焊钢筋的上焊接接头长度。为保证节点牢固，可放大后浇混凝土范围，并增加新基础内预埋钢筋数量锚入后浇混凝土中。参见图

7-32（a）；

C. 新基础接触面应凿毛、洗净；

D. 连接节点混凝土宜比新基础和柱混凝土强度等级高一级；

E. 浇筑混凝土应振捣密实。

4）上部结构力学模型

平移就位连接后的建筑物需要进行结构承载力复核，计算简图如图 7-33 所示。当采用常规就位连接方法时，实际受力情况如图 7-33（a）所示。进行计算时可简化为 7-33（b）。

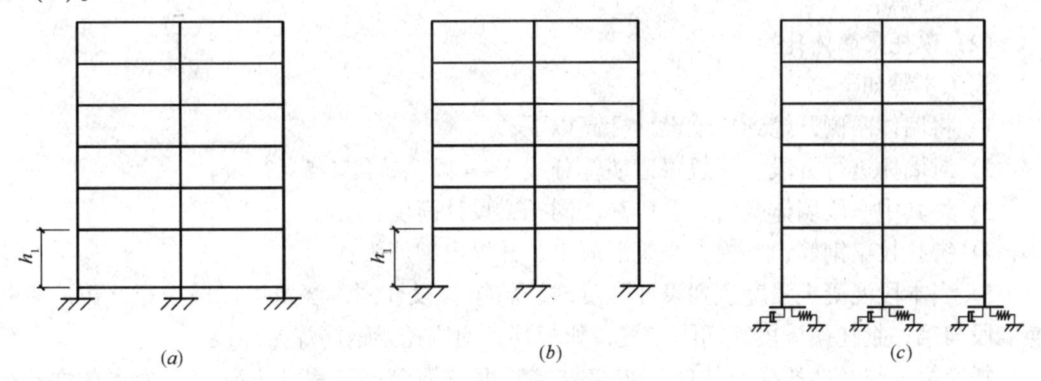

图 7-33　平移后结构计算简图

7.4　建筑物移位施工

7.4.1　移位工程施工流程（见图 7-34）

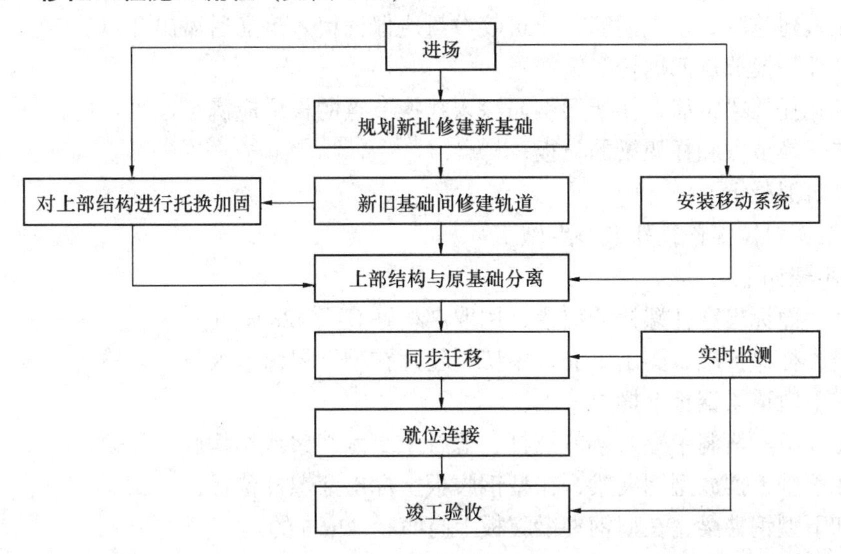

图 7-34　水平移位工程施工流程图

7.4.2　移位关键技术施工要点

1. 托换结构施工

(1) 双夹梁墙体托换施工

施工步骤如下：

1）在夹梁设计部位砖墙上，墙体中每隔1～1.5m打一个小洞，穿入横向拉梁钢筋；

2）绑扎夹梁钢筋，支模板；

3）清洗墙体表面和小托梁洞口碎砖；

4）浇筑混凝土。

施工中应注意，墙体托换夹梁是上部结构托架的一部分，绑扎钢筋、支模、浇筑混凝土应统一考虑。

(2) 单托梁墙体托换施工

施工步骤如下：

1）将墙体两侧开挖到托梁设计标高以下；

2）对墙体进行分段。一般每道墙体分成3～4段，每段1.5～2.0m；

3）将其中一段墙体凿洞，洞口高度同托梁设计高度；

4）绑扎拉梁钢筋，支模，浇筑混凝土，并甩出钢筋头；

5）当本段混凝土强度达到设计强度时，将第二段开洞，浇筑第二段拉梁。第二批托换墙段与第一批托换墙段宜间隔布置，如相邻，两段托梁钢筋焊接连接。

托换梁为临时性托换结构时，焊接搭接长度按钢筋抗拉承载力确定；为永久性托换时，应满足相关规范要求。

6）按顺序依次施工各墙段托换梁，直至全部完成。

(3) 植筋柱托换节点施工

施工步骤如下：

1）在柱面植筋设计位置用电钻钻孔，孔径大于钢筋直径2mm，深度误差不大于1cm；

2）注入建筑胶，植入钢筋，建筑胶数量应保证植入钢筋后溢出孔口；

3）绑扎托换节点四周托梁钢筋；

4）绑扎托架梁钢筋，托架梁钢筋深入托换节点的长度应满足锚固长度；

5）支托换节点和托架梁的模板；

6）浇筑混凝土。

(4) 型钢对拉螺栓柱托换节点施工

施工步骤如下：

1）柱表面标出穿柱螺栓的位置，用取芯机钻直径42mm洞；

2）凿去柱保护层，露出主筋，用切割轮片在型钢翼缘卡入位置切槽；

3）在下轨道梁钢板上摆放滚轴；

4）在柱下所凿洞中穿入ϕ40螺杆，螺杆上裹水泥浆或结构胶；

5）在滚轴上摆放型钢夹梁，在型钢腹板上标出穿螺杆位置；

6）卸下型钢夹梁，在型钢夹梁腹板上打直径42mm的孔；

7）重新安装型钢，将螺杆穿入，拧紧螺母；

8）在柱两侧和夹梁垂直的方向焊槽钢，从上面的预留孔向夹梁和槽钢内部灌注细石膨胀混凝土；

9）施工上部围护结构：在钢夹梁上方柱四个面上打膨胀螺栓，并将短构造钢筋和膨胀螺栓、钢夹梁焊接；

10）绑扎托架梁钢筋，将托架梁钢筋和型钢夹梁焊接；

11）支托换节点和上托架梁模板；

12）浇筑混凝土。

因为柱中穿孔会对柱截面尺寸削弱，因此应分批间隔施工。

2. 迁移下轨道找平施工

（1）轨道梁上直接铺钢板时的找平方法

在轨道基础梁上直接铺钢板的轨道施工简单，成本低，要求直接在轨道梁上皮找平。应用实例如南京江南大酒店平移工程。方法如下：

1）轨道基础梁浇筑时，上皮标高低于设计标高 2~4cm；

2）支模板：模板采用硬塑料长模板或铝合金长模板，模板上皮用水准管精确找平，固定牢固，模板水平度控制在 2mm 内（图 7-35）；

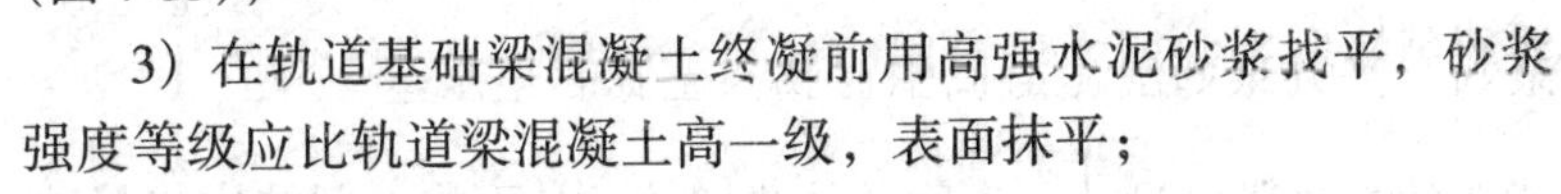

3）在轨道基础梁混凝土终凝前用高强水泥砂浆找平，砂浆强度等级应比轨道梁混凝土高一级，表面抹平；

4）铺钢板前均匀铺设 1~3mm 粉细砂。

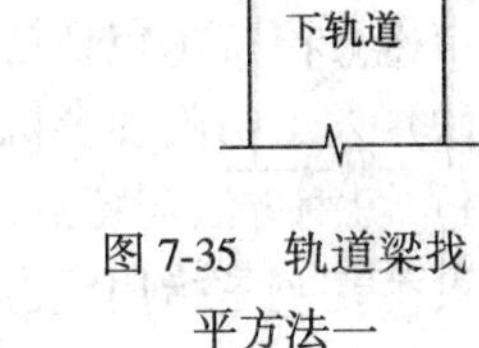

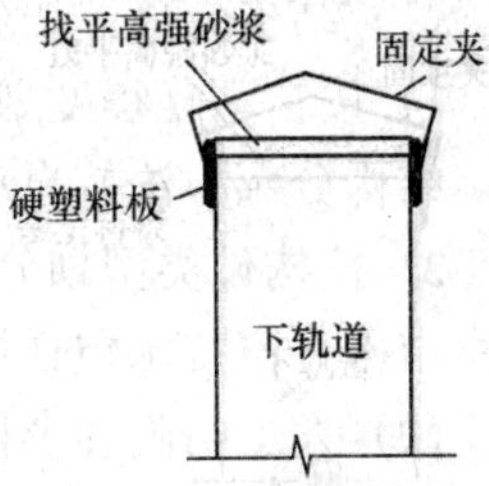

图 7-35 轨道梁找平方法一

（2）铺设槽钢时找平施工方法

铺设槽钢的找平方法施工略复杂，但找平效果好，表面槽钢不易变形错位。应用实例如临沂国家安全局、公安局大楼平移工程。施工方法如下：

1）浇筑轨道基础；

2）将槽钢铺设到轨道基础梁上，上皮标高误差控制在 2mm 内；然后与轨道基础梁固定，固定方法可以用短钢筋焊接在轨道梁中的预埋钢筋上，也可以用水泥砂浆嵌固；槽钢中间每隔 20~30cm 打有直径 40mm 的孔（图 7-36）；

3）灌水泥砂浆。

灌注时轻微震捣，以灌注密实，避免使槽钢位置发生改变。

（3）预制轨道找平施工

预制轨道由槽钢、钢板和填充的细石混凝土组成（图 7-37）。

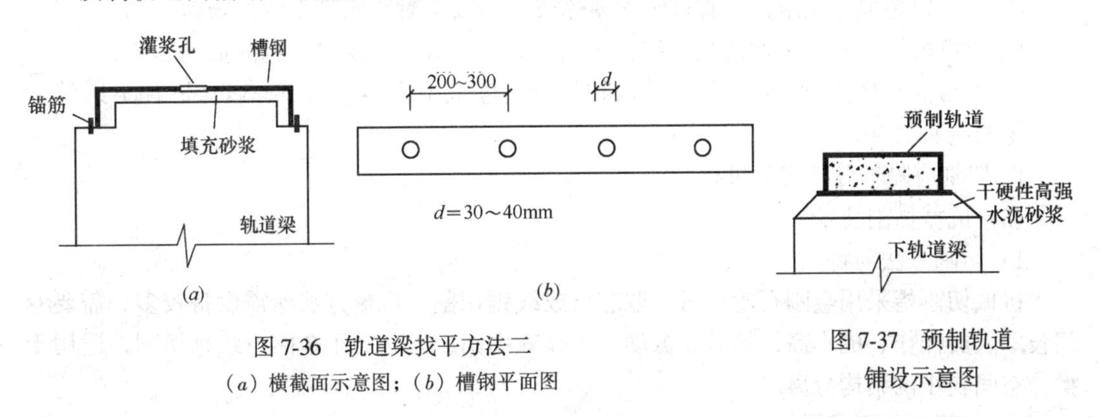

图 7-36 轨道梁找平方法二

（a）横截面示意图；（b）槽钢平面图

图 7-37 预制轨道铺设示意图

铺设预制轨道施工速度快，轨道刚度大，不易变形。该方法适用于滚轴平均压力较小的平移工程。滚轴压力较大时预制轨道容易在轨道梁上扭转脱轨。

预制轨道找平施工步骤如下：

1）浇筑轨道基础；

2）铺设 4 ~ 5cm 厚干硬性水泥砂浆。铺设应平整均匀；

3）铺设预制轨道。

铺设时锤击震捣密实，用水准仪控制标高，橡皮锤调整。控制平整度差 2mm 以内。铺设的钢板或槽钢一般每块取 1 ~ 2m 长，铺设时相邻两块间留设 5 ~ 8mm 的缝隙，防止相互挤压破坏。

3. 上部结构与基础分离施工

(1) 结构分离方法分类

1）按自动化程度划分

结构分离方法按自动化程度划分为人工切割、半机械切割和机械切割。

2）按构件类型划分

结构分离技术包括柱与基础分离技术、墙体与基础分离技术。

(2) 人工切割和半机械切割技术

1）切割方法与特点

人工切割是指用锤击錾凿的方法凿去设计分离面的柱或墙体，从而将上部结构与基础分离。该方法操作简单、成本低、振动小，但工人劳动强度大、工期长、需要的工作面较大。

半机械切割是采用风镐凿除设计分离面的柱或墙体的结构分离方法，该方法操作简单、成本低、工作效率较高，但振动较大、噪音大、工人劳动强度大，需要的施工操作面较大。

采用人工切割和半机械切割的钢筋混凝土构件中的钢筋采用气焊切割切断，切割面露出较长的钢筋端头，同时混凝土分离面为粗糙面，有利于结构就位连接的整体性。

2）切割施工要求

人工切割和半机械切割施工中应注意以下要求：

A. 当托换结构和轨道基础达到设计强度时，方可进行切割施工；

B. 人工切割和半机械切割范围高度不宜小于 4cm；

C. 人工切割中避免用大锤直接锤击墙体或柱，以免对结构产生较大振动；

D. 半机械切割和人工切割相互配合可提高效率，减小风镐对结构的振动影响；

E. 切断钢筋时，钢筋断点位置选取在切割高度范围内尽量向下，以保证柱下纵筋伸出一定的端头长度；

F. 切割应隔轴分批交叉进行。

(3) 机械切割技术

1）切割方法与特点

机械切割指采用金刚石轮片机、取芯机或线锯切割。机械方法所需设备较多、需要专门技术人员操作、成本高，但其无振动、工作效率高。尤其对于金刚石线锯切割，适用于操作空间狭小的结构分离。

2）切割设备组成及切割原理

轮片机切割设备包括电动动力设备（电动机）、金刚石轮片，其工作原理简单，类似砂轮，这里不再赘述。轮片机需要的操作空间较大、适用于大面积钢筋混凝土墙体切割。

线锯切割设备包括液压机、驱动设备和驱动轮（主动轮）、导轨、线锯（图 7-38）。其工作原理是电动设备驱动主动轮旋转，带动线锯高速运动，线锯将被切割构件磨断。液压设备施加压力使主动轮在导轨上移动，以保证线锯随切割进度随时拉紧，并保持相对稳定的拉力。线锯切割适用于切割操作范围狭小的钢筋混凝土柱切割。

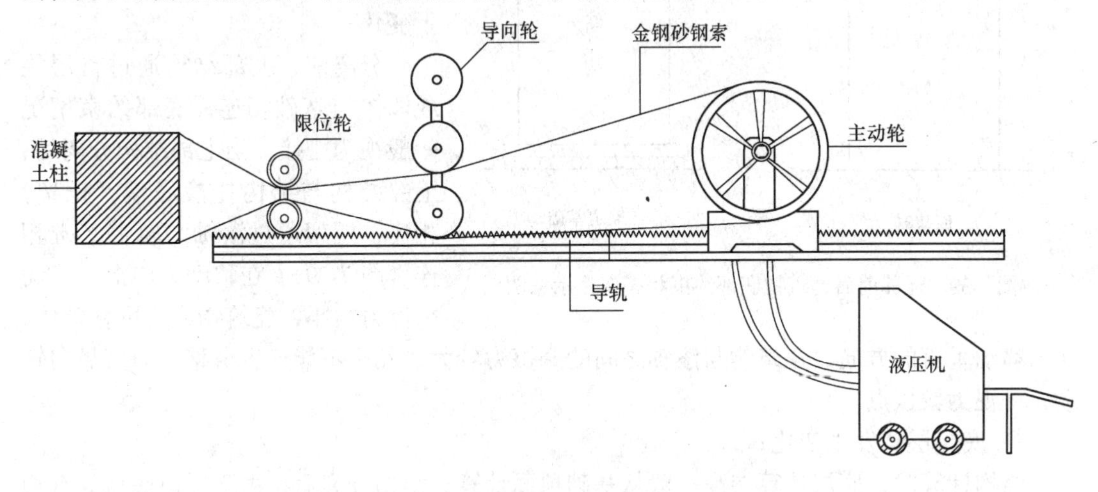

图 7-38　钢筋混凝土柱金刚石线切割示意图

取芯机切割适用于能够安装取芯机部位的墙体或柱切割。工作效率比前两者低。

切割尺寸不同的构件，采用轮片机或取芯机时，可根据需要选择不同型号的取芯钻头或轮片。

3）金刚石线锯切割柱的施工步骤：

A. 用电钻在被切割柱周围结构上打孔；

B. 安装线切割锯导轨，固定；

C. 安装导向滑轮、线锯、辅助细水管；

D. 切割；

E. 拆除切割设备。

4）机械切割应注意的问题：

A. 当托换结构和轨道达到设计强度时，方可进行切割；

B. 切割应隔轴分批切割；

C. 切割施工时应做好安全措施，对切割结构局部崩落、线锯崩断等可能出现的安全隐患做好预防措施；

D. 当出现钻头、轮片或线锯卡住现象时，可采用人工凿除方法取出卡住的设备，避免野蛮施工损坏设备。

(4) 切割方法的选择

钢筋混凝土柱切割根据工作面大小、施工成本和工期等因素在上述三种方法中进行选择；砖墙切割宜采用人工切割和半机械切割方法。

(5) 结构分离前后结构受力变化

结构受力变化体现在以下几个方面：

1）上部结构与基础分离后，上部结构荷载传递路线发生了变化；

分离前荷载通过底层柱或承重墙传递给基础，然后传给地基；分离后荷载传递路线为：底层柱承重墙→托换底盘→滚轴→轨道→轨道基础→地基。

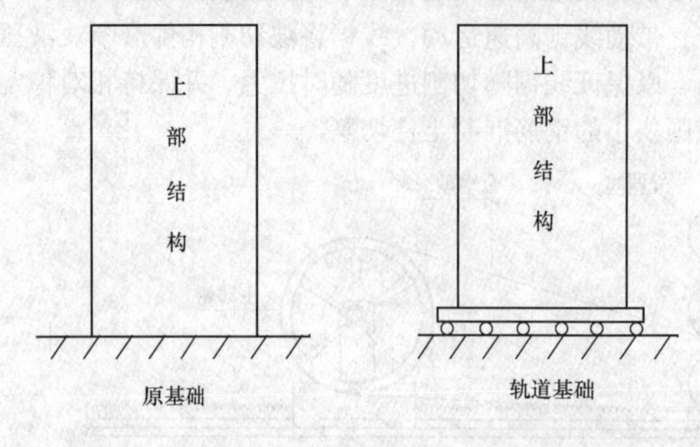

图 7-39 迁移前后建筑物底部约束状态变化示意图

2）上部结构支座约束情况发生了变化；

分离前，上部结构通过首层柱或墙体与基础相连，底部约束情况一般视为刚接。当上部结构分离后，上部结构与结构托换底盘（托架）相连，托架通过滚轴与轨道基础相连（图 7-39）。在移动方向上，滚动摩擦力很小，建筑物成为可移动体；在与移动垂直的方向，建筑物与滚轴之间的摩擦力较大，几乎不能产生滑移，但可竖向转动，可视为铰接点。

3）底层层高发生变化；

结构计算时，底层计算层高一般从基础顶面计算；结构分离后，由于托换底盘具有相当大的平面内刚度，首层计算高度按托换底盘上表面到二层楼面距离计算。

4）结构沉降和沉降差略有增大；

如前所述，结构分离前建筑物已使用过一段时间，原基础的沉降已基本稳定，结构分离后，传力途径发生改变，荷载由轨道基础承担，轨道基础可能发生新的沉降，造成沉降和沉降差增大。由于此时轨道基础下的地基仍为原基础范围内的地基，地基变形不会太大，远小于建筑物移出原基础范围后在轨道上产生的沉降。

5）结构稳定性减小。

结构分离后，建筑物失去了在地基中嵌固的“根”，成为与基础分离的独立结构，当受到风或地震等水平作用时，可能产生倾覆或水平移动，因此应进行稳定性验算，验算不满足时应采取措施。

4. 同步移位控制

（1）同步移位方法及适用范围

在建筑物整体迁移工程中，保证移位同步的措施分为人工控制和自动控制，控制方法与选择的牵引动力设备有关。

常用的加载设备有手动螺旋千斤顶和电动液压千斤顶。

当采用手动螺旋千斤顶时，常采用人工同步控制。误差小，成本低，操作简便；迁移动力小，仅适用于较小的迁移工程。

对于大多数工程，通常选用油压千斤顶作为动力加荷设备，由于千斤顶的压力是由液压产生的，应在做到压力同步的同时，努力做到位移同步。为保证迁移工程结构安全，施工中采用设计和施工方法结合、人工措施和机械措施结合的综合方法进行同步控制，防止偏差过大。该方法成本低，操作简便，迁移动力大，适用范围广；但对托换底盘刚度要求较高，需专门操作人员，迁移前需进行加荷训练。

对于同步精度要求较高或结构刚度较差的建筑物，宜采用同步迁移自动控制系统。该方法技术先进，成本高，仅用于大型重要建筑的整体迁移。该系统在大型建筑物（构筑物）的整体拼装工程中应用较为广泛。

(2) 人工同步迁移控制方法

人工同步控制方法应遵循以下设计和施工要求：

1）设计要求

确定施力作用点时尽量使各点所需动力相同，并选用同一型号的手动螺旋千斤顶。

2）施工要求

施工要求有三个方面：①一人一顶：每个工人操作一台螺旋千斤顶；②统一号令，分级加荷；③所有加荷点完成本级加荷，方可进行下一级加荷。

(3) 综合同步迁移控制方法

同步控制综合方法在设计、施工、监测过程中统一考虑，具体要求如下：

1）增大托换底盘刚度，避免加荷不同步时出现位移差过大和结构破坏；

2）根据各施力点所需动力大小分组选择千斤顶，并用一泵多顶方案分级加荷；

将所需动力荷载相近的千斤顶分为一组，采用一台油泵带动。油泵千斤顶的布置宜交叉布置。

确定分级加荷方案时，首先确定加荷级数。加荷级数和设计动力值、每级荷载值有关。加荷初期每级荷载可选 10 ~ 20t，超过设计启动荷载的 70%后，每级荷载降低至 5 ~ 10t。加荷级数和每级所加荷载值确定后，根据每级荷载值计算出各级荷载对应的油压力值，根据油压力进行分级加荷。

3）实际迁移前进行加荷训练，统一号令，同步加荷；

所有加荷点均完成本级荷载后，方可进行下一级加荷。

4）进行及时的同步实时监控（包括平移同步监控和是否产生扭转），明确控制指标，超过限值及时调整。

(4) 同步迁移自动控制系统

1）同步迁移控制系统概述

同步移位自动控制系统是近年来新出现的一门综合控制技术，它集机械、电气、液压、计算机、传感器和控制论为一体，依赖计算机全自动完成工程迁移或就位安装。该技术最早是为了解决大型预制结构的同步顶升施工问题，逐渐应用到顶升、纠倾和整体平移工程当中。如上海东方明珠电视塔钢天线桅杆安装工程、北京西客站主站房钢桁架整体就位工程和上海音乐厅顶升平移工程等。

2）同步迁移自动控制系统组成与原理

同步移动自动控制系统的组成及工作原理如图 7-40 所示。

电磁阀主要控制千斤顶的状态，如顶推、回油、锁定等，而比例阀主要调整各加荷千斤顶油压比例，从而调整加荷点的顶推速度。

3）同步迁移自动控制系统同步控制施工步骤

施工步骤如下：

A. 首先启动整个自动控制系统，通过反复调整初始压力进行试加荷（平移工程试推或试拉，顶升工程试顶），当同步稳定移动时，测得各加荷点所需实际动力；

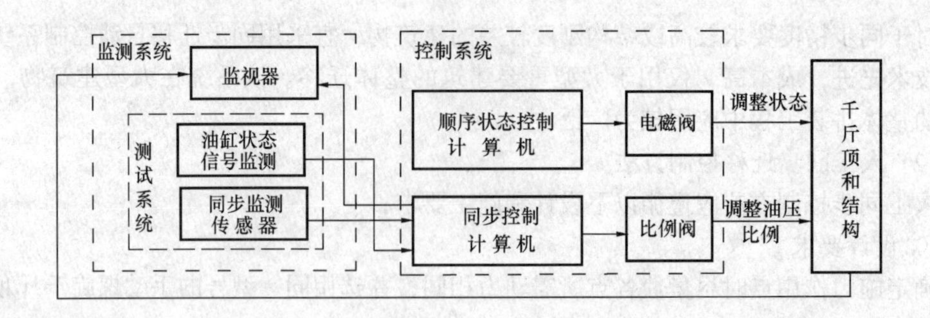

图 7-40　同步迁移自动控制系统组成

B. 施加荷载至接近所需动力值，一般可加至比移动荷载小 2MPa 左右；

C. 通过控制输油阀缓慢加荷，保持建筑物平稳移动；

D. 迁移距离达到动力千斤顶的行程时，缓慢卸载。对于顶升工程则需要及时在托换底盘下设限位支撑，然后回落；

E. 进行第二循环加荷，周而复始，直至达到迁移预定位置。

5. 移位实时监测

(1) 实时监测的目的

建筑物整体移位技术作为一种建筑新技术，其中一些工艺可能对结构安全产生不利影响。目前由于相关研究较少，还不能完全通过设计和施工组织设计来完全保证结构或构件的可靠性。为此，施工中采用现场实时监测的方法进行质量控制，以保证结构安全和平移工程的顺利进行。

(2) 平移工程中影响结构安全的因素和监测内容

1) 平移工程中影响结构安全的因素

在迁移工程施工中，下列因素将对结构安全造成一定的影响。

A. 沉降：从结构托换、墙柱切割、楼房移动到就位连接，都可能在结构中产生差异沉降，从而导致结构局部损坏。

B. 轨道平整度：轨道平整度差，不但会造成滚轴的滚动摩擦系数增大，施加水平力困难，而且导致滚轴受力严重不均匀，引起托换支架开裂和滚轴压扁。轨道的起伏变化也可能造成结构竖向振动加大。

C. 移动速度和距离：移动速度应尽量匀速，否则会导致上部结构的振动；房屋各部位同一时刻的移动距离应基本相同。如果各轴线移动距离相差过大，整栋房屋出现扭转情况时，必须及时调整，防止滚轴从下轨道梁掉下去。就位时，为保证就位准确，对各轴的移动距离的要求更加严格。

D. 振动加速度：在楼房移动过程中，加荷、卸荷时都会对房屋各层产生振动加速度，出现意外情况（顶推垫块失稳、牵引钢索崩断或轨道严重不平）时，将引起更大的振动。振动加速度过大，无疑会造成结构构件或非结构构件的破坏。

E. 房屋平移前的结构安全隐患：原结构由于各种原因（比如设计和施工缺陷、使用荷载变化、使用过程中的老化和损坏等），可能存在各种安全隐患，平时没有发现，平移时可能造成构件或结构损坏。

2) 平移工程静动态实时监测的内容

为了避免上述因素在平移施工中对结构安全产生不利影响，确保平移的平稳性和安全性，在平移施工中应对各参数进行全面的监测。监测内容分为静态实时监测和动态实时监测。

静态实时监测包括轨道平整度监测、移动速度监测、各轴移动距离差监测、沉降和沉降差监测和关键部位的裂缝监测。

动态实时监测主要是振动加速度的全程监测。包括房屋移动过程中地脉动、启动振动、停止振动、滚轴调整时振动、故障振动等特征时刻的房屋纵向、横向、竖向的振动加速度的采样和分析。

(3) 平移工程中静态监测的方法及控制限值

1) 轨道平整度监测

轨道平整度测试设计了两种方法：水准管测试和水准仪测试方法。

水准管是一个灌满水的长塑料管，测试时首先任意确定一个测试基准点，然后将水准管一端竖直放在基准点，另一端放在测点。通过调整测点位置处水准管的高度，使基准点水准管中水平面和轨道表面在同一水平面上，测量测点处管中水平面和轨道表面的高度。这种方法工具简单、测试简单、几乎不受任何条件的限值，适用范围广。

水准仪法测试类似于沉降测试，将水准仪固定在轨道上表面上，调平，在不同测点处轨道梁表面立专用的直角钢尺，用水准仪读数，不同位置处的读数差即表明了平整度的好坏。这种方法在距离较短时精度较高，适用于测点间距较小，中间无障碍物挡光的情况。该方法随着距离的增加，测试误差也将增加。不同轨道间的测试则需要几次调整水准仪的位置。

轨道平整度应从两个方面进行控制。局部凹凸的最大限值：±1.5mm；轨道坡度不大于1‰。

2) 沉降和沉降差监测

沉降监测采用常用的水准仪观测方法。对轨道梁沉降精度要求较高时可采用百分表。

测点布置在以下位置：①易于观测的关键受力部位；②房屋四角。其中关键受力部位指受力较大点、较大柱跨点、楼梯间和电梯间等部位。平移工程中首层墙体一般都要求保留，控制监测点选择不当往往造成测点无法观测；并且房屋为移动体，测点选择直接影响水准仪固定位置，测试中应尽量减少水准仪的移动次数。对于框架结构，可选择上述布置位置测试柱的沉降差；对于砖混结构房屋，可选定所选墙段两端作为测点。

限值取《建筑地基基础设计规范》GB 50007—2002 规定限值的 1/2。即平移工程中(包括平移后)砌体结构的局部倾斜不超过 0.001；框架结构相邻柱基的沉降差不超过 $0.001l$，l 为相邻柱基的中心距离。

3) 移动速度、行程和结构扭转监测

测试方法较为简单。首先在轨道上固定标尺，选择 1cm 为测试标距。用秒表随机测试行程为一个标距的时间。行程除以时间即为即时速度（速率）。各个行程相加之和即为移动行程。在测点轴线上部结构和下轨道正中划线，用钢尺测试移动过程中两条线的水平偏差。

测点一般至少选取建筑物两端和中部轴线，建筑物前后各选一个测点，即不宜少于 6 个测点。

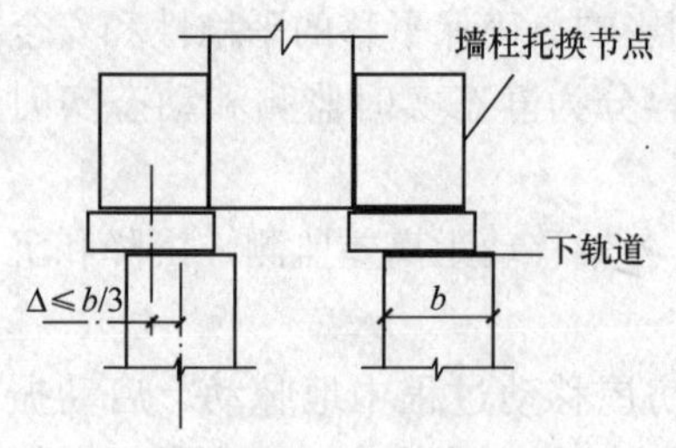

图 7-41　上托架与下轨道偏移示意图

监测控制指标包括最大移动速度、移动行程差和最大横向水平偏差。限值分别为：移动速度≤80mm/min；相邻两轴线移动行程差≤8mm；横向偏差 $\Delta \leqslant \frac{b}{3}$，$b$ 为下轨道宽度。横向偏差示意参见图 7-41。

4）关键部位裂缝调查

对关键受力部位进行裂缝观察是确定结构是否安全的最直观方法。平移工程中，根据受力情况应着重观察以下几个部位：基础梁的较大弯矩和剪力部位；托换结构；柱根部和梁柱节点部位；托架梁较大弯矩和剪力部位；门窗洞口部位的墙体；托架梁顶推或牵引环应力集中部位；楼梯间、电梯井墙体；挑梁根部等。

平移工程中的建筑物二层以上多有装修，观测难度较大。为保证观测结果的有效性，在条件允许情况下，应尽量多选取观测点。

观测到的结构裂缝宽度应符合现行规范对结构裂缝宽度的限值要求。非结构构件在平移过程中出现新的裂缝时应及时分析产生的原因及其对结构安全的影响。平移工程中如发现新产生的裂缝，则应调整平移加荷方案，避免出现新的裂缝。如经分析后认为所出现的裂缝对结构安全或对平移施工有影响的，应停止平移，进行加固；不能立即停止平移的情况，应设临时加固措施。

(4) 平移工程中动态监测

1）测试仪器和设备

A. 加速度传感器；

B. DLF-6 六通道四合一放大器；

C. 智能信号采集仪；

D. 联想笔记本电脑一台；

E. 数据采集及处理系统选用 DASP 软件。

2）监测及数据处理流程

整体迁移过程中，大量数据的采集、实时监测及分析处理的流程和原理如图 7-42 所示：

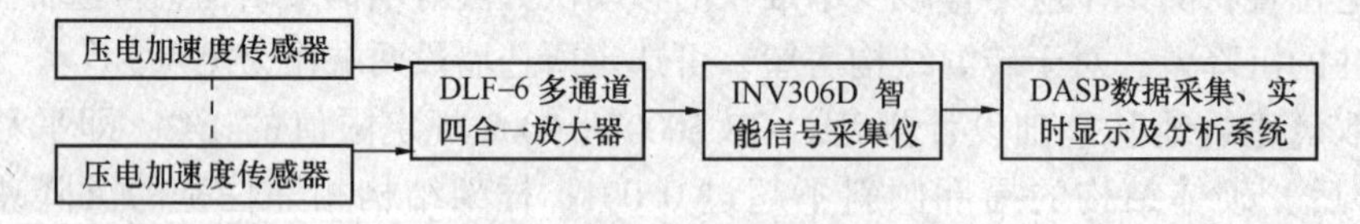

图 7-42　试验流程及原理图

3）测点布置

测点布置应便于以下动力响应的测试：①首层托架梁产生的水平横向、纵向加速度和竖向加速度；②对应位置中间层和顶层加速度；③不同结构形式的加速度。

4）振动限值要求

监测得到的最大振动加速度不应超过该建筑物抗震设防基本烈度对应的加速度值。当监测得到的振动接近限值时，应及时调整加荷方案，避免较大振动的发生。当意外情况发生产生超过限值的振动时（如牵引钢索绷断），应根据对静动态实时监测的结果进行综合分析，对关键受力构件进行安全鉴定。

为了对平移后结构的安全评估提供依据，宜采用实测振动波对建筑物进行时程分析。对于非抗震设防的建筑物平移工程，进行振动验算尤为重要。

6. 就位连接施工

(1) 墙体就位连接施工

砖墙就位连接构造参见图 7-30，施工步骤是：分段在砖墙的托换梁下加入预制混凝土垫块，换下滚轴；在砖墙两侧支模，模板位置在托换梁外侧 5 ~ 10cm；在两侧浇筑细石混凝土，振捣密实；养护。

对于上部结构顶升迁移工程，就位连接部位的空缺墙体高度较高，此时可砌筑不低于原标号的砖墙，保留 100 ~ 200mm 高度，在保留的空间内浇筑细石混凝土。由于垂直移位就位后千斤顶卸荷和连接一般分段分区进行，通常分 2 ~ 3 次，相应的墙体分 2 ~ 3 次砌筑，且具有一定的时间间隔，相邻墙体搭接砌筑质量无法保证，通常有通缝存在，因此后砌部分可采用素混凝土浇筑，以利于墙体整体性。

(2) 扩大基础就位连接施工

扩大基础就位连接方法构造参见图 7-32，施工步骤如下：

1) 在新基础内预埋钢筋，位置、直径和柱纵筋对应；

2) 将设计就位连接节点位置处的基础表面凿毛洗净；

3) 移动就位，用预制混凝土垫块支撑柱托换节点，卸下滚轴；

4) 用铁锤微调预埋钢筋位置，对中钢筋；

5) 绑扎帮焊钢筋，固定牢固，然后焊接。焊接为单面焊，应保证焊接质量和焊接长度；

6) 支模，浇筑膨胀细石混凝土。混凝土应比柱混凝土高一级标号。

为保证混凝土浇筑密实，支模范围应大于设计连接节点 10 ~ 20cm，模板上皮标高应

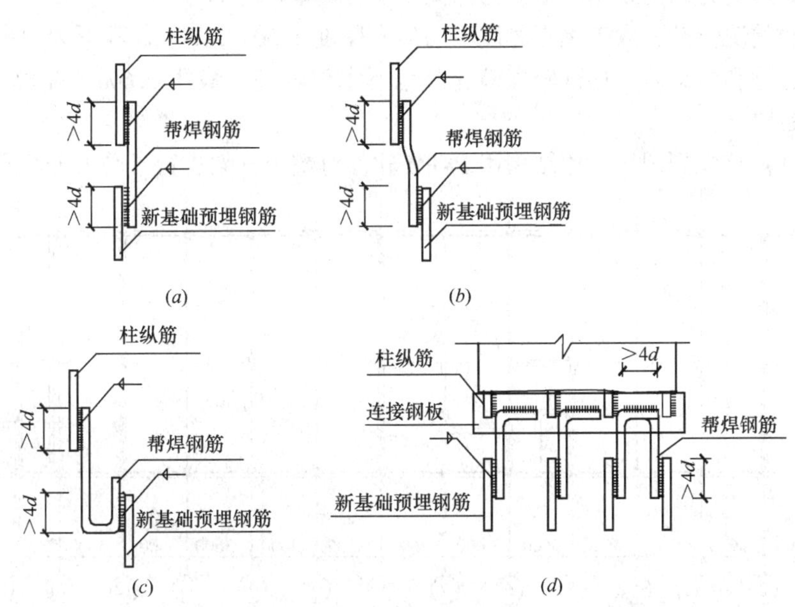

图 7-43　柱纵筋和基础预埋钢筋搭接焊构造示意图

(a) 对中；(b) 钢筋水平距 $< 2d$；(c) $3d >$ 水平距 $> 2d$；(d) 上部钢筋外露长度过短

比托架梁底面标高高5cm。先在节点一个角灌注混凝土，振捣，其他三个角混凝土溢出时，再从另外三个角浇灌混凝土，震捣，直到模板范围内混凝土灌满为止。

(3) 柱纵筋焊接构造

在进行柱的搭结焊接时，柱中钢筋和新基础预埋钢筋可能出现不对中情况，焊接时可通过改变搭接钢筋的形状进行焊接，不同对中差情况下的搭接钢筋示意图参见图7-43。

7.5 建筑物移位工程实例

1. 工程概况

江南大酒店位于南京市中央路和新模范马路交口的南侧，为了迎接2001年9月在南京召开的世界华商大会，新模范马路将由原来的30m拓宽至60m，江南大酒店须整体向南移动26m。江南大酒店建于1995年，包括装潢在内总投资1860多万元，若拆除重建损失巨大。另外，江南大酒店年营业额900多万元，有员工110名，停业期间的损失也要超过千万元。2001年2月，经市建委和业主协商，决定采用整体向南平移26m的方案。

江南大酒店整体平移工程是2001年前我国单体建筑面积最大、重量最重的平移工程，总建筑面积5424m^2，总重约8000t。

根据江南大酒店结构竣工图和现场调查情况，江南大酒店的结构情况（首层平面参见图7-44）和地质情况简单介绍如下：

(1) 西段为六层、东段为七层的框架结构。

(2) 六层和七层部位有伸缩缝（⑬轴处），缝宽10cm，从基础以上断开。

(3) 六层部分和七层部分层高不同。

(4) 结构在④、⑦轴的B轴柱被抽去，形成大空间。

(5) 基础形式为纵向条基，地基为深搅桩复合地基。

场地地质情况复杂，人工填土厚度不均匀，厚度1.50~3.50m，其下为中高压缩性砂质黏性土，含饱和粉细砂，局部轻微液化。地下水位较高，最浅0.60m，平均1.48m。15~29m深为黏性土。

平移设计前首先到现场对原结构用PKPM软件对整个框架进行了受力分析和校核，并

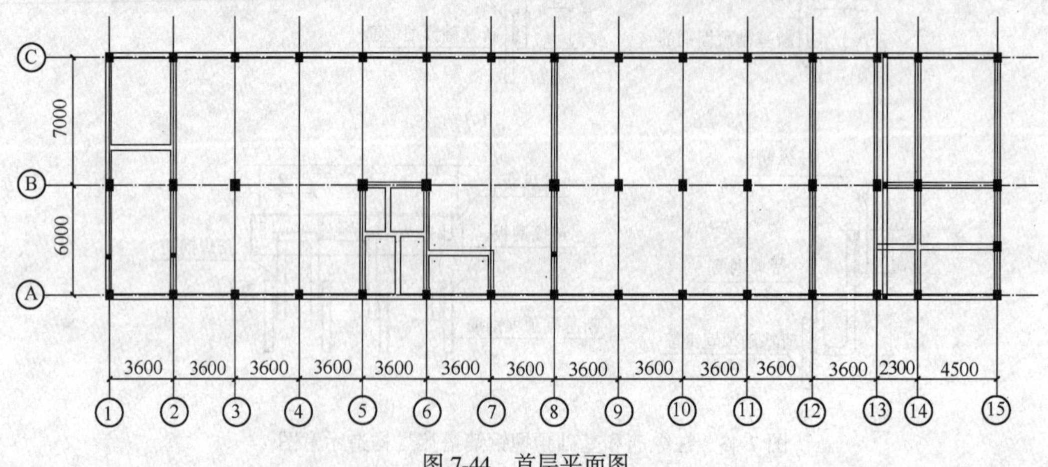

图7-44　首层平面图

进行了完好性检查，仅发现西部楼梯间填充墙和大梁间有微小轻微裂缝，不影响结构安全。

2. 基础的处理

基础处理包括被移动房屋原基础的处理、新基础的处理、原基础到新基础之间部分即过渡段轨道下的地基处理三大技术。它是关系到能否把房屋从原基础上脱开、平移后房屋是否安全牢固和移动过程中是否平稳安全。

(1) 原基础的处理

原基础处理是指怎样把被移房屋从原基础上切断，使其与原基础脱离，形成可移动体的技术。本工程的原基础为复合地基上的钢筋混凝土条基。本工程采取的方法和步骤是：

1）先把原条基两侧的填土挖去，让全部基础暴露出来。

2）沿柱子外边横轴方向各浇一道下轨道梁。

3）待下轨道梁达到一定的强度后，在下轨道梁上安装行走机构（滚轴)。

4）在柱根部、行走机构上部做一个托架，其与柱牢固地连接在一起，然后把柱（或墙）与基础切断，柱子传来的所有荷载就自然而然地通过托梁（架）和滚轴传到下轨道梁上。

(2) 新基础的处理

根据地质情况，本工程的新基础采用沉管灌注桩，桩长 18m，共 167 根桩。桩上部与桩承台相连接，待房屋移动到新位置后，柱子与承台准确对接。本工程在新基础承台处，把下轨道梁与承台放在一起。这样既减少工程造价，又不必再另做下轨道梁，同时增加承台的抗冲切强度，该下轨道梁又可作为新基础柱下承台之间的连梁，由于该梁的刚度很大(300mm×1200mm)，能增加基础的整体性，对基础的不均匀沉降有很好的抑制作用。

(3) 过渡段轨道梁下的地基处理

在房屋新基础位置与原位置之间，有 13m 长的过渡段，地基土为软土。对该地基的基本要求是：当房屋移至这一区段后，应严格限制不均匀沉降。否则，当房屋从原基础处移至这一地段后，前方到达软土层，而后半部还处于坚硬的地基上，则会使新基础处的柱子沉降多，产生沉降差，从而使房屋上部开裂，甚至垮塌。本工程在过渡段的地基处理采用了压木桩的处理技术。共压入木桩 555 根，木桩直径 100～200mm，桩长 3～4m。采用改变木桩间距来调整地基承载力。复合地基设计承载力在沉降达到 14mm（最大柱间距的2/1000)时为 140kPa。实践证明，该处理方法造价低，施工方便，沉降差满足要求。

(4) 电梯、楼梯基础处理

房屋在平移前，把电梯开到三楼，在 -0.5m 标高处，在砖墙下加托梁把电梯井壁的砖墙托起，随房屋一起整体平移至新基础处，再与新基础处的电梯井基础连接在一起。楼梯也在 -0.5m 标高处，利用托梁把其托起，随楼房一起整体平移。

3. 下轨道梁的设计

下轨道梁的设计分为三部分：原房屋基础范围内的、过渡段的和新基础部分的下轨道梁。下轨道梁的平面图见图 7-45。下轨道梁与原房屋的纵向条基、新基础承台的相对位置如图 7-46 所示。

新基础部分的下轨道梁视为连续梁取最不利荷载位置进行计算。过渡段采用地基处理将地基承载力提高到140kPa，然后按条形基础进行设计。原基础部位的下轨道梁在选取计算简图时存在一个困难。原条形基础为纵向，埋深较浅，其中B轴条基上皮标高为－0.55m,下轨道梁和原条形基础方向垂直。下轨道梁的设计标高不能太高，否则将会使上部的托换结构超出±0.00，最后下轨道梁上皮标高定为－0.60m。这样，施工时原条形基础的上部必须凿除一部分，下轨道梁的钢筋才能通过，下轨道梁上表面才能水平。可是，凿除部分不能太大，否则原条基截面高度削弱很多，在地基反力作用下截面验算将不能满足。根据实际情况，这个节点对下轨道梁的转角约束较差，计算简图宜取单跨简支梁形式。经过计算，下轨道梁高度要大于1.5m，且配筋率很高。最后采用在节点处施加约束，而计算简图按多跨连续梁，参见图7-47。下轨道梁截面形式和配筋图见图7-48所示。

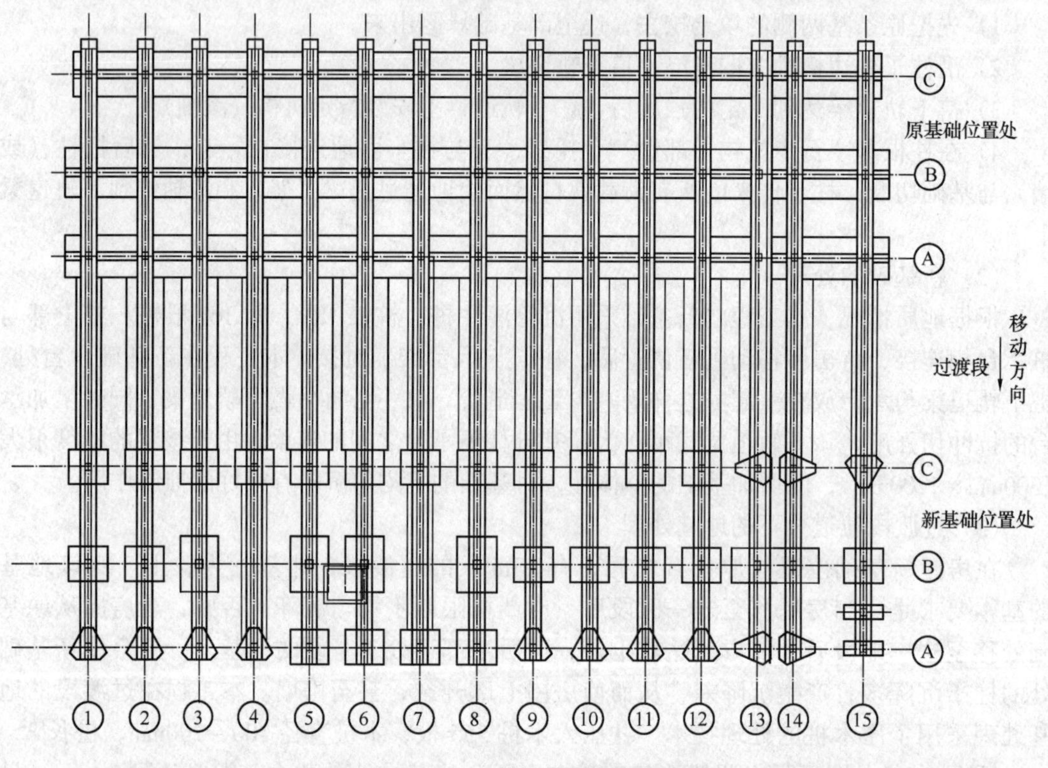

图7-45　下轨道梁平面图

图7-46　下轨道梁和原条形基础相对位置示意图

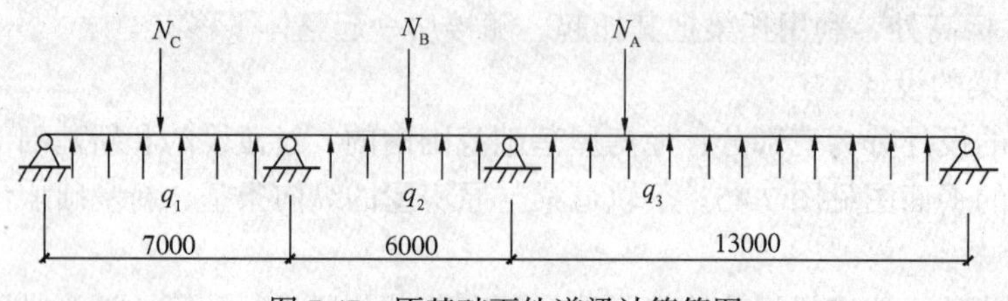

图7-47　原基础下轨道梁计算简图

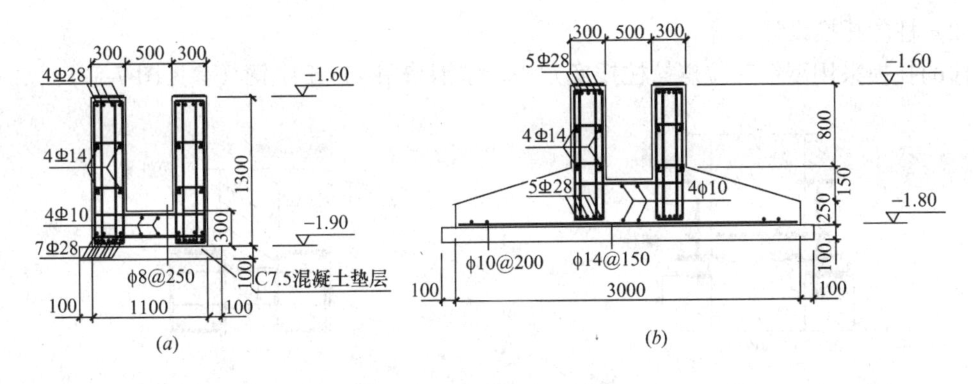

图 7-48 ⑥轴原房屋位置处和过渡段下轨道梁截面形式及配筋图

（a）原房屋位置处；（b）过渡段处

为了使条基和下轨道交叉节点处的计算简图和实际计算相符，施加约束采用以下处理方法：在原条基两侧打膨胀螺栓，并将下轨道梁的纵筋和膨胀螺栓焊接，混凝土接触面凿毛。这样防止了节点的自由转动。构造形式示意图见图 7-49。

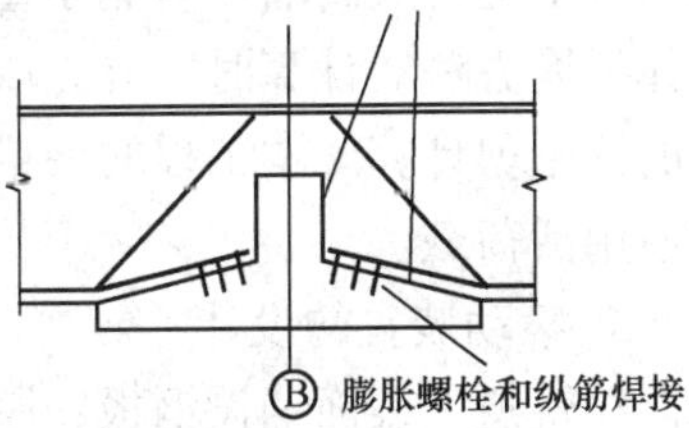

混凝土凿毛

Ⓑ 膨胀螺栓和纵筋焊接

图 7-49 节点处理构造

4. 托换体系的设计

(1) 上托换水平支架的设计

上托换水平支架主要作用为：增加房屋切断后柱根部的水平刚度，承受移动时施加的水平推力或拉力，抵抗部分由于轨道平整度误差产生的剪力。在本工程中，房屋就位后水平托架上还要浇筑首层钢筋混凝土楼板。因此设计中还要承受首层地板自重、装修荷载和使用活荷载。

江南大酒店整体平移工程的上托架梁形式如图 7-50 所示。

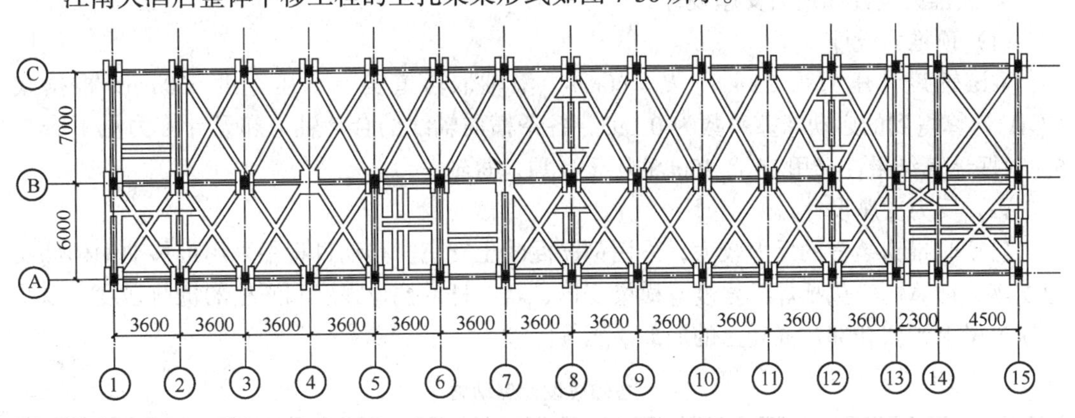

图 7-50 上托架梁平面布置图

托架梁采用矩形截面，截面尺寸为 300mm × 350mm，杆件受力不同配筋不同。托架梁中的纵筋和柱托换节点中的型钢焊接。

计算时考虑了两种情况，第一种是在水平顶推力的作用下，按桁架进行设计，水平力为顶推时千斤顶的设计推力。另一种情况是在使用阶段的竖向荷载作用下，按钢筋混凝土楼盖梁进行抗弯剪设计。

(2) 柱的托换设计

柱的托换采用型钢对拉螺栓柱托换方法，型钢采用 45c 工字钢（参见图 7-51）。

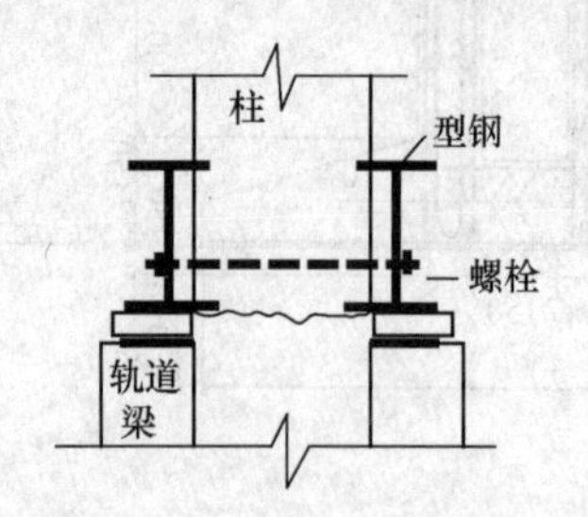

图 7-51　柱托换节点示意图

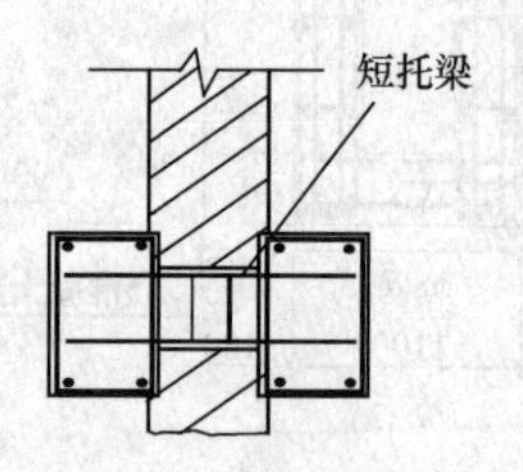

图 7-52　砖墙的托换构造

(3) 砖墙的托换

本工程首层砖墙均为非承重墙，荷载较小，托换简单，采用（图 7-52 所示）双夹梁墙体托换方法。计算时，首先取一计算单元，计算横向短托梁抗剪强度；然后计算两侧夹梁的抗弯剪计算。本工程的夹梁是上托架的一部分，其竖向荷载包括首层楼板传来的自重和使用活荷载。

5. 滚动装置的设计

在轨道上表面铺设钢板，厚度 1cm，宽度 200mm，每块长 2m，移动时可重复利用。

滚轴采用的 $\phi60$ 无缝钢管，灌 C60 膨胀高强混凝土。经抗压试验后，抗压承载力为 50t，考虑实际使用时的不均匀性，设计值取 25t，则最大轴力柱滚轴摆放应大于 15 个。最后设计滚轴 20 个，滚轴中心距 140mm。考虑到压力不均匀时空心滚轴在移动过程中可能压扁，用相同直径的圆钢代替部分空心滚轴，每个柱节点取四个。

由于柱托换节点采用钢结构，滚轴上部无须铺设钢板。

6. 顶推力设计和反力支座设计

(1) 顶推力设计

取滚轴设计压力为 250kN，R = 60mm，滚轴取轨道实际承压宽度 300mm，根据式(7-41)计算得到的启动摩擦系数为 0.093，各条横向轴线的合计轴力和设计推力见下表 7-5。根据计算结果，选用 15 台 100t 油压千斤顶，每轴一台。

(2) 反力支座设计

启动时推力装置的反力较大，采用钢筋混凝土支座。移动过程中采用可移动钢构件反力支座，计算内容包括焊缝强度、横梁变形、斜拉杆的抗拉强度和螺栓的抗剪强度，以及下轨道梁上预留孔部位混凝土的局部受压等。

各轴线设计启动力　　**表 7-5**

轴　号	①	②	③	④	⑤	⑥	⑦	⑧
轴力和（kN）	3890	5453	6467	3523	7263	7822	3881	6862
所需推力（kN）	389	545	647	352	726	782	388	686
轴号	⑨	⑩	⑪	⑫	⑬	⑭	⑮	
轴力和	6061	5924	5923	5876	3695	5375	4501	
所需推力	606	592	593	588	370	538	450	

7. 就位连接设计

以前的平移工程就位后多采用直接钢筋对接，浇筑混凝土，四周加固的措施。本工程柱的截断位置较高，为-0.50m左右，柱中纵筋直径为20mm，抗震规范规定锚固长度为40d，锚固长度不满足规范要求。钢筋焊接连接则纵筋接头在同一个截面，不满足规范要求。同时，为大幅度提高平移后房屋的抗震性能，本工程采用了滑移隔震技术。由于滑移隔震就位连接方法成本较高，除对抗震性能有特别要求的移位工程外，很少使用，本书不作详细介绍。

8. 移位工程效果

2001年5月26日，江南大酒店整体平移按时成功就位。

复 习 思 考 题

1. 建筑物整体迁移技术的适用范围是什么？
2. 简述建筑物整体迁移工程的实施步骤。
3. 建筑物整体迁移技术中的关键技术有哪些？
4. 土木工程中的常用结构托换有哪些？哪几种适用于整体迁移工程？
5. 整体迁移工程中托换结构的设计步骤是什么？
6. 常用的迁移轨道有几种？它们的主要构造是什么？
7. 迁移轨道在不同迁移工程中受力状态有何不同？试给出受力计算简图？
8. 整体迁移工程中的移动系统由哪几部分组成？
9. 平移工程中的水平动力如何计算？选择、布置动力设备的基本原则是什么？
10. 试分析比较拉力系统和推力系统的优缺点。
11. 常用的就位连接方法有哪些？请说出其构造要点。
12. 迁移工程中的实时监测内容和监测方法是什么？
13. 任选一栋既有建筑物，假设需要进行搬迁，给出关键技术设计要点与施工组织设计要点。
14. 结合所学土木工程相关知识，能否提出新型托换方案和迁移轨道方案？

主 要 参 考 文 献

[1] 蒋元驹，韩素芳．混凝土工程病害与修补加固．北京：海洋出版社，1996.

[2] 龚洛书，柳春圃．混凝土的耐久性及其防护修理．北京：中国建筑工业出版社，1991.

[3] 邸小坛，周燕．旧建筑物的检测加固与维护．北京：地震出版社．

[4] 卓尚木，季直仓，卓昌志．钢筋混凝土结构事故分析与加固．北京：中国建筑工业出版社，1997.

[5] 赵国藩．高等钢筋混凝土结构学．北京：中国电力出版社，1999.

[6] 王赫．建筑工程事故处理手册．北京：中国建筑工业出版社，1994.

[7] 江见鲸等．建筑工程事故分析与处理．北京：中国建筑工业出版社，1998.

[8] 范锡盛，王跃主编．建筑工程事故及处理实例应用手册．北京：中国建筑工业出版社．

[9] 叶书麟主编．地基处理工程实例应用手册．北京：中国建筑工业出版社，1998.

[10] 建筑工程重大质量事故警示录．北京：中国建筑工业出版社，1998.

[11] 地基处理手册．北京：中国建筑工业出版社，1994.

[12] 唐业清，万墨林编 .《建筑物改造与病害处理》．北京：中国建筑工业出版社，2000.

[13] 曹双寅、邱洪兴、王恒华编著 .《结构可靠性鉴定与加固技术》．北京：中国水利水电出版社，2002.

[14] 《第四届全国建筑物鉴定与加固学术讨论论文集》，1998.

[15] 吴二军．建筑物整体平移关键技术研究与应用[D]．东南大学博士学位论文，2003.9.

[16] 张鑫，徐向东，都爱华．国外建筑物平移技术的进展[J]．工业建筑，2002(7)：1－3.

[17] 李小波，谷伟平等．阳春大酒店平移工程的设计与实践[J]．施工技术，2001，30(2)：24－26.

[18] 李爱群，卫龙武等．江南大酒店整体平移工程的设计[J]．建筑结构，2001，31(12)：1－5.

[19] 卫龙武，吴二军等．江南大酒店整体平移工程的关键技术[J]．建筑结构，2001，31(12)：6－8.

[20] 张天宇，侯伟生．建筑物远距离整体平移工程实例[J]．福建建筑科技，2000(2)：24－27.

[21] 徐学军，吴二军等．楼房平移中的移动系统设计探讨[J]．施工技术，2002，31(10)：24－26.

[22] 贾留东，张鑫等．临沂市国家安全局8层办公楼整体平移设计[J]．工业建筑，2002，32(7)：7－10.

[23] 孙吉堂，五层楼“搬家”[J]．铁道建筑技术，1995(2)：41－42.